丽水粮食生产 60年

LISHUI
LIANGSHI SHENGCHAN 60 NIAN

蓝月相　周炎生　何建清　主　编

徐小燕　吴敏芳　郑建初　副主编

中国农业出版社

图书在版编目（CIP）数据

丽水粮食生产60年 / 蓝月相，周炎生，何建清主编 . —北京：中国农业出版社，2016.5
ISBN 978-7-109-21518-4

Ⅰ.①丽…　Ⅱ.①蓝…　②周…　③何…　Ⅲ.①粮食—生产—研究—丽水市　Ⅳ.①F326.11

中国版本图书馆 CIP 数据核字（2016）第 056659 号

中国农业出版社出版
（北京市朝阳区麦子店街 18 号楼）
（邮政编码 100125）
责任编辑　郭晨茜

中国农业出版社印刷厂印刷　　新华书店北京发行所发行
2016 年 5 月第 1 版　　2016 年 5 月北京第 1 次印刷

开本：889mm×1094mm　1/16　　印张：22.5
字数：672 千字
定价：60.00 元
（凡本版图书出现印刷、装订错误，请向出版社发行部调换）

［序］

　　民以食为天，食以粮为本。地处浙江西南山区的丽水，粮食生产以水稻为主，旱粮为辅。水稻常年播种面积约占粮食总播种面积的 60％，产量约占粮食总产量的 80％；旱粮常年播种面积约占粮食总播种面积的 40％，产量约占粮食总产量的 20％。这种格局在整个粮食生产中既突显了主导地位又体现出辅助作用，在稳定粮食生产和保证粮食安全中缺一不可。

　　丽水粮食生产随全国粮食生产形势变化而发展，并结合自身地理生态条件形成了以水稻为主、旱粮为辅的生产格局。整个粮食作物种植分布在海拔 70～1 100 米的区域，水稻面积百余万亩*，旱粮 60 余万亩。水稻品种和类型十分丰富，种植方法和栽培管理技术多元化。既有双季早晚稻又有单季中晚稻，既有籼稻又有粳稻，既有粘稻又有糯稻，既有水生稻又有旱生稻。同样，旱粮种类也很多，既有大麦、小麦、甘薯、马铃薯、玉米、大豆等大宗旱粮，又有高粱、荞麦、粟等小杂粮，既有平地种植的旱粮又有山地种植的旱粮，既有春旱粮又有夏秋旱粮，既有粮食专用型旱粮又有粮、蔬、饲兼用型旱粮。旱粮生产的开发利用对减少农田季节性抛荒，充分利用温光资源，提高土地利用率，实现以旱补水、以旱保粮、资源节约、环境友好可持续发展有着积极作用；对培肥地力、改善土壤理化性状、减少病虫草害发生、优化种植结构、保护生态环境、提高农田综合生产能力、确保粮食安全有着极其重要的意义。

　　丽水粮食生产的发展形成了鲜明的地方特色，为适应和推动地方水稻和旱粮作物的进一步发展，蓝月相、周炎生、何建清等丽水农业技术推广和科研专家编著了《丽水粮食生产 60 年》一书。该书系统反映了在当地政府的重视下一代又一代农业科技人员为丽水山区粮食生产发展所付出的心血和为解决山区人民温饱问题所作出的努力。同时，也加入了许多粮食生产与气候、节气及种子、水肥管理等方面相互关系的经典农谚。《丽水粮食生产 60 年》详细记述了丽水粮食生产的演变和发展，阐述了丽水的地理和生态条件及品种引进和改良演变、良种繁育技术和配套栽培技术及新形势下的粮食生产发展方向，记载了丽水粮食作物品种改良和生产技术的研发成果。

　　《丽水粮食生产 60 年》编著者坚持唯物史观，存真求实，详今略古，力求科学性、资料性的统一，以记叙方式反映丽水粮食生产的演变和发展。撰写的大量资料和数据来自丽水水稻、旱粮科研和生产实践，取材面广，内容丰富，较全面地反映了丽水粮食生产历史、现状和发展前景，体现了编著者多年从事农业生产管理、推广和研究的艰辛历程与经验体会。该书实用性强，对丽水粮食生产的发展和科技创新有着积极的指导意义，是对丽水粮食生产的一大贡献，可供生产、科研和教学等部门查阅和参考。

2015 年 7 月

---

* 亩为非法定计量单位，15 亩＝1 公顷。——编者注

［凡例］

一、《丽水粮食生产 60 年》坚持唯物史观，存真求实，详今略古，以记叙方式努力反映丽水粮食生产的演变和发展，力求科学性、资料性的统一。

二、《丽水粮食生产 60 年》采用述、记、志、图、表、录等综合体裁，以记叙为主体，文中附设图、表，共 25 章，99 节。首设概述，末设后记。

三、时限：上限力溯事件发端，下限至 2009 年，少数内容延至脱稿前。

四、纪年：中华人民共和国成立前沿用历史纪年，括号备注公元纪年；中华人民共和国成立后采用公元纪年。

五、资料来源：生产统计数据来自丽水市统计局生产统计年报，部分数据来源于丽水市农业局业务年报；良种推广数据来源于丽水市农业系统种子部门统计报表；还有部分数据、资料来自丽水市农业局粮油站、种子部门档案材料及县志、报刊、专著、口述资料等，经作者考证，一般不注出处。

六、科技进步奖、科技成果奖、农业丰收奖等奖项主要汇集的是，由市级农业技术推广、科研部门组织实施获得市级以上并为二等奖以上；少数县级农业部门组织实施的但能代表当时市级科技水平和发展趋势的市级以上水稻技术奖项也一并列入。

[目录]

第三篇　旱粮生产

概　述

　　丽水市地处浙江西南部，位于北纬 $27°25'\sim28°57'$，东经 $118°41'\sim120°26'$。北部、西北部接连金华市、衢州市，东北部、东南部邻接台州市、温州市，西部、西南部毗邻福建省的南平市、宁德市。下辖莲都区、龙泉市、青田县、缙云县、云和县、庆元县、遂昌县、松阳县、景宁畲族自治县。全市面积 17 298 千米²，占全省面积的 1/6。其中按地貌类型分：河谷盆地占 2.9%，山间盆地占 1.7%，丘陵占 7.9%，低山占 18.9%，中山占 68.6%；按坡度大小分：坡度在 5°以下的土地占 19.26%，5°~15°占 13.45%，15°~25°占 33.26%，25°~35°占 26.78%，35°以上占 7.25%；按使用类型分：山地占 88.42%，耕地占 5.52%，水域及其他占 6.06%，素有"九山半水半分田"之称。

　　境内地形复杂多变，地势高低悬殊，自西南向东北倾斜，主要山脉有仙霞岭、洞宫山和括苍山。海拔 1 000 米以上的山峰有 3 573 座，1 500 米以上的山峰有 244 座，其中龙泉县凤阳山黄茅尖海拔 1 929 米，庆元县百山祖海拔 1 856.7 米，分别为浙江省第一、第二高峰，而青田县的温溪镇海拔只有 7 米，为丽水市最低处。西南中山绵亘，间有低山、丘陵和小块河谷盆地，以低山、丘陵为主；东北部低山、丘陵连绵起伏，间有中山及河谷盆地，以低山、丘陵为主。境内又是瓯江、钱塘江、飞云江、椒江、闽江、交溪等六大水系干、支流的发源地，各水系的溪流贯穿于丛山峡谷、丘陵盆地。气候特征垂直差异明显，土壤类型多样。

　　特定的自然地理环境、复杂的地形地貌和丰富的气候资源，为丽水粮食生产创造了条件。海拔 7~200 米的河谷盆地的平原地带，热量条件好，为纯双季稻区和旱—稻—稻种植区；海拔 200~500 米的丘陵低山区，由于地理位置不同，热量条件参差不齐，所以是单季稻、双季稻和旱—稻—稻、旱—稻混栽区；海拔 500~1 000 米的中、高山区，热量条件能满足单季籼稻的生长发育，所以是纯单季稻和绿肥—单季稻区；1 000 米以上的高山区，热量条件较差，大多只适宜栽培耐寒性较强的糯稻和粳稻，故为高山单季稻区。

　　新中国成立以来，随着科学技术的进步，丽水市粮食生产同浙江省一样，各方面都取得了长足发展。

　　在改革耕作制度方面，第一步，尽力减少冬闲田，扩大冬种面积，瘦田种绿肥作物，肥田种粮油作物。第二步，在单季稻改双季稻的基础上，发展了绿肥作物、双季稻与麦、稻两熟并存。第三步，在发展改两熟为三熟的同时，把绿肥作物、稻、稻和麦、稻两熟与麦、稻、稻，油、稻、稻三熟制并存。在季节、肥料、劳动力矛盾大的情况下，多安排两熟制，少安排三熟制。然后，因地制宜在三熟制中发展"二水一旱"为"二旱一水"。同时，提倡冬季绿肥作物与粮、油作物轮作等。从而使稻田由单纯地增加复种指数，到用地与养地相结合，进而发展成种养并存的农业生态型耕作制度。

　　在良种选育方面，丽水市各级政府和农业部门高度重视良种的引进和推广。水稻生产方面，20 世纪 50 年代末完成了改农家品种为改良品种；20 世纪 60 年代末完成了改高秆品种为矮秆品种；20 世纪 70 年代末完成了改常规稻为杂交稻。三次水稻品种的变革，都对粮食生产带来重大变化，被人们称为三次"绿色革命"。近年来，优质稻和超级稻的引种推广又取得了显著的成效。除积极引进良种外，丽水市农业科学研究所及其各县（市）农业科学研究所、种子公司，还积极选育水稻品种 19 个，同样为丽水市的水稻生产发挥了重要作用。在水稻栽培技术方面，随着稻区耕作制度的改革，育秧技术不断得到改进，逐步形成了以小苗带土育秧、塑料薄膜育秧、两段育秧为代表的适宜多熟制栽培和旱育秧、塑盘抛秧等省工节本的育秧方式。在大田管理方面，除了应用常规的"三黑三黄"看苗诊断、促控结合的水稻高产栽培理论外，近年来丽水市陆续推广了水稻"畦作栽培""稀少平栽培""三高一稳栽培""模式栽培"强化栽培"等水稻高产栽培技术。在小麦生产上，提出了"促两头""前氮后移"施肥技术和节水灌溉技术措施，这些高产栽培理论的实践和应用使良种推广如虎添翼，更好地发挥了良种生产力。

在基础理论的研究方面，对水稻壮秧的生理与形态指标、各育秧方式的生理基础与关键技术以及防止低温烂秧、长秧龄早穗和寒露风冷害的理论与技术等都做了广泛深入的研究。同时，对水稻品种光、温生态条件做了大量研究，为丽水市水稻品种的合理布局、适宜的播种期及安全齐穗期等做了科学的界定。确定了连作稻、单季稻稳产栽培海拔高度上限，早熟早稻搭配代表组合汕优 6 号需积温 3 730℃以上，稳产栽培海拔高度上限为 400 米；中熟早稻搭配汕优 6 号，需积温 4 200℃，稳产栽培海拔高度上限南部为 400 米左右，中部为 300 米左右，北部为 200～250 米；迟熟早稻搭配双糯 4 号需积温 4 100℃以上，稳产栽培海拔高度上限为 350 米左右；山区单季稻汕优 6 号从播种至齐穗需积温 2 500～2 800℃，其稳产栽培海拔高度上限为 800～1 000 米。

在水稻科技项目的研究和推广上，至 2009 年由市级农业科研、科技推广部门为主的市级以上有关水稻生产的科技进步奖 97 项、农业丰收奖 102 项，其中省科技成果奖二等奖 3 项、三等奖 7 项、市科技进步一等奖 8 项；省农业丰收奖一等奖 4 项，市农业丰收一等奖 7 项。缙云县雁岭公社、缙云县壶镇公社完成的"水稻秧苗带土移栽"项目，1978 年获全国科学大会奖；丽水地区土肥站等 12 个单位联合完成的"推广垄畦栽培十万亩水稻大幅度增产"项目，1990 年度获浙江省农业丰收一等奖；丽水地区农业局、丽水地区农业科学研究所等 5 个单位联合完成的"籼型杂交水稻的试种推广"项目，1978—1983 年度获丽水地区优秀科技成果推广一等奖；丽水地区种子公司等 6 个单位共同完成的"杂交水稻'高产、优质、低耗'制种技术应用"项目 1991 年度获浙江省农业丰收一等奖；丽水地区种子公司主持完成的"丽水地区水稻良种区域试验结果及应用"项目，1991 年度获丽水地区科技进步一等奖；丽水地区粮油站等 10 个单位联合完成的"水稻轻型栽培技术推广"项目，1996 年度获丽水地区农业丰收一等奖。

丽水粮食生产自新中国成立以来，经历了耕作制度改革、品种更新和栽培技术改进，使产量和质量都有了长足的提高，为解决丽水山区人民的温饱问题发挥了重要作用。时至今日，粮食生产仍肩负着丽水粮食安全的社会重任，既面临着人口增加、耕地减少的问题，又要适应产业调整、优质高效发展的要求。在新的历史条件下，丽水农业科技工作者和粮食生产者，坚持以科学发展观的态度，迎接粮食生产新的挑战。一是推动规模化种植、机械化生产、组织化服务和一体化经营，促进劳动生产率和粮食生产效益的提高；二是通过农作制度进一步创新、高产优质良种加速推广和栽培技术集约化应用，稳定粮食播种面积、提高粮食单产和品质；三是发展鲜食特色旱粮品种、有机生态精品和旅游观光产品，充分发挥丽水地型多样性和生态优势，提高粮食品质，满足市场需求。回顾历史，展望未来，我们将谱写丽水粮食生产更加美好的明天。

第一篇

农业资源和农作制度创新

第一章
气候资源与粮食生产

丽水市属中亚热带季风气候区，热量丰富，降水量充沛，冬暖春早，光、热、水的组合与农业季节配合较好。但因地理位置南北差别、山脉走向不同、离海洋远近和地势高低悬殊的综合影响，造成农业气候既有水平的地域性差异，又有显著的垂直差异。气候总特点呈有规律性的垂直变化，低层温暖湿润、中层温和湿润、高层温凉湿润的季风山地气候。在粮食作物生长期间，因受季风气候的影响，丽水市的粮食生产又往往遭遇旱、涝、冷、热等灾害。因而丽水的气候特点既为丰富多样的丽水农作物类型创造了条件，又为获得粮食高产增加了难度。因此，认识、了解、掌握丽水的气候特点，因势利导，趋利避害是全面夺取粮食高产的首要条件。

第一节　气候资源

光、热、水是粮食生产的主要气候要素。它们的分布和组合特征直接影响粮食作物的分布、生长发育和产量形成。

一、光能资源

（一）太阳辐射

太阳辐射能是绿色植物进行光合作用的唯一能量来源。太阳辐射能的多少又是决定地面温度和近地层空气温度高低的主要因素。因此，太阳辐射能是农作物生产的重要气候资源。

丽水市的年太阳总辐射能为 427.2～460.2 焦耳/厘米^2，与金华市相比少 16.74～46.02 焦耳/厘米^2，但因地域不同而有差异（表 1-1）。以水平地域而言，太阳总辐射量以青田县为最多，云和县为最少。就全年而言，太阳总辐射量以 7 月最大，12 月最小，如丽水市区 1961—1980 年资料统计，7 月太阳总辐射量为 58.16 焦耳/厘米^2，12 月为 22.59 焦耳/厘米^2。从不同海拔高度看，高海拔地区因太阳辐射能所穿越的大气层比平原地区薄；晴朗无云雾时，大气中水汽和尘埃含量也相对较少，透明系数增大，因此，太阳辐射强度比平原强。据龙泉市气象站 1983 年 8 月 13 日（晴天）测定，龙泉市城郊（海

表 1-1　各地年太阳总辐射量和日照时数与四邻地区比较

地　区	太阳总辐射 （焦耳/厘米^2）	日照时数 （小时）	地　区	太阳总辐射 （焦耳/厘米^2）	日照时数 （小时）
莲都区	433.5	1 821	庆元县	443.9	1 873
龙泉市	438.5	1 851	金华市	469.0	2 087
云和县	427.2	1 774	黄岩区	454.8	1979
遂昌县	435.6	1 848	温州市	438.5	1 850
缙云县	440.2	1 875	浦城县	442.2	1 894
青田县	458.6	1 988			

拔 198 米）与凤阳山（海拔 1 400 米）其上午 8 时的太阳照度分别为 4.8 万勒克斯和 5.3 万勒克斯，中午 12 时分别为 11.2 万勒克斯和 12.8 万勒克斯，太阳照度均以高海拔地区为强。不过由于山区多云雾，年太阳总辐射量总的趋势还是随海拔升高而减少，如龙泉市城郊（海拔 198 米）为 424.69 焦耳/厘米²，小黄南村（海拔 499 米）为 361.99 焦耳/厘米²，屏南镇（海拔 1 114 米）为 341.09 焦耳/厘米²。

山区的太阳辐射分布还受坡向、坡度的影响，而这种影响又因纬度和季节而不同。如丽水市区（北纬 28°27′）的夏至日，南坡的可能辐射日总量要比坡度相同的北坡小，而且随坡度增大，差值增大。据计算，丽水市区在 5 月 13 日至 8 月 2 日期间，坡度在 10°～15°时，北坡的可能辐射日总量均大于南坡。

太阳辐射能的 99% 集中在波长为 0.3～4.0 微米的光谱区内，但植物在光合作用中仅能吸收和利用太阳光谱中 0.38～0.71 微米波长的可见光，称为光合有效辐射。如丽水市水稻生育期间的光合有效辐射分布的趋势与总辐射相一致，丽水市区 4～9 月年总辐射量为 271 662 焦耳/厘米²，占全年总量 62.5%；其有效辐射总量为 136 877 焦耳/厘米²，占全年总量 62.6%。这段时期正值早稻生长发育、籽粒形成时期，晚稻生长发育至灌浆前期，因此，此时期的光合有效辐射量高对农业生产具有重大意义。

（二）日照时数

太阳可照时数与实际日照时数的多少，直接影响粮食作物品种类型的地理分布、生长发育状况、产量高低和品质优劣，以及病虫害的发生发展等。太阳的实际日照时数分布不仅与所处纬度、季节不同而有差异，而且与云、雾、降水有密切关系。一般是纬度越高日照时数越多，夏季多于冬季。丽水市平均年日照 1 712～1 825 小时，多日照年 1 800～2 100 小时，少日照年 1 400～1 600 小时，平均年日照与邻近的金华市相比少 99～343 小时。其中以青田县的年均日照时数最多，云和县最少。就全年来说，日照时数以 7～8 月最多，为 225.6～259.2 小时，1～2 月最少，为 99.2～136.5 小时。

山区的日照时数不仅受地理位置、云雾的影响，而且还决定于海拔高度、坡向、坡度等地形因子。一般来说，山区日照时数随海拔升高而减少；但有些山区随高度减少后，在某一高度以上又转而随高度升高而增加，一般在海拔 500～800 米发生这种转折；还有的山区年日照时数随高度上升始终增加。在单季稻生长季中，日照时数多数山区是随海拔上升呈线性递减，其递减率在每 100 米递减 3.5～73.1 小时变化。丽水山区就全年和 7 月的日照百分率而言，分别在海拔 700 米、1 000 米出现最小值，再往上又转而随海拔升高而增加。

坡向、坡度对日照时数的影响也较大。一般，冬半年，南坡比同纬度其他坡向的日照时数多，与平坦地相等；夏半年，北坡太阳日照时数比南坡多，且与平坦地一样。

二、热量资源

热量既是影响农作物生长发育和产量的重要因素，也是确定当地粮食作物品种布局和熟制安排的首要条件。而热量资源一般都是以温度和有效积温来表达。

据气象资料表明，丽水市年平均气温在 16.9～18.5℃，无霜期 245～274 天，≥10℃积温 5 301～5 889℃。1 月平均气温 5～7.8℃，极端最低气温 -5.3～-13.1℃，7 月平均气温 27.0～29.2℃，极端最高气温 37.6～41.7℃。就南北地域性看，热量条件以东部、中部的青田县、莲都区一带最好，年平均气温达 18.1～18.5℃，≥10℃积温 5 727～5 889℃，无霜期 257～274 天，1 月平均气温 6.4～7.8℃，极端最低气温 -5.3～-7.7℃；以北部的遂昌县、缙云县为最差，年平均气温仅 16.9～17.2℃，≥10℃积温仅 5 301～5 437℃，冬季较冷，极端最低气温出现在缙云县，最低达 -13.1℃。其他县（市）的热量条件居中（表 1 - 2）。

由于山地的影响，丽水市的气温分布具有显著的垂直差异性。即气温随海拔升高而递减，年平均气温递减率一般为海拔每升高 100 米温度降低 0.5℃，如龙泉市山区在海拔 198 米的沿溪河谷年平均气温为 17.5℃，海拔 499 米的小黄南为 15.6℃，海拔 1 114 米的屏南只有 13.5℃。各月平均气温递减率也存在季节差异，即夏季递减率最大，冬季最小。气温垂直递减率又以最高气温递减率最大，平均气温递减率居中，最低气温递减率最小。

表 1-2 丽水市各观测点平均气温和极端气温

单位：℃

地名	海拔（米）	1月	2月	3月	4月	5月	6月	7月	8月	9月	10月	11月	12月	全年	极值	
															最高	最低
青田	57	7.7	8.6	11.9	17.3	21.6	25.3	28.8	28.1	24.9	20.6	14.9	9.7	18.3	40.9	−5.3
莲都	61	6.3	7.8	12.1	17.9	22.1	25.5	29.3	28.7	24.9	19.4	13.8	8.3	18.0	41.5	−7.7
云和	163	6.2	7.6	12.1	17.7	21.8	24.8	28.3	27.7	24.0	18.7	13.4	8.1	17.5	41.1	−8.3
缙云	182	4.9	6.3	10.8	17.0	21.5	24.9	29.0	28.3	24.0	18.5	12.7	6.9	17.1	41.7	−13.1
龙泉	198	6.5	8.1	12.3	17.8	21.7	24.7	27.8	27.3	24.0	18.9	13.5	8.3	17.6	40.7	−8.5
遂昌	238	5.2	6.6	11.1	16.9	21.0	24.2	27.7	27.1	23.4	18.0	12.4	7.1	16.7	40.1	−9.9
庆元	353	6.7	8.6	12.7	17.7	21.3	24.3	27.0	26.5	23.6	18.6	13.2	8.3	17.4	38.0	−9.2
住龙	428	5.5	7.1	11.2	16.5	20.5	23.2	26.5	26.1	22.8	17.6	12.4	7.5	16.4	38.5	−10.6
横岗	500	4.5	5.5	9.9	15.5	19.7	22.8	26.7	26.5	22.8	17.4	12.1	6.8	15.9	—	−9.7
举水	765	5.1	6.3	9.8	15.0	18.7	21.7	24.7	23.7	21.2	16.3	11.5	7.4	15.1	36.0	−10.8
车床	840	3.0	4.5	8.6	14.5	18.4	21.7	24.6	24.2	20.6	15.2	10.0	5.0	14.2	—	−10.2
燕头	950	3.1	4.1	8.2	13.8	17.6	20.5	23.7	22.9	19.8	14.9	9.9	5.8	13.7	33.2	−11.7
荷地	1 050	3.4	4.7	8.4	13.7	17.3	20.4	23.4	22.2	19.7	14.8	9.8	5.8	13.7	32.4	−12.5
白马山	1 250	1.6	2.4	6.1	11.8	15.6	18.4	21.7	21.1	17.8	12.6	7.6	2.9	11.6	—	−16.5

注：住龙、燕头属龙泉市，举水、荷地属庆元县，车床、白马山属遂昌县，横岗属莲都区。

根据丽水市的地理特征，气温的垂直分布可划分为 3 个层次：①南部海拔 300～400 米以下，中部 300 米以下，北部 200～250 米以下，盆地、低丘、河谷地带温暖湿润，稳定≥10℃期间积温 5 300℃以上，除缙云、遂昌以外，1 月平均气温都在 6℃以上，极端最低气温−10℃以上。②南部海拔 400～850 米、中部 300～800 米、北部 250～700 米温和湿润，稳定≥10℃期间积温 4 500～5 300℃，1 月平均气温 3～6℃，极端最低气温−11～−15℃。③南部海拔 850 米以上、中部海拔 800 米以上、北部海拔 700 米以上温凉湿润，≥10℃积温<4 500℃，1 月平均气温<3.5℃，极端最低气温−10～17℃。

冬暖春早是丽水市最强的气候优势所在。丽水市绝大部分（县、市、区）的最冷月均比周围各县暖和，更比浙江北部暖和。春季稳定通过 10℃的初日，除缙云县、遂昌县两地外，均出现在 3 月中旬，要比温州市早 1～9 天，比金华市早 4～12 天，气温日较差也比邻区大（表 1-3）。

表 1-3 丽水市各县（区）与周边各市（区）春热量条件比较表

地 区	莲都区	青田县	云和县	龙泉市	庆元县	遂昌县	缙云县	金华市	衢州市	黄岩区	温州市
气象站海拔（米）	61	57	163	198	353	238	182	64	67	8	6
1月平均气温（℃）	6.4	7.8	6.3	6.5	6.7	5.3	5.0	5.1	5.2	5.8	7.6
≥10℃初日（月/日）	3/19	3/18	3/19	3/14	3/11	3/23	3/23	3/24	3/23	3/26	3/20
≥15℃初日（月/日）	4/11	4/9	4/10	4/8	4/11	4/13	4/15	4/16	4/14	4/20	4/14

三、雨水资源

（一）流域资源

丽水市境内大小溪流众多，有瓯江、钱塘江、闽江、飞云江、椒江、交溪六大水系。其中瓯江水系为丽水市的主干水系，发源于浙闽交界处的仙霞岭洞宫山脉锅帽尖的西北麓，经青田县、温州市注入东海，干长 384 千米，流域面积为 18 100 千米²，其中丽水市境内干流长 316 千米，占全长的 81.4%，流域面积 13 082 千米²，占流域总面积的 72.8%，主要支流有龙泉溪、大溪、小溪、松荫溪、宣平港、好溪等。

丽水市流域总面积为 17 268 千米²，多年平均天然年径流总量 184.59 亿米³，其中多年平均地下水资源量为 40.34 亿米³，多年平均降水量为 303.13 亿米³，年平均陆地蒸发量 115.54 亿米³，人均水资源总量 8 691 米³，为全省人均水资源 2 414 米³ 的 3.6 倍；亩均水资源总量 12 074 米³，为全省亩均水资源总量 3 378 米³ 的 3.6 倍。从水供需平衡来看，总需水量 74 533 万米³，其中农业需水量 68 445 万米³，水资源能基本满足农业生产用水的需要。然而，水资源虽然丰富，但因山高地陡，蓄水性能差，所以，水的利用率仍较低，山区的供需矛盾仍比较突出，农田旱灾现象时有发生。

（二）水利设施

截止 2003 年统计，蓄水工程丽水市建有小中型水库 327 座，总库容 20.9 亿米³，其中库容 1 000 万米³ 以上的大中型水库 23 座，总库容 18.9 亿米³，这些水库不仅是丽水市水力发电的主要水源，同时也是农田灌溉的重要水源；另有山塘、水塘 18 278 口，蓄水量 1 747 万米³，灌溉农田 12.33 万亩。引水工程丽水市建有大小堰坝 20 977 条，常年引水量约 3 亿米³，灌溉农田 58 万亩，分布在瓯江的各条支流上，是中上游农田灌溉的重要水源之一。松阴溪和好溪的堰坝分布较多，其中灌溉千亩以上的有 28 条，占全流域堰坝灌溉面积总量的 70%。重要的灌溉堰坝有通济堰和江南堰。通济堰始建于南朝梁天监四年（502 年），灌溉碧湖平原农田 2.98 万亩；江南堰位于松阴溪干流界首附近，渠道长 14.5 千米，设计灌溉农田 1.5 万亩。提水工程主要是机电排灌，丽水市有 5 100 处，灌溉农田 18.47 万亩。

这些水利工程的建成不仅对控制洪水、发展水电事业发挥了很大作用，而且使农田灌溉条件也得到大大改善，农田有效灌溉面积达 118.69 万亩，占水田总总面积的 89.8%，旱涝保收面积 64.95 万亩，占水田总面积的 53.2%，稳产高产田面积 33 万亩，占水田总面积的 23.6%。

从农田灌溉状况看，河谷盆地、低丘，如壶镇、新建、松古平原、碧湖、崇义、龙渊、八都、小梅等地，水利设施比较好，有效灌溉面积占 90%，旱涝保收面积约占 60%，其中碧湖灌区由通济堰、高溪水库、郎奇水库形成的供水系统供水；松古平原灌区由东坞水库、六都水库、梧桐源水库、谢村源水库、杨岭脚水库、江南渠道等形成的供水系统供水；壶镇平原由左库水库、碧川水库等小型水库、山塘、堰坝、机埠等供水系统供水。高丘、低山地势陡峻，有的植被破坏严重，蓄水性能差，缺乏水利设施，靠天田比例大，是常年易旱地带。中山地带自然植被较好，山涧长年流水不断，基本能靠自然流水灌溉满足水稻和粮食生产。

（三）降水量的地域分布

降水与湿度都是代表水分条件。丽水的降水特征是：降水量丰富，但其时间分配极其不均匀，干湿季明显，易旱易涝。同时，因地处山区，降水还受地形和海拔高度的影响，所以，其地域分布也不均匀。

丽水市各地年降水量为 1 400～2 275 毫米，多降水年 1 800～3 000 毫米，少降水年 850～1 470 毫米。年降水量的水平分布，大体上是南部、西南部多，中部、北部少，缙云县、莲都区、云和县、青田县北部及遂昌县为少雨区，年降水量在 1 380～1 600 毫米；西南部的龙泉市、庆元县及青田县的东南部为多雨区，年降水量在 1 379～1 699 毫米（表 1-4）。

年降水量的垂直分布的基本特征是随海拔高度的升高而增多，从全市来看，海拔每升高 100 米年降水量大致增加 50 毫米。如海拔 61 米的莲都区年均降水量为 1 378.9 毫米，海拔 120 米的长濑为 1 381.3 毫米，而海拔 640 米的夏庄就增加到 1 555.6 毫米，比莲都区点增加 176.7 毫米，增 12.81%，高度每升高 100 米，雨量增加 30 毫米。

山区不同坡向年降水量也存在较大差异，即东南坡降水量明显多于西北坡和北坡，而且东南坡降水量垂直递增率大，每 100 米增加 105 毫米，西北坡和北坡仅每 100 米增加 40～50 毫米，随海拔升高，南、北坡降水量差异也增大，一般 500 米以下南坡比北坡多 300～500 毫米，500 米以上南坡比北坡多 400～700 毫米。

表1-4 丽水市各地全年平均降水量

单位：毫米

地名	海拔(米)	1月	2月	3月	4月	5月	6月	7月	8月	9月	10月	11月	12月	全年
青田	57	37.5	76.6	118.3	156.5	186.7	229.7	182.7	245.9	188.8	94.2	48.9	30.8	1 596.5
莲都	61	48.9	87.9	125.0	161.6	212.4	236.4	117.0	117.0	139.1	69.6	53.9	39.3	1 399.6
云和	163	49.0	95.9	138.2	180.1	228.9	272.0	134.8	145.5	167.2	76.0	52.4	40.1	1 580.2
缙云	182	51.6	88.3	133.8	165.9	187.1	238.9	131.1	113.6	139.2	75.0	59.1	44.8	1 428.4
龙泉	198	58.7	113.1	172.2	223.0	276.8	329.5	132.6	116.2	108.0	58.2	51.6	42.9	1 682.8
遂昌	238	54.5	98.4	153.7	178.1	227.5	259.5	130.2	115.2	123.6	68.6	49.1	42.5	1 500.0
庆元	353	52.7	120.2	183.7	244.2	292.5	311.9	140.0	129.4	117.2	62.1	46.8	36.5	1 736.8
住龙	428	54.5	85.7	144.4	218.6	262.5	348.1	131.6	125.3	95.7	64.1	51.8	35.1	1 617.3
横岗	500	57.1	116.2	169.3	233.7	332.7	339.5	129.4	148.7	131.8	61.6	45.2	44.3	1 809.5
举水	765	45.2	85.3	127.3	178.2	207.2	297.1	173.6	221.3	182.9	83.2	56.7	50.9	1 708.6
车床	840	66.0	90.3	142.4	212.8	266.7	328.0	163.1	176.1	161.4	66.6	51.4	47.9	1 772.6
燕头	950	50.9	97.5	140.5	195.4	270.9	330.6	209.9	215.7	171.3	127.4	73.1	50.0	1 932.8
荷地	1 050	79.9	127.4	200.9	281.8	375.5	490.5	175.3	212.4	129.2	82.5	56.8	62.3	2 275.1
白马山	1 250	73.2	114.2	192.3	251.0	338.9	366.6	181.6	206.5	166.4	102.3	68.6	72.6	2 134.2

注：青田、莲都、云和、缙云、龙泉、遂昌、庆元平均降水量从建站起至1988年统计资料。住龙、燕头属龙泉市，举水、荷地属庆元县，车床、白马山属遂昌县，横岗属莲都区。平均降水量为1961—1980年统计资料。

丽水市年平均降水日数为144～202天，最多年为180～240天，最少年为110～170天。低海拔地带雨日较少，海拔较高的中、低山区雨日较多。

（四）降水量的时间分配

丽水市各地的降水具有明显的季节差异。具体地说，11月至次年1月，是冬季西北季风盛行期，干燥少雨，月均降水量少于60毫米；2～6月是春夏东南季风增长期，降水量明显增多，6月达到年最高值，各县降水量平均达到230～330毫米；7～8月是夏季东南季风极盛期，降水量相对较少，月平均降水量除青田县之外，一般在115～145毫米；9～10月是秋季东南季风消退期，降水量明显减少，9月平均降水量为108～189毫米，10月为58～94毫米。

（五）水分蒸发与空气湿度

农作物的生长发育和产量形成过程中，需水量的供应状况不仅与降水量有关，而且还与蒸发量的大小有直接联系。因此，在分析农作物生长发育全过程需水量的供应情况时，必须考虑当地的蒸发量。

丽水市海拔400米以下地带，平均年蒸发量1 280～1 480毫米，其中以莲都区最大，平均年蒸发量1 477.9毫米，1967年高达1 745.5毫米；云和县最小，平均年蒸发量1 281毫米，1977年平均年蒸发量1 043.3毫米。随着海拔升高蒸发量逐渐变小，1 000米以上高山年蒸发量1 100毫米左右。同一高度，日照多、温度高、风速大的地区蒸发量大，反之蒸发量小。全年以1月蒸发量最小，为44.4～64.5毫米，7～8月温度高，光照强，月蒸发量最大达183.6～237.1毫米。从蒸发的逐月变化与其降水相比较，一般是2～6月的降水量大于蒸发量，7月至次年1月的降水量少于蒸发量。

空气的潮湿程度气候上常用相对湿度来表示。相对湿度是空气中实际水汽压与当时温度下饱和水汽压的百分比。百分比的值越小，说明相对湿度小，反之，则相对湿度大。因此，一地的相对湿度大小主要是由当时的气温和水汽压决定的，同时，也受云雾的影响。由于山区气温低、云雾多，出现饱和或近饱和水汽压的概率高，所以，相对湿度山区比平原河谷要高，且有随海拔升高而相对湿度增大的趋势，千米以上高山月相对湿度最高在 90％以上。据丽水气象台统计，丽水山地的年相对湿度，海拔每上升 100 米约增加 1％。

综上所述，丽水市气候地势低的地方热量条件好，地势高的地方热量条件差，中山区均属多雨区，盆地、丘陵为少雨区，年降水日数山地多于河谷盆地的垂直差异分布格局。

（六）存在问题与不足

1. 水源总量丰富，季节性缺水明显　一是丽水市为典型的亚热带季风气候区，季节变化明显，年内降水分配悬殊，并且随降水量变化年际的水资源量分布也有较大程度的不均，造成江河的特大洪水或严重干旱；二是丽水市山多地少，山地中大多山陡土薄，水源涵养能力差，造成地下水不够丰富；三是瓯江流域中上游河道坡陡流急，蓄水能力差，造成枯水期很多河道断流，而在有大雨时，形成山洪，使大量的水不能在河道内长时间滞留，造成水资源浪费。

2. 水利工程严重不足　与季节性缺水形成鲜明对比的是，流域内蓄水工程严重不足，不能有效改变水资源的时空分布不均的状况，径流调节能力较差造成域内干旱缺水。

3. 水源水质不够稳定　在 20 世纪 70～80 年代，由于造纸、化工、矿产等行业发展较快，而这些行业的厂矿大多位于主要江河的上游沿岸，厂矿排出的工业污水未经处理直接排入河流，加上江河沿岸城镇居民人口比较集中，人类社会生活及经济活动造成生活污水的大量排出，导致河流的水质污染十分严重。近年来，丽水市以国家级生态示范区建设为契机，积极创建文明城市，环境保护意识大大增强，保护环境，建设"浙江绿谷"深入人心，地方政府出台了相关政策，关停了污染严重的造纸厂等企业，强制相关企业配置治污设备和达标排放，建设了城市污水治理系统，使主要河流的水质得到大大改善。然而，丽水市的水质污染仍不容乐观。据 2004 年丽水市水资源公报，2004 年丽水市废污水日排放量为 33.76 万吨，其中工业和生活废污水排放量分别为 16.63 万吨和 17.13 万吨，年排放总量为 1.232 4 亿吨。2004 年丽水市主要河流评价河段总长 1 246.03 千米，其中全年期属地面水Ⅰ类的河长 191.53 千米，占评价河长的 15.4％；Ⅱ类水的河长 891.55 千米，占评价河长的 71.5％；Ⅲ类水的河长 148.0 千米，占 11.9％；Ⅳ类水的河长 2.9 千米，占 0.2％；Ⅴ类和劣Ⅴ类水的河长 12.05 千米，占 1.0％，丽水市劣于Ⅳ类水的河长达 14.95 千米，部分河段已不能作为生活、生产用水（表 1-5）。丽水市工业园区建设方兴未艾，而部分工业污水治理明显滞后，部分河道水污染将逐渐加重，所以，污水治理是丽水市一项长期而又艰巨的工作，必须常抓不懈。

表 1-5　2002—2004 年评价河长及水质分类表

单位：千米

年度	评价河长	Ⅰ类水河长	Ⅱ类水河长	Ⅲ类水河长	Ⅳ类水及以上河长
2004	1 246.03	191.53	891.55	148.00	14.95
2003	1 247.93	343.73	820.18	63.53	20.50
2002	1 227.63	502.54	627.79	84.00	13.30

资料来源：2004 年丽水市水资源公报。

第二节　气候资源与粮食生产

一、气候资源与水稻生产

（一）热量与水稻生产

1. 水稻各生育阶段的热量指标

（1）早晚稻各生育阶段的热量指标。根据丽水市多点多年观察，早稻主要品种从播种到成熟，晚稻主要品种从播种到齐穗的热量指标见表1-6。

表1-6 早晚稻代表品种主要生育阶段常年所需≥10℃活动积温

种类		代表品种	秧龄积温 （℃）	移栽至齐穗积温 （℃）	播种至成熟积温 （℃）	播种至成熟 （天）
连作早稻	早熟早稻	二九青	—	—	2 240～2 370	97～106
	绿肥田早稻	广四、竹科	—	—	2 540～2 710	112～118
	春花田早稻	广四、竹科	—	—	2 410～2 620	95～100
连作晚稻	籼型杂交稻	汕优6号	1 000～1 200	1 300～1 500	—	—
	糯稻	双糯4号	600～800	1 330～1 560	—	—
	糯稻	双矮糯、桂糯80	630～770	1 480～1 710	—	—
单季稻		汕优6号	550～700	1 700～1 850	—	—

（2）连作稻不同品种搭配所需的热量。 根据水稻各品种生育期对热量的要求，可推算出连作稻不同品种搭配时所需的热量（表1-7）。

表1-7 连作稻各种搭配方式所需要的活动积温

品 种 搭 配	早稻播种至晚稻齐穗的活动积温（℃）	
	10～22℃	10～20℃
早熟早稻＋汕优6号	3 730～3 930	—
绿肥田早稻＋汕优6号	4 050～4 250	—
春花田早稻＋汕优6号	3 940～4 140	—
早熟早稻＋糯稻	—	3 910～4 140
绿肥田早稻＋糯稻	—	4 230～4 460
春花田早稻＋糯稻	—	4 120～4 350
春花田早稻＋双糯4号	—	3 970～4 200
绿肥田早稻＋双糯4号	—	4 080～4 310

2. 热量与熟制

（1）连作稻、单季稻稳产栽培海拔高度上限。 根据水稻生育期所需的热量指标，再根据丽水市积温随海拔高度变化的规律，就可以得知丽水市连作稻适宜种植的海拔高度上限。从早稻播种至晚稻齐穗，需10～20℃的气温，且要80％的保证率，即早熟早稻二九青搭配汕优6号需积温3 730℃以上，稳产栽培海拔高度上限为400米左右；中熟早稻广四、竹科搭配汕优6号需积温4 200℃，稳产栽培海拔高度上限南部为400米左右，中部为300米左右，北部（缙云县、遂昌县）为200～250米；后熟搭配双糯4号需积温4 100℃以上，稳产栽培上限为350米左右。

山区单季杂交稻（汕优6号）栽培，从播种至齐穗需积温2 500～2 800℃，其稳产种植海拔高度上限为800～1 000米。

（2）熟制分布。 根据各地的热量分布情况和水稻生长发育所需的有效积温，丽水市的水稻熟制类型多种多样，且主要体现在垂直分布上。即在海拔200米以下的河谷盆地的平原地带，热量条件好，为纯双季稻区，也是丽水市的主要产粮区；在海拔200～500米的丘陵低山区，由于地理位置不同，热量条件参差不齐，热量好的地方能满足双季稻的生长发育，而热量条件差的地方，其热量是一季有余，两季不足，所以该海拔段是双、单季混栽区；海拔500～1 000米的中、高山区，热量条件能满足单季籼型杂交水稻的生长发育,所以是纯单季稻区;1 000～1 100 米的高山区,热量条件较差,只能适宜栽培耐寒性较强的糯稻和粳稻,故为高山单季稻区。但是,因山区小地形的热量条件、水稻品种生育期、耐寒性及栽培管理水平等的不同,水稻栽培熟制的上限有所不同或者会有较大差异,如庆元县荷地镇(海拔1 040 米)系高山台地,适宜于籼型杂交稻种植,产量稳而高,与之高度相近的龙泉市龙南乡(海拔1 087米)系峡谷,不但不宜栽种籼型杂交稻,就连常规稻也往往受冻害而歉收。

(二)气候与水稻病虫害

丽水市境内南北跨度不大,南北同一高度的气候条件相似,年平均温差仅 1.5℃左右,所以,水稻病虫害发生和危害的水平分布差异不大。但是,丽水市从海拔 10 米左右的沿江平原到海拔 1 929 米的浙江第一高峰—黄茅尖,年平均温差达 11℃左右,垂直气候差异悬殊,加上水稻种植制度复杂,因而水稻病虫害的分布及危害垂直差异比较明显。如二化螟、褐飞虱、白背飞虱、稻纵卷叶螟、稻蓟马、稻瘟病等遍布平原和山区;稻秆蝇主要发生在海拔 600 米以上的山区,其发生量随着海拔高度降低而减少,平原地区很少发生或不发生;三化螟是平原稻区普遍发生的主要害虫,但随着海拔高度的上升,其发生量明显下降,到了 1 000 米以上的高山就很少发现;稻瘟病因山区雾多、空气湿度大,十分有利稻瘟病病菌的萌发和传播,所以,该病的发生山区明显重于平原;喜高温高湿的纹枯病则随海拔高度的升高,其发生危害减轻。同时,还因海拔高度不同而发生时间、发生代数不一。如二化螟在海拔 600 米左右的单季稻区一年发生 3 代,而在海拔 1 000 米的高山区一年仅发生 2 代;又如褐飞虱在山区单季稻区严重危害期为 8 月中旬,而平原双季稻区则为 9 月下旬前后;纹枯病在平原双季稻区早稻田一般在 6 月上中旬发生,常比低山单双混栽区的单季稻田发生期提早 20～30 天,且危害严重,而海拔 800 米以上的单季稻区由于气温低,其发生期又要比低山区明显推迟,危害减轻。

二、气候资源与旱粮生产

(一)充分发挥气候优势,发展粮菜兼用鲜食旱粮作物

冬季温暖,春季气温回升早是丽水市气候特点和优势所在。1 月、2 月、12 月平均气温在 3～9.7℃,稳定通过 10℃的初日大多在 3 月中旬,比相邻的温州市早 1～9 天,比金华市早 4～12 天,十分有利于春季作物早种、早熟、早上市,提高产品的市场竞争力和经济效益。为此,交通便利的地方应作好布局,推广地膜覆盖促早栽培技术,大力发展鲜食春玉米、春大豆、蚕豆、豌豆及其他粮菜兼用的旱粮作物,可提高旱粮作物种植效益。发展鲜食旱粮作物有利于提高土壤肥力,改善土壤性状,特别是蚕豆、豌豆、大豆等作物。新鲜植株茎秆还田,可以增加土壤的有机质含量,改变土壤团粒结构。如松阳县推广鲜食蚕豆/鲜食玉米,在蚕豆收获后将蚕豆植株铺于玉米行间,既提高了土壤肥力又减少了杂草危害,玉米秸秆还可当饲料。冬季大田发展鲜食旱粮作物不但可以解决冬季农田抛荒,也是水旱轮作的体现,可以改善土壤理化性状,减轻病虫害的发生,减少农药用量,保护生态环境。因此,要充分发挥冬暖春早的气候优势,挖掘冬季农业生产潜力,大力发展鲜食旱粮作物,实现经济效益、社会效益、生态效益同步发展。

(二)科学利用温光资源,大力推广间作套种栽培技术

丽水市年平均气温在 16.9～18.5℃,无霜期 245～274 天,≥10℃积温 5 301～5 889℃,平均年日照 1 712～1 825 小时,太阳总辐射能为 427.2～460.2 焦耳/厘米^2,温光资源优越。据资料统计,2005 年丽水市旱地一年三熟种植面积 2.64 万亩,仅占旱地种植面积的 21.72%,种植二熟旱地 5.79 万亩,占旱地种植面积的 48.37%,种植一熟旱地面积 3.54 万亩,占旱地种植面积的 29.57%(表 1-8),由此可见,丽水市旱地多熟制面积比例还相当低,温光资源得不到充分利用。针对上述情况,要根据平原、丘陵、山区不同地貌类型(如南坡的年积温比开阔地多 150～300℃,而北坡比开阔地少 150～200℃等),因地制宜布局作物种植,合理安排种植方式。热量条件好的旱地,大力推广间作套种,如:春马铃薯/甘薯/玉米、蚕豆(豌豆)/春玉米/秋杂粮、马铃薯/春玉米/甘薯等,实行分带轮作立体种植,协调间套种作物间相互争光、争肥、争空间的矛盾,充分利用山地小气候较佳的自然条件,发展多

层次、多品种的立体农业。提高光能利用率、土地利用率及产出率，同时注意用地与养地相结合。

表 1-8　丽水市 1996—2009 年旱地熟制结构

单位：万亩

年　份	种植粮食的旱地面积	一年种植三熟粮食面积	一年种植二熟旱地面积	一年种植一熟旱地面积
1996	14.30	5.01	3.38	5.90
1997	12.14	5.26	3.38	3.51
1998	11.79	4.31	3.79	3.69
1999	12.26	3.64	3.79	4.83
2000	12.00	2.88	4.44	4.68
2001	11.54	0.32	4.54	3.67
2002	16.48	3.34	6.30	6.84
2003	11.21	2.66	5.32	3.23
2004	11.94	2.84	5.67	3.32
2005	11.97	2.64	5.79	3.54
2006	12.77	2.64	6.31	3.82
2007	12.95	3.12	6.68	3.15
2008	12.69	3.00	6.60	3.19
2009	12.46	2.83	6.76	2.87

另外，利用山区地形地貌多种多样、山区气候垂直分布变化等特点，挖掘生产潜力，积极生产反季节无公害鲜食旱粮作物，延长鲜食旱粮作物生产季节，拓宽市场，为消费者提供优质保健的旱粮作物产品，提高旱粮作物种植效益，是山区农业高产高效发展的新路子。

第三节　气象灾害

丽水市粮食生产主要气象灾害有干旱、冷害和热害。

一、干旱

干旱在丽水市的春、夏、秋、冬四季均有发生，但对粮食生产而言，主要是夏秋（7～10 月）干旱危害较重。从丽水市来看，夏秋干旱的程度和概率一般为，连晴 20～30 天，局部地方就会出现旱情，并且出现的概率是十年八遇；连晴 30 天以上，半数县出现旱情，且 3～4 年就会出现一次。从水平方向看以莲都区、缙云县、松阳县、云和县、遂昌县及青田县与莲都区毗邻地区旱情较为严重；龙泉市、庆元县、景宁畲族自治县次之；青田县南部一些地方较轻。山区随着海拔升高，降水量增加，蒸发量减少，旱情减轻。

在 7～8 月丽水市正值副热带高压控制期，天气晴热，蒸发量大。根据丽水气象台 1953—1980 年资料统计，7 月、8 月的降水量分别为 114.0 毫米和 121.8 毫米，而同期蒸发量分别为 238.9 毫米和 226.1 毫米，远远大于降水量。而此阶段又正值早稻生育后期、双季晚稻栽插和生育前期、山区单季稻正值孕穗至抽穗期，同时也是夏甘薯、大豆、玉米生长期，都是生长过程需水量较大的时期，此时如果出现久旱无雨，特别是灌溉系统不健全的山区靠天田，就会造成干旱，影响秋甘薯、大豆、玉米播种，造成水稻和夏、秋旱粮的减量。在丽水市属于中旱年的夏旱一般 5～6 年左右出现一次。

在 9～10 月也是丽水市降水比较少的阶段，虽然 9 月的降水量一般要比 7～8 月多，但该月的降水相对变率较大，在少雨年份就容易出现秋旱，影响双季晚稻、山区单季稻和秋旱粮的生长发育和产量形成。在丽水市属于旱年的秋旱一般 3～4 年出现 1 次。

在丽水市还会出现夏旱连秋旱的大旱年份，一般 20 年一遇。如 1967 年发生大旱，丽水市粮食作物受灾面积 62.7 万亩，减产 6.7 万吨。据水利部门统计，1949—1981 年受旱面积共计 307.8 万亩，成灾面积 110.2 万亩，损失粮食 27 万吨。因此，干旱是影响丽水市农业生产最大的自然灾害。

二、冷害

低温冷害对粮食生产影响较大的主要是水稻生产，对丽水市的水稻生长发育而言，低温冷害主要有早稻播种育秧和移栽返青阶段的春寒，早稻幼穗分化、花粉母细胞减数分裂阶段的夏寒（也称"五月寒"）和晚稻抽穗扬花期的秋寒 3 种。

（一）早稻播种育秧和移栽返青阶段的冷害

在 3 月下旬至 4 月下旬是丽水市河谷、盆地及低丘地区早稻育秧和移栽的关键时段，从总体趋势来看，春季温度是不断上升的，但是，由于春季冷暖空气不断交替，因此，春季温度的上升是呈波浪式的，在温度上升过程中遇到势力较强的冷空气入侵时，就要出现明显的回寒时段，即"倒春寒"，并常常还会伴有阴雨天气。此时的秧苗，尤其是处在 3 叶期和移栽后的秧苗，遇到低温阴雨，容易受冻而产生烂秧和僵苗。根据有关资料和广泛的实践经验可知，在回寒过程中，出现连续阴雨 3 天以上，且日平均气温≤10℃，或降温时间虽然较短，但降温幅度大，转晴后最低气温在 4℃ 以下，出现霜冻，此时如果保暖防冻措施跟不上，就会出现烂秧；如果早稻移栽后遇日平均气温<15℃或返青后遇<20℃的回寒阶段，就会因冷害出现僵苗。根据丽水 1954—1980 年气象资料统计表明，在莲都区 3 月 21 日至 4 月 10 日期间，出现回寒天气的年份占 78%。

（二）早稻幼穗分化、花粉母细胞减数分裂阶段的冷害

在 5 月底至 6 月上、中旬正值丽水市早稻幼穗分化、花粉母细胞减数分裂阶段，对低温反应特别敏感，而丽水市此时的季节变换上正是东南季风增长过程，江南地区常因北方冷空气的不断扩散南下，与南方的暖湿气流结合，造成持续阴雨天气。根据有关试验和分析，在连续阴雨或连续阴雨后转晴连续两天以上日平均气温≤20℃，或最低气温≤17℃，就会对早稻幼穗分化、花粉母细胞减数分裂造成危害，低温持续时间越长，危害就越严重。同时，该阶段正是山区单季稻插秧时期，低温对移栽后的秧苗返青和分蘖都有影响。据气象历史资料记载，丽水市各县（市、区）5 月下旬低温出现概率为 30%～70%，多数为 50%；6 月 1～5 日遂昌县、龙泉市、庆元县、云和县等为 21%～26%；6 月 6～10 日缙云县、遂昌县为 13%～21%，其他各县（市、区）为 3%～6%。

（三）晚稻抽穗扬花期的冷害

在 9 月中、下旬丽水市的气候特征是南方的东南季风迅速退却，北方冷空气开始增强，并频繁南下，气温明显下降，且此时正是丽水市晚稻抽穗扬花时期，低温反应比较敏感。如遇强冷空气入侵，日平均气温连续 3～5 天低于 22℃、20℃，就分别会对连作晚稻中的籼稻和粳稻的扬花结实产生危害，导致大量秕谷产生而影响产量。据丽水市气象历史资料记载，籼稻、粳稻 80% 保证率，低温出现日期分别为 9 月 11～20 日和 9 月 26～29 日，青田县分别为 9 月 26 日和 10 月 9 日。

三、热害

热害指的是早稻抽穗开花期或单季稻孕穗期受高温的危害。据有关研究，早稻抽穗开花期，如遇连续 3 天以上最高温度在 37℃ 以上的高温阶段，就会构成高温危害，使空瘪粒明显增加，造成减产。在 6 月下旬至 7 月上旬正值丽水市梅雨之末，盛夏之初，尤其是梅雨期短或空梅年份，往往在 6 月下旬或 7 月初就进入盛夏高温阶段，并出现连续最高气温≥37℃的高温时段，而此时恰逢丽水市早稻抽穗开花时期和单季稻孕穗期，因此对水稻产量的形成构成较大影响。据气象资料统计，丽水市构成高温危害的概率为，在 6 月 25～30 日 10% 以下，7 月 1～5 日为 6%～16%，7 月 6 日以后增加到 13%～30%。因

此，早稻避开热害的安全齐穗期为 6 月 25 日至 7 月 4 日。

高温热害也是丽水市春种夏收玉米生育后期和夏种秋收玉米生育前中期经常遇到的不利气候因素。因为这时正处夏季 6～7 月，太阳高度角大、辐射强烈，地面吸收和累积的热量多，因此，常出现高温天气。6 月下旬或 7 月连续高温，使玉米光合作用受阻，酶活性减弱，致使生长发育减慢。玉米在营养生长期受害，致使高度降低，叶片数减少，粒数减少，穗变短。玉米生殖器官分化期到抽穗开花期，遭受异常高温危害，使生殖器官受到损害，造成不育或部分不育而减产。因此，丽水市春种夏收玉米生殖器官分化期到抽穗开花期要避开 6 月下旬到 7 月的盛夏高温阶段，以确保玉米高产稳产。

第二章
耕地资源与粮食生产

第一节 耕地现状

一、耕地分布

据 1984 年丽水市土壤概查统计，丽水市耕地累计 226.15 万亩，其中水田 196.52 万亩，旱地 29.16 万亩，分别占耕地总面积的 87.11％和 12.89％。耕地从海拔 7～1 300 米均有分布，在海拔 250 米以下的河谷盆地占 36.46％；海拔 250～500 米丘陵山地占 32.26％；海拔 500～800 米的低山区占 19.15％；海拔 800 米以上的中山区占 12.13％。相对比较集中成片的田块主要分布在海拔 350 米以下的松古、碧湖、壶镇、新建、云峰、大柘、石练、龙渊、八都等盆地和海拔 800 米以上的荷地、上标、景南、大洋等山间盆地。这些田块的地形坡度在 6°以下，田块较大，耕作比较方便，耕作水平比较高，抵抗自然灾害能力较强。其他地貌的田块分布相对比较零星，田块也小，田块间的高差一般在 1～2 米，5～8 米，耕作水平低下，抵抗自然灾害能力弱。

据资料统计：2005 年丽水市耕地面积 134.49 万亩，人均占有耕地面积 0.54 亩，与 1978 年相比，耕地面积减少了 23.14 万亩，人均减少 0.2 亩，分别减少 14.68％和 27.02％。耕地分布很不均匀，龙泉市人均占有耕地面积 0.92 亩，而青田县、缙云县人均占有耕地面积分别只有 0.34 亩和 0.37 亩，仅为龙泉市人均占有耕地的 36.89％和 40.82％，莲都区近年来经济发展相对较快，人口增加很多，基础设施建设等各方面用地相对增加，人均占有耕地 0.45 亩排位倒数第三。

2009 年丽水市耕地面积 246.14 万亩，人均占有耕地面积 0.96 亩，与 1978 年相比，耕地面积增加了 88.51 万亩，人均增加 0.22 亩，分别增加 56.15％和 29.73％。与 2005 年相比，耕地面积增加了 111.65 万亩，人均增加 0.42 亩，分别增加 83.02％和 77.78％（表 2-1）。

表 2-1 丽水市人均占有耕地统计表

县（市区）	人口（万人）			耕地（万亩）			人均耕地（亩）		
	1978 年	2005 年	2009 年	1978 年	2005 年	2009 年	1978 年	2005 年	2009 年
全 市	212.57	251.39	257.39	157.63	134.49	246.14	0.74	0.54	0.96
莲都区	26.51	37.38	38.46	21.50	16.73	24.71	0.81	0.45	0.64
青田县	43.42	47.81	49.86	19.61	16.12	39.81	0.45	0.34	0.80
缙云县	37.48	43.86	45.02	19.97	16.41	30.57	0.53	0.37	0.68
遂昌县	20.52	22.74	23.12	15.99	15.76	26.94	0.78	0.69	1.17
松阳县	20.38	23.14	23.69	17.57	11.52	27.43	0.86	0.50	1.16
云和县	10.31	11.04	11.26	8.51	6.26	12.17	0.83	0.57	1.08
景宁县	15.23	17.73	17.02	10.51	10.27	26.49	0.69	0.58	1.56
庆元县	15.47	19.84	20.24	16.91	15.92	22.20	1.09	0.80	1.10
龙泉市	23.25	27.84	28.71	26.89	25.49	35.84	1.16	0.92	1.25

注：2009 年耕地面积数据起来源于丽水国土资源局。

二、耕地土壤类型

丽水市土壤类型有 10 个土类，16 个亚类，46 个土属，61 个土种。以红壤、黄壤、水稻土类为主。

红壤主要分布在海拔 800 米以下的低山丘陵，成土母质多为酸性火山岩，有红壤、黄红壤、红壤性土 3 个亚类 11 个土属，占丽水市土壤面积 37.62%。

黄壤分布在海拔 800 米以上的中低山，成土母质主要为侏罗纪凝灰岩、流纹岩、花岗岩风化的残积及坡积物，占全市土壤面积的 24.15%。

水稻土主要分布在海拔 350 米以下的河谷盆地，但最高在海拔 1 400 米的高山区也有分布。水稻土根据发育程度不同划分为渗育型、潴育型、潜育型 3 个亚类，17 个土属，其面积达 303.24 万亩，占丽水市土壤面积的 11.91%，大多为黄泥田、黄泥沙田和洪积泥沙田，其占丽水市土壤面积的比例分别为 42.26%、24.1% 和 12.1%。

（一）渗育型水稻土亚类

该亚类面积为 159.74 万亩，占水稻土面积的 52.68%，主要分布在山坡梯田，只受灌溉水的影响，形成具有耕作层、犁底层和渗育层等主要发育的层剖面，耕作层厚度 16.2 厘米±0.2 厘米，犁底层厚度 5.9 厘米±0.1 厘米，渗育层厚度 34.7 厘米±1.6 厘米，pH 5.5～6.0，易受旱。

（二）潴育型水稻土亚类

该亚类面积 140.62 万亩，占水稻土面积的 46.20%，主要分布在河谷、低丘山垄等平缓部位，剖面发育既受灌溉水的影响，又受地下水或侧渗水的共同影响，形成具有耕作层、犁底层、渗育层和潴育层等发育层段。据普查资料统计，耕作层厚度平均 16.1 厘米，犁底层厚度平均 6.2 厘米，潴育层厚度平均 44.2 厘米，土壤微酸性至酸性，抗旱能力较强，多数为旱涝保收田。

（三）潜育型水稻土亚类

该亚类面积 3.4 万亩，占水稻土面积的 1.12%，主要分布在西南部的龙泉市、庆元县等丘陵区的山垄，集水面大，而出水口小，侧渗水汇集到山垄低洼部位，使土体终年渍水，土体呈青灰色，强还原状态，土壤层次分化很差，有的没有犁底层，田中有冷泉水涌出，人畜都难以下田耕作，有的铁锈漂浮于田中，有机质含量较高，但有效性极低，种稻易发僵。

三、耕地土壤养分

丽水市除局部地段外，绝大部分土壤属酸性、微酸性，一般旱地 pH 5.5～6.0，水田 pH 5.5～6.5（表 2-2）。耕地土壤肥力中等，有机质含量随海拔升高而增加，如缙云县土壤有机质含量测验结果显示，海拔 160～195 米的城郊和壶镇，有机质含量分别为 2.702%±0.763% 和 2.746%±0.604%，海拔 860 米的大洋山区有机质含量为 4.715%±1.437%；土壤全氮含量为中等；土壤中磷的含量差异较大，水田的土壤速效磷含量比旱地土壤速效磷含量为高；钾的含量因母质不同有明显差异，一般旱地的土壤速效钾含量比水田速效钾含量为高，据土壤普查显示，丽水市耕地缺钾的面积占 1/3；硼的含量普遍较低，属于缺硼地带。根据丽水市绿色农产品施肥关键技术推广应用验收材料显示，丽水市土壤有机质平均含量为 3.78%，属中等偏上水平，其中水稻土有机质平均含量为 3.12%；土壤氮素平均含量为 0.174%，属中等偏上水平，其中水稻土氮素平均含量为 0.168%；水稻土速效磷平均含量为 5.4 毫克/千克，属较高水平；速效钾平均含量为 111 毫克/千克，其中水稻土速效钾平均含量为 74 毫克/千克，属中下水平；土壤微量元素中有效硼平均含量为 0.205 毫克/千克，有效钼平均含量为 0.109 毫克/千克，均明显低于土壤有效硼临界值（0.50 毫克/千克）和土壤有效钼临界值（0.15 毫克/千克）；有效锌平均含量为 1.42 毫克/千克，有效铜平均含量 1.50 毫克/千克，有效锰平均含量 13.65 毫克/千克，均为高水平；全市土壤有效铁平均含量为 103.1 毫克/千克，属极高水平。

表 2-2　水稻土理化性状分析表

类　型	土种名称	面积（亩）	质　地	pH	有机质含量（%）	全氮含量（%）	全磷含量（%）
渗育型	山地黄泥田	246 832	中石质重壤土	5.2	5.13	0.263	0.050
	黄泥田	571 607	轻石质重壤土	5.6	3.73	0.172	0.026
	白沙田	95 437	重石质重壤土	5.7	3.73	0.192	0.048
	钙质紫砂田	9 773	中石质重壤土	5.5	2.62	0.153	0.041
	红松泥土	97 464	轻石质重壤土	5.4	2.48	0.136	0.028
	培泥沙田	65 230	中石质重壤土	5.5	2.56	0.165	0.031
潴育型	谷口泥沙田	103 083	轻石质重壤土	5.8	2.83	0.147	0.020
	峡谷泥沙田	120 757	中石质重壤土	5.2	3.10	0.171	0.032
	黄泥沙田	491 467	轻石质重壤土	5.8	2.59	0.146	0.025
	泥沙田	—	轻石质重壤土	5.3	2.25	0.135	0.038
潜育型	烂翁田	11 817	轻石质重壤土	5.3	4.34	0.199	0.035

第二节　山区冷浸田的特点与改良

因受冷水危害而低产的田统称为冷浸田。冷浸田是山区单季稻区的主要低产水稻土，据1975—1980年调查统计，丽水市共有冷浸田40万亩左右，占丽水市水田总面积的1/3，改良前的亩产量常常只有200～300千克，严重影响丽水市水稻总产的提高，因此，全面改良山区冷浸田，对提高丽水市水稻产量意义重大。

20世纪70～90年代在政府部门的重视和支持下，丽水市农业科技人员对山区冷浸田的改良做了大量的调查研究工作，总结出了许多切实可行的改良技术措施，并得以大面积推广应用，取得了可喜的成绩。据1975—1980年地区科委组织的冷浸田改良协作组完成的"山区冷浸田改造技术"项目表明，通过调查研究，基本搞清丽水地区冷浸田类型，加深了对其成因及本质的认识，总结了一些有效的改良措施，并在示范推广中取得了显著的增产效果，通过项目实施，共计14万亩左右冷浸田得到改良，亩产由原来的200～250千克提高到500千克，仅此一项全区每年增产稻谷3.5万吨以上。又据丽水市农业局土肥站等1998—2000年承担完成的波纹塑管改造山区冷浸低产田研究表明，通过试验研究总结出一套省工、省钱且效果好的波纹塑管埋设改造冷浸田的技术，并在1 628亩水田得到推广应用，使水稻产量得到大幅度提高。

山区冷浸田是由田间侧渗水包括田后壁的渗水和田当中泉眼的渗水而形成的。因从地底深处流出的水温度低，据在炎热的夏季测定，泉水的温度仅17～21℃，而普通农田水温可高达30～38℃，且田间侧渗水还含有较多的亚铁离子等还原物质，在出水处往往有棕红色絮状铁锈沉积，如果直接引用山涧泉水和侧渗水灌溉农田，会影响水稻正常生长，易产生僵苗，出现同块田内外长势差异显著的"阴阳"现象。

按冷水田分布地形部位、冷水形成条件和土壤病根等不同，山区冷浸田可分为深脚泉水烂糊田（又称烂溦田）、浅脚里壁侧渗泉水冷冷水田（也称"阴阳田"）、冷水灌溉型冷水田3种类型。烂糊田属潜育型水稻土。灌溉型冷水田是长期冷水串灌加上冬季灌水"冬浸"的表潜型水稻土。

（一）深脚泉水烂糊田

深脚烂糊田形成的原因是地下水位高，田中积水难排，以致田土终年浸渍在水中，一般是田内有冷泉眼危害。主要分布在三面环山的沟谷山湾里，或山涧低洼处，其成因是农田低洼，周围集水面积往往是烂糊田面积的几十倍，而出水口小。如遂昌县永安村的西岭湖，是一条宽度仅为 10～40 米，面积 40 余亩的山垄，而四周却有 2 250 亩山林地，雨水全部汇聚在这山垄里，加上林木较好，"绿色水库"的蓄水量又源源不断地补充给下面的水田，再加上土深泥细，内外排水不良，势必使这样的山垄田一年四都处在水分十分充足的渍育状态。据调查，这种稻田一般分布在变质岩类的片麻岩和花岗岩地层上，这两种母岩的土层和半风化层相当深厚，而地形又十分破碎，使水在低处的水田中涌出，造成泥土糜烂糊结构。由于泥烂，田埂常泻倒崩塌，农田破碎，田丘小，耕作极不方便。改良措施主要是开好"三沟"。

1. 防洪沟　沿山顺坡开好防洪沟，截拦山水洪水，使洪水沿沟畅流。防洪沟深浅大小以容纳最大山洪为准。因为山洪直冲农田，不仅跑土、跑肥、跑温，洪水还带来大量山沙覆盖农田，对作物危害很大。因此，开好防洪沟是改良第一关。

2. 截泉沟　山垄两旁开好截泉沟，根治农田侧渗泉水危害，使农田排灌通畅，并降低农田地下水位。沟的设计可因地制宜，垄窄可一沟排灌兼用，垄宽可排灌分开。排、灌沟以低于田面 0.5 米为宜，兼起截泉效用的沟应低田面 1 米为宜。灌水时，在沟中逐级加闸，以利蓄水升温后灌田。截泉沟底部泥烂不易砌牢，可在底部放上两根松木，然后砌上石块。沟开后还应常维修疏通。

3. 暗导沟　在农田中间放暗沟暗管引泉水出田。对一般烂糊田有以上两种沟或在垄中一条剖腹阴沟就能得到明显的改良效果。但上述两种沟，往往还不能根治农田内冷泉水。在田中放暗沟暗管是根治农田内部冒泉的最好措施。此项措施应抢在暖季动工，先开好明沟，并分次加深明沟，沥干搁田，以利找泉导泉。导泉前要做好改造田片的施工计划，如纵、支暗沟的布置，平整土地的打算等。

暗沟导泉先挖掘开明沟及泉眼处烂泥，并至泉眼一定深度，用石块修砌泉眼，也就是群众说的砌"泉井"，泉大泥烂，在泉的底部还应横放松木，在松木上用石块修砌泉眼，井的底部放出口引泉入暗沟或暗管，泉眼四周还应垫放 16 厘米厚的芒萁，再垫土以防烂泥堵塞进泉口。导泉可用竹管、陶管、波纹塑管、沙卵石结构或石块砌成暗沟导泉，可因地制宜就地取材。小泉用竹管，大泉用瓦管，石块砌纵暗沟，小泉通大泉，大泉通破腹纵暗沟，然后通排水沟。龙泉市茶坦乡经验表明，用多孔陶管导泉，具有边挖边埋陶管，施工方便，节省劳力，导水能力强，效果好等优点；丽水市农业局土肥站等单位共同研究表明，采用波纹塑管改造山区冷浸低产田具有本身重量轻、弯曲自如、抗拉伸和抗压力较强、排水降渍效果好而价格适中的优点，针对山区各类冷浸田的形成特点，采用不同的埋设方法，使水稻产量大幅度提高，单季水稻亩产由改造前的 300～400 千克，增加到 450～500 千克。

多孔陶管由普通陶器厂烧制而成，规格分两种：直通管和三通管。直通管管长 50 厘米，内径 10 厘米，管壁厚 1.5 厘米，管身半部打孔，孔径 1 厘米，孔距 5 厘米，孔位交叉排列，管的一端内径略大，约 13.5 厘米，作为连接另一管段的接口。三通管长、内径等均与直通管同，就是侧边多造一个承接头，成一管三通。

多孔陶管引泉，边挖边埋陶管，将管有孔半部朝上，无孔半部朝下，管面应填放 10～16 厘米厚的芒萁，再添加泥土，以防渗水孔堵塞。三通管一般在泉眼处埋放。孔面反朝，即有孔管面朝下，无孔管面朝上，泉眼底部应铺些沙卵石，三通管周围垫包芒萁，再覆盖生泥熟土。用多孔陶管引泉比石块结构大为省工省本。

纵、支暗沟设施，应根据垄的宽窄和泉的位置，把纵暗沟设在泉眼较集中的部位，把纵、支暗沟以联成"干""半""非"字形为宜。通过暗沟把泉眼水引向纵沟，纵沟至排水深沟，导泉从高到低。暗沟暗管应在田面以下 1 米左右，最浅也要保证沟面覆土 0.33 米，以利耕作。引泉口要保证质量，防止烂泥堵塞。暗沟暗管导泉效果很好，田中泉水一年四季从暗管中流出，田内冒泉当年就可彻底根治，对农田陷脚、翻僵、喷浆、锈水危害均有效。但也有经验表明，纵暗沟不宜过长，更不能一垄直通到底，应相隔一定距离，把纵暗沟冷水引出田面迂回灌溉下段农田，否则一经改良，农田易缺水受旱。

（二）浅脚里壁侧渗泉水冷水田

浅脚里壁侧渗泉水冷水田，分布在位置较高、坡度较陡、相对落差较大的山垄和两旁的山间平地及山腰上，多数是峡谷、陡坡狭长的梯田。这类农田土层不一定深，地下水位不高，田内不冒泉，但在里壁有冷泉水危害。成因是在靠山一侧受岩隙间的冷泉侧渗水影响。加上田块和排泄渠系紊乱，山水、泉水串灌、漫流，里壁荫蔽少阳，冷害相当严重。水稻的长势从里壁至外沿成一明显的倾斜梯度，俗称"阴阳田"。由于串灌及灌水的落差冲力大，跑土、跑肥、跑温严重。特别每经一次耕耘或大雨后，流水带走许多黏细土粒而降低土壤肥力。耕层愈种愈浅，变成粗骨性浅薄田，保肥性能差，肥力低，特点是冷、薄、沙、瘠。改良措施如下：

1. 在田里壁做围泉避水沟，导引侧渗冷泉水　避水沟分临时避水和永久避水两种。永久避水沟应开深些，避水沟的小田埂用石块等砌成。对细少分散冷水可做临时避水沟，即在种植水稻前用泥土临时围成，沟较浅。为了便利耕作，临时避水沟可随意拆除。

2. 改串灌为丘灌，实行"二缺、二石、一条堰"的科学灌水法　此法是遂昌县安口乡根竹口村群众于 1959 年创造，效果显著。"二缺"，是科学地设立进水缺和出水缺。"二石"是在农田灌溉进水缺设立一块控水石（也可用毛竹筒代替），出水缺放一块平水石。"一条堰"是在灌溉进、出水缺之间围一条 66～100 厘米长的弧形眉毛堰。即灌溉水进口不设在落差大的里壁，而设在外侧灌溉沟与水田基本相平的一角，灌溉沟水进入农田的口上放一块控水石，控水石下面留一进水孔，控制进田水流量。在灌溉进水口相临下方设一个出水口，放一块平水石，以调节农田水深浅。在进、出水缺之间围一条 66～100 厘米眉毛堰，眉毛堰一端围死，一端与农田进水口和出水口相通，当农田水足够，灌溉冷水被眉毛堰围挡在堰外，重新流入灌溉沟，农田水由于蒸发等原因而回落，灌水缓慢从进水口补充农田。如果农田本身有避水沟，避水沟小田埂能代替眉毛堰，灌水先进入避水沟，在外角末端进田或出田。这种方法灌水有 3 个好处：①变大水、急水灌溉为细水、静水灌溉，减弱灌水时造成的"三跑"。②变活水、冷水串灌为死水丘灌，因为这种灌水法，活冷水仅影响农田一小角，农田内部是死水，农田水温、土温显著提高。经测定，"二缺、二石、一条堰"灌水法灌溉可使农田水温在晴天中午较冷水串灌提高 5～8℃，阴天提高 2～3℃。③起到自行浅灌、勤灌及省工的效能。山区农田分散、路远，按通常的浅灌、勤灌法，十分费工。应用"二缺、二石、一条堰"灌水法，灌水会自行调节，使农田保持一定浅水层，灌水省工。这种灌水法，外表看是灌活水，其实农田内部是死水，如果看到进水口灌水不断进田，那农田必有漏洞，要检查堵塞。

（三）冷水灌溉型冷水田

这类农田是由于引用山涧冷泉水，农田本身缺乏排灌设施，冷水川流不息地灌入农田，可使水稻形成"冷害"，尤其是在冷水源头部位的农田危害更甚。可采取以下改良措施：

1. 延长灌溉沟长度升温法　又称迂回灌溉升温法。做法是将山涧泉水的导引路线有意识地人为延长。一般是采用山区盛产的竹木为材料，就地制成引水管，沿田边将水缓慢地迂回引入田里，使灌溉水尽量在引水管中多停留，使其充分接受阳光和空气的热量而升温。据测定，当引水管长度延长至 18 米时，较直接引用的水温平均提高 1～4℃（表 2-3）。

表 2-3　灌溉沟长度对水温的影响（1978 年）

单位：℃

月份	引水处	灌溉沟长度			18 米处增温值
		6 米	12 米	18 米	
4 月	10.6	10.7	11.4	11.8	1.2
5 月	11.5	12.5	12.7	13.0	1.5
6 月	15.3	16.0	17.0	16.9	1.6
7 月	18.6	19.6	20.4	20.6	2.0
8 月	19.9	21.2	21.6	22.3	2.4
9 月	14.5	16.6	17.9	18.5	4.0
10 月	13.1	14.0	15.9	16.5	3.4

2. 避水沟导泉升温法　又称独立的田间灌水控水系统。山区水田都有高低明显的级差,田埂下多有冷泉水渗出。如不将侧渗冷泉水增温或排出田外,势必影响稻苗正常生长。在田内侧沿后壁修筑一条避水沟,不让侧渗冷泉直接入田,并在此基础上建立一个单独的田间灌水和控水系统,有利于提高土温、减少管水用工,也可采取"二石、二缺、一堰"的灌水方式。据莲都区郑地乡农科站于1980年对比测定,改串灌为丘灌后,进水口水温提高 2.52℃,土温提高 2.46℃,稻谷每亩增产 80千克。

(四)半旱式垄畦法栽培改良山区冷浸田

采取工程措施改良冷浸田,虽能取得显著增产效果,但不能与现在农村的生产关系和经济实力相适应。采取半旱式垄畦法栽培改良冷浸田,不需增加投资,一家一户都能做,而且是当季见效的农艺措施。它适宜于受冷水危害而烂糊的田块,也适宜于受灌溉冷水侵袭而冷性发僵的低产田。

此法是水稻栽培改平作为垄畦作,畦沟灌水,畦面栽稻。采用这种耕作栽培法,可将传统平栽淹育重力水变为浸润式毛管水,改善了水稻根际环境条件,达到增温、通气、排毒的效果,从而有效地增加了水稻产量。丽水市山区通过应用此法,一般可增稻谷 50 千克以上。

应用半旱式垄畦法改良山区冷浸田关键在于根据土壤糊烂程度,确定畦宽,开沟作畦,畦(垄)的宽度以 30～120 厘米为宜。土深泥烂者宜为窄畦或垄式,田土不烂或仅有部分受冷水渍育的,畦面可适当放宽,但不能超过 120 厘米,否则边际优势效应降低。沟的宽度以 30～35 厘米较为妥当。在移栽密度上,因开沟损失了一行稻,要适当加密株距。在管理上要及时清沟,培土压草代替耘田,一般要清理3 次,分别在移栽后 10 天、20 天左右,结合施肥同时进行,以后再酌情清沟 1 次;水浆管理,核心是半旱式浸润灌溉,移栽至返青期浅水护苗,分蘖期后降低水位露出畦面,以后逐渐降至半沟水,保持畦面湿润,不开裂。

实行垄畦法栽培后,可采取连季免耕,保持畦面植被的连续性。这样做可以使土壤结构、毛管孔隙等系统不至于破坏,且越来越成熟,土壤养分更富集于表土层。

第三节　标准农田建设与缓坡山地开发

一、标准农田建设

为了强化农业的基础地位,提高农业资源利用率,保持耕地面积总量平衡,改善田间基础设施和提高粮食综合生产能力。近年来,丽水市政府根据《浙江省人民政府关于开展 1 000 万亩商品粮基地建设的通知》(浙政发〔1999〕190 号)要求,2000 年开始正式启动标准农田建设工作,在丽水市国土部门的努力和农业部门的紧密配合下,建成了一大批"田成方、路成网、渠相通、树成行"的标准农田,有效提高了农田质量,改善了农业生产条件,提高了粮食生产的综合能力,大大推进了农业、农村的现代化建设;通过土地整理获取的折抵指标,弥补了丽水市建设用地的不足,有力地支援了城市建设和经济发展,极大地改善了水稻生产条件,提高了丽水市粮食综合生产能力。据 2004 年 6 月丽水市人民政府编写的《丽水市标准农田核查资料汇编》表明,1998—2002 年,经浙江省复核认定新建成标准农田 20.06 万亩,加上 1998 年以前已建成的标准农田 8 万亩,丽水市共计已建标准农田 28.06万亩。

根据调查统计,2003 年丽水市标准农田种植水稻 13.65 万亩,种植经济作物 4.56 万亩,分别占标准农田总面积的 72.7%和 24.5%,还有 0.33 万亩标准农田由于地力破坏等因素处于抛荒状态。从地力情况看,在各县(市、区)核查的基础上,市级复查了 21 个项目,占项目总数的 22.6%,建设面积4.41 万亩,其中约有 1.70 万亩的标准农田地力水平有一定的提高,约占 41%,约 2.30 万亩的标准农田地力水平变化不大,约占 55%,有 4%左右的面积由于土地平整等因素导致耕作层破坏等影响造成地力水平下降。通过土地整理项目建设,使许多冷浸田、烂糊田改造后,成为灌的进、排的出水稻良田,提高了土地的产出率和综合生产能力。同时道路设施得到改善，极大地减轻了劳动强度，降低了生产成本。

根据《关于切实抓好粮食生产的若干意见》（丽政发［2004］19号）规定，丽水市将继续实施新一轮标准农田建设，计划在2002—2007年完成20万亩标准农田建设任务。到目前为止全市已建成标准农田38万亩。同时也将继续加强标准农田配套设施建设，全面开展以标准农田为重点的耕地质量调查与地力评价，因地制宜地推进地力综合培肥和改良，通过鼓励扩种绿肥、秸秆还田等，实行工程措施和农艺措施相结合，增加旱涝保收、稳产高产基本农田面积，不断提高农业生产抗御自然风险的能力。

为保障粮食安全、增强粮食综合生产能力，根据国务院办公厅印发的《关于印发全国新增1000亿斤粮食生产能力规划（2009—2020年）》和《浙江省人民政府办公厅关于加强粮食生产功能区建设与保护工作的意见》（浙政办发［2010］7号）、《关于印发粮食生产功能区建设规划编制导则和粮食增产任务的通知》（浙发改农经［2010］320号）等文件精神，2010年全市10个县（市、区）先后制定了粮食生产功能区建设规划，计划通过5～8年的时间建设44万亩的粮食生产功能区。粮食生产功能区以集中连片的标准农田为基础，以完善农田基础设施、提升农田质量、提高生产技术和健全服务体系为目标，按照建设良田、应用良种、推广良法、配套良机的要求，依靠科技、增加投入、完善设施、长久保护、强化管理，使粮食生产功能区成为粮食稳产高产高效模式示范区、先进适用技术的推广应用区、解决季节性抛荒的带动区、统一服务的先行区。

二、缓坡山地开发

据1987年丽水地区农业综合区划材料地势分层与坡度组合概查结果，丽水市在海拔800米以下，坡度在25°以下缓坡山，可开垦成园地的面积117万亩。其中：海拔在250米以下31.4万亩，占26.8%，海拔250～500米的有65.1万亩，占55.6%，海拔500～800米的有17.5万亩，占17.5%，共计70万～90万亩缓坡地，没有得到很好的开发利用。20世纪90年代以来丽水市在旱粮生产基地建设、农业综合开发方面出台了"谁开发、谁投资、谁使用、谁受益"的政策，农业开发取得了显著的成效，对增加粮食总量和农民经济收入起到了积极作用。目前，丽水市尚有30余万亩低丘缓坡有待开发，随着经济发展和城市建设加快，用地难免会增加，因此，缓坡山地势必将得到进一步的合理开发和利用。

第四节　耕地利用存在的问题

一、非耕占地增加，可耕面积减少

丽水市为发达省份欠发达地区，经济、文化、交通、城乡建设等均相对比较落后。为了改变落后面貌，丽水市政府提出了"生态立市、工业强市、绿色兴市"的发展战略，丽水市上下都以国家级生态示范区建设为契机，在积极保护生态环境，发展生态旅游经济的同时，大力发展交通、水电事业和工业经济，城乡建设日新月异，使丽水市的生态、交通、城乡建设得到了很大的改善，工农业经济得到了进一步的提高。但是，耕地面积因大中型水库的淹没、道路、城乡建设等非耕占地而大幅减少。据统计，在1978—2003年丽水市共减少耕地23.91万亩，其中水田减少21.39万亩。从每5年作为一个统计时间段来看，1998—2003年减少的最多，达9.45万亩，其中水田有7.04万亩（表2-4）。据目前的统计资料显示，丽水市宜耕作的耕地面积十分有限，人均不足0.54亩，因此要珍惜和保护好每一寸土地。随着社会的进步，交通事业、城乡建设和工业开发区等的进一步发展，耕地面积还将进一步减少，因此，保护耕地刻不容缓。要加强《土地法》和《基本农田保护条例》的宣传，切实加强对土地开发利用的管理和监管力度，严格土地利用规划的编制和实施。建议对丽水市耕地进行一次普查，摸清家底，以利保护和科学合理的开发利用。

表 2-4　丽水市历年耕地面积统计表

单位：万亩

年　份	耕地面积	5年耕地面积增减情况	年　份	耕地面积		5年耕地面积增减情况	
				总面积	其中水田	总面积	其中水田
1949	167.16	—	1983	155.44	140.57	−2.19	−1.99
1953	174.31	7.15	1988	149.57	136.90	−5.87	−3.67
1958	168.03	−6.28	1993	145.43	133.68	−4.14	−3.22
1963	166.27	−1.76	1998	143.17	128.21	−2.26	−5.47
1968	160.51	−5.76	2003	133.72	121.17	−9.45	−7.04
1973	158.71	−1.80	2008	220.01	185.62	86.29	64.45
1978	157.63	−1.08	2009	246.13	194.52	—	—

注：2008年、2009年耕地面积来源于丽水市国土资源局。

二、耕养失调，质量下降

耕养失调，忽视培肥地力是影响丽水市农田土壤质量下降的主要因素。施肥以化肥为主，化肥以氮肥为主是丽水市20世纪70年代以来水稻生产的主要施肥方式，且年均施用量逐年增加。据统计，化肥从20世纪60年代年均施用量（实物量）3.5万吨左右增加到目前20万吨左右。而有机肥的施用量逐年减少，有机肥的主要肥源——绿肥的农田播种面积1970—1979年平均每年播种面积88.7万亩，1983年后农村实行家庭联产承包责任制，紫云英种植面积加速下降，1990年紫云英种植面积53.09万亩，到2004年只有17.89万亩，比1970—1979年的年平均值减少了79.8%。由于农田长期大量以化肥取代有机肥的施用，土壤有机质含量下降，使得农田土壤理化性状发生变化，土壤板结、耕作性能下降是当前农田土壤存在的主要问题。另外，因长期大量施用化肥，农田土壤养分比例失调现象也比较突出，不能满足作物生长所需的各种营养。据调查，丽水市缺磷耕地面积65.74万亩，占耕地总面积29%；缺钾耕地面积59.11万亩，占耕地总面积的26%。近年来，随着农村青壮劳动力大量输出，农田的耕作更趋简单化和粗放化，耕养失调现象更趋突出，严重影响土壤的可持续生产。

三、耕地减少，旱地增加

据统计资料显示，1949年丽水市有耕地面积167.2万亩，人均占有耕地面积1.43亩，到2005年丽水市耕地面积下降至134.49万亩，人均占有耕地面积仅0.54亩，比1949年分别减少了32.71万亩和0.89亩，分别减少了19.56%和62.46%。

又据1999—2009年统计资料，丽水市耕地面积2005年比1999年减少了7.0万亩，减少了4.95%，其中水田面积减少了8.1万亩，减少6.29%；而旱地面积增加了1.1万亩，增加8.74%；2009年比2005年丽水市耕地面积增了111.51万亩，增加82.91%，其中水田面积增加了73.74万亩，增加61.05%；旱地面积增加了37.91万亩，增加276.51%（表2-5）。

表 2-5　丽水市 1999—2009 年耕地变化情况

单位：万亩

年度	水田	旱地	合计
1999	128.88	12.61	141.49
2000	127.39	12.31	139.70
2001	124.80	12.22	137.02
2002	122.32	12.29	134.61

年度	水田	旱地	合计
2003	121.16	12.55	133.72
2004	121.11	12.73	133.84
2005	120.78	13.71	134.49
2006	120.97	13.66	134.63
2007	120.90	17.10	138.01
2008	185.62	34.38	220.01
2009	194.52	51.62	246.14

注：本表数据来源于《丽水市统计年鉴》，2008—2009 年《丽水市统计年鉴》数据来源于丽水市国土资源局。

四、污染加重，生产力降低

丽水市境内虽然是山清水秀、空气新鲜、工业污染少，有"浙江绿谷"之美称，但是，由于历史原因和当前发展的需要，局部区域性环境污染问题仍较突出，尤其是部分工业废水和农药化肥等的施用，土壤受到严重污染，使农田的生产力明显降低。

（一）工业废水使局部区域农田土壤受污染

丽水市有 48 家金矿、氟矿、铅锌矿排放的污水中含有镉等重金属。其中遂昌金矿排放的污水含镉最高，达 0.77～1.19 毫克/升，还含有砷、铅、锌、铜、酚、氰化物等有害物质，pH 2.56。其排放的污水大部分经梧桐源流入松阳县赤寿乡、古市镇，部分经长濂溪流入遂昌县境内的云峰镇、妙高镇，受污染的农田达 1.9 万亩。虽然该矿目前对污水已采取措施实施治理，但其治理之前 20 年中排入的重金属对农田造成的污染及其生产的农产品对人体健康仍有影响。据测定，松阳境内梧桐源流经的叶川头、上方、梧桐口村的农田耕作层土壤的含镉量在 1.5～1.33 毫克/千克，比没受污染的村庄高出 5 倍，其耕地上生产的农产品中镉含量超过国家标准。

（二）长期施用农药化肥对农田的影响

从 20 世纪 60 年代至 80 年代初，丽水市的农田长期使用有机氯农药，每年的用量达 3 000～4 000 吨，平均每公顷年用量 2.5 千克。20 世纪 50 年代后期至 70 年代初期，丽水市每年使用的有机汞类农药（如氯化乙基汞、醋酸苯汞）几十吨。20 世纪 70 年代与有机氯农药并存的还有有机磷农药，如乐果、敌百虫、敌敌畏、甲胺磷等，在 1984 年前每年用量 500 吨左右，1984 年后随着有机氯农药的禁用，年用量增加到 1 300 吨以上。20 世纪 70 年代至 80 年代中期还使用过有机砷农药如稻脚青，每年用量几十吨。农药施用的主要对象是粮食作物，因此水田受残余农药污染的程度相对较重。含汞砷类农药的残留期是 10～30 年，有机氯类农药是 2～4 年，有机磷农药少于 0.2 年。因此，虽然汞、砷类和有机氯类农药已停用多年，但至今仍能在使用过的农田土壤和农产品中检出。

化肥除了向作物提供营养之外，还不可避免地带入一些有毒有害物质。如磷肥中常有砷、镉、铬、汞、铅等重金属，虽然从表面看其含量微乎其微，但若长期大量施用，就有可能累积，造成土壤含毒物质增加，影响农田土壤质量。

（三）使用塑料农膜污染农田

据调查，2000 年丽水市塑料农膜使用量约 4 500 吨，农膜回收率约为 73%，其中使用可降解农膜 148 吨，只占使用农膜总量的 3.3%。农民大量使用不可降解农膜，造成较为严重的农业白色污染。

五、障碍因子多，低产田比重大

（一）耕层浅薄

在山麓、山谷口及洪积扇等地带的水田土体中上部出现砾墡、焦砾墡、白墡、白心墡等障碍层次，使耕作层浅薄，且漏水漏肥。

（二）还原性强

山垄狭窄处土体深厚的垄田和低洼的中心田块，四周高山岩坎壁锈水大量流入长期浸泡，使整个土体糊烂，还原物质积贮，造成烂灰田，致使水、热、气等因子不协调，影响水稻生长，常有僵苗迟发现象发生。

（三）宜耕性差

山垄、山坡田的土壤为重壤土，土体虽然深厚，但实际耕作层浅薄，使耕性、宜耕性差，且易旱，难种，作物迟发。据统计，丽水市低产田有 65 万亩，占水田面积的 46.54％，其中冷水田 21 万亩，烂糊田 9 万亩，薄土田 15 万亩，易旱田 13 万亩，重沙、重黏田 7 万亩。

第三章
农作制度创新与实践

丽水市地处浙江省西南部,位于北纬 27°25′~28°57′,东经 118°41′~120°26′。北部、西北部连金华市、衢州市,东北部、东南部邻接台州市、温州市,西部、西南部毗邻福建省的南平市、宁德市。下辖莲都区、龙泉市、青田县、缙云县、云和县、庆元县、遂昌县、松阳县、景宁畲族自治县;全市总人口 257.3 万人,分布在 179 个乡镇(街道),3 480 个行政村。

第一节　自然环境与地理条件

丽水市总面积 17 298 千米² 占浙江省陆地面积的 1/6,但耕地面积仅 138 万亩,其中水田面积 121 万亩,占耕地总面积的 89.9%。据农业部门专业线调查,分布在海拔 300~500 米的耕地 35 万亩、海拔 500~800 米 25 万亩、海拔 800 米以上 15 万亩,海拔 300 米以下 63 万亩,素有"九山半水半分田"之称,是个典型的山区市。

丽水市以低山丘陵为主,小块河谷盆地。气候特征垂直差异明显,土壤类型多样,农作物品种资源丰富,为丽水农作制度创新提供了具有山区特色的自然地理条件。

丽水市生态环境优越,有着"秀山丽水、浙江绿谷"的美誉。是国家级生态示范区,浙江省生态屏障。2004 年底国家环境监测总站发布的《全国生态环境质量评价报告》表明,丽水市 9 县(市、区)的生态环境均为优秀,其中庆元县、景宁畲族自治县、云和县分别名列全国前 50 位的第 1、第 5、第 8 位。丽水市以香菇为主的食用菌年生产量 6 亿袋,产值 25 亿;茶叶种植面积 42.5 万亩,投产 34.6 万亩,总产量 2 万吨;蔬菜播种面积 85 万亩,总产量 134 万吨,特别是山地蔬菜发展迅速;水果种植面积 54 万亩,总产量 36 万吨,可以说丽水市是长三角重要的绿色农产品基地。

第二节　农作制度演变与改革

新中国成立后,随着农田基础设施和土肥条件的不断改善,首先尽力减少冬闲田,扩大冬种面积,瘦田种绿肥,肥田种粮油。其次,在单季稻改双季稻的基础上,发展了绿肥、双季稻与麦、稻两熟并存。第三,在发展改两熟为三熟的同时,把肥、稻、稻和麦、稻两熟与麦、稻、稻,油、稻、稻三熟制并存。在季节、肥料、劳动力矛盾大的情况下,多安排两熟制,少安排三熟制。第四,因地制宜在三熟制中发展"两水一旱"为"两旱一水"。同时,提倡冬季绿肥与粮、油轮作,麦、晚稻与豆、薯轮作。使农作制度的改革从单纯地增加复种指数,增加粮食总量,提高到用地与养地相结合、稳粮与增效相结合,并进一步建立和发展为安全、可持续农作制度创新理念。新中国成立以来,丽水市农作制度大体经历了以下几个阶段:

第一阶段,沿用和扩大老三熟(20 世纪 50 年代中期至 70 年代):河谷盘地改稻—豆两熟制为麦—稻—豆三熟制,低山区改一熟为两熟;旱地一季旱粮改为"春粮—甘薯"两熟制。50 年代中期开始扩大和推广新三熟,主要是围绕推广连作稻为主的具有历史性农作制度改革,改间作稻为连作稻,改一熟为两熟或三熟，水田以麦（马铃薯）/春玉米（春大豆）—稻、蚕豆/玉米—稻、花生/玉米—稻三熟种植模式。河谷盆地推广春粮（油菜）—连作稻为主的新三熟，山区推广早稻—秋玉米。旱地旧两熟春粮—甘薯改为春粮/春玉米（春大豆）/甘薯三熟制。

该阶段特点是围绕增加粮食总量，解决温饱问题，农作制度以提高复种指数，安排作物布局。直到1983年水稻播种面积达到200.58万亩（历史最高年份），1984年，粮食总产量达到92.59万吨（历史最高年份），人均占有粮达到406千克，丽水市温饱问题得到解决。

第二阶段，沿用新三熟，推广粮—经、粮—饲、粮—肥多熟制（20世纪80年代后）。该阶段的特点是以市场为导向，以效益为中心，农作制度演变为多熟制并举，多组合并存。如麦（油菜）—稻—稻、菜—稻—经济作物、肥—稻—稻、西瓜—稻—菜、玉米、大豆（鲜食）—稻—经济作物等，经济作物面积扩大，粮地和粮食种植面积下降。进入20世纪90年代，农业种植结构进入全面调整期，粮—经、粮—饲、粮—肥等多熟制在各地进入推广应用阶段。到2000年丽水市水稻播种面积142.9万亩，比1983年的200.58万亩减少了57.68万亩，减幅为28.76%（表3-1）。形成了以增加效益和种养结合为主的农作制度。

表3-1 丽水市近1900—2009年水稻种植面积变化

年度	面积（万亩）	比1983年减少（万亩）	减幅（%）
1990	185.00	15.58	7.77
1995	170.08	30.50	15.21
2000	142.90	57.68	28.76
2009	102.90	97.68	48.70

第三阶段，进入21世纪，丽水市农业产业结构调整进一步深化，"一优两高"农业不断发展，农作制度创新空前活跃如火如荼，形成种养结合、稳粮增效、水旱轮作、复合套种、长季栽培等，使传统的"老三熟"变成新型的"多熟制"，极大地提高了土地的利用率和耕地产出率，提高了种植效益，增加了农民收入。鲜食旱粮作物应运发展，到2008年全市鲜食玉米、鲜食大豆、鲜食蚕（豌豆）面积约28万亩（表3-2），种植结构调整继续深入，新的农作制度不断创新，这是丽水市广大农民群众和农业科技人员深入生产第一线开展调查研究，积极探索充分利用丽水市的自然环境和地理优势，围绕"优质、高效、安全、可持续发展"，不断总结提高的结果。鲜食旱粮作物与水稻、蔬菜与水稻、药材与瓜果等轮作模式，稻鸭共育、稻鱼鸭共育种养模式，香菇（黑木耳）与水稻"千斤粮万元钱"、蔬菜周年栽培等高效种植模式不断涌现，到2009年丽水市水稻栽培面积88.46万亩，比1990年的减少了96.54万亩，减幅为52.18%，与20年前的1983年相比减少了112.12万亩，下调了55.9%。该阶段组织化程度、规模化程度、区域化种植模式日趋明显，种植效益不断提高，配套技术不断完善。

表3-2 丽水市2001—2009年鲜食旱粮作物面积产量

年度	总计		玉米		大豆		蚕豆		豌豆	
	面积（万亩）	总产（万吨）	面积（万亩）	总产（万吨）	面积（万亩）	总产（万吨）	面积（万亩）	总产（万吨）	面积（万亩）	总产（万吨）
2001	18.47	11.14	5.6	4.28	3.46	2.05	6.16	2.76	3.25	2.05
2005	21.17	12.43	6.27	5.14	7.43	3.84	4.73	2.05	2.74	1.41
2009	21.82	14.46	7.57	6.95	8.39	4.52	3.75	1.87	2.11	1.12

第三节　现阶段丽水农作制度

农作制度是社会经济发展到一定阶段，结合当时科技进步发展水平，形成以作物布局为中心、以人们追求为目标、以科技进步为支撑、以改善生产条件为基础、以遵循合理、安全、生态、可持续为原则的种植体系。

现阶段我国进入新农村建设，保持农民收入稳定增长是"三农"工作的重要内容，稳定粮食生产，增加农民收入，就必须加快现有高效种植模式、稳粮增效模式的推广应用。同时，积极创新种植模式，在稳定粮食的基础上，不断提高种植效益，使丽水市农作制度向着科学合理、高产高效、优质安全、可持续方向发展。在丽水市科技局、浙江农业技术推广基金会的支持下，丽水农作物站开展了这方面的工作，组织基层农技人员对现阶段丽水在大田上应用的种植模式进行了大量的调查研究，共收集100多种种植模式，这些种植模式在丽水的土地上应用面积达到40.74万亩，为丽水农民增收起到积极作用。根据丽水现有的种植模式，我们从效益、粮食、轮作、连作、种养五个方面进行划分归类：

一、高效种植模式

这类模式主要有菌—稻和蔬菜设施多熟栽培。如黑木耳—单季稻、黑木耳—单季稻/鸭、香菇—单季稻等。据调查，丽水市年应用面积5.6万亩。主要分布在龙泉市、云和县、缙云县、莲都区、庆元县、松阳县、景宁畲族自治县等地，其中黑木耳—单季稻丽水市近1.9万亩，龙泉市1.3万亩、云和县0.3万亩、庆元县0.2万亩。香菇—单季稻丽水市近2万亩，龙泉市0.6万亩、缙云县0.5万亩、莲都区0.3万亩、云和县和松阳县各0.2万亩、景宁畲族自治县0.12万亩（表3-3）。2007—2008年云和县建立了5个示范点，面积为2 198亩，亩产稻谷532.2千克、商品鸭19.1千克、黑木耳574.2千克，平均亩产值30 569元、亩净利润16 577元。

表3-3　丽水市高效种植模式

模式名称	种植规模 （万亩）	种植效益 （元/亩）	种植分布
香菇—单季稻	1.920	16 833	龙泉0.6万亩、缙云0.5万亩、莲都0.3万亩、云和0.2万亩、松阳0.2万亩、景宁0.12万亩
黑木耳—单季稻	1.850	22 250	龙泉1.3万亩、云和0.2万亩、庆元0.2万亩、景宁0.05万亩
番茄—小白菜—秋苋菜	0.123	17 500	遂昌（妙高、云峰、大柘等）0.12万亩，松阳30亩
黄瓜—番茄—冬莴苣	0.202	15 020	遂昌（妙高、大柘等）0.2万亩，松阳20亩
黄瓜—番茄—莴苣	0.182	13 250	遂昌（妙高、云峰、大柘等）0.15万亩，松阳32亩
草莓—西瓜—白菜	0.020	10 000	龙泉（宏山、查田）0.02万亩
杂交稻制种—番茄	0.050	12 000	遂昌（大柘、金竹等）0.05万亩
黄瓜—白菜—芹菜	0.075	10 000	龙泉（豫章、河星）0.07万亩，松阳50亩
丝瓜—叶菜—茄子	0.150	13 000	莲都（碧湖等）0.1万亩，龙泉0.05万亩
葫芦—白菜—芹菜	0.060	12 000	龙泉（西街、龙渊、兰巨）0.06万亩
大白菜—豇豆—秋延番茄	0.020	12 000	龙泉（西街、龙渊、兰巨、八都）0.02万亩
芹菜—黄瓜—花菜	0.070	13 000	龙泉（西街、龙渊、兰巨等）0.02万亩，莲都0.05万亩
芹菜—黄瓜—豇豆	0.040	13 100	龙泉0.03万亩、莲都0.01万亩
黄瓜—辣椒—花菜	0.034	10 000	龙泉（西街、龙渊、兰巨、八都等）0.03万亩、松阳40亩

（续）

模式名称	种植规模（万亩）	种植效益（元/亩）	种植分布
棚架香菇/吊瓜	0.500	48 000	庆元（五大堡等）0.5万亩
高山冷水茭白—大球盖菇	0.015	15 000	景宁（澄照、鹤溪）0.015万亩
大棚黄瓜—黄瓜	0.005	16 000	景宁（鹤溪、澄照）
山地番茄避雨栽培	0.050	10 000	龙泉（龙南、岩樟）0.03万亩、遂昌（高坪等）
番茄—小白菜—水稻	0.015	12 000	龙泉（豫章）0.015万亩
黄瓜—豇豆—茄子	0.308	10 300	莲都（碧湖、高溪）0.3万亩，松阳80亩
合　计	5.618 9		

该类型模式特点是：①经济效益高。据对庆元、龙泉、云和、景宁的统计，黑木耳—单季稻平均亩收入2.225万元，香菇—单季稻平均亩收入1.683万元。②社会效益明显。有利茬口的合理安排，解决冬闲农村劳动力的闲置问题。冬闲田发展代料黑木耳生产促进了第二、三产业发展，活跃了农村市场，繁荣了地方经济。③生态效益显著。耳—稻轮作，废菌棒还田，一水一旱，既减少了食用菌栽培过程中的病虫害及杂菌污染，改善了土壤通气性，又对闲置土地资源充分利用，提高土地利用率，既稳粮又增收，同时减少了木材使用量，确保了生态良性循环。蔬菜设施多熟栽培能给蔬菜创造良好的根系生长环境，可以提高温度，促进根系对养分的吸收，防止雨水淋湿，地膜覆盖还可保肥保水，覆盖遮阳网和防虫网，还可阻隔或减轻害虫危害蔬菜，对延长蔬菜的上市期，提高蔬菜产量和品质有着积极有效的作用。

二、稳粮增效模式

这类模式主要包括蚕豆/玉米—晚稻、蚕豆/玉米—玉米、鲜食大豆—单季稻—萝卜、花生/玉米—单季稻、马铃薯—西瓜—晚稻等。据调查丽水市年应用面积在6万亩左右（表3-4）。主要分布在松阳、莲都、龙泉等县（市、区），一般平均亩收入在2 500～4 000元。春大豆—单季稻、春大豆—单季稻—萝卜种植模式达2.24万亩，占该类模式面积近一半，绝大部分县市区都有种植，一般亩效益在2 200元左右；蚕豆/春玉米—晚稻、蚕豆/玉米—玉米种植模式1万多亩，主要在松阳县叶村乡、西屏镇、望松乡等地，年栽培面积0.8万亩左右，亩产值3 500元，亩净收入2 000元，其中，每亩蚕豆鲜荚产量600～1 000千克，亩产值1 200～2 000元，玉米鲜蒲产量900～1 200千克，亩产值1 200～1 500元，晚稻亩产500～600千克，亩产值1 000元左右。

表3-4　丽水市稳粮增效种植模式

模式名称	种植规模（万亩）	种植效益（元/亩）	种植分布
马铃薯—早稻—晚稻	0.05	2 000	松阳（西屏、叶村、斋坛）0.05万亩
油菜—西瓜—晚稻	0.05	2 900	遂昌（三仁、妙高、云峰）0.03万亩，松阳（西屏、叶村、斋坛）0.02万亩
马铃薯—西瓜—晚稻	0.25	3 000	云和（河上等）0.2万亩，泉泉（剑池、龙渊、兰巨）0.04万亩，松阳（西屏、叶村、斋坛）50亩
马铃薯/芋艿—晚稻	0.05	2 500	松阳（西屏、叶村、樟溪）0.05万亩
春大豆—单季稻—萝卜	0.60	3 500	庆元（松源、屏都、淤上）0.5万亩，龙泉（城郊地区）0.1万亩

（续）

模式名称	种植规模（万亩）	种植效益（元/亩）	种植分布
西瓜—玉米—晚稻	0.03	3 000	龙泉 0.03 万亩
马铃薯—春玉米—辣椒	0.10	4 500	缙云（东渡、胡源）0.1 万亩
马铃薯—春玉米—甘薯	0.10	4 000	缙云（东渡、胡源、双溪）0.1 万亩
蚕豆/玉米—晚稻	0.70	2 800	松阳（西屏、叶村、望松）0.5 万亩，莲都（碧湖、老竹等）0.2 万亩
蚕豆/玉米—玉米	0.35	3 900	松阳（西屏、叶村、望松）0.3 万亩，缙云（东渡、舒洪）0.05 万亩
杂交稻制种—荞麦	0.10	3 200	遂昌（大柘等）0.1 万亩
春大豆—单季稻	1.64	2 200	莲都 0.65 万亩、云和 0.3 万亩、景宁 0.3 万亩、庆元 0.2 万亩、龙泉 0.1 万亩、缙云 0.06 万亩，松阳 0.03 万亩
花生/玉米—单季稻	0.65	1 550	莲都（老竹、丽新等）0.5 万亩，龙泉 0.15 万亩
春玉米—生姜—秋玉米	0.10	2 300	莲都（碧湖、富岭等）0.1 万亩
药材/甜玉米—甜玉米	0.05	6 000	缙云（壶镇、舒洪）0.05 万亩
春大豆—玉米—冬菜	0.03	6 500	景宁（九龙、沙湾、渤海）0.03 万亩
马铃薯—玉米—甜玉米	0.10	7 500	青田（舒桥、海溪、高湖）0.1 万亩
长豇豆—水稻—油冬	1.00	7 000	莲都（碧湖、高溪）
合　计	5.95		

该类型模式特点是：大多是利用冬季时间增加一季作物，能充分利用土地实现绿色过冬，且冬季耕地资源充足，发展利用空间潜力大，同时减少越冬害虫基数。改良土壤，培肥地力。稻田水旱轮作，能改良土壤的物理性状，增加土壤的通气性，促进土壤中有益微生物的繁殖，从而提高地力。通过秸秆还田增加土壤中有机质的含量，从而提高土壤肥力，相对减少化肥的施用量，降低生产成本；改善农田生态环境，减轻病虫害的危害，降低农药使用量，减轻环境污染；提高复种指数，使土地资源、温光资源得到充分利用，从而增加单位面积产量。同时，前作一般为鲜食，采收时间早，有利于茬口安排，晚稻品种可安排生育期长，增产潜力大的品种进行搭配，达到全年丰收。

三、水旱轮作模式

水旱轮作在实际生产上应用面很广，这里归纳的主要是连作后对产量、品质影响较大的作物搭配模式，充分利用水稻生产与其进行轮作。如烟草（晒红烟、烤烟）—单季稻、生姜—单季稻、蚕豆/西瓜—单季稻、长豇豆—水稻—儿菜、蚕豆/芋艿—晚稻等。这类模式主要分布在莲都区、松阳县、庆元县、青田县等，丽水市年应用面积在 3 万亩左右（表 3-5）。平均亩收入一般在 2 500～4 000 元，高的可达 6 000 元以上。

表 3-5　丽水市水旱轮作种植模式

模式名称	种植规模（万亩）	种植效益（元/亩）	种植分布
晒红烟—单季稻	0.07	1 750	龙泉（小梅黄南、毛山头）0.05 万亩，松阳（古市、樟溪）0.02 万亩
烤烟—单季稻	0.54	3 900	庆元（淤上、屏都、竹口）0.5 万亩，景宁（沙湾）0.04 万亩

（续）

模式名称	种植规模 （万亩）	种植效益 （元/亩）	种植分布
生姜—单季稻	0.50	6 200	云和（云和、安溪等）0.5万亩
蔬菜—单季稻	0.60	3 700	莲都（碧湖、高溪、老竹等）0.6万亩
元胡—稻—稻	0.03	3 200	景宁（沙湾、大均、梧桐）0.03万亩
蚕豆/芋艿—晚稻	0.55	2 600	莲都（碧湖、高溪、老竹等）0.5万亩，松阳（西屏镇、斋坛、望松）0.05万亩
长豇豆—水稻—抱子芥	0.30	6 500	莲都（碧湖等）0.3万亩
大棚西瓜—水稻	0.05	4 500	龙泉0.03万亩、莲都（碧湖）0.02万亩
莲藕—长豇豆	0.01	6 000	莲都（碧湖）0.01万亩
蚕豆/西瓜—单季稻	0.13	2 500	龙泉（小梅、兰巨）0.08万亩、松阳（西屏、叶村）0.05万亩
西瓜—单季稻—萝卜	0.30	6 500	青田（高市、船寮、石溪）0.3万亩
大棚长豇豆—晚稻	0.10	6 500	莲都（碧湖）0.1万亩
合计	3.18		

该类型模式特点是：①改善土壤结构，增加土壤的通气性，提高地力水平。②改善农田生态环境，减轻蔬菜连作障碍，减少农药使用量，减轻环境的污染。③提高复种指数，土地、温光资源得到充分利用，提高种植效益，增加农民收入。

四、旱地种植模式

丽水市旱地实有面积近30万亩，海拔500米以下达21余万亩，大多可发展多熟制生产，而目前三熟制面积不足5万亩。旱地复种指数低，种植结构不合理，是影响产量水平低、产品价值低、商品比率和经济效益低的主要原因。因此，在改革耕作制度的基础上，致力于农作制度创新也是新形势下提高农业生产经济效益的发展方向。

1. 旱地旧二熟创立新三熟　把传统的春粮—甘薯两熟制改为春粮/春玉米（春大豆）/甘薯三熟制。即在肥力条件好的地块增种一熟春玉米，一般每亩可增收玉米200千克左右，高的可达300~400千克；一般地块增种一熟春大豆，每亩可增收大豆50~75千克，高的可达100千克，增产效果显著。1991年，在缙云县海拔900米的石亭村，试种马铃薯/春玉米/夏甘薯新三熟示范片11.2亩，平均亩产达1 549.1千克（马铃薯397.9千克，春玉米597.5千克，甘薯干553.7千克），比马铃薯—甘薯老两熟制亩增631.5千克，增产70%，为山区改制种植走出了一条新路子。

2. 水田"两旱一水"新型农作制度　水田以麦（马铃薯）/春玉米（春大豆）—稻、蚕豆/玉米—稻、花生/玉米—稻三熟种植，其主要技术优势为稳定粮食作物面积，提高产量，优化粮食结构，提高效益，改良土壤结构，提高地力。该项新型农作制度是优化平原稻区种植结构、发展"一优两高"农业的一项新技术，各地可因地制宜推广。1991—2005年丽水市共推广"两旱一水"种植模式99.41万亩，平均每年6.63万亩。

3. 幼龄"四园"套种　丽水市有80余万亩幼龄"四园"地的50%左右面积可用来开发套种粮豆作物，实行套粮一熟或两熟以上的立体栽培，可显著地收到以短养长、以耕代抚、林（果）茂粮丰的综合效益。幼龄地套粮，一般亩产50~100千克，高的可达400~500千克，增产增收效果显著，对稳定和提高山区粮食产量具有十分现实的意义。如1990年，虽受严重的夏旱天气影响，但由于各级党政部门的重视和农业技术上的改进，仍获好收成。丽水市"四园"套种粮豆作物 34.47 万亩，占幼龄"四园"总面积的 43%，平均亩产 79.8 千克，增收粮豆 27 503.47 吨。总产值 2 788.4 万元，纯收入达 2 271.6 万元，平均每亩纯收入 65.9 元，丽水市人均可增收 9.5 元。这一年，"四园"套种上了规模，已基本达到地委、行署提出的"八五"期间幼龄"四园"年开发利用套粮 35 万亩的规划，取得显著的增产增收效果，对稳定和提高山区粮食产量具有十分现实的意义。

4. 一年生经济作物间作套种　丽水市年均有 3 万亩烟草等一年生经济作物，均可用来套作春玉米，有效地增加单位面积光合产物。一般每亩间作春玉米 600～800 株，亩产 50～60 千克，高的可达 80～100 千克。

5. 田埂春玉米/夏大豆两熟开发利用　丽水市广有种植田埂豆的传统经验，其面积利用为浙江省之首。20 世纪 90 年代初学习四川经验，开展田埂春玉米/夏大豆两熟种植利用示范，遂昌县、松阳县等地已取得成功的经验。一般每百米田埂可栽植春玉米 300～400 株，在不影响后作大豆产量的前提下，可增收玉米 20～30 千克。遂昌县金竹镇 1992 年开始试种，1994 年全县推广田埂春玉米套大豆 0.51 万亩，其中金竹镇推广 0.18 万亩，占金竹镇水田面积的 14.9%；金竹镇回龙寨村连片示范 339.2 亩，占水田面积的 66.5%，3 年平均每亩大田田埂玉米产量 38 千克，大豆 17 千克，合计 55 千克，比只种田埂大豆增产 38 千克，增产 2.27 倍。推广田埂春玉米套大豆技术实用，经济、社会效益显著，易被农民所接受。

五、蔬菜周年栽培

如高山松花菜（花球松散型花椰菜，简称松花菜）多茬栽培、高山小辣椒长季栽培、四季豆再生高效栽培、高山油菜—四季豆高效栽培、单季茭白采两茬栽培等。这类模式除青田县、云和县外，其他 7 县（市、区）均有分布，据调查丽水市年应用面积在 16.4 万亩（表 3-6），且区域性很强。其中，四季豆再生高效栽培 3.2 万亩，平均亩效益在 3 400 元以上。高山茭白近 3 万亩，平均亩效益在 4 000 元左右。高山松花菜多茬栽培 2.1 万亩，平均亩效益 4 800 元。高山油菜—四季豆高效栽培 1.9 万亩，平均亩效益 4 400 元以上。单季茭白采两茬栽培 1.1 万亩，平均亩效益 5 500 元以上。

表 3-6　丽水市蔬菜周年栽培模式

模式名称	种植规模 （万亩）	种植效益 （元/亩）	种植分布
长豇豆—西瓜—抱子芥	0.050	8 000	莲都（碧湖）0.05 万亩
苦瓜长季栽培—冬芹菜	0.050	8 000	莲都（富岭）0.05 万亩
单季茭白采两茬栽培	1.070	5 533	缙云（壶镇、前路）1.0 万亩、龙泉（宝溪、龙南）0.06 万亩、莲都 0.01 万亩
早春松花菜—四季豆	0.500	6 000	龙泉（屏南）0.5 万亩
高山油菜—四季豆	1.859	4 417	遂昌 0.85 万亩、龙泉 0.8 万亩、松阳 0.15 万亩、景宁 0.03 万亩、莲都 0.02 万亩、缙云 50 亩
芹菜—黄瓜—花菜	0.030	9 000	龙泉（西街、龙渊、兰巨等）0.03 万亩
芹菜—蒜苗—白菜	0.003	11 500	松阳（三都里庄、上庄）
马铃薯—四季豆—芥菜	0.002	6 500	松阳（三都上庄、上田）
高山莴苣—甘蓝	0.003	6 400	松阳（三都里庄、上田）
山地甜椒—萝卜	0.005	4 500	松阳（三都里庄、上庄、上田）
大棚南瓜—小白菜—秋茄子	0.020	10 060	莲都（城区）0.02 万亩
毛芋与丝瓜间作	0.035	3 000	松阳 350 亩
四季豆再生高效栽培	3.210	3 400	遂昌 2.0 万亩、龙泉 1.2 万亩、庆元 0.01 万亩

（续）

模式名称	种植规模 （万亩）	种植效益 （元/亩）	种植分布
山地苦瓜避雨栽培	0.085	5 750	遂昌 0.08 万亩、龙泉 50 亩
高山茭白栽培	2.920	3 786	景宁 1.0 万亩、缙云 0.8 万亩、松阳 0.52 万亩、庆元 0.3 万亩、龙泉 0.1 万亩、遂昌 0.15 万亩、莲都 0.05 万亩
高山松花菜多茬栽培	2.100	4 800	庆元（江根、岭头等）2.0 万亩，景宁 0.1 万亩
高山小辣椒长季栽培	0.939	3 808	遂昌（金竹、高坪等）0.38 万亩，松阳 0.25 万亩、庆元（江根、荷地）0.1 万亩，莲都（峰源、黄村）0.1 万亩，景宁 0.1 万亩、缙云 0.01 万亩
大棚黄花菜/吊瓜	0.010	7 000	缙云（舒洪）0.01 万亩
八棱瓜—芜菁	0.300	6 200	青田（鹤城）0.3 万亩
四季豆—毛豆—白菜	0.200	4 500	青田（腊口）0.2 万亩
高山茄子长季栽培	0.700	4 200	青田（万阜、章村）0.7 万亩
大棚苦麻—苦麻	0.300	8 000	青田（石溪）0.3 万亩
高山刀豆—豌豆	0.800	4 800	青田（万阜）0.3 万亩
蚕豆—长豇豆—茄子或其他	1.200	8 000	莲都（碧湖、高溪）1.2 万亩
合计	16.391		

该类型模式特点是：①效益比较高，一般平均亩收入 3 500～10 000 元。②土地利用率高，温光资源利用充分，提高单位面积产出率。③能补充春、秋淡季供应，缓解市场余缺。大棚蔬菜周年栽培，有利早春提前栽培，有利提早和延长蔬菜上市。防止雨水淋湿，还可保肥保水，提高蔬菜产量。冬季防冻栽培，有利提高品质，达到夏菜冬吃的效果。

六、种养结合模式

本文所指的种养结合模式主要是与水稻种植相结合的稻—鸭、稻—鱼、稻—螺等共育模式。据调查，该类模式丽水市应用面积 9.52 万亩（表 3-7），其中稻—鱼共育模式就有 7.94 万亩，青田、庆元分别为 3 万亩，景宁 0.8 万亩、龙泉 0.5 万亩、云和 0.4 万亩和遂昌 0.2 万亩，青田稻鱼共生系统还被列为全球重要农业文化遗产。稻＋鱼稻＋螺共育主要分布在景宁、庆元，分别为 0.4 万亩和 0.3 万亩。

表 3-7　丽水市种养结合模式

模式名称	种植规模 （万亩）	种植效益 （元/亩）	种养分布
稻＋鸭共育	0.600	2 000	云和 0.23 万亩、景宁 0.2 万亩、遂昌 0.1 万亩、龙泉 0.05 万亩、莲都 0.02 万亩
稻＋鱼共育	7.940	2 060	青田 3 万亩、庆元 3 万亩、景宁 0.8 万亩、龙泉 0.5 万亩、云和 0.23 万亩、遂昌 0.2 万亩
稻＋田螺共育	0.710	3 200	景宁 0.4 万亩，庆元（合湖、四山、百山祖）0.3 万亩，龙泉（龙南）0.01 万亩
茭白＋鱼共育	0.250	4 600	青田（章旦、仁庄）0.2 万亩、龙泉（龙南）0.05 万亩
稻—再生稻＋鱼共育	0.015	2 760	青田（仁庄镇）150 亩
萝卜—日本南瓜—水稻＋田螺	0.085	8 000	莲都（碧湖、大港头、老竹等）
合　计	9.60		

该类型模式特点是：具有较好的经济、社会效益和生态效益。以鱼、鸭防虫、防草，鱼（鸭）粪肥田，减轻杂草危害，使农药、化肥的施用量保持在最低水平，不但降低了生产成本，减轻劳动强度，同时减轻了农业面源污染程度，实现生态循环种养，有利于可持续发展，生产的产品优质安全，为发展绿色、无公害生产及生态观光旅游业创造了条件，延伸了产业，促进了渔家乐、农家乐、生态农庄的兴起和发展。

第四节　发挥区域优势不断创新农作制度

农作制度是在一定的自然经济条件下形成，并随生产力发展和科技进步而发展变化。现在社会已经进入发展现代农业的阶段，农作制度就该按高产、优质、高效、安全、可持续的要求不断创新。同时，要积极推进农业科技进步和创新，加快农业增长方式转变，大力推广新型农作制度，适应现代农业发展要求。

一、农作制度创新应该注意的几个问题

1. 要与丽水市产业发展布局相适应　如龙泉市和庆元县、云和县、景宁畲族自治县等推广黑木耳—单季稻、香菇—单季稻，庆元县的高山松花菜多茬栽培、缙云县的单季茭白采两茬栽培、莲都区的长豇豆—稻—菜栽培等，这些种植模式都与当地的产业发展相一致，对当地农民增收起到积极作用。

2. 要与现代农业园区建设相配套　将高效种植模式因地制宜在园区中推广应用，使其在良好设施条件下发挥出更好地增产增效潜能，充分体现高效种植模式与现代农业园区的有机结合，实现设施栽培与先进技术产生最佳的经济效益。

3. 要注意人与环境的和谐，要重视资源的合理开发与保护　减少化肥、农药使用，种植多年的生产基地要注意水旱轮作，减轻连作障碍和环境污染。做到用地和养地相结合，推广秸秆还田、废弃菌棒还田培肥地力。加快现有循环种植、种养模式的推广应用，实现培肥地力、改良生态、改善品质良好效果。

4. 要与当地的基础条件和经济发展相结合　积极发展设施栽培，推广大棚周年栽培，推行标准化生产，做好相配套栽培技术的研究，特别要注重可持续发展，发展生态循环农业方面的研究，提早农产品上市和延缓上市时间，提高产量和产品质量，与产业提升农产品升级相适应，推进农业转型升级。

5. 要加强避灾减灾农作制度的研究探索　如洪涝、干旱、低温等自然灾害，设施栽培的连作障碍，要通过农田基础设施和栽培设施的改善、品种选择、作物品种合理搭配和茬口安排及技术集成创新着手，研究建立避灾减灾农作制度模式储备，把损失降到最低限度。

二、农作制度创新与气候要素

农作制度创新与当地自然条件气候因素有着密切关系，主要有无霜期、活动积温和降水量，这3者是作物茬口安排的依据，当然设施栽培除外，正确掌握不同作物对气象要素的需求，做到因地制宜灵活运用。据报道，无霜期240天以上，≥10℃活动积温5 000℃以上，年降水量在1 200毫米以上，一年可复种三熟或四熟，当然与品种熟期、土壤肥力及资金等有关。丽水市无霜期长达245～274天，≥10℃活动积温达5 301～5 889℃，年降水量达1 400～2 275毫米。我们要充分利用优越气候资源和生态环境，运用套种、间作、轮作等措施，通过改善农田基础设施、水利灌溉、改良土壤，培肥地力，推广农药、化肥减量增效技术，提高复种指数，不断创新农作制度。要建立激励措施，积极引导农民，加快新型农作制度的应用，生产更多优质、安全的农产品，提高种植效益，增加农民收入，真正成为长三角重要的绿色农产品基地。

建立健全农业技术推广服务组织，加强培训，更新知识，不断提高农技人员业务水平和农民科技意识，鼓励农技人员深入基层，挖掘、总结、提升新型农作制度，围绕"高产、优质、高效、安全、可持续"的主题，不断创新新农作制度，为农民增收作出贡献。

第五节　典型农作制度创新模式

一、农作制度创新

"民以食为天，国以民为本"，粮食事关稳定发展大局，必须牢固树立"粮食稳，天下定""手中有粮，心中不慌"的理念，坚持粮食生产两手抓，一手抓稳定，一手抓效益，保护和调动农民种粮的积极性，稳定粮食播种面积，确保粮食生产安全，探索和创新种养模式，提高种粮效益，是稳定粮食生产的主要途径。20世纪末云和县农业局农业技术人员，率先在云和县崇头镇三望栏村进行了黑木耳—水稻/鸭种植模式试验示范，取得显著成效，达到了稳粮增收的目的，得到了丽水市农业局、浙江省农业技术推广基金会丽水执行部的肯定，并加以宣传推广。在总结耳—稻、菌—稻等种植模式的基础上，2002年浙江省农业技术推广基金会丽水执行部提出了"千斤粮、万元钱"农作制度创新模式。通过多年各地积极探索，大胆实践，创新和推广应用了粮菜结合、粮菌结合、粮药结合、种养结合等多模式、多熟制循环利用农作制度，农业生态资源得到了充分利用，实现了农业循环发展和能量的最佳转换，拓展了农业生产的广度和深度，有效破解了种粮农民收入偏低的难题。粮菌结合、粮菜结合和种养结合等模式与传统耕作制度相比，表现出效益突出、技术先进、应用普及、生态循环等特点。

二、典型农作制度介绍

（一）黑木耳—单季稻/鸭种养模式

1. 茬口安排　代料黑木耳7月中旬至9月底制袋、接种，室内发菌培养，到10月底至11月初排场和11月上旬至4月中下旬出耳管理，6月底水稻移栽至10月底为水稻生产期，形成一套规范的先进适用技术。

2. 黑木耳栽培技术要点

（1）代料黑木耳生产工艺。 备料——拌料——装袋——灭菌——冷却——接种——养菌——排场——出田管理。大田管理好坏直接影响黑木耳产量的高低，质量的好坏。

（2）场地要求。 周围环境无污染及病虫滋生源，空气流通，冬季日照长，有清洁水源，排灌方便，最好利用水稻冬闲田。

（3）环境条件。 要求光照充足，空气流通。整个场地一般情况下露天，仿椴木栽培。只有连续下雨的情况下，需采用薄膜避雨，防止流耳。

（4）耳床搭建。 大田耳床由木柴或竹搭成，宽120～130厘米，高25厘米，长度不限，横杆行距25～30厘米，耳床四周挖好排水沟。把床内挖上来的泥土铺在走道上。走道宽40～50厘米。在耳床两边每隔100厘米左右插一支2厘米左右长的拱形竹签。地面覆盖3厘米厚的稻草。

（5）管理规程。 成熟耳棒出田——排场见光——脱袋——控温控湿（干干湿湿）——耳芽管理——采收——耳棒养菌——催耳重复管理。

（6）耳棒排场。 将耳棒搬场地摆放在横杆上，每条横杆放置6～7棒。采用水雾喷带调控空间温度。

（7）科学喷水。 喷水的原则为干干湿湿，喷水要求细喷、勤喷。水源一定要选用清洁无污染的山间溪水，切勿使用农田水喷雾，以防黑木耳受农残污染。喷水的标准是看耳片状态定量。长耳时期，确保耳片膨胀湿润、鲜嫩。耳片干缩营养吸收受阻，影响耳片生长；耳片过湿，影响空气吸收。特别是在温度高于28℃时容易流耳、烂耳。通过喷水保持耳片湿润，一般可在每天的上午10时至下午4时进行连续喷雾。但温度高时，一般在25℃以上要早晚喷为宜。采前1～2天停止喷水。每批木耳采收后停止喷水一个星期左右，以使料内菌丝恢复。待耳基形成后，再按第一批管理。

3. 稻鸭共育技术　稻鸭共育是以水田为基础，以种稻为中心，以家鸭野养自然生态与人为干预结合而成的复合生态系统为基础的生产过程，是根据水稻各生育期的特点、水稻病虫害发生规律、鸭子的生理生活习性及水中浮游生物的消涨规律，并将几者有机结合起来的一项种养方式，是农业耕作制度的一种创新。实践证明，稻鸭共育能有效除去杂草、减少杂草与水稻争肥、争光、争气，免除化学除草；减少化肥施用量和农药防治病虫次数，减少鸭的喂食量，一般可比圈养节省饲料40％以上；提高了水稻产量、效益和品质，提高了鸭的品质和售价，提高了水田的经济效益。其关键技术包括如下内容。

（1）田块和品种的选择。 选择水质、土壤条件均符合无公害水稻生产的标准，有独立的排灌水系，浮游生物及水生物饵料丰富的田块。水稻品种选株高中上、茎秆粗壮、株型集散适中、抗逆性好的中迟熟优质杂交稻组合，如中浙优1号、粤优938等。鸭应选择生活力和抗逆性强、适应性广、觅食能力强的浙江缙云麻鸭、樱桃谷等品种。

（2）及时清理耳菇田，确定废菌棒还田数。 在黑木耳、香菇采收完毕后，要及时清理耳菇田，根据不同类型田块确定还田废菌棒数，肥力不足的瘦瘠田可多还，否则少还。据测定，废菌棒每100千克含氮1.5千克，磷1.04千克，钾0.78千克，有机质71.4千克。一般每亩废菌棒还田数宜为3 000～5 000棒，还田前预堆7～10天。

（3）密度和放养时间。 密度包括水稻栽插密度和鸭子放养密度。水稻以宽行窄株的移植方式较好，密度一般以30厘米×15厘米为宜；鸭子放养密度以每亩10～15只为宜，经8～10亩为一群。放养时间以水稻栽插活棵始蘖时，雏鸭15～20日龄，体重100～150克为理想时节，放养后半个月左右打好防疫针。

（4）做好饵料培养和防护设施。 在水稻移栽后及时放养绿萍，追施畜禽粪水，促其生长，为雏鸭提供生物饵料。雏鸭下田后，以群为单位，在稻田四周及时架设网栅栏，以防鸭子逃逸、其他有害生物袭击雏鸭、鸭子寻食时网眼缠住鸭嘴造成雏鸭死亡。另外，为防止强光和暴雨，在稻田的一角为鸭子修建一个简易的休息避难场所，一般面积为10米^{2}左右。

（5）鸭的管理。 主要在放养初期，雏鸭觅食能力差，需要在早晚添补一些易消化、营养丰富的饲料，如碎米、麦、菜等，投放在鸭子修建的简易棚内，让其自由采食，投饲量从多到少、晚多早少，一般投放20天就可停止。当水稻生长进入到灌浆期时要及时将成鸭从稻田收回，此时鸭子个体长成、食量大，觅食能力强，如不及时回收，将会采食稻谷，造成水稻减产。

（6）稻田管理。 在稀播培育壮秧的前提下，秧苗用高效低毒的对口农药防治病虫害。翻耕前用废菌棒3 000棒还田或翻耕移栽时一次性放足有机肥或复合肥为基础，搞好大田的肥水管理。重点是把握稻田水分，因鸭属水禽，在稻间觅食活动期间，田面要有浅水层，深度以鸭脚刚踩到表地为宜，使鸭在活动过程能踩到泥搅浑田水，起到中耕松土，促进水稻根、蘖生长发育的作用。大田丰产沟要挖得深些，并在沟内始终保持3～5厘米深的水层，供鸭洗澡之需。大田一般不进行追肥，以鸭排泄物和绿萍腐烂还田肥土代替，如田土较瘠薄或基肥不足，稻体缺肥明显的，则亩施尿素7.5千克左右，促其生长发育。

（二）长豇豆—水稻—冬菜栽培模式

长豇豆—水稻—油冬种植模式，主要分布在莲都区的碧湖镇和高溪乡，经济效益较好，适宜海拔高度80～200米地区推广应用。

1. 茬口安排季　长豇豆于2月中下旬播种，6月底前收获结束。水稻5月底至6月上旬播种，10月上中旬收割。冬菜9月中下旬播种，10月中旬至11月中下旬定植，12月至次年2月收获。

2. 长豇豆栽培技术要点　品种选用耐低温品种，适合早春栽培的抗性良种扬早豇12、华豇4号、之豇108、之豇106、早生王等。育苗时要注意种子消毒，预防苗期立枯病及其他土传真菌性病害，大棚育苗，在定植前一周进行揭膜炼苗，苗龄30～35天时定植，每穴移栽2～3株，每亩定植2 500～3 000穴。移栽后要注意及时做好搭架、吊蔓和打顶等田间管理工作，根据长豇豆生长情况，科学合理地施好追肥。长豇豆生长期间要做好立枯病、根腐病、煤霉病、锈病和豆野螟、斜纹夜蛾、红蜘蛛、潜叶蝇、蚜虫等病虫害防治。长豇豆嫩荚未鼓粒时尽早采收，采摘时不要损伤其他的花和芽，而影响产量。

3. 水稻栽培　品种选用中浙优1号、中浙优8号等。采用旱育和半旱育秧，移栽秧龄控制25～30天，每亩栽1.0万～1.2万丛。秧田期重点防治稻蓟马、稻飞虱和稻纵卷叶螟等。移栽后要科学施好肥，由于前作长豇豆用肥量较大，水稻可以看田适当少施肥料。一般基肥占总氮肥量的 50％左右，插后 5～6 天施分蘖肥，占总氮肥量的 30％左右，亩施 15 千克复合肥，加 3～4 千克尿素，分蘖肥可与除草剂混施。一般倒 3 叶期施用穗肥，占总氮肥量的 20％左右，一般看亩施 3～4 千克的尿素。水分管理做到浅水层插秧，分蘖期浅水与湿润灌溉交替，苗数大约达到穗数 80％时开始搁田，采用多次轻搁田，生长过旺时适当重搁田，控制苗峰。幼穗分化期，以浅水层为主。扬花期后注意灌好跑马水，保持田土湿润至成熟。大田病虫草防治重点防治螟虫、稻飞虱、纹枯病、细条病等病虫害。

4. 冬菜栽培　主要种植有根茎类、甘蓝类、叶菜类蔬菜，生产上要考虑后茬安全成熟、高产稳产，品种搭配上应选用早中熟品种为主，栽培上应提前育苗、培育壮苗。

（三）稻鳖共育

1. 稻田和品种选择　养鳖应选择便于看护，水源清洁无污染，水流通畅，排灌方便的稻田。水稻品种要选择茎秆粗壮，株型紧凑的杂交稻组合，高山区种植要选择早熟品种。

2. 鳖田整理　养鳖稻田一是加固加高田埂，田埂应高出田面 40 厘米左右，捶紧夯实，田边四周用石棉瓦、木板、水泥板等做好防逃设施。二是开挖暂养坑（沟），因在山区，田块较小，在稻田的一边开挖宽 2～3 米、深 1～1.5 米的暂养坑，沿田埂四周内侧，距田埂 0.5～1 米挖环形沟，田中间挖好田间沟，沟宽 0.5 米左右、深 0.5 米。三是做好消毒处理，鳖田整理好后可用 10 毫克/升漂白粉或 150 毫克/升生石灰泼洒浸泡消毒。

3. 培育壮秧，适时移栽　种子经消毒催白后，采用半旱育秧，育秧强调稀播均播，秧本比 1∶8，秧龄控制在 35 天以内，移栽时单株带蘖 4～5 个。经消毒的稻田施足基肥，灌清水移栽，水稻移栽强调实行宽行密株，因要放养甲鱼建放养沟、坑，减少了耕地利用率，水稻移栽时要求双本插，确保足穗高产。水稻移栽后在稻田中及时放养一定量的杂鱼和螺。

4. 加强田间管理，促进水稻早发　水稻移栽后 5～7 天，及时施好促蘖肥，亩施用尿素 10～12.5 千克钾肥 7.5 千克促分蘖，茎蘖数达到有效穗 80％时及时灌深水控蘖，减少无效分蘖，提高成穗率。齐穗后用富硒增产剂 0.1 千克加水 25 千克或用磷酸二氢钾 100～120 克加水 25 千克喷雾，以促进籽粒饱满，提高结实率。

5. 鳖苗放养和投喂饵料　水稻施促蘖肥，稻田水自然落干，约移栽后 15 天左右，灌清水后即可放养鳖苗，因甲鱼在田间生长时间相对较短，为使甲鱼当年上市出效益，要求放养规格较大的甲鱼苗，一般亩放养 250 克左右的甲鱼苗 150 只。每亩稻田设置 4～6 个食台，上午 9 点和下午 5 点各投喂 1 次，以投小鱼、玉米、小麦、猪胰、猪肺、螺丝为主，为促进甲鱼生长，同时还要适当投放全价配合饵料。投料量以鳖吃饱下次投喂无剩余为度。因山区气温较低，甲鱼生长较慢，稻鳖共育要连续饲养两年，使甲鱼个体可达到 0.6 千克以上时上市。

6. 病害防治　水稻病虫防治强调以"物理防治为主，药剂防治为辅"的原则。养鳖稻田要求每公顷安装 1 盏杀虫灯诱杀害虫，做到水稻只防病不治虫，尽量减少病虫害防治用药次数。水稻防病时根据病虫测报及田间病害发生趋势，把握时机，及时防治，施用农药时要灌深水和选用高效低毒农药，避免药物直接落入水中，施用农药后，及时注入新水，改善水质条件，确保甲鱼安全。甲鱼病害注意适时在鳖田田间沟（坑）泼洒生石灰消毒预防病害，也可在饲料中拌入磺胺药物或抗生素两种药物交替投喂防治病害。

（四）"单季稻—浙贝母"高效循环种植模式

1. 茬口安排　杂交水稻播种期为 5 月中旬；浙贝母 10 月下旬种植。

2. 水稻高产栽培技术

（1）精量播种，培育壮秧。秧田播种量掌握在 5～7.5 千克，大田用种量 0.5～0.75 千克，秧龄控制在 25 天左右。短秧龄移栽有利于减轻败苗，提早成活，有利早发。插秧前 3 天施好起身肥，移栽前 1 天防治 1 次卷叶螟、稻飞虱、蓟马等害虫，做到带药落田。

（2）合理密植，单本移栽。大田亩插栽 1.0 万左右，采用单本插，力争最高苗数 24 万～26 万，有效穗 14 万～17 万。

(3) 科学用肥。结合测土配方施肥技术，确定高产施肥方案。亩施用腐熟栏肥 570～1 000 千克或用 25％水稻专用肥 50 千克作基肥打耙面，移栽后 5～7 天结合大田除草施尿素 10 千克加氯化钾 5～7 千克，中期看苗施肥，一般占总施肥量的 30％，倒 2 叶露尖时用尿素 5 千克或复合肥 10 千克施好穗肥。齐穗后结合病虫害防治，用 12％富硒增产剂 0.1 千克加水 25 千克喷雾，以促进籽粒饱满，提高结实率。

(4) 浅湿灌溉，强根壮秆。水稻移栽后适当灌深水护苗，一周后结合第一次追肥，采用浅水灌溉促分蘖，待自然落干后保持田间湿润，采用无水层灌溉，以促进根系和分蘖生长，当总茎蘖数达到计划穗数的 80％时，适时适度搁田，进入拔节孕穗期后，采用浅灌勤灌，干湿交替。抽穗期至灌浆初期植株需水量较大，保持薄水层灌溉。灌浆中后期干湿交替灌溉促健根壮秆，增强植株抗病虫、抗倒伏能力。乳熟期防断水过早，保证青秆黄熟促高产。

(5) 预测预报，及时防治。根据病虫测报及田间病虫害发生趋势，把握时机，及时防治。重点抓好卷叶螟、稻飞虱、纹枯病和稻瘟病等病虫害防治，药剂防治即要选择高效、低毒、低残留农药，又要注意科学合理配方，减少农药用量和交替施用药剂，提高药剂防治效果，达到了节本增效的目的。

3. 浙贝母栽培技术　浙贝母是常用中药，为"浙八味"之一。别名浙贝、大贝、象贝、元宝贝、珠贝。为百合科贝母属植物斯贝母的鳞茎，多年生植物。浙贝母喜温暖气候，光照充足，生长温度 4～30℃（过低或过高均休眠）。浙贝母对土壤要求较严，要求土层深厚，排水良好，富含腐殖质、疏松肥沃的沙质壤土种植，土壤 pH 5～7 较为适宜。最适宜生长的土壤含水率为 20％～28％（土壤含水率低于 10％时鳞茎不能发根，低于 6％时植株不能生长），土质及干湿度以手捏成团、落地能散为好。

(1) 整地做畦。整地要求深翻细整，敲碎土块，做成畦宽 1.2～1.5 米、沟深 30～40 厘米的畦，做畦时每亩施腐熟有机肥 1 500 千克，做到有机肥与土壤混匀。

(2) 适期种植。根据当地生产实际，选用 60～80 个/千克（直径 2～3 厘米）鳞茎作种球。单季稻收获后，在 10 月下旬开始种植。过迟播种会造成根系生长差，植株矮小，叶片少等导致减产。亩用种量约 300 千克，亩栽 18 000～20 000 株，采用点（条）播，行株距一般为（8～10）厘米×（18～20）厘米，播种深度 4～5 厘米，芽头朝上，较小种球要求种在畦边，确保浙贝母生长整齐。

(3) 稻草覆盖还田。种球播种覆土出苗前，亩用 90％禾耐斯乳油 45 毫升加水 60 千克喷雾，封杀杂草。亩用稻草 200～300 千克进行覆盖。通过稻草覆盖可起到提高表土温度、防冻保暖、抑制杂草生长、避免杂草与贝母争肥，起到保肥增肥改善土壤结构的作用。

(4) 清沟排水。浙贝母对水分要求高，过多会使鳞茎腐烂，播种后结合施肥，及时清理沟渠，确保沟渠畅通，以防田间积水，避免造成鳞茎腐烂。

(5) 合理使用肥料。掌握"重视施用蜡肥，早施苗肥，适施花肥"原则。蜡肥：12 月中下旬，结合中耕除草施用，亩施稀薄腐熟人粪尿有机肥 1 000 千克或三元复合肥 15～20 千克，肥料施于畦面，结合清沟盖上薄土层；苗肥：2 月齐苗后（从下种到出苗一般需要 3～4 个月时间）施用，施用速效肥，一般亩施三元复合肥 10 千克或稀薄腐熟人粪尿 500～750 千克，同时撒施草木灰 100～150 千克。花肥：在 3 月中下旬摘花以后，根据苗势和土壤肥力适量施肥，肥料可选用施腐熟人粪尿等有机肥，生长后期视长势情况进行根外追肥。

(6) 适时摘花打顶。为减少养分消耗，促进鳞茎膨大生长，在开发初期进行摘花，摘花不宜过早或过迟，一般在植株顶部有 2～3 朵花开时，选择晴天露水干后将顶端花梢全部摘除。

(7) 加强病虫防治。浙贝母主要病虫害有灰霉病、黑斑病、干腐病、软腐病、蛴螬等。为减轻浙贝母病虫害发生，栽培上要求实行水旱轮作，病虫防治实行"农业防治为主，药剂防治为辅"的原则，丽水市浙贝母灰霉病发生较为严重，重点是要抓好灰霉病的防治工作，在发病初期及时用药，亩用 50％多菌灵 100 克加水 50 千克喷雾防治，隔 7 天再喷 1 次，可控制灰霉病的发生和蔓延。

(8) 及时收获。浙贝母一般在 5 月上旬收获，浙贝母植株开始枯萎，说明鳞茎已成熟，是最佳采收期，要及时收获，采收时注意尽量避免伤到鳞茎。

第二篇

水稻生产

第四章
概　　述

第一节　水稻的传播和地位

一、水稻起始与传播

栽培稻的学名为 *Oryza sativa*，属禾本科 Graminea，稻属 *Oryza* 植物。

栽培稻是由我国南方的野生稻在长期的自然选择和人工选择的共同作用下演变而来的。

1973 年，在浙江余姚河姆渡新石器时代遗址中发现的，距今约 7 000 年的大量炭化稻谷，是亚洲迄今为止已知的最古老的稻作，说明当时浙江劳动人民已有水稻栽培。杭嘉湖、宁绍地区水稻种植业在有史记述以后，随着浙江政区的开发和设置，自北而南地表现出有序的影响。浙中和丽水市等浙南地区的开发迟于浙北，这主要是浙中浙南地区当时还是原始森林密布，人烟稀少之故。浙江省农业自北向南的发展，开始十分缓慢，唐以后才加快，这和整个浙南的开发历史很一致。大多学者认为，历史上以太湖地区为主线，向北发展转为单纯的粳稻栽培（粳稻耐寒）；向南到台州市、丽水市成为籼粳稻并存地区；再往温州市以南地区发展成为籼稻地区。

新中国成立 50 多年来，丽水市水稻生产随着整个农业形势变化、国家粮食政策调整、农作制度创新及受自然灾害等因素影响而几经起伏（图 4-1），至 2009 年丽水市水稻播种总面积 88.46 万亩，早稻、单季中晚稻、连作晚稻分别占水稻总面积的 3.6%、82.8% 和 13.6%。

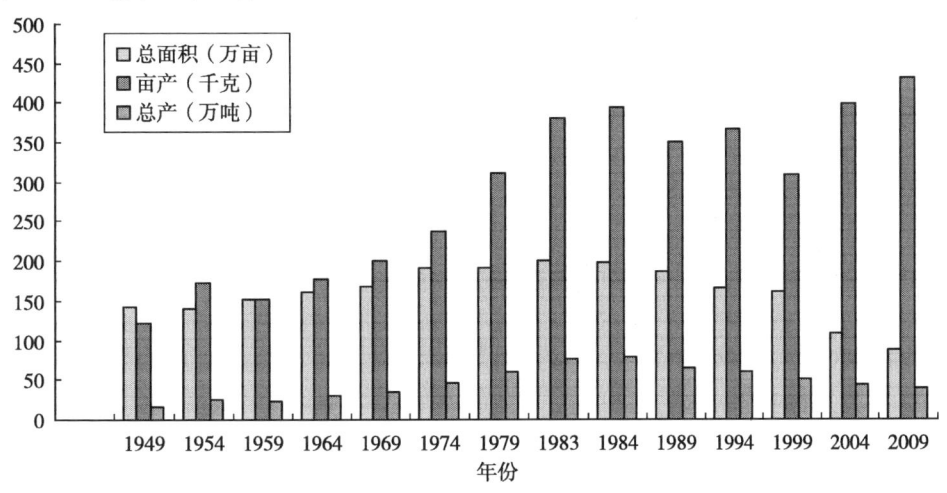

图 4-1　丽水市新中国成立以来水稻生产变化图

二、水稻生产在国民经济中的地位

水稻是丽水市的主要粮食作物，也是重要的商品粮之一。2009 年丽水市水稻播种面积约占粮食作物总面积的 53.5%，而稻谷产量将近占粮食总产的 68%（图 4-2），丽水市商品粮总量中稻谷约占 95% 以上。因此，水稻生产在丽水市国民经济中占有极其重要的地位。

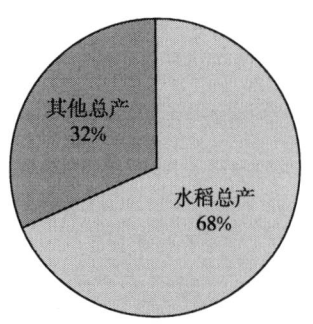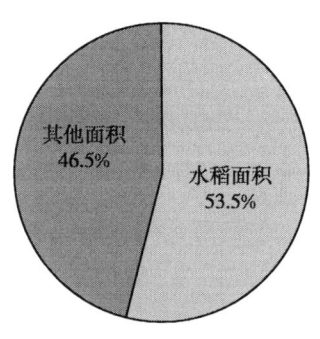

图 4-2　水稻生产在粮食生产中的比重（2009 年）

　　首先，水稻适应性强。在水源充足的条件下，不论酸性红壤，含盐稍高的盐碱土，排水困难的低洼沼泽地，以及其他作物不能全面适应的土壤，一般都可栽培水稻，或以水稻为先锋作物。水稻的品种类型和稻作制度多种多样。在丽水市海拔 400 米以下的平畈和丘陵可一年二季连作；在海拔 400～600 米的丘陵或半山区可发展单季晚稻或再生稻；在海拔 600～1 000 米的山区可种生育期较短，抗寒力强的单季中晚稻品种。这就为丽水市发展水稻生产提供了广阔的前景。

　　其次，水稻营养价值较高。一般精白米除含水分 12.9% 外，含淀粉 77.6%、蛋白质 7.3%、脂肪 1.1%、粗纤维 0.3% 和灰分 0.8%。水稻的淀粉粒特小，并含有营养价值高的赖氨酸和苏氨酸；水稻的粗纤维含量最少，容易消化，各种营养成分可消化率和吸收率都高，最适于人体的需要。所以，水稻是一种重要的商品粮。

　　再次，稻谷加工后的副产品用途很广。如米糠含 14% 左右的蛋白质、15% 左右的脂肪和 20% 的磷化合物，以及多量的维生素，是家畜的青饲料，且在工业上可以酿酒和提取糠油，在医学上还可提制健脑磷素及维生素等；谷壳可制装饰板、隔音板等建筑材料，也可提取多种化工原料；稻草除作家畜粗饲料和褥草外，将其还田是一种很好的硅酸肥和有机肥，在工业上是造纸、人造纤维等的原料。

第二节　水田种植制度

　　在汉代前后，江南一带还停留在火耕阶段，据《史记·货殖列传》记载，楚越之地，地广人稀，饭稻羹鱼，或火耕水耨。在连种若干年之后，地力不济了，就要轮休一两年，借以恢复地力，然后再种，是一种比较原始的休闲种植制，农作物的产量很低。

　　汉代以后，浙江的种植业由于铁器农具和牛耕的推广使用，农业开始进入犁耕阶段。据《齐民要术》记载，4 世纪东晋时，南方稻田已实行冬种苕子，后发展为紫云英、蚕豆等绿肥作物。民国 35 年（1946 年）龙泉县农业推广所向乐清县采购紫云英、苜蓿，首次试种推广。从而改变了过去专靠休闲养地和"燔茂草以为田"的原始做法，粮地开始建立用养结合的连年种植制。

　　唐代始，兴修水利，灌溉农业有了发展，使一年一熟制开始向一年两熟制转变。据志书记载，北宋大中祥符年间（1008 年），浙东南一带已有间作稻的栽培，距今已有 980 多年的历史。南宋时，浙北地区的小麦开始从旱地扩种到水田，形成愈来愈多的稻麦两熟制。特别是南宋定都杭州后，北方居民大量南迁，使浙江成为人口稠密地区，于是加速发展了一年一熟为稻麦两熟及双季两作稻等种植制度。

　　明代 15 世纪出现商业性农业，水田稻麦一年两熟制推广到其他作物的栽培，在冬作物中增添了蚕豆、豌豆、油菜和花草等，形成了稻麦、稻油、稻豆、稻肥等多种内容的两熟制。而且，从一年的轮作发展为多年的轮作，加以间作、套种等方法的出现，使种植制度错综复杂，异彩纷呈。

　　晚清时期，在种植制度方面，主要是继承和发展了轮作复种、间作套种、多熟种植的优良传统。在部分地方连作稻、水田三熟制相继出现，并有了发展。

民国时期，外侮内患不断，浙江的种植业基本处于停滞和衰退的状况。丽水市水田种植制度仍以水稻一年一熟制为主，据遂昌县统计，大柘、石练、城关等地，水田复种指数较高，水稻一年一熟制占70%，水稻、油菜（麦）一年两熟制占 20%，水稻、秋大豆、油菜（麦）水旱轮作一年三熟制（老三熟）占 10%。由于人口增加的消耗，抗战时军粮的负担，邻县粮食恐慌的接济，使丽水市粮食严重匮乏。1938 年遂昌县政府曾推行"扩种冬作"提高复种指数，以增加粮食产量，成效颇佳；1942 年日寇两遭流窜到遂昌县境内，使生产力受到破坏，1943 年遂昌县府强制推行"减糯改籼"粮食增产措施，分别于 3 月 23 日及 5 月 22 日颁发了《遂昌县 32 年度限种非必要作物实施办法》和《遂昌县限制种植烟草、糯稻非必要作物处罚办法》，当年共收罚款 29 万元。糯稻总产从 1942 年的 3 500 吨下降到 1947 年的 224.5 吨。农户在排水不良、地力肥沃稻田种糯稻，然而农户又有酿酒必糯而粳米又很少食用的习惯，故"减糯改籼"虽有短期成效，但终难倡导。

新中国成立以来，丽水市的水田耕作制度大体经历了以下几个阶段：

第一，沿用和扩大老三熟（1950—1955 年）。河谷盘地改稻—豆两熟制为麦—稻—豆三熟制，低山区改一熟为两熟。1953 年缙云县正美乡应寿廷互助组试种双季稻 0.35 亩，亩产 480 千克，对连作稻栽培进行了初步尝试。遂昌县 1954 年始种双季间作稻和连作稻，改革耕作制度。通过熟制改革，使丽水市粮食生产取得连续 6 年增产，总产量从 1949 年的 22.67 万吨增加到 35.79 万吨，增加 13.12 万吨，增长了 57.9%。同时促进了水稻生产的发展，丽水市水稻栽培面积从 1949 年的 142.73 万亩，增加到151.56 万亩，特别是早稻生产，其栽培面积从 1949 年的 27.86 万亩，增加到 41.06 万亩，亩产水平达到 189 千克，亩增 47 千克，增长 33.1%。

第二，扩大和推广新三熟（20 世纪 50 年代中期至 70 年代）。主要是围绕推广连作稻为主的具有历史性耕作制度改革，改间作稻为连作稻，改一熟为两熟或三熟，改中稻为晚粳稻，改低产作物（秋大豆）为高产作物（秋玉米）。河谷盘地推广春粮（油菜）—连作稻为主的新三熟，山区推广早稻—秋玉米。

前期，由于水利、品种及技术跟不上，同时受当时浮夸风及自然灾害的影响，单产水平和种植效益低，粮食总产近 10 年处在徘徊状态，单产水平在 180 千克左右。以至影响到 20 世纪 60 年代连作稻的推广，直到 20 世纪 60 年代末水稻播种面积在 168 万亩左右，但早稻面积有较快的发展，播种面积超过65 万亩，单产水平也有一定的提高，达到 220 千克。

中期，各地在总结改制的经验和教训的基础上，围绕提高复种指数，采取"良田、良制、良种、良法"配套技术，同时通过水利设施建设，改善灌溉条件、推广种植绿肥和养绿萍，提高土壤肥力及矮秆良种等技术，使丽水市新三熟制得到全面推广。其中早稻面积从 20 世纪 60 年代末的 65 万亩发展到 20世纪 70 年代初的 95.43 万亩，总产达 27.10 万吨，单产 284 千克，其面积、总产为历史最高年份。从而使水稻总面积由 60 年代末的 168 万亩，上升到 192 万亩，到 1977 年丽水市水稻播种面积稳定在 190万亩以上。

后期，1976 年开始试种杂交水稻，1978 年进入大面积推广应用，对丘陵低山区耕作制度、早稻及早中稻面积进行了调整，扩大单季杂交稻和连晚杂交稻，使粮食种植结构和布局更趋合理。水稻栽培面积、产量水平达到最高峰。丽水市 1984 年粮食播种面积 271.81 万亩，总产量达到 92.59 万吨。水稻栽培面积 198.89 万亩（最高年份 1983 年 200.58 万亩），其中早稻栽培面积在 70 万亩左右，比 1977 年下降了 15 万亩，晚稻栽培面积达到 129.86 万亩（最高年份），比 1977 年增加近 22 万亩，早稻单产创历史纪录达 387 千克，晚稻单产创历史新高达 400 千克。

第三，沿用新三熟，推广粮—经、粮—饲、粮—肥多熟制（20 世纪 80 年代后）。该阶段的特点是"以市场为导向，以效益为中心，多熟制并举，多组合并存"。如麦（油菜）—稻—稻、菜—稻—经济作物、肥—稻—稻、西瓜—稻—菜、玉米或大豆（鲜食）—稻—经济作物等。

1985—1992 年耕作制度改革。国家进行粮价改革，取消粮食定购，实行合同订购，丽水市耕作制度开始调整，新三熟制仍占主导地位，但经济作物面积扩大，水稻栽培面积下降，到 1988 年丽水市水稻栽培面积下降到 182.15 万亩，比 1984 年减少 17 万亩，其中早稻面积减少近 10 万亩。1989 年国家提高了粮食收购价格，粮食生产开始回升，到 1992 年丽水市水稻栽培面积维持在 185 万亩左右，水稻产量在 65 万～70 万吨。往后几年水稻生产随粮食生产形势的下滑而减少，到 1998 年丽水市水稻栽培面积减少到 165.8 万亩。

20 世纪 90 年代，农业结构调整。丽水市农业结构全面进入调整，粮—经、粮—饲、粮—肥等多熟制在各地进入推广应用阶段。到 2003 年丽水市粮食播种面积仅 157.37 万亩，总产 48.77 万吨，水稻栽培面积 101.1 万亩，下降到新中国成立以来最低点，其中早稻面积 7.4 万亩，晚稻 93.70 万亩，分别仅占 1949 年的 26.56% 和 81.57%。2000 年始晚稻中的单季稻面积上升，年均在 82 万亩以上，比 20 世纪 80 年代初增加 30 万亩。2004 年丽水市连作晚稻面积仅 12.30 万亩，不足 1984 年的 1/5。

21 世纪初，农作制度创新。农作制度创新是浙江农民的创造，实质上是使传统的"老三熟"变成新型的"多熟制"。农业结构调整进入了一个新阶段，调整范围更广，包括一系列农、林、牧、副、渔多种类型的改革。丽水市因地制宜，农作制度创新如火如荼。在青田县等地，多实行种养结合、粮经结合新技术，即在同一块农田里，既坚持粮食优质高产，又与养殖业复合经营；或发展设施农业，实施粮食与蔬菜、瓜果等轮作，主要有稻鸭共育、稻鱼鸭共育、稻菜轮作等。在丽水山区、半山区，则实行粮、饲、牧结合新技术和"五园"养殖新技术，实施水稻、玉米、饲草轮作，用玉米秆和饲草发展奶牛、波尔山羊，或利用竹园、茶园和疏林养鸡。新的农作制度体现了可持续发展的理念，是丽水市发展高效生态农业的一个重要抓手和切入点。从最浅层面讲，这是农民发展种养的生产需要；从更深层次讲，这是提高农民组织化程度，应对千变万化大市场的必然结果。农作制度的创新，带动了农业经营体制和农业技术推广体制的创新。

第三节　水稻生产概况

一、水稻生产

丽水市栽培水稻历史较久，新中国成立前，由于帝国主义、封建主义和官僚资本主义的残酷剥削和压迫，加上灾害频繁，战乱影响，民不聊生。

《松阳县志》记载，"道光元年（1821 年）大旱，饿殍甚众。谣云'嘉庆生道光，米缸个个空'。道光十四年（1834 年）大旱，谷价甚贵。民国元年（1912 年）和民国四年（1915 年）夏秋大旱，谷价飞涨，每担至银元 6 元以上"。

《龙泉县志》记载，"弘治三年（1490 年）龙泉饥荒，饥民破官仓取粮，为首者遭杀害。正德四年（1509 年）春夏大饥，民采槠树皮舂磨作饼充饥，食之多死。民国二十八年（1939 年）十一月安仁区田稻被三化螟所蚀，颗粒无收达 500 余亩。民国三十三年（1944 年）六月初七至初八，暴雨成灾，水南稻田积水数尺，小梅、茶丰一带大水泛滥，损失约 5 000 万元，中旬以后久晴不雨，全县损失稻谷 10 余万担，饥民多以树皮草根果腹"。

"莲都区嘉庆五年（1800 年）六月二十三，大水，船逾城入，越二日水退，死者以千计，册报坏田 5 500 余亩。康熙十年（1671 年）五月二十七起 46 天无雨，加上蝗灾，颗粒无收。光绪二十六年（1900 年）丽水碧湖发生饥民闹荒；民国三十四年（1945 年）丽水爆发数次抢米风波。"

《云和县志》记载，"民国十八年（1929 年）十月，蝗虫灾害严重，晚稻歉收。民国三十四年（1945 年）七月，旱灾，受旱农田 4 万余亩，粮食减产 7 成，饿死 422 人，饿病 4 015 人"。

《遂昌县志》记载，"延祐元年（1314 年）螟伤禾，岁歉收。民国四年（1915 年）春，城乡水患，夏秋县境干旱，米价上涨，每石银 6 元"。

《景宁县志》记载，"康熙十年（1671 年）五月二十七起 46 天无雨，加上蝗灾，颗粒无收。"

民国时期，丽水市水稻生产和整个农业生产一样，遭到了严重破坏，水利失修失管，肥料农药缺乏，农技落后，管理粗放，产量很低，年产稻谷向感匮乏，依赖"洋米"进口。根据遂昌县 1941 年统计，有人口 138 599 人，耕地 162 441 亩，年产粮食 19 495 吨，全县消费 24 255 吨，3～7 月，约缺粮 4 760 吨。

新中国成立后，党和政府重视农业生产的发展和提高，粮食生产有发展比较快的时期，也有停滞不前甚至倒退的时期（图 4-3）。尤其是水稻生产影响更为明显，1949 年丽水市水稻播种总面积 142.73 万亩，总产 17.28 万吨，平均亩产 121 千克，人均仅占有 147 千克，水稻面积和产量分别占粮食播种总面积和总产量的 66% 和 76%。

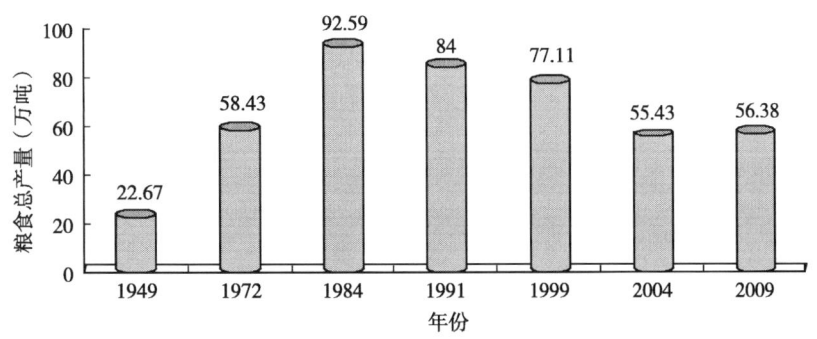

图 4-3　丽水市新中国成立后粮食总产量变化图

1949—1952 年，党和政府依靠农民的力量，经过了 3 年的努力，迅速地恢复了水稻生产。1952 年，水稻总产 24.12 万吨，年均增长 12%，平均亩产 158.5 千克，人均占有 195 千克。

1953—1957 年，经过合作化运动，发动群众，大搞土杂肥的利用，提倡合理密植，推广多熟制，使水稻生产发生了更大的变化。1957 年水稻总产 25.36 万吨，平均亩产 158 千克，人均稻谷占有量 186 千克，水稻耕地复种指数从 1952 年的 86.8% 提高到 92.4%。

1958—1961 年，经过"大跃进"，农业生产出现了浮夸风和瞎指挥，重视工业，提倡全民大炼钢铁，忽视农业，加上严重的自然灾害，虽在推广优良品种、改良土壤、改变育秧方式提高秧苗素质等方面，对水稻生产起了积极作用，挽回了部分损失，但仍使生产水平下降。1961 年，水稻总产 20.67 万吨，比 1957 年减产 18.5%，年均下降 4.98%，人均稻谷占有量仅 149 千克，下降到 1949 年的水平，10 多年的努力，又回到了零点，造成丽水市连续 3 年（1960—1962 年）闹饥荒。

1962—1965 年，经过 3 年调整，国民经济开始步入轨道，农业生产水平有所提高，水稻年均总量 27.35 万吨，比前 4 年年均总产 22.49 万吨增 21.6%。

1966—1976 年，"文革"期间，提倡分配的平均主义，严重地挫伤了农民生产积极性。由于多数干部和群众仍然坚持农业生产和科学实验，"文革"以前推行的一些科技成果继续得到运用并逐渐显露其效益，水稻生产虽有进展但缓慢，年均水稻总产 38.56 万吨，年均仅递增 2%。

1977—1984 年，粉碎了"四人帮"，结束了十年浩劫，在十一届三中全会精神指导下，实行了改革开放和活化经济，使农业生产和国民经济都发生了巨大变化，特别在 1981 年后，农业陆续实现了联产承包责任制，极大地激发了农民产粮积极性；在农业科技方面由于大力推广了杂交稻，水稻生产连续 8 年获丰收，共增稻谷 37.83 万吨，总产从 1976 年的 40.73 万吨，提高到 1984 年的 78.56 万吨，达历史最高水平，年均增长 8.56%，平均亩产 395 千克。其中景宁畲族自治县、遂昌县、松阳县、庆元县水稻平均亩产分别达到 444 千克、424 千克、405 千克和 401 千克，有史以来第一年实现并超过了党中央提出的《1956—1967 全国农业发展纲要》400 千克的目标；1982、1983、1984 年人均粮食占有量分别达到 386、397、406 千克，做到自给有余。由于粮食生产与收购、销售严重脱节，丽水市一度出现了"卖粮难"的现象。

1985—1992 年，农业产业结构开始调整，推广效益农业，粮食作物与经济作物的比重有所下降；部分干部群众忽视了粮食生产，偏重于乡镇企业，失去了对农业的宏观调控；物价猛涨，生产资料提价，农业生产成本增加，使粮食生产的总体效益下降，农民产粮积极性受挫，水稻生产回落，年均总产

67.45 万吨，并在 62 万～70 万吨生产水平内徘徊。

1993—1998 年，农业生产结构调整进一步深入，粮地面积进一步减少，国家对粮食生产的投资逐年紧缩，水利设施失修失管，防洪抗旱能力下降等原因，使水稻生产水平进一步滑坡，年均总产量下降到 62.59 万吨。粮食生产再度引起各级政府的重视。

1999—2003 年，大抓种植业结构调整，发展效益农业，粮食播种面积减少，特别是早稻面积锐减，单季稻面积增加（图 4-4），水稻生产进一步下滑，年总产至 2003 年已降低到 38.82 万吨，造成丽水市粮食自给率大幅度下降。

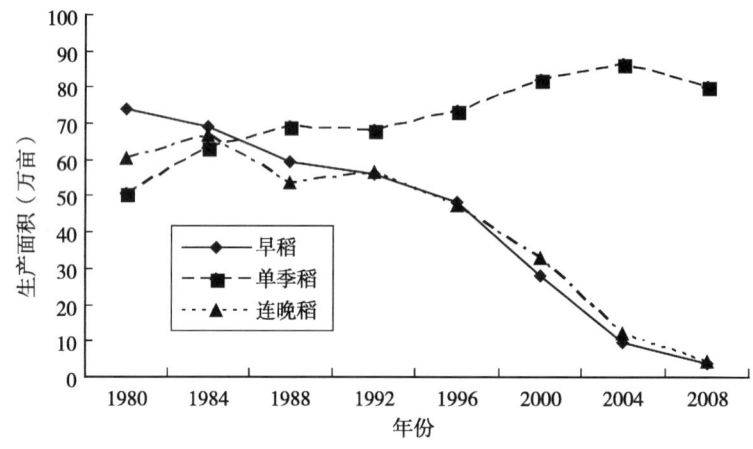

图 4-4　1980—2008 年早晚稻生产面积变化图

2004—2009 年，中央针对全国粮食生产出现的问题，各级政府出台了一系列扶持粮食生产的政策，丽水市和全国各地一样，粮食生产开始了恢复性增长，丽水市粮食播种面积 173.28 万亩，粮食总产达 55.43 万吨，比 2003 年分别增长 15.09％和 15.12％，基本遏制了连年滑坡的局面，2004—2009 年间，城市建设扩张和产业结构占用大量耕地，2009 年粮食作物面积减少到 165.36 万亩，总产 56.38 万吨。

回顾丽水市水稻生产的历史，新中国成立后 55 年中，总的生产水平是稳步提高的，水稻单产年均递增 2.2％，有 31 年比上年增产，有 22 年比上年减产，有 2 年与上年平产（表 4-1）。特别值得一提的是，每经过一次技术的重大变革，都使水稻单产实现了一次跨越式提高。1949 年水稻单产仅 121 千克，经过贯彻农业八字宪法、农家品种改纯系品种，高秆品种改矮秆品种等品种技术变革，用了 20 年时间至 1969 年把水稻单产提高到 200 千克以上，实现了水稻单产的第一次跨越。20 世纪 70 年代，实行良种良法配套，提倡合理密植，推广半旱育秧、尼龙薄膜育秧、两段育秧、"两减一扩"育秧等水稻育秧技术的变革，通过 10 年的努力，至 1979 年把水稻单产提高到 300 千克以上，实现了水稻单产的第二次跨越。以后，大力推广了杂交稻，实现了常规稻改杂交稻的第二次品种技术的变革，加上优化了农业产业结构，减少了早稻面积，扩大了单季稻，通过 20 多年的努力，至 2001 年水稻单产提高到 400 千克以上，实现了水稻单产的第三次跨越（图 4-5）。

表 4-1　丽水市历年水稻生产统计情况

年份	总面积（万亩）	亩产（千克）	总产（吨）	早　稻			晚　稻		
				面积（万亩）	亩产（千克）	总产（吨）	面积（万亩）	亩产（千克）	总产（吨）
1949	142.73	121	172 810	27.86	142	39 561	114.87	116	133 249
1950	149.58	131	196 568	26.87	147	39 499	122.71	128	157 069
1951	151.00	143	215 704	28.69	155	44 470	122.31	140	171 234
1952	152.18	158	241 204	28.53	178	50 783	123.65	154	190 421

（续）

年份	总面积（万亩）	亩产（千克）	总产（吨）	早　稻			晚　稻		
				面积（万亩）	亩产（千克）	总产（吨）	面积（万亩）	亩产（千克）	总产（吨）
1953	150.94	158	238 741	36.80	168	61 824	114.14	155	176 917
1954	141.20	172	243 351	36.33	182	66 121	104.87	169	177 230
1955	151.56	174	263 243	41.06	189	77 603	110.50	168	185 640
1956	163.73	146	238 415	50.39	138	69 538	113.34	149	168 877
1957	160.53	158	253 600	45.33	163	73 888	115.20	156	179 712
1958	154.73	153	236 598	56.29	158	88 938	98.44	150	147 660
1959	152.69	153	233 562	50.30	159	79 977	102.39	150	153 585
1960	160.08	139	222 941	60.24	148	89 155	99.84	134	133 786
1961	149.46	138	206 650	47.18	128	60 390	102.28	143	146 260
1962	146.73	157	229 827	39.92	161	64 271	106.81	155	165 556
1963	149.07	187	278 980	40.38	201	81 164	108.69	182	197 816
1964	162.08	178	288 339	47.81	192	91 795	114.27	172	196 544
1965	168.33	176	296 764	54.04	215	116 186	114.29	158	180 578
1966	168.46	180	303 957	60.73	222	134 821	107.73	157	169 136
1967	163.67	183	298 748	61.13	222	135 709	102.54	159	163 039
1968	166.67	180	300 320	68.66	219	150 365	98.01	153	149 955
1969	168.12	201	337 493	65.47	227	148 617	102.65	184	188 876
1970	174.97	227	397 820	72.09	255	183 830	102.88	208	213 990
1971	183.24	222	407 235	80.15	274	219 611	103.09	182	187 624
1972	192.17	235	451 925	95.43	284	271 021	96.74	187	180 904
1973	192.48	231	444 384	92.85	264	245 124	99.63	200	199 260
1974	190.59	238	453 788	87.38	289	252 528	103.21	195	201 260
1975	191.42	229	438 970	86.56	260	225 056	104.86	204	213 914
1976	192.18	212	407 315	84.73	258	218 055	107.45	176	189 260
1977	192.85	243	468 350	84.78	257	217 780	108.07	232	250 570
1978	195.34	275	537 225	83.23	302	250 855	112.11	256	286 370
1979	192.29	312	600 895	76.76	325	249 005	115.53	305	351 890
1980	194.47	317	616 935	73.70	336	237 315	120.77	323	379 620
1981	195.82	340	664 850	72.07	350	252 030	123.75	326	412 820
1982	197.25	365	720 330	71.25	358	255 110	126.00	369	465 220
1983	200.58	381	763 985	71.17	362	257 215	129.41	392	506 770
1984	198.89	395	785 615	69.03	387	267 125	129.86	400	518 490
1985	190.83	364	694 844	61.50	363	223 361	129.33	365	471 483
1986	187.33	360	675 308	61.15	385	235 414	126.18	349	439 894
1987	188.44	383	721 914	60.06	368	221 231	128.38	390	500 683
1988	182.15	342	622 521	59.64	319	190 314	122.51	353	432 207
1989	186.95	351	655 912	59.75	316	188 764	127.20	367	467 148
1990	185.00	346	639 367	60.34	353	212 731	124.66	342	426 636

（续）

年份	总面积（万亩）	亩产（千克）	总产（吨）	早稻			晚稻		
				面积（万亩）	亩产（千克）	总产（吨）	面积（万亩）	亩产（千克）	总产（吨）
1991	186.41	380	707 999	60.19	373	224 666	126.22	383	483 333
1992	181.27	374	677 821	56.27	359	202 241	125.00	380	475 580
1993	171.68	363	623 242	48.87	293	143 331	122.81	371	479 911
1994	165.57	366	605 370	44.73	329	147 055	120.84	379	458 315
1995	170.08	365	620 886	48.11	301	144 876	121.97	390	476 010
1996	168.79	387	653 531	48.32	354	171 201	120.47	400	482 330
1997	167.95	373	626 857	47.93	351	168 244	120.02	382	458 613
1998	165.80	377	625 616	46.37	312	144 754	119.43	403	480 862
1999	161.00	308	496 011	40.70	341	13 885	120.30	401	482 126
2000	142.90	389	555 261	28.10	342	96 090	114.80	400	459 171
2001	126.10	401	505 382	17.00	354	60 135	109.10	408	445 247
2002	116.40	397	462 177	15.40	296	45 564	101.00	412	416 613
2003	101.10	384	388 162	7.40	349	25 741	93.70	387	362 421
2004	108.16	398	430 261	9.63	374	36 029	98.54	400	394 232
2005	105.38	402	423 940	9.18	369	33 913	96.20	405	390 027
2006	103.14	405	417 926	8.38	371	31 137	94.76	408	386 789
2007	100.07	411	411 128	6.87	370	25 339	93.20	414	385 789
2008	102.56	421	431 843	5.64	379	21 377	96.92	424	410 466
2009	88.46	431	381 035	3.91	389	15 223	84.55	433	365 822

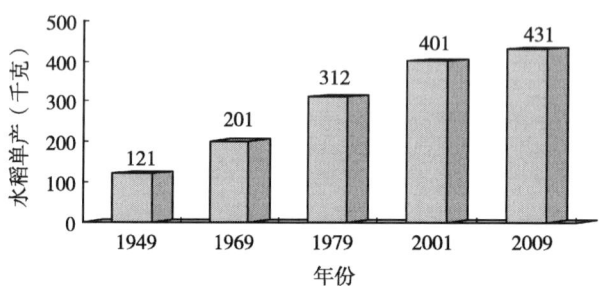

图 4-5　丽水市新中国成立后水稻单产变化图

进入 21 世纪后，丽水市水稻生产在超级稻的引种推广方面有了重大进展，涌现出单产超 800 千克的高产田块和 100 亩以上连片种植单产超 700 千克的示范方，这是丽水稻作的希望，再通过 10 年或更长时间的努力，全市水稻单产水平有望突破 500 千克，实现水稻生产第四次跨越。

二、陆稻生产

20 世纪 80 年代初，丽水市青田县、景宁畲族自治县等从当地实际出发，针对山边田、溪滩田常因干旱导致水稻产量损失问题，曾经开展水稻旱种的有关试验研究工作，并取得一定的成效，后因品种、耕作制度、气候条件等因素的制约，水稻旱种的深入研究及示范推广工作中断。

20 世纪 90 年代，景宁畲族自治县、庆元县、青田县、遂昌县等陆续地开展了陆稻的引种试种工作。陆稻的品质，虽比水稻略粗糙，但营养价值并不低于水稻。据分析米的化学成分，陆稻的碳水化合物比水稻略少，而脂肪和蛋白质的含量则比水稻略多。1991 年景宁畲族自治县沙湾镇农技人员从江西省引进巴西陆稻 IAPAR9 0.5 千克种子，当年在山坡旱地种植了 0.2 亩，实收稻谷 66.5 千克，折亩产332.5 千克；同年庆元县荷地镇试种 0.06 亩，实收稻谷 15.5 千克，折亩产 258 千克。1998 年在浙江省农业厅农作局的支持指导下，试种面积扩大，景宁畲族自治县、青田县、庆元县同时开展了不同品种、播种期、密度的试验研究，并进行高产攻关，青田县还对巴西陆稻的生育特性及对土壤水分的要求等进行了深入的研究，取得了良好的成效。1998 年景宁畲族自治县严坑村试种 36.2 亩，平均亩产 332.5 千克；青田县船寮镇戈溪村试种 16 亩，平均亩产 225 千克，最高亩产达 400.2 千克，次年青田县巴西陆稻的试种面扩大到 7 个乡镇，面积 258 亩，平均亩产 242.9 千克。

　　1998 年全国粮食产量创下 5 123 亿千克的记录，粮价大跌，以后，粮食生产及价格处于低谷，种粮效益低的情况十分明显，因此各级政府大抓种植结构调整，积极发展效益农业。受全国粮食生产大气候的影响，2000 年巴西陆稻尽管在景宁畲族自治县、青田县仍有种植，但面积没有发展，到 2001 年巴西陆稻的试种工作停止，至此巴西陆稻在丽水市的试种面积约 1 000 亩，其中景宁畲族自治县近 600 亩。

第五章
水稻品种推广与更替

第一节　良种推广体系和工作方针

新中国成立前，丽水市水稻良种以自选自留和自选互换为主。1932 年 9 月，遂昌县曾建立农户种子交换所，次年 8 月撤销。1937 年遂昌县府设立了推广改良稻办事处，1938 年 1 月浙江省农业改进所迁设松阳县（1946 年迁回杭州拱宸桥），同年遂昌县推广改良稻办事处改组并设立了遂昌县中心农场。1942 年 2 月 1 日，遂昌县中心农场改组并成立了遂昌县农业推广所，隶属县政府，受浙江省农业改进所业务指导，当时浙江省 10 个县先行组建农业推广所，遂昌县是其中之一。其后，莲都区、松阳县、龙泉县、庆元县等也相继成立了县农业推广所，外地引进的少数水稻品种都先由县农业推广所先试验后推广。1938—1947 年遂昌县农业推广所共推广水稻良种 588 吨，23.53 万亩，增总产 5 400 吨。

新中国成立初期至 1956 年，种子工作贯彻"三就"的方针。根据国家农业部制订的《五年良种普级计划（草案）》和《浙江省种子改良五年计划纲要（草案）》的要求，贯彻"就地选种、就地繁种、就地推广"的种子工作方针。以农户自留互换为主，国家调种、收购供应为辅。丽水市从县、乡、村逐级开展农家优良品种和改良品种的评选活动，发动群众就地繁育，就地推广。如莲都区在 1950 年相继成立县、乡选种委员会，评出细叶青、大叶稻、早红为初选种，同年，细叶青占全区水稻面积 70%，大叶稻、早红各占 10%；1952 年评选出齐头黄、2065、高树细叶青、大叶稻、老农场稻为县选种，并重点推广。特别在农业合作化运动中，水稻良种普遍推行良种评选、留种穗选，积极倡导农民换种。如遂昌县 1953 年全县自选自留水稻良种 50 吨，自选互换 100 吨，通过推广利用一般可以增产 10%～20%。

1956 年，根据中共浙江省委批转省农业厅党组《关于加强改变耕作制度种子准备和推广良种工作的报告》的文件精神，配合各县进行"五改"[单季稻改双季稻、间作稻改连作稻、晚稻改早中稻、旱粮实行低产作物改高产作物、单作改间作（套种）]，优化耕作制度，从评选出的 95 个水稻良种中，鉴定出适合改制的早三倍、南稻等水稻良种，使当时丽水市水稻良种覆盖率达 80% 以上，实行了第一次水稻品种大更换。

1957—1977 年，确定"四自一辅"的种子工作方针，即"群众自选、自繁、自留、自用为主，国家调剂为辅"的种子工作方针。1958 年在大跃进"浮夸风"的影响下，丽水市的水稻种子工作，根据浙江省的种子工作精神，推行选"千粒穗、万粒斤"品种、淘汰消灭土种、增加穗数就要增加用种量等违背科学的技术路线，在生产上每亩大田用种量高达 50 千克，结果是劳民伤财，群众选育和选用良种的积极性大大挫伤；同时，导致大调大运甚至采用商品粮充当种子的失误，造成水稻品种的"多、杂、乱"，降低了纯度。随后，贯彻了中共中央、国务院《关于加强种子工作的决定》、《浙江省恢复和发展农业生产若干问题（初稿）》，以及华东科委在杭州举行的四省一市种子工作会议上起草的《种子工作座谈会纪要（草案）》等文件精神，从而使"四自一辅"种子工作方针在丽水市重新得到正确实施，各县建立了以种子田为主的良种繁育基地，有的村还建立了种子专业队，同时国营良种繁育场也应运而生。如遂昌县 1959 年建立了 3 个良种繁育场，有良种繁育基地 652 亩；建立了 13 个种子专业队，共有种子田 1 000 亩；在良种评选的基础上，确定了 12 485 亩留种田，进行去杂去劣，应用穗选、片选留种，穗选出陆财号、南稻等 8 个早稻品种和 399、胜利籼、乌节稻 3 个中稻品种 44.8 吨。通过群众性选种，农民自选自留的种子数量约占丽水市水稻用种量的 80％左右，大田种子质量明显提高。

这个时期，种子工作最大的特点是：水稻品种的选用，经历了从高秆品种到引进矮秆良种为主的过程。至 20 世纪 60 年代末，矮秆水稻良种普及率已达 90％，实现了丽水市水稻良种高秆改矮秆的第二次大更换。

1978—1994 年，种子工作确立"四化一供"的方针，即"品种布局区域化、种子生产专业化、种子质量标准化、种子加工机械化，实行以县组织统一供种"的种子工作方针。在这之前丽水市种子都由农业部门同粮食部门协商，由粮食部门代购代销统一经营的。1979 年后，市、县相继成立了种子公司，良种的购销统一由市、县种子公司进行，实行行政、技术、经营三位一体。据不完全统计，1981—2004 年丽水市种子部门共引入试验示范和推广应用于生产的水稻良种 290 个，3 713.07 万亩；杂交水稻制种 19.44 万亩，26 066.78 吨，推广杂交稻 2 439.41 万亩，并为外地提供杂交稻种 1 672.7 吨。

为完善杂交稻种子生产的"省提（提纯）、地繁（繁殖）、县制（制种）和县供种"的体制，贯彻"立足本县、自制为主、调剂为辅"的种子方针，制种以自制自用与特约制种并存为主。为了提高种质，实行制种生产专业化，1983 年起全部实行特约制种，统一供种。各县种子公司每年确定特约制种户，落实制种田，确定制种技术辅导员，对杂交种的生产与销售，实行"预约收购、预约供应、特约制种、以销定产"的原则进行。"四化一供"种子工作方针极大地推动了丽水市种子事业的发展，在丽水市种子发展史上发挥了重要作用，是加速农业向现代化迈进的一项重要措施。第一，有利于提高杂交水稻制种产量，改善种子质量，保证了种子的纯度和典型性；第二，专业化制种能保证种子的机械加工，节约了人力、物力和财力，通过种子精选还可节约用种量；第三，实行品种布局区域化后，改观了种子多、杂、乱现象，保证了良种种性的发挥。

这一阶段的主要特点是：1978 年推广了晚稻杂交稻，面积逐年增加。1984 年推广了早稻杂交稻，至 1991 年杂交稻面积已达 115.39 万亩，占水稻总面积 61.9％，水稻品种实现了常规稻改杂交稻的第三次大更换。

1995—2009 年，进入"种子工程"阶段，建立适应社会主义市场经济的种子工作方针。党的十四大提出建立社会主义市场经济的方针，原来在计划经济体制下建立起来的种子体制弊端开始逐步显露，种子服务体系已远远不能满足农业生产的需要。主要存在以下问题：一是生产用种多、杂、乱；二是组织结构小、散、弱；三是政事企职责乱；四是育、繁、推相脱节；五是在市场经济大潮的推动下，经济实体发展迅速，伪劣种子坑农事件时有发生，影响了农业生产的健康发展，损害了农民的切身利益。为了改变上述局面，丽水市贯彻国务院于 1995 年 9 月在天津召开的全国种子工作会议精神，创建种子工程，推动农业上新台阶。从此，丽水市同全国一样，种子工作进入了一个新的发展阶段。"种子工程"是一项系统工程，包括良种引育、生产繁殖、加工包装、推广销售、宏观管理，涉及研究、试验、生产、加工、推广、营销和管理等种子工作的全部内容。新中国成立后所确立的不同阶段所执行的种子工作方针，都不包括育种的范畴，"种子工程"增加了育种的内容，是新时期的大势所趋。

"种子工程"的指导思想是：紧紧围绕农业生产和农村发展的总体要求，适应经济体制从传统的计划经济体制向社会主义市场经济转变，经济增长方式从粗放型向集约型转变的需要，坚持统筹规划、因地制宜、合理布局的原则，在充分发挥现有品种、技术、设施和管理的潜力的同时，增加投入，上规模、上档次、上水平、上效益，建设有中国特色的现代化种子产业。

"种子工程"的总体目标是：促进我国种子工作的迅速实现 4 个根本性转变，即由传统的粗放型生产向集约化大生产转变；由行政区域的自给性生产经营向社会化、国际化、市场化转变；由分散的小规模生产经营向专业化的大中型企业和企业集团转变；由科研、生产、经营相脱节向育、繁、推一体化转变，最终建立适应社会主义市场经济体制的现代化种子产业体系。

自 1995 年实施"种子工程"至 2004 年，丽水市农业科学研究所及各县市农业科学研究所、种子部门等共引进示范、推广水稻新品种（组合）75 个，示范推广面积达 281.07 万亩，其中早稻 30 个，

55.42万亩（早杂10个，16.21万亩），晚稻45个，225.65万亩（晚杂33个，211.94万亩），良种覆盖率达95％以上。种子公司也由小规模生产经营向专业化的大中型企业或企业集团转变。遂昌县2000年12月被浙江省农业厅确定为全省5家县级种子公司之一、丽水市首家"浙江省种子工程建设示范县"。随着《中华人民共和国种子法》的实施，种子行业全面开放，资源配置重新调整。2001年5月13日，原遂昌县种子公司改建为遂昌县种子加工中心，事业性质，企业管理，隶属遂昌县农业局。遂昌县种子加工中心建有仓库1 277米²、晒场2 016米²、加工房400米²、管理房1 293米²，总投资455.9万元。2001年9月13日，遂昌县种子加工中心与浙江省杂交水稻种业有限公司合资创造浙江省杂交水稻种业有限公司遂昌县分公司，县种子加工中心股份占总合资的48％。分公司不但在本地建立制种基地5 000亩，有基地制种辅导员50人，还在外县、外省建有生产基地1 500亩。种子加工房引进成套进口先进种子加工设备，并取得了较好的种子加工效益，2004年分公司种子销售网络涉及福建、广西、江西、安徽、江苏等7个省，年销售额达1 378万元。2005年遂昌县杂交水稻制种5 148亩，其中1 200多亩由9户农民承包；庆元县种子公司"Ⅱ-32A"不育系年生产量达到7万多千克，种子销往浙江、福建、江苏、安徽等省，可见，丽水市种子行业已经逐步向集团化、专业化的方向发展。

社会主义市场经济下，种业的健康发展，离不开体制建设。1997年3月20日，国务院第213号令发布《中华人民共和国植物新品种保护条例》。2000年12月1日，《中华人民共和国种子法》颁布实施，标志着我国种子行业管理更加规范、更加成熟，标志着农业在依法行政、依法管理、依法治种进程向前迈出了重要一步。2004年浙江省又出台了《浙江省新型种业体系建设规划》，它必将进一步繁荣、发展、规范丽水市种子种苗市场，加快"种子工程"的实施，有利于种子种苗专业化、商品化生产，提高市场占有率，加快种业创新，增强种子产业竞争力，促进丽水市农业现代化进程。

第二节　水稻品种的推广与更替

丽水市水稻良种的推广，至今已经历了5个阶段：即农家品种、改良品种、矮秆品种、杂交组合、优质品种的阶段。每一阶段经过一次品种的更新和更换，都使水稻生产提高到一个新的水平，发生了新的变化。

一、农家品种

丽水市经过长期的稻作生产，形成了较多的地方性生态品种，品种资源丰富。这些古老的地方农家品种是长期自然选择和人工选择的产物，深刻地反映地方风土特点，具有高度的地区适应性，主要表现在其生长发育及其生理特性与地区的气候、土壤条件和原有的耕作条件相合拍，对地区不利的气候、土壤因素具有顽强的抗性或耐性，甚至于对地区的某些病虫害也具有一定的减免受害的性能。据遂昌县统计，20世纪30年代前，水稻品种多为地方农家种，约79个，有籼稻和粳稻之分，又有糯稻和非糯稻之别；对光、温敏感度的不同可分早、中、晚季稻，每季又凭生育期的长短各异而有早、中、迟熟各品种。《遂昌县志》记载，"稻有赤白二种，其早者俗呼可日早，以粘为糯稻，不粘为粳稻，有松花糯，观音糯之名"。民国期间，丽水市农家品种丰富，约有92个，其中籼稻54个，粳稻15个，糯稻23个，主要有仰天曲、长城谷、猪毛族、野猪芒、珍珠糯、红壳糯等（附录1）。民国36年（1947年）浙江省征集各县有特性的品种时，龙泉县农业推广所将地暴、良善等11个农家品种寄送南京中央农业实验所。由于农户长期自留互换利用农家种，混杂退化、产品低劣，一般亩产为150～200千克。如1941年遂昌县有籼稻8.08万亩，总产16 154吨；有粳稻0.5万亩，总产1 010吨；有糯稻1.57万亩，总产3 029吨。全年水稻总面积10.09万亩，收总产20 193吨，平均亩产仅200千克。

20世纪50年代初，为了迅速恢复农业生产，浙江省人民政府要求各县就地利用优良农家品种，于是开展了农家品种的评选活动。1950年，浙江省种子公司在杭州、丽水、温州等地的23个县、市、62

个乡进行农家品种评选试点。通过试点，同年 7 月，浙江省人民政府实业厅发出《关于评选与奖励选种能手、选种模范、选种英雄的暂行办法》。1951—1952 年，浙江省由县评选出水稻优良农家品种 98 个，其中丽水市松阳金华稻、松阳细叶青、松阳老鼠牙和丽水大叶稻、丽水齐头黄、丽水老农场稻、丽水高树细叶青 7 个品种被县评选为农家优良品种，并将各品种的标本由县选种委员会分别送交浙江省、华东区农业科学研究所。这些优良农家品种生产的亩产量，一般要比当地其他农家品种产量亩增 50 千克左右，当地农民称为"翻身种"。

二、改良品种

通过系统选育的水稻品种丽水市农民俗称改良稻或纯系稻。系统育种是浙江农民选育新品种的传统方法，有一株传、一穗传、一粒传等，其实质是优中选优、连续选优的过程。清乾隆年间《象山县志》记载有"救公饥"的品种，说是有一个孀妇，居贫乏食，在青黄不接之际，在稻田中发现早熟的一株稻，摘下来给公婆充饥，并试种植，年年早熟，故名。这是中国最早记载采用一株传方法选育的品种。

新中国成立后，浙江农民采用系统选育的品种比较多，据 1960 年浙江省农业厅种子局不完全统计，浙江省有蒋仕旺、于金林、蒋兆木等 32 位农民选育成水稻品种 33 个。

浙江省科研单位采用系统选育法育种，始见于民国 12 年（1923 年）。同年，浙江省立甲种农业学校（浙江大学农学院前身）组织师生在杭州笕桥试验场，从日本引进的优良稻种中，单穗选育成浙大 3 号、浙大 12、曲玉 2 号等品种。民国 20 年（1931 年）浙江省稻麦改良场开展稻麦纯系育种，该场从 1932—1936 年共选育成水稻品种 17 个。

丽水市改良稻种的引进试验，始于 20 世纪 30 年代，时承 23 年（1934 年）大旱之后，1935 年浙江省政府即以改良稻麦品种为主要政策之一，先就浙东、浙西分设双季稻推广实施区 10 处和纯系稻推广实施区 7 处，并在各县分设推广改良稻办事处，稻作推广工作规范之大，为全国创新纪录。丽水市改良稻（俗称纯系稻）的引进试验稍晚于浙东和浙西地区，始于 1936 年春，由遂昌县三仁石板桥兰云章首次向浙江省稻麦改良场领取浙农中籼 1 号、浙农中籼 10 号、浙农中籼 2194、浙农中籼 3613、浙农中籼 2191、浙农晚粳 129 和中籼龙凤尖 7 个品种 2.5 千克，共种植 5 亩。结果浙农中籼 1 号表现极为优良，生茂丰茂，犹如鹤立鸡群，亩增 55 千克，与农家种判若天渊。而后，各县相继引入试种，经 5～6 年 50 余个品系的试种筛选，早稻以浙农早籼 5575、浙农早籼 5441 为主，分别可增 9.3％和 20.2％。中稻以浙农中籼 1 号、浙农中籼 10 号、浙农中籼 2194 和中籼龙凤尖为主，前三者可比土种增产 12％，以米质佳、成米率特高、耐旱力强而著称，因秆基和稃尖均现红色，故本地俗称"两头红"；后者穗大粒密，秆粗抗倒，后熟可播马料豆。晚稻以浙农晚籼 9 号和浙农晚粳 129 为主，浙农晚籼 9 号可比农家种增产 14％～34.3％，多年试种平均亩增 62 千克，其中 1939 年试种亩产高达 403 千克，比土种亩增 24.2％，以米质特优、分蘖极强、丰产抗倒而取胜，之后，成为丽水市 20 世纪 50 年代晚稻的当家品种；浙农晚粳 129 抗螟力最强，较本地文谷亩增 30 千克。

据遂昌县统计，1945 年共推广改良稻 31 071 亩，亩产 206.4 千克，比农家种亩增 23 千克，其中中籼龙凤尖、浙农中籼 2194、浙农晚籼 9 号共 30 697 亩，占改良稻总面积的 98.8％。1936—1947 年遂昌县共推广改良稻 23.53 万亩，平均每年增长 125.7％，总产共增产 5 400 吨。

20 世纪 50 年代，改良稻引种目标以早熟、高产、抗病为主。陆续引进和推广了早籼南稻，中籼胜利籼、晚籼浙农晚籼 9 号、龙山京、硬头京、6506、晚粳新太湖青及晚糯红糯 2 号等，其中早稻以南稻为主，晚稻以浙农晚籼 9 号当家。20 世纪 50 年代末期，基本上已改农家品种为改良品种，1959 年遂昌县实收早稻 4.78 万亩，其中南稻 3.73 万亩，占早稻总面积 78％；实收双季晚稻 2.37 万亩，其中浙农晚籼 9 号 1.95 万亩，占 82.4％。

1956 年，广东省朝阳县灶浦乡东仓村洪春利、洪春英从南特 16 中系统选育而成的全国首个水稻矮秆品种矮脚南特，丽水市 1961 年引入试种，从而拉开了丽水市水稻高秆品种改矮秆品种的序幕。

三、矮秆品种

20 世纪 60 年代，以推广矮秆、高产、抗病良种为主。随着稻作生产的发展，施肥水平的提高，原有的早、晚稻高秆品种已不适应，容易倒伏和诱发病虫害。为此，浙江省在 1959 年引种试种矮脚南特以替代高秆易倒的早稻品种。丽水市各县于 1961—1962 年相继引入试种。1962 年遂昌县金岸农场种植矮脚南特 10.24 亩，平均亩产 338 千克，其中 1.1 亩，亩产达 428 千克，一季早稻超"纲要"（"纲要"的粮食产量指标为 400 千克）。之后，矮秆品种不断增加，其中早稻以矮脚南特为主；中晚稻以三矮（金珠矮、广场矮、二九矮）和农垦 58 为主，农虎 6 号等为辅。矮秆良种的推广使水稻产量提高到新水平，据遂昌县统计，1965 年全县推广了早稻矮秆良种 21 735 亩，占早稻总面积的 45%，比 1964 年扩大了 3.1 倍，平均亩产从 1961 年的 131.5 千克提高到 239.5 千克。又据该县三川乡渡船头调查，全大队 328 亩矮秆良种，亩产 317.5 千克，比同等条件的 118 亩陆财号增产 23%。但由于缺乏调查研究，个别县引种工作出现了瞎指挥，选用良种大调大换，影响了农户建立种子田的积极性，造成种子积压多、亏损大。

20 世纪 70 年代，水稻品种转向推广矮秆、高产、多抗良种，不同熟期品种相继出现，为品种合理搭配奠定了基础。早籼以迟熟品种珍龙 13 为主，早熟品种二九青等为辅。粳稻以祥湖 48、加湖 4 号、矮粳 23 为主。糯稻以双糯 4 号、丽水糯、京引为主。水稻高秆品种改矮秆品种，至 20 世纪 60 年代后期，已基本实现了矮秆化，被人们称为第二次绿色革命。

20 世纪 80 年代，丽水市水稻品种推广从矮秆、高产、多抗向优质、高产、抗病方向转变，并从根本上改变了"多、杂、乱"局面，主栽品种突出。1981—1985 年，早稻竹科 2 号、广陆矮 4 号每年栽培面积在 40 万亩左右，占早稻播种面积的 60% 以上，其中竹科 2 号栽培面积最高年份 1984 年达到 35.75 万亩。1986—1990 年，以早稻早熟品种二九丰为主，年均栽培面积 18.3 万亩。

20 世纪 90 年代，丽水市早稻主栽品种为浙 733，1991—1996 年栽培面积均在 20 万亩以上，最高年份 1992 年栽培面积达 38.37 万亩，占早稻播种面积的 68.2%，其推广速度快、栽培面积大是丽水市早稻生产发展史上所罕见。同时舟优 903、浙农 8010 等优质品种相继出现，成为主要搭配品种。

四、杂交水稻

丽水市 1976 年首年试种早季杂交稻 7.9 亩，晚季扩大试种 470 亩，以南优 2 号、汕优 2 号和矮优 2 号为主。1977—1978 年地区农业局、农业科学研究所、气象台联合开展了杂交水稻适应性试验，参试地点 7 处：原丽水县的葑蚌和源头岭、缙云的前村和越陈、庆元荷地、龙泉犁斜、青田峰山等；参试组合 14 个：汕优 2 号、汕优 4 号、汕优 6 号、汕优 8 号、南优 2 号、南优 4 号、南优 6 号、南优 8 号、四优 2 号、四优 4 号、四优 6 号、矮优 2 号、矮优 4 号、矮优 6 号；试验内容：不同海拔高度（海拔 200～1 000 米，每隔 200 米进行设点）、播种期、抗病虫、施肥水平及观察记载了所需积温和积温对杂交水稻生育期、经济性状的影响等。通过试验明确了推广组合、推广范围及栽培技术等，为加快杂交水稻的推广奠定了基础。

（一）　杂交晚稻

1977 年，为切实抓好杂交水稻的示范推广，丽水市组织培训了 1 000 多名技术骨干，加强了技术指导工作，对加速丽水市杂交水稻的推广起到了积极的作用。据当年 7 915.5 亩杂交稻统计，平均亩产 334.3 千克，比同季常规稻当家品种平均每亩增产 115～150 千克。其中单季晚稻 793.2 亩，平均亩产 401 千克，一季亩产超千斤的有 143.4 亩，平均亩产 516.8 千克。一季亩产超"纲要"的面积占 18% 左右，一季亩产 300～400 千克的占 51%，250～300 千克的占 31%，250 千克以下的只有 0.9%。

之后，杂交稻进入推广应用阶段，1978 年丽水市杂交稻推广面积 30 万亩，应用组合主要为汕优 6 号，次年达到 61 万亩，进入 20 世纪 80 年代，杂交水稻栽培面积在 85 万亩左右，其规模之大、速度之快、影响之深、效益之高都是丽水市粮食发展、良种推广史上前所未有的。到 1987 年杂交水稻栽培面积超过 100 万亩，到 1999 年丽水市杂交水稻栽培面积达到 119.6 万亩，占丽水市水稻总面积 74.29%。20 世纪 80 至 90 年代，先后以汕优 6 号、汕优 63、汕优 64、Ⅱ优 10 号和汕优 10 号为中晚稻主栽组合。1979—1985 年单季稻、连作晚稻主栽组合汕优 6 号，年栽培面积在 80 万亩以上，1985 年迟熟组合汕优 63 成为搭配组合；1986—1992 年迟熟组合汕优 63、早熟组合汕优 64 成为单季稻、连作晚稻主栽组合（汕优 6 号 1986 年栽培面积仍居榜首），单一组合当家局面打破，实现了不同熟期类型组合的合理搭配。1991 年开始搭配Ⅱ优 10 号；进入 20 世纪 90 年代，晚稻杂交水稻主栽组合不突出，1992—2004 年中晚稻组合以Ⅱ优 10 号、汕优 10 号为主，汕优 63、汕优 64、Ⅱ优 63、协优 46、D优 46、温优 3 号、Ⅱ优 92、Ⅱ优 6216 为次，2001 年后搭配组合增加Ⅱ优明 86、两优培九等超级稻组合。

1981—2004 年，中晚稻杂交稻试种 69 个组合，共示范推广 42 个组合，计 2 240.02 万亩，其中汕优系列 12 个组合 1 342.1 万亩，占示范推广总面积的 59.9%；Ⅱ优系列 10 个组合 540.13 万亩，占示范推广总面积的 24.1%；协优系列 7 个组合 146.86 万亩，占示范推广总面积的 6.6%；威优系列、D优系列和其他系列共 13 个组合 210.93 万亩，占示范推广总面积的 9.4%（图 5-1）。

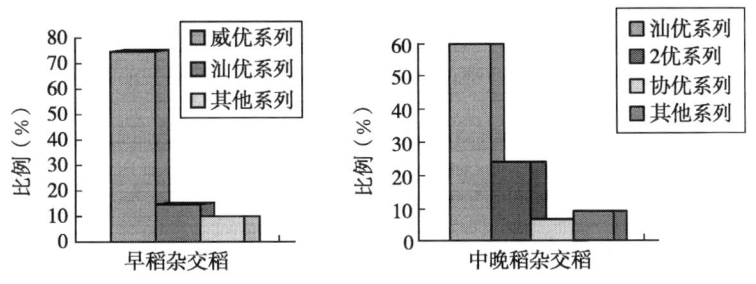

图 5-1　杂交稻系列组合示范推广比例图

2005—2009 年试种和推广中浙优系列的中浙优 1 号、2 号、8 号和甬优系列的甬优 8 号、9 号、10 号、15 等组合 15 个，2007 年推广面积达到 31.11 万亩，占丽水市单季稻总面积的 38.2%，2010 年中浙优 1 号和中浙优 8 号播种面积 35.39 万亩，占晚稻总面积 77.88 万亩的 45.44%，占杂交稻播种的 51.46%（图 5-2）；汕优系列杂交组合 2004 年播种面积占中晚稻杂交水稻的 60%，到 2010 减少到 0.08 万亩；甬优系列籼粳杂交水稻组合在浙江省区试和生产实践中表现较强的产量优势和优良的综合性状，具有产量高、米质优、适应性广、增产潜力大等特点，在丽水市有着良好的推广应用前景。2010 年甬优系列组合播种面积 8.67 万亩，占晚杂总面积的 12.26%（图 5-3）。

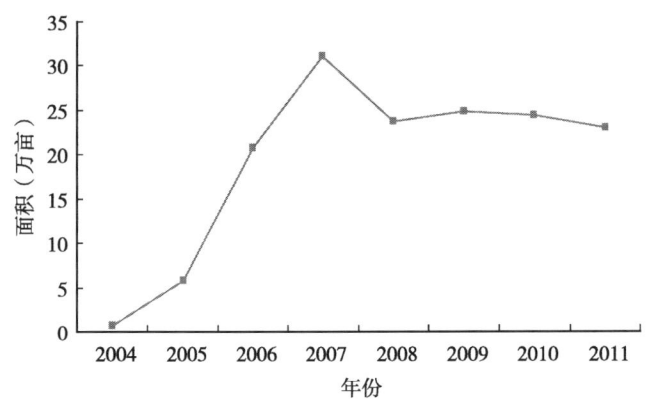

图 5-2　中浙优 1 号各年度推广面积

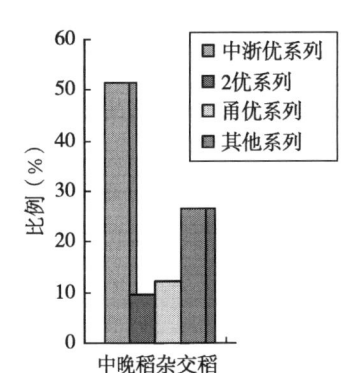

图 5-3　中晚杂交稻系列组合
示范推广比例图

（二）杂交早稻

1976 年，试种早稻杂交稻，由于生育期偏迟影响后熟，抗性一般，结实率偏低等原因，数年面积不稳。1987—1989 年推广威优 35、威优 64 面积突破 10 万亩。之后，早杂面积逐年下降至 1995 年的

1.36万亩。1996—1999年推广了威优402、汕优浙3、K优402，早杂面积重上10万亩台阶。2000年后农业结构进一步调整，水稻生产锐减，早杂面积随之下降。

为了充分发挥丽水市的温、光等自然资源，进一步提高水稻特别是早稻的单位面积产量，1987年丽水地区农业局承担了"'双杂优吨粮'生产技术研究、推广"课题，组织丽水市农业技术推广和科研等部门技术人员开展协作攻关，经过3年的努力圆满成功地完成了课题各项计划指标，积累了丰富的经验和技术资料，取得了显著的经济和社会效益。累计实施面积30.45万亩，其中亩产超"双纲"（"双纲"的粮食产量指标为800千克）的面积占63.81%，900千克以上的面积占17.45%，增产稻谷25 716吨，直接经济效益1 234万元。通过课题项目的实施，对提高丽水市早稻单位面积产量、促进杂交早稻生产的发展起到了积极作用。

1984—2004年，早稻杂交稻试种32个组合，共示范推广13个组合122.38万亩，其中威优系列5个组合91.8万亩，占示范推广总面积的75%；汕优系列3个组合18.4万亩，占示范推广总面积的15%；其他系列5个组合12.18万亩，占示范推广总面积的10%。

杂交水稻从1976年示范推广以来，至2004年共推广2 609.63万亩，平均亩产392千克，比常规稻310千克亩增82千克，共增总产量213.99万吨（表5-1）。1999年丽水市推广杂交稻总面积119.6万亩，为历史之最；2004年杂交水稻推广面积已占水稻总面积84.9%，水稻生产已实现了杂交化。目前常规稻一般只限于粳、糯稻品种。

表5-1 杂交稻与常规稻产量比较

年份	水稻总面积（万亩）	亩产（千克）	总产（吨）	杂交稻			常规稻			杂交稻占水稻总面积的比例（%）
				面积（万亩）	亩产（千克）	总产（吨）	面积（万亩）	亩产（千克）	总产（吨）	
1976	192.18	212	407 320	0.05	319	150	192.13	212	407 170	0.03
1977	192.85	243	468 350	2.62	320	8 380	190.23	242	459 970	1.4
1978	195.34	275	537 225	30.06	318	95 460	165.28	267	441 765	15.4
1979	192.29	312	600 895	61.21	346	211 790	131.08	297	389 105	31.8
1980	194.47	317	616 935	78.26	345	269 820	116.21	299	347 115	40.2
1981	195.82	340	664 850	87.66	342	299 610	108.16	338	365 240	44.8
1982	197.25	365	720 330	84.36	392	330 330	112.89	345	390 000	42.8
1983	200.58	381	763 985	85.80	417	357 440	114.78	354	406 545	42.8
1984	198.89	395	785 615	87.66	421	368 890	111.23	375	416 725	44.1
1985	190.83	364	694 844	88.16	393	346 640	102.67	339	348 204	46.2
1986	187.33	360	675 308	87.77	374	328 375	99.56	348	346 933	46.9
1987	188.44	383	721 914	101.52	417	423 459	86.92	343	298 455	53.9
1988	182.15	342	622 521	108.02	375	405 606	74.13	293	216 915	59.3
1989	186.95	351	655 912	109.97	381	419 506	76.98	307	236 406	58.8
1990	185.00	346	639 367	110.34	362	399 191	74.66	322	240 176	59.6
1991	186.41	380	707 999	115.39	398	459 600	71.02	350	248 399	61.9
1992	181.27	374	677 821	114.83	392	450 679	66.44	342	227 142	63.3
1993	171.68	363	623 242	110.49	396	437 468	61.19	304	185 774	64.4
1994	165.57	366	605 370	109.24	386	421 481	56.33	326	183 889	66.0
1995	170.08	365	620 886	111.52	397	442 616	58.56	304	178 270	65.6
1996	168.79	387	653 531	109.82	415	455 268	58.97	336	198 263	65.1

（续）

年份	水稻总面积（万亩）	亩产（千克）	总产（吨）	杂交稻			常规稻			杂交稻占水稻总面积的比例（%）
				面积（万亩）	亩产（千克）	总产（吨）	面积（万亩）	亩产（千克）	总产（吨）	
1997	167.95	373	626 857	112.03	390	436 947	55.92	340	189 910	66.7
1998	165.80	377	625 616	115.74	401	464 011	50.06	323	161 605	69.8
1999	161.00	386	620 980	119.60	403	481 943	41.40	336	139 037	74.3
2000	142.90	389	555 261	112.60	402	452 894	30.30	338	102 367	78.8
2001	126.10	401	505 382	97.97	415	406 630	28.13	351	98 752	77.7
2002	116.42	397	462 177	89.85	412	369 820	26.57	348	92 357	77.2
2003	101.06	384	388 162	75.21	400	301 187	25.85	336	86 975	74.4
2004	108.16	398	430 261	91.88	407	374 350	16.28	343	55 911	84.9
2005	105.38	402	423 940	92.86	408	379 079	12.52	358	44 861	88.1
2006	103.14	405	417 926	91.07	419	381 348	12.07	303	36 578	88.3
2007	100.07	411	411 128	87.27	420	366 776	12.80	346	44 352	87.2
2008	102.56	421	431 843	77.07	433	333 388	25.49	386	98 455	75.2
2009	88.46	431	381 035	74.63	440	328 344	13.83	405	52 691	84.4
合计	5 513.17	358	19 744 788	3 032.53	396	12 008 476	2 480.64	312	7 736 312	55.0

注：杂交水稻面积和产量数据来源于丽水农业业务年报。

五、优质稻品种

浙江省太湖地区在唐代就有优质米生产的记载，晚唐长洲诗人陆龟蒙在《别墅怀居》诗中就有"遥为晓风吟白菊，近炊香稻识红莲"的吟咏。"红莲"是一个米质芳香的水稻品种，后世称为"红莲稻"。不过当时所生产的优质米，主要是一种香稻。到了宋代以后，优质米的生产则有了明显的发展，具体表现在：一是香稻的品种有了明显的增加；二是优质米的类型有了发展。目前优质稻品种，按其色、香、味等品质的不同，大致可分为6种类型，即：芳香类、柔软类、洁白类、宜酒类、宜粥类、滋补类。

丽水市古代也有种植香稻的记载，清顺治《松阳县志》记载，"谷类有香稻、白稻等"。在20世纪50～60年代，部分传统的农家优质稻品种，在丽水市仍有种植，如20世纪50年代保留的白壳糯、红糯；20世纪60年代保留的野香粳、京香中糯、京香早糯等。

1987年12月，根据浙江省农业区划委员会下达的"浙江省农林牧渔业名特优品种资源调查和综合利用研究"课题，收集水稻名特优品种5个，即早籼红突31，中籼杂交稻协优46，晚粳秀水27和秀水11，晚糯香糯4号。其中红突31、秀水27和香糯4号并获1985年度国家农牧渔业部优质米产品奖。1986—1989年丽水市红突31共示范0.56万亩，1989—2004年协优46共示范推广99.6万亩，1986—1989年秀水27共示范0.39万亩；1998—2004年秀水11共示范推广10.79万亩，1986—1990年香糯4号共示范2.06万亩。

早稻是丽水市重要的一季粮食作物，历史最高年的1972年播种面积曾高达95.43万亩，总产量27.1万吨，占水稻总产量的60%，占粮食总产量的46.4%，常年早稻面积也在55万亩、总产量15万吨左右，占粮食总产量的26%。但早稻口感较差，不能适应城乡人民生活水平不断提高的要求。为了改善早籼米品质，发展"一优两高"农业，1991年浙江省人民政府拨款15万元用于嘉兴香米、舟优903和中优早2号等优质早籼品种的繁殖和推广。丽水市从1993年前后开始陆续引进了嘉兴香米、舟优903、中优早2号、湘早籼、四喜粘等优质米品种，共试种示范84.99万亩，其中1993—2004年舟优 903 示范推广 69.28 万亩，其他品种因抗性较差、产量较低等原因，而不易被人们所接受。

进入 21 世纪，随着农业产业结构调整的不断深入及人们生活水平和生活质量的提高，引种以优质、高产、多抗为目标，先后引进了优质、超高产杂交稻 10 个，经筛选协优 9038 和中浙优 1 号胜出。中浙优 1 号由中国水稻研究所与浙江省杂交水稻种业有限公司合作育成，适合于丽水市单季中晚稻栽培，一般平均亩产 600 千克，高产田块可达 750 千克。水稻外观、内质好，煮饭时清香四溢，适口性好，饭冷不回生，2001 年浙江省籼型杂交稻食味品尝获总分第一，2004 年在遂昌县示范 0.77 万亩，表现突出，米质、产量俱佳，可望成为丽水市今后优质水稻的主栽组合。丽水市于 2001 年引进协优 9308 试验、示范，至 2004 年在遂昌、松阳、莲都等县（区）共示范 9.34 万亩，这也是丽水市今后有望推广的优质、高产杂交稻之一。

第三节　水稻品种的选育

丽水市水稻品种的选育大致可分为农家品种的选育、引种、杂交育种和杂交水稻三系配套育种。

一、农家优良品种的选种

民国 3 年（1914 年），北洋政府农商部，将各县稻种分为四等，把最优的稻种开列清单，建议各省"就本地所无，择其所需"。这是通过评选利用农家品种的最早尝试。

在 20 世纪 50 年代前，丽水市约有农家品种 92 个，其中籼稻 54 个，粳稻 15 个，糯稻 23 个。农户一般通过自选互换，使品种不断更新，但由于选种工作缺乏科学指导和科学方法，品种退化现象严重，产量很低。20 世纪 50 年代，种子工作贯彻就地选种、就地繁育、就地推广的工作方针，大力开展农家优良品种的评选，通过评选，发动群众穗选、片选留种，种子质量明显提高。1952 年 6 月、1953 年 8 月浙江省人民政府农林厅分别发布《关于开展秋季选种运动的指示》和《关于开展秋季群众性选种运动的通知》，提出良种评选要以县为单位，以乡为基地，自下而上，结合各种丰产评比，逐级评选出农家优良品种的要求。丽水市根据这个文件的精神，采取以下步骤评选农家品种：一是建立村、乡、县选种委员会（小组），成员以当地农民协会的骨干、劳动模范、有生产经验的老农民为主；二是调查摸底，在一个县内划区分片，调查农家品种的名称、性状、产量，逐个进行登记；三是以乡为单位，发动群众比庄稼、比收成，议品种的发展趋势，评选出乡选的品种；四是将各乡选品种，连同标本（植株、种子）和品种的优缺点、产量记录等资料，上报县选种委员会，评选县选的品种。1951—1952 年，全省由县评选出来的优良农家水稻品种共 98 个，其中丽水市评选出早稻 7 个，分别为：松阳金华稻、松阳老鼠牙、松阳细叶青、丽水大叶稻、丽水齐头黄、丽水老农场稻和丽水高树细叶青。

二、水稻引种

浙江有组织的引进水稻良种始于宋代。据《宋史·食货志》记载，"大中祥符四年（1011 年），帝以江淮两浙稍旱即水田不登，遣使就福建取占城稻（产占城国，也作占婆，Chama）三万斛（一斛等于一石），分给三路为种……"南宋吴自牧《梦粱录》还记述，"占城稻穗长，无芒而粒细，抗旱力强，成熟早。"因此这种稻产量高，一岁可收获两次，又可以"不择地而生"等性状。这是中国历史上异地引种最早的记载。丽水市农家品种多数也是从外地引入，经试种适应本地生长而被长期利用的，但过去引种工作没有组织，靠农民自发引入并经长期自然选择和人工选择而成为农家品种。20 世纪 30 年代，随着各县农业推广机构的逐步建立，才有组织地开展引种工作，同时也加快了引种进程。

20 世纪 30 年代中期，引入了改良稻（纯系稻）浙农早籼 5575 号、浙农早籼 5441 号、浙农中籼 1 号、浙农中籼 10 号、浙农中籼 2194 和中籼龙凤尖，浙农晚籼 9 号和浙农晚粳 129。上述水稻品种的引进推广，是提高当地抗旱避灾能力的一项有力举措。

20 世纪 50 年代，籼稻引进南特号、南特 16、江南 1224、早籼 503 等；粳稻引进原子 2 号、老来青、农林 10 号和糯稻台山早糯等（附录 2）。

20 世纪 60 年代，籼稻引进莲塘早、矮脚南特、珍珠矮、广场矮、二九矮等；粳稻引进农垦 58、台中育 39、农虎 6 号等；糯稻引进了京香糯、桂宁糯等。其中晚粳农垦 58 具有耐肥抗倒、抗白叶枯病、米质优等特点，亩产量比农家晚粳品种增产大于 10%，农民称为三八稻（亩产 400 千克，收稻草 400 千克，出米率 80%），成为丽水市 20 世纪 60 年代及 70 年代初期的晚粳稻主栽品种。

20 世纪 70 年代，籼稻引进南特占、二九青、广陆矮 4 号、珍龙 13、圭陆矮、竹科 2 号等，其中 1975 年引进的竹科 2 号，1981—1993 年共推广 186.46 万亩，是 20 世纪 80 年代的早稻主栽品种。粳稻引进祥湖 48、加湖 4 号、矮粳 23 等。糯稻引进双糯 4 号、绍糯、京引等，其中 1978 年引进的双糯 4 号，1981—2004 年共示范推广 80.5 万亩，使用年限高达 27 年，是 20 世纪 80 年代糯稻的主栽品种。

20 世纪 80 年代，籼稻引进桂朝 2 号、二九丰、浙 733、119 等，其中 1989 年引进的浙 733，1989—2004 年示范推广 220.78 万亩，是 20 世纪 90 年代的早稻主栽品种。粳稻引进秀水 48、矮城 804、秀水 11 等；糯稻引进祥湖 25、祥湖 84、荆糯 6 号等。其中分别从 1981 年和 1988 年引进的秀水 48 和秀水 11，1984—2004 年共示范推广 29.06 万亩，是 20 世纪 90 年代的粳稻主栽品种；分别从 1987 年和 1988 年引进的祥湖 25 和祥湖 84，1987—2004 年共示范推广 30.98 万亩，是 20 世纪 90 年代糯稻的主栽品种。1989 年引进的荆糯 6 号，1989—2004 年共示范推广 60.01 万亩，是 20 世纪 90 年代糯稻的当家品种。

20 世纪 90 年代后，籼稻主要引进浙 852、浙农 8010、舟优 903、嘉育 948、四喜粘等，其中 1993 年引进的早稻中熟优质米品种舟优 903，1993—2004 年共示范推广 69.28 万亩，是 20 世纪 90 年代中后期常规稻优质米的主栽品种。粳稻引进春江 03、测 21 和香粳 9707 等。糯稻引进绍糯 119、春江糯，但面积都不大，未能推广。由于 20 世纪 90 年代后，杂交稻已逐步替代常规稻，所以常规稻的引进工作已逐年减少。

三、品种选育

杂交育种是 20 世纪 20 年代兴起的育种方法，浙江省开展水稻杂交育种始于民国 24 年（1935 年），是全国开展较早的一个省。杂交育种方法是 20 世纪中、后期选育水稻品种的最主要方法。丽水市开展水稻育种工作较晚，主要由丽水市农业科学研究所进行，有关县农业科学研究所也开展了相应的工作并取得了一定的成效。

20 世纪 60 年代主要开展了系统选育，有一定的成效，选育的品种有二九晚、二选早、幸选矮、高朗选等及杂交育成的品种矮科早。20 世纪 70 年代全面开展杂交育种，选育的品种有丽水糯、青莲 47、浙丽 1 号、丽晚 1 号、庆元 2 号及系统选育而成的科七选等。这些品种的选育成功对丽水市水稻生产起到积极的促进作用，其中 1972 年育成的中糯——丽水糯，就是当时很有代表性的成果，该品种具有省肥省种，抗性好的特点，曾是丽水市糯稻主推品种。1974 年丽水市农业科学研究所与浙江省农业科学院植保所合作用晚籼广塘矮作母本与 Mudgo 杂交，1975 年用其 F_1 与竹科 2 号复交，于 1978 年定型育成的浙丽 1 号，具有抗褐飞虱、白背飞虱、黑尾叶蝉和稻瘟病，耐肥抗倒，丰产性好，1983—1987 年为丽水市常规中晚籼主栽品种，1984—1986 年连续 3 年栽培面积超过当年丽水市晚稻常规品种面积的 50%，成为当时国内种植面积最大的第一个多抗性水稻品种，为解决病区水稻生产发挥了重要作用，同时也为丽水市在抗性育种方面奠定了良好的基础。1977 年开始，丽水市农业科学研究所连续 29 年参加浙江省杂交水稻育种攻关，共育成新组合 9 个，其中 4 个品种先后通过浙江省农作物品种审定委员会审定和丽水地区品种审定小组审定，8 个品种参加国家级区试。其中 1995 年通过浙江省品种审定委员会审定的Ⅱ优 6216 新品种，1992 年至 2004 年累计推广面积达 360 万亩，累计增加粮食 1.45 亿千克，至今成为丽水市自己培育的水稻品种中推广面积最大，增加粮食最多的品种；以转育水稻抗除草剂基因（bar）为手段，于 2000 年成功选育出国内第一个抗除草剂早杂恢复系及一批带 bar 基因的密阳 46 恢复系及衍生系，为有效解决杂交种子纯度的快速鉴定和苗期清除假杂株提供了技术基础；目前又育出国内

第一个抗旱节水恢复系，由该恢复系配制的节水抗旱杂交稻沪优 628、Ⅱ优 628 新组合参加 2005 年国家区试，其抗旱性、丰产性等综合形状表现突出，前景十分看好。

在丽水市农业科学研究所、庆元县农业科学研究所等单位及有关科研人员的努力下，丽水市育成通过审定或有一定推广面积的水稻新品种（组合）19 个，其中籼稻 17 个，糯稻 2 个。通过地区品种审定小组和省农作物品种审定委员会审定的品种 14 个，其中汕优 6216 和Ⅱ优 6216，通过省农作物品种审定委员会审定（表 5-2）。

表 5-2　通过丽水地区和浙江省审定的品种

育成品种	类型	选育单位	育成年份	审定或鉴定小组	审定时间
浙丽 1 号	晚籼	浙江省农业科学院植物保护研究所 丽水地区农业科学研究所	1978	丽水地区品种审定小组	1985 年 9 月
浙丽 2 号	中籼	浙江省农业科学院植物保护研究所 丽水地区农业科学研究所	1980	丽水地区品种审定小组	1988 年 4 月
春秋 1 号	早籼	丽水地区农业科学研究所	1981	丽水地区品种审定小组	1988 年 4 月
处州糯	籼型中糯	丽水地区农业科学研究所	1984	丽水地区品种审定小组	1989 年 2 月
119	早籼	丽水地区农业科学研究所引进	1986	丽水地区品种审定小组	1989 年 2 月
汕优 862	中籼	丽水地区农业科学研究所	1985	丽水地区品种审定小组	1989 年 2 月
荆糯 6 号	籼型中糯	丽水地区农业科学研究所 丽水地区种子公司引进	1986	丽水地区品种审定小组	1990 年 4 月
Ⅱ优 64	中籼	庆元县种子公司 丽水地区种子公司 遂昌县种子公司	1985	丽水地区品种审定小组	1991 年 4 月
Ⅱ优 10 号	中籼	庆元县种子公司 丽水地区种子公司 遂昌县种子公司	1987	丽水地区品种审定小组	1991 年 4 月
Ⅱ优 6216	中籼	丽水地区农业科学研究所 浙江省开发杂交稻联合体	1989	浙江省品种审定委员会	1995 年 5 月
汕优 63	中籼	庆元县种子公司引进	1982	丽水地区品种审定小组	1986 年
协优 46	中籼	丽水地区农作物新品种 开发应用协作组引进	1986	丽水地区品种审定小组	1989 年 2 月
汕优 6216	中籼	丽水地区农业科学研究所	1988	浙江省品种审定委员会	1992 年 4 月
221 糯	晚糯	丽水地区农作物新品种 开发应用协作组引进	1986	丽水地区品种审定小组	1989 年 2 月

第四节　杂交水稻繁种和制种

丽水市于 1976 年开始杂交水稻的试种示范，并于同年开始配制杂交种和繁殖不育系。丽水市杂交水稻制、繁种有"时差、叶差、温差"理论，一般掌握以"叶差为依据，时差作效正"的原则进行。

一、不育系繁种

1976 年丽水市开始繁殖不育系，繁殖不育系以珍汕 97A 为主，繁殖面积 353 亩，平均单产 11.5 千克。1977 年繁殖不育系 973 亩，平均单产 18.5 千克，其中遂昌县金岸农场 51 亩珍汕 97 不育系秋季繁殖田，平均单产 27.8 千克。1980 年 900.2 亩，亩产 40.8 千克。1981 年 583.3 亩，亩产 52.0 千克。1982 年 606.2 亩，亩产 42.2 千克，丽水市除景宁畲族自治县没有不育系繁种外，各县均有繁种。1983 年 465.6 亩，亩产 65.5 千克（莲都区、青田县、云和县、景宁畲族自治县没有繁种），龙泉县 159.8 亩珍汕 97 不育系春季繁殖田，平均单产 92.3 千克。1984 年仅莲都区、庆元县、缙云县繁种，繁殖面积 68.7 亩，亩产 77.6 千克。1985 年除云和县、景宁畲族自治县没有繁种，丽水市不育系繁种面积 129.5 亩，亩产 57.1 千克。1986 年丽水市除青田县、景宁畲族自治县没有繁种外，其他县（市）均有繁殖，繁殖面积 250.0 亩，亩产 78.3 千克。之前，丽水市不育系繁殖以珍汕 97A 为主，少量的其他不育系由外地调入。1987 年除青田县、云和县、龙泉市没有繁种外，丽水市共繁殖不育系 272.1 亩，亩产 92.2 千克。

之后，为完善杂交稻种生产的"省提、地繁、县制和县供种"的杂交水稻种子生产体系，从 1988 年开始，丽水市不育系繁种县越来越少。1987 年，庆元县开始为 II-32A 进行提纯和繁种，1995 年该县繁殖 II-32A91.7 亩，平均亩产达到 245.7 千克，1998 年开始承担了浙江省 II-32A 的繁种任务。2005 年庆元县种子公司 II-32A 不育系生产量达到 7 万多千克。

20 世纪 80 年代中期前丽水市不育系繁种以春、秋两季为主，80 年代中期后以春、夏两季为主。

1976 年以来丽水市先后繁种的不育系有 9 个：二九南 1 号 A（1976—1982 年）、二九矮 4 号 A（1976—1978 年）、珍汕 97A（1977—2004 年）、协青早 A（1980—2004 年）、V20A（1984—2004 年）、II-32A（1985—2004 年）、D297A（1988—2004 年）、D 汕 A（1988—2004 年）、K17A（1996—2003 年）。其中推广面积较大的有以下几种。

（一）珍汕 97A、珍汕 97B

珍汕 97A 是江西省萍乡市农业科学研究所用野败不育系与珍汕 97 杂交，经连续回交、选择，于 1973 年育成珍汕 97A，属迟熟早籼野败不育系，其回交品种就成了珍汕 97A 保持系 B。不育系繁种产量视技术、气候等因素的差异，一般亩产 70～100 千克。所配杂交组合优势强，米质中等，代表组合为汕优 6 号、汕优 63、汕优 64、汕优 10 号。

特征特性：株高 70 厘米，分蘖中等，株型紧凑，茎秆尖韧，主茎叶片数 13～14 片。叶片狭窄、挺直、色绿，叶鞘、叶缘、叶耳均为紫色，剑叶角度小。播种至始穗（播始历期）春播 80 天左右，早夏播 70 天左右，夏播 65 天左右。幼穗分化 28 天，各期所需的时间分别约 2.5、3.0、3.5、4.5、3.0、3.0、5.5、3.0 天。穗长 16～20 厘米，每穗总粒数 90～100 粒，穗茎较短，包茎率 100%，包茎长度 5～7 厘米，约占穗长 30%，柱头外露率 30%。花粉以典败为主，典败率 90% 以上，小部分圆败，染败率在 1% 左右，花药瘦瘪，呈乳白色，不育性稳定。开花习性好，单株开花历期 15 天左右，单穗开花历期 4 天，日盛花在 11 时，可恢复性好，配合力强，适应性广，耐肥抗倒，苗期抗寒力差，感温性强。较抗稻瘟病、不抗白叶枯病，对赤霉素反应敏感。

珍汕 97B 植株稍高，生育期略短 3～5 天，不包茎，花粉正常，其他性状同珍汕 97A。

珍汕 97A 所配杂交组合优势强，米质中等。丽水市于 1977 年引进，1981—2004 年共配制汕优系列杂交稻组合 31 个，推广总面积 1 365.7 万亩，其中早稻杂交稻 10 个，共推广 20.17 万亩，晚稻杂交稻 21 个，共推广 1 345.3 万亩。其早稻杂交组合的代表组合为汕优 48-2 和汕优浙 3，共推广 15.55 万亩，占早杂总面积的 77.1%；晚稻代表组合为汕优 6 号、汕优 63、汕优 64、汕优 10 号，共推广 1 236.09 万亩，占晚杂总面积的 90.5%。

（二）V20A、V20B

V20A 来源于湖南省贺家山原种场周坤炉用野败原始株作母本与 6044 杂交的后代不育株与 V20 杂交，经连续回交、选择，于 1973 年育成的中熟早稻野败不育系 V20A 及相应保持系 V20B。

特征特性：V20A 株高 55～65 厘米，茎秆粗壮，分蘖力较弱，株型紧凑，主茎 11.7～12.4 片叶，叶片较直立，剑叶角度小，叶色深绿，叶鞘、叶缘紫色。穗长 20 厘米左右，呈弧形，每穗总粒 80～

100 粒，包颈率 20％～25％，谷粒椭圆形，稃尖紫色，无芒，柱头发达，紫色，外露率 20％左右，其中双边外露率 5.8％。谷壳黄色，较薄，千粒重 30 克左右。开花时间分散，午前花较少，12 时前开花数占总开花数的 54.6％～58.4％。9 至 11 时占 28％～29.4％，14 时以后占 7.1％～14.5％。开花习性较好，不育性较稳定，花粉以典败为主，个别可见少量着色花粉，可恢复性较好。在遂昌县，5 月上旬播种，播种至始穗历期 64～70 天；6 月上中旬播种，播始历期 58～60 天，全生育期 90 天左右，幼穗分化需 27 天左右，对赤霉素反应迟钝。

V20B 株高 60～70 厘米，生育期比 V20A 短 2～3 天，不包颈，花粉正常，其他与 V20A 相似。

不育系繁殖一般亩产不育系种子 50 千克，高的可达 100 千克左右。垩白较大，米质中下。所配杂交组合优势强，耐肥抗倒，适应性强，抗稻瘟病较强，抗普通矮缩病较弱。1984 年引进，至 2004 年共配制 V 优系列杂交稻组合 13 个，推广总面积 147.86 万亩，代表组合为 V 优 402、V 优 35、V 优 64、V 优 63，共推广 138.38 万亩，占 V 优系列推广总面积的 93.6％。1993 年前，早杂以 V 优 35 和 V 优 64 为主，1993 年后以 V 优 402 为主。

（三）协青早 A 和协青早 B

协青早 A 是安徽省广德县农业科学研究所用矮秆野败株作母本与竹军杂交的不育株与协珍 1 号杂交后，择其后代不育株与协青早杂交，经连续回交、选择，于 1982 年育成协青早 A，属迟熟早籼野败不育系协青早 A，其回交品种就成为协青早 A 的保持系 B。

特征特性：株高 70 厘米，分蘖较强，株型紧凑，茎秆尖韧，主茎叶片数 13～14 叶。叶片窄长、叶色绿，叶鞘、叶缘、稃尖均为紫色，剑叶角度小。播种至始穗（播始历期）春播 78 天左右，早下播 68 天左右夏繁 63 天左右。幼穗分化 27～28 天，各期所需的时间分别约 2.5、3.5、3.0、3.5、3.0、3.5、4.0、4.0 天。穗长 16～18 厘米，每穗总粒数 85～90 粒，谷粒细长，无芒或有顶芒。包茎率 30％左右，包茎度轻，柱头外露率 35％～40％。花粉以典、圆败为主，有小部着色花粉。开花习性好，花时早而集中，比珍汕 97 不育系早半个小时，高峰不明显，单株开花历期 10 天左右，单穗开花历期 3～4 天，异交结实率高。对低温和赤霉素反应敏感。

协青早 B 株比协青早 A 稍高，不包茎，花粉正常，其他性状同协青早 97A。

协青早 A 所配杂交组合优势强，米质较好，较抗稻瘟病。1985 年引进，1987—2004 年共配制协优系列杂交稻组合 14 个，推广总面积 150.61 万亩，代表组合为协优 63、协优 46、协优 9308，共推广 135.59 万亩，占协优系列推广总面积的 90％。

（四）Ⅱ-32A、Ⅱ-32B

Ⅱ-32A 是湖南杂交水稻研究中心于 1983 年选育而成，丽水市于 1985 年引进，1986 年小面积试繁观察，同时用密阳 46、明恢 63、测 64-7 等恢复系进行小面积配制。不育系繁种产量一般亩产 150～200 千克。

特征特性：株高 95 厘米左右，株型紧凑，茎秆粗壮。主茎叶片数 16 片左右，叶片厚挺，叶色深绿，叶鞘、叶缘、叶耳、稃尖均为紫色，剑叶长 25～30 厘米。分蘖中等偏强。播种至始穗（播始历期）春播 108 天左右，夏播 88 天左右。幼穗分化约 32 天，各期所需的时间分别约 3.0、3.0、4.0、6.5、3.5、3.0、6.5、2.5 天。每穗总粒数 160～170 粒，包茎率 10％～20％，包茎长度 5 厘米左右，柱头发达，外露率高达 70％左右，其中双边外露率 50％左右。属孢子体不育，花药瘦小，呈乳白色水渍，少数淡黄色。开花习性好，花时好，花期长，单穗花期 8～10 天，穗后第二开花，始花后 1～3 天进入盛花，第三天开花占 80％，张颖角度大，花时早而集中，异交结实率高，可恢复性好，配合力强，适应性广，耐肥抗倒，感温性强，中抗稻瘟病、抗白叶枯病，纹枯病轻，对赤霉素反应敏感。

Ⅱ-32B 植株稍高，生育期略短 2～3 天，不包茎，花粉正常，其他性状同Ⅱ-32A。

Ⅱ-32A 所配杂交组合优势强，米质较好。丽水市在 1985 年引进，1988—2004 年共配制Ⅱ优系列杂交稻组合 13 个，推广总面积 542.5 万亩，代表组合为Ⅱ优 64、Ⅱ优 63、Ⅱ优 10 号、Ⅱ优 92、Ⅱ优 6216，共推广 480.49 万亩，占Ⅱ优系列推广总面积的 88.6％。

（五）中浙 A

中浙 A 是从国外引进的 PS-21B 中发现的变异株，选择其中的单株与珍汕 97A 测交，F_1 表现为完全不育，后经多代连续定向回交，选育而成的三系不育系。中浙 A 的主要特征特性为：茎秆长度长，茎秆粗细中，茎秆角度直立，茎秆茎数中，茎秆基部茎节包，茎秆节的颜色绿色，茎秆节间色绿色；剑叶叶片长度长，剑叶叶片宽度中，剑叶叶片角度直立，主茎叶数中；穗长度长，穗伸出度部分抽出，穗类型中间型，二次枝梗多，穗立形状直立，茎秆潜伏芽活力中，颖壳茸毛少，不结实，落粒性中，护颖长度中，护颖色秆黄色，颖壳色橙黄色；谷粒长度长，谷粒宽度中，谷粒形状细长形，谷粒千粒重中，糙米形状纺锤形，种皮色白色；不育株率极高，不育系的可恢复性极好，保持系的保持力强，不育系的异交结实率极高，不育性三级，可繁性四级。与对照品种 PS-21A 相比，其特异性在于：中浙 A 茎秆长度长，PS-21A 茎秆长度中长；中浙 A 剑叶叶片长度长，PS-21A 剑叶叶片长度中；中浙 A 穗无芒；PS-21A 全穗有芒。

二、杂交稻制种

发展杂交稻，种子是基础，"一粒种子可以改变一个世界"，足见种子在农业生产中的重要地位和作用。种业兴则农业兴。1976 年原丽水地区农业局副局长唐开晃组织各县科技人员 256 人，赴海南岛陵水县长城公社繁殖杂交稻种子 3 万多千克。1977 年丽水市制种面积 1.54 万亩，统计 1.48 万亩，总产 344.8 吨，平均单产 23.3 千克，其中原丽水县旭光大队 20.7 亩夏季制种田，平均单产 74.8 千克，最高为四优 6 号 1.11 亩，平均单产达到 135.5 千克；遂昌县有 6 个大队 152 亩制种，平均单产超过 50 千克。

为了提高制种产量，加快杂交水稻的推广，各县投入大量的人力、物力，选择生产条件较好，技术力量较强的村队开展制种工作，使丽水市制种技术和产量得到了一定的提高，单产从开始的 10 多千克提高到 40 多千克。但由于当时自制自用和秋季制种面积大及技术等方面的原因，到 1981 年丽水市杂交水稻制种单产仍只有 47.2 千克（表 5-3）。通过分析总结，提出了"两扩两减"的工作措施，即扩大基地面积实行集中连片制种，减少自制自用面积；扩大夏季制种面积，减少秋季制种面积。改进完善技术，狠抓技术措施的落实到位，产量水平大幅提高。

表 5-3　丽水市 1979—1984 年杂交水稻制种不同季节产量比较

年度	面积					产量					
	总面积 （亩）	夏制制种 面积 （亩）	秋制制种 面积 （亩）	特约基地 制种面积 （亩）	自制自用 制种面积 （亩）	总产 （吨）	单产 （千克）	夏制亩产 （千克）	秋制亩产 （千克）	特约基地 亩产 （千克）	自制自用 亩产 （千克）
1979	19 766.7	6 918.3	12 848.4	7 149.0	12 617.7	868.85	44.0	53.8	38.7	52.6	39.1
1980	22 518.0	11 651.0	10 867.0	10 434.0	12 084.0	1 063.52	47.3	57.5	36.6	57.5	38.4
1981	19 664.0	11 839.0	7 825.0	12 661.9	7 002.1	927.96	47.2	55.2	31.1	55.2	32.8
1982	20 547.9	13 480.1	7 067.9	11 499.5	9 048.4	1 688.61	82.2	96.0	65.6	96.0	64.7
1983	15 067.6	13 068.5	1 999.1	11 700.9	3 366.7	1 594.63	105.9	108.8	79.9	108.8	95.5
1984	4 687.9	4 687.9	—	4 687.9	—	498.06	106.3	106.3	—	106.3	—
合计	102 252.1	61 644.8	40 607.4	58 133.2	44 118.9	6 641.63	65.0	78.5	43.4	78.5	47.5

基地制种集中连片，有利于加强技术指导，提高了技术的到位率，同时有利于检查，对提高产量和质量起到了积极作用。1982 年始，丽水市大抓基地建设工作实行特约、集中连片制种，据 1982—1984 年统计，丽水市特约制种面积 27 888.3 亩，占制种面积 40 303.4 亩的 69.2%，比前 3 年的 48.8% 扩大了 20.4%，单产 103.1 千克，比面上制种单产 73.1 千克，增加 30 千克，增长 41.04%。

夏季制种，不论在时间或空间隔离上均有选择的余地，能有效地防止串花，没有早季落粒，有利于保证种子纯度和产量提高。据调查，夏季制种比秋季制种纯度高 1‰～2‰。据 1979—1981 年统计，丽水市夏季制种面积 30 408.3 亩，平均亩产 55.6 千克，比秋季制种 35.6 千克，亩增 20 千克，增产 56.18％。又据 1982—1984 年统计，丽水市夏季制种面积 31 236.4 亩，占丽水市制种总面积 40 303.4 亩的 77.5％，比前 3 年扩大了 28.41％，单产 101.1 千克，比秋季制种亩产 68.7 千克，亩增 32.4 千克，增产 55.6 千克，增幅达 80.93％。1982 年龙泉县高产田块达到 276.8 千克，创浙江省高产纪录。

实践证明实行特约基地制种，推广夏季制种对提高杂交水稻制种产量起到了关键作用。由于技术、措施到位，1982 年杂交水稻制种超过 50 千克，达到 82.2 千克，7.7 亩高产田块平均亩产达到 252.2 千克。1983 年丽水市制种产量突破 100 千克大关，达到 106 千克。1984 年 15.3 高产田块，平均亩产达到 274.1 千克。

在之后的 7 年中，丽水市杂交水稻的制种产量尽管有所提高，但一直在 120 千克左右，且种子质量等级偏低，一级种子合格率仅占 30％～40％，影响了制种农户的经济效益和新组合的推广速度。为改变这一状况，原丽水地区种子公司于 1991 年组织庆元县、遂昌县、龙泉市、松阳县、缙云县开展了“杂交水稻高产优质低耗制种技术应用”丰收计划的实施，提出了主要技术：

(1) 选择最佳扬花期，确定父母本播差。确定夏季制种最佳扬花期为 8 月上旬，比往年提前了 5 天；早夏季制种的扬花期为 7 月上旬。扬花期要求日平均气温 28℃左右、相对湿度 80％、无连续 3 天雨日。父本一般采用两期，两期间隔 7～8 天（表 5 - 4）。

表 5 - 4　主要制种组合播差期

恢复系	播差期	珍汕 97A	Ⅱ - 32A	D297A	V20A	协青早 A
密阳 46	时差（天）	24～26	−3～−4	18～20	—	22
	叶差（叶）	6.0～6.5	0.8～1.0	5.5～6.0	—	6.0～6.2
测 64 - 7	时差（天）	12～14	−14	—	16～18	—
	叶差（叶）	3.8～4.0	4	—	4.0～4.5	—
明恢 63	时差（天）	38～40	20	39～41	—	—
	叶差（叶）	8.5	4.0～4.4	9	—	—
测 48 - 2	时差（天）	6～7	—	—	9～10	—
	叶差（叶）	1.2～1.4	—	—	2.0～2.2	—
丽恢 62 - 16	时差（天）	39	10～12	—	—	—
	叶差（叶）	7.5～8.0	2.0～2.2	—	—	—
明恢 77	时差（天）	23	—	—	—	—
	叶差（叶）	5.3	—	—	—	—
IR236 辐	时差（天）	19	−9～−10	—	—	—
	叶差（叶）	4.0	2.0	—	—	—

(2) 创高产群体结构，增加父母本有效穗。首先培育适龄多蘖秧，秧龄控制 20～22 天，要求带蘖 2～3 个，亲本熟期较长的可适当延长。其次是扩大行比，增加有效穗，一般采用 1∶10～12 或改单行为假双行 2∶12～14，确保亩插 2 万丛和 10 万～12 万落田苗（双本插），争取有 20 万左右有效穗，父母本穗数比为 1∶4～6。三是对父母本实行定向培育，通过科学的运筹肥水，使其达到合理的株叶形态。

(3) 应用辅助措施，提高母本异交结实率。重点抓好花期调节，在父母本始穗前 25 天左右，每隔 3～5 天对制种片内不同类型田块随机抽取父母本主茎进行剥查，及时了解幼穗发育进程。掌握“前三期父早一、中三期相一致、后二期母偏早”的原则，调节方法采用偏施氮肥等。对剑叶超过 25 厘米的采取轻割叶，一般田块尽可能不割叶，以期达到提高千粒重和赤霉素的使用效果。赤霉素的亩用量控制在 6～8 克，加 20 毫升增效剂 1 瓶，分 3 次喷施，第一次母本抽穗 5%～10%，第二、三次视生长整齐度而定。选用 3～4 米竹竿进行赶粉，盛花期日赶粉 4～5 次，始花、尾花赶花次数可适当减少。

（4）采用优质亲本种子，严格隔离去杂。 采用经提纯、柱头外露率高的亲本种子，选择屏障隔离 100 米以上，花期隔离 25 天上，集中连片建基地。在营养生长期抓好变异品种、变异株的去杂；抽穗期抓好保持系的去杂，在此基础上抓好喷施赤霉素时、赶花粉前的去杂，最后是收割前组织辅导员逐个检查验收，验收合格后再收割，确保种子纯度。

经一年的实施，庆元县、遂昌县、龙泉市、松阳县、缙云县 5 个县（市）3 343.6 亩制种面积，平均亩产达到 181.9 千克，突破了 150 千克大关，比面上制种平均亩产 113.6 千克，增产 38.38%。出现了像遂昌县大柘镇 271.14 亩Ⅱ优 10 号制种片，验收平均亩产达到 253.3 千克的高产片及三仁乡际上村张发松户 1.65 亩Ⅱ优 64 制种，亩产高达 356 千克的高产田块，创丽水市制种高产纪录（表 5-5）。以上 5 个县（市）制种田间检查纯度平均达到 99.96%，14 个组合 26 个抽检样品，平均净度为 98.4%，发芽率 92.9%，含水量 12%，种子用价达 91.14%，比前两年提高 3.1%。由于采用定向培育一般对父母本不割叶或轻割叶，减少了用工，同时推广赤霉素增效剂，减少了赤霉素用量，每亩制种田降低生产成本 15 元左右。该项目同年获浙江省农业丰收一等奖。

表 5-5　部分高产田块穗粒结构

组　合	田块数（块）	面积（亩）	亩产（千克）	行比（父本∶母本）	母本					穗数（万穗/亩）	
					密度（厘米）	每穗总粒数	每穗实粒数	结实率（%）	千粒重（克）	父本	母本
Ⅱ优 10	4	5.23	318.0	2∶11－13	14.1×17.2	156.2	83.4	53.4	23.8	5.90	16.42
Ⅱ优 64	5	6.95	305.4	2∶10	17.1×21.4	140.3	76.0	54.2	24.5	7.28	16.86
Ⅱ优 63	4	6.25	297.0	2∶14～16	17.0×16.6	137.7	66.3	48.1	23.6	4.25	17.88
Ⅱ优 6216	4	5.60	315.9	2∶11	19.5×17.8	159.9	91.0	56.9	24.6	5.60	15.30
汕优 64	5	5.90	256.0	1∶10	16.7×10.0	100.4	47.2	47.0	25.1	8.50	22.10
D优 63	1	1.80	327.1	1∶12	12.0×15.0	92.0	57.9	62.9	24.5	6.58	23.60
D优 46	1	1.20	251.0	2∶12	12.0×15.0	87.0	50.3	58.4	24.4	6.18	21.10

注：D优不育系为 D297；部分验收田块统计。

20 世纪 90 年代后，丽水市杂交水稻制种技术又有了新的发展，产量水平有了新的提高，全市制种单产水平 2000 年突破 200 千克，2003 年丽水市 5 884 亩制种，平均单产达到 248.5 千克。据 1977—2004 年统计，丽水市共制种 276 559 亩，生产杂交稻种子 29 153.65 吨，平均单产 105.4 千克（表 5-6）。其中遂昌县制种 68 829 亩，生产杂交稻种子 10 289.8 吨，为丽水市之最，分别占丽水市制种面积、产量的 26.4% 和 35.7%。其次为松阳县、龙泉市和庆元县，制种面积分别占丽水市制种总面积的 15.2%、13.5% 和 11.3%；制种产量分别占丽水市制种总产量的 18.4%、10.4% 和 12.8%。

表 5-6　丽水市历年杂交稻制种情况统计

年度	面积（亩）	单产（千克）	总产（吨）	年度	面积（亩）	单产（千克）	总产（吨）
1977	15 400	22.1	340.00	1992	5 535	161.2	892.30
1978	24 433	33.4	814.91	1993	4 266	116.9	498.82
1979	19 767	44.1	871.15	1994	4 229	185.4	784.07
1980	22 518	47.1	1 060.82	1995	5 937	186.5	1 107.37
1981	19 679	45.1	886.64	1996	5 876	174.5	1 025.25
1982	20 547	82.2	1 688.61	1999	8 091	177.0	1 431.86

（续）

年度	面积（亩）	单产（千克）	总产（吨）	年度	面积（亩）	单产（千克）	总产（吨）
1983	15 068	105.8	1 594.64	2000	5 656	222.5	1 258.57
1984	4 688	106.2	498.06	2001	3 912	219.4	858.21
1985	11 057	122.7	1 356.82	2002	6 072	204.8	1 243.87
1986	8 265	130.8	1 080.70	2003	5 884	248.5	1 462.02
1987	13 309	121.6	1 618.36	2004	3 768	242.8	915.13
1988	7 070	116.7	824.75	2005	6 062	196.5	1 191.43
1989	9 756	113.0	1 102.14	2006	7 886	198.1	1 562.21
1990	9 189	124.2	1 141.10	2007	9 329	196.5	1 832.82
1991	3 344	181.9	608.34	2008	8 701	173.5	1 509.54
1997	5 768	169.3	1 091.60	2009	11 337	137.7	1 561.15
1998	7 475	146.8	1 097.57	合计	319 874	115.1	36 810.83

1976 年以来，丽水市先后利用的恢复系有 19 个：IR24、IR26、古 154、密阳 46、明恢 63、丽恢 6216、中 413、黔恢 481、T914、26 窄早、测 64-7、晚 3、IR36 辐、恢 92、浙恢 3 号、测 48-2、R402、10-35、26 715。所配置的杂交稻推广面积较大且利用年限较长的有以下几种。

（一）国际 26

国际 26 是全国水稻杂优协作组从 IR26 品种中经系选、测交、鉴定，于 1974 年筛选出来。丽水市 1977 年引入，该恢复系应用时间早，且普遍，所配组合杂种优势强。

特征特性：株高 90 厘米左右，株型紧凑。主茎叶片数 17～18 片，叶片较窄直立。分蘖力强，夏播播种至始穗（播始历期）92 天左右。穗长 22 厘米左右，每穗总粒数 120 粒左右，结实率 80% 以上，千粒重 23～24 克，谷粒细长，谷壳、稃尖黄色，无芒。开花习性好，花粉量多，上午 8～9 时始花，上午 10～11 时进入盛花，单株开花历期 3～4 天。恢复力中等偏强，配合力高，抗稻瘟病、白叶枯病和稻飞虱，不抗小球菌核病和纵卷叶螟。该恢复系所配制的代表组合是汕优 6 号，1981—1990 年共推广 493.4 万亩，其中 1981—1985 年推广 431.08 万亩，占丽水市杂交晚稻总面积的 94%。1986 年后，被汕优 63、汕优 64 逐渐取代（附录 3）。

（二）明恢 63

明恢 63 是福建省三明市农业科学研究所用 IR30 作母本与圭 630 杂交的后代选系，经测交鉴定，于 1980 年选育而成。丽水市 1982 年引入。所配组合杂种优势强，米质较好。代表组合汕优 63、Ⅱ优 63。

特征特性：株高 100～110 厘米，株型松散适中，茎秆粗壮，根系发达，耐肥抗倒。主茎叶片数 16～17 片，叶片稍宽、平展，剑叶挺直，叶色绿。分蘖力强，单株有效穗可达 40 多个，播种至始穗（播始历期）100 天左右。幼穗分化 32 天左右。各期所需的时间分别约 2.5、3.0、3.5、7.0、4.0、3.0、7.0、2.0 天。穗长 24～26 厘米，每穗总粒数 120～130 粒，结实率 85% 左右，千粒重 30 克左右，谷粒椭圆形，稃尖秆黄色，无芒或短芒。开花习性好，一般抽穗当天或次日开花，第三天进入盛花单穗花期 5～6 天，花粉量大，上午 8～9 时始花，10～11 时进入盛花，单株开花历期 3～4 天。恢复力强，耐肥抗倒，抗稻瘟病、不抗白叶枯病和稻飞虱，对水、肥和赤霉素反应敏感。

该恢复系所配制的组合有汕优 63、Ⅱ优 63、威优 63、协优 63、D 优 63，1984—2004 年共推广 496.83 万亩，其中汕优 63 有 336.97 万亩，占 67.8%；Ⅱ优 63 有 94.08 万亩，占 18.9%；威优 63 有 36.11 万亩，占 7.3%；协优 63 有 26.65 万亩，占 5.4%；D 优 63 有 3.02 万亩，占 0.6%。1984 年汕优 63 配制使用以来至今仍在使用，使用年限已达 22 年。

（三）测 64 - 7

测 64 - 7 是湖南杂交水稻研究中心选用 IR9761 - 19 - 1（IR36/IR2588 - 48 - 3//IR36）优良株系、经测交、鉴定，于 1982 年育成，1984 年引入丽水市。该恢复系最大的特点是生育期短，代表组合汕优 64。

特征特性：株高 85 厘米左右，株型紧凑，茎秆较粗。主茎叶片数 15～16 片，叶片窄且直立，淡绿色。分蘖力强，单株分蘖可达 30 多个。夏播播种至始穗（播始历期）92 天左右。穗长 24 厘米左右，每穗总粒数 100～120 粒，结实率 75％～80％，千粒重 24 克左右。谷粒细长，谷壳、稃尖黄色。花药大、花粉量足，开花习性好，上午 9～11 时开花数占 80％以上，单株开花历期 4～5 天。恢复力强，配合力高，中抗稻瘟病、稻飞虱。

该恢复系所配制的组合有汕优 64、威优 64、协优 64、Ⅱ优 64，生育期较短，早、晚稻都可种植。1984—2004 年共推广 281.48 万亩，其中汕优 64 有 207.19 万亩，占 73.7％；威优 64 和 Ⅱ优 64 各有 34.73 万亩，各占 12.3％；协优 644 有 4.82 万亩，占 1.7％。汕优 64 是该恢复系所配制的代表组合，1984 年至今，使用年限已达 22 年。

（四）密阳 46

密阳 46 是韩国晋洲道岭南作物所实验场于 20 世纪 70 年代通过粳籼交的 F_2 再与籼稻复交（统一/IR24//1317/IR24）选育而成的偏籼型品种。丽水市于 1987 年引进并开始观察配组，1991 年正式列入开发利用。

特征特性：株高 90 厘米，株型紧凑，茎秆粗壮。主茎叶片数 16～17 片，叶片狭挺，叶缘、叶鞘、叶枕均为绿色，叶色浓绿，剑叶短挺。分蘖中等，单株有效穗 20 个左右，足肥情况下明显增加。播种至始穗（播始历期）夏播 88 天左右，早夏播 100 天左右。幼穗分化 30 天左右。其中 1～3 期所需的时间 11 - 12 天，4～6 期 12 天，7～8 期 6 天。穗长 20～21 厘米，每穗总粒数 90～100 粒，结实率 83％左右，千粒重 26 克左右，谷粒椭圆形，稃尖秆黄色，无芒或短芒。开花习性好，一般抽穗当天或次日开花，第三天进入盛花单穗花期 5～6 天，花粉集中，上午 8～9 时始花，上午 10～11 时进入盛花。恢复力强，所配组合优势强。耐肥抗倒，抗稻瘟病、不抗白叶枯病，对水分和赤霉素反应敏感，干旱缺水幼穗发育明显延迟。

该恢复系所配制的组合有：Ⅱ优 10 号、汕优 10 号、协优 46 和 D 优 46（包括 D 优 10 号）。1989—2004 年共推广 573.33 万亩，其中 Ⅱ优 10 号有 214.29 万亩，汕优 10 号有 198.53 万亩，协优 46 有 99.6 万亩，D 优 46（包括 D 优 10 号）有 60.91 万亩，分别占 37.4％、34.6％、17.4％和 10.6％。Ⅱ优 10 号、汕优 10 号和协优 46 是代表组合，1989 年至今，使用年限已达 17 年。

第五节　水稻良种的区试

浙江省开展品种区域试验工作，有一个从不规范到逐步规范的过程（不设重复，品种数量少，没有变量统计分析等）。新中国成立初期，各地一些优良农家品种和改良品种的推广，是采用群众评选与品种比较试验相结合的方法进行。1956 年后，区域试验工作开始有计划、有组织地开展，作物种类也逐年增加，区域内容、方法不断完善。20 世纪 60 年代，浙江省农业厅提出了区试工作"三统一"的办法，即区试的种子由省统一分发，区试的要求由省统一规定，试验记载的标准由省统一制定，从而提高了区试质量。"文化大革命"期间，各级种子公司撤消，区试工作一度中断。1978 年 9 月，浙江省贯彻农业部《关于加强种子工作的报告》，首次提出新品种在推广之前，一定要进行区域化试验鉴定，并经品种审定委员会批准后才能推广。浙江省农业厅于 1980 年发出《关于加强农作物品种区域试验工作的初步意见的通知》明确规定，农作物品种区试由省和地区两级组织。区试的日常工作由同级种子管理部门会同农业科学研究单位共同主持，并附发了稻、麦等区域试验品种的记载项目及标准。1986 年颁发了《浙江省农作物品种区域试验和生产试验实施细则》。至1990年全省已建立了稻、麦、油等23种作物231个区域试验点和146个生产试验点，形成了区域网络，丽水市农业科学研究所和龙泉市农业科学研究所分别被浙江农业厅确定为省级区域试验点之一，积极地参与了浙江省区试工作。

丽水市粮食生产向以稻为大宗，引进、鉴定、筛选出适合种植的水稻优良品种，对提高粮食产量具有重要意义。而水稻良种的区域化试验又是引种、育种和良种繁育推广的中间环节，是品种审定和合理布局的依据。因此，水稻良种区域试验工作，一直是丽水市农业部门的重要工作，也一直受到各级政府的关注，每年都要投入一定的试验经费，予以保证试验工作的正常开展。20世纪30年代起丽水市就有引种，但品种筛选工作比较简单，真正的水稻引种筛选区试工作是在20世纪70年代后期，丽水地区种子公司和丽水地区农业科学研究所共同承担了该项工作。特别是在"七五"期间，丽水地区种子公司受丽水地区农作物品种审定小组委托，主持丽水地区早稻常规新品种、连晚常规粳糯稻新品种和早晚稻杂交稻新组合的区域试验工作，并取得了显著的成效。

一、区试材料

1986—1990年，先后从浙江省农业科学院、中国水稻研究所、湖南杂交水稻研究中心及福建、湖北、广东、广西、四川等省科研院校共引进新品种（组合）、品系509个（杂交稻150余份），在观察试验的基础上筛选出74个品种（组合），参加地区区试，其中常规稻品种38个（早籼23个、粳糯稻15个）；杂交稻组合36个（早杂9个，单晚7个，连晚20个）。

二、筛选方法

原则是观察试验→区域试验→生产试验→大田示范。为加快新品种的推广速度，在建立引种试验的基础上，对未进入统一设置观察试验的品种，科研、试种单位反映好，表现突出的品种采取破格直接进区试；对参加过一年区试表现有苗头的品种在次年续试的同时抓好生产试验，即区试与生产试验同步进行，这样既可保证参试品种的质量，又能加快新品种的推广速度，使科研成果尽快地转化为生产力。根据丽水市地貌复杂、自然条件差异大的特点，选择具有一定代表性，有固定的试验地和有一定的技术力量及排灌、交通方便的地方作为区试点。试验设计、要求及记载标准均按浙江省水稻品种区域试验设计及标准进行。统一用新复极差和多点试验联合方差分析进行产量差异显著性测验，并通过各生育阶段的观察及结合组织有关人员进行考察，再对参试品种进行综合评价，为提高试验的准确性和客观评价参试品种的特性及推广价值奠定了良好的基础。

三、结果应用

通过观察试验、区域试验、分析评价，鉴定出一批适应丽水市种植的具有高产、抗性、优质的新品种（组合），为品种审定提供了科学依据。1986—1990年，参加区试的38个常规品种中，有早籼119、处州糯、221糯、荆糯6号4个品种通过地区农作物品种审定小组审定，占参试品种数的10.5％；参加区试的36个杂交稻新组合中有协优46、汕优862、Ⅱ优10号、Ⅱ优64，4个组合通过地区农作物品种审定小组审定，占参加区试组合数的11.1％。推荐了Ⅱ优64和Ⅱ优10号两个组合参加浙江省区试。

据1986—1991年统计，丽水市通过区试鉴定、审定推广和扩大试种的新品种（组合）共计面积达312.28万亩，其中常规稻新品种72.22万亩，杂交稻新组合240.05万亩。累计种植面积超百万亩的有汕优64，达到158.69万亩。该组合从1984年引进试种，之后，成为丽水市1986—1993年连晚杂交稻仅次于汕优63的主要当家组合，1985—2004年晚稻累计推广汕优64 204.34万亩，而汕优63累计推广336.8万亩（图5-4）。

进入20世纪80年代实行家庭经营为主的联产承包责任制后，原有的以生产队为新品种推广基点的格局发生了变化。经过几年的探索和实践，寻求出以科技示范户作为新品种推广的突破口，然后通过科

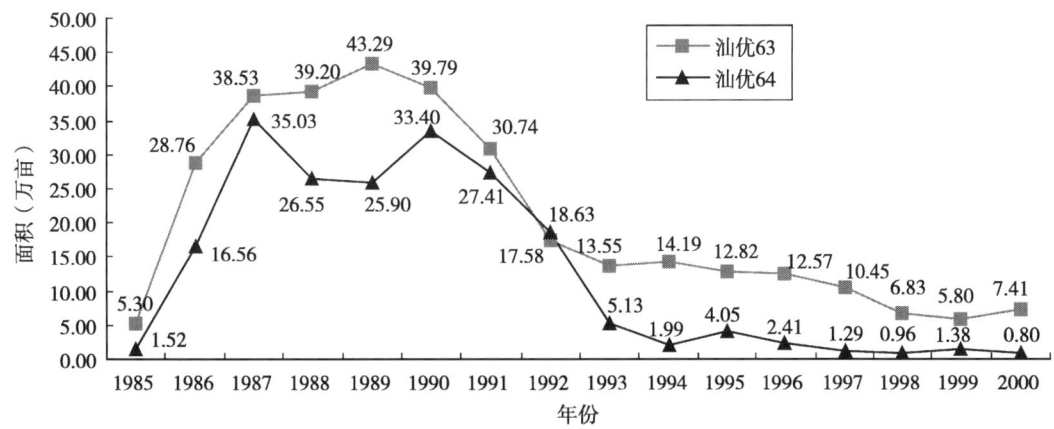

图 5-4　汕优 63 和汕优 64 各年度推广面积

技示范户带动面上的推广工作，但推广速度和示范效果存在一定的局限性。为加速新品种的推广速度，1989 年、1991 年、1993 年丽水地区种子公司组织实施了"常规早稻新品种开发应用""早晚稻新品种（组合）示范推广""密阳 46 恢复系开发利用研究""Ⅱ优系列杂交稻组合示范推广"等丰收计划，有力地促进了早籼浙 733、119 及晚稻Ⅱ优系列、密阳 46 的推广（图 5-5）。

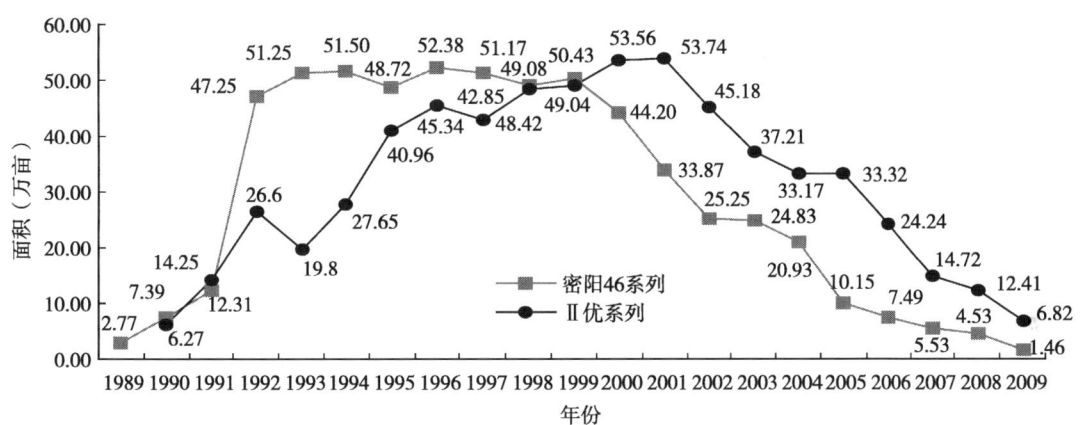

图 5-5　密阳 46 系列、Ⅱ优系列组合各年度推广面积

通过区试，并经省级审定的早稻常规品种浙 733，1988 年引入试种，1989—2004 年已累计推广 220.79 万亩（图 5-6），成为 1991—2001 年丽水市的早稻当家或主栽品种。

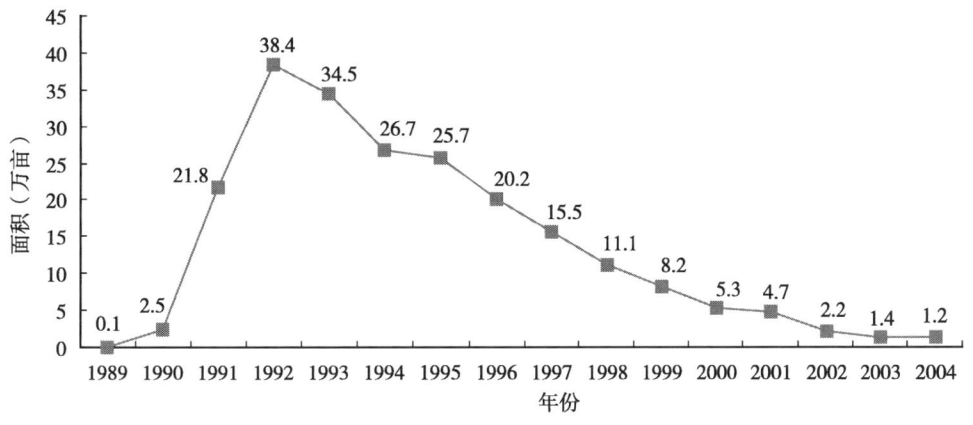

图 5-6　浙 733 各年度推广面积

第六节　水稻良种繁育与提纯复壮

一、良种繁育体系

丽水市的良种繁育，在不同时期相应建立起不同的良种繁育体系。民国前，水稻种子的繁育以户为单位自繁自用或自繁互换为主。民国27年（1938年），各县相继成立了中心农场，种子繁育工作由县中心农场或其下属的繁殖场进行。20世纪40年代初，中心农场先后改组为县农林场和县农业推广所，良种繁育工作是其任务之一。20世纪50年代的良种繁育工作，一是由各县良种场承担；二是实行以农业生产合作社为单位建立种子田的选留种制度，种子田的面积一般是大田水稻面积的5%～6%，并推选有经验的社员为种子管理员。20世纪60年代，除县良种场外，公社成立了种子队，生产队建立了种子田，初步形成了场、队、田三级良种繁育体系，三级良种繁育体系一直维持到20世纪70年代。20世纪80年代初，农村实行以家庭联产承包为主的生产责任制，原有的场、队、田三级良种繁育体系基本解体，种子的繁育由县种子公司的特约基地（包括良种场等）或委托种子户（示范户）进行。20世纪80年代中期，确立以县（市）为单位建立统一计划、三级繁育、二级供种体系，即县（市）统一确定提纯的品种，由县（市）良种场生产原种和繁殖新品种，县（市）种子繁殖基地生产一级良种，乡（村）种子基地（队、户）生产二级良种，大田用种逐步实现由县（市）种子公司、乡（村）农业公司或种子专业户供种。

杂交水稻有不同于常规稻的繁育体系，杂交水稻推广初期，"三系"（不育系、保持系、恢复系）实行地、县场（所）提纯繁种，县、社、队分散制种的体系。1978年改为地（市）提纯，地、县繁种，县、社制种的体系。1982年确立地（市）提、地（市）繁、县制、县供体系。1983年杂交水稻种子繁育体系改为省统一提纯、市（地）繁种、县（市）制种供种的体系。由于杂交水稻繁育体系通过不断地改进和完善，保证了丽水市杂交稻制种、繁种的产量和质量，有力地促进了杂交水稻的发展。

二、良种繁育与提纯复壮

（一）种子田选种留种

20世纪50年代，水稻繁育普遍实行以农业合作社为单位建立种子田繁育种子，种子田的面积按大田面积推算，一般是100亩大田需要建立种子田5～6亩。建立种子田的第一年，先由种子管理员在水稻收获前，穗选或株选种子，作为建立种子田的播种用种。种子田进行单本或少本插，精耕细作，收割前再穗（株）选种子留作下年种子田用种，余下的种子，经田间严格去杂去劣，供作大田用种（图5-7）。建立种子田繁育水稻种子，方法简便易行，一直至20世纪70年代仍在沿用。

（二）"三圃法"原种繁育

20世纪60年代，为了改进和提高原种繁育技术，常规稻原种繁育和提纯复壮有两种：一是"简易复壮法"，选单株或单穗，插单本，经过严格去杂去劣后，单收留种。二是"三圃法"，插单本，选单株，分系比较，繁殖原种。前法简便易行，速度快；后法时间长，技术性高，但繁育的原种质量好，增产效果更为明显。

所谓"三圃法"就是选种圃、株系圃和原种圃，具体做法是：

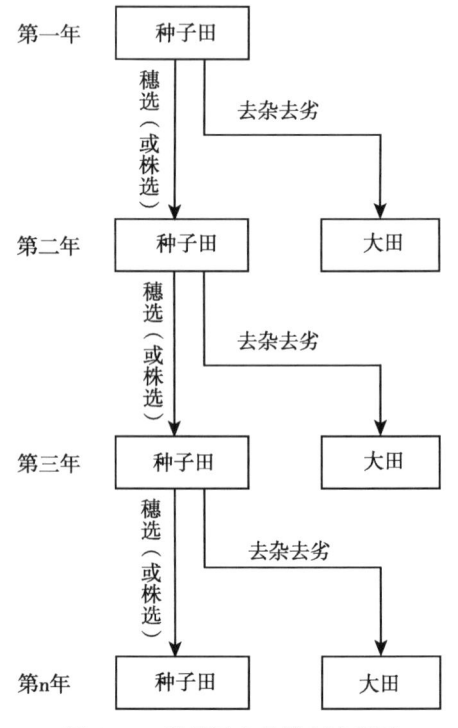

图5-7　种子田良种繁育流程图

1. 选种圃　第一年建立选种圃。经过初选的种子，稀播培育壮秧，在选种圃中单本插，然后选取优良的单株留种。选择单株的原则是从符合品种典型性的基础上，选择丰产性好的单株，使品种的典型性和丰产性有机结合。主要是看三型，即株型、穗型、粒型；二整齐，即株高整齐、抽穗整齐；一高，即结实率高。选择单株的适期主要是在分蘖期、抽穗期和成熟期进行田间初选，然后室内复选，一般选择的单株要求不少于50株。

2. 株行圃　第二年建立株行圃。将上年从选种圃中选留的优良单株，按编号分行种植，进行比较鉴定，选优去劣，将当选的株行混合脱粒。

3. 原种圃　第三年建立原种圃。将上年当选株行混合脱粒后的种子进行少本或单本插，加速繁殖原种（图5-8）。

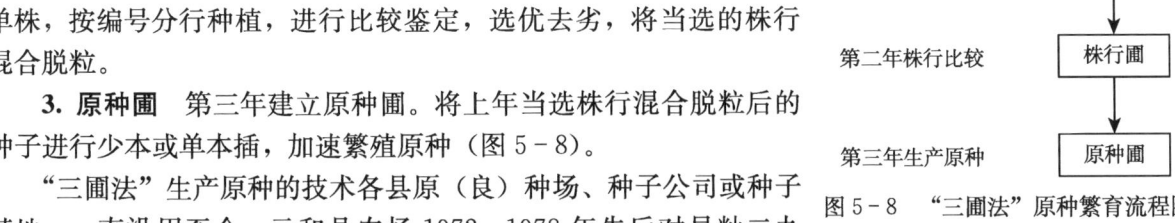

第一年选择单株　　选种圃

第二年株行比较　　株行圃

第三年生产原种　　原种圃

图5-8　"三圃法"原种繁育流程图

"三圃法"生产原种的技术各县原（良）种场、种子公司或种子基地，一直沿用至今。云和县农场1972—1978年先后对早籼二九青、圭陆矮8号、广陆矮4号、温选10号、珍龙13和晚稻品种珍珠矮、早金凤、农虎6号等进行了提纯复壮，从而提高了种子的纯度，恢复和提高了品种的种性，经提纯复壮的原种比未经提纯复壮的种子可增产3.7％～15％。如该场从1973年试种早籼温选10号，几年中均表现产量超过圭陆矮8号和珍龙13，但分离现象严重。于是在1975年建立了单本插的选种圃，选取优良单株，1976年分系比较，1977年混系繁殖原种，1978年原种种植22.47亩，收总产10.73吨，平均亩产477.6千克，比2.31亩未经提纯复壮的温选10号，总产959千克，亩产415.2千克，增产15％。

在生产中，有些稀有品种或在产量、抗性表现突出的品种，然而种源很少，生产又急需，因此必须采取一些特殊的繁殖技术。各地采取的方法有单本（粒）繁殖法、掰蘖繁殖法、早翻早繁殖法、再生稻繁殖法以及南繁繁殖法等。

（三）杂交稻"三系"提纯复壮

杂交水稻"三系"的质量不仅关系到杂交水稻优势的发挥，而且由于不育系穗型、开颖角度、柱头外露率各不相同，还直接关系到制种、繁种产量的提高。

20世纪80年代初，随着"三系"繁殖和回交多代，"三系"的生物学混杂和机械混杂严重影响"三系"质量。据调查，个别地方恢复系纯度只有98％，并混入杂交种；不育系纯度只有97％，并混入保持系及籼粳交后代的"冬不老"；保持系纯度只有99.5％，出现变异株。这种情况已影响或正在影响杂交水稻生产。因此，开展"三系"提纯复壮工作，稳定"三系"的不育性、保持性、恢复性，选取开花习性好，柱头外露率高，开颖角度大的不育系，对于杂交优势的发挥，继续发展杂交水稻生产有着重要的意义。

丽水市杂交水稻"三系"提纯复壮工作，始于20世纪70年代末。提纯的组合为汕优6号（珍汕97A、珍汕97B和恢复系国际26）。提纯方法上，主要采用湖南的"慈利法"和江苏的"庆丰法"。"慈利法"也称配套提纯法，在选取的"三系"亲本中，利用广泛测交和优势鉴定圃相结合的方法进行。它具有纯度高、效果好的特点，但工作量大、周期长，生产原种数量少。"庆丰法"则对不育系采用建立株行圃、株系圃、原种圃，而对保持系、恢复系采用常规提纯复壮的方法进行。它具有简便易行，不需隔离、省工，产生原种数量多的优点，但对"三系"亲本缺乏必要的测交评选措施。丽水市通过多年实践，反复比较上述两种提纯方法的优缺点后，提出了"两法结合，混系利用"的"三系"提纯方法，效果更为理想。

1. 配套提纯法　提纯的程序见图5-9。第一年建立成对Ai×Bi回交圃，A×Ri测交圃（A代表不育系，B代表保持系，R代表恢复系，i代表若干单株，下同）将Ai、Bi原种或良种种子建成成对回交圃，并提供一株（份）不育系种子与Ri建立测交圃。第二年（季），建立Ai×Bi株行圃、Ai×R测配圃、Ri株行圃和测恢鉴定圃；Ai×Bi株行圃是用上年成对回交的单株（种子）建立，便于进行比较鉴定；Ai×R测配圃，是取上年每对回交圃的Ai少数种子，与同一株（份）的恢复系种子进行测配；测恢鉴定圃是将上年测交的 A×Ri 的种子建立；Ri 株行圃是用上年测交圃的相应单株建立。第三年（季）建立 Ai×Bi 株系圃、测优鉴定圃和 Ri 株系圃。Ai×Ri 株系圃是将上年当选的 Ai×Bi 株行建立，并根据测优鉴定圃的比较，决定株系圃当选的株系。另外，根据上年测恢鉴定圃的表现，将当选的 Ri 株行，建立 Ri 株系圃。第四年建立 A×B 原种圃，B 原种圃，R 原种圃。将上年当选的 Ai×Bi 株系圃的不育系和保持系各自的种子混和，作为建立 A×B 原种圃，B 原种圃，当选的 Ri 株系圃混合，建立 R 原种圃。由于A×B原种圃生产的不育系原种数量有限，因此再进行一次或二次的繁殖，供应大田制种之用。

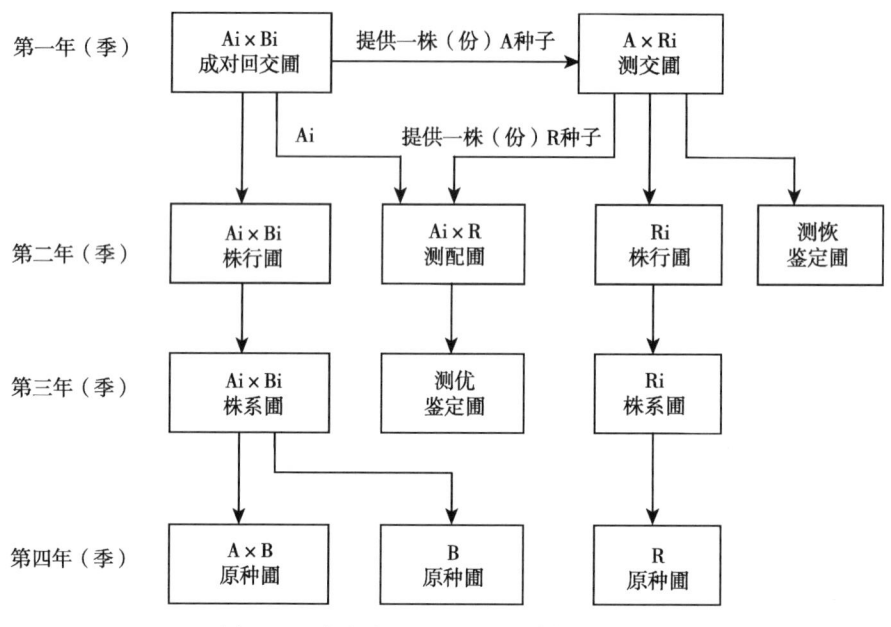

图 5-9　杂交水稻"三系"配套提纯流程图

丽水市"三系"提纯复壮，经1982年参加浙江省原种鉴定及大田试种后有如下表现：

(1) 纯度提高。 "三系"经提纯复壮后，纯度较未经提纯复壮的提高 2%～3%，其中恢复系国际 26 纯度为 99.66%，保持系珍汕 97B 为 99.75%，不育系珍汕 97A 为 99.78%，而 1977 年经海南岛繁殖的珍汕 97A 纯度为 94%。

(2) 主茎叶片趋向一致。 国际 26 主茎叶片数从原来的 16～19 片稳定到 17～18 片；珍汕 97B 从原来的 12～15 片稳定到 13～14 片；珍汕 97A 从原来的 12～15 片稳定到 13～14 片。

(3) 播始历期稳定。 未经提纯复壮的国际 26、珍汕 97B 和珍汕 97A 播始历期（播种到始穗天数）分别为 88～95 天、55～65 天和 52～65 天，而经提纯复壮的"三系"分别为 92～94 天、62～63 天和 63～64 天。据田间调查，"三系"提纯复壮后，生长均匀，抽穗整齐，十分有利于确定播差期和促进花期相遇。

(4) 开花习性好。 1982 年观察，经提纯复壮后的不育系，在抽穗期日平均气温为 25.6～28.6℃ 的情况下，柱头外露率达 30%～45%，开颖角度在 35°左右，每穗总粒数在 100 粒左右，多的达 130 粒，丛有效穗 8～12 个。由于经提纯复壮后的不育系开花习性好，有力地促进了制种、繁种产量大幅度提高。1982 年龙泉市使用了提纯复壮后的不育系，杂交水稻制种亩产实现了县超 100 千克、社超 150 千克、大队超 200 千克、生产队超 250 千克，最高亩产达 277 千克创全省当年最高亩产纪录。

2. 两法结合，混系利用提纯法　两法结合，混系利用提纯法，先采用"慈利法"即配套提纯法，经配对测交，评选"三系"优良株，待达到较高程度，不育系不育性基本稳定后，再采用"庆丰法"即改良混合选择法。采用两法结合，混系利用提纯法，基本保持了"慈利法"和"庆丰法"的优点，克服了它的缺点。

丽水市采用两法结合，混系利用提纯法的理由是：

（1）先采用配套法是根据其差异确定。丽水市 1981 年、1982 年配对、测交和鉴定材料表明，杂交水稻的"三系"虽是互相依存、互相联系的整体，但其个体之间及杂交后代之间存在很大的差异。例如不育系主茎叶片数为 13～17 片，每穗总粒数 83.2～124.9 粒，丛有效穗 9.7～12.6 个，典败率为89.9％～97.6％，开颖角度为 29.3～32.5 度，稻瘟病穗发病率 0～3％。这种差异不仅是不育系性状所致，而且是由于保持系性状遗传而引起的。又如恢复系恢复度为 78.4％～92.1％，杂种一代千粒重23.4～28.3 克，稻瘟病穗发病率 2.4％～13.9％。上述差异说明"三系"有较大的选择余地，只有通过配套法，建立"一父多母"和"一母多父"进行广泛测交，才能加以选择。

（2）后改用混合选择法不但能减少工作量，且有利加快不育系繁殖。经一定代数配套法提纯复壮之后，即达到较高的纯度后，改用混合选择法。这样不但可以在较短时间内提供较多数量的"三系"原种应用于大田，而且工作量明显减少；同时还由于混合选择，避免在大量被淘汰材料中造成基因散失。

（3）两法结合有利于增强适应性和抗病性。近年来，由于杂交水稻连续种植和稻瘟病生理小种基数的变化，"三系"抗病性逐渐减弱，严重影响杂交水稻生产，特别是对汕优 6 号造成严重威胁。通过"三系"提纯复壮工作和每年原种更换，利用原材料抗性的差异，从中筛选较为抗白叶枯病、抗稻瘟病、抗谷粒黑粉病的株系，使这些病害得到控制和减轻，这对继续推广杂交水稻有着重要的意义。

（4）两法结合，混系利用提纯复壮方法。丽水市从 1983 年开始，将配套提纯法改为两法结合，混系利用提纯法（两步法）。第一步是采用"配套提纯法"；第二步采用"改良提纯法"（图 5-10）。首先，有关县、市原（良）种场将第一步"配套提纯法"提供的"三系"亲本种子（单株）建立 Ai×B、Bi 株行圃，经过比较鉴定，将当选的 Ai×B 不育系种子和 Bi 株行种子分别收获，供第二年建立 Ai×B株系圃和 B 原种圃，并由"配套提纯"单位提供的恢复系建立 Ri 株行圃，第三年将上年 Ai×B 株系圃混收的不育系和 B 原种圃的种子，建立 A×B 原种圃，连同上年当选的 Ri 株行圃混收，建立 R 原种圃生产的原种，提供给所属各市、县种子公司制种。

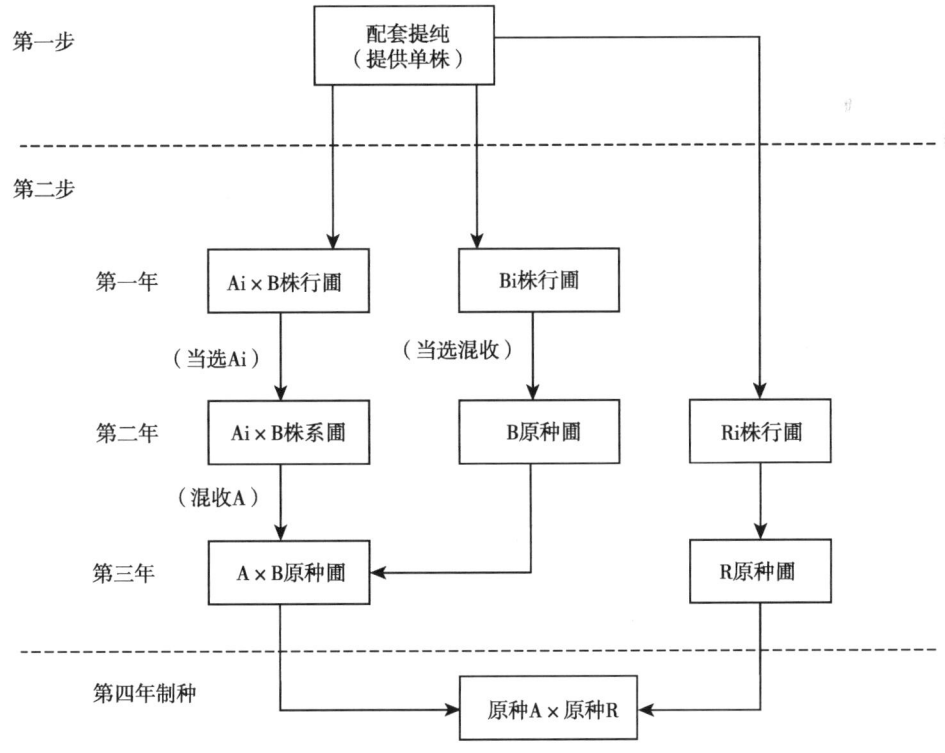

图 5-10　杂交水稻"三系"两步法提纯流程图

第六章
水稻主要推广品种

种子是农业生产中不可替代、具有生命力的生产资料，"一粒种子可以改变一个世界"，足以说明种子的地位和作用。选育、推广良种是农业生产技术中投资少、见效快、经济效益高的增产措施。例如1949年丽水市水稻平均亩产121千克，20世纪60年代引进推广矮秆品种，到1969年水稻亩产超过200千克。20世纪70年代后期开始试种杂交水稻，到1979年水稻亩产超过300千克。据1976—2004年统计，丽水市推广杂交水稻总面积2 609.63万亩，比常规水稻每亩增产82千克，累计增产稻谷213.99万吨，其中推广杂交早稻154.89万亩，推广杂交晚稻2 454.74万亩。

丽水市水稻生产和全国各地一样，经历了家家种田，户户留种的过程。地处浙西南山区的丽水，境内地形地貌及土壤类型复杂多样，由于农耕历史悠久，勤劳的山区农民在长期的生产活动中，根据当地的气候环境条件和生产特点，经过自然和人工选择形成了具有地方特色的农家品种92个。如籼稻：仰天齐、老鼠牙、细叶青、大叶青、黄胖稻、高树晚京、矮树晚京、红银秋、白念惯等；糯稻：寒糯、乌壳糯、草鞋糯、早糯稻、野猪糯、观音糯等；粳稻：野猪芒、松阳粳、龙泉粳、大齐粳、八月黄等，这些农家品种为当地水稻生产曾经发挥过积极作用。新中国成立后，丽水市各级政府及农业、科技部门十分重视水稻良种的推广工作，在20世纪50至70年代丽水市共引进水稻品种155个。20世纪80年代后水稻良种的推广工作进入了高潮，1981—2004年共示范、推广280个，其中推广面积较大的有77个，有一定示范面积的203个。

现将丽水市20世纪80年代后主要推广的水稻品种名录摘编归类，同时对不同时期有代表性的品种有关特征特性作些介绍。

第一节　1980—2009年推广应用品种

一、主要推广品种

据农业部门统计资料，20世纪80年代以来丽水市在生产上应用面积超过或接近5万亩的水稻品种有77个，其中早稻常规品种25个，杂交稻组合38个，晚籼常规品种3个，晚粳常规品种4个，晚糯常规品种7个。累计推广面积在50万亩以上的有18个，其中应用面积超过或接近100万亩的品种10个，依次为汕优6号、汕优63、Ⅱ优10号、浙733、汕优64、汕优10号、竹科2号、二九丰、协优46、Ⅱ优63。这些品种的推广应用为丽水稻作发展添色不少，对丽水市水稻单产的提高起到积极的作用，其推广面积、分布情况见表6-1，其中早稻常规品种25个、早稻杂交组合7个、晚稻杂交组合32个、晚籼常规品种3个、晚粳常规品种4个、晚糯常规品种7个。

二、有一定试种面积的品种

在生产上有一定应用面积，面积在5万亩以下，据农业部门统计共有203个品种，其中早稻常规品种75个，杂交稻组合57个（其中早稻杂交组合24个），常规晚籼品种20个，常规糯稻品种24个，常规粳稻品种27个，这些品种尽管在应用面积上不是很大，但有许多品种在局部地区起到了积极作用，为新品种的推广更换和老品种的过度起到积极促进作用。

表 6 - 1　丽水市 1981—2009 年水稻主要推广品种（组合）简介

品种名称	品种（组合）由来	选育单位	引进推广年限	最高年份面积（万亩）	主要分布	累计推广面积（万亩）	品种类型
广陆矮 4 号	广场矮 3784/陆财号	广东省农业科学院	20 世纪 70 年代初至 20 世纪 80 年代	15.1	全市	75.84	早稻常规品种
竹科 2 号	竹莲矮/科矮 13	舟山地区农业科学研究所	1976—1993 年	35.8	全市	186.46	早稻常规品种
军协	珍龙 13//珍汕 98/科丰	温州地区农业科学研究所	20 世纪 70 年代初至 20 世纪 80 年代中期	10.9	全市	22.93	早稻常规品种
珍龙 13	珍汕 96/龙菲 313	温州地区农业科学研究所	20 世纪 70 年代初至 20 世纪 80 年代中期	8.2	全市	21.18	早稻常规品种
二九青	二九矮/青小金早	浙江省农业科学院	20 世纪 70 年代初至 20 世纪 80 年代中期	4.5	全市	10.27	早稻常规品种
青秆黄	广陆矮 4 号/龙革 16	浙江省农业科学院	20 世纪 70 年代中至 20 世纪 80 年代中期	2.3	莲都、青田、缙云、遂昌、松阳	8.99	早稻常规品种
圭陆矮 8 号	圭峰 70/陆财号	浙江省农业科学院	20 世纪 60 年代末至 20 世纪 80 年代	3.2	莲都、云和、庆元、龙泉、缙云、遂昌、松阳	8.75	早稻常规品种
庆元 2 号	乌谷/珍汕	庆元县农业科学研究所	1975—1988 年	3.3	庆元、龙泉、遂昌	13.55	早稻常规品种
浙辐 802	四梅 2 号 Co60 辐射	浙江农业大学 余杭县农业科学研究所	1982—1994 年	5.4	莲都、云和、遂昌、松阳	27.78	早稻常规品种
辐 75 - 6	—	—	1983 年引入	3.1	莲都、青田、缙云	10.51	早稻常规品种
春秋 1 号	科七选系统育种	丽水地区农业科学研究所	1985—1992 年	6.1	云和、龙泉、遂昌、庆元、青田	28.12	早稻常规品种
8004	红 410 穗选育成	杭州市农业科学研究所	1985 年引入	—	缙云、云和、莲都、遂昌	4.12	早稻常规品种
二九丰	IR29/原丰早	嘉兴郊区农业科学研究所	1983—1997 年	21.0	全市	103.74	早稻常规品种
辐 8 - 1	8004 Co60 辐射	中国水稻研究所 杭州市农业科学研究所	1985—1992 年	2.8	莲都、青田、景宁、遂昌、缙云	7.61	早稻常规品种
73 - 07	—	—	1985 年引入	2.0	龙泉、松阳	7.04	早稻常规品种
青莲 247	珍青 6 号/科薏稻//竹莲矮 4 号/庆元 2 号	丽水地区农业科学研究所 庆元县农业科学研究所	1986—1992 年	2.2	松阳、遂昌、庆元、景宁、云和、青田	6.41	早稻常规品种
湘早籼 1 号	温选青/湘矮早 9 号	湖南省水稻研究所	1987 年引入	—	龙泉、庆元、景宁、缙云	6.94	早稻常规品种

（续）

品种名称	品种（组合）由来	选育单位	引进推广年限	最高年份面积（万亩）	主要分布	累计推广面积（万亩）	品种类型
119	红 410/湘矮早 9 号	福建省建阳地区农业科学研究所	1986—1997 年	5.2	莲都、青田、龙泉、庆元、遂昌、松阳、缙云	26.59	早稻常规品种
浙 733	禾珍早/赤块矮选	浙江省农业科学研究院	1988—2004 年	38.4	全市	219.56	早稻常规品种
浙 852	浙辐 802/水源 290 铯-137 辐射 F1 种子	浙江省农业科学研究院	1988—1996 年	2.9	缙云、云和、莲都	11.13	早稻常规品种
浙农 8010	科情 3 号/IR29//8004	浙江农业大学	1991—2003 年	2.3	遂昌、缙云、青田、松阳、莲都、龙泉	14.76	早稻常规品种
舟 903	红突 80/电 412	舟山地区农业科学研究所	1992—2003 年	8.9	全市	69.23	早稻常规品种
浙 9248	紫珍 32/浙 852	浙江省农业科学研究院	1994—2003 年	—	松阳、缙云、景宁	5.46	早稻常规品种
嘉育 948	YD4 - 4/嘉育 293 - T8	嘉兴市农业科学研究所	1996—2004 年	7.2	莲都、缙云、松阳、龙泉、云和、景宁	15.34	早稻常规品种
嘉早 935	Z91 - 105///优 905/嘉育 293//Z9143	嘉兴市农业科学研究所	1998 年引入	—	莲都、缙云、松阳、云和、景宁	6.11	早稻常规品种
威优 35	V20A/26 窄早	湖南省农业科学院贺家山原种场	1983—1992 年	9.6	全市	28.15	早稻杂交组合
威优 64	V2OA/测 64	湖南省安江农校	1984—1992 年	4.3	莲都、遂昌、龙泉、庆元、青田、景宁、松阳、缙云	17.82	早稻杂交组合
威优 48 - 2	V2OA/测早 2 - 2	湖南省安江农校	1988 年引入	—	全市	4.78	早稻杂交组合
汕优 48 - 2	珍汕 97A/测早 2 - 2	武义县农业局	1990—2000 年	2.0	全市	9.65	早稻杂交组合
威优 77	V2OA/恢 77	福建省三明市农业科学研究所	1990—2000 年	1.9	龙泉、庆元	4.22	早稻杂交组合
威优 402	V2OA/R402	湖南省安江农校	1992—2004 年	9.0	全市	34.03	早稻杂交组合
汕优浙 3	珍汕 97A/浙恢 3 号	浙江省农业科学研究院	1994—2002 年	1.5	遂昌、青田	6.12	早稻杂交组合
汕优 6 号	珍汕 97A/IR26	浙江省农业科学研究院	1976—1991 年	88.2	全市	493.44	晚稻杂交组合
汕优 4 号	珍汕 97A/古 154	江西省萍乡市农业科学研究所	1976 年引入	—	遂昌、龙泉、云和	6.73	晚稻杂交组合
汕优 63	珍汕 97A/明恢 63	福建省三明市农业科学研究所	1983—2004 年	43.3	全市	336.97	晚稻杂交组合
汕优桂 33	珍汕 97A/桂 33	广西壮族自治区农业科学研究院	1983—2000 年	5.6	全市	31.22	晚稻杂交组合
威优 63	V2OA/明恢 63	湖南省农业科学研究院	1983—1992 年	8.3	全市	36.11	晚稻杂交组合

（续）

品种名称	品种（组合）由来	选育单位	引进推广年限	最高年份面积（万亩）	主要分布	累计推广面积（万亩）	品种类型
汕优 64	珍汕 97A/测 64	武义县农业局 杭州市种子公司	1984—2004 年	35.0	全市	204.34	晚稻杂交组合
威优 64	V2OA/测 64	湖南省安江农校	1984—1992 年	6.1	全市	17.42	晚稻杂交组合
汕优 85	珍汕 97A/台雄 2 号/IR28	中国水稻研究所	1984 年引入	—	龙泉	6.17	晚稻杂交组合
温优 3 号	珍汕 97A/36 辐	温州市农业科学研究所	1986—2003 年	8.0	遂昌、松阳、龙泉、庆元	64.24	晚稻杂交组合
协优 64	协青早 A/测 64	安徽省广德县农业科学研究所	1986 年引入	—	全市	5.12	晚稻杂交组合
协优 63	协青早 A/明恢 63	—	1986 年引入	3.5	全市	26.65	晚稻杂交组合
Ⅱ优 64	Ⅱ32A/测 64	庆元县种子公司 丽水市种子公司 遂昌县种子公司	1985—2003 年	6.5	全市	34.73	晚稻杂交组合
Ⅱ优 63	Ⅱ32A/明恢 63	庆元县种子公司	1985—2004 年	12.4	全市	97.63	晚稻杂交组合
协优 46	协青早 A/密阳 46	中国水稻研究所 浙江省杂交稻联合体	1986—2004 年	12.4	全市	99.60	晚稻杂交组合
汕优 10 号	珍汕 97A/密阳 46	台州地区农业科学研究所 中国水稻研究所	1986—2004 年	25.7	全市	198.53	晚稻杂交组合
Ⅱ优 10 号	Ⅱ32A/密阳 46	庆元县种子公司 丽水市种子公司 遂昌县种子公司	1986—2004 年	19.3	全市	214.29	晚稻杂交组合
D优 46	D 汕 A/密阳 46	—	1988—2002 年	7.5	龙泉、莲都、缙云、云和	53.34	晚稻杂交组合
汕优 6216	珍汕 97A/丽恢 6216	丽水地区农业科学研究所	1991—2001 年	5.0	庆元、遂昌、莲都、缙云	22.55	晚稻杂交组合
汕优 92	珍汕 97A/IR209/测 64-7	金华市农业科学研究所	1990 年引入	6.7	松阳、莲都、缙云、龙泉、庆元	19.83	晚稻杂交组合
D优 10	D297A/密阳 46	—	1991 年引入	—	全市	7.57	晚稻杂交组合
Ⅱ优 92	Ⅱ32A/恢 20964-791	金华市农业科学研究所	1993—2004 年	6.2	全市	56.04	晚稻杂交组合
Ⅱ优 6216	Ⅱ32A/丽恢 6216	浙江省杂交稻开发联合体	1995—2004 年	14.9	全市	81.23	晚稻杂交组合
汕优晚 3	珍汕 97A/晚 3	湖南省杂优中心	1995 年引入	—	缙云、云和、龙泉、遂昌	6.24	晚稻杂交组合
Ⅱ优多系	Ⅱ32A/多系 1 号	—	1996 年引入	4.5	龙泉	11.10	晚稻杂交组合
Ⅱ优 3027	Ⅱ32A/R3027	浙江大学	1998 年引入	—	莲都、缙云、遂昌、庆元、龙泉、松阳	9.29	晚稻杂交组合

（续）

品种名称	品种（组合）由来	选育单位	引进推广年限	最高年份面积（万亩）	主要分布	累计推广面积（万亩）	品种类型
Ⅱ优明86	Ⅱ32A/明恢86	福建省三明市农业科学研究所	1998年引入	8.5	庆元、云和、青田、缙云、遂昌	29.13	晚稻杂交组合
两优培九	培矮64S/9311	江苏省农业科学研究院	2000—2004年	6.7	莲都、龙泉、青田、缙云、松阳、景宁	19.01	晚稻杂交组合
协优9308	协青早A/9308	中国水稻研究所	2000年引入	—	缙云、云和、青田、莲都、遂昌、松阳	9.34	晚稻杂交组合
Ⅱ优8220	Ⅱ32A/浙大8220	浙江省杂交稻开发联合体	2001年引入	—	全市	7.20	晚稻杂交组合
粤优938	粤泰/R938	江苏省农业科学研究院原子能农业利用研究所和粮食作物研究所	2001—2004年	7.1	庆元、龙泉、云和、景宁、莲都、缙云	8.95	晚稻杂交组合
国丰1号	中9A/838	中国水稻研究所	2002年引入	—	莲都、龙泉、云和、庆元、缙云	6.43	晚稻杂交组合
中浙优1号	中浙A/航恢570	中国水稻研究所	2003—2004年	31.1	全市	105.89	晚稻杂交组合
中浙优8号	中浙A/T-8	中国水稻研究所与勿忘农种业集团合作	2006年	8.01	全市	19.38	晚稻杂交组合
甬优9号	甬粳2号A/K$_{30}$6093	宁波市农业科学研究院	2007年	7.22	全市	11.43	晚稻杂交组合
桂朝2号	桂阳矮49号/圭陆矮3号	广东省农业科学研究院	1980—1991年	2.1	庆元、云和、遂昌、缙云、龙泉、青田、松阳	10.38	晚籼常规品种
浙丽1号	广塘矮/Mudgo/抗源/竹科2号	丽水地区农业科学研究所	1982—1992年	11.4	全市	38.21	晚籼常规品种
四喜粘	IET2938/桂朝2号	湖北省农业科学研究院	1989年引入	—	龙泉、遂昌、景宁、庆元	6.24	晚籼常规品种
南粳32	桂花黄/农垦46	江苏省农业科学研究院	20世纪70年代引入	—	莲都、缙云、云和、遂昌	4.30	晚粳常规品种
秀水48	（辐农709/京引54）/辐农709	嘉兴地区农业科学研究所	20世纪80年代初引入	2.7	全市	18.26	晚粳常规品种
矮城804	—	—	1983年引入	—	龙泉、云和、庆元	6.20	晚粳常规品种
秀水11	测21糯//测21糯//湘虎25	嘉兴地区农业科学研究所	1987年引入	1.4	遂昌、松阳、景宁、龙泉、庆元、缙云	10.79	晚粳常规品种
双糯4号	京引7号/桂花黄	嘉兴市双桥农场	1978—2004年	16.0	全市	80.50	晚糯常规品种

（续）

品种名称	品种（组合）由来	选育单位	引进推广年限	最高年份面积（万亩）	主要分布	累计推广面积（万亩）	品种类型
祥湖 47	加湖 4 号/408 虎//17	嘉兴市农业科学研究所	20 世纪 80 年代初引入	—	景宁、龙泉、遂昌、松阳、莲都、庆元	6.71	晚糯常规品种
祥湖 25	矮粳 23/祥湖 14//测 21/矮粳 22	嘉兴市农业科学研究所	1985 年引入	2.9	景宁、龙泉、遂昌、松阳、缙云、莲都	17.55	晚糯常规品种
祥湖 84	C81 - 45/C82 - 04	嘉兴市农业科学研究所	1988—2002 年	2.3	缙云、遂昌、松阳、庆元、云和、景宁、莲都	13.43	晚糯常规品种
荆糯 6 号	桂朝 2 号辐射选育	湖北地区农业科学研究所	1986—2004 年	6.3	全市	60.01	晚糯常规品种
春江 03	秀水 11/T8225	中国水稻研究所	1994 年引入	1.5	松阳	11.88	晚糯常规品种
绍糯 119	绍糯 43//绍粳 66/秀水 11	绍兴地区农业科学研究所	1998 年引入	—	莲都、缙云、云和、松阳、遂昌	4.14	晚糯常规品种

1. 早稻常规品种（75 个）　珍早、丽鉴、世珍、黑宝、铁梅、矮珍、珍青、包萝谷、竹科选、早珍汕、红梅早、双矮早、秋红早、矮科早、诸原早、广神稻、早沂选、温选青、珍电早、秀江早、原丰早、加兴香米、浙 8619、浙 5008、浙 709、胜红 16、金早 22、金早 50、金早 47、浙辐 9 号、浙辐 910、浙辐 762、浙辐 218、中组 300、早连 31、红云 33、红突 31、红突 27、早籼 141、嘉籼 758、嘉育 293、嘉育 280、绍糯 2 号、金光 2 号、四梅 2 号、温选 10 号、辐籼 6 号、天和 1 号、中早 1 号、中丝 2 号、中选 5 号、先锋 1 号、湘早籼 6 号、泸红早 1 号、竹菲矮 10 号、中优早 2 号、中优早 3 号、中优早 81 号、早金风 5 号、78130、87151、305、5003、9272、Z9143、G280、G88 - 293、78 - 1000、79 - 44、71 - 20、HA - 4、HA - 7、中 87 - 156、籼 39 - 7、92 繁 1。

2. 杂交早稻组合（24 个）　汕优 8 号、汕优 98、汕优 1035、汕优 35、汕优 21、汕优 77、汕优 402、威优 98、威优 331、威优 638、威优 38、威优 404、威优竹恢早、威优华联 2 号、协优华联 2 号、优 I 华联 2 号、89A×华联 2 号、K 优 619、K 优 402、金优 402、温优 1 号、珍优 48 - 2、早优 49 辐、II 优 92。

3. 杂交晚稻组合（39 个）　汕优 2 号、汕优 3 号、汕优 287、汕优 67、汕优 331、汕优桂 32、汕优 85、汕优 36 辐、汕优 862、协优 6 号、协优 92、协优 914、协优 936、协优 963、协优 982、协优 5968、协优 7954、协优 9702、II 优 084、II 优 162、II 优 838、II 优 2070、D 优 63、D 优 66、D 优 518、D 优 527、76 优 2674、宜香优 1577、秀优 5 号、南优 4 号、台杂 2 号、威优 6 号、中浙优 8 号、中浙优 2 号、甬优 6 号、甬优 8 号、甬优 9 号、甬优 10 号、甬优 15 号。

4. 晚籼常规品种（20 个）　玉粘、丝苗、珍珠矮、南特占、科字 6 号、科字选、科七选、红米谷、中国香米、湘晚籼 2 号、中晚籼 1 号、BG910、87 品 6、5450、2159、7534、南京 11、浙丽 2 号、广选 3 号、丽晚 1 号。

5. 常规糯稻品种（24 个）　处洲糯、桂宁糯、甲农糯、春江糯、新香糯、二四糯、柯湘糯、云农糯、台中糯、金湘晚糯、马坝香糯、香糯 4 号、国香 2 号、绍糯 2 号、矮双 2 号、农大 454、祥湖 24、滇瑞 306、湘早糯 1 号、新湘糯 2 号、148 糯、221 糯、品 33、矮 21 糯。

6. 常规粳稻品种（27 个）　农林、浙湖 894、湘虎 25、沪选 19、矮粳 23、秀水 27、秀水 37、秀水 38、秀水 115、湘虎 56、春江 3203、香粳 9707、越粳 2 号、国香 1 号、浙湖 2 号、台北 8 号、明珠 1 号、加湖 4 号、中丹 2 号、C81 - 40、丙 528、测 21、H60、T79110、8340、81 鉴 73、台中育 39。

第二节　代表性品种（组合）

一、常规早稻（22 个品种）

（一）503

浙江省稻麦改进所选育而成，解放初引入丽水市，是 20 世纪 50 年代有一定代表性的早熟早籼品种，一般亩产 150～200 千克。

1. 特征特性　株高 90 厘米，幼苗深绿色，剑叶直挺。穗长 16.5 厘米，每穗总粒数 55 粒，千粒重 29 克。谷粒长椭圆形，无芒，谷壳薄，淡黄色，易开裂，稃尖淡褐色。全生育期 105～110 天。苗期抗寒力强，分蘖力强，不耐肥，易倒伏，不抗稻瘟病。

2. 栽培要点

（1）宜适当早播，有利早插早熟。

（2）减少施肥量，增施磷、钾肥，防止倒伏。

（3）合理密植，减少插秧本数。

（二）陆财号

陆财号是福建省仙游县劳模陆财从南特号品种中穗选而成的中熟早籼。20 世纪 50 年代末引入丽水市，60 年代初到中期是丽水市早稻中熟类主要推广品种，一般亩产 350 千克。

1. 特征特性　株高 110 厘米，茎秆粗壮，茎基紫红色，叶片宽大，叶色浓绿。穗长 18 厘米，着粒紧密，每穗总粒数 90 粒左右，千粒重 28 克。谷粒半圆形，谷壳金黄色，浮尖紫色。全生育期 115 天左右。耐肥抗倒，结实率高，抗稻瘟病。苗期抗寒力差，分蘖力弱，易落粒。

2. 栽培要点

（1）适时播种，防止烂秧。

（2）增施肥料，促进早发。

（3）适当密植，增插本数。

（4）适时收获，减少落粒。

（三）南特号

南特号是前江西省农业改进所选育而成。20 世纪 50 年代末引入丽水市，一般亩产 250～300 千克，60 年代有一定的栽培面积。

1. 特征特性　株高 115～120 厘米，叶片宽大，茎秆粗壮，叶色淡绿。穗长 20 厘米，每穗总粒数 80 粒左右，结实率 80％左右，千粒重 27 克。全生育期 110～115 天。苗期抗寒力弱，分蘖偏弱。易落粒，抗病力较强。

2. 栽培要点

（1）适时播种，防止烂秧。

（2）适当密植，插足基本苗。

（3）适时收获，防止落粒。

（四）南特 16 号

南特 16 号是广东省中山大学农学院稻作试验场从南特号中系统选育而成。20 世纪 60 年代初引入丽水市，一般亩产 250 千克，20 世纪 60 年代有一定的栽培面积。

1. 特征特性　株高 115～120 厘米，叶片宽大，茎秆粗壮，叶色淡绿，叶鞘、叶耳、和茎基部紫红色。穗长 19 厘米，每穗总粒数 80 粒左右，结实率 80％左右，千粒重 27 克。谷壳、护颖金黄色，稃尖紫色。全生育期 110～114 天。苗期抗寒力不强，分蘖偏弱。易落粒，较抗稻瘟病。

2. 栽培要点　参照南特号。

（五）莲塘早

莲塘早是江西省农业科学研究所 20 世纪 50 年代初用赣农 3425×南特号杂交选育而成早熟早籼。20 世纪 50 年代末引入丽水市，60 年代初到中期栽培面积占早稻面积的 20%左右，一般亩产 250～300 千克。

1. 特征特性　株高 100～110 厘米，茎秆粗壮，叶片宽大，叶色淡绿。穗长 16～17 厘米，每穗总粒数 60 粒，千粒重 25 克左右，米质较好。谷粒卵形，谷壳淡黄色，稃尖淡褐色。全生育期 105 天。苗期抗寒力弱，分蘖力弱，较抗病虫。

2. 栽培要点

（1） 选择肥田种植，配施速效肥，促进早发，以利早熟。

（2） 加强秧田管理，防止烂秧。

（3） 提高插秧密度，增加落田苗数。

（六）矮脚南特

矮脚南特是广东省潮阳县农民从南特 16 号中系统选育而成。20 世纪 60 年代初引入丽水市，是丽水市 60 年代早稻迟熟类型主栽品种，约占早稻栽培面积 40%左右。

1. 特征特性　株高 70～75 厘米，叶片宽、短、挺，叶色浓绿。穗长 17～18 厘米，每穗总粒数 75～80 粒，千粒重 26 克左右。谷粒椭圆形，谷壳秆黄色，稃尖紫色。全生育期 120 天左右。苗期抗寒力弱，分蘖力强，耐肥抗倒，易落粒。不抗稻瘟病，易感纹枯病。

2. 栽培要点

（1） 适时播种，秧龄掌握在 30～35 天。

（2） 插足基本苗，亩插足基本苗 20 万左右。

（3） 施足基肥，早施追肥，看苗促平衡。

（4） 及时搁田，控制群体，减少无效分蘖，防止早衰，后期不能断水过早。

（5） 注意防治稻瘟病，适时收割。

（七）青小金早

青小金早是广东惠阳地区农业科学研究所从矮脚南特中系统选育而成。20 世纪 60 年代末引入丽水市，一般亩产 300～350 千克，有一定的栽培面积。

1. 特征特性　株高 70 厘米，叶片宽披。穗长 16～17 厘米，每穗总粒数 60 粒左右，结实率 80%，千粒重 25 克。全生育期 110 天左右。苗期抗寒力较强，分蘖较强。抽穗整齐度差，易感纹枯病。

2. 栽培要点

（1） 适时播种，培育壮秧。

（2） 早插早管，促进早发，加强病虫防治。

（八）圭陆矮 8、3、6 号

圭陆矮 8、3、6 号均是浙江省农业科学院用圭峰 70×陆财号杂交选育而成的中迟熟早籼。20 世纪 60 年代末引入丽水市，70 年代为丽水市早稻搭配品种，年栽培面积 20%左右，到 1982—1983 年年栽培面仍有 4%以上。一般亩产 350 千克。

1. 特征特性　株高 70～75 厘米，株型紧凑，茎秆细韧，叶片窄长，叶色淡绿。穗长 16～18 厘米，每穗总粒数 70 粒左右，结实率达 80%，千粒重 23～25 克。谷粒长椭圆形，谷壳为秆黄色。全生育期 112～118 天。苗期抗寒力弱，分蘖中等偏强，耐肥中等偏强，秧龄弹性较差，易落粒，较抗稻瘟病。

2. 栽培要点

（1） 适时播种，适时移栽。春化田早稻秧龄控制在 20 天左右。

（2） 适当密植，增加落田苗。

（3） 及时收获，减少落粒损失。

（九）原丰早

原丰早是浙江省农业科学院用 $^{60}Co\gamma$ 辐射处理中籼 691（科字 6 号、IR8）干种子，于 1973 年育成。

1974 年引入丽水市，是丽水市早稻早中熟类型主栽品种之一，一般亩产 350～400 千克。

1. 特征特性　株高 80～85 厘米，株型紧凑，叶片窄，叶色淡绿。穗长 18～19 厘米，每穗总粒数 90～95 粒，结实率达 80%，千粒重 23 克左右，谷粒椭圆形，谷壳、秆尖为秆黄色。全生育期 113 天左右。秧龄弹性较好，苗期抗寒力弱，分蘖中等，耐肥中等。不抗稻瘟病、纹枯病。

2. 栽培要点

（1）适时播种，培育壮秧。

（2）适龄移栽，匀株密植。

（3）施足基肥，早施追肥。

（4）适时适度搁田，防止断水过早。

（5）加强防治稻瘟病。

（十）珍龙 13

珍龙 13 是温州地区农业科学研究所用珍汕 96×龙菲杂交选育而成的迟熟早籼。丽水市于 20 世纪 70 年代初引入，为丽水市早稻主栽品种之一，栽培面积占早稻面积的 20%～30%，到 80 年代初仍有 10% 以上的种植比例，一般亩产 400 千克。

1. 特征特性　株高 85 厘米，茎秆粗壮，叶色深绿，株型紧凑。穗长 20 厘米，每穗总粒数 90 粒，结实率 75%～80%，千粒重 30 克，米质较差。谷粒椭圆形，谷壳、秆尖黄色，秆尖淡褐色。全生育期 118 天。苗期抗寒力较强，耐肥抗倒，分蘖力弱，较较抗稻瘟病。

2. 栽培要点

（1）适当密植，增加落田苗。

（2）增加用肥量，做到足基肥，早追肥。

（3）湿润灌溉，减轻纹枯病的发生。

（4）不宜断水过早，防止早衰。

（十一）二九青

二九青是浙江省农业科学院用二九矮 7 号×青小金早杂交选育而成。于 20 世纪 70 年代初引入丽水市。是丽水市早稻早熟类型主栽品种，一般亩产 350 千克左右。

1. 特征特性　株高 70 厘米，株型集散适中，叶片较长，叶色淡绿。穗长 17～18 厘米，每穗总粒数 65～70 粒，结实率 80%，千粒重 24～25 克。谷粒椭圆形，谷壳、秆尖黄色。全生育期 105 天左右。苗期抗寒力较弱，分蘖、耐肥中等，较抗稻瘟病。

2. 栽培要点

（1）培育壮秧，适龄移栽。增加密度，早施追肥，促进早发。

（2）及时搁田，防止倒伏。

（3）加强病虫害防治。

（十二）二九南

二九南是嘉兴地区农业科学研究所用二九矮×矮南早 1 号杂交选育而成。20 世纪 60 年代末引入丽水市，一般亩产 300 千克，70 年代有一定的栽培面积。

1. 特征特性　株高 70～75 厘米，株型紧凑，生长清秀，青秆黄熟。每穗总粒数 60～65 粒，千粒重 26 克。谷壳黄色，浮尖紫色。全生育期 110 天左右。分蘖力弱，成穗率高。耐肥中等。较抗稻瘟病，易感纹枯病。

2. 栽培要点

（1）适时播种，小苗移栽（带土）。

（2）适当密植，施足基肥，早施追肥。

（十三）竹科 2 号

竹科 2 号是舟山地区农业科学研究所于 1972 年用竹连矮×科矮 13 杂交选育而成。1976 年引入丽水市，是丽水市早稻主要当家品种，一般亩产 450～500 千克，直到 20 世纪 90 年代初仍有一定的推广面积，1984 年丽水市推广面积达 35.75 万亩，占早稻总面积的 51.79%。累计推广面积 186 万亩。

1. 特征特性　株型集散适中，株高 75 厘米左右。主茎叶片数 13～14 片，叶片短挺。分蘖力强，每穗总粒数 60 粒左右，结实率 85% 左右，千粒重 28 克，谷粒细长，出糙率高，米质较差。全生育期 118 天左右，苗期抗寒力较强，繁茂性好。较抗稻瘟病，易感纹枯病。耐肥抗倒。

2. 栽培要点

(1) 培育壮秧。作绿肥田早稻栽培，3 月中、下旬播种，秧龄 30 天左右，秧田播种量 75 千克左右，大田用种量 8～10 千克；作春花田早稻栽培，秧龄控制在 30 天以内，秧田播种量 20～30 千克，大田用种量 3～4 千克。

(2) 合理密植。移栽密度以 16 厘米×13 厘米为宜，丛插 4～5 本。

(3) 科学施肥。做到基肥足，追肥早。插后 7～10 天第一次追肥，促进早生快发。亩施肥量以 2 750～3 000 千克标准肥为宜。

(4) 防治病虫。注意加强对纹枯病和卷叶螟的防治。

(十四) 广陆矮 4 号

广陆矮 4 号是广东省农业科学院用广场矮 3784×陆财号杂交选育而成。20 世纪 70 年代初引入丽水市，70 年代至 80 年代是丽水市早稻主栽品种之一，仅 80 年代推广面积 75.84 万亩。一般亩产 400～450 千克，高产田块超过 500 千克。

1. 特征特性　株高 75 厘米左右。株型紧凑，茎秆粗壮，叶片较宽，叶色浓绿。穗长 16～18 厘米，每穗总粒数 70 左右，结实率 80%～85%，千粒重 25～26 克，谷粒椭圆形，谷壳、稃尖均为黄色，出糙率 78% 左右。全生育期 115 天左右。苗期抗寒力较强，分蘖力较强，繁茂性好，耐肥抗倒。抗稻瘟病能力差，易感白叶枯病。

2. 栽培要点

(1) 适时播种，培育壮秧。作绿肥田早稻栽培，3 月下旬播种，秧龄 30～35 天，秧田播种量 75 千克左右，大田用种量 8～10 千克；作春花田早稻栽培，秧龄控制在 30 天以内，秧田播种量 20～30 千克，大田用种量 3～4 千克。

(2) 适当密植，插足落田苗。移栽密度一般以 16 厘米×13 厘米为宜，每亩落田苗掌握在 16 万～18 万。

(3) 施足基肥，早施追肥。基肥比例占 60% 左右，追肥在插后 7～10 天结合耘田进行追施。

(4) 加强稻瘟病防治，特别要加强穗茎瘟的防治。

(十五) 庆元 2 号

庆元 2 号是庆元县农业科学研究所用高山农家晚籼品种乌谷×珍汕杂交，于 1975 年选育而成的早熟早籼品种。一般亩产 350～400 千克。1979 年仅庆元县栽培面积近 3 万亩，1981 年以来丽水市累计推广 13.5 万亩。

1. 特征特性　株高 75～80 厘米，株型适中，叶片挺笃，剑叶短直，叶色较深，叶鞘、叶缘及谷粒稃尖紫红色。主茎叶片数 12 片。穗长 16～17 厘米，每穗总粒 85 粒，结实率达 80% 左右，千粒重 23～24 克，谷粒椭圆形。苗期抗寒力强，分蘖力较强，耐肥抗倒。全生育期 102～106 天。较抗稻瘟病，感纹枯病。

2. 栽培要点

(1) 培育壮秧，打好早发、大穗基础。

(2) 小株密植，一般亩插 3 万～4 万丛，落田苗 20 万～25 万。

(3) 合理施肥，亩施标准肥 2 750～3 000 千克，掌握施足基肥，增施面肥，补施粒肥原则。

(4) 湿润灌溉，后期防止断水过早。抓好纹枯病防治。

(十六) 浙辐 802

浙辐 802 是浙江农业大学用 ^{60}Co γ 射线 3 万拉德照射四梅 2 号干种子，经多年选育而成。1982 年引入丽水市，1985—1990 年是丽水市早稻早熟类型主要搭配品种，一般亩产 350～400 千克，丽水市累计推广面积 27.8 万亩。

1. 特征特性 株高 75 厘米，株型较松散，叶片宽厚，叶色淡绿，剑叶长挺，主茎叶片数 12 片。穗长 17～18 厘米，每穗总粒 75～80 粒，结实率达 80％左右，千粒重 23 克左右。谷壳、稃尖均为秆黄色。苗期抗寒力弱，分蘖力中等，耐肥中等。全生育期作绿肥田早稻栽培 106 天左右。较抗稻瘟病，感白叶枯病，落粒性强。

2. 栽培要点

（1）培育壮秧，注意加强秧田管理，防止烂秧。

（2）适当密植，减少插秧本数。

（3）科学用肥，防止倒伏，亩施标准肥 2 250 千克。

（4）及时收割，减少落粒，降低损失。一般成熟 80％～85％即可收割。

（5）加强稻瘟病、螟虫等病虫害防治。

（十七）二九丰

二九丰是原加兴县农业科学研究所用 IR29×原丰早再生稻杂交选育而成。1984 年浙江省农作物品种审定委员会审定通过。1983 年引入丽水市，是丽水市早稻早熟类型主栽品种。一般亩产 350～400 千克。1987—1990 年每年栽培面积 15 万～21 万亩，丽水市累计推广面积 103.7 万亩。

1. 特征特性 株高 75～80 厘米，株型紧凑，叶片较宽长，叶色淡绿，剑叶挺直。穗长 17～18 厘米，每穗总粒 85 粒左右，结实率达 80％左右，千粒重 23 克左右，谷粒椭圆形。全生育期作绿肥田早稻栽培 110 天左右。苗期抗寒力弱，分蘖力中等，耐肥中等。较抗稻瘟病、白叶枯病。

2. 栽培要点

（1）适时播种，培育壮秧。二熟制不宜播种过早。

（2）合理密植，插足基本苗。亩插 2 万丛，10 万～12 万落田苗。

（3）施足基肥，早施追肥，注意配施磷钾肥。

（4）适时适度搁田，防止断水过早。

（5）注意防治螟虫、卷叶螟。

（十八）春秋 1 号

春秋 1 号是丽水市农业科学研究所从中籼科七选中系统选育而成的早籼品种。1981 年定型，1983—1984 年参加地区区试，分别比对照圭陆矮 8 号增产 3.1％和 5.2％，1988 年 3 月 18 日丽水地区农作物品种审定小组审定通过。是丽水市早稻搭配品种之一，累计推广面积 28 万亩。

1. 特征特性 株高 75 厘米，株型紧凑，叶片薄，叶色淡绿，剑叶挺直，总叶片数 13 叶。穗长 18 厘米左右，每穗总粒 70 粒左右，结实率达 80％以上，千粒重 25 克左右。全生育期 110 天左右。苗期抗寒力较强，省肥好种，分蘖中等，较抗稻瘟病，感纹枯病。

2. 栽培要点

（1）培育壮秧，适龄移栽，秧龄在 30 天左右。

（2）插足落田苗，亩插不少于 2 万丛，落田苗 12 万～15 万。

（3）施足基肥，早施追肥。亩施标准肥 2 250，追肥宜在移栽后 7 天左右进行。

（4）适时适度搁田，后期防止断水过早。

（5）加强病虫害防治。

（十九）浙 733

浙 733 是浙江省农业科学院作物所用禾珍早×赤矮选杂交选育而成的早籼中熟品种。1988 年引进试种。1989—1990 年参加丽水地区早稻试验，比对照二九丰分别增产 13.67％、9.65％。种植面积从 1989 年的 754 亩，迅速扩大到 1990 年的 4.03 万亩，1991 年起成为丽水市常规早稻当家品种，栽培面积最大年份达到 38.4 万亩，占常规早稻面积的 81.34％。累计推广面积 220 万亩。

1. 特征特性　株型适中，株高 80 厘米左右。叶鞘绿色，叶片较挺，叶色浅绿，主茎叶片数 12～13 片。分蘖力偏强，成穗率较高。每穗总粒数 90～110 粒，结实率 75％左右，千粒重 25～27 克。谷粒长椭圆形，颖壳薄，出糙率高，米质较好。全生育期 113 天左右，比二九丰长 2～3 天，苗期抗寒力较强，繁茂性好，耐肥中等，后期青秆黄熟。中抗稻瘟病、白叶枯病。

2. 栽培要点

（1）适时播种，培育壮秧。浙 733 苗期抗寒力虽较强，但幼穗分化期抗寒力较弱，播种时要考虑避过孕穗期低温。作绿肥田早稻栽培，3 月底 4 月初播种为宜，秧龄 30～35 天；作春花田早稻栽培 4 月中旬播种，秧龄 25～30 天，不得超过 30 天，以防早穗。秧田播种量，作绿肥田早稻栽培亩播 30～35 千克，作春花田早稻栽培亩播 20～30 千克。

（2）合理密植，增丛增苗。大田移栽密度 20 厘米×（13.3～16.7）厘米，丛插 5～7 本，力争落田苗达 12 万～15 万，最高 40 万～42 万。移栽时做到匀株、浅插。

（3）科学施肥，防治病虫。浙 733 耐肥中等，偏施、重施、迟施氮肥易导致贪青倒伏。亩施纯氮 12.5 千克左右，做到施足基肥，早施追肥，配施磷、钾肥。追肥在移栽后 5～7 天施用。扬花灌浆期进行根外追肥，以增加粒重。

中后期要注意防治螟虫、卷叶虫，破口期防治穗颈瘟。孕穗期不宜断水过早，防早衰。做到及时收获。

（二十）舟优 903

舟优 903 是舟山市农业科学研究所用红突 80 与电 412 杂交选育而成的早籼优质米品种。1992 年引入丽水市试种，1994 年 5 月经浙江省农作物品种审定委员会审定通过。1993 年被评为浙江省唯一的一个部颁早籼优质米品种。是丽水市常规早稻主栽品种之一，丽水市累计推广面积 69 万亩。

1. 特征特性　株高 80 厘米，株型较紧凑，分蘖力强，剑叶短而挺，抽穗不够整齐，成穗率高。穗长 19 厘米，穗型偏小，每穗总粒 65～75 粒，结实率 85％左右。谷粒长椭圆形，千粒重 25 克左右。茎秆坚韧，较耐肥，后期青秆黄熟。全生育期作绿肥田早稻栽培 115 天左右，比浙 733 长 2～3 天。不抗稻瘟病和白叶枯病。

2. 栽培要点

（1）培育壮秧。作绿肥田早稻栽培，宜在 3 月 25 日左右播种，秧田亩播种量 30 千克，秧龄 30～35 天。作春花田早稻栽培，4 月 10 日左右播种，亩播种量 25 千克，秧龄 30 天。大田用种量 2～2.5 千克，秧本比 1∶8 为宜。

（2）合理密植。舟优 903 分蘖力较强，株型较紧凑，适宜匀株密植，增丛增苗，密植以 16.5 厘米×（13～14）厘米，丛插 3～4 本，亩插落田苗 8 万～10 万，要做到浅插早管。

（3）增施肥料。舟优 903 较耐肥抗倒，亩产 450～500 千克产量，要求亩施纯氮 12.5～13.75 千克，基肥占总施肥量 60％，早施追肥，注意配施磷、钾肥。

（4）防治病虫。重视对纹枯病和稻瘟病防治。

（二十一）浙农 8010

浙农 8010 是浙江农业大学用粳稻科情 3 号与籼糯 IR29 杂交一代再与优质早籼 8004 杂交选育而成的优质早籼品种。1991 年引入丽水市试种。1991—1992 年区试产量分别比二九丰和浙 733 增 1.95％和 9.6％。1993 年 4 月经浙江省品种审定委员会审定通过。丽水市累计推广面积 14.76 万亩。

1. 特征特性　株型较紧凑，叶片狭挺，分蘖中等偏强，成穗率高。叶片淡绿色，株高 80 厘米，穗长约 20 厘米，着粒密度较稀，每穗总粒数 80～100 粒，结实率 85％左右，谷粒细长，颖壳薄，千粒重 22～25 克，米质好。作绿肥田早稻栽培全生育期 115 天左右。苗期较耐寒，较抗稻瘟病和白叶枯病。秧龄弹性大，适应性广。

2. 栽培要点

（1）适宜早播，适龄移栽。浙农 8010 苗期较耐寒，秧龄弹性大，适宜绿肥田和作春花田早稻栽培。作绿肥田早稻栽培，宜在 3 月 25 日左右播种，秧田亩播种量 25～30 千克，秧龄 35 天左右，4 月底 5 月初移栽。早熟春花田 4 月初播种。

(2) 合理密植，增丛增穗。 浙农 8010 株型较紧凑，叶片狭挺，适当增加落田苗，有利争多穗大穗创高产。亩插 2 万～2.5 万丛，丛插 5～6 本为宜，落田苗达 12 万左右。

(3) 科学用肥。 浙农 8010 需肥较少，省肥好种，一般主亩施纯氮 11.25～12.5 千克，适宜在肥力中等的地区种植。做到氮、磷、钾搭配施用，增施钾肥，提高抗倒能力。

(4) 加强田间管理。 做到浅水促分蘖，适时搁田控分蘖，防治后期断水过早。注意防治纹枯病和稻瘟病。

(二十二) 早籼 119

早籼 119 是福建省建阳地区农业科学研究所用红 410 与湘矮早 9 号杂交选育而成的早籼中熟品种。1986 年引进试种，1987—1988 年两年参加丽水地区早籼品种区试，平均亩产 399.6 千克，产量与对照二九丰相仿。一般亩产 400 千克左右。1989 年经丽水地区农作物品种审定小组审定通过，适宜在肥力条件较好的地方作早稻搭配种植。丽水市累计推广面积 27 万亩。

1. 特征特性　植株较矮，株高 70～75 厘米，茎秆粗壮坚韧，叶色深绿，剑叶挺笃，叶鞘淡紫色，叶耳、叶枕紫色。每穗总粒数 65～70 粒，结实率 85％左右，千粒重 26 克左右，谷粒长椭圆形，稃尖紫色。全生育期 115 天左右，比浙 733 迟熟 2～3 天。分蘖力中等偏强，有效穗多。苗期耐寒，耐肥抗倒，较抗稻瘟病，后期青秆黄熟。

2. 栽培要点

(1) 适时播种。 作绿肥田早稻栽培，一般 3 月下旬播种，秧龄 30 天左右。作春花田早稻栽培，4 月 15 日左右播种，秧龄掌握在 30 天内。

(2) 合理密植。 在培育壮秧的基础上，要求每亩插 2 万～2.5 万丛，每丛 5～7 本，力争每亩有效穗 30 万以上。

(3) 加强肥水管理。 耐肥力强，以每亩施纯氮 12.5～13.75 千克为宜。掌握重施基肥，早施分蘖肥，配施有机肥和磷、钾肥。水浆管理做到浅水促分蘖，适时搁田，湿润灌溉，防止断水过早。

二、粳稻（4 个品种）

(一) 新太湖青

新太湖青是嘉兴县王江泾镇农民钱章发从太湖青中采用穗选法经多年选育而成。20 世纪 50 年代末引入丽水市，一般亩产 350～400 千克，有一定的栽培面积。

1. 特征特性　株高 130 厘米，茎秆粗韧，穗长 21 厘米，每穗总粒数 100 粒，结实率 85％以上，千粒重 30 克左右，出糙率 80％，米质较好。谷粒椭圆形，谷壳黄色，稃尖淡紫色。作连晚栽培全生育期130～135 天。耐肥抗倒，分蘖力较弱，成穗率高。抗稻瘟病，感白叶枯病。

2. 栽培要点

(1) 连晚栽培宜 6 月上旬播种，秧龄 35 天左右。

(2) 增加插秧密度和插秧本数。

(3) 增施肥料，加强白叶枯病的防治。

(二) 农垦 58

农垦 58 是农垦部从国外引进。1962 年引入丽水市，一般亩产 350 千克，有一定的栽培面积。

1. 特征特性　株高 80 厘米，株型紧凑，茎秆细韧，叶片狭长而挺，叶色浓绿。穗长 17 厘米，每穗总粒数 60 粒，结实率 90％，千粒重 27 克左右。谷粒排列紧密，卵圆形，谷壳薄，出糙率高达82％～84％。作连晚栽培全生育期 130 天左右。分蘖力强，成穗率高。耐肥抗倒。抗寒性好，抗白叶枯病，易感小球菌核病。难脱粒。

2. 栽培要点

(1) 作连晚栽培 6 月下旬播种，7 月下旬移栽，秧龄 30 天左右。

(2) 适宜密植，亩插 2.5 万丛，插足基本苗 15 万～18 万。

（3）增施肥料，施好穗肥，后期防止断水过早。

（4）做好病虫害防治。

（三）秀水 48

秀水 48（C-48）嘉兴地区农业科学研究所用（辐农 709×京引 154）×辐农 709 杂交选育而成。1981 年引入丽水市。1984 年以来是丽水市粳稻主栽品种，一般亩产 350～400 千克，丽水市累计推广面积 18 万亩。

1. 特征特性　株型紧凑，株高 85 厘米左右，茎秆细韧，叶窄而挺，叶色深绿。每穗总粒数 60～65 粒，结实率 80％以上，千粒重 26 克左右。全生育期 135～138 天。根系发达，分蘖力强，耐肥抗倒。抗稻瘟病，较抗白叶枯病。

2. 栽培要点

（1）适时播种。连晚栽培在 6 月 25 日左右播种，秧龄 30～35 天。

（2）适当密植，插足落田苗。亩插 2.5 万丛左右，落田苗 15 万。

（3）做到施足基肥，早施追肥，增施钾肥，增强抗性。

（四）秀水 11

秀水 11（G84—11），是嘉兴市农业科学研究所用测 21//测 21/湘虎 25 杂交选育而成的中熟晚粳品种。1986 年引入丽水市，表现丰产性好，一般亩产 400 千克。浙江省农作物品种审定委员会于 1988 年 4 月审定通过。丽水市累计推广面积 10.79 万亩。

1. 特征特性　株型紧凑，株高 75 厘米左右，分蘖力较强，剑叶挺直，穗头下沉，每穗总粒数 55～60 粒，结实率 95％左右，千粒重 28～29 克。谷壳薄，谷色黄亮。全生育期 133 天左右，比秀水 48 早熟 4 天。米质优。抗稻瘟病，较抗白叶枯病。耐低温能力弱，遇到早秋寒年份易发生包颈。

2. 栽培要点

（1）**适时播种，稀播育秧。**连晚栽培在 6 月 25～30 日播种，7 月底前后移栽，秧龄 35～40 天。秧田亩播种量 30～35 千克。

（2）**适当密植，争多穗。**一般亩插 2.5 万丛左右，基本苗 10 万～12 万。

（3）**科学用肥，配施钾肥。**亩施纯氮 13.5 千克左右，基肥占 60％～70％，作单季晚稻栽培应加大追肥比例，增施钾肥，后期控制氮肥的用量。

（4）**加强水浆管理。**秀水 11 对水分较敏感，以轻搁田为宜，后期干干湿湿，活水到老。

三、糯稻（6 个品种）

（一）京引 15

京引 15 是中国农业科学院从国外引进，20 世纪 60 年代中期引入丽水市，一般亩产 300～350 千克，有一定的栽培面积。

1. 特征特性　株高 80 厘米，株型紧凑，茎秆细韧，叶色淡绿，叶片细长且披。穗长 14 厘米，每穗总粒数 45～50 粒，结实率 85％左右，千粒重 27 克左右。谷粒椭圆形，谷壳黄褐色。属早熟晚糯，糯性好。作连晚栽培全生育期 115 天左右。分蘖力强，成穗率高，较抗稻瘟病。

2. 栽培要点

（1）连晚栽培宜 7 月初播种，秧龄 20～25 天。

（2）插秧密度一般为亩插 3 万丛，落田苗 21 万左右。

（3）亩施肥量 2 000～2 250 千克标准肥。

（4）适时搁田，防止倒伏，及时防病治虫。

（二）丽水糯

丽水糯是丽水地区农业科学研究所用爱武 59 与飞老杂交，于 1972 年选育而成的籼型中糯。一般亩产 350 千克左右，20 世纪 70 年代糯稻主栽品种。

1. 特征特性　株高 80～90 厘米，穗长 21 厘米，每穗 80～95 粒，千粒重 26 克，粒型较长，谷壳较薄，出米率较高，糯性较好。作连晚栽培，全生育期 115 天左右，一般 6 月下旬播种，大暑边移栽。具有省肥易种，产量高、抗稻瘟病强、适应性广等特点。

2. 栽培要点

（1）连晚栽培 6 月底播种，7 月下旬移栽。

（2）插秧密度 3 万丛左右，落田苗 18 万～20 万。

（3）亩施标准肥 2 250 千克。注意螟虫防治。

（三）双糯 4 号

双糯 4 号是嘉兴双桥农场用京引 7 号与桂花黄杂交选育而成。1978 年引入丽水市。1982—1989 年为丽水市糯稻当家品种，一般亩产 350 千克，目前仍有种植，累计推广面积 80 万亩。

1. 特征特性　株高 90 厘米左右，株型紧凑，茎秆粗壮。叶片细长，叶色深绿。穗长 17～18 厘米，每穗总粒数 80 粒，结实率 85％左右，千粒重 24～25 克。谷粒卵圆形，谷壳薄，有顶芒，易脱粒，糯性好。全生育期 125 天左右，省肥易种，适应性广，较抗稻瘟病，易感白叶枯病和小球菌核病。

2. 栽培要点

（1）适时播种。一般 6 月底至 7 月初播种，秧龄 25 天左右。

（2）栽培密度。亩插 3.0 万丛左右，落田苗 18 万。

（3）控制施肥量。一般亩施标准肥 2 250 千克左右，防止倒伏。

（4）后期防止断水过早，注意防治螟虫。

（四）祥湖 25

祥湖 25 是嘉兴市农业科学研究所用矮粳 23/祥湖 14//测 21 复交选育而成的中熟晚糯品种。1986 年引入丽水市，一般亩产 400 千克左右。浙江省农作物品种审定委员会于 1988 年 4 月审定通过。为丽水市糯稻主栽品种，丽水市累计推广面积 17.5 万亩。

1. 特征特性　株高 80 厘米，株型紧凑，茎秆细韧，分蘖力中等。每穗总粒数 70～75 粒，结实率 90％以上，千粒重 25～26 克。谷粒椭圆形，谷壳较厚，糯性较好。全生育期 125 天。较抗稻瘟病，不抗白叶枯病。

2. 栽培要点

（1）6 月底前播种，秧龄 30 天左右。秧田亩播种量 30～40 千克。

（2）亩插 2.5 万～3.0 万丛，落田苗 10 万～12 万。

（3）施足基肥，早施追肥，配施磷钾肥，亩施标准肥 2 500 千克。

（4）适时搁田，后期不可断水过早。注意防治白叶枯病和小球菌核病防治。

（五）祥湖 84

祥湖 84（C84－84），是嘉兴市农业科学研究所用 C81－45×C82－04 杂交选育而成的早熟晚糯品种。1988 年引入丽水市，一般亩产 400 千克左右。浙江省农作物品种审定委员会于 1988 年 4 月审定通过。适宜本省作连晚栽培。丽水市累计推广面积 13.4 万亩。

1. 特征特性　株高 75～80 厘米，茎秆细韧，分蘖力中等，剑叶小而挺，抽穗后叶上举，穗型中等，每穗总粒数 70 粒左右，结实率 90％，千粒重 25.5～26.5 克。谷粒椭圆形，无芒，易脱粒，不带小枝梗。糯性较好。全生育期 122 天左右。较抗稻瘟病，白叶枯病轻。后期熟色好。

2. 栽培要点

（1）**适时播种，适龄稀播。**祥湖 84 熟期较短，以 6 月底 7 月初播种为宜，秧龄掌握 30～35 天。秧田亩播种量 30～40 千克。

（2）**及时移栽，合理密植。**在 7 月底到 8 月初移栽，迟栽达不到一定穗数，影响高产。亩插 2.5 万丛左右，亩落田苗 12 万～15 万。

（3）**肥水管理，防治病虫。**施肥方法掌握施足基面肥，早施追肥，配施磷、钾肥的原则，每亩总用肥量纯氮 12.5 千克。后期不可断水过早，灌好跑马水。注意防治白叶枯病和稻飞虱。

(六) 荆糯 6 号

荆糯 6 号是湖北荆州地区农业科学研究所用桂朝 2 号经辐射处理选育而成的籼型中糯品种。1986 年引入丽水市。1987—1988 年两年参加丽水地区连晚区试平均亩产 420.95 千克和 393 千克，比对照秀水 48 增产 19.7% 和 13.4%。一般大田亩产 400～450 千克。1990 年 4 月丽水地区农作物品种审定小组审定通过。1991 年以来成为丽水市糯稻主栽品种，栽培面积大的年份约占当年糯稻面积的 50%。丽水市累计推广面积 60 万余亩。

1. 特征特性　株高 80～85 厘米，株型集散适中，叶片较长、上举。分蘖力强，繁茂性好。穗型较大，穗长 20 厘米，总粒数 100～110 粒，结实率 80% 左右，千粒重 25 克左右。米粒细长，糯性较好。作连晚栽培全生育期 134 天左右。抗稻瘟病，纹枯病轻。耐肥力中等，后期熟色好。

2. 栽培要点

(1) 适期播种。作连晚栽培，要严格掌握播种期，平原地区一般在 6 月上旬播种，播种过迟，后期遭冷空气影响，结实率低，影响产量。

(2) 培育壮秧。稀播匀播，秧田亩播种量 20 千克左右。大田亩用种量 2 千克，双本插，秧龄控制在 35 天左右。

(3) 适量用肥。以基肥、分蘖肥为主，促早发，后期忌过量施氮肥，防倒伏。

(4) 加强水浆管理和防治病虫。采取深水护苗，浅水促蘖，足苗及时搁田，间歇灌溉，保灌浆增粒重。防治螟虫为害。

四、常规中晚稻

(一) 细叶青

细叶青是丽水市 20 世纪 50 年代较有代表性的农家品种。一般亩产量 200～250 千克。

1. 特征特性　株高 105～110 厘米，穗长 19 厘米左右，每穗总粒数 60 粒，结实率 90% 以上，千粒重 23 克左右。谷壳、稃尖淡黄色。全生育期 130 天。

2. 栽培要点

(1) 作单晚栽培一般在 5 月中旬播种，秧龄 35 天左右。

(2) 合理施肥、防倒伏。

(二) 南特占

南特占是广东省澄迈县种寨村良种场用矮脚南特号×大粒暹罗粒杂交选育而成的中籼品种。20 世纪 60 年代末引入丽水市，一般亩产 350～400 千克，有一定的栽培面积。

1. 特征特性　株高 90～100 厘米，株型紧凑，茎秆粗壮，叶片宽挺，叶色淡绿。千粒重 28～29 克。谷粒稃尖紫色。全生育期 135 天左右。适应性广，分蘖力较强，耐肥中等。抗病性强。

2. 栽培要点

(1) 作单晚栽培一般在 5 月中旬播种，秧龄 30 天左右。

(2) 加强对螟虫、纹枯病的防治。

(三) 早金风 5 号

早金风 5 号是广东省农业科学院用珍珠矮×晚金风杂交选育而成早熟中籼品种，是丽水市 20 世纪 70 年代中籼代表品种之一。一般亩产 400 千克。

1. 特征特性　株高 90～95 厘米，株型紧凑，茎秆较硬，叶窄短挺，叶色淡绿。穗长 20 厘米左右，每穗总粒数 100 粒，结实率 85% 左右，千粒重 22 克。全生育期 125 天。分蘖力强，耐肥抗倒，适应性较广，较抗稻瘟病。

2. 栽培要点

(1) 适时播种，培育壮秧，确保安全齐穗。

(2) 作连晚栽培 6 月底前播种,秧龄 25～30 天,秧田播种量 40 千克。

(四) 浙丽 1 号

浙丽 1 号(6202)是原丽水地区农业科学研究所于 1974 年用(广塘矮×Mudgo)×竹科 2 号杂交选育而成的早熟晚籼。1983—1987 年为丽水市常规中晚籼主栽品种,一般亩产 450 千克,连续 3 年栽培面积超过当年晚稻常规品种的 50%,累计推广面积 38 万亩。

1. 特征特性 株高 80 厘米,株型紧凑,茎秆粗壮,叶片挺直,叶色绿。穗长 18～20 厘米,每穗总粒数 100 粒左右,结实率 80%左右,千粒重 31～33 克。作连晚栽培全生育期 130 天,作单晚栽培全生育期约 140 天。分蘖力强,耐肥抗倒,丰产性好。抗褐飞虱、白背飞虱、黑尾叶蝉和稻瘟病。

2. 栽培要点

(1) 适时播种。 海拔 600 米左右在 4 月下旬播种,秧田亩播种量 25～30 千克。

(2) 合理密植。 亩插 1.8 万～2.0 万丛,插足落田苗 10 万～12 万。

(3) 科学运筹肥水。 亩施标准肥 2 500～2 750 千克,重视穗肥使用,适时搁田,后期防止断水过早。

(五) 桂朝 2 号

桂朝 2 号是广东省农业科学院用桂阳矮 49×朝阳早 18 杂交选育而成。1980 年引入丽水市。1982—1986 年为丽水市常规中晚籼搭配品种,一般亩产 400 千克,在丽水市有一定的栽培面积,累积种植面积 10 万亩。

1. 特征特性 株高 100 厘米,株型紧凑,茎秆粗壮,穗长 19 厘米,每穗总粒数 110 粒左右,千粒重 25～26 克,谷粒椭圆形,有短芒。全生育期 130～133 天,属迟熟中籼。具有分蘖力强,成穗率高的特点。耐肥中等,耐寒性较差。抗稻瘟病,易感稻曲病和白叶枯病。

2. 栽培要点

(1) 作单季稻栽培 5 月底 6 月初播种,秧龄 30 天。

(2) 每亩大田用种量 3～4 千克,秧田播种量 25～30 千克。

(3) 加强对稻曲病和白叶枯病的防治。

(六) 四喜粘

四喜粘是湖北省农业科学院粮食作物所用 IET2938×桂朝 2 号杂交选育而成的中籼品种。20 世纪 80 年代末引入丽水市,是丽水市 20 世纪 90 年代常规中晚籼主栽品种之一,一般亩产 450 千克,丽水市累积种植面积 6.2 万亩。

1. 特征特性 株高 100 厘米,株型紧凑,茎秆粗壮,穗大粒多,结实率高。米质优,食味好。糙米率 80.4%,整精米率 55.66%,胶稠度 51.5 毫米,直链淀粉含量 14.35%,蛋白质含量 8.4%。全生育期 130～133 天,属迟熟中籼。具有分蘖力强,成穗率高的特点。耐肥中等抗倒。较抗稻瘟病,中抗白叶枯病。

2. 栽培要点 参照桂朝 2 号。

五、杂交晚稻 (17 个组合)

(一) 汕优 6 号

汕优 6 号是浙江省农业科学院用珍汕 97A×国际 26 配制而成的杂交稻组合。1976 年引进试种(早季 7.9 亩,晚季 470 亩),1977 年试种面积达 2.62 万亩,之后成为丽水市晚稻当家品种,一般亩产 400～450 千克,到 1985 年年种植面积在 86 万亩左右,累计推广面积达 659.5 万亩,是丽水市历史上推广面积最大的品种,历时 15 年。

1. 特征特性 株高 90 厘米左右,株形紧凑,茎秆坚韧有弹性,基部紫色,叶色深绿,叶片狭长而挺。穗长 21 厘米,每穗总粒数在 115 粒左右,千粒重 26 克。全生育期 135 天左右,秧龄弹性好,杂种优势强,根系发达,分蘖力强,抗稻瘟病、稻飞虱,中抗白叶枯病。

2. 栽培要点

（1）适时播种，适龄移栽。 作连晚栽培一般在 6 月 15 日前播种，缙云、遂昌县提前 2～3 天，秧龄 30～35 天，每亩播种量 7.5～10.0 千克。

（2）合理密植，确保穗数。 一般为 20 厘米×23 厘米，争取每亩有效穗达到 20 万～23 万。

（3）科学肥水管理。 施足基肥，早施追肥，适施粒肥。亩施标准肥 2 500～2 750 千克，防止断水过早。

（4）及时防病治虫。 注意加强螟虫和稻纵卷叶螟的防治。

（二）汕优 63

汕优 63 是福建省三明地区农业科学研究所用珍汕 97A×明恢 63 配制而成的杂交稻组合。1982 年引入丽水市，1986 年始成为丽水市晚杂当家组合，当年栽培面积达 43.29 万亩，占晚杂栽培面积的 50％，1987 年通过浙江省农作物品种审定委员会审定，至今仍有种植，累计推广面积 337 万亩。

1. 特征特性 株高 100～110 厘米，叶色淡绿，叶片宽，剑叶长，茎秆粗壮，分蘖力较强。每穗总粒数 120～130 粒，结实率 85％左右，千粒重 28～30 克。全生育期作单季稻栽培 145～150 天，作连晚栽培 136 天左右。耐肥抗倒，中抗稻瘟病，适应性广。

2. 栽培要点

（1）适时播种，培育壮秧。 高海拔地区作单季稻栽培，采用薄膜育秧，秧龄亩播种量 10 千克；作连晚栽培一般在 6 月 10 日前播种，有条件的地方采用两段育秧，两段秧龄控制在 40 天左右。

（2）合理密植。 采用宽行窄株种植，每亩插 2 万丛，落田苗 8 万～10 万。

（3）施足基肥，增施磷钾肥。 亩施标准肥 2 750～3 000 千克，基追肥比例为 6∶4，巧施穗肥。

（4）加强水浆管理。 前期浅水促蘖，中期适时搁田，齐穗灌浆期灌跑马水，后期保持田间湿润，防止断水过早。

（5）及时防病治虫。 加强白叶枯病的预测预报和防治。

（三）Ⅱ优 92

Ⅱ优 92 是浙江省杂交水稻开发联合体和金华市农业科学研究所合作用Ⅱ-32A×恢 20964 配组而成。1993 年引入丽水市，1991—1992 年参加浙江省杂交晚稻区试，平均亩产为 483.7 千克和 426.2 千克，比对照汕优 64 分别增产 6.4％和 8.4％。1994 年通过浙江省农作物品种审定委员会审定。丽水市累计栽培面积 56 万亩。

1. 特征特性 株高 90 厘米左右，株型紧凑，茎秆粗韧，叶片挺拔，叶色翠绿。分蘖中等偏强，成穗率高。穗长 22～23 厘米，每穗总粒数 120～130 粒，结实率 80％以上，千粒重 25 克左右。谷粒较细长。作连晚栽培全生育期 122～125 天。较抗稻瘟病，不抗白叶枯病。

2. 栽培要点

（1）适时播种。 作连晚栽培宜在 6 月 25 日前播种，秧田亩播种量 8～10 千克，秧龄掌握在 35 天以内。

（2）合理密植。 插秧密度一般以 20 厘米×16.5 厘米为宜，每亩落田苗 10 万～12 万。

（3）科学肥水管理。 亩施标准肥 2 250～2 500 千克（折纯氮 11.5～12.5 千克），增施磷钾肥，施足基肥，早施追肥。浅水插秧促分蘖，适时适度搁田控群体，后期干干湿湿防早衰。

（4）及时防病治虫。 注意防治白叶枯病和稻飞虱。

（四）汕优 64

汕优 64 是浙江省种子公司、武义县农业局、杭州市种子公司用珍汕 97A×测 64-7 配制而成的杂交稻组合。1984 年引入丽水市，一般亩产 400 千克，1985 年始成为丽水市连晚主栽组合，栽培面积最大年份达到 35 万余亩，累计推广面积 204.3 万亩。

1. 特征特性 株型紧凑，株高 90 厘米左右，茎秆细韧，叶片狭长，叶色淡绿。分蘖力强，繁茂性好。穗长 21～22 厘米，每穗总粒数 100 粒左右，千粒重 26～27 克。谷粒椭圆形。全生育期作连晚栽培

118天左右。较抗稻瘟病，中抗白叶枯病，省肥好种。

2. 栽培要点

(1) 适时播种。 作连晚栽培宜在6月20～25日播种，秧田亩播种量10千克，秧龄掌握在35天左右。

(2) 合理密植。 汕优64属多穗型组合，插秧密度一般以20厘米×16厘米为宜，争取亩有效穗22万以上。

(3) 控制肥水。 一般亩施标准肥2 250～2 500千克，肥力水平较高的田块要适当减少，以2 000～2 250千克为宜，防止倒伏。做到及时搁田控群体，后期干干湿湿防早衰。

(4) 注意防治纹枯病和白叶枯病。

(五) Ⅱ优64

Ⅱ优64系湖南杂交水稻研究中心用Ⅱ-32A×测64-7配制而成的杂交稻组合。1985年引入丽水市，1986—1987年两年参加丽水地区连晚籼杂区试，平均亩产461.4千克，比对照汕优6号增产3.62%。1988—1999年推荐参加浙江省连晚区试，平均亩产437.6千克，比对照汕优6号增产3.91%。丽水地区农作物品种审定小组于1991年4月审定通过。适宜丽水地区连晚栽培和单晚搭配种植。累计推广面积34.7万亩。

1. 特征特性　株型松散适中，株高85～90厘米左右，茎秆较细，叶片较挺，叶色淡绿。苗期繁茂性好，分蘖中等偏强。每穗总粒数110粒左右，结实率80%以上，千粒重25克左右。谷粒较细长。全生育期作连晚栽培127天左右，比汕优6号短7～8天。较抗稻瘟病，不抗白叶枯病。省肥好种，秧龄弹性好，适应性广。制种易获高产。

2. 栽培要点

(1) 适时播种。 作连晚栽培宜在6月20日左右播种，秧田亩播种量8～10千克，秧龄掌握在35天左右。

(2) 合理密植。 Ⅱ优64属穗粒兼顾型组合，插秧密度一般以20厘米×16.5厘米为宜，争取亩有效穗22万以上。

(3) 加强肥水管理。 Ⅱ优64耐肥力不强，一般亩施标准肥2 500千克左右。做到施足基肥，早施追肥。浅水插秧促分蘖，适时适度搁田控群体，后期干干湿湿防早衰。

(4) 注意防治白叶枯病和稻飞虱。

(六) 协优46

协优46是中国水稻研究所和浙江省杂交水稻联合体共同用协青早A×密阳46配制而成的杂交稻组合。1986年引入丽水市，1987—1988年两年地区区试，平均亩产459.5千克，比对照汕优6号增产4.3%。一般大田亩产450千克左右。丽水地区农作物品种审定小组于1989年审定通过。适宜丽水地区单、连晚搭配种植。累计推广面积99.6万亩。

1. 特征特性　株高85厘米左右，株型紧凑，叶色淡绿，叶片窄而挺直，分蘖力强，生长清秀，熟色好。穗长20～22厘米，每穗总粒数100～105粒，结实率85%左右，千粒重27～28克。谷粒椭圆形，米质较好。全生育期133天左右，秧龄弹性较差。较抗稻瘟病，耐肥抗倒。

2. 栽培要点

(1) 适时播种，培育壮秧。 平原地区连晚栽培在6月15日左右播种，秧田亩播种量7.5千克，严格控制秧龄，以30～35天为宜，最长不宜超过40天。

(2) 合理密植，增施肥料。 协优46穗型较小，但分蘖力强，且耐肥抗倒，多穗有利增产，插秧密度要求掌握在20厘米×(16～17)厘米，落田苗10万左右。亩施标准肥2 500～2 750千克，增施磷、钾肥。

(3) 科学管水，防治病虫。 要求前期浅而不断水，中期适度搁田，后期保持湿润，防止断水过早。苗期注意螟虫、叶蝉、纵卷叶螟的防治，中后期注意防治白叶枯病和稻飞虱。

（七）汕优 10 号

汕优 10 号是中国水稻所和台州地区农业科学研究所用珍汕 97A×密阳 46 配制而成的杂交稻组合。1986 年引入丽水市，1986—1987 年两年浙江省区试，平均亩产 467.6 千克和 491.4 千克，分别比对照汕优 6 号增产 9.89％和 6.88％，达极显著和显著水平，一般大田亩产 450 千克左右。浙江省农作物品种审定委员会于 1989 年 3 月审定通过。适宜在浙江省白叶枯病发病轻的地区作连晚种植。1992—1999 年为丽水市晚稻主栽组合，年栽培面积 20 万亩左右，最高年份 25.7 万亩。累计推广面积 198.5 万亩。

1. 特征特性　株型紧凑，株高 85 厘米左右，叶片挺笃，分蘖力强。穗长 21～22 厘米，每穗总粒数 120 粒左右，结实率 85％左右，千粒重 28 克，谷粒椭圆形。作连晚栽培全生育期 133 天左右，秧龄弹性较差，抗稻瘟病，不抗白叶枯病，较耐肥、耐寒。

2. 栽培要点

（1）适时播种，培育壮秧。平原地区连晚栽培，一般 6 月 15 日左右播种为宜，秧田亩播种量 7.5 千克，稀播匀播，秧苗 1 叶 1 心期喷施 0.02％～0.03％多效唑液 100 千克，促蘖控长，提高秧苗素质。提倡两段育秧。

（2）适龄移栽，合理密植。一段秧秧龄应控制在 35 天以内。最长不宜超过 40 天。插秧密度 20 厘米×（16～17）厘米，要求每亩插足 2 万丛，落田苗 8 万～10 万，争取有效穗 22 万以上。

（3）科学管水，增施肥料。亩施纯氮 12.5～14.0 千克，要求施足基肥、早施追肥，合理增施磷钾肥。做到浅水插秧，深水护苗，薄水发棵，适时搁田，足水孕穗，干湿交替，防止早衰。

（4）注意加强对白叶枯病和稻飞虱的防治。

（八）Ⅱ优 10 号

Ⅱ优 10 号系庆元县、丽水地区、遂昌县种子公司协作用Ⅱ-32A×密阳 46 配制而成的杂交稻组合。1988—1989 年两年参加丽水地区单季稻区试，平均亩产 485.0 千克和 506.4 千克，比对照汕优 63 增产 3.33％和 6.64％，居参试组合之首。1990 年参加浙江省连晚区试，居参试组合之首，比汕优 10 号和对照汕优 6 号，分别增产 4.47％和 19.37％。丽水地区农作物品种审定小组于 1991 年 4 月审定通过。适宜丽水地区海拔 800 米以下作单季稻栽培和河谷平原连晚搭配种植。1992 年以来成为丽水市单季稻主栽组合，到 2004 年累计推广 214.3 万亩。

1. 特征特性　株型紧凑，株高 95 厘米左右，茎秆粗壮，叶片窄长，剑叶挺笃，叶色深绿，分蘖中等偏强。每穗总粒数 120～130 粒，结实率 85％左右，千粒重 28 克左右，谷粒椭圆形，谷壳黄色。作单季晚稻栽培全生育期 150 天左右，作连晚栽培 138～140 天。较抗稻瘟病和稻飞虱，不抗白叶枯病，易感稻曲病，耐肥抗倒。

2. 栽培要点

（1）适时播种，培育壮秧。海拔 800 米左右播种期 4 月中旬，海拔 600 米左右 4 月下旬播种，作连晚种植宜在 6 月 8～10 日播种。秧田亩播种量 8 千克，稀播匀播，1 叶 1 心期每亩用 0.02％多效唑进行均匀喷雾，促蘖控长。有条件的地方提倡两段育秧。

（2）合理密植，增丛增穗。Ⅱ优 10 号株型紧凑，前期起发较慢，应适当提高插种密度，一般掌握在 20 厘米×（16～17）厘米或 20 厘米×23 厘米，争取亩有效穗不少于 20 万穗。

（3）合理施肥，增施磷钾肥。亩施标准肥 3 000 千克左右，基追肥比例 1.5：1.0，增施磷钾肥，增强抗逆性，提高结实率。后期进行根外追肥，提高粒重。

（4）加强水浆管理，注意防治病虫。浅水插秧，灌水护苗防败苗（单晚防冻害），浅水促分蘖，适时适度搁田，足水孕抽穗，后期保持湿润，切忌断水过早。注意防治白叶枯病、稻曲病及螟虫。

（九）Ⅱ优 63

Ⅱ优 63 是庆元县种子公司用Ⅱ-32A×明恢 63 配制而成的杂交稻组合。1989 年丽水地区单季稻区试，平均亩产 485 千克，比对照汕优 63 增产 2.13％，作单季稻栽培一般亩产 500～550 千克，累计推广面积 94 万亩。

1. 特征特性 植株高大，株高 100～125 厘米，茎秆粗壮，剑叶直立挺笃。穗型大，穗长 23～25 厘米，每穗总粒数 130～150 粒，结实率 85％左右，千粒重 26～27 克。全生育期比汕优 63 长 3 天左右。较抗稻瘟病、白叶枯病和稻飞虱，易感纹枯病、稻曲病。

2. 栽培要点

(1) 适时早播。 Ⅱ优 63 生育期较长，且随海拔高度的递增，生育期延长，山区作单晚栽培宜在 4 月中旬播种，秧龄 35～40 天。

(2) 合理密植。 Ⅱ优 63 植株高大，穗大粒多，一般以 23 厘米×20 厘米为宜。

(3) 加强肥水管理。 一般亩施纯氮 15～16 千克。做到早追肥，浅灌水，促分蘖。适时搁田，控制群体，提高成穗率。补施穗肥争大穗。后期保持田间湿润，青秆黄熟。

(4) 注意加强对纹枯病、稻曲病和稻飞虱的防治。

(十) 汕优 6216

汕优 6216 是丽水市农业科学研究所用珍汕 97A×丽恢 6216 配制而成的杂交稻组合。1992 年通过浙江省农作物品种审定委员会审定。到 2004 年丽水市累计推广面积 22.5 万亩。

1. 特征特性 株高 90 厘米左右，茎秆粗壮，韧性好，株型集散适中，叶片挺直，叶色深绿。穗大粒多，穗长 21 厘米，千粒重 26～27 克。谷粒黄亮，易脱粒，米质较好，糙米率、精米率、透明度等指标达优质米一级指标。全生育期 130～135 天。秧龄弹性好，分蘖力强，成穗率高。对温、光反应迟钝，属典型的迟熟中籼类型。较抗稻瘟病，中抗白背稻飞虱，感白叶枯病。

2. 栽培技术 参照Ⅱ优 6216。

(十一) Ⅱ优 6216

Ⅱ优 6216 系浙江省杂交水稻开发联合体用Ⅱ-32A×丽恢 6216 配制而成的杂交稻组合。1995 年通过浙江省农作物品种审定委员会审定。到 2004 年丽水市累计推广面积 81.2 万亩。

1. 特征特性 株高 95 厘米，茎秆粗壮，韧性好，株型松散适中，叶片挺直，叶色深绿。穗大粒多，每穗总粒数 130～150 粒，结实率 85％左右，千粒重 26～27 克。谷粒黄亮，易脱粒，外观品质好，出米率高，透明度和食味较好。全生育期比汕优 10 长 6 天。分蘖力强。较抗稻瘟病，不抗白叶枯病。

2. 栽培要点

(1) 适时早播。 在平原地区作连晚种植在 6 月 10～12 日播种，山区单晚种植播期可参照汕优 63，每亩秧田播种量 7.5 千克。

(2) 适时移栽。 作连晚栽培，一段秧的秧龄应控制在 40 天以内，或采取两段育秧。移栽密度 20 厘米×(17～20) 厘米为宜，每亩插 1.5 万～1.7 万丛。

(3) 用好肥水。 亩施肥量 2 750 千克标准肥为宜，基肥、分蘖肥、穗肥的比例为 6∶2∶2。灌浆成熟期的水浆管理采取灌水—落干—再灌水的方法，后期要防止断水过早。

(4) 防治病虫。 注意对分蘖期的稻蓟马、孕穗期的螟虫及后期的稻飞虱的防治。

(十二) 两优培九

两优培九是江苏省农业科学院粮作所用培矮 64S×9311 配组选育而成的两系杂交籼型新组合，2000 年引入丽水市。累计推广面积 19 万亩。

1. 特征特性 株高 115 厘米左右，株型紧凑，茎秆粗壮，叶色深绿，叶片挺立。穗长 23～24 厘米，每穗总粒 190 左右，结实率 83％以上，千粒重 26～27 克。经农业部稻米及制品质量监督检测中心品质分析，9 项主要指标有 6 项达国家 1 级标准，三项达国家 2 级标准，蒸煮品质佳，口感好。作单晚栽培全生育期 150～155 天，比汕优 63 长 5 天左右。分蘖力中等偏强，耐肥抗倒，对温度反应敏感，有两次灌浆特性，抗稻瘟病、白叶枯病。

2. 栽培要点

(1) 适时播种，培育壮秧。 作单晚栽培 5 月上旬播种，连晚 6 月 5 日左右播种。采用旱育秧技术，连晚宜采用两段育秧。

（2）合理密植，插足落田苗。 采用 25 厘米×20 厘米或宽窄株栽培，每亩插足 1.2 万～1.4 万丛。

（3）科学施肥，提高肥效。 一般亩施纯氮 15 千克，五氧化二磷 6 千克，氧化钾 8 千克。氮素基肥：蘖肥：穗肥为 5：3：2，五氧化二磷和氧化钾分别作基肥、追肥施用。防止倒伏。

（4）加强水浆管理和病虫防治。 适时适度搁田，后期切忌断水过早。重点加强对稻曲病、螟虫、稻飞虱的防治。

（十三）粤优 938

粤优 938 由江苏省农业科学院原子能农业利用研究所与粮食作物研究所合作用红莲型粤泰 A×恢复系 R1005 - 8 配制而成的杂交稻组合。1997—1998 年参加江苏省区试，两年平均亩产 633.15 千克较对照增产 7.0%，2000 年 5 月通过江苏省品种审定委员会审定。2001 年引入丽水市。2004 年推广面积 7.08 万亩。

1. 特征特性　株高 120 厘米左右，株型紧凑，叶片窄长而挺，叶色深绿。穗长 23～25 厘米，每穗总粒 160 左右粒，实粒 135 粒左右，结实率 80% 以上，千粒重 28 克左右。经农业部稻米及制品监督检测中心品质分析，所检测的 12 项指标中，8 项达国优 1 级，4 项达国优 2 级，总评达国优 2 级米标准，水稻谷粒外观品质和蒸煮品质极佳。全生育期 139 天左右，比汕优 63 长 3～5 天，分蘖力中等偏强。耐肥中等，中抗稻瘟病、白叶枯病。

2. 栽培要点

（1）适时播种。 作单晚栽培 5 月中旬播种，秧田亩播种量 7～10 千克，大田亩用种量 0.6～0.7 千克。

（2）合理密植。 移栽密度宜（26～30）厘米×（16～17）厘米，每亩插足 1.2 万～1.5 万丛。

（3）科学施肥。 采用前重、中轻、后补的施肥原则，一般亩施纯氮 10～13 千克，并配施五氧化二磷 4 千克、氨化钾 6 千克。

（4）适时适度搁田，防止倒伏。

（5）及时防病治虫。 及时防治螟虫、稻飞虱、卷叶螟和纹枯病，加强稻曲病的预防。

（十四）中浙优 8 号

中浙优 8 号（中浙 A/T - 1600）由中国水稻研究所与勿忘农集团有限公司合作育成。2006 年 2 月 6 日通过浙江省农作物品种审定委员会审定。2007 年丽水市示范面积 0.42 万亩，2008 年预计推广面积在 4 万亩左右。

1. 特征特性

（1）形态特征。 中浙优 8 号株型挺拔，株高中等，分蘖力较强，剑叶挺直，叶色浅绿，生长整齐，穗长粒多，结实率较高，耐肥抗倒，后期熟相较好，有较好的丰产性和适应性。中国水稻研究所基地 5/30 播种，6 月 22 日移栽，8 月底抽穗，10/中下旬成熟，与同期播种的汕优 63 迟 5～7 天。株高 120～125 厘米，主茎叶片数 17～18 片，剑叶长度 37.4 厘米，剑叶角度 10°，亩有效穗 15 万～16 万，成穗率 70% 左右，穗长 25～30 厘米，每穗总粒 180 左右，主穗多达 300 粒以上，结实率 85%～90%，千粒重 26 克。

（2）抗病性。 2004 年经浙江省农业科学院植保与微生物所抗性鉴定结果，中浙优 8 号叶瘟平均 3.2 级，最高 6 级；穗瘟 1.0 级，穗瘟损失率 0.5%；白叶枯病抗性平均 7 级；稻飞虱抗性 9 级。

（3）稻米品质。 2004 年，经农业部稻米及制品质量监督检测中心分析，中浙优 8 号糙米率 82.2%，精米率 74.7%，整精米率 57.0%，粒长 6.8 毫米，长宽比 3.2，垩白米率 9.0%，垩白度 1.9%，透明度 1.0 级，碱消值 6.2 级，胶稠度 63 毫米，直链淀粉含量 14.5%，蛋白质含量 9.0%。该组合不但水稻谷粒外观品质好，而且煮饭时能散发出爆米花的香味，米饭松软而不黏，饭冷不回生。

2. 栽培要点

（1）适时播种、适龄移栽。 中浙优 8 号播种至抽穗的历期较稳定，在丽水市平原地区作单季种植一般要求在 6 月 10 日前后播种。作山区单季稻种植要根据当地实际情况相应提前播种，避免低温影响正常抽穗结实。采用旱育秧，秧田亩播种量 7.5～10 千克，秧龄控制在 25～30 天。有条件的地方提倡早移栽，秧龄 20～25 天，适当增加播种量。高产攻关田秧龄控制在 20 天左右。

秧田要重视基肥使用，移栽前要施好起身肥（移栽前 3～4 天），一般每亩施尿素 7～8 千克。注意病虫防治，特别要注意稻蓟马的防治。

（2）合理密植、科学用肥。 根据土壤肥力水平差异和播种迟早及秧龄长短不一，插秧的密度一般每亩以 1.0 万～1.3 万丛为宜，密度 30 厘米×23.3 厘米或 26.7 厘米×16.7 厘米，最高苗数 25 万～30 万，每亩有效穗数 15 万～16 万。水浆管理采用浅湿灌溉，做到适时适度搁田（最高苗），提高成穗率，提高根系活力。

施肥上要重视有机肥和穗肥使用。基肥一般使用有机肥 750 千克或饼肥 50 千克，配施磷、钾肥，基肥使用量约占总施肥量的 50％。第一次追肥（分蘖肥）在移栽后 5～7 天，施尿素 10 千克和氯化钾 5～7 千克。中期看苗施肥促平衡，追肥一般占总施肥量的 30％的基本原则。适当早施穗肥，倒 2 叶出生过程施尿素 5 千克，增施磷、钾肥或用复合肥 10 千克。

（3）预测预报、防病治虫。 做好病虫预测预报，把握时机切，实抓好对螟虫、稻飞虱和卷叶螟的喷药防治，做到时间准，喷药水足，防效好；稻瘟病病区要做好喷药预防工作。

（十五）中浙优 1 号

中浙优 1 号（中浙 A/航恢 570）由中国水稻研究所与浙江省种子公司合作育成，是一个适宜于长江中下游区域作单季种植的优质米新组合。2004 年 5 月通过浙江省品审会审定。丽水市于 2004 年开始大面积示范，示范面积 0.77 万亩，2005—2007 年推广面积分别为 5.85 万亩、20.81 万亩和 31.11 万亩，累计推广面积 58.54 万亩，是近年来推广速度最快、应用面积最大的组合。

1. 特征特性　表现株型挺拔，叶色深绿，分蘖力较强，穗大粒多，结实率高，生长清秀，后期熟相较好，较抗稻瘟病，丰产性较好，耐肥抗倒，米质较优，生育期适宜单季稻种植。生育期较两优培九略迟。株高 115～120 厘米，亩有效穗数 15 万～16 万，成穗率 70％左右，穗长 25～28 厘米，每穗总粒 180～300 粒，结实率 85％～90％，千粒重 27～28 克。根据 9 县（市、区）示范方验收和面上应用调查，平均单产 583.4 千克，比对照 517.3 千克，增产 66.1 千克，增产幅度 8.10％～22.46％，其中，龙泉市查田镇下堡村 105.5 亩示范方，平均单产达到 728 千克，创丽水市示范方高产纪录。

（1）米质。 经农业部稻米质量检测中心检测，整精米率 66.7％，垩白率 12％，垩白度 1.6％，透明度 1 级，直链淀粉 13.9％，胶稠 75 毫米，主要品质性状达优质米 1～2 级。水稻谷粒外观品质好，煮饭时清香四溢，适口性好，饭冷不回生。

（2）抗病性。 2002 年，浙江省农业科学院植保所接种鉴定，对穗瘟病的抗性平均 3.3 级（最高级 7 级）；白叶枯病平均 4.8 级（最高级 8 级）。两年多点试验均表现出明显的田间抗性。

2. 栽培要点

（1）适期播种、适龄移栽。 单季种植一般要求在 5 月中旬播种，山区播种可根据当地实际情况相应提前，无论作单季稻或作连作晚稻最迟不宜在 6 月 10 日后播种。采用旱育秧，秧田亩播种量 7.5～10 千克，秧龄控制在 20～25 天。

（2）适当密植、合理施肥。 移栽密度采用 30 厘米×20 厘米或 26.7 厘米×23.3 厘米，每亩插 1.1 万～1.2 万丛，最高苗控制在 25 万～28 万。采用无水层或薄水插秧营养生长实行无水层灌溉。进入生殖生长期采用薄水与露田相结合，保持根系活力。中浙优 1 号亩施肥量，一般纯氮 18 千克左右，配施磷、钾肥，重视有机肥和穗肥使用。

（3）预测预报、防病治虫。 做好病虫预测预报，把握时机切，实抓好对螟虫、稻飞虱和卷叶螟的喷药防治。

具体可参照中浙优 8 号。

（十六）两优培九

两优培九是以培矮 64S 为母本，9311 为父本配组选育而成的两系杂交籼型新组合，丽水市于 2000

年引进试种，2007 年推广面积 6.30 万亩。

1. 特征特性 株型紧凑，株高 115 厘米左右，叶色深绿，叶片挺拔，分蘖中等偏强，成穗率较高，耐肥抗倒，穗大粒多，作单晚栽培穗长一般 23～24 厘米，每穗 190 粒左右，结实率一般在 83％左右。千粒重 26～27 克，后期青秆黄熟。在丽水市作单晚栽培，4 月底或 5 月初播种，一般 8 月中旬可抽穗，播始历期 110～115 天，全生育期 150～155 天，比汕优 63 长 5 天左右。经农业部稻米及制品质量监督检验中心检验，9 项主要指标有 6 项达到国家优质 1 级标准，3 项达 2 级标准，米饭软而不黏，冷而不硬，口感较好。较抗稻瘟病和白叶枯病，但易感稻曲病。该组合穗期对温度反应敏感，有两次灌浆特性，后期断水过早会出现枯枝。

2. 栽培要点

(1) 适期播种，培育壮秧。 两优培九在丽水市海拔 400 米以下作单晚栽培，播期以 5 月上旬为宜。作连晚栽培宜在 6 月 5 日左右播种，确保 9 月 15 日前安全齐穗。采用旱育秧技术，配用水稻壮秧剂培育壮秧，每亩用种量 0.7 千克左右，单晚秧龄 25～30 天，连晚宜采用两段育秧。

(2) 合理密植，插足落田苗。 根据两优培九穗大粒多、耐肥抗倒的特点和高产田的经验，一般采用 25 厘米×20 厘米或宽行窄株栽培，每亩插 1.2 万～1.4 万丛，要求落田苗 4.5 万左右，通过科学肥水管理使最高苗达 25 万左右，争取有效穗不少于 17 万。

(3) 科学施肥，提高肥效。 针对两优培九需肥量较大，茎秆粗壮的特点，结合亩产 600 千克以上高产田块的用肥统计，每亩纯氮用量在 18 千克左右，五氧化二磷 6 千克，氧化钾 8 千克。氮素施用基肥：蘗肥：穗肥为 5：3：2，五氧化二磷一般作基肥施用，氧化钾作追肥（蘗肥）施用，基肥一般用碳铵 40 千克及有机肥打底。由于两优培九生育期长，穗大粒多，故要使用穗肥，以防早衰，用量一般为 6 千克尿素。

(4) 加强水浆管理，做好病虫防治。 水浆管理宜采用浅水插秧，薄水护苗发棵，湿润强根养老的灌水方法，搁田要做到适时适度，后期切忌断水过早，以防枯枝出现，影响千粒重。两优培九虽高抗稻瘟病、白叶枯病，仍应采取一些预防措施，同时要切实做好稻曲病的防治，对螟虫、稻飞虱要根据预测情报及时做好防治，确保丰收。

（十七）甬优 9 号

甬优 9 号系宁波市农业科学院和宁波市种子公司合作以甬粳 2 号 A 为母本、早熟中籼 K6093 为父本配组育成的优质高产、抗病抗倒的中熟籼粳杂交新组合，一般亩产 550～600 千克，高产田块亩产可达 700 千克以上。2007 年龙泉市查田镇下保村 1.2 亩实割验收亩产达 745 千克，2007 年通过浙江省农作物品种审定。

1. 特征特性 株高 120～134 厘米，茎秆健壮，叶色青绿，剑叶挺直，生长整齐，长势旺，分蘖力中等，穗粒结构协调，每亩有效穗 17 万～20 万，穗长 21～23 厘米，每穗总粒 170～225 粒，结实率 70％以上，千粒重 26 克左右，熟相清秀；水稻谷粒外观品质好，米饭兼有籼米的蓬松和粳米的柔软，口感较好；较抗稻瘟病，中感白叶枯病，感褐稻飞虱。茎秆粗壮，抗倒性较强。后期功能叶寿命长，转色好。甬优 9 号属中熟偏迟单季籼粳杂交稻，作单季晚稻栽培，全生育期 136～148 天。

2. 栽培要点

(1) 适期播种，短龄移植。 作单季晚稻栽培，5 月中旬播种，每亩用种量 0.5～0.6 千克，亩播种量为 7.5～10 千克，5～5.5 叶龄移栽，单本稀植，本田每亩插 1.0 万～1.2 万丛。

(2) 适施基肥，重视穗肥。 氮肥亩施用量控制在 12～14 千克基肥一般使用有机肥 700～800 千克或饼肥 50 千克，配施磷、钾肥，移栽后 5～7 天施苗肥每亩用尿素 7.5 千克，5 天后补平衡肥每亩用尿素 5～7.5 千克和氯化钾 7.5 千克；倒 2 叶露尖时巧施保花肥，每亩用尿素 5～7.5 千克，钾肥 10 千克；齐穗期看天看苗匀施壮粒肥。

(3) 浅湿灌溉、湿润到老。 水浆管理采用浅湿灌溉，做到适时适度搁田（最高苗），提倡多露轻搁，湿润到老，提高成穗率，提高根系活力。

(4) 注意防治纹枯病、稻曲病、螟虫、稻飞虱、蚜虫等病虫害。

六、杂交早稻（3个）

（一）威优 35

威优 35 是湖南省农业科学院和湖南省贺家山原种场用 V20A×26 窄早配组，于 1981 年育成的迟熟杂交早稻组合。1983 年引入丽水市，为丽水市早稻杂交稻主栽组合，一般亩产 500 千克，累计推广面积 28 万亩。

1. 特征特性 株高 85 厘米，株型前期较松散，叶片狭长，叶色深绿。穗长 20～22 厘米，每穗总粒数 120 粒左右，结实率 80%，千粒重 27～28 克。全生育期 125 天左右，分蘖力较强，后期转色好，耐肥抗倒，较抗稻瘟病、纹枯病和稻飞虱。

2. 栽培要点

（1）适时早播。绿肥田早稻宜在 3 月下旬播种，春花田早稻在 4 月初播种，每亩秧田播种量 15 千克，秧龄控制在 30 天左右。

（2）合理密植。亩插 1.8 万～2.0 万丛，落田苗 8 万～10 万。

（3）施足基肥，亩施纯氮 **12.0～12.5 千克，**增施磷钾肥，适施穗肥。

（4）适时搁田，防止断水过早。

（5）注意螟虫防治。

（二）汕优 48‑2

汕优 48‑2 是武义县种子公司用珍汕 97A×测早 2‑2 配组而成的杂交早稻组合。1992 年通过浙江省农作物品种审定委员会审定，适宜稻瘟病较轻的地区作杂交早稻种植。1990 年引入丽水市，1991—2000 年有一定的栽培面积，累计推广面积近 10 万亩。

1. 特征特性 株型适中，株高 85 厘米，叶片狭长而挺。每穗总粒数 100 粒左右，实粒数 90 粒左右，千粒重 25 克。苗期耐低温能力和分蘖力较强，全生育期 117 天左右，较抗稻瘟病、白叶枯病。

2. 栽培要点

（1）适时早播。绿肥田早稻宜在 3 月 25 日左右播种，春化田早稻在 4 月初播种，每亩秧田播种量 15 千克，秧龄控制在 30 天左右。

（2）合理密植。插秧密度一般以 20 厘米×（16～18）厘米为宜，每插 1.8 万丛左右，落田苗 8 万～10 万。

（3）管好肥水。亩施标准肥 2 500 千克左右，基肥占 60%，移栽后 7～10 天结合耘田进行追肥，增施磷钾肥。浅水促分蘖，适时适度搁田，后期防止断水过早。

（4）注意穗茎瘟、纹枯病、螟虫的防治。

（三）威优 402

威优 402 是湖南安江农校用 V2OA×R402 配制而成的杂交早稻组合。1995 年通过浙江省农作物品种审定委员会审定，适宜浙中、浙南作杂交早稻种植。1992 年引入丽水市，丽水市杂交早稻主栽组合，最高年份栽培面积达到 9 万亩。累计推广面积 36.8 万亩。

1. 特征特性 株型适中，叶片大小中等，分蘖力中等，剑叶直挺。抽穗整齐，两次灌浆明显。每穗总粒数 110 粒左右，结实率 80%以上，千粒重 27～28 克。作绿肥田早稻栽培全生育期 120 天左右，作春化田早稻栽培全生育期短 5～7 天。较抗稻瘟病、白叶枯病。

2. 栽培要点

（1）适时早播，培育壮秧。作绿肥田早稻栽培宜在 3 月 25 日左右播种，春化田早稻在 4 月上旬前播种，每亩大田用种量 1.5～2.0 千克，每亩秧田播种量 15 千克，秧龄控制在 35 天左右。

（2）合理密植，插足落田苗。插秧密度一般 20 厘米×（16～20）厘米，亩插 1.5 万～1.8 万丛，落田苗 10 万以上。

（3）科学运筹肥水。亩施标准肥 2 500 千克左右，做到基肥足、追肥早，保花肥不可少。浅水勤灌，促分蘖，及时搁田，控群体，干湿交替，养到老，防止断水过早。同时要注意防治病虫。

第七章
水稻的生长发育

水稻从播种到成熟需经过发芽、长根、出叶、分蘖、拔节、长穗、开花和灌浆成熟等一系列的生长发育过程，其全过程称为水稻的一生。水稻从播种至成熟的天数称全生育期，从移栽至成熟称大田（本田）生育期（表7-1）。水稻生育期可以随其生长季节的温度、日照长短变化而变化。同一品种在同一地区，在适时播种和适时移栽的条件下，其生育期是比较稳定的，这是品种固有的遗传特性。

表 7-1 水稻的一生

幼苗期秧苗分蘖期	分蘖期			幼穗发育期			开花结实期		
秧田期	返青期	有效分蘖期	无效分蘖期	分化期	形成期	完成期	乳熟期	蜡熟期	完熟期
营养生长期				营养生长与生殖生长并进期			生殖生长期		
穗数决定阶段				穗数巩固阶段					
粒数奠定阶段				粒数巩固阶段					
				粒重奠定阶段			粒重决定阶段		

水稻的一生要经历营养生长和生殖生长两个时期，稻谷萌发到稻穗分化开始前称为营养生长期，稻穗分化开始到成熟为生殖生长期，营养生长期和生殖生长期既有区别，又密切联系，还相互制约，只有当两者协调发展，才能获得高产。

营养生长期主要包括秧苗期和分蘖期。秧苗期指种子萌发开始到拔秧这段时间；分蘖期是指秧苗移栽返青到拔节这段时间。秧苗移栽后由于根系受到损伤，需要5～7天时间地上部才能恢复生长，根系萌发出新根，这段时期称返青期。水稻返青后分蘖开始发生，直到开始拔节时分蘖停止，一部分分蘖具有一定量的根系，以后能抽穗结实，称为有效分蘖；一部分出生较迟的分蘖以后不能抽穗结实或渐渐死亡，这部分分蘖称为无效分蘖。分蘖前期产生有效分蘖，这一时期称有效分蘖期，而分蘖后期所产生的是无效分蘖，称无效分蘖期。水稻营养生长期的主要生育特点是根系生长，分蘖增加，叶片增多，建立一定的营养器官，为以后穗粒的生长发育提供可靠的物质保障。所以，该时期是穗数决定阶段和粒数奠定阶段。为了夺取水稻高产，在这一时期必须通过科学的肥水管理，促进稻苗快发，构建合理的群体，搭好丰产的苗架。

水稻生殖生长期包括幼穗发育期和开花结实期。幼穗发育期是营养生长与生殖生长并进期，此期又称为拔节孕穗期，是穗数、粒数巩固阶段和粒重奠定阶段；开花结实期是纯的生殖生长期，此期又可分为抽穗开花期和灌浆结实期，是粒重决定阶段期。水稻生殖生长期的生育特点是长茎长穗、开花、结实、形成和充实籽粒，这是夺取高产的主要阶段，栽培上尤其要重视肥、水、气的协调，延长根系和叶片的功能期，提高物质积累转化率，达到穗数足、穗型大、千粒重和结实率高。

第一节　水稻的"三性"

在正常栽培条件下，水稻生殖生长时间的长短变化幅度不大，营养生长期的长短则因品种的熟期迟早而变化很大。水稻的感光性、感温性和基本营养性统称为水稻的"三性"，三者决定着水稻品种的生育期长短。

（一）感光性

水稻品种在适宜生长发育的日照长度范围内，短日照可使生育期缩短，长日照可使生育期延长，水稻品种因受日照长短的影响而改变其生育期的特性，称为感光性。一般原产低纬度地区的品种感光性强，而原产高纬度地区的品种对日长的反应钝感或无感。南方稻区的晚稻品种感光性强，而早稻品种的感光性钝感或无感；中稻品种的感光特性介于早、晚稻之间。感光性强的品种，在长日照条件下不能抽穗。

（二）感温性

水稻品种在适宜的生长发育温度范围内，高温可使其生育期缩短，低温可使其生育期延长，水稻品种因受温度影响而改变其生育期的特性，称为感温性。水稻生长上限温度一般为40℃，而发育上限温度不超过28℃。大多数晚稻品种在短日照条件下，高温对其生育期缩短幅度较早稻大，表明晚稻较早稻感温性强。除此之外，感温性的强弱与水稻品种系统发育的条件也关系密切，一般北方的早粳稻品种比南方的早籼稻品种的感温性强。

（三）基本营养生长性

即使在最适合的光照和温度条件下，水稻品种也必须经过一个必需的最短营养生长期，才能进入生殖生长，开始幼穗分化。这个短日照、高温影响的最短营养生长期称为基本营养生长期（又称短日高温生长期），水稻这种特性称为基本营养生长性。

根据水稻的熟期特性和季节分布，可以分为早稻、中稻和晚稻。早稻、中稻、晚稻又都可以按生育期长短再分为早熟、中熟和迟熟。早稻品种感温性强、感光性弱，晚稻品种感温性弱、感光性强。晚稻品种作为早稻栽培，尽管是早春播种，但只有到秋天具备了短日照条件时，才能进行幼穗分化和开花成熟，生育期明显延长。因此，晚稻品种只能作单季晚稻或连作晚稻种植，而不能作早稻栽培。早稻品种则由于感光性弱，既可以夏季长日条件下抽穗，也可在秋季短日条件下抽穗，所以既可以作早稻种植，也可作晚稻种植。翻秋种植时，生育前期处于高温环境，生长发育进程加快，生育期缩短，成熟期提早，产量降低。

在安排播种期时，早中稻品种中，感温性较强的品种应该早播。如果迟播，生育期缩短，不利于高产。感温性较弱的品种可根据季节需要适当迟播，对产量影响不大。晚稻品种播种期安排一要考虑能否安全齐穗，即抽穗开花期不受低温危害，日平均温度大于19～22℃；二要考虑是否是"超龄秧"，若秧苗在秧田时生长的时间超过适宜的秧龄，秧苗移植到大田以后不久迅速抽穗，造成穗小粒少而减产。一般生产上适宜的秧龄在30天以内，通过适当稀播种、采用寄秧和化学调控等办法，可以适当延长秧龄5～10天。

水稻自高纬度的北方稻区引向低纬度的南方稻区种植，生育期一般缩短，尤其是东北的早粳，全生育期所需积温较少，对高温反应敏感，引到低纬度南方种植，应适当早播，秧龄不宜太大，以增加大田营养生长期，才能获得高产。水稻从低纬度的南方稻区引向高纬度的北方稻区种植，生育期延长，早稻引种容易成功，晚稻可能在稻作季节不能正常抽穗成熟，必须选取较早熟的品种作为引种对象。纬度相同海拔不同的稻区引种，海拔低的稻区向海拔高的稻区引种，生育期延长，选用早熟品种引种较易成功；反之，从高海拔向低海拔稻区引种，生育期缩短，选用迟熟品种引种才容易获得稳产高产。相同纬度相同海拔稻区之间引种，成功率相对较高。

第二节　种子发芽与出苗

稻谷由糙米以及包围糙米的谷壳组成。糙米的大部分为胚乳，它是储藏淀粉等养料的地方，种子发芽所需的养料来自胚乳；此外，在糙米基部腹面有胚，种子发芽靠胚，没有胚就没有生命力。谷壳包括外稃与内稃（或称外稃与内颖），外稃大，内稃较小，互相吻合，保护种子，另外，还有稃尖、茸毛、退化花外稃（护颖）、副护颖、小花梗等组成（图 7 - 1）。谷粒的形状，稃壳及稃尖颜色，茸毛多少、长短与分布情况等，都是品种鉴别的主要特征。糙米腹白（或心白）大小又成了米质好差的重要标志，即腹白大，易碎粒，米质差。

　　稻谷的发芽是生长发育的开始。当种子吸水膨胀后，酶的活性加强，呼吸强度增大，胚乳储藏养料逐渐转化为简单的可溶性物质，供胚吸收利用构成新细胞，促使细胞数目增多，体积增大，顶破谷壳，即露白。以后，胚细胞继续分裂，生长加快，当胚根、胚芽鞘伸出谷壳，即进入发芽阶段。

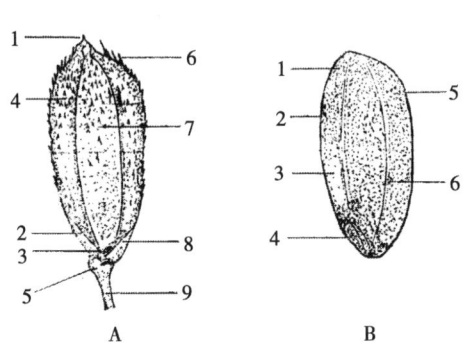

图 7 - 1　谷粒（A）和糙米（B）的外形

A.1. 稃尖　2. 内稃　3. 第二不孕花外稃　4. 小花梗
5. 副护颖　6. 茸毛　7. 外稃　8. 第一不孕花外稃　9. 小穗梗
B.1. 胚乳　2. 腹面　3. 腹白　4. 胚　5. 背面　6. 沟纹

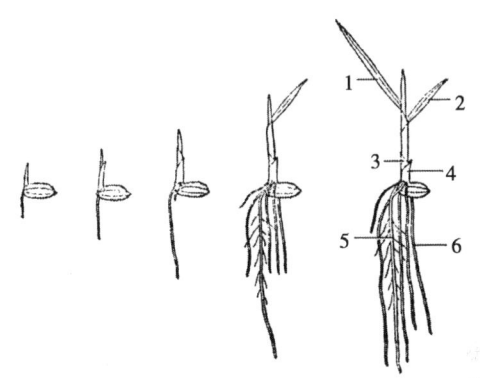

图 7 - 2　水稻幼苗期发根出叶过程

1. 第二完全叶　2. 第一完全叶　3. 不完全叶
4. 芽鞘　5. 种子根　6. 不定根

　　播种后，芽鞘先顶开土表而露出，芽鞘在正常条件下可伸长 1～2 厘米。当第一片叶（仅有叶鞘而无叶片，故称不完全叶）从芽鞘顶端伸出达 2～3 厘米时，称为冒青或出苗（图 7 - 2）。从播种到出苗所需的时期主要随气温的高低而不同，粳稻品种幼苗生长的最低温度为 12℃，籼稻品种为 14℃；温度在 16℃ 以上，籼稻、粳稻均能顺利出苗生长，其最适温度为 26～32℃。在山区，由于水冷气温低，幼苗生长缓慢，一般情况下，需要 7～10 天才能出苗。若是水秧田，在长期淹水、缺乏氧气的条件下，生长速度更慢。随着幼苗生长，谷粒中的胚乳养料逐渐减少，约到 3 叶末期，残留胚乳养料极微，此时称为"断奶期"，是幼苗从异养阶段转为自养阶段的转折期。3 叶期前后，由于秧苗尚不能独立生活，故抗逆力差，在山区容易造成烂秧现象。

第三节　根的生长

　　水稻根属于须根系，有种根和不定根，一条种根是种子萌发时由胚根直接长成，在幼苗期起扎根扶直和吸收的作用。不定根是从茎的基部若干个茎节上生出，每条不定根上还可以发生支根，支根上又可以发生第二、三次支根，每个单茎上的发根总数可达二、三百条，由此组成发达的根群。根群呈倒圆形，一般情况下，80％根分布在 20 厘米以内的土层中，20～50 厘米的根则不超过 3％～4％（图 7 - 3）。

　　稻根的生长有其内在的生物学规律。3 叶期以后，各节位的发根按照一定的规律不断发生，出叶与发根节位大体保持一定的对应关系。因此，随着水稻的生长，发根节位逐渐增多，发根能力也大为增强。一般认为水稻的根群是在抽穗前后完成，根的干重在抽穗期达到最大值。此外，根从主茎上伸出的角度随着节位升高而变大，特别是接近伸长节间的节上的根，是向上斜向伸展的，根端不明显向下，分支根极为发达，称为浮根或表根。

稻根具有吸收水分、养分和向根际泌氧等重要功能，还有吸收固定二氧化碳以及合成氨基酸和细胞分裂素等功能，因此根深才能叶茂。欲使叶片寿命延长，提高光合能力，则必须提高根系的活力。

品种、环境、栽培条件对稻根生长均有很大影响。优良组合的杂交水稻，与其父母本相比，具有明显的根系优势，发根力强、根数多、根系活力高、吸肥力强、功能旺盛。稻根生长的最适温度是 25～30℃；低于 15℃，根的生长和活力就很微弱；低于 9～10℃，根就停止生长。

栽培技术上，在浅灌勤灌的情况下，土壤氧气充足，支根、白根多，嫩根的先端表皮细胞外

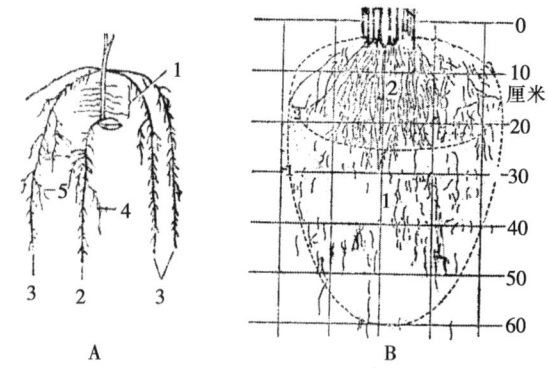

图 7-3　水稻根的分类（A）和根系分布（B）
A. 1. 胚轴根　2. 种根　3. 不定根　4. 一次支根　5. 二次支根
B. 1. 抽穗期根系的分布范围　2. 分蘖期根系的分布范围

壁向外延伸，生出很多根毛，扩大吸收面积。长期淹水后，根的生长往往受到抑制，支根少、黄根多，也不会长根毛。多肥情况下根数多，但分布浅；少肥时根数少，但分布较深。即使在秧苗期，凡是影响秧苗素质的各种栽培条件，都对秧苗的发根有不同的影响。通气半旱秧田，由于通气性好，有利于稻根原基分化和形成，故发根数和根长均显著大于水育秧，稀播秧苗的根数和根量均大于密播。

第四节　叶的生长

谷种发芽时，最先出现的是芽鞘，从芽鞘内继而出现的是一片只有叶鞘而无叶片的绿色的不完全叶（又称真叶），以后顺次长出的具有叶鞘、叶片、叶枕等部分组成的完全叶。

水稻叶片生长可分为：叶原基分化期、伸长生长期、原生质充实期、功能期、衰老期 5 个时期。功能期是叶面积最大，叶片光合作用强度最大，维持时间最久，是叶片功能最旺盛的时期。

主茎叶数与品种生育期长短有直接关系。在一定条件下，水稻主茎叶数具有相对稳定性，生育期在 140 天以上的，主茎叶数一般在 15 片以上。各叶片出生时期与根、蘖、穗等器官的生长发育有一定的关系，为此，在一定程度上可以用叶龄表示稻株的生育阶段（图 7-4）。

叶片出叶速度与生育期关系密切，如前期叶片面积小，出叶快，分蘖期出生的叶片约需 5～6 天，拔节以后出生的叶片（即最后 3 片叶），一般约为 7～9 天。出叶速度还与温度、氮素营养水平等而不同，一般来讲，温度愈高，氮肥充足时出叶快。此外，外界环境条件对叶片寿命、长短、长相均有关。高产品种从提高稻田群体光合效能出发，要求其叶片短、直、厚。叶片短直，冠层中叶片分布均匀，入射光可透入下层，使受光叶面积增大，提高群体光合效能，叶厚则提高单位面积光合率。

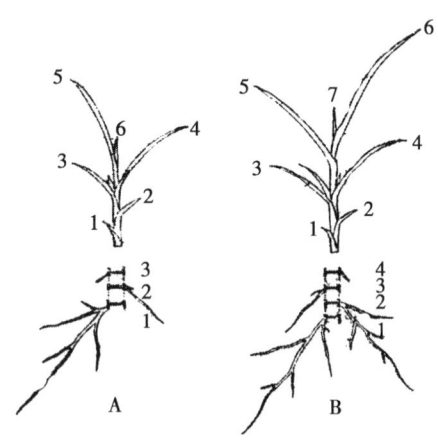

图 7-4　水稻分蘖、叶和根的同伸生长

目前生产上应用的杂交水稻绿叶面积大、叶片厚，可以较好地利用光能。

稻茎上每一片叶各有其生理特性和相应的特殊功能。稻的叶片是稻株光合作用的最重要的器官，叶片的光合量占全株总光合量的 90% 以上，是制造有机物质的最重要基地。就是叶鞘也能制造养分，且还是养分的重要储藏器官之一。

主茎上一定叶位的叶片生理功能和稻株生育阶段有密切的内在联系。据研究，从其形态、生长、代

谢、功能上的差异，大田期水稻叶片可分3组：以长叶、蘖等营养器官为主，茎基部的5～6片叶为营养生长叶；以长茎和穗为主的中部2～3片叶为过渡叶；以结实为主的最后3～4片叶为生殖生长叶。幼叶靠老叶供给光合产物和矿质元素，茎和根的生长点接受从叶子来的营养物质，剑叶光合产物约有4/5输送到穗子，子实的储藏养料1/3来自剑叶，2/3来自开花后绿叶的光合产物。因此，要对稻株获得一个整体的概念，必须对各个叶片间的相互关系进行分析，明确主茎上一定叶位的叶片其生理功能和稻株的相应生育阶段的器官内在联系。这样，在生产实践中，可采取相应措施，以调节其光合产物运转方向和稻株器官建成，使水稻的苗、株、穗、粒及个体和群体协调发展，以达到高产之目的。

第五节　蘖的生长

稻茎上的每个节（除最上部节外）都有一个分蘖芽（即腋芽），各个分蘖芽在环境条件适宜时，都能发育成分蘖。但在一般的栽培情况下，地上部4～5个伸长节与茎秆基部1～3个节很少发生分蘖，仅在接近地表几个中间节位发生分蘖，这类节称为分蘖节。

通常将从主茎发生的分蘖称为第一次分蘖，从第一次分蘖茎节上发生的分蘖称为第二次分蘖，以此类推（图7-5）。分蘖和根同时从同一节位上发生，与母茎出叶期存在密切关系。母茎第n叶出现时，正是母茎n-3叶位的分蘖和根出现期，即母茎第n叶与母茎n-3叶位的分蘖和根呈同伸关系。杂交水稻分蘖力强，发生分蘖的叶位节范围较宽，因此，单株分蘖数也多。

田间记载分蘖消长是以开始分蘖的植株达10%时为分蘖始期，达到50%时为分蘖期。以分蘖增加最快的时期为分蘖盛期，分蘖数达到最高数量时为最高分蘖期。

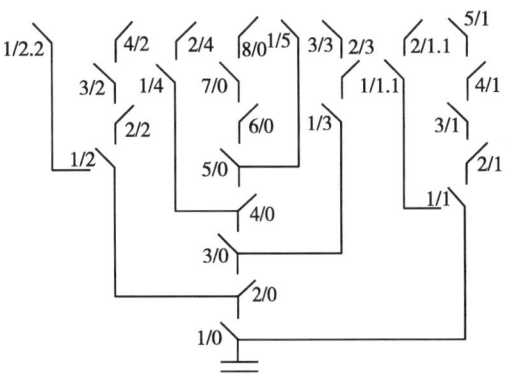

图7-5　水稻分蘖示意图

水稻分蘖可分有效分蘖和无效分蘖，一般以每穗结实粒数在5粒以上的称有效分蘖，否则为无效分蘖。分蘖发生初期，因尚未形成自己的根系，不能独立生活，依赖主茎供给养分。分蘖出现3片叶时，开始发根，4片叶时，已具备比较健全的根系，可以不依赖主茎的营养而独立生活。拔节后主茎的茎、穗、叶迅速生长，需要大量的营养物质，因而对分蘖的养分供应锐减。此时，如果分蘖尚未长出独立根系，则可能因养料不足而中途停止生长或死亡。若分蘖叶数较多，根系发达，独立营养能力较强，则可能成穗。因此，在主茎开始拔节时，具有3片左右绿叶的分蘖，存在向有效和无效两个方向转化的可能。一般来讲，分蘖发生愈早，成穗率愈高。分蘖要在拔节前长出3叶以上并发生根系，而分蘖期主茎约5～6天出1片叶，按此推算，有效分蘖的最迟出现期应在拔节前15天左右。

环境条件和栽培技术都会影响水稻分蘖。水稻分蘖的最低气温是15～16℃，最低水温是16～17℃，在田间条件下，日平均气温达20℃以上，分蘖发生才比较顺利。当本田叶面积指数大，稻田群体内部的光照削弱，分蘖会停止。在分蘖期灌深水，造成稻苗组织柔嫩，影响根系生长，对分蘖发生也有抑制作用。又如肥田或施氮量多，稻株体内含氮最高，分蘖发生早而快，分蘖也多；反之，分蘖就少。秧苗栽插过深，会使分蘖发生的时间延迟，分蘖数减少。稀植、单本插的情况下，分蘖较多，分蘖期也长。分蘖多少也与品种分蘖能力强弱有关。

第六节　茎的生长

稻茎一般为圆筒形，中空，茎上有节，两节之间称为节间。节上生叶和芽。茎的节间数、长度和粗度因品种而异，一般为 10～17 个节。基部的节密集，节间不伸长，为分蘖节。地上部分的节间可以伸长，为伸长节。主茎地上伸长节一般只有 3～6 个，因品种生育期长短而不同。节间长度以主茎下位的节间短，上位的节间长，最上位的一个节间最长。节的内部充实，表面隆起，组织工作的薄壁细胞充满原生质，生活力旺盛。与其他部分相比，含有较多的糖分和淀粉等，使节部成为出叶、发根和分蘖活动中心。因此，节的大小和机能直接影响到其他器官的发育，在接近土表的几个节，节的直径较大，其上的根系多且粗，着生的分蘖和叶均较大。

水稻茎的初期生长为顶端生长，由于顶端分生组织的活动形成新的茎节和叶片。从穗开始分化到分化完成，茎顶部分生组织退化，以后的生长靠居间分生组织。由于居间分生组织的分裂活动，使节间伸长。当茎部的节间进行居间生长，开始伸长达 1～2 厘米以上时，称为拔节。拔节和穗分化之间的先后关系，主要是受伸长节间数目支配的。但因栽培时期不同，生育期的缩短或延长，主茎叶数与伸长节间数减少或增多，拔节与幼穗分化关系亦有改变。一般而言，早稻先幼穗分化后拔节；中稻拔节与幼穗分化同时进行；晚稻是先拔节后幼穗分化。如汕优 63 在丽水山区作单季晚稻栽培时，主茎基部节间开始伸长时，幼穗尚未分化，即先拔节后幼穗分化。

水稻的茎秆担负着输导与储藏功能。运送根部从土壤中吸收来的水分和养料到叶中去，供光合作用及其他生理活动的需要，由叶片光合作用所制成的养分，也通过茎输送到需要的部位。茎也是养分储藏的地方，水稻穗部的养分，约 1/4 左右是由茎或叶鞘储藏的养分，在出穗后输送到穗上去。茎还有通气功能，使地上部的空气可以自根基输入根尖，并能向根际土壤排出氧气，发送根际土壤环境，使根系能顺利完成吸收水分、矿质养分和合成有机物质等作用。此外，茎有坚强的支持作用，水稻茎基部节间长短、粗细与倒伏有很大关系。杂交水稻具有基部伸长节间短而粗和秆壁厚实等特点，因而对于抵抗倒伏有利。

第七节　穗的形成与开花结实

稻穗由主轴、第一次枝梗、第二次枝梗、小穗（颖花）组成（图 7-6）。水稻每个小穗有 3 朵小花，但只有 1 朵小花能发育，发育完成的小花由内外稃、鳞片、雄蕊和雌蕊等部分组成。

水稻在完成一定营养生长之后，茎的生长锥便转入幼穗分化，形成稻穗。整个稻穗的发育是一个连续的过程，为了应用上的方便，常将它分为若干时期。第一种方法是将稻穗发育过程分为 2 个时期：第一个时期为幼穗形成期，也就是生殖器官形成期；第二个时期为孕穗期，即生殖细胞形成期。第二种是我国丁颖等将稻穗发育过程划分为 8 个时期，目前国内采用较多。第三种是国外资料中常见的日本松岛的划分方法。第四种是江苏农学院提出的简要划分法。现将这 4 种划分方法比较如下（表 7-2）。

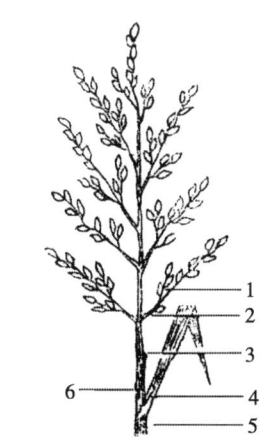

图 7-6　多枝穗的形态
1. 二次枝梗　2. 一次枝梗　3. 穗颈节
4. 剑叶　5. 剑叶鞘　6. 穗颈

幼穗发育时期的鉴别，对水稻生产具有很重要的意义。在确定大田群体稻穗的发育进度时，只要检查主茎的平均发育期，就大体可代表全田的发育进度。幼穗发育进度的鉴定，除了用解剖镜和显微镜进行直接的解剖观察外，也可以根据稻株器官内部发育与外形变化相关性的原理进行检查。如叶龄余数、幼穗形态变化、剑叶叶枕与其下一叶的叶枕距等。叶枕距 0 左右时，幼穗正处在最活跃的减数分裂期。

稻穗自叶鞘伸出 1 厘米以上，称为抽穗。一个稻穗自露出到全部抽出约 3～5 天，在山区，全田所有植株完成抽穗一般要 10 天左右的时间。

每朵小花自内外稃开始张开到闭合，称为开花，全穗小花约 7 天左右开完。水稻的授粉是在小花临开之前进行的，健全花开花后，雌蕊柱头上布满花粉，花粉落在雌蕊柱头上后约 2～3 分钟即开始发芽，雌蕊子房受精后，胚及胚乳即开始发育，子房随之膨大、充实、形成米粒。山区单季稻开花后，约经 35～40 天左右时间成熟，其中粳稻比籼稻时间长。

表 7-2　稻穗发育期划分比较

简单划分	简要划分	松岛划分	丁颖划分	识别方法	
				叶龄余数	形态变化
幼穗形成期	枝梗分化期	1. 穗轴分化期	1. 第一苞分化期	3.0	看不出
		2. 枝梗分化期 ①第一次枝梗分化期 ②第二次枝梗分化期	2. 第一次枝梗原基分化期	2.5～2.7	毛出现
	小穗分化期	3. 小穗分化期 ①小穗分化前期 ②小穗分化中期 ③小穗分化后期	3. 第二次枝梗原基和小穗原基分化期	1.8～2.2	毛丛丛
			4. 雌雄蕊形成期	1.3～1.5	粒粒见
孕穗期	减数分裂期	4. 生殖细胞形成期	5. 花粉母细胞形成期	0.3～0.4	谷壳分
		5. 减数分裂期	6. 花粉母细胞减数分裂期	0.1～0.2	谷半长
	花粉粒形成期	6. 花粉外壳形成期	7. 花粉内容物充实期	0	穗现绿
		7. 花粉形成期	8. 花粉完成期	0	即出现

稻穗的大小因品种、栽培条件、分蘖迟早的不同而差异较大。杂交水稻具有良好秆型和多花的特点，从而构成穗大粒多的明显优势。颈节分化时氮素供应充沛，生长条件良好，穗基也可同时出生 2～3 条 1 次枝梗，叫做多枝穗。这在丰产田中常常见到，是丰收的征兆。稻穗分化至抽穗开花期间的环境条件与稻穗的分化、结实均有十分密切的关系。就温度而言，温度过低就会影响穗的发育，特别是减数分裂期，即通常叫孕穗期，（抽穗前 12～14 天）是对低温敏感的时期，低温危害严重时将产生大量白稃不孕花。第二个最敏感的时期是抽穗开花期，低温将造成"翘稻头"，严重减产。此外，光照不足，土壤水分亏缺等均会影响稻穗分化和灌浆结实。

第八节　水稻产量的构成

水稻产量是由单位面积上的有效穗数、每穗颖花数、结实率、粒重 4 个因素构成。这 4 个因素相互联系、相互制约、相互补偿，只有在各因素协调发展的情况下，才能获得较高的产量。由于水稻产量各构成因素的形成过程是碳水化合物的生产及其向籽粒的转运和积累过程，是水稻生长发育一系列生理、生化、生态过程的最后结果。因此，产量构成因素的形成过程可以分为紧密联系的三个步骤：

第一，形成吸收、转运养分和进行光合作用的营养器官，即形成以根、茎、蘖、叶等以生产碳水化合物为主的营养生长阶段，也就是每亩穗数的构成阶段。单位面积上的有效穗数是由基本苗数、单株分蘖数和成穗率 3 个因素形成，在插足一定的基本苗数的前提下，决定穗数的关键时期是分蘖始期至有效分蘖终止期，促进早生分蘖培育健壮大蘖，提高单株成穗率，是这阶段的栽培目标。

第二，形成稻穗、颖花等生殖器官和"产量容器"，决定产量的容纳能力，也就是每亩颖花数的构成阶段。每穗颖花数是由颖花分化数和退化颖花数之差决定的，每穗颖花数的积极增殖期是在枝梗分化期和颖花分化期，为了促使颖花分化数的增加，必须在穗轴分化期和颖花分化期创造良好的环境条件。

同时，在减数分裂期前后创造适宜的生育环境，可减少颖花退化。

第三，产量"内容物质"的生产、积累和向籽粒运转，也就是结实率和粒重的构成阶段。水稻结实率是指饱满谷粒数和稻穗颖花数的比值。影响结实率的最大时期是在出穗前颖花分化期和减数分裂期。出穗后则是胚乳增长的盛期，是决定粒重的重要时期，也是决定结实率的时期。培育健壮植株，控制合理的颖花量，防治病虫和防止倒伏等，均能有效地提高结实率和粒重。

影响水稻产量的诸因素虽然是在不同时期内形成，但构成因素的形成和发展不是孤立的，而是相互联系、相互制约的。常常出现一个因素增长，其他因素反而降低的现象，如增加单位面积穗数，每穗粒数就会减少；当粒数增加，结实率必将降低。因此，提高水稻产量的关键不仅仅调节单个产量构成因素，更要知道与高产形成有关因素之间的相互补偿协调，在生产上必须瞻前顾后，统筹兼顾，使群体与个体、生长与发育之间的矛盾，能够得到协调统一，使其向着预计产量构成的目标发展。

第八章
水稻栽培技术演变

第一节　水稻栽培技术

一、育秧技术

在水稻栽培史上水稻育秧移栽技术具有划时代的意义，标志着水稻生产进入精耕细作时代。水稻育秧技术产生有 1 700 多年的历史，江浙一带应用大约在公元 8 世纪中叶，丽水市古为东南偏僻之地，故水稻育秧移栽技术的应用略迟于此。纵观丽水水稻育秧技术发展史，约略可分为水育秧、半旱通气育秧、稀播育秧、小苗带土育秧、塑料薄膜保温育秧、两段育秧、地膜保温育秧、多效唑化控育秧及三秧配套等阶段。

（一）水育秧

水稻水育秧技术是原始的育秧技术，历史最为悠久，从水稻育秧技术在丽水市应用开始直至 20 世纪 50 年代初，皆用此法培育水稻秧苗，一些偏远山区、半山区到 20 世纪 70 年代仍在应用。传统的水育秧其制作特点是水耕水蹚，秧田整块不分畦；管理方式是水播水育，播种至移植始终不断水。缺点是秧苗生长不良、影响农活操作；优点是容易拔秧、不受鸟害。种子只经晒种和风选，谷种不催芽。播种密度高，秧苗廋弱，烂秧严重。1931 年，遂昌、松阳等县试作改良水秧田，就是在传统水秧田的基础上，将整块秧田分成四尺宽的长区，区与区间留一尺宽的空路（不挖沟）不播种，这种秧田较易进行肥水管理、防病治虫等农活，故称合适水秧田。20 世纪 50 年代，丽水市农业工作者对水育秧进行了改进，同时，开始推广种子过“五关”，即晒种、选种、浸种、消毒、催芽，以提高种子质量，改变了“硬子”播种的传统习惯，缩短谷种“落泥”至扎根、立苗的时间，一定程度上减少了早稻育秧过程中烂种、烂芽现象。

（二）半旱通气育秧

水育秧在秧苗扎根、立苗阶段因水淹缺氧而使秧苗生长受抑，因而秧苗抵御不良环境能力弱。丽水市早稻育秧期间冷空气活动频繁，生产上常有大规模烂种、烂芽甚至死苗，因此，保证秧苗能满足生产所需成为农业生产重大事项，为各级政府主要领导所关注。20 世纪 50 年代中期，丽水市开始推广半旱通气育秧，改大秧板为畦式秧板（燥耕，燥作，水蹚），为秧田水浆管理创造良好的条件。此法于秧苗扎根、立苗期在畦沟中晴天保持平沟水，阴天半沟水，雨天排干水，立苗期后秧板逐渐建立水层，维系了秧田通透性，氧气供应充分，符合秧苗生理需要。此时，丽水市农业气象研究有了进展，初步掌握了春播期间冷空气活动规律，做到“冷尾暖头”抢晴播种减少早稻烂秧。

（三）稀播育秧

20 世纪 50 年代末至 60 年代初，随着水稻高产栽培理论研究的进展，水稻秧苗素质与高产的密切关系进一步明确。丽水各地开展了减少播种量提高秧苗素质的探索，并根据不同茬口、不同熟期、不同秧龄调整播种量，总结出绿肥田早稻 30 天秧龄的每亩秧田播种量 90 千克；早熟春花田 40 天秧龄的每亩播种量 60～65 千克；中熟春花田 45～50 天秧龄的每亩播种量 40～50 千克；迟熟春花田秧龄在 50 天以上的每亩播种量 25～30 千克的成功经验，从而使原来早稻播种量从水育秧的 150～200 千克降到 100

千克以下，秧苗素质得以显著提高，春花田早稻因秧苗素质而引起的"早穗"问题在一定程度上得到解决。

（四）小苗带土育秧

1969 年丽水市缙云县首创在零星杂地或水泥晒谷场上培育水稻小苗带土移栽法。此法在场地上铺上一层塘泥、糊泥等沉实后播种，播种量每亩 200～250 千克，秧龄 20 天左右，移栽时连土铲起。小苗带土育秧技术的优点主要是节省秧田、节省成本，移栽后返青分蘖快，有利于克服低温引起的冷害发僵。但其也存在着播种量大、秧龄不能太长、育成的秧苗不矮壮、运秧人工大等缺点。此法不适用于三熟制早稻和生育期长的晚稻育秧，在绿肥田早稻上被普遍应用，一段时间曾在全国推广。

（五）塑料薄膜保温育秧

随着连作稻、新三熟制的发展，季节矛盾、劳动力紧张加剧，绿肥田早稻的早播早插既有利于早稻的高产，也有利于晚稻的稳产。然而，丽水市因低温引起的早播早稻秧苗成秧率不高问题仍是当时生产中的难点，在冷空气来临时人们虽然采用传统的深水护苗、熏烟等措施加以防范，但效果有限。20 世纪 60 年代初，丽水市开始在绿肥田早稻生产上试用塑料薄膜保温育秧，其抵御低温阴雨、防止早稻烂秧效果十分显著。

薄膜育秧是利用薄膜覆盖透光、保温、保湿的特性促进秧苗生长，一般用于连作早稻和早播的单季稻育秧。在双季稻地区，早稻利用薄膜可以提早播种，能得到适宜的温度，避免低温烂秧，达到提前移栽，提早成熟。早稻迟熟品种利用薄膜育秧可以代替中熟品种，以利于晚稻接茬移栽；早熟品种利用薄膜育秧，可提早成熟，可作中粳或晚季早籼的"借用秧田"。

在技术上要求做到以盖膜的宽度定畦宽，一般采取搭架盖膜。出苗以前不通风，齐苗后在阴冷天气和夜间防止漏风伤苗，遇晴暖天气，在中午前后膜内温度超过 30℃时，要在畦的两头揭开薄膜，通风降温；如果温度继续上升，则要掀开薄膜中段或揭开半边通风降温。晴暖天气通风要在早上进行，不要在中午揭膜，以免死苗。通风要结合灌水，做到先灌水后揭膜，以防失水。全部揭膜不宜过早，应在日最低温度达 10℃以上时。塑料薄膜保温育秧技术的应用是人类水稻育秧史上第一次以有效的手段抗击不良环境的侵袭，基本解决了早稻烂秧对生产的影响。但此时因塑料薄膜供应不足，成本高，每亩秧田需 100 千克左右，在生产上应用受到限制，未能普及。

（六）两段育秧

丽水市针对迟熟连作晚稻秧龄长、秧苗老化严重影响产量的情况，于 20 世纪 70 年代中期开始应用两段育秧技术。所谓两段育秧就是在培育秧苗的过程中分成两个阶段：第一段是小苗阶段，秧龄为7～15 天，可采用室内无土或有土育苗、场地湿润土育苗、专用秧田育苗或塑盘育苗，以密播或早育为主，当秧苗长大逐渐拥挤时，就要及时寄秧。第二段是寄秧阶段，寄插密度可根据秧龄长短决定，即秧龄短则密，秧龄长则稀。一般以 5 厘米×6.67 厘米或 6.67 厘米×6.67 厘米的株行距，每亩 15 万～20 万株苗，浅浅地寄栽到经过整耕施肥的寄秧田里。

两段育秧的特点主要在于可培育出带大分蘖的壮秧，移栽后秧苗地下部分生根快，发根多，分枝根多，根系分布范围广，吸收面积大，根的活力旺盛；地上部分出叶速度快，叶片宽，叶面积大，与普通水育大秧相比，叶面积指数较早达到高峰，最高叶面积指数较高，维持较高面积指数的时期较长，有利于干物质的积累，生育后期不易早衰，灌浆快。

在秧田管理上，小苗阶段要求培育矮壮苗，采取以控为主，促进稳长，防止徒长。寄秧阶段要求前期迅速促进，后期不徒长。其施肥特点是以耙面肥为主，适施促蘖肥，施好起身肥；水分管理应保持活水浅灌勤灌，促进和保持根系活力，及时防治病虫害，移栽时做到带药带肥下田。

应用两段育秧有效改善了晚稻秧苗素质，其培育的秧苗个体均匀矮壮，为提高晚稻迟熟品种产量、缓和茬口矛盾、节省专用秧田、扩大早稻种植面积、提高复种指数创造了有利条件。1978 年后丽水市开始大面积推广杂交水稻，普遍生育期长，茬口安排紧张，尤其是三熟制晚稻季节矛盾更趋突出，杂交晚稻的壮秧培育成为发挥杂交水稻优势的关键因素，两段育秧技术的优点正适合克服杂交水稻生产季节矛盾。因此，水稻两段育秧技术在丽水市大范围应用。

（七）地膜保温育秧

地膜保温育秧是塑料薄膜保温育秧的进一步发展。20 世纪 80 年代初，丽水市开始应用地膜覆盖育秧，由于每亩地膜用量少，育秧成本大幅降低，故而很快在生产上得到普及，迅速取代塑料薄膜保温育秧，成为防止早稻烂秧、培育壮秧、促进增产的一项主要措施。在生产实践中应用技术不断改进和扩展，有的利用地膜覆盖进行浸种不催芽育秧，有的采用地膜打孔平铺覆盖，总体上从平铺覆盖向低棚架转换。地膜保温育秧技术的普遍应用，使丽水市真正实现了水稻保护性培育秧苗，成秧率和秧苗素质全面地提高。

（八）多效唑化控育秧

丽水市连作晚稻因茬口限制，秧龄长，育秧期又值盛夏，秧苗生长迅速而徒长，移栽时苗体过大，栽后败苗迟发，延误季节，影响产量。自连晚推广杂交稻以来，这一问题更为突出，虽然采取了肥水调控，两段育秧等控制措施，效果仍不理想，有时不得不割叶移栽，成为连晚稳产高产的一大障碍。1985 年丽水市各地引进多效唑，并对连晚秧苗进行化学调控试验，取得了十分显著的矮化、增蘖效果。丽水市农业科学研究所董祖淦等试验表明，在秧苗 1 叶 1 心应用 15％多效唑粉剂，每亩 200 克，加水 100 千克于秧田均匀喷施，可收到控制秧苗徒长、促进秧苗分蘖、抑制秧田杂草、防止插后败苗、有利早生快发、达到增穗增产的良好效果，一般亩增 30～40 千克，增产 8％左右。试验还表明，多效唑的调控效果与施用浓度相关，株高随浓度提高而递减；单株分蘖随浓度增加呈抛物线形变化，以浓度 300 毫克/升时分蘖为最多；药效期随浓度增加而延长，每亩秧田施用 200 毫克/升时为 18 天，300 毫克/升时为 35 天。多效唑的施用应根据秧龄长短确定合理的施用浓度，一般为 200～300 毫克/升，亩喷施 100 千克药液。浓度低调控效果差，达不到预期目的，浓度过高，植株变矮，穗型变小，反而减产，同时秧田残留难以去除。为充分发挥多效唑的调控效果，要同两段育秧或稀播相结合。

（九）三秧配套

经过广大农业技术工作者的不断探索和实践，到了 20 世纪 80 年代丽水市已形成适应不同茬口、不同熟期的水稻育秧技术体系。一般绿肥田早稻以地膜保温育秧为主，搭配稀插秧；春花田早稻以稀插秧为主，搭配部分两段秧；晚稻以两段育秧为主，搭配稀插大秧，并与多效唑化控技术紧密结合。不同育秧方式的应用，基本满足了丽水市不同耕作制度下，水稻生产高产栽培对秧苗素质的要求。

在水稻育秧方式不断演化的过程中，为培育壮秧，秧田施肥技术也不断进步，将"断奶肥"的施用期从 3 叶期提早到 2 叶 1 心期；"起身肥"提早到移栽前 1 个星期。强调秧田施用有机肥，增施磷钾肥；碳/氮比理论和叶、蘖同伸关系等应用于培育杂交稻带蘖老健秧，使得肥水促控措施更为准确和科学。

二、移栽密度

种植密度自古较稀，习惯于四方形栽种，直、横距相等，株间能放进农民的斗笠，种植密度大多在 33 厘米见方以上，山区更稀，即所谓大丛稀植栽培，丛插 15～20 苗。20 世纪 50 年代初，丽水市水稻生产种植密度仍在 1 万丛/亩以下。

1953 年，贯彻农业八字宪法，开始提倡合理密植，我国农业科技人员对水稻群体结构进行研究，提出改大丛稀植为小丛密植。1952 年缙云县天美乡孙绍钟首先试种小株密植法 2.12 亩，株行距 20 厘米×23.3 厘米，亩产达到 362.5 千克，取得成功，同年在全县推广 1 230.6 亩，普遍增产一成以上，翌年 5 月在丽水市各县推广水稻小株密植栽培法，为以后水稻栽培合理密植打下基础。此时推广的密度大多为（20～23.3）厘米×（23.3～26.7）厘米、每丛插苗数 10 根左右。1956 年丽水市曾推广"直六横三"栽植法，但是，农民习惯于稀植，应用的品种为高秆品种，易倒伏，生产实际应用大多为 26.7 厘米×33.3 厘米。

1958—1959 年"大跃进"期间，受极"左"思潮的影响，小株密植变了味，一些地方竞放"高产卫星"，推广"满天星"栽培，提出栽插密度 16.7 厘米×（6.7～10）厘米，插秧带尺拉绳，并强行推广。有的采取"移苗拼丘"等失去理性的举措,将抽穗期的稻苗,拔苗并丘,创造所谓"千斤亩"。过度密植造成水稻后期群体过大而倒伏、霉烂,有的甚至颗粒无收,农民纷纷怨叹"浓株密植,肚皮饿笔直"。

20世纪60年代初,浮夸风得以纠正,产量高指标、过度密植等违反科学规律的东西被抛弃,农业生产走上正道,丽水市各地认真贯彻"农业八字宪法",因地制宜推广科学栽培技术,提出合理密植移栽。此时,我国水稻矮秆优良品种开始应用于生产,代替易倒伏的高秆农家品种,矮脚南特、珍珠矮、二九矮、早金凤5号等一批矮秆良种前后在丽水市各地试种成功,并迅速在生产中推广,丽水市初步实现早稻矮秆化。根据矮秆品种的特点,开展水稻高产群体结构研究,提出早稻株行距(16.7～20)厘米×20厘米,晚稻23.3厘米×26.7厘米,山区单季稻26.7厘米×(26.7～30)厘米的合理密植要求。

20世纪70年代,矮化水稻品种株型进一步优化,前后推广了圭陆矮8号、珍龙13、二九青、原丰早、广陆矮4号、竹科2号等株型较为紧凑、产量高的品种,丽水市基本实现早稻矮秆化;在水稻育秧上推广小苗带土移植,秧龄短,苗小;在栽培理论上提出依靠主穗、多穗夺高产,此阶段提出高产的密度为早稻16.7厘米×(10～13.3)厘米。为达到密植要求,许多地方曾经使用划格器。20世纪70年代末,杂交水稻开始推广应用,密植程度为20厘米×(13.3～16.7)厘米。高密度移栽,劳动力负担重,病虫的危害多,一些山区半山区移栽密度只有1万～1.5万丛/亩。

20世纪80年代,杂交水稻在丽水市晚稻大面积应用,以两段育秧为主的育秧方式,使人们认识到分蘖成穗在高产水稻栽培中的作用和意义。同时,我国水稻栽培理论研究取得重大成果,凌启鸿在研究个体与群体生长发育规律的基础上,建立了水稻叶龄模式栽培体系;蒋彭炎通过系列试验,研制出了水稻稀少平栽培法等等。这些理论的提出,使水稻高产栽培从每亩增加穗数为主,转向在一定穗数的基础上提高每穗粒数和结实率,以充分发挥分蘖成穗对产量的贡献。因而在稀播培育壮秧基础上,逐步实行少本插密植,从此,丽水市水稻种植密度走上根据品种(组合)分蘖特性、穗型等综合考虑群体与个体间的协调发展的轨道,在产量构成上强调穗粒兼顾。具体表现在亩移栽丛数不减,而每丛苗数下降,常规早稻亩插2.0万～2.5万丛,落田苗10万～12万;杂交早稻1.8万～2.0万丛,落田苗8万～10万;杂交晚稻1.5万～1.8万丛,落田苗6万～8万。

20世纪90年代中期,丽水市直播、抛秧、旱育秧三大轻型栽培技术大面积应用于生产,尤其是直播、抛秧技术改变了传统的拔苗移栽方式。1995—1997年丽水市直播稻29.69万亩,抛秧栽培2.06万亩。直播从整地角度出发有免耕直播和翻耕直播之分,从播种方式区分有点播和散播之别;抛秧栽培有塑盘抛秧和无盘抛秧(旱育秧抛栽)。直播主要应用于常规早稻、单季稻;塑盘抛秧主要应用于早稻,无盘抛秧可应用于各季水稻。直播稻、抛秧稻和移栽稻相比改变了水稻直株在田间的分布状态,直播、抛秧秧苗在田间为散状(点播相对集中),更有利于个体的均衡发育。直播常规稻一般亩播3～5千克种子,基本苗5万～10万;单季杂交稻亩播1.5千克种子,基本苗3万～4万;抛秧常规稻落田苗8万左右,杂交稻6万左右。

20世纪90年代末至21世纪初,开始农业产业结构调整,各种经济作物—水稻的种植结构模式大量出现,平原地区晚稻种植时间提前,类似于单季稻生长季节充裕,光温条件良好;超级稻品种两优培九等应用于生产;栽培理论上,以攻大穗为主的高产栽培体系确立,单季杂交稻、平原地区早栽杂交晚稻的合理密度为1.2万～1.5万丛/亩。各地还开展了强化栽培技术的试验、示范,秧龄控制在15天以内,小苗移植,亩插1万丛以下,加强肥水管理,充分发挥个体,以大穗夺高产,取得理想的效果。

三、施肥技术

稻作的施肥古时以杂草、农家肥为主,无机肥的应用除草木灰外,其他只有少量的天然矿物;有机绿肥在丽水市种植历史虽为悠久,但大规模应用生产还是在20世纪60年代;化学肥料的真正应用始于20世纪50年代,其应用种类、数量及施用方法随水稻生产的发展而不断增加和改变,种类由氮、磷、钾,发展到复合肥、微量肥、叶面肥。丽水市稻作的施肥方法为被动式的看苗施肥,20世纪50年代,从增加每亩穗数的角度出发，提出了"一轰头"施肥法；20 世纪 80 年代初推行前促、中控、后补的平衡促进法；20 世纪 80 年代后期利用土壤普查成果，提出"以土定产，以产定氮，以缺补缺"的配方施肥法。

（一）肥料种类

农家肥有人粪尿、禽畜栏肥、草木灰、焦泥灰、垃圾、塘泥、头发、食用菌废料等。

绿肥有杂草、柴叶等野生绿肥和紫云英、绿萍、细叶绿萍、田菁、蚕豆、大麦等种植绿肥。

饼肥有菜籽饼、茶饼、桐籽饼。

矿物肥有明矾、石灰、骨粉、硫黄等。

秸秆肥有稻草、油菜秆、蚕豇豆秆、花生藤、玉米秆等。

化学肥料有：①氮素肥料有硫酸铵、氨水、碳酸氢铵、尿素、硝酸铵、石灰氮、氯化铵；②磷素肥料有过磷酸钙、钙镁磷肥、磷矿粉、钢渣磷肥等；③钾素肥料有氯化钾、硫酸钾；④复合肥料有氮、磷、钾三元复合肥和氮磷、氮钾、磷钾二元复合肥；⑤微肥和叶面肥及其他：微量元素肥有硼砂、硫酸锌、钼酸铵、硫酸镁、硅肥等；叶面肥有磷酸二氢钾、叶面宝、喷施宝、三十烷醇、多元微肥、腐殖酸铵等；菌肥有 5406、水稻增产菌、多效菌等。

丽水市的稻作施肥期按其施肥种类的演变可分为以下阶段：

1. 有机肥为主的稻作施肥期（20 世纪 50 年代）　过去稻作肥料大多是有机肥，且以基肥为主。秋冬之季烧积大量的焦泥灰以备来年之用，春后上山割嫩草、柴叶直接施入田中翻耕入土，或制作沤肥后施用，有的亩施 1 000～1 500 千克猪、牛栏肥用作基肥。追肥大多用泥灰拌人粪尿、骨灰、饼肥，在移栽后 7～10 天撮秧根并结合耘田，第二次耘田撒施泥灰，叶色淡时，浇稀薄人粪尿。秧苗发僵时施石灰、明矾或石膏等。20 世纪 50 年代初水稻施肥基本如此，平均每亩年施肥 2 020 千克，其中农家肥 1 990 千克。化学肥料使用最早的是云和县民国 14 年（1925 年）即开始应用硫酸铵；丽水市 1953 年始用过磷酸钙，1955 年始用钙镁磷肥，1959 年始用硫酸钾。20 世纪 50 年代化学肥料供应量很少，品种不多，故水稻施肥仍以有机肥为主。

2. 有机肥为主配施化肥的稻作施肥期（20 世纪 60～80 年代）　20 世纪 60 年代开始，矮秆品种大面积应用于生产，连作稻面积逐年扩大，至 1972 年丽水市连作稻面积达 72 万亩，20 世纪 70 年代基本稳定在此规模，约占耕地面积的 1/3；大田复种指数不断提高，对肥料的需求迅速增长，以农家肥为主的肥料来源，在数量上、品种上已不能满足水稻生产的发展。丽水市采取种、养、积、秸秆还田、施用化肥等措施，来解决肥料紧缺的问题。

（1）"种" 即大种绿肥。民国 25 年（1936 年）原丽水县已种植紫云英 1.31 万亩，20 世纪 50 年代最多达 3.44 万亩。1963 年，当时地委书记张敬堂大力推广种植紫云英作肥料的经验，并应用根瘤菌接种，钙镁磷肥拌种的措施，提高绿肥产量，取得"以磷增氮"的效应。从此，丽水市紫云英种植面积不断扩大，1970—1979 年平均每年播种面积 88.7 万亩，1973 年是种植面积最大的一年，达 98.7 万亩，1983 年后农村实行联产承包责任制，紫云英种植面积加速下降，1990 年种植面积 53.09 万亩，到 2004 年只有 17.89 万亩；1962 年推广稻田养萍，1966 年养萍面积达 17 万亩；1978 年引进细绿萍，既肥田又是养猪的青饲料；1978 年在早稻田套种田菁，作晚稻田肥料。

（2）"养" 发展养猪多积栏肥。当时"猪多肥多、肥多粮多"的口号深入人心，家家户户有猪，队队有养猪场，春花田茬口的早稻田和部分晚稻田，在 20 世纪 80 年代以前每亩能施上 1 吨左右的栏肥。

（3）"积" 大积土杂肥。全民发动挖塘泥、沟泥，收集垃圾、拾畜粪，春时割"青蒿"制沤肥，闲时砍柴、削草皮堆烧焦泥灰。当时丽水县每年稻田施用塘泥 3 万余亩。

（4）秸秆还田。 20 世纪 60 年代提倡早稻收获后将 1/3 稻草还田，用作晚稻基肥，但稻草还田后不利翻耕、移栽及栽后稻苗常发生中毒发僵，应用面不广。20 世纪 70 年代后，将还田稻草切断，配施生石灰以及随翻耕机械化的推进，稻草还田逐渐普及，至 1990 年丽水市稻草还田面积 59.75 万亩，主要有机肥有效成分含量见表 8-1。

表 8-1　主要有机肥有效成分含量表

肥料种类	N（%）	P₂O₅（%）	K₂O（%）
腐熟人粪尿	0.5	0.10	0.2
新鲜人粪尿	1	0.5	0.4
猪粪	0.6	0.45	0.5
鸡粪	1.45	0.77	0.49
牛粪	0.59	0.28	0.14
菜籽饼	4.6	2.5	2
堆肥	0.4~0.5	0.18~0.26	0.45~0.7
厩肥	0.5~0.7	0.24~0.84	0.63~1.04
垃圾	0.2~0.36	0.11~0.39	0.17~0.48

（5）化学肥料。化肥是促进农业增产的重要举措，是农业现代文明的重要标志。为适应水稻生产多熟制的需要，20 世纪 60 年代开始以氮素化肥为主的化肥施用量、种类逐步增加。①氮肥。首先是硫酸铵供应量增加，20 世纪 60 年代开始普遍使用，是 20 世纪 60~70 年代主要固体氮肥，主要用作水稻的追肥，但长期使用易引起土壤酸化，20 世纪 80 年代中期后已很少使用。氨水 1962 年开始使用，是 20 世纪 70 年代主要氮肥品种，是丽水市曾使用的唯一液体氮肥品种，主要作基面肥，有时也作追肥使用，但运输不便，储存需专门设施，氨气挥发肥效易损失，施用不当易产生烧苗，后为碳酸氢铵取代，1986 年后不再施用。尿素，1963 年开始使用，含氮量高，对土壤无不良影响而深受欢迎，初时主要依赖进口，价高量少，20 世纪 80 年代后我国大量生产逐步取代硫酸铵，成为水稻主要追肥用氮肥。碳酸氢铵，1966 年开始使用，20 世纪 60~70 年代使用量不多，20 世纪 70 年代末开始取代氨水成为基肥用主要氮肥品种。氯化铵，1979 年开始使用，20 世纪 80 年代施用普遍，20 世纪 90 年代后不再单独使用。②磷肥。主要是钙镁磷肥和过磷酸钙。20 世纪 60 年代开始，钙镁磷肥大量应用于紫云英拌种，用量逐年增加，是 20 世纪 60~80 年代用量最大的磷肥品种，20 世纪 90 年代后，紫云英种植面积下降，施用量退居次席。过磷酸钙，20 世纪 70 年代中期后使用普遍，用量增加，20 世纪 80 年代大量使用，20 世纪 90 年代用量超过钙镁磷肥。磷肥在稻作中主要用作基肥，20 世纪 60~70 年代中期，主要在紫云英拌种中施用，直接作基肥不多，以后稻苗缺磷发僵，被人们所重视，磷肥用作基肥面积不断增加。20 世纪 80 年代的土壤普查表明了丽水市土壤缺磷的普遍性和严重性，稻作基施施磷肥成为普遍措施。③钾肥。20 世纪 60 年代主要是硫酸钾，用量很少。1972 年开始用氯化钾，用量不大，主要用于稻苗缺素发僵。20 世纪 80 年代杂交水稻的推广和土壤普查的结果，钾肥用量增大，钾肥大多用作追肥。④微量和叶面肥。丽水市水稻栽培中有少量发生缺锌，施用硫酸锌加以解决。20 世纪 80 年代中期，在沙性土、土层浅薄田水稻分蘖期发生缺硅、缺镁症，生产中硅肥缺乏，紧急时，在农技人员指导下，施用硅酸盐水泥，效果不错。20 世纪 60~70 年代，叶面肥主要用尿素、磷酸二氢钾，20 世纪 80 年代中期，大面积施用叶面宝、喷施宝。

此期，丽水市稻作施肥总体上是有机肥为主，配施化肥，但是有机肥用量逐渐减少，化肥用量不断增加。1963—1977 年有机肥占总施肥量的 80.6%，1978—1986 年有机肥占 54%，1987—1990 年有机肥占 50%。在化肥的施用上是重氮、轻磷、少钾，20 世纪 60~70 年代稻作化肥只用氮肥和磷肥，1965 年氮磷之比为 1：0.22，1970 年为 1：0.28，1980 年氮、磷、钾之比为 1：0.19：0.02，1990 年氮、磷、钾之比为 1：0.16：0.12。

（二）施肥方法

1. "一轰头"施肥法　20 世纪 60~80 年代初，丽水市的施肥方法采用重前轻后的"一轰头"施肥法，也叫"三肥紧跟，一轰头"施肥法。"三肥"就是以有机肥为主施足基肥的基础上，在移栽前 3~4

天重施起身肥，每亩秧田施硫酸铵等速效氮肥 7.5～10 千克；在插秧时施好耙面肥，一般亩用氨水 150 千克；插后 10 天内施速效氮硫酸铵，一般亩施 7.5 千克左右。总体上是亩施标准肥 2 000～3 000 千克，基、面肥占 70%～80%，第一次追肥在移栽后 5～10 天结合耘田施用，大多为氮肥，占追肥的 70%～80%。

"一轰头"施肥法与品种、育秧方式和秧苗质量、有机肥用量、种植制度有关。20 世纪 60 年代早稻主要品种矮脚南特、珍珠矮、二九矮，20 世纪 70 年代主要早稻品种圭陆矮 8 号、珍龙 13、二九青、原丰早、广陆矮 4 号、竹科 2 号等，多为籼型品种，繁茂性强，为多穗型品种，每穗粒数变化小，每亩穗数变幅大，亩穗数多少与产量关系最为密切。在育秧方式上，不论是早稻的带土小苗秧，还是晚稻的稀播大秧，播种量皆较大，前者播种量常在 250～300 千克，后者也在 100 千克以上，秧苗素质不高，内在素质不利早发。1963 年后，因粮食需求的压力，粮食复种指数不断提高，河谷平原推广春粮（绿肥）—连作稻为主的新三熟；山区推广早稻—秋玉米。1972 年后连作稻面积基本稳定在 57 万亩左右，约占当时丽水市耕地面积的 1/3，即丽水市河谷平原几乎耕地皆为新三熟的耕作制，由此带来季节十分紧张。为稳定和提高晚稻的产量，确保安全齐穗，绿肥田早稻积极开展早播、早插，在尼龙薄膜覆盖条件下，3 月上旬播种，4 月初移栽，此时，气温低而不稳，不利早发；春花田早稻，受春花作物收获期的限制和收获期的不确定性，秧龄普遍偏长，大田营养生长期不足，有的年份因施肥不足或不及时，发生早穗；在三熟制的稻作中，晚稻栽培季节矛盾最为突出，尤其是春花田早稻后作的晚稻，为安全齐穗，各品种播种期不能延后，整个晚稻生长季气温前高后低，秧苗老化快，有效分蘖期短。因而，农艺措施上，及时移栽，采用"一轰头"施肥法，尽速搭好苗架对提高水稻产量显得十分重要。

"一轰头"施肥法的基础建立在施足有机肥为主的基肥之上。因为有机肥充足，前期早而集中施用足量的速效氮肥，苗"轰"得起，中后期有机肥不断分解，营养物质逐渐释放，使中期苗势稳得住，后期保得牢；如追肥施用迟，肥效与有机肥重叠，则易发生贪青迟熟，反而减产，早稻迟熟，延误晚稻移栽，轻则不利晚稻高产，重则秧苗老化而早穗；晚稻迟熟有不能安全齐穗之风险。

2. 前促、中控、后补的平稳促进法　20 世纪 80 年代以前水稻栽培长期沿袭应用数量型栽培，施肥仍沿用促进分蘖早发、快发、多发的措施，从而形成较大的群体数量和较大的群体叶面积，导致无效分蘖增多，群体生长瘦弱，源和库不够协调，抽穗至成熟期个体光合面积减少，最后穗变小，抗逆能力降低，有利病虫发生，难以获得更高产量。20 世纪 80 年代以后，以壮秧为基础，以扩行减少基本茎蘖苗为起点，以降低基、蘖肥的使用比例和提早到够苗期稍前晒田为手段，使其前期稳发稳长，达到最佳的总茎蘖数量，促使穗型变大，粒数增多，获取更高产量。在施肥上相应提出前促、中控、后补的平稳促进法，其施肥特点就是减少前期施肥用量，增加中、后期肥料的比重，使各生育阶段吸收适量的肥料，达到平稳促进。与此同时在营养元素的配比上强调控氮、适磷、增钾。一般亩施标准肥 2 500～3 000 千克，基肥占 60%，分蘖肥占 25%，保花肥占 10%，粒肥占 5%。通过平稳促进施肥法，最高茎蘖下降 8%～10%，有效穗下降 5% 左右，每穗实粒增加 5%～8%。此种施肥法尤其适合单季稻和杂交稻的栽培，单季稻生长季节长，采取"一轰头"施肥法，后期肥力不足而缺肥；杂交稻移栽时基本苗少，依靠分蘖成穗，穗型大，故而中后期肥力要求高。

3. 水稻配方施肥　丽水市水稻栽培中较长时期存在着化肥用量偏多，过氮栽培，20 世纪 80 年代以后，农村联产承包责任制的推行，农民生产热情高涨，盲目施肥现象更为严重，生产上无机肥和有机肥比例失调，氮、磷、钾比例失调，以致出现多施肥不增产的现象。1986 年丽水市莲都、松阳、遂昌 3 区县利用第二次土壤普查的成果，在 10 个乡 29 个村 11 670 亩早稻上开展配方施肥示范，取得比习惯施肥亩增产 8.8% 的效果，1987 年在丽水市推广，1990 年丽水市水稻配方施肥面积达 63.9 万亩。

水稻配方施肥主要技术内容是：

（1）以土定产。按照土壤肥力条件确定水稻的目标产量，一般将习惯施肥下前 3 年的产量平均值加上 5%～10%，作为目标产量。

（2）以产定氮。水稻目标产量确定后，以目标产量乘以稻谷单位氮素吸收量确定氮肥用量，一般用每生产稻谷 100 千克吸收 1.8 千克纯氮计算。

（3）因缺补缺。 根据缺磷补磷、缺钾补钾的原则配施磷、钾肥。通过配方施肥，用氮偏高的得到了控制，用氮偏低的得到了提高，磷、钾肥使用面扩大，氮、磷、钾的比例趋向合理，配方施肥前只有 64% 面积施用磷肥，5% 面积施用钾肥，氮、磷、钾比例为 1：0.2：0.055；配方施肥后有 88% 的面积施用磷肥，90% 面积施用了钾肥，氮、磷、钾比例为 1：0.25：0.33。高产栽培配方施肥还要针对土壤、前作、品种确定好基面肥、苗肥和穗肥所占比例，通过科学田间管理及其他配套措施才能发挥应有的作用。在应用时可按表 8-2 配方施肥简化表操作。

表 8-2 丽水市早稻配方施肥简化表

单位：千克/亩

目标产量	前作	总施肥量（千克）	基面肥			分蘖肥		穗肥	
			有机肥	碳酸氢铵	磷酸二氢钙	尿素	氯化钾	尿素	氯化钾
300	绿肥	38	1 250	12.5	20.0	2.5	4.0	—	2.0
	油菜	46	1 250	15.0	15.0	3.0	2.5	3.0	1.5
	小麦	49	1 250	17.5	17.5	3.0	2.5	3.5	1.5
350	绿肥	42	1 250	15.0	20.0	3.5	4.5	—	2.0
	油菜	50	1 250	18.0	15.0	3.5	3.0	3.5	1.5
	小麦	52	1 250	20.0	17.5	3.5	3.0	4.0	1.5
400	绿肥	43	1 000	20.0	22.5	3.0	5.0	2.0	2.5
	油菜	49	1 000	21.0	17.5	4.0	3.5	4.0	2.0
	小麦	51	1 000	22.5	20.0	4.0	3.5	4.5	2.0
450	绿肥	45	1 000	22.5	22.5	4.0	5.5	2.5	2.5
	油菜	53	1 000	23.5	17.5	4.0	4.0	5.0	2.0
	小麦	55	1 000	25.0	20.0	4.0	4.0	5.5	2.0
500	绿肥	46	750	25.0	25.0	4.0	6.0	3.5	3.0
	油菜	51	750	26.0	22.5	4.0	5.0	6.0	2.0
	小麦	53	750	27.5	22.5	4.0	5.0	6.5	2.0
550	绿肥	50	750	27.5	25.0	4.5	6.5	4.0	3.0
	油菜	55	750	28.5	22.5	4.5	5.0	6.5	2.5
	小麦	59	750	30.0	22.5	4.5	5.0	7.0	2.5
600	绿肥	50	500	30.0	27.5	5.0	7.0	5.5	3.0
	油菜	53	500	31.0	25.0	5.0	5.0	7.0	3.0

四、水浆管理技术

俗话说，"三分种，七分管"。广义的水稻田间管理包括施肥、耘田除草、防病治虫、灌溉等方面，由于水稻施肥和防病治虫已成独立技术体系，作单独介绍，此处就水稻耘田和灌溉给予叙述。

（一）耘田

水稻耘田就是在稻田中进行的中耕除草工作，大多与施肥、水浆管理结合进行。耘田有除草作用之外，还有搅乱田土氧化层、还原层，补充土壤空气，消除土壤中还原有毒物质，加速肥料分解，从而在生产中表现出促进水稻分蘖、减轻中毒发僵作用。耘田通常在稻株活棵扎根稳苗后进行，在杂草刚出芽时，应及时进行，有效分蘖期未结束。

耘田在北魏时期就已出现。宋代得到了进一步的发展。耘田的作用不仅在于除草，而且还要求"不问草的有无，必遍手排捞，务令稻根之旁，液液然而后已"。适应耘田的需要，宋元时期还发明了耘爪，用竹管做成手掌形状，套在手指上，以避免手指直接与田土接触，减少损伤。除手耘之外，元代出现了足耘，即手里拄着一根像拐杖一样的东西，用脚趾塌拔泥上草秒，壅在苗根下，以起到除草和施肥培土的作用。元代还创造了一种用耘荡耘田的方法。耘荡系一种用木板下钉有铁钉，上安有竹柄的工具，耘田的时候，像使用锄头一样，推荡禾垄之间的草泥，可以代替手耘和足耘，同时还提高了效率，减轻了劳动强度。至此，中国传统的水稻耘田方法已经完备。宋元时期所用的耘田方法一直沿用至今。

丽水市耘田的工具为"田耙"，即前端是一宽 4 厘米左右、长 15~18 厘米的铁片，两端连接铁条，铁条末端是铁箍用作固定竹、木棒，使用时从前向下向后拉动，稻苗行间的泥土随即被翻转，杂草被覆盖，因用力不同田土翻转深度不同，一般泥田深翻，沙田浅翻，杂草多或大时深翻，杂草少或小则浅翻。此法除草效果好，表土搅动大，耘田效果好。20 世纪 70 年代推广密植栽培以后，"田耙"耘田已出现操作不方便、劳动强度大等问题，在缙云一带采用"田圈"耘田。即用宽为 3 厘米左右的铁片做成直径 16.7~26.7 厘米不等的铁圈，铁圈前端打一小洞，后端上缘留一根似针状铁，选用长 4 米左右的细竹竿，将铁圈固定在竹竿基部，耘田时稍向下前后推拉，这样可起到除草、搅动作用。丽水市大多采用两次耘田，第一次在移栽后 5~7 天，结合施用追肥，耘田第二次在移栽后半月左右，结合烤田，耘田时保持 3~4 厘米水层。20 世纪 80 年代后，除草剂使用逐渐广泛，耘田减少，以致不复耘田。

（二）灌溉

水稻是喜水作物，种植水稻，首先要解决水源的问题，稻作灌溉技术与稻作文明史一样悠久。烤田是水稻灌溉制度中的重要内容，是在水稻生长某些阶段，利用放干田中水层，使土壤暴晒的过程。烤田技术首见于北魏著名农学家贾思勰的《齐民要术》，其成书约在公元 6 世纪 30 年代。书中提到，"稻苗渐长，复需薅；薅讫，决去水，曝根令坚。量时水旱而溉之。将熟，又去水，霜降获之"。这是说水稻拔节期，要先除草，再排干稻田水层，使阳光暴晒土壤，以使"曝根令坚"。由此可以促进水稻根系发育，增强茎秆抗倒伏的能力。宋代杰出的农业专家陈旉在绍兴十九年（1149 年）著成的《农书》中，又提出在稻田耕地之后，"随于中间及四傍为深大之沟，俾水竭涸，泥坼裂而极干，然后作起沟缺，次第灌溉。夫已干燥之泥，骤得雨即苏碎，不三五日间，稻苗蔚然，殊胜于用粪也"，进一步指出，烤田除了有促进水稻根系发育的作用外，还可以提高土壤温度，改善土壤透气性，有利于好气性微生物活动，加速土壤有机物的分解，起到"殊胜用粪"的增肥效果，达到促进稻株分蘖。南宋年间，烤田技术已在江浙一带盛行。

1. 水稻灌溉设施　丽水市雨量充沛，平均年降水量 1 378~1 740 毫米，降雨日数为 144~202 天。年降水量在季节分布上不匀，3~6 月雨水多，尤其 5~6 月梅雨期降水集中，月降水量在 240~490 毫米；7~8 月高温晴热，蒸发量大于降水量，常发生伏旱。

古时，丽水市稻作灌溉用水主要依靠天然降水和河流、山坑水，降水的多少直接影响水稻的丰收，因此，稻作受旱时有发生，严重影响稻作生产种植面积和产量。水利是稻作的命脉，故塘、堰、坝、堤等水利灌溉设施建设自古至今延绵不断，三国吴赤乌二年（239 年），在今缙云县境建古方塘；南朝梁天监四年（505 年）在莲都境内栏蓄松阴溪建通济堰，引水碧湖平原灌田 20 000 亩；唐朝大中年间（847—859 年），处州刺史段成达建好溪堰，灌溉丽水盆地农田 5 000 亩；宋开禧年间（1205—1207 年），在莲都区保定建洪塘，灌田 2 000 亩；宋代建松阳芳溪堰、龙泉蒋溪堰；元代建松阳京梁堰、白龙堰；明代建莲都屡丰堰，庆元官堰、赵公堰，遂昌叶坦堰，青田徐岙塘、锦石塘；清代建松阳观口堰，缙云广济堰、长兰堰等。丽水市有灌溉千亩以上的古堰 34 条，除个别已湮圮外，大部分经多次重修或改建，至今仍发挥灌溉功能。古代提水工具为吊水桶、戽水桶，宋代始有木制龙骨水车，再发展到牛力推水车、木制水碓轮提水。

新中国成立后，水利灌溉设施建设受到前所未有地重视。20 世纪 50 年代初期，整修一批古老水利工程，如松阳京梁堰、白龙堰、莲都通济堰等；1958 年开始兴建一批小、中型水库，如云和雾溪水库、莲都七百秋水库、缙云白马水库、松阳四都水库、遂昌天堂水库等；20 世纪 70 年代，在"农业学大寨"运动中掀起水利建设高潮，相继建成缙云大洋水库、莲都雅溪水库、松阳东乌水库等一批骨干工程。至 1990 年丽水市共有大中小型水库 1 550 座，其中农田灌溉蓄水 2.14 亿米³；山塘、水塘 18 278口，蓄水 1 747 米³；大小堰坝 20 977 条，年引水 3 亿米³；机电排灌动力 3 234 台。1949 年丽水市有效灌溉面积约 30 万亩，占耕地总面积 17.95％；1990 年有效灌溉面积 118.69 万亩，占耕地总面积 82％，其中旱涝保收面积 64.95 万亩。此时，丽水市河谷平原地区的稻作基本达到旱涝保收，山田、垅田的稻作通过山塘、堰坝的引水、机灌的提水大多能得到有效灌溉。

20 世纪 90 年代后，尤其是到了 20 世纪 90 年代中期以来，丽水市稻作灌溉能力下降现象逐年显现。其原因是，20 世纪 80 年代开始联产承包责任制在农村实行，农业的经营体制成为单家独户的分散状态，农田灌溉系统出现长期无人管理、年久失修后，水渠倒塌，山塘淤积，原有功能退化丧失。

2. 灌溉技术　丽水市早稻每亩需灌溉水 300 米³，晚稻每亩需灌溉水 360 米³。稻田合理灌溉不仅能满足水稻生长发育的需要，且可通过合理的灌排技术，调节水稻生育期间所需要的氧气、温度、养料，使水稻整个生育期都处于最合适的生态环境中，生长发育协调良好。进行稻田合理灌排，其水源和排灌设施是基础；同时根据水稻的需水规律进行科学灌溉是关键。下面是丽水市在稻作生产发展过程中所采取的几种灌溉法：

(1) "浅—深—浅"。20 世纪 50 年代初，稻作沿用过去水作栽培，养水到老，田间不断水的办法。因为水利设施落后，受水源的限制，靠天吃饭，预防干旱，确保有收成是第一要务。平原畈田有的都不敢搁田、烤田，山区、半山区更不能了。20 世纪 50 年代中后期，针对常规高秆中稻的倒伏与增穗，在水利条件较好的稻田，推广"浅—深—浅"型灌溉技术，即分蘖期浅，促发棵；孕穗期深，深水护胎；抽穗后浅，浅水养穗，获得增产 10％以上的效果。

(2) "浅灌—湿润—搁田"。20 世纪 60～70 年代，为适应矮秆品种高肥、密植、争多穗的特点，推行"浅灌—湿润—搁田"相结合的灌溉技术。水层灌溉时间由长到短，水层深度由深到浅，生长中期由不搁田到迟搁、一次重搁。进而总结为浅水插秧，深水护苗，薄露分蘖，封行搁田的灌溉原则。搁田起始时间在总苗数达到预期苗数的 1.5 倍，稻田封行时实施，一般要求搁至田土发白、开裂，光合作用受抑，稻苗落黄才上水，一次完成。

(3) "浅、深、薄、搁、足、浅、活、落干"。20 世纪 80 年代后，杂交水稻大面积种植，为适应依靠分蘖成穗，在一定穗数的前提下主攻大穗的高产栽培技术，提出从移栽至收获，水稻各生育期的灌溉技术为"浅、深、薄、搁、足、浅、活、落干"，建立了水稻灌溉技术的完备体系，起到了促根、助蘖、壮株、控叶的作用，有利发挥杂交优势，提高分蘖成穗率，协调好穗、粒矛盾。搁田时间提早，总苗数达到预期苗数时施行，即够苗搁田，穗后浅、活灌水保粒重。20 世纪 80 年代后期，随着对水稻分蘖成穗机理认识的深化，提出轻搁，多次搁，超前搁田，当苗数达到预期苗数 80％开始搁田，程度掌握在脚踏田面有印而不下陷时即覆浅水，让其自然落干后再搁。

搁田、烤田是水稻灌水技术中承上启下的中心环节。搁田之前以营养生长阶段，搁田之后是生殖生长为主的阶段，搁田正值营养生长向生殖生长转换之时。通过搁田协调水稻生长与发育、个体与群体、地上部与地下部、水稻与环境等各项矛盾，创建合理的群体，为生殖生长创造良好的环境条件。20 世纪 80 年代初总结出搁田时间、轻重、长短应结合苗、天气、土质来决定的理论体系。

第二节　水稻栽培新技术

一、水稻模式栽培

水稻模式栽培就是把水稻耕作栽培管理措施，同当地的自然、气候条件和品种（组合）生长发育规律有机地结合起来，以文字和图表相结合的形式，将其内外、纵横关系，科学、直观地表现出来，具有数据化、标准化、规范化、系列化和形象化的特点。水稻模式栽培最大的特点是把良种、栽培、土肥、植保等各项单一措施组装在一起加以应用，使其发挥综合的整体效益。丽水市 1986 年开始推广水稻高产模式栽培，1990 年丽水市水稻模式化栽培达到 62.15 万亩。

水稻模式图是推行模式栽培的基础，在制订模式图时要以系统工程的思想、理论和方法为指导，总体规划、设计，从单元化结构入手，收集、处理各项素材和数据，以求栽培体系整体方案的配套和组装。模式图中的各项指标，要突破一般田间试验的框框，在总结群众科学种田的基础上，广泛收集当地多年、多点的气象要素、苗情动态和田间试验等第一手资料，经数理统计，定性、定量分析，找出规律，最后组装成模式栽培总体方案。

水稻模式图的制订一般包括 5 个方面的内容：

（1）品种名称、产量指标及构成。

（2）生产条件。包括温光资源、土壤条件、肥力水平。

（3）生育规律。包括各生育阶段的植株形态、幼穗发育进程、生育天数等。

（4）主攻目标及生态指标。主攻目标指每一生育时期所达到的长势、长相要求。生态指标是不同时期的苗、蘖、叶、穗、粒等动态指标。

（5）配套措施。根据主攻目标及生态指标，相应提出播栽期、种子用量、栽植方式、肥料种类及运筹、科学用水、病虫草鼠防除等综合配套措施。

水稻模式图具有"三性"特点：①水稻模式图具有区域性。农业生产受地域影响大，各地自然条件不尽相同，社会经济条件也有差别，一般以县为单位，丽水市各县境内地理条件、生态条件差异大，模式图应注明适用平原、山区或丘陵等区域。②水稻模式图的单一性。模式图是以一个品种、一个产量级指标绘制的，所列的栽培措施不能套用在其他品种或同一品种不同产量级指标上。③水稻模式图的实用性。模式图要面向农民群众，应通俗易懂，既要把主要内容绘制进去，又不能过于繁杂，达到农民看图能种田，技术员看图能讲课，领导看图能指挥的目的。

二、水稻垄畦栽培技术

丽水市耕地呈垂直分布，从海拔 7～1 300 米均有，随地貌起伏排列成梯田、垄田和畈田，一般河谷、低丘和中山平台的耕地肥力较高，而低山、高丘的耕地肥力低下，形成低产田集中区，在低产田中有冷浸田、烂糊田约 30 万亩。此类田大多坐落在山垄峡谷之中，日照少，常年受侧渗水浸渍或山涧冷泉水灌溉，水温、土温低，土体中亚铁等还原物质多，水稻普遍发生冷害型发僵。为改造冷浸低产田，常用的是"三沟配套"、迂回灌溉，效果不是很好；开暗沟、埋陶管导冷泉等工程措施，效果虽好，但由于花工大、成本高，大面积应用难度大，长此以往冷浸低产田的改良工作举步维艰。

1987 年丽水市从四川省引进水稻垄畦栽培技术，在龙泉市剑湖、龙南乡 5 亩单季晚稻冷浸烂糊田进行垄畦栽培法改良试验，取得亩增稻谷 51 千克的显著效果，从此垄畦栽培在丽水市应用面积不断扩大，技术不断改进，到 1990 年丽水市应用面积达 10.08 万亩，平均亩增收稻谷 55 千克。

水稻垄畦栽培是根据土壤生物热力学和水田自然免耕技术原理，对冷浸（烂糊）田进行开沟作畦，抬高田间土面，降低水位，达到"改土、调水、通气、增温、排毒"之目的，使水稻生长的土壤条件和生态环境得到改善的一项改良技术。其中心环节是开沟作畦，畦面宽窄决定其效果，畦窄效果好，但化工大，农民不易接受，畦过宽，效果不显著，达不到目的。

（一）开沟作畦

1. 排干积水　土体糊烂的田块在插秧前 5～7 天，一般田块在插秧前 2～3 天排干田面水，使土体沉实。冬闲田实行免耕，绿肥田可免耕也可翻耕。

2. 挖沟作畦　畦宽的确定要因地制宜，土体糊烂的应窄，一般的适当放宽，农民积极性高，劳力充足可窄，反之，则宽。通常畦宽为 100～120 厘米，烂糊田可用 60～30 厘米，沟宽 30～40 厘米。不论畦宽、沟宽多少，沟深应在 20 厘米以上，沟太浅抬高田间土面、降低水位效果差。四周要开深 20 厘米的环沟，使排水通畅。烂糊田可分二次作畦，第一次作粗坯，数日后待田土稍实后再精做。沟中之泥匀摊在畦面，使畦面略成弓形，畦面不压实，不易抹平。

（二）施足基面肥　用好除草剂

一般在作畦前亩施腐熟有机肥750～1 000千克，在移栽前1天，每亩用碳酸氢铵30～40千克、过磷酸钙15～25千克、氯化钾5～10千克施于畦面上，用秧糊蹚平。

垄畦栽培因田面平整度差，水位低杂草较多。为封杀杂草，在施肥蹚平畦面后喷施除草剂，常用0.25％丁草胺100克/亩，兑水40千克喷雾，也可将其稍加水稀释后拌细土撒施于畦面。隔日移栽。

（三）浅水插秧

施好面肥和除草剂的次日，灌水上畦面，插秧。移栽密度根据品种、季节来定。一般畦宽100～120厘米的插6行，60厘米的插4行，30厘米的插2行。

（四）水浆管理

1. 清沟除草　一般每季稻需清沟2～3次，即返青后进行第1次，约15～25天后进行第2次，孕穗到抽穗进行第3次。清沟时将沟泥培于畦面，并除去杂草，清沟常结合施肥一同进行。

2. 湿润灌溉　移栽后灌薄水护苗，返青后降低水位露出畦面，以后逐渐降至半沟水，保持畦面湿润，不开裂，使土体从淹渍型转化为浸湿型，改善土壤理化性状。

（五）其他

施肥和病虫防治按常规进行。早稻收割后将稻草放在沟中，晚稻插秧后把稻草盖于畦面行间起到压草和增肥作用；单季稻和晚稻收获后将稻草放在沟中任其分解，畦面种植绿肥或春花作物。有条件的可利用畦沟养鱼，增加综合效益。

三、水稻直播栽培技术

直播与移栽是水稻栽培上两种不同的种植方式。直播稻是一种较为原始的稻作栽培技术，由于直播存在着易缺苗、易倒伏、草害重等问题，逐步为育苗移栽所代替。但它在水稻移栽技术出现之后，并没有彻底消失，而是顽强地保存下来。直播稻充分尊重水稻自身的生长规律，避免了由于移栽所致的生长挫折，同时也减少了劳动力的支出，降低了稻作生产成本的特点，在人少地多的地区一直有大面积的应用。丽水市在20世纪50～70年代还有直播稻栽培，之后基本消失。1987年水稻推广垄畦栽培法，缙云县、云和县等地结合垄畦栽培进行免耕直播试验，并取得成功，尤其是缙云县对水稻垄畦免耕栽培技术进行了系统的研究，技术逐渐完善。20世纪90年代，随二、三产业的发展，从事种粮劳力大量转移，不少地方务农劳力不足，造成稻作播种和技术管理粗放，出现复种面积下降及弃耕抛荒现象。直播稻的省力、省工、成本低的生产特点，显示出其优越性，各地开展了直播栽培的试验示范。1995年丽水市开始组织推广水稻直播栽培技术，缙云县建立了万亩垄畦免耕直播示范方，对丽水市水稻直播技术的推广应用起到积极的推动作用。从此，丽水市水稻直播栽培面积迅速扩大，1995年4.94万亩，1999年达16.07万亩，5年合计应用面积达62.83万亩，其中垄畦免耕直播33.23万亩，形成了早稻直播、单季直播、连作晚稻直播，免耕直播、翻耕直播，点播、条播、散播，常规稻直播、杂交稻直播的栽培技术体系，早稻直播面积52.41万亩，晚稻直播面积11.42万亩。

水稻直播技术的应用不是简单的回归，而是建立在对直播水稻生育规律的深入认识和综合运用现代农业新技术，克服直播稻栽培中易缺苗、易倒伏、草害重等高产障碍问题基础之上，取得省工、节本、产量上达到和超过移栽稻水平的效益。据调查直播比移栽稻平均亩增稻谷45.54千克，亩节省成本57.11元，而且促进水稻生产规模化经营的发展和水稻生产机械化。

（一）水稻直播的主要优缺点

1. 主要优点

（1）节省劳力。1个劳力1天可直播20亩左右，而1个劳力插秧一般只有0.5亩左右，因此可大大提高劳动生产率。另外由于不用育秧，也能节省劳动力。

（2）节省秧田。秧田的水稻产量一般比较低，节省了秧田也就间接增加了产量，又可节省秧田整地所花费的劳力。

(3) 不误农时。在劳力紧张的情况下，一定面积采用直播，节省劳力，可使全季生产不误农时。

2. 主要缺点

(1) 整地要求较高。田面必须蹚平，达到"田面高低相差不过寸，寸水不露田"的要求。

(2) 除草难度较大。直播田前期空间大，十分有利杂草发生危害，发生的杂草种类广，种群组合复杂，常见的杂草有 10 多种，丽水市主要优势种群是稗草、千金子、异型莎草，免耕直播的还有双穗雀稗、牛筋草等。杂草发生量多，株型大，杂草发生时间长。旱地杂草向水田蔓延，阔叶杂草比例上升。直播稻田必须进行化学除草，并且除草必须很及时和彻底，否则易成草害而失败。

(3) 出苗期灾害多。早稻、山区单季稻直播，播种后直接面对大田，没有保护层，常受天气冷暖变化的不良影响。直播稻出苗期受鼠、雀危害多，威胁全苗。

(4) 根系浅易倒伏。直播稻根系分布浅，大部分根系分布在 0～5 厘米的土层；由于没有移栽过程，分蘖节入土浅；群体大个体发育受削弱，茎秆相对变细，因此，直播稻比移栽稻易发生倒伏。

(5) 中前期水浆管理要求高。直播稻从种子入泥至分蘖盛期前，因全苗、以水压草、防旱的需求，水浆管理要及时，相应要求较高。

(二) 水稻直播的生育特点

1. 分蘖发生早，节位低 直播稻分蘖节位大多在 1～6 节，各节分蘖连续发生，第 4 节位以下的分蘖占 90%。移栽稻的分蘖因育秧方式的不同而不同，稀播、秧田肥料充足，低节位也发生分蘖；播种密度高时秧田期不发生分蘖。移栽稻移栽时受植伤的影响，有 1～2 个节位不发生分蘖，分蘖大多在第 4 节位以上。

2. 茎蘖总量大，成穗率低 直播稻个体分蘖发生多，田间茎蘖群体大，分蘖成穗率一般在 50% 左右，比移栽稻低 15%～20%。

3. 总叶数减少，生育期缩短 直播稻总叶片数比移栽稻少 1 片，全生育期短 7～10 天。直播稻没有秧田期，大田生长期比移栽稻长。

4. 有效穗增加，每穗粒数减少 直播稻亩有效穗比移栽稻增 15%，每穗粒数减少 3%～5%。

(三) 水稻直播的技术要点

1. 因田制宜，选用直播方式 播前根据因田制宜确定采用免耕直播或翻耕直播。水利条件好、土层厚保水保肥能力强、土壤肥力好、常年杂草发生少的可选用免耕直播；水利条件差、土层薄保水保肥能力弱、强沙性土、易板结田、常年杂草危害重的田应采用翻耕直播。

2. 精细整地，打好基础 全苗是直播稻高产的基础，整地质量是保全苗的关键。整地务求畦面平整，土块细碎，沟通水畅，排灌自如。一般作成畦宽 2～3 米，沟宽 0.2 米，沟深 0.15～0.2 米的畦。畦面要软硬适中，用水验平。

3. 选用良种，适时播种 根据直播的特点，适合直播的品种应是耐寒性好、分蘖力中等、穗型较大、抗倒力强的品种。如早稻品种浙 733、舟优 903、浙 9248、金早 47 等；杂交早稻威优 402 等耐寒力相对较弱，应在温光资源丰富的地区种植。

为确保全苗应在气温稳定 15℃开始播种，丽水市大约在 4 月 10～15 日播种较为合理，过早播种，出苗不稳定，过迟播种，成熟延迟。

4. 统一灭鼠，合理密植 直播稻种植区，在播种前应在当地政府统一组织下，开展一次统一灭鼠工作，降低鼠密度，减少危害。

常规稻亩用种量 3.5 千克，早稻杂交稻亩用种量 2 千克，单季杂交稻 1.5 千克。基本苗常规稻每亩 7 万～10 万，杂交稻 3 万～4 万。

5. 化学除草、前封后杀 直播稻除草应采用"一灭、二封、三杀、四补"的除草技术。

(1) 播前处理。对免耕直播田和前作老草密度高的翻耕直播田，在播种前 10 天亩用 10% 草甘膦 1 千克加水 40～50 千克喷雾灭杀，喷后 6 小时内下雨的要重喷；播种前 3～5 天，灌浅水，亩用 60% 丁草胺 100 毫升 40～50 千克喷雾，保持水层 3 天封杀。

（2）播后处理。稻苗 2～3 叶期，是第一高峰杂草幼苗期和第二高峰杂草萌发期，排干田水，亩用 50％二氯喹啉酸 20 克加 10％苄嘧黄隆 20 克，加水 40～50 千克喷雾，喷后第二天复水，保持水层 5～7 天。稻苗 5～7 叶期，如前期防除不理想，以高龄稗草为主的亩用 50％二氯喹啉酸 30～40 克；以阔叶草和莎草为主的亩用二甲四氯水剂 200 毫升补除。

6. 合理用肥，科学灌水　直播稻总用肥量比移栽稻增加 10％～15％，一般亩用 1 000 千克有机肥作基肥。在 2 叶 1 心期亩施尿素 7.5 千克；3～4 叶期亩施尿素 10 千克、过磷酸钙 15 千克、钾肥 5 千克促分蘖，以后看苗施肥。

播后至现青期，沟中灌满水，畦面无水使土壤保持湿润状态，天气晴好，阳光过大出现晒种时，应及时灌跑马水上畦面。现青后至总苗数达到 80％计划穗数前保持畦面薄水层，以水压草；总苗数达到 80％计划穗数时搁田，以后浸湿灌溉。

7. 多项措施、预防倒伏　直播稻要采用抗倒良种；增施有机肥和钾、硅肥；建立合理群体，常规稻最高苗控制在每亩 40 万以内，杂交稻 35 万以内；中后期以湿润灌溉为主养根保叶；后期注意纹枯病、稻飞虱的防治；在拔节期每用 4％烯效唑颗粒剂 1.5 千克，拌细泥撒施等预防倒伏的发生。

8. 抓住重点，防病治虫　直播稻同移栽稻相比应在苗期加强对稻蓟马的防治，中后期重点防治纹枯病、稻飞虱，其他病虫与移栽稻相同。

四、水稻旱育秧栽培技术

旱育秧是在接近旱地条件下进行水稻秧苗的培育。在旱地条件下，土壤中氧气充足，水、热、气、肥易于调控，十分利于培育壮秧。利用壮秧的优势，在大田（本田）中可以适当减小栽插密度、合理稀植，利用分蘖成穗，加上科学的肥水调控方法，实现穗大粒多，水稻高产。丽水市水稻旱育有较久的历史，20 世纪 60 年代以后，连作稻的推广普及，连作晚稻的专用秧田需占用大量的粮田，为扩大粮食种植面积，丽水市农民常有把连作晚稻秧培育在沙性旱地上，20 世纪 70 年代后杂交稻在生产中应用，杂交稻根系发达，秧苗耐旱性好，更适合旱地育秧，因而旱地育秧面积进一步扩大，尤其是莲都区的碧湖平原，绝大多数农民采用此种育秧方法。此法旱地育床没有经过培肥，秧苗较为瘦弱，但育成的秧苗具有移栽时抗植伤性强和移栽后发根力强、耐高温、不败苗的特点。

1991 年丽水市龙泉市引进"寒地水稻旱育稀植栽培技术"，在试验示范的基础上对该技术进行改进，逐步形成了一套"暖地型水稻旱育稀植高产高效配套技术"，1995 年该技术在丽水市推广。各地在推广应用中总结先进经验，简化操作环节，对床土培肥、苗床管理、播种期、移栽方式等技术有了新发展，使其更加适合丽水市生产条件，易被农民所接受。此时的旱育秧比丽水市传统的旱育在技术含量上有了极大地提高，苗床经过培肥不但所育秧苗健壮，且抗逆性更强，在生产上表现出显著的省工、节本、增产、增效的效果。1995 年丽水市旱育栽培面积 7.86 万亩，1999 年达 53.48 万亩，平均年增 10 万亩以上，5 年合计应用面积达 166.84 万亩，是旱、直、抛三项轻型栽培技术中应用最大的一项技术。5 年共在早稻中应用面积为 39.52 万亩，在杂交晚稻上应用面积达 127.32 万亩。

（一）水稻旱育稀植技术的主要优点

1. 减少秧田　使用旱育秧后，秧田和本田的比例从 1∶8～10 缩小到 1∶20～50，大大减少了秧田面积，有利于提高粮地复种指数。

2. 节约成本　旱育秧的出苗率和成秧率都显著高于其他的育秧方式，使每亩用种量降低，一般常规稻每亩可以节省种子 3.5～5.5 千克；旱育秧在育秧期间可节水 50％～90％，省农膜 50％～80％，省工 1～2 个；另外，旱育秧秧苗强壮，有很好的后劲，在肥力较好的大田中可以少施分蘖肥，省肥 10％～20％。一般亩省成本 30～40 元。

3. 增效明显　几年来的种植表明，水稻旱育稀植比常规种植方法增产幅度达 10％～18％。

（二）水稻旱育稀植技术的主要特点

1. 秧苗素质好，抗逆性强 旱育秧苗床肥沃，整个育秧过程不淹水，秧床始终处于旱地状态，培育出的秧苗素质好。表现为白根多、活力强；绿叶多、功能期长；早稻耐低温，连作晚稻耐高温。

2. 栽后返青快，分蘖力强 旱育秧苗植株健壮，根系发达，没有明显的返青期，早稻不落黄，晚稻不败苗。移栽后第二天发出新根，比水育秧快 7 天左右。旱育秧分蘖早，节位低，从 1～2 叶期节就开始分蘖，移栽本田后 4～7 天就开始分蘖，比水育秧提早 7～8 天。

3. 秧龄弹性大，适应性广 旱育秧秧苗矮壮，抗逆性强，耐迟栽能力好于其他育秧方式的秧苗，在迟熟春花田早稻和连晚上应用，能有效防止超龄早穗。

4. 生育期延长，适当早播 旱育秧出叶速度比其他育秧方式的秧苗慢，播种量增加出叶迟缓量越大，最终表现出生育期延长，一般延长 5 天左右，应适当早播。

（三）水稻旱育稀植技术的主要环节

1. 播种的主要环节

（1）选择苗床。 旱育秧的苗床应选择背风向阳，地势较高，地下水位低，地势平坦，水源方便，土壤肥沃疏松，无杂草石块，偏酸性或中性的菜园地或旱地。在只能采用稻田作苗床的地方，应选择偏沙的高岸田，在四周开好排水沟，垫高地面；千万不能选择低洼冷凉之地，否则育秧期间出现苗床浸水过湿，就会降低秧苗素质。苗床应尽量选在房屋附近，以便于管理，保证质量。一般来说，每亩大田需要苗床常规早稻 20 米^2、杂交早稻 15 米^2、单季杂交稻 20 米^2，连作杂交晚稻 40 米^2。

（2）苗床培肥。 旱育秧对苗床的要求较高，苗床质量不高就不能培育出高素质的秧苗。好的苗床应达到有机质含量高，土壤团粒结构好，松软细碎，富含微生物。选定苗床地后，在播种前 3～5 天按每平方米施用腐熟有机肥 5 千克、尿素 100 克、过磷酸钙 150 克、氯化钾 50 克，边施肥边翻耕，多次翻耕，使化肥和土壤充分混合均匀，混合深度为 10～15 厘米。

（3）起畦做床。 旱育秧苗床的宽度主要根据地膜的宽度来定，一般膜宽 1.8 米，则苗床宽为 1.2～1.3 米，为方便管理，苗床的长度为 8～15 米，畦沟宽 40 厘米左右，深 10～20 厘米。另外，要注意开围沟排水，降低水位，使苗床保持旱地状态，一般围沟宽 40～50 厘米、深 40～50 厘米。

（4）苗床消毒。 旱育秧易发生立枯病，通过床土消毒，能消灭或抑制土壤中的立枯病病原菌。方法是播种当天早上，床土浇水达到饱和量的 70%，做到湿润不流水，每平方米苗床用 2.5 克敌克松混 0.025 克多菌灵兑水 1.5 千克，均匀喷洒苗床进行消毒，浇透水使药液下渗。

（5）确定播期。 旱育秧耐寒性强，早稻可提早播种 7～15 天，温度稳定在 8℃以上即可播种，一般在 3 月上中旬开始。晚稻比其他育秧方式提早 4～5 天。播种时要将种子均匀分布在苗床上，然后用木板将种子轻轻压入土中，达到五面入土而一面朝天，再覆盖一层肥沃细土，最好是腐殖土，厚度为 1 厘米。盖种要均匀，不宜过薄过厚，薄了土易干，无水层保护，厚了中胚轴伸长，叶鞘长、苗纤细，不健壮。

（6）盖膜保温。 早春育秧气温低，尤其是旱育秧播种期提前，必须盖膜保温，早稻、山区单季稻一般采取小拱棚形式，支撑膜的竹条长约 2 米，插入苗床两边外沿，以免影响边秧，拱高约 30～40 厘米，竹条间隔 50～60 厘米，最后盖膜，床边沿挖一小沟，用土石压膜密封，提高保温效果。晚稻盖遮阳网保湿、降温，现青后及时揭网。

2. 育秧的管理环节

（1）播种至齐苗期。 以保温保湿为主，促苗齐、苗全，要求不通风，保持棚内高温高湿状态，适宜温度为 30～32℃，温度超过 38℃时，及时揭开两端通风降温。一般不需要浇水，但若底水没有浇足或土壤保水力差，出现表土干燥发白则应补充水分。

（2）齐苗至 1 叶 1 心期。 棚内温度控制在 25℃以内，超过 25℃揭开两端通气控温。床上保持湿润，一般不浇水，控制土壤水分，促进发根。当秧苗长到 1 叶 1 心时，每平方米苗床用 20%甲基立枯灵 1 克或敌克松 1 克兑水 1 千克喷雾，以防治立枯病。同时，为了控制旺长，促进分蘖，可按每平方米用 0.03%的多效唑液 0.15 千克喷施。

(3) 1叶1心至2叶1心期。主要任务是通风炼苗，干燥促根，防徒长、防立枯病。棚内温度应控制在20℃左右。1叶1心期开始炼苗，根据天气情况调节通风大小，晴天多炼，白天上午9时后可全部打开，下午4时前盖好。阴天少炼，在中午打开1～2小时。多雨天气中午打开两头换气1次，注意不要让雨水淋到苗床上。如气温低于12℃，要注意盖膜防止冷害。水分管理上，苗床土壤保持干燥，即使床上发白，只要叶片不卷筒就不必浇水，促根系发育，控地上部生长，增强秧苗的抗逆能力。

(4) 2叶1心至3叶1心期。2叶1心期后，秧苗进入离乳期，抗逆能力减弱，如遇寒潮应及时盖膜护苗。为使秧苗逐渐适应外界环境条件，晴天白天可全部揭开地膜通风炼苗，除阴雨天外，逐渐实行日揭夜盖。但是在秧苗没有移栽前不要撤掉棚架，以便在下雨时及时盖膜，保持土壤干燥。在水分管理上，如果土壤干燥发白，或早晚秧苗叶片无水珠，或中午叶片打卷，可在次日上午浇水1次。

(5) 3叶期后管理。防止土壤过于干燥，下雨天及时盖膜，防止雨水淋到苗床降低秧苗素质。移栽前一天下午苗床要浇足水分，以便铲秧带土移栽。

（四）大田配套栽培技术

1. 适龄浅插　秧苗适龄，带土浅栽，田间留"现泥水"，插植深度为2厘米内。宽行窄株，南北向开行。

2. 合理施肥　施足基肥，中控后补。

3. 中期狠控　旱育秧插后无明显返青期，生长快，分蘖优势强，因此，当田间总茎蘖数达到预期穗数的80%时开始控蘖、烤田，达到提高成穗率和大穗的目的。

4. 科学管水　管水要以露为主，以气养根，以根促蘖，浅水间歇灌溉，抽穗至齐穗期保持浅水，后期湿润灌溉，收割前5天断水。

5. 防病治虫　水稻生长中期，苗旺苗多，群体大而密，要注意防治叶瘟和纹枯病。

五、水稻抛秧栽培技术

水稻抛秧栽培是稻作生产过程中有别于移栽和直播的一种新的种植方式。从所表现的生育特性和穗粒结构而论，是处在移栽和直播之间的一种种植方式。移栽、抛秧、直播相比较，同品种总叶龄以移栽稻最多，直播最少，各差0.5叶左右。稻苗入土深度，移栽最深，直播最浅，抛栽秧苗带土，且抛秧时有一定高度下落，秧苗入土比直播种子入土深。分蘖节位，移栽有植伤，大量分蘖在第4节以后，直播0节位即有分蘖发生，第1节即100%发生，抛秧一般从第2节位发生分蘖，第3节大量发生。成穗率，个体分蘖直播稻最多，群体最大，抛秧与直播相近，移栽稻最少，移栽稻通常成穗率为70%左右，抛秧55%～60%，直播为50%～55%。穗粒结构，有效穗以直播最多比移栽稻增15%，每穗粒数以移栽稻最多比直播增3%～5%，抛秧处于中间；移栽稻穗层整齐，上、中层穗占80%以上，下层穗占15%～20%，直播稻上、中层穗占65%左右，下层穗达35%以上。直播稻比移栽亩省工2～3个，节约成本50元，抛秧栽培比移栽亩省工1.5～2.5个，节约成本30元。

水稻抛秧常见的有塑盘抛秧、旱育无盘抛栽和机械抛秧等形式。1993年丽水市遂昌县首先引进塑盘抛秧栽培技术，1995年各地开始推广应用，并从常规早稻发展到杂交早稻。莲都区在碧湖镇曾经开展机械抛栽。1996年龙泉市开展旱育无盘抛栽试验示范，将水稻旱育技术和抛秧技术有机地结合，取得很好的效果，既促进了旱育技术的发展，又扩大了抛秧技术的应用范围，抛秧技术的应用从早稻、单季稻，发展到杂交晚稻，并逐渐取代塑盘抛秧。1995—1999年丽水市水稻抛栽面积有15.61万亩，其中早稻9.76万亩，晚稻5.85万亩。

（一）水稻抛栽的主要技术

1. 选择矮秆抗倒良种　抛秧栽培秧苗根系入土浅，分蘖旺盛，易倒伏；穗数增加，穗型变小，因此，应该选择矮秆抗倒、分蘖力中等或较强、穗型中等或大穗型品种作为抛秧栽培。

2. 秧苗的培养　塑盘抛栽。每亩大田需要培育80盘（每盘561孔，秧盘长60厘米，宽33厘米）秧苗，准备半旱秧田15米² 左右。首先按常规方法做好半旱秧田，待秧板泥土沉实后放盘，排放秧盘方式可按横放 2 排直放 1 排。播种前，种子需经晒种、选种、药剂消毒、浸种和催芽等常规处理，以短芽或露白播种为好，每盘播种量为 75 克左右干种子。播种时先将准备好的河塘泥去石头、杂草后均匀浇入秧盘中，待泥浆沉实后播种，或者用过筛的干细土作育秧土。播种后盖细土，然后扫净盘面泥土，洒足水分，秧孔外不留泥土和谷种，以免秧苗串根。然后覆盖油菜籽壳或砻糠灰，至秧苗 2 叶 1 心期灌水时漂出菜籽壳。塑盘育秧肥料管理要求在秧苗长到 1 叶 1 心期施 1 次尿素，每盘用量 2 克，并喷施 200 毫克/千克多效唑，控制秧苗高度。抛秧前 3～4 天每盘施起身肥 2 克。塑盘育秧的水分管理以湿润育秧为主，2 叶 1 心期上 1 次跑马水，抛栽前 2 天排干田水，使秧盘泥土干爽，便于抛秧。

旱育无盘抛栽育秧同旱育秧一样。

3. 适龄抛秧　塑盘抛栽：当秧苗长到 4～5 叶时准备抛栽，抛栽要求田平草净，现秒现抛，薄水或无水抛栽，抛栽时划块定量，顺风向上抛散，先稀抛后密抛，不留空缺。抛后 3～5 天进行移密补稀。旱育无盘抛栽的秧龄同旱育栽培。

4. 肥水管理　抛秧栽培基肥要求亩施有机肥 750 千克左右，面肥每公顷施碳酸氢铵 25 千克、过磷酸钙 20 千克、氯化钾 7.5 千克。抛秧后 5 天，施促蘗肥（每公顷尿素 75 千克）、穗粒肥（看苗每公顷尿素 75 千克）。抛秧栽培对水分要求比较严格，尤其是抛秧后 3～4 天内，田面不上水，以便于秧苗根系下扎。这段时间晴天沟里灌满水，下雨天做好排水防冲工作。抛后 4～5 天，灌水结合施除草剂和促蘗肥，保持浅水层 4～5 天，以后浅水促蘗，当每亩苗数达穗数苗的 1.2～1.3 倍时，排水搁田，通过 2～3 次轻搁田，控制群体生长。中、后期坚持干干湿湿，陈水干后灌新水，以保持田土泥实，泥不陷脚为宜，从而提高根系活力，减轻纹枯病的发生。

5. 病虫防治　抛栽水稻大田害虫防治重点为螟虫和稻飞虱，可用三唑磷和杀虫双药剂防治。病害防治重点是纹枯病，可用井冈霉素和虱纹净等药剂。

六、再生稻栽培技术

再生稻是利用收割后稻桩上存活的休眠芽，给予适宜的水、温、光和养分等条件，加以培育，使之萌发再生蘗，进而抽穗成熟的水稻。再生稻是一种源远流长的栽培法，早在 1 700 多年前就有记载，西晋谢义慕的《广志》中记载，"获讫，其根复生，九月熟"。明徐光启的《农政全书》记载，"其刈而复生，苗再实者，谓之再熟稻"。历史上再生稻的生产实践和农业技术工作者对其研究一直没有停止，但受品种条件和栽培技术所限，产量不高、不稳，未能形成真正的种植制度。到了 20 世纪 70 年代，矮秆品种的推广和杂交稻的问世，再生稻的研究和推广应用进入一个新阶段，江苏省选育出再生能力强的盐选 203，福建省开展了杂交水稻再生能力试验和留桩高度的研究。20 世纪 80 年代中期，我国再生稻基础理论和高产栽培技术基本成熟。

丽水市位于浙江西南部，常年种植单季稻 70 万亩，其中约有 30 万亩分布在温光条件种双季稻不足、种一季稻有余的中低山区、半山区、低丘地带，发展再生稻生产潜力巨大。1992 年丽水市农业局粮油站组织开展"水稻再生利用技术研究"，对常用品种的再生能力测定、再生稻的生育特性、留桩高度、收割时间对经济性状的影响、收获前的施肥与再生能力的关系、品种与种植区域等方面进行了深入的探索，为丽水市再生稻的利用发展奠定了基础。龙泉、庆元、景宁等地推广应用面积较大，丽水市再生稻种植面积 1995 年 5 270 亩，1996 年 8 662 亩，1997 年 11 950 亩。据统计 11 550.72 亩，再生季平均亩产 182 千克，全年亩产 695.5 千克；中心方 242.29 亩，再生季亩产 265.83 千克，实现全年亩产超"双纲"，其中 1.05 亩 II 优 63，再生季亩产 358.5 千克，全年亩产 1 045.9 千克，超吨粮。

（一）再生稻的生长发育特点

1. 再生稻对头季稻的依赖性强　再生稻是直接从头季稻茎秆上的腋芽萌发长成，因而在生理上、生态上与头季稻的稻桩数量、质量密切相关。头季稻长势好、穗数足，产量高，特别是生育后期稻株稳健，叶片不早衰，茎秆粗壮，再生能力强，易获高产。

2. 再生稻根与头季稻根同等重要　头季稻分蘗期形成的根，可存活到再生季灌浆期，拔节至抽穗期形成的根可存活到再生稻成熟期，是再生稻养分吸收主要根系。

3. 光合器官和生殖器官同步生长 水稻幼穗分化发育与最上位 4 张叶片相伴进行，而再生稻单茎叶片为 3～5 片叶，因此其光合器官和生殖器官同步生长，生育期极短，一般为 60 天左右。

4. 再生苗随母茎含氮量提高而增加 腋芽的活力取决于母体的含氮量，母茎含氮量高腋芽活力高，再生苗多，生长速度快。

5. 不同节位再生穗的穗部性状不同 每穗粒数随着再生节位下降而增加，倒 2 节比倒 3、4 节低 12％，比倒 5 节低 30％；倒 3、4 节基本相同。结实率以倒 3 节最高，倒 2 节次之，4、5 节依次下降。千粒重各节位穗变化不大。从综合性状出发倒 3 位芽，为优势芽。

6. 不同节位再生苗生育期不同 再生稻的幼穗分化进程上位芽较下位芽快，表现为再生季上位苗生育期短，下位苗生育期长。

7. 留桩高度决定生育期和穗粒构成 留桩高度不同保留的芽位不同，故生育期不同，在一定范围内留桩高度增加 5 厘米，生育期缩短 2～3 天。留桩高度不同则芽位不同，芽位不同则穗部性状不同。

8. 不同品种再生季生育期、穗型变化不大 不论头季稻生育期长短，一般栽培条件下再生季生育期为 60～65 天，有效积温 1 500℃左右。不论头季稻穗型大小，一般再生季每穗粒数变化不明显，为 40～50 粒，千粒重比头季低 2～3 克，有效穗是产量构成的主导因素。

（二）再生稻栽培技术

1. 因地制宜，确定品种和地域 适合丽水市水稻再生栽培的品种（组合）有迟熟的汕优 63、Ⅱ优 63；中熟的汕优 10 号、协优 46；早熟的Ⅱ优 64、威优 64 等。根据丽水市的热量条件，确保再生季安全齐穗，海拔 350 米左右，采用迟熟品种；海拔 400 米左右采用中熟品种；海拔 450～500 米采用早熟品种。迟熟品种 3 月中旬播种，地膜覆盖育秧；早熟品种 3 月下旬播种育秧。

2. 种好头季稻，奠定高产基础

（1）旱育壮秧。 根据龙泉市试验，旱育秧苗体矮壮，根系发达、活力强、移栽后返青快、分蘖起始节位低、成穗率高、穗大粒多、抗逆性强、产量高。对再生季十分有利，再生季产量高（表 8-3）。

表 8-3 不同育秧方式对再生季产量的影响

育秧方式	早季					再生季				
	有效穗数	穗总粒数	穗实粒数	千粒重（克）	亩产（千克）	有效穗数	穗总粒数	穗实粒数	千粒重（克）	亩产（千克）
旱育秧	181 000	130.6	111.6	28.5	576.5	263 000	45.6	34.5	23.5	165.0
半旱秧	173 000	120.5	104.4	28.1	504.5	203 000	43.2	30.2	23.5	105.0
旱育秧比半旱秧（±）	8 000	10.1	7.2	0.4	32.0	60 000	2.4	4.3	—	50.0

（2）群体适中。 再生苗数与母茎数密切相关，头季稻群体过大、过小皆不利增加再生苗，以亩插 2 万丛左右较为合适。

（3）垄畦栽培。 再生苗是由母茎的腋芽继续生长而成，再生苗的多少与头季稻的茎蘖数密切相关，其生长好差、是否成穗与母茎根系活力分不开。应用垄畦栽培，可提高根系活力。据试验表明，垄畦栽培在头季乳熟期比普通栽培总根数增 20％，白根数增 85％，伤流量提高 6.28％（表 8-4）；有效穗数、亩产量比分别平作栽培增加 19.41％和 32.31％（表 8-5）。

（4）湿润灌溉。 整个生育期坚持湿润灌溉，及时搁田，并采用轻搁，多次搁。

（5）防病治虫，抓住重点。 关键做好螟虫、稻飞虱、纹枯病的防治，尤其是中后期。

（6）适量适期，增施芽肥。 在头季稻收获前 10 天左右，亩施尿素 10～15 千克、氯化钾 10 千克。过早易造成头季稻贪青，病虫危害加重，腋芽长出叶鞘，收割时易受伤。

表 8-4　垄畦栽培与平作栽培对水稻根系活力的影响

处　理	总根数 （条/株）	白根数 （条/株）	根重 （毫克/株）	伤流量 （毫克/株时）	稻瘟病病指	纹枯病病指	稻飞虱密度 （只/丛）
垄畦栽培	51.6	3.7	8.66	236.88	7.20	1.29	23.3
平作栽培	42.2	2.0	8.64	222.88	17.80	2.35	39.3
垄栽比平栽（±）	9.4	1.7	0.02	14.0	−10.6	−1.06	−6.0

表 8-5　垄畦栽培与平作栽培对再生季产量的影响

处　理	每亩有效穗数	实粒数（粒/穗）	结实率（%）	千粒重（克）	理论产量（千克）	实际产量（千克）
垄畦栽培	210 000	38.6	74.3	25.5	206.7	206.4
平作栽培	177 000	37.9	73.3	25.1	168.4	156.0
垄栽比平栽（±）	33 000	0.7	1.0	0.4	38.3	50.4

（7）九黄收获，恰留稻桩。头季稻收割时间迟早直接影响当季和再生季的产量。试验表明过早收割不但头季产量低，且再生苗不足，有效穗减少（表 8-6）；过迟收割再生稻齐穗期延迟，从 7 成熟到过熟收割推迟 3~4 天，齐穗迟 1 天，亩有效穗数、每穗实粒下降。

表 8-6　不同成熟度收割对再生季经济性状的影响

头季稻			再生季						
收割时间 （月/日）	成熟度 （%）	亩产 （千克）	缺茎率 （%）	缺丛率 （%）	每亩最高 苗数	每亩有效 穗数	实粒数 （粒/穗）	千粒重 （克）	亩产 （千克）
8/14	75.8	504.2	26.39	16.97	235 600	183 100	59.52	26.9	284.3
8/17	82.4	559.6	23.15	13.66	278 300	224 600	53.28	26.7	291.3
8/20	89.3	589.7	11.74	9.28	378 500	296 800	51.39	26.5	385.4
8/23	94.5	601.2	18.37	11.43	356 900	269 200	49.51	26.3	339.5
8/26	98.6	618.4	15.82	14.36	284 700	246 300	48.61	26.1	306.1

头季稻收割的留桩高度，直接影响到再生季有效穗的多少、穗的大小和再生季生育期长短及能否安全齐穗成熟。根据对汕优 63 不同留桩高度试验结果（表 8-7），汕优 63 留桩高度以留 35 厘米左右位适。生产上应用时，应根据不同品种，同一品种不同株高而定，不能一概而论。原则上汕优 63 等迟熟组合，掌握留二、保三、争四、五，汕优 10 号、Ⅱ优 64 等早中熟组合为"留三、保四、争五"。Ⅱ优 64 等早熟组合留 20 厘米左右。收割时稻桩要平割、齐割，不斜割，劳作过程中保护好稻桩。

表 8-7　汕优 63 不同留桩高度对再生稻生育期和产量的影响

留桩高度 （厘米）	齐苗期 （月/日）	齐穗期 （月/日）	全生育期（天）	每亩最高苗数	每亩有效穗数	每穗总 粒数	亩产 （千克）
20	9/5	10/6	79	212 300	197 800	64.3	207.8
25	9/3	10/2	76	266 200	213 900	60.9	236.7
30	9/1	9/30	74	357 400	287 500	56.5	294.3
35	8/31	9/28	72	318 300	267 800	51.4	271.6
40	8/30	9/26	70	284 500	254 200	49.8	259.6

3. 再生阶段，及时管理

（1）浅水长苗，湿润到底。 前季收后 1～3 天复水，落干后保持浅水层至抽穗，穗后湿润到底。

（2）结合复水，补施苗肥。 前作收后 3 天，结合复水亩施 4～5 千克尿素，促进多发苗，发壮苗，保穗增粒。

（3）根外追肥，喷调节剂。 在苗期和破口期各施 1 次叶面肥。在始穗期喷施一次 0.002% 的赤霉素有提早齐穗，提高结实率的作用。

（4）防治病虫，确保丰收。 再生稻植株矮，叶片少、短、直，田间通风透光好，一般病虫较轻。

七、水稻强化栽培技术

我国水稻强化栽培体系（SRI）是在以袁隆平为首的科学家推动下，经引进、吸收、消化和创新，取得了阶段性成绩。SRI 符合我国水稻优质高产高效、环境友好、可持续生产的发展方向。SRI 与我国特色的水稻栽培技术结合，在发展优质、高产、高效、安全、生态农业，推动农业结构战略性调整，实现农业现代化中具有很大的应用前景。

水稻强化栽培体系是马达加斯加和美国康乃尔大学提出的一种新型的水稻高产栽培技术理念，其要点与我国传统的水稻栽培方法存在很大差异。我国于 1999 年引进 SRI，根据该理念，我国农业科技人员经过几年的试验研究和生产示范，提出了适用于我国稻作生态区及类似生态区的水稻超高产强化栽培技术体系。浙江省于 2002 年引入该技术，2003 年把 SRI 作为增加农民收入、促进稻作发展的重点技术，在全省开展研究与示范。经过大量生产实践证明，该技术体系具有增产幅度极大、省种、优质、节水等优点。2005 年丽水市示范面积达到 3.17 万亩，在示范推广过程中，与免耕、塑盘育秧等技术结合，技术优势更加明显，效益更高。该项技术可望成为丽水市水稻生产主推技术。

1. 技术特点 与传统栽培技术比较，水稻超高产强化栽培技术体系有以下特点：

（1）嫩秧早栽。 强化栽培技术在冬闲田单季稻地区可移栽 2～3 叶龄的秧苗，秧龄为 8～12 天；在春花田单季稻地区可移栽 3～5 叶龄的秧苗，秧龄为 12～20 天。与传统技术相比，移栽秧苗减少了 2～4 片叶，有利于早生快发，提高低节位分蘖成穗率。

（2）稀植壮株。 强化栽培技术本田稀植，每亩栽插 1 万丛，甚至更稀，比传统技术少栽 0.5 万～0.7 万丛，每丛种植 1 株，为稻苗提供更大的生长空间，促进单株生长，形成有利于高产的群体结构，促进穗大粒多。

（3）湿润强根。 与传统技术相比，强化栽培技术营养生长期田间实行以湿润灌溉为主的灌溉技术，稻田湿润但无水层，大幅减少用水量，保持稻田通气，有利于形成强大根系。

（4）控苗壮秆。 强化栽培技术更加强调中期晒田，控制无效分蘖的发生和促进有效分蘖的生长，实现壮秆大穗。

（5）足肥高产。 强化栽培技术要求以有机肥为主增加施肥量，纯氮比常规技术增加 1～2 千克，强调施用有机肥来肥沃土壤，改良土壤结构，实现稻作可持续发展。施肥方法上采取"减前增后，增大穗、粒肥用量"的原则，底肥以有机肥为主，速效化肥为辅，施足追肥和穗肥，满足高产的营养要求。

此外，在研究过程中，科研部门还创造性地提出了三角形栽插方式，组装了三围立体强化栽培技术，即移栽时每丛栽 3 株苗，呈三角形分布（苗距 6～10 厘米），行间错丛，做到稀中有密，密中有稀，促进分蘖，提高有效穗数。

2. 增产机理 根据研究，该新技术体系高产优质的主要机理是通过嫩秧早栽，配合稀植和"湿、晒、浅、间"灌溉技术，可以促进分蘖大量早生快发，有利于强健根系的建成和植株的健壮生长，"有机无机肥配合"与"减前增后"施肥技术延缓了生育后期稻株根、叶早衰，显著提高了后期的光合强度和光合产物积累，使"足穗、大穗、大粒"而高产，且有利于水稻品质的改善和稻田灌溉水的节省。

3. 应用前景

（1）增产效果突出。 该技术体系自 2003 年研究完善以来，2004 年在浙江省进行了广泛的示范推广。2005 年，丽水市单季稻示范面积共达 2 万亩，调查结果表明每个示范点都实现了大幅增产，达 10％～30％，单产为 450～480 千克/亩，比常规栽培增产 50～80 千克。其中松阳县示范 2 600 亩，据调查，传统水稻栽培方式一般每亩单产在 450～500 千克，采用水稻强化栽培技术后每亩单产可提高 50～100 千克。采用该技术具有省工、节本、增产三大特点；采用该种方法，植株根系发达，抗病能力特别强，可以减少病虫害防治次数，病虫危害少，水稻品质优。

（2）节本增效明显。节本增效明显，幼苗移植和单本稀植能节省 40％～50％用种量、育秧和移栽用工；营养生长期实行间歇轻度灌溉，可节约 1/3 以上灌溉用水；按大面积平均每亩增产稻谷 80 千克，每千克稻谷 1.5 元计算，每亩可新增产值 120 元，扣除每亩增加肥料投入 50 元，用工投入 15 元（每亩多投入 1 工，每工 15 元），每亩可新增收益 55 元。加上每亩节省种子投入 8 元（每亩节省种子 0.4 千克，每千克杂交稻种子均价 20 元），使用本技术可增加收入 63 元/亩，经济效益可观。

（3）增产潜力巨大。该技术体系集科学性、实用性、操作性于一体，丽水市各县对 SRI 倾注了极大的热情，积极开展了该项技术的研究与示范，重点研究 SRI 适应性和增产潜力、生育特性和高产高效机理以及 SRI 适用配套技术等。丽水市单季稻生产发展迅速，常年有单季稻 70 万亩左右，平均单产约 390 千克，以单季晚稻为主的现行水田种植制度适合应用 SRI 技术，推广潜力大。根据保持粮食综合生产能力、确保粮食安全对技术创新和储备的要求，如 80％的单季稻推广强化栽培，按亩增产 80 千克计算，可增产 4.48 万吨，增产潜力巨大。经过若干年努力，SRI 将成为丽水市水稻生产重要技术措施之一。

（4）技术环境友好。SRI 施肥以农家肥为主，稻田病虫为害轻、杂草少，有利于引导生产者收集、制备和施用有机肥料，减少生活垃圾和农业垃圾的污染，减少化肥和农药用量。SRI 减少灌溉用水和增施有机肥，有利于改善稻田通透性和土壤含氧量，加强土壤微生物活动，使土壤地力得到活化；同时大大降低水稻耗水量，节省水资源。增施有机肥、减少化肥和农药用量，都是促进米质改良的有效措施，有益于人体的健康。因此 SRI 有利于促进无公害水稻生产、绿色农产品生产和有机农业的发展，符合绿色农业和可持续发展农业的要求。

八、垄畦法稻、鱼共育生态种养技术

在丽水山区稻田养殖田鲤鱼有悠久历史，但传统稻田养鱼技术比较落后，稻、鱼产量不高。近年来，通过"五改"措施把传统的稻田养鱼进行改进并和垄畦法改良冷浸低产田的技术相结合，形成了一套垄畦法稻鱼共育生态种养技术，在青田大面积推广应用后，比习惯法稻田养鱼亩增稻谷 53.9 千克，增产 13.5％，亩增收鲜鱼 10.7 千克，增收 25.1％，经济、生态效益显著（表 8-8）。具体技术措施如下：

表 8-8 浙江青田山区不同稻鱼共育方法对产量及经济性状的影响

处理	验收面积（亩）	产量（亩/千克）		移栽 40 天白根数	每亩有效穗数	结实率（％）	千粒重（克）
		稻谷	鲜鱼				
垄畦	154.6	453.7	53.3	397	191 000	84.1	25.5
平作	35.6	399.8	42.6	307	155 000	82.0	24.9
垄畦比平作法增率	—	13.5	25.1	29.3	232 000	2.6	2.4

1. 开沟作畦 前作为冬浸空闲田的田块，3 月底前排干田水，免耕按规格做好垄畦粗坯，挖好鱼沟、鱼溜，加固加高田埂至 50～60 厘米，防止倒塌和逃鱼，修好进出水口和鱼栅，搞好以上设施后选晴天每亩用生石灰 60～75 千克化水后均匀泼洒全田进行消毒杀菌，防止野杂鱼和其他天敌危害，预防细菌侵染发生鱼病。待 6～8 天毒性消失后，放水投放鱼种，投放前还必须将田埂内侧用双层薄膜覆盖，以防鱼翻动田埂内侧土坯造成漏水和倒塌逃鱼。前作为春花作物田块，先在春花作物行沟中挖好鱼沟，4 月中旬将鱼种寄养在鱼沟中，待春花作物收割后，搞好田间基础设施，再放出大田饲养。一般垄畦宽

1.2米，畦沟宽0.35米，深0.3米。面积1亩左右田块开宽0.6米，深0.4～0.6米的"一"字和"十"字形鱼沟。鱼溜面积20米²左右，深0.8～1米，以不破隔漏水为准。山区山垄田鱼溜要挖在上丘田块的缺水口下方，出水口处要设一个毛竹筒，长短以田水能灌入下丘田块鱼溜中为准，有利于增加鱼溜中水的溶氧量为鱼快速健康生长创造有利场所。

2. 选育良种　选好稻、鱼品种，培育健壮稻、鱼苗是共育能否取得预期效果的基础。水稻必须选择适宜当地种植的株高中上，株型集散适中，茎粗叶挺，分蘖较强，抗倒伏，抗稻瘟病能力强的优质杂交稻品种。按培育壮秧要求进行浸种消毒，催芽，适期适量播种，加强肥水管理，育成25～30天秧龄，根旺、茎粗、叶绿的健壮秧。鱼应选择鳞片完整，鱼体光滑、健壮无病鱼种投放。

3. 放养移栽适期　山区单季稻移栽期在5月底至6月初，4月上中旬到5月底这段时间要以全田灌深水养鱼，前作为春花田的这段时间鱼寄养在鱼沟中；油菜花、小麦颖花及其他春花作物叶都是鱼的好饵料，投放草鱼种前用3‰～4‰食盐水，温浴鱼体至多数鱼苗浮头时（约3～5分钟），再放入大田。

4. 密度合理　垄畦法水稻移栽密度：每畦插7丛，行株距20厘米×（18～20）厘米，亩移栽丛数可达1.5万丛左右。

鱼苗放养量为400～500尾，冬片大规格鱼种，其中田鲤鱼50%、草鱼30%、罗非鱼20%左右。

5. 肥水管理　水稻移栽后，保持畦面上有寸水，护苗返青，水稻返青后，降低水位到平沟，实行浸润灌溉，提高土温，促进分蘖。分蘖盛期至拔节期提高水位，控制无效分蘖，促进幼穗分化，提高成穗率。灌浆至成熟期降低水位到沟中，使垄畦面干干湿湿，增强水稻根系活力，防早衰。水稻收割后，灌深水养鱼。

根据测定分析，一般养鱼田比未养鱼田肥力水平显著提高（表8-9），故施肥采用基肥法，以长效的有机肥为主，水稻移栽前一个月左右，亩施腐熟栏肥1 500千克，让其滋生大量的浮游生物供鱼捕食，同时，配施复合肥35～40千克。追肥以鱼排泄物和绿萍腐烂还田肥土代替。

表8-9　养鱼田与未养鱼田肥力比较

项　　目	养鱼田	未养鱼田	养鱼田比未养鱼田增加（%）
全氮（%）	0.246	0.203	21.18
速效钾（毫克/升）	113	54	109.26
有机质（%）	4.29	3.42	25.44

6. 病虫害、杂草生态防治　稻间害虫主要靠鱼捕食害虫，辅以高效的生物农药。例如，青田县仁庄雅林示范基地，在单季稻分蘖期，喷井冈霉素预防纹枯病；在二化螟和稻纵卷叶螟危害初期用杀虫安等喷施。这些无公害药剂对水稻、鱼没有毒害。病虫为害明显减轻（表8-10、表8-11和表8-12），同时由于鱼在稻间不断采食，田间杂草明显减少（表8-13）。

表8-10　养鱼田与未养鱼田二代螟虫发生为害情况比较

处理	调查丛数	螟虫（条/亩）		株为害率（%）	
		1999年	2000年	1999年	2000年
养鱼田	200	6.4	5.6	0.029	0.027
未养鱼田	200	875.1	868.5	1.65	1.61

7. 搭棚、添饲　水稻移栽后，及时在鱼溜四周作一条高出田面0.1～0.2米的小田埂（溜与鱼沟相通缺口），鱼溜上搭一个高出田面部1.2～2米左右的阴棚，棚上遮盖稻草，小田埂上种八棱瓜、黄瓜等类作物，为鱼在盛夏高温季节创造阴凉的栖息环境，防止水温过高，发生烫鱼。要提高鱼的单产，仅靠田间饵料，远不能满足鱼的生长需要，除放养绿萍外，还应做到定时、定点、定量投喂麦麸、米糠、菜籽饼等精饲料。

表 8 - 11　养鱼田与未养鱼田稻飞虱、蜘蛛发生量比较

处理	调查时间（月/日）	白背飞虱、褐飞虱（只/丛）	蜘蛛（只/丛）
养鱼田	7/15	3.97	0.63
	8/20	1.83	0.40
	9/05	2.53	0.86
未养鱼田	7/15	20.58	0.50
	8/20	12.30	0.36
	9/05	23.67	1.20

表 8 - 12　养鱼田与未养鱼田纹枯病发生程度

处理	调查时间（月/日）	株发病率（%）		病情指数	
		1999 年	2000 年	1999 年	2000 年
养鱼田	6/27	8.7	17.6	4.0	6.8
未养鱼田	6/27	25.6	31.2	8.3	12.9

表 8 - 13　养鱼田与未养鱼田杂草生长情况比较

处　理	调查时间（月/日）	杂草名称（株/公顷）					鲜重（克/米²）
		谷精草	鸭舌草	瓜皮草	牛毛占	节节菜	
稻田养鱼田不耘田	8/20	0.01	0.00	0.01	0.00	0.00	0.95
未养鱼田耘田二次	8/20	7.07	0.73	0.11	2.00	2.30	29.80
未养鱼田不耘田	8/20	115.06	11.01	1.60	30.01	35.02	427.50

九、稻、鱼、鸭共育生态种养技术

2003 年丽水市农业科学研究所和青田县农业局，在浙江农业技术推广基金会丽水执行部支持下，在青田县仁庄镇雅林村建立基地，进行了稻、鱼、鸭共育生态种养技术试验、示范。经对示范片抽样验收统计，平均亩收稻谷 416.5 千克，鲜鱼 48.2 千克，鸭子 20.5 千克，亩总产值达到 1 433.1 元，扣除肥料、农药、鱼种、鸭苗、渔网、种子、饲料等，每亩纯收入达到 756 元，比单纯种植水稻纯收入增加 414.5 元。取得了较好的经济效益和社会生态效益（表 8 - 14）。到 2005 年丽水市稻鸭共育技术示范推广面积 2.29 万亩。其主要技术措施介绍如下：

表 8 - 14　山区农田稻鱼鸭共育生态种养效益情况分析

处理	稻			鱼			鸭			亩产值（元）	亩纯收入（元）
	产量（千克）	产值（元）	肥料、农药、种子等（元）	产量（千克）	产值（元）	肥料、农药、种子等（元）	产量（千克）	产值（元）	肥料、农药、种子等（元）		
稻鱼鸭共育	416.5	416.5	122.1	48.2	771.2	510.0	20.5	245.4	85.0	1 433.1	756.0
水稻	427.5	427.5	859	—	—	—	—	—	—	427.3	341.5

1. 选用良种　水稻选用茎秆粗壮不易倒伏的杂交稻良种Ⅱ优 6216，鱼种选用大规格本地繁殖的冬片鱼种（以防小鱼被鸭子捕食），鸭苗选用了适应性、抗病力强和经济效益好的缙云麻鸭。

2. 田间基础设施　①3 月上旬开始做好鱼鸭稻田共养基础设施，挖好鱼溜、鱼沟。在进水口附近挖

鱼溜，深 1～1.5 米，鱼溜面积 15 米²，在田中开"十"字形鱼沟，沟宽 0.8 米，深 0.5～0.8 米。②每个鱼溜搭一个 3 米² 左右的遮雨棚，供鸭子在下雨和夜晚休息。③田块四周围上尼龙丝网，高 1 米，防止鸭群逃窜。

3. 鱼种投放　4 月中下旬投放大规格冬片田鱼种，每亩投放 300 尾左右，水稻 4 月下旬播种，5 月下旬移栽。6 月中旬放养鸭子，每亩 15 只左右。

4. 田间管理　①水稻移栽前对鱼溜、鱼沟进行清理，并将鱼赶入沟溜中暂养，待水稻耘田后，放回全田饲养，并放养小鸭。②施肥。水稻移栽前 30 天左右，一次性施足基肥，亩施腐熟栏肥 1 500 千克，并配施磷、钾肥15～20千克。③水稻病虫生态防治。由于鱼、鸭均能取食稻田害虫，防治次数明显减少。④鱼、鸭病害防治。鱼苗在投放前用 2%～4% 的盐水浸浴 5 分钟左右，鱼种投放后每隔 15～20 天，每亩用生石灰 1 千克，掺水全田泼洒，鸭苗 1～3 日龄注射鸭病毒性肝炎疫苗，在喂食饲料时掺适量土霉素防止鸭病发生。⑤科学投饲。鱼饲料精粗搭配，细绿萍、麦麸、米糠、豆腐渣、菜籽饼等，每天投饲 2 次，上午 8～9 时、下午 3～4 时各 1 次，雏鸭要添食少量的碎米、碎菜、拌糠饭等。投喂也不宜过多，中后期可逐步添加稻谷。⑥及时捕获。鱼要早放迟捕才能高产，根据鱼的生长情况，分批捕获，降低田间密度，促进鱼体平衡快速生长。水稻齐穗、灌浆后，为防鸭群啄食饱满谷粒，就要禁止放养鸭子。

5. 稻、鱼、鸭共育生态种养新技术发展前景　通过该项技术实施，能充分利用土地、空间、水和光、热资源，以有益生物（鱼、鸭）控制有害生物（稻田害虫），减少水稻病虫害防治次数，减少农药用量，增施有机肥，减少化肥用量。对无公害水稻生产和无公害野养肉鸭及田鱼，对农民增收，发展高效生态农业经济，可持续发展具有积极的意义。

十、稻、螺共育种养技术

稻螺共育的种养方式，是近年来庆元、景宁等地重点推广的一种稻田新型种养模式。据当地农民介绍，田间放养的田螺属"似瓶园田螺"，壳薄，肉味鲜美，市场售价普遍高于常规养殖的田螺，每千克售价至少在 12 元，每亩稻田养田螺的收入在 200～300 元。其主要种养共育技术为：

1. 螺田选择　选择阳光、水源充足，水质无污染，排灌方便，洪涝不淹、天旱不干、土壤腐殖质含量高及交通方便的田块。凡含有大量铁质和硫质的水，绝对禁用。因为含铁量过高的水，放养种苗后死亡率很高，即使能成活的田螺，螺壳上也会附着红锈，甚至螺肉也呈现红棕色。硫黄水质还会使田螺具有硫黄臭味，不堪食用。由于田螺对水中溶氧量非常敏感，当溶氧量在 3.5 毫克/升时，就不太摄食，降至 1.5 毫克/升时，就会死亡，所以养殖用水必须清新，能用半流水式养殖较为理想。最好有流水。

2. 螺田准备　①田埂加宽，加高，在进出水口设置较密网栏，以防田螺逃逸。②螺种放养前 10 天，先翻耕稻田，每亩用生石灰 50～75 千克兑水泼洒消毒，并匀施有机肥 150～200 千克/亩，以培养浮游生物为田螺提供饵料。

3. 稻、螺种选择　螺种螺壳完整，无破裂，一般放养本地似瓶圆田螺为主，规格每千克 120～200 粒，每亩 30～50 粒，放养时间在 3 月中旬至 4 月中旬，水稻插秧前。选好稻、螺品种，培养壮秧，是稻螺共育取得双丰收的关键一环。水稻必须选择当地种植抗病虫丰产良种，基秆粗壮，抗倒伏，抗稻瘟病、稻飞虱能力强的杂交组合，如 II 优 10 号、II 优 6216 等。按旱育秧培育壮秧要求进行浸种消毒，催芽，适期适量播种，加强肥水管理，育成毛根多，茎粗带分蘖壮秧。

4. 水稻移栽适期　共育稻田移栽期 5 月中、下旬，3 月到 5 月上旬这段时间以全田灌水养鱼，畦式移栽密度，每畦播 14 丛，行株距 20 厘米×20 厘米，亩丛数达 1.5 万丛左右。

5. 肥水管理　保持畦面 2～3 厘米水层，既利于水稻分蘖，又利于田螺活动摄食。分蘖盛期至拔节期提高水位，控制无效分蘖，促进幼穗分化，提高成穗率。灌浆至成熟适当降低水位。水稻收割后，灌深水保护田螺越冬。安全施肥，基肥亩用粪肥 150～200 千克，水稻专用肥 25 千克，插秧后 10～15 天，亩施尿素 10 千克，过磷酸钙 15 千克，作追肥；病虫防治选用井冈霉素、氟啶脲、噻嗪酮等高效低毒无公害农药。

6. 适时补充饵料　田螺饵料主要是土壤中的微生物，底栖硅藻物青苔等天然饵料，不足时可投米糠、麦麸、豆粉、玉米粉等补充。

7. 加强田间检查　早晚各巡视 1 次，查田中有否漏水，缺水，防止田螺逃逸；查出水口栅栏，下大雨防水冲坏栅栏潜逃。放养期间，防止鸭、蛇入田捕食。

8. 田螺越冬管理　当水温下降到 8～9℃时，田螺开始冬眠，冬眠时，田螺用壳顶钻土，只在土面留个圆形小孔，不时冒出气泡呼吸。田螺在越冬期不吃食，但养殖池仍需保持水深 10～15 厘米。一般每 3～4 天交换 1 次水，以保持适当的含氧量。

9. 捕捞上市　田螺经过一年精心饲养，一般个体可达到 10 克以上。田螺在人工养殖期间要抓住时机，充分投饵使其在较短的时间内长成，这样螺肉大且柔软味美，为天然者所不及，产量也较高。捕捞时，要选择个体大的田螺作为亲螺培育，为翌年繁殖仔螺作准备。

第三节　水稻生理障碍与预防

在水稻生长发育过程中，受某些不利因素的影响（环境条件、栽培管理），引起的生理障碍，出现了与栽培目标正常生长不相符的现象，严重影响了水稻的产量与质量。在丽水稻作生产过程中的生理障碍主要有烂秧、发僵、早衰、倒伏、贪青等。其中烂秧、发僵主要发生在早稻，早衰、倒伏、贪青在早晚稻均能发生。

一、烂秧

烂秧是指盲谷落田后，不发芽就腐烂或芽谷落田后，未转青就死亡。再就是二、三叶期受低温影响，从老叶到嫩叶，逐渐变黄褐色枯死，或暴晴后未及时灌水，造成秧苗生理失水而死亡。前者称烂种，其二称烂芽，后者称死苗。烂秧情况 20 世纪 60～70 年代较为普遍，随着地膜育秧、半旱秧田育秧及旱育秧技术的推广烂秧现象减少。

1. 产生原因

（1）烂种。主要是稻谷丧失发芽力，盲谷播种不能发芽，经久腐烂。

（2）烂芽。主要是秧田水分控制不当，芽谷落田后，深水淹灌，芽鞘徒长，根不入泥，头重脚轻，翻根倒芽，变成"跷脚"，这时由于芽谷生活力衰弱，被腐霉菌等病菌侵入，引起烂芽。

（3）死苗。秧苗在 2 叶期低温下缓慢受害，引起体内新陈代谢活力紊乱，结果从老叶到嫩叶，逐渐变黄褐色枯死（称黄枯）；3 叶期，秧苗受低温影响，暴晴后未及时灌水，造成秧苗生理失水而死亡（称青枯）。2～3 叶期是秧苗断奶期，对低温的抵抗力最弱，称为抗寒临界期。

2. 防止措施　首先提高播种、催芽和秧田质量，防止烂种、烂芽和缩脚弱苗。选用优质良种，确定适宜的播种期，提高种子催芽质量。催芽过程中，做到"高温（36～38℃）露白，适温（25～30℃）催芽，降温（15～20℃）练芽"，使谷芽达到齐、匀、壮。提倡旱育秧（详见育秧技术）。

二、发僵

发僵是指插秧后至水稻分蘖前。稻苗发根受抑，叶片僵缩，株丛簇立，出叶和分蘖推迟，造成苗穗数减少。主要有中毒、缺磷、缺钾、冷害、泡土等。20 世纪 60～70 年代较为普遍，进入 80 年代后育秧技术的提高、冷浸田改良及磷、钾肥的使用推广发僵现象减轻。

（一）中毒发僵

指水田中还原性有毒物质的毒害造成的发僵。这类发僵秧苗插后不能正常返青，表现苗株矮胖、小、黄、瘦，生长严重受阻。稻根以深褐色和黑色的居多，呈腐烂状。稻丛簇立，不分蘖。地上部除新叶全绿外，其余叶片均有不同程度的叶尖枯焦，远看苗色一片焦红状。

1. 产生原因　稻田泥糊，基肥施用未腐熟有机肥料或绿肥用量过多，这些有机物质在渍水条件下分解时，增强了土壤还原性，降低氧化还原电位，氧气缺乏，严重地阻碍根系呼吸和养分吸收，使植株陷于饥饿状态；另一方面在有机物质分解时，产生硫化氢、沼气、亚铁等还原性有毒物质，到一定浓度后就深入稻根内部，而受毒害。

2. 防止措施　不施用未腐熟有机肥料。绿肥宜在花期翻沤，这时绿肥嫩易分解。绿肥产量高的田，可割出一部分作猪饲料或沤制肥料，以防止用量过多引起中毒发僵。为了加速绿肥腐烂，翻耕前将绿肥切断、散匀。加施石灰、石膏等间接肥料，以中和土壤酸度和沉实浮泥。已经发僵的田，应立即排水搁田，促使浮土沉实，增温增氧，有利扎根。

（二）缺磷发僵

指稻苗生长缓慢，新根很少，根系细弱，植株簇立，叶片直笃，新叶色暗绿或灰绿，分蘖很少，远看稻苗暗绿中带紫灰色。

1. 产生原因　土壤缺乏必要的有效磷。水稻分蘖初期，细胞分裂活跃，增殖旺盛，要求有大量磷素营养，此时缺磷，则阻碍分蘖，造成缺磷发僵（磷是构成细胞原生质中细胞核的主要成分）。

2. 防止措施　施好磷肥，可采用增施磷肥，磷肥蘸秧根、塞秧根。排水搁田，提高土温，施用石灰、石膏等间接肥料等，提高磷的有效性，增加根系磷的吸收量。

（三）缺钾发僵

指水稻赤枯型缺钾症，稻叶上有赤褐色斑点，稻苗生长停顿，株型矮小，分蘖极少，叶色深绿，叶片自外向内自上而下逐渐转黄色至黄褐色，发生赤褐色大小不等的斑点或斑块，使全叶、整株变为赤褐色，只有少数心叶保持绿色。严重时，全株从下叶开始渐次枯死。稻根老化腐朽，新根极少。一般赤枯型缺钾症常与中毒和冷害发僵伴随一起发生。

1. 产生原因　由于中毒发僵使稻根吸收肥力大大降低，特别是钾的吸收量显著减少，使稻体内钾、氮比显著降低，病株缺钾后体内蛋白质合成受阻，生长处于停顿状态，由于冷害、土温和水温低，稻根生长慢，影响对钾的吸收，也易诱发赤枯型缺钾症。

2. 防止措施　一是改良土壤，对排水不良的田，开沟排水，降低地下水位，实行水旱轮作，改善土壤的理化性状。二是增施草木灰或焦泥灰，或磷钾复合肥。三是抓好水浆管理，结合耘田，适当搁田落干，以改善土壤通气性。对已经发生缺钾发僵的稻田，排水搁田，增施磷钾肥，对土壤浮糊、扎根不良的稻田，每亩可施石膏 6～7.5 千克，促使土壤沉实，有利扎根。

（四）冷害发僵

指因田块水冷、土冷、使稻苗细长软弱，出叶和分蘖迟缓，稻丛簇状，叶鞘淡黄，严重时叶片尖端有褐色不规则斑点。稻根呈褐色，白根少而细。

1. 产生原因　冷水田或用冷水灌溉造成发僵。

2. 防止措施　山垅田要开"环山沟"，提高灌溉水的温度。分蘖期实行浅灌勤搁，深耘田，通过增温增氧，促使根系发育和分蘖快长。

三、倒伏

倒伏是水稻生产中发生较多的一种现象，倒伏越早，倾倒角度越大，对产量影响就越严重。

1. 产生原因　倒伏即分为根倒和茎倒。根倒是由于水稻植株长期处于深水中，根系发育不良，发根较少，扎根浅，根部支持力差，稍受风雨侵袭，就易发生平地倒伏。另一个是茎倒，由于茎秆基部细胞纤维素含量少，细胞壁变薄，细胞间隙大，组织结构松软，茎秆不壮，负担不起上部的重量，发生不同程度的倒伏。从栽培管理角度分析产生倒伏的原因，一是耕层浅，灌水过深，插植过密，根系生长发育不良，群体通风透光条件不好；另一个是肥水管理不当，片面重施氮肥，分蘖期生育过旺，拔节长穗期叶面积大，封行过早，造成茎秆基部节间徒长。

2. 预防措施　科学灌水，要根据水稻各生长发育期对水分需求的不同，实行浅水插秧，寸水分蘖，分蘖末期放水搁田；在保证水分需求的前提下，也要使土壤内有足够的氧气含量，促使根系生长强大；合理稀植，保证地下有足够的营养面积，地上有一定的空间，利于通风透光；合理施肥，不要偏施氮肥，增施磷钾肥，使茎秆充实强壮，控制基部节间伸长，从而增强抗倒伏的能力。

四、早衰

早衰是指水稻生育后期叶茎等部位的生理机能过早出现衰退现象，削弱了功能叶片的光合量，减少了灌浆物质来源，是造成秕粒的主要原因之一。

1. 产生原因　有部分植株出现早衰现象是因为前期生长过旺，到生长后期使群体与个体间的矛盾加剧，加速了根叶衰亡速度。另外是由于后期肥水管理不当，断水过早，氮、磷肥供应不足，使植株营养体生长得不到养分补充。还有的是因为土壤的通透性差，缺氧和有毒的还原物质多，使水稻后期根系发育不良，减弱根系吸收养分的能力而导致地上部生长衰弱。

2. 预防措施　科学管水，齐穗后到灌浆期，要浅水勤灌，增温促熟；乳熟到黄熟要间歇灌水，增加土壤的通气性，增强根系的活力，养根保叶。合理施肥，因进入后期，叶片的生理机能减弱，要防止中期脱肥；后期要巧施粒肥，可提高叶片的光合作用能力。

五、贪青

水稻生育后期叶片制造的有机养分滞留在营养体部位，呈现明显恋青。特别是灌浆期间叶片等营养器官的营养物质向穗部转运慢，导致千粒重下降，空秕率增加，产量下降。

1. 产生原因　由低温、冷害及土壤干旱等因素的影响，导致正常生长发育受到阻碍，生殖生长推迟，营养物质不能按时向生殖生长方面运转；光合作用强度和光照时间不够，也加重贪青程度；氮肥用量过多或施用时间偏迟，营养体后期生长过旺，也易出现贪青现象；在单位面积上栽植苗数过多，通风透光条件不好而导致茎叶过于繁茂的，也易于产生贪青症状。

2. 预防措施　科学灌水，防止干旱。合理密植，避免插植过密，影响通风透光，导致植株徒长。氮肥要根据时间和用量适时供给，不宜过多，防止因植株营养体生长过旺，而出现贪青现象。

第四节　水稻生产农机具

（一）耕作农机具

传统的稻作翻耕农具有犁、耙、耖、碌碡，均以牛作动力。耘田用具有田耙和圈耙。水田耕而后耙，耙后而耖，使田面平整，田泥细碎，利于秧苗生长。这些适应于稻田灌溉的整地技术，在唐宋时期即已形成，至今仍是丽水市稻田耕作的主要方式，尤其是山区、半山区更是如此。新中国成立后，稻作机械化一直是我们的努力方向，1955年丽水市各地试验推广双轮双铧犁，虽工效提高，因笨重、操作难，成本高，1958年后不再使用。1959年青田县购进丽水市第一台20千瓦四轮拖拉机，1965年缙云县引进丽水市首台手扶拖拉机，从此丽水市稻田耕作向机械化发展，到1990年丽水市有耕作机械14 627台，机耕面积33.55万亩，占同年稻作面积的18.13%。20世纪80年代开始受家庭联产承包责任制的影响，手扶拖拉机为主的耕作机械不断减少，机耕面积逐年下降。在移栽上从20世纪50~80年代各地前后引进插秧机，但因机械性能差，技术配套成本高难以在生产上应用。

（二）排灌农机具

新中国成立初期，灌溉工具主要是戽水木桶和龙骨水车。1952年，莲都区、青田县引进机械动力抽水机各1台，以后丽水市各地陆续引进，从此机械排灌设备不断增多，到了20世纪80年代基本取代戽水木桶和龙骨水车等传统工具。据统计，丽水市现有机电排灌设施5 100处，灌溉农田18.47万亩。

（三）植保机械

从 20 世纪 50 年代开始推广手动喷雾器、喷粉器，因工效高、防效好、成本低很快在生产上普遍使用。20 世纪 70 年代，推广机动喷雾器，植保机械形成以手动为主，机械为辅的格局。20 世纪 80 年代后，每家农户有 1 台以上手动喷雾器。

（四）收获农机具

传统收获工具是镰刀、箩筐、稻桶、簟皮、风车等。1955 年开始推广人力脚踏打稻机，20 世纪 70 年代推广机动打稻机，在集体化时期，脱粒基本上是打稻桶、脚踏人力打稻机、动力打稻机并存的局面。20 世纪 70 年代推广过收割机，因质量差，故障多，只能收割不能脱粒，功能单一，未能大面积应用。20 世纪 80 年代后，一家一户经营，以打稻桶、脚踏人力打稻机为主。至今仍沿用人工镰刀收割的收获方式为主。20 世纪 90 年代，稻作生产在平原地区出现规模经营户，采用能割能脱的联合收割机，效率高，单位面积成本低，取得良好效果，但是，稻作大多以小规模经营为主，因购置成本高而应用受限。近年来，随着规模经营的发展，种粮大户的增加及劳动力成本的提高，联合收割机作业面积不断增加，充分体现出机械化的作用，降低了生产成本和劳动强度。

第九章
水稻病虫草害防治

丽水市地处亚热带，境内地形多变，耕作制度复杂，为病虫草害的发生创造了极其有利条件，对水稻生产造成了极其严重危害，直接影响水稻产量和质量的提高。所以，自古以来，丽水人民为了确保农业丰收，与病虫草害进行了顽强的斗争，开展了许多防治病虫草害的科学实践，积累了大量丰富经验，如古代采用的火光诱杀、捕杀掩埋、冬季烧毁稻桩和清理田边杂草、土农药治虫、稻田养鱼等和现代形成的病虫草害综合防治技术，无不为丽水的水稻生产发挥了极其重要的作用。

第一节　主要病虫草害的发生、危害及演变

由于丽水市地形复杂，垂直气候差异大，耕作制度类型多，所以，从平原到山区，水稻病虫草害的种类、分布、发生及危害都有明显差异。

一、种类组成

丽水市地处中亚热带，气候温暖、湿润，境内地形复杂，生物资源丰富，昆虫种类繁多，其中有不少是水稻害虫。据史料记载和童雪松、潜祖琪20世纪80年代调查，丽水市水稻害虫有179种，隶属于8目34科141属。其中以鳞翅目数量最多，共48种，占总数的26.82％；其次为直翅目和半翅目，各占19.55％、21.11％和18.99％；鞘翅目和缨翅目较少，各占11.17％和2.23％；等翅目和双翅目最少，各1种。按它们危害水稻部位分类，危害根的有6种、危害茎的有60种、危害叶的有95种、危害穗的有16种。主要种类有：二化螟、三化螟、稻纵卷叶螟、褐飞虱、白背飞虱、灰飞虱、黑尾叶蝉、稻蓟马、稻秆潜蝇、大螟、稻蝗、稻椿象等。

水稻病害有20多种，其中能造成较大损失的有稻瘟病、纹枯病、白叶枯病、稻曲病、叶鞘腐败病、水稻细菌性条斑病、稻菌核病和黑条矮缩病、普通矮缩病等。

据资料记载，丽水市稻田杂草有100多种，其中能对水稻生长造成明显影响的约有50多种，主要种类有稗草、双穗雀稗、千金子、李氏禾、早熟禾、狗牙根、匍茎剪股颖、蟋蟀草、看麦娘、鸭舌草、节节菜、水花生、水苋菜、泽泻、矮慈姑、眼子菜、萤蔺、异型莎草、碎米莎草、香附子、荆三棱、日照飘拂草、紫背浮萍、水竹叶、谷精草、水筛、牛毛毡等。

二、分布与危害

丽水市境内南北跨度不大，南北同一高度的气候条件相似，年平均温差仅1.5℃左右，所以，水稻病虫害的发生和危害的水平分布差异不大。但是，丽水市从海拔10米左右的沿江平原到海拔1 929米的浙江第一高峰——黄茅尖，年平均温差达11℃左右。由于垂直气候差异悬殊，加上水稻种植制度复杂，因而水稻病虫害的分布及危害垂直差异比较明显。如二化螟、褐飞虱、白背飞虱、稻纵卷叶螟、稻蓟马、稻瘟病等遍布平原和山区，危害程度也普遍较重；稻秆潜蝇主要发生在海拔600米以上的山区单季稻田，其发生量随着海拔高度降低而减少，平原地区很少发生或不发生，据童雪松、潜祖琪1983年调查，龙泉市屏南镇（海拔1 000米）和云和县下洋村（海拔700米）的秧苗被害率高达90％以上，云

和县梅源村（海拔400米）秧苗被害率仅20%～40%，而200米以下的沿江平原未见危害；三化螟、黑尾叶蝉是平原稻区普遍发生的主要害虫，但随着海拔高度的上升，其发生量明显下降，到了1 000米以上的高山就很少发现，据不同海拔高度灯下虫量统计，海拔200米的三化螟虫量是1 000米的111倍，黑尾叶蝉的差距则更大；稻象甲在海拔1 000米以下均有发生，但其随海拔高度下降而发生量增加，危害程度加重，据桑叶飞等在1990年调查，海拔8～60米平均亩有成虫8 167头，株危害率11.24%，海拔230米平均亩有成虫3 291头，株危害率4.52%；海拔330米平均亩有成虫2 265头，株危害率3.11%，海拔460米的平均亩有虫量和危害率分别为138头和0.19%；还有局部地区发生的水稻害虫，如稻食根叶甲主要发生在山区烂糊田、冷水田，稻负泥虫主要在丘陵、半山区的山垄田发生较为严重。稻瘟病因山区雾多、空气湿度大，十分有利稻瘟病菌的萌发和传布，所以，该病的发生山区明显重于平原；喜高温高湿的纹枯病则随海拔高度升高发生危害而减轻。同时，还因随海拔升高气温下降，水稻播种期相应推迟，生育期延长，从而水稻害虫的发生危害期随海拔升高而推迟，发生代数也有所减少。据调查，在丽水海拔每升高100米，二化螟的发生期平均推迟4天左右，稻蓟马推迟3天左右；又如褐飞虱在山区单季稻区严重危害期为8月中旬，而平原双季稻区则为9月下旬前后；二化螟在海拔65米的平原地区一年发生4代，海拔600米左右的山区一年发生2～3代，而在海拔1 000米的高山区一年发生仅2代；如稻象甲在海拔400米以上年发生一代，海拔400米以下的双季稻田年发生二代；纹枯病在平原双季稻区早稻田一般在6月上中旬发生，常比低山单双混栽区的单季稻田发生期提早20～30天，且危害严重，而海拔800米以上的单季稻区由于气温低，其发生期又要比低山区明显推迟，危害减轻。

三、水稻病虫害的演变

随着农业耕作制度的变换、农作物品种的更替、气候的变化和农业生产技术的改进，水稻害虫的种群结构、发生程度和流行频率也常发生不断变化。

新中国成立前丽水市水田大多一年一季稻和水旱两熟制，且以当地土品种为主（长期适应的结果，耐灾性较强），栽种密度稀，耕作水平低，施肥量少，水稻生长差，对多种病害滋生不利，所以病害较少猖獗成灾。但是，因化学农药少，加上防治技术落后，虫灾频频发生。主要水稻害虫有螟虫、稻苞虫、蝗虫、稻椿象、稻飞虱、稻象甲，其中以螟虫、稻苞虫、稻飞虱、蝗虫危害较严重。据历史资料记载，延祐元年（1314年）遂昌，螟伤禾，岁歉收；至正十年（1350年）遂昌螟害；中华民国18年（1929年）10月，云和蝗虫灾害严重，晚稻歉收；中华民国20年（1931年）6月7日，遂昌西北区连续两年蝻蝗侵袭，贻害匪轻，县府组织捕蝗队；中华民国28年（1939年）缙云县壶镇、靖岳、靖和等乡镇稻苞虫、稻飞虱发生严重，是年11月龙泉安仁区田稻被三化螟所蚀，颗粒无收达500余亩；中华民国29年（1940年）缙云县发生螟害2.7万亩，损失稻谷675吨，中华民国33年（1944年）虫灾严重，受灾2.14万亩，减产70%，中华民国37年（1948年）稻苞虫旺发。

20世纪50～60年代，丽水市的水田耕作制度逐步开始改制，50年代先是河谷盘地改稻—豆两熟制为麦—稻—豆三熟制，低山区改一熟为两熟，后又在河谷盘地推广春粮（油菜）—连作稻为主的新三熟，山区推广早稻—秋玉米两熟制；双季连作稻面积逐步扩大，许多地方形成了单双季稻混栽的格局，全年水稻生长时间明显提早和延长，且大面积推广矮秆品种，移栽密度增加，为病虫危害提供了良好的食料和环境条件，从而加重了病虫的危害。此时的稻瘟病、三化螟、白背飞虱、褐飞虱、黑尾叶蝉、稻纵卷叶螟、稻蓟马危害加重，其中三化螟尤为明显；山区稻秆潜蝇出现危害；原属次要的灰飞虱、纹枯病上升成为主要病害之一；由灰飞虱传毒的黑条矮缩病自1963年在缙云县发现以来，以后几年在丽水市大流行；白叶枯病也因引种而传入丽水。据史料记载，缙云县1951年稻苞虫爆发，数万亩中稻不能抽穗；1953年中稻螟害严重，造成枯心、白穗；1957年稻飞虱大发，造成严重"稻桶瘟"；1961—1962年稻瘟病严重，大面积"捏颈瘟"；1963—1966年黑条矮缩病爆发，共计发病面积达4.5万～7.5万亩，丛发病率达30%～50%，成为当时水稻生产的主要病害；1968年大洋山区稻秆潜蝇危害水稻。

20世纪70年代前、中期，逐步推广了良田、良制、良种、良法的"四良"配套耕作栽培新技术，平原地区推行绿肥—双季稻的"三熟制"，冬季绿肥田面积迅速广大，据统计，丽水市在1970—1979年平均每年绿肥播种面积88.7万亩，占耕地总面积的56％左右。由于绿肥田是黑尾叶蝉、灰飞虱和三化螟的主要越冬场所，同时，化肥施用量增加，偏施氮肥、品种单一性种植现象等较普遍，因此，平原地区稻田的黑尾叶蝉、灰飞虱、三化螟种群数量进一步增加，由黑尾叶蝉传毒的普通矮缩病，每年危害81万～99.5万亩；由灰飞虱传毒的黑条矮缩病发病明显加重；白背飞虱、褐飞虱、稻纵卷叶螟、稻瘟病、纹枯病、白叶枯病危害进一步加重。据记载，1976—1977年丽水市稻纵卷叶螟每年危害100多万亩，1970—1974年白叶枯病仅缙云县新建区年发病1.5万亩，损失粮食约28万千克，1973年缙云晚稻褐飞虱猖獗，1975—1976年缙云二、三代稻纵卷叶螟大发生，春花田早稻和双季晚稻苗期严重受害；三化螟成为螟虫中的优势种群，1971—1974年丽水市每年发生83.2万～128.8万亩；稻瘟病从1969年开始隔年流行，区域性严重危害年年发生，产量损失巨大。山区稻秆潜蝇为害加重，成为山区单季稻的主要害虫。但稻苞虫、蝗虫、稻椿象、稻象甲危害逐渐减轻。

20世纪70年代后期至80年代初，为了提高粮食产量，在平原地区推广麦（油菜）—早稻—晚稻的"新三熟"制，大大减少了越冬虫源田和桥梁田，同时，晚稻以杂交稻汕优6号、早稻以竹科2号、广陆矮4号为代表的一批抗病良种的推广应用，使三化螟、灰飞虱、黑条矮缩病、稻瘟病危害有所减少；二化螟、白背飞虱、褐飞虱、山区稻秆潜蝇数量明显上升；白叶枯病、纹枯病危害进一步加重；原来属次要的稻曲病发展成为主要病害。据记载，1980年丽水市二化螟危害面积155万亩；1983年丽水市白背飞虱危害97万亩；稻秆潜蝇危害1982年达17万亩，1987年增至44万亩；纹枯病1980年丽水市有140万亩发病，缙云1983年大爆发，损失粮食28万千克；1984年缙云三联、东方等地早晚稻普发白叶枯病，面积达5.35万亩；稻曲病1981年丽水市发病田快达100多万亩。

20世纪80年代中后期，由于种植多年的汕优6号、广陆矮4号等品种抗病力衰退和稻瘟病优势生理小种的改变，致使1984—1985年稻瘟病大流行，成为历史上危害最重的年份。据统计，1985年丽水市发病田块有157万亩。而后，随着晚稻汕优63、汕优64、汕优10号、协优46、Ⅱ优46等杂交组合和晚稻浙丽1号常规品种及早稻二九丰、早杂威优35等一批新抗病组合和品种的先后推广，稻瘟病危害明显减轻，并基本得到控制。此时，农村全面实行联产承包责任制，农民种粮积极性高，稻作施肥量大增，水稻长势良好，虽然有利病虫发生，但因重视防治，病虫危害基本得到控制。由于20世纪80年代末，耕作制度的变化，造成桥梁田增加，加上有机氯农药停止使用，稻象甲的种群数量明显回升，且广泛分布丽水市各县。据桑叶飞等1990年调查，发生严重地区的秧田成虫平均密度达3.9万只/亩，株危害率平均达22.05％。1987年白叶枯病发病5.9万亩，这一年，水稻细菌性条斑病传入丽水市各地，并逐渐扩大危害，发展成为水稻主要病害。

1988年开始丽水市耕作制度全面进入调整，粮—经、粮—饲、粮—肥等多熟制在各地逐步推广应用。所以，在20世纪90年代丽水市的农业种植出现了多熟制并举、多组合并存的新格局。平原地区如麦（油菜）—稻—稻、菜—稻—经济作物、肥—稻—稻、瓜—稻—菜、玉米、大豆（鲜食）—稻—经济作物等耕作制度并存，山区有菜—稻、瓜—稻等，早稻栽培面积减少，水旱轮作面积增加，同时，水稻病虫综合防治配套技术和配方施肥技术得到进一步研究和推广，增强了水稻的自然控制能力，从而使丽水市在1995年以后稻瘟病成为次要病害，稻曲病、细菌性条斑病间歇性发生，纹枯病成为水稻主要病害。但是，1995—1999年在丽水市大面积推广水稻直播栽培技术，5年合计应用面积达62.83万亩，其中垄畦免耕直播33.23万亩，形成了早稻直播、单季直播、连作晚稻直播，免耕直播、翻耕直播，点播、条播、散播，常规稻直播、杂交稻直播的栽培技术体系，水稻生长过程没有大苗移栽后的缓苗期，害虫可由秧苗开始不间断地为害，卵的孵化率及幼虫的成活率也显著提高；自20世纪80年代以来，由于连续、单一、大量使用杀虫双（单）治螟，致使20世纪90年代后二化螟对这两种药剂的抗性明显增强，所以，二化螟、稻纵卷叶螟、褐飞虱危害面积广，虫口密度高，世代重叠，全年重发。由于种植结构的调整，单季稻面积扩大，空闲田时间延长，有利看麦娘、稗草等禾本科杂草的生长；加上水稻单、双混栽面积增加，全年田间水稻生长期长，有利于灰飞虱越冬和繁殖及危害；另外，免耕直播稻、稻板麦等轻型栽培技术的推广，有利灰飞虱就地繁殖，持续转迁危害，所以，灰飞虱虫口密度明显提高，危害加重；同时，由于灰飞虱种群数量的上升，导致毒源扩大，从而造成水稻黑条矮缩病危害逐渐加重。据丁新天等调查，1996—1998年缙云县免耕直播早稻分蘖期灰飞虱百丛虫量360～1 050头，平均715头，比同期翻耕移栽的百丛虫量85～385头，平均105头，增加了6.78倍；1996年缙云县水稻黑条矮缩病局部成灾发生，发病面积0.6万亩，到了1998年发病面积就达3.6万亩，成为历史上黑条矮缩病第二个流行周期。

2000年以后，丽水市农村农田种植结构得到进一步优化，水稻种植面积进一步减少，其中早稻面积大幅度下降，单季稻面积大幅度增加，菜—稻、菜—菜的种植面积进一步扩大；冬闲未耕冬荒田增多，冬季水沤田几乎绝迹，稻田免耕油菜、蚕豆、豌豆多，越冬幼虫基数增大，螟虫危害明显加重，尤其是三化螟的发生量又明显增加。

第二节　农药的应用和种类更替

农药是水稻生产过程有害生物治理的重要生产资料，对推进水稻生产的发展，提高水稻产量发挥了十分重要的作用。但是，长期连续单一使用或滥用化学农药而造成的病虫抗药性、农产品农药残留量超标、自然生物系统受破坏、环境污染等问题越来越严重，使之成为制约社会经济发展和稳定的重要因素。为此，丽水市水稻生产中对农药的应用技术不断进行研究和改进，从保护生态环境、生产安全农产品出发，采取了减少化学农药使用量、淘汰高毒高残留农药、推广高效低毒低残留农药、提倡一药兼治、严格掌握用药间隔期等技术措施，取得了较大的社会效益、生态效益和经济效益。

新中国成立前到20世纪50年代初，丽水市水稻生产中主要利用茶籽饼、烟茎、辣蓼、草木灰、雷公藤、桐油、青油等土农药和生石灰、硫黄等矿物农药防治病虫害。丽水市最早在水稻上施用的化学农药是于1953—1954年先后引进的六六六、滴滴涕等有机氯杀虫剂。此后，随着我国化工事业的发展和农业生产的需要，丽水市为水稻生产引进和使用的农药种类和数量不断增加，农药成为水稻生产不可缺少的重要生产资料。

自1953年以来，丽水市在水稻生产上使用的杀虫剂、杀菌剂、植物生长调节剂、除草剂等化学农药有近100种，分别归属有机氯类、有机磷类、有机汞类、有机砷类、有机硫类、有机氮类、苯类、杂环类、氨基甲酸酯类、拟除虫菊酯类、酰胺类、酚类、二苯醚类、三氮苯类、苯氧类、无机类、微生物类等。主要有：

一、杀虫剂

六六六、滴滴涕、甲基对硫磷（甲基1605）、对硫磷（1605）、辛硫磷、久效磷、马拉硫磷、敌百虫、乐果、敌敌畏、甲胺磷、杀螟硫磷、杀虫脒、杀虫双、杀虫单、异丙威、速灭威、三唑磷、倍硫磷、噻嗪酮、虱病净、吡虫啉、乙酰甲、毒死蜱、氟虫腈、毒死蜱等。

二、杀菌剂

氯化乙基汞、醋酸苯汞、多菌灵、甲基硫菌灵、异稻瘟净、克瘟散、稻脚青、稻宁、退菌特、井冈霉素、噻枯唑、叶枯净、三环唑、三唑酮、稻瘟灵、福美双、新植霉素、噻菌铜、杀菌王（氰溴异氰尿酸）抗菌剂402等。

三、除草剂

五氯酚钠、除草醚、双丁乐灵、二甲四氯、丁草胺、丁·西、丁·农、敌稗、草甘膦、扑草净、吡嘧磺隆、灭草王、苄黄隆、秧草净、乐草隆、禾大壮等。

四、植物生长调节剂

赤霉素、丰产素、三十烷醇、多效唑、矮壮素等。

丽水市最早在水稻上使用的化学杀虫剂为六六六和滴滴涕，其在20世纪60至70年代广泛用于防治螟虫、稻飞虱、稻苞虫等水稻主要害虫，并足足连续使用了30年，在治虫夺丰收中发挥了很大作用。20世纪60年代中期以后推广的还有敌百虫、乐果、氧化乐果、敌敌畏、马拉硫磷等杀虫剂，其中马拉硫磷、敌百虫主要防治螟虫、稻纵卷叶螟；敌敌畏、乐果和氧化乐果主要防治稻飞虱、叶蝉、稻蓟马和稻秆潜蝇等。20世纪70年代在丽水开始推广应用甲基对硫磷（甲基1605）、甲胺磷、杀螟硫磷、杀虫脒、异丙威、速灭威、呋喃丹等杀虫剂，其中甲基对硫磷（甲基1605）大量用于防治水稻螟虫等，防治效果十分理想，但因其为急性高毒农药，对施药者的毒害作用也非常大，常常有中毒事件发生，同时，因单一长期使用对二化螟、稻纵卷叶螟等主要害虫产生抗药性，20世纪80年代中期以后使用量逐渐减少；杀螟硫磷、杀虫脒主要防治螟虫和稻纵卷叶螟；异丙威、速灭威主要防治稻飞虱和叶蝉；甲胺磷对螟虫、稻纵卷叶螟、稻飞虱、叶蝉都有很好防治效果；呋喃丹主要防治秧田期稻蓟马。20世纪80年代中期在水稻上除推广使用杀虫双、拟除虫菊酯类杀虫剂外，其他种类与20世纪70年代基本相似。

由于有机氯农药六六六、滴滴涕为高毒、高残留农药，对环境和农产品的污染都很严重，自从以上有机磷农药的推出就逐步被取代，并于1984年我国通过立法手段全面停止生产和禁止使用。20世纪80年代后期以来，由于人们对食物安全、生态环境保护以及主要害虫抗药性等问题越来越被重视，推广高效、低毒、低残留农药，安全用药，科学施药成为农业科研和生产者的主题，为此，丽水市水稻生产的病虫草害防治在注重农业技术、利用天敌等综合防治技术的运用的同时，积极引进推广以防治稻飞虱、叶蝉等半翅目害虫为主的、具有高选择性的扑虱灵新农药，对稻飞虱防治和稻田天敌保护发挥了积极的作用。据王连生、童雪松等（1988—1991年）研究表明，扑虱灵对稻田褐飞虱和白背飞虱在施药后1个月内防治效果一般可达80%～90%，而稻田蜘蛛、黑肩绿盲蝽的数量分别比施用异丙威或高毒有机磷农药增长63.9%和87.7%，且对人毒性小，使用安全，深受农民欢迎，从而在稻田稻飞虱防治上基本取代了异丙威和高毒的有机磷农药。1995—1996年，为配合水稻病虫综合防治技术的推广应用，由浙江省农业科学院和丽水市农业科学研究所共同研制的虱病净农药在双季晚稻和山区单季稻的穗期病虫防治上进行较大面积应用，共计推广面积达2万多亩，起到了病虫兼治、一药多治的效果，经济效益和生态效益十分显著。2000年以来，噻嗪酮仍然是防治稻飞虱的主要农药，而防治螟虫、稻纵卷叶螟等鳞翅目害虫由吡虫啉、毒死蜱、氟虫腈唱主角，并逐步减少有机磷农药的使用量。由于有机磷农药使用范围广、时间长，加上不规范用药，对农畜产品的污染相当突出，严重危害人们身体健康，对此，浙江省人民政府办公厅于2001年5月30日转发省农业厅等单位《关于禁止销售和使用部分高毒高残留农药意见的通知》（浙政办发［2001］34号），规定从2001年7月1日起，在浙江省全省范围内禁止销售并在各类作物禁止使用甲胺磷农药（包括混配制剂）；在水稻等水田作物上禁止使用所有拟除虫菊酯类杀虫剂及复配产品，在螟虫对杀虫双有抗性地区控制使用杀虫双（含杀虫单）。而后，我国农业部又于2003年12月30日发出公告（第322号）规定，自2004年6月30日起，禁止在国内销售和使用含有甲胺磷、对硫磷、甲基对硫磷、久效磷和磷胺5种高毒有机磷农药的复配产品；自2005年1月1日起，将原药生产企业保留的甲胺磷、对硫磷、甲基对硫磷、久效磷和磷胺5种高毒有机磷农药的制剂产品的使用范围缩减为棉花、水稻、玉米和小麦4种作物；自2007年1月1日起，全面禁止甲胺磷、对硫磷、甲基对硫磷、久效磷和磷胺5种高毒有机磷农药在农业上使用。

丽水市最早防治稻瘟病的杀菌剂有氯化乙基汞、醋酸苯汞等有机汞农药，为20世纪60年代广为应用的主要药品。但因这类农药残留严重，并极易引起亚急性和慢性中毒，故我国于1971年起即停止工业生产和进口，浙江省在1972年即全面禁止使用。随之，各地改用多菌灵、异稻瘟净、稻瘟净、克瘟散、三环唑、三唑酮、稻瘟灵等农药防治稻瘟病，至今一直仍在沿用。20世纪60年代防治纹枯病主要应用稻脚青、稻宁等有机砷农药和退菌特等。由于残留问题，稻脚青、稻宁规定只能在水稻拔节前使用，且于 1972 年浙江省即全面禁止使用这两种有机砷农药。1975 年以后防治纹枯病主要应用井冈霉素等，因该药剂高效、低毒、低残留、无药害的特点，至今仍作为防治纹枯病的主要农药。早期防治白叶枯病主要应用噻枯隆、叶枯净等，20 世纪 90 年代以后由于这两种农药使用多年，药效下降，逐步被新植霉素、噻菌铜、杀菌王等取代，并用抗菌素 402 种子消毒。

丽水市 20 世纪 70 年代初开始在水田使用除草剂，药剂种类以除草醚、二甲四氯为主，另外还少量使用五氯酚钠等。以后，逐步推出的除草剂还有丁草胺、杀草丹、敌稗、乐草隆、吡嘧磺隆、灭草王、直播净等。由于水田使用除草剂省工、省力、除草效果好，所以推广面积迅速扩大，在 1980 年前后丽水市的使用面积就达 30 万亩，此后，丽水市的水稻生产基本以化学除草代替了人工耘田除草。植物生长调节剂赤霉素和三十烷醇主要应用于杂交稻制种促进父母本花期相遇和晚稻受低温影响促进抽穗扬花授粉，减少包颈率，提高结实率；多效唑和矮壮素主要应用于晚稻秧田，抑制秧苗生长，促进分蘖，培育矮壮秧。

丽水市在利用农药防治水稻病虫采取的施药方式主要有散毒土、泼浇、喷粉、喷粗雾、喷细雾和浸种消毒等。

第三节　预测预报技术的应用

丽水市早在 20 世纪 30 年代就有利用"松明"火灯诱螟蛾测报的记载，到 20 世纪 70 年代为测报盛世时期；测报技术也由简单的灯诱观察，到田间系统调查分析，发展到如今的自动化、可视化、网络化和规范化的病虫害监测预警体系的建立，测报范围不断扩大，测报技术不断提高，测报工作为丽水市水稻病虫害的防治发挥了极其重要的作用。

一、水稻病虫预测预报机构的建立

据史料记载，丽水市的水稻病虫预测预报机构最早是遂昌县建于 1929 年，即遂昌县治虫委员会，确定 1 名治虫专员，利用"松明"火灯诱螟蛾测报，于 1930 年开始不定期出版《治虫月刊》；20 世纪 50 年代后期至 60 年代初，丽水市各县相继都成立了县病虫测报站，测报的对象主要是水稻螟虫；20 世纪 60 年代中期到 70 年代各县在健全病虫测报站的同时还相继建立了公社和大队病虫测报防治组织，还培训了大批生产队植保员，形成了县、社、大队、生产队四级病虫测报防治网，测报对象由水稻螟虫扩大到稻瘟病、纹枯病、白叶枯病、稻飞虱、稻纵卷叶螟等水稻主要病虫害；20 世纪 80 年代由于农业生产推行土地联产承包责任制，原有社、队病虫测报防治队伍自行解体，指导植保工作由部分科技示范户承担，并相继出现治虫专业户，以计亩或承包形式为农户有偿治虫；进入 21 世纪以来，农村产业结构进一步调整，经济作物面积不断增加，测报对象也由单一的水稻病虫扩大到蔬菜、果树、茶叶、烟叶等经济作物病虫。

丽水市各县测报站自成立以来，为确保当地农业丰收都发挥了应有的作用，所取得的成绩得到当地政府和上级有关部门的认可和表彰。其中较为突出的为遂昌县病虫测报站，至今共有 4 次受到上级表彰，即 1930 年，对大柘里长吴继周因热心治虫著有成效，受到浙江省建设厅嘉奖，县长杨兴烈奖励匾额并题"去彼螟蛾"；1981 年 11 月，农业部病虫测报总站授予遂昌县农业局病虫测报站"病虫测报做出优秀成绩"奖；1993 年物病虫预测预报工作成绩显著，被农业部评为"全国农作物病虫测报先进集体"；2000 年，遂昌县农业局植保站被全国农业技术推广服务中心评为"全国农作物病虫测报先进集体"。

二、病虫测报技术的应用

丽水市水稻病虫测报主要以发生期预报和短期预报为主，在 20 世纪 80 年代开始对稻瘟病等主要病虫进行当年发生趋势和可能的分布范围及危害程度预测预报。一般采用指标预测法、数理统计预测法和综合分析预测法。采取专业观测站和社队观察点相结合、固定观察点与面上发生情况相结合的方式，传统的方法是建立固定观察点，定期人工田间调查，结合品种感病程度、施肥水平、历史病情资料和气象预报资料，综合分析制订病虫发生预报和防治意见，并利用印发病虫情报和县、乡、队的广播站进行病虫情报宣传，直接指导病虫害防治工作。这种方法人工劳动强度大，往往受气候等因素制约而影响测报的准确性。

进入 21 世纪以来，随着农业现代化程度的不断发展，丽水市的水稻病虫测报技术也随着发生改变，现代的测报设备在丽水的测报史上得到运用，重大病虫害监测预警体系得到建设，使丽水市的病虫预测预报技术进入一个新的时代。如遂昌县在农业厅的支持下，从 2003 年开始开展了重大病虫害监测预警体系建设，总共投资 102.25 万元，建成了病虫测报用房 600 米^2，建成了标准化观察场 2 990 米^2，观察场内添置了自动诱虫灯、自动气象站等病虫监测设备和试验所需仪器和设备，建有完善的水田观测区，预测预报达到自动化、可视化、网络化和规范化要求，大幅度提高了病虫预测预报的及时性和准确性，减轻了测报人员劳动强度。松阳、莲都等县（区）的重大病虫害监测预警体系项目也正在紧锣密鼓地建设中。

第四节　防治策略的形成和完善

一、以农业和人工措施为主的朴素防治时期（1950—1957 年）

20 世纪 50 年代初，丽水市农业病虫防治贯彻"防重于治，农业防治为主，辅以人工捕杀"的植保方针，提倡治早、治少、治了，采取油滴稻田梳落幼虫、灯光诱杀、网捕螟蛾、木板拍毙、摘除虫苞卵块、稻颈瘟用拔穗清除等人工捕捉和冬季农田"三光"，即稻根挖光、稻草处理光、田边杂草铲光的措施。1955 年开始又贯彻"人工防治为主，药剂防治为辅"的防治策略和"土洋结合，重点肃清"的植保方针，以推广有机氯农药治虫、用汞制剂农药防病、选育抗病农家品种为手段，开展"人人动手，家家除虫"的群众运动，取得了较好的防治效果。

二、防治策略的单一防治和转变时期（1958—1974 年）

1958 年前后，提出了稻螟的综合防治，开始进入单虫单病综合防治时期，初步走上化学农药防治和农业防治相结合的综合防治轨道；20 世纪 60 年代初总结以往的治螟经验，纠正了 1958 年提出的螟虫"消灭、肃清"论，提出"防、避、治"相结合的治螟策略，即冬春耕沤预防、调节播种期避害、药剂防治抓大发生前一代的治螟策略；1964 年组织治螟歼灭战，许多地区群众又走上单纯依靠化学农药治虫的单一防治途径，大量使用有机氯农药，致使螟虫对六六六产生抗药性。在水稻白叶枯病和稻瘟病防治方面，采取了抗病品种和栽培防治为主、重点施药保护的综合防治措施。20 世纪 70 年代初期以后，生物防治普遍得到重视，利用赤眼蜂和其他微生物农药防治病虫害，扭转了单一依靠化学农药防治的局面。在蝗虫防治方面，20 世纪 50 年代末期至 70 年代中期，蝗虫发生程度有所减弱，治蝗策略也由单一的化学防治转向"改治并举"，即在大量使用六六六的同时，注重蝗虫滋生地的改造，从而使丽水的水稻病虫害防治从单一技术的应用转向多项技术的结合，大大提高了整体防治效果。

三、综合防治理论的形成与发展时期（1975—1990 年）

随着人类对自然规律认识的不断深入，农业病虫害治理上在保证防治效果的同时，逐步注重生态环境保护，在防治策略上由单一化学防治逐步走向农业防治、生物防治、化学防治和物理防治相结合之路，制定了"预防为主，综合防治"的植保方针，使病虫害综合防治的理论与实践有了很大发展，明确了从"农业生态系统总体观出发，充分利用自然控制因素"的防治方向，采取了选用抗性良种、健身栽培、增强抗性、生物控害、施用高效低毒农药的技术措施，改变了单一依赖化学农药的局面，为以后综合防治体系的完善打下了基础。

四、综合防治技术的成熟与普及时期（1991年以后）

20世纪90年代以来，从以人为本出发，对农药残留和环境污染问题越来越被重视，在农业病虫防治上提出了以保护生态、生产安全农产品为中心，利用农业、生物控害为主，药剂防治为辅的综合防治策略，从而使有害生物的控制与食物安全、生态环境保护有机联系起来，把农业有害生物治理与农业可持续发展理论接轨，形成了比较完善的农业有害生物综合治理体系。

第五节　主要病虫草害防治技术

丽水市水稻主要病虫害有螟虫、稻飞虱、稻丛卷叶螟、稻瘟病、纹枯病、细菌性病害，山区还有稻秆潜蝇。防治技术主要采取农业、生物防治为主，药剂防治为辅的综合防治措施。

一、螟虫

螟虫主要有二化螟和三化螟，一直是丽水市水稻的主要害虫，是重点防治对象，制订了"狠治一、二代，重视三代""治前控后"的防治策略，采取了秋冬季清理越冬场所和在一代螟虫发蛾始盛期前，对未翻耕的田块及时灌水杀蛹，减轻虫源基数；在螟虫卵块孵化盛期至孵化高峰后2～5天，在分蘖期每亩有枯鞘团100个或枯鞘株率1％，在破口期，当株害率达0.1％时进行药剂防治的措施。在调查田间发生期的基础上，可选用每亩5％氟虫腈30毫升、或78％精虫杀手（杀虫胺）50～60克、或25％喹硫磷100毫升及上述药剂的复配药剂防治。禁止使用六六六、滴滴涕、甲基1605、1605、三唑磷等高毒、高残留农药。

二、稻纵卷叶螟

在丽水稻纵卷叶螟是迁飞性害虫，主要采取药剂防治措施，并严格掌握在幼虫二龄前用药。当每百丛有效虫量：分蘖期40条，穗期20条时，每亩可分别选用5％氟虫腈40毫升、40％毒死蜱60毫升、35％纵卷清80克、10％吡虫啉4 000～6 000倍液及毒死蜱、阿维菌素等复配制剂喷雾防治。禁止使用六六六、滴滴涕、甲基1605、1605、三唑磷等高毒、高残留农药。

三、稻飞虱

在丽水市为害水稻的稻飞虱主要有褐飞虱、白背飞虱和灰飞虱，其中褐飞虱、白背飞虱为迁飞性害虫。防治上以利用生物防治的基础上，主要采取药剂为主。当田间平均每丛有稻飞虱5～8头，每亩用10％吡虫啉20～30克，或25％噻嗪酮30～40克喷雾防治。

四、稻秆潜蝇

稻秆潜蝇是山区单季稻的主要害虫，应采取农业防治和药剂防治相结合的方法。在秧苗期主要采取地膜打洞平铺育秧技术，在秧苗2叶1心期时，亩用10％吡虫啉30克加水40千克喷雾防治；在本田期的6月中下旬至7月上旬亩用35％虱秆净乳油100毫升加5％氟虫腈乳油30毫升加水40千克喷雾防治。

五、稻瘟病

稻瘟病是丽水水稻生产常发和重发的病害之一，尤其山区更严重。主要采取选用抗性良种、健身栽培，提高抗病能力为主，辅以药剂保护的防治措施。在用抗性良种、健身栽培基础上，发病初期（当苗期或分蘖期，稻叶出现急性型病斑，或有发病中心的稻田，或在孕穗末期叶病率在 2％以上，剑叶发病率在 1％以上，或周围已发生叶瘟的感病品种田和生长嫩绿的稻田），每亩可用 75％三环唑 25～30 克、或 30％稻瘟灵 120～150 毫升喷雾防治。

六、纹枯病

纹枯病是丽水市水稻常发且重发的病害。应采取以搁田为主，辅以药剂防治的技术措施。当水稻分蘖末期到圆秆拔节期丛发病率 10％～15％，孕穗期丛发病率 15～20％时，每亩可选用 5％井冈霉素 200～250 毫升，或 24％满穗 15～20 毫升喷雾防治。

七、稻曲病

近年来该病在丽水市单季稻及连作晚稻发病逐年加重。对此病的防治关键在于适期用药。在破口前 3～5 天，可每亩用 15.5％保穗宁（三唑·井冈）100～120 克、或 5％井冈霉素 300～400 毫升、或三唑酮与多菌灵、或多菌灵与井冈霉素复配剂喷雾防治。

八、细菌性病害

在丽水市水稻上细菌性病害主要有白叶枯病和细菌性条斑病。在选用抗病品种的基础上，对发病田块、受淹稻田和易感品种田块，可每亩选用 20％噻菌铜悬浮剂 100 毫升、或 50％杀菌王（氰溴异氰尿酸）40 克喷雾防治。不提倡应用已连续使用多年防效下降的噻枯唑。

九、草害

丽水市水稻栽培方式主要有直播、抛秧及手插 3 种形式，稻田除草必须坚持农业防除与化学防除相结合的综合治理措施，在做好精选种子、汰除杂草籽、合理轮作、深水耙田、捞取浪头渣、促早发以苗压草、人工拔除等农艺措施基础上，根据各种栽培方式和杂草种类，采取相应的化除措施。

秧田期，在播种后每亩用 17.2％幼禾葆 200 克或 40％直播青（丙草·苄）可湿性粉剂 30～40 克兑水 30 千克均匀喷雾。

常规手插本田，在移栽后 4～7 天每亩用 30％精乐草隆（苄·乙）20 克、或 25％阿维菌素 25 克等苄·乙系列除草剂拌尿素或细沙土 10 千克均匀撒施，禁止使用含甲磺隆成分的苄·乙·甲系列除草剂。

抛秧田，抛栽后 5～8 天，秧苗基本直立后每亩用 50％农朋友（苯噻酰·苄）40 克，拌细土或尿素 10 千克均匀撒施。

直播田，播后当天至 3 天每亩用 17.2％苄·哌可湿性粉剂 200～250 克，或播后 2～5 天用 40％直播青 45～60 克，或播后 4～8 天用 1％去稗安悬浮剂 200～250 毫升，兑水 30～40 千克均匀喷雾。

前期失除或防效不理想田块，防除单子叶杂草，在稻苗 3～4 片叶以后可每亩用 50％神锄（二氯喹啉酸）30 克；防除阔叶杂草和莎草，在水稻移栽后 10～20 天、杂草 2～5 叶期，每亩用 15％太阳星 5～7 克等药剂补除，兑水 15～20 千克，田间落水后进行杂草茎叶喷雾，药后 1～2 天恢复水层，并保持水层 10 天以上，只灌不排。除草剂使用技术要求高，要严格参照使用说明施药。

第六节　山区单季稻病虫草害综合
防治技术的研究与应用

丽水市地处山区，水稻生产中单季稻面积一直占有相当大的比重，据统计，20 世纪 80 年代一直稳定在 70 万亩左右，占全年水稻总面积的 60％左右，后来，随着农村种植业结构的调整，单季稻面积迅速增加，到 2004 年达 80 多万亩，占全年水稻总面积的 80％左右，单季稻成为丽水市粮食生产的重头戏。但是，由于山区气候及栽培制度等原因造成水稻病虫害种类多且危害严重，成为制约着山区单季稻生产的重要因素之一，因此，开展山区单季稻病虫害综防技术研究和应用对提高丽水山区粮食产量，确保山区粮食安全具有十分重要意义。为此，在 20 世纪 80 年代中期以来，丽水市农业科学研究所会同丽水市 9 县（市）农业推广部门，根据丽水山区单季稻病虫草害发生特点和特殊农业生产条件，对单季稻病虫害综合防治配套技术进行了比较系统的研究和推广应用。通过试验研究和示范推广，基本探明危害丽水山区单季稻的稻瘟病、稻秆潜蝇、白背飞虱、褐飞虱、二化螟和稻纵卷叶螟等主要病虫害的发生流行和消长规律，形成了以选用抗病丰产良种为中心、改水灌溉和健身栽培为基础、施用高效、低毒、低残留农药、保护利用天敌、稻鱼鸭共育生态控害为辅的丽水山区单季稻病虫害综合防治技术体系，制订了综合防治规范实施图和综合防治配套技术，并在丽水市得到大面积推广应用，取得了较大的经济、社会和生态效益。其研究和应用的主要技术措施为：

一、选用抗性优良品种

通过试验观察，20 世纪 80 年代初大面积推广的、种植多年的汕优 6 号抗性明显下降，20 世纪 80 年代后期被汕优 63、汕优 64 等品种所取代，以后又筛选出Ⅱ优 46、Ⅱ优 64、协优 46、汕优 10 等抗性较强的品种，并在不同海拔高度推广应用，使其覆盖率达 90％左右，从单一品种（组合）当家——不同熟期、不同类型品种（组合）搭配应用——主导品种（组合）推广，有效地控制了稻瘟病在山区的流行。

二、地膜打洞平铺育秧防治稻秆潜蝇

稻秆潜蝇是山区单季稻主要害虫之一，在海拔 600 米以上山区危害十分严重，通过试验观察探明，采取地膜打洞平铺育秧技术可大大减轻稻秆潜蝇的危害。即利用地膜覆盖育秧，调查预测稻秆潜蝇产卵高峰期，采取地膜打洞降低膜内温度，推迟揭膜时间，避开产卵高峰期，从而减轻秧苗受害。试验表明，在海拔 900 米左右揭膜时间在 5 月 15～20 日，即可避开稻秆潜蝇产卵高峰期，防治效果可达 95％左右。

三、改变灌溉方式

丽水山区农田大多呈垂直分布，田块之间落差大，串灌、满灌形成冷水田、烂糊田，水温、土温低，田间湿度大，病虫害发生严重。经多年多点试验表明，通过改水、搁田、湿润灌溉（即改冷水串、满灌为开有避水沟、迂回沟、丰产沟，三够配套的丘灌），可明显提高水、土温，促进根系发育，有效控制无效分蘖，降低丛间湿度，从而增强稻株抗病虫能力，抑制病虫发生和危害。同时还有利捕食性天敌蜘蛛、黑肩绿盲蝽的发生和增殖，大大增强了天敌对病虫害的自然控制能力。如 1986—1988 年在云和县、龙泉市等地调查显示，改水搁田后可使水、土温提高 7.4℃和 5.5℃，穗颈瘟减轻 20％～75％，稻飞虱发生量减少 24％～57％，蜘蛛和黑肩绿盲蝽分别增加 1.4 倍和 2.6 倍，产量提高 6.4％～19.7％，农药成本下降 22.5％，经济效益和生态效益十分显著。

四、垄畦健身栽培

在改水灌溉的基础上采取垄畦健身栽培，是丽水市山区单季稻病虫害防治的有效农业措施之一。试验表明，垄畦健身栽培有利增强田间通风透光，降低田间湿度，提高耕作层土温，促进根系正常生长，从而提高水稻抗性，减轻病虫发生和危害。如 1991 年在云和县综防基点的调查表明，采取垄畦健身栽培稻丛间光照强度可增加 337 勒克斯，距土表 20 厘米处田间相对湿度降低 4.3％，纹枯病丛发病率降低 14.4％，病指下降 7.5，稻飞虱发生总量减少 43.9％，稻秆蝇被害率减轻 62.6％，稻丛卷叶螟百丛量下降 20.5％，每丛有效穗增加 0.9 个，每穗实粒数增加 3.7 粒，千粒重增加 0.1 克，增产 12.5％。

五、保护利用自然天敌控害

采取以上改水灌溉和垄畦健身栽培等农艺措施来改变山区稻田生态环境，增加蜘蛛、黑肩绿盲蝽等天敌数量，从而达到控害的目的已被实践充分证明。松阳县农业局调查研究还表明，根据山区单季稻田蜘蛛种群发生消长变化，认为在确定防治单季稻孕穗至穗期稻飞虱的对象田时，蛛（以狼蛛为主）虫比在1：6以内，可不用药；若蛛虫比超过指标，或每丛稻有稻飞虱15只以上，选用噻嗪酮、异丙威等，既可对稻飞虱有较好防效，又对蜘蛛杀伤小，以调整蛛虫比例；此外，结合农事操作，为保护绿肥的蛛源，灌水后不立即翻耕，赶蜘蛛迁移；提倡田岸种豆，田坎留隐蔽物，为蜘蛛留下栖息场所等均可保护和增殖天敌，起到天敌控害的作用。

六、稻鱼鸭共育生态控害

为了充分利用山区单季稻田生态系统潜在的时空、营养结构和优质的水源条件，实现资源的高效利用，近年来，对丽水山区比较落后的传统稻田养鱼技术进行了技术改良，并在研究和推广稻—鱼共育生态种养技术基础上，积极发展稻—鱼—鸭及稻—螺高效生态种养模式。这种模式是一个以稻田为基础，种水稻为中心，养鱼、养鸭、养螺为重点的自然和人为干预相结合的复合生态系统。通过探索和应用，已形成了一套比较完整的稻—鱼、稻—鱼—鸭、稻—螺共育生态种养技术，并在丽水山区较大面积推广，控害作用十分明显，取得了较好的经济、生态效益。目前，稻、鱼、鸭共育生态种养技术已在青田县推广10万余亩，生产的"山鹤牌"田鱼2002年被评为浙江省绿色农产品，2005年11月世界粮农组织（FAO）把青田县方山乡龙现村稻田养鱼列为世界农业文化遗产保护项目。其主要技术措施和促控原理是：采取垄畦栽培、选用良种、适期栽养、合理密度、科学管理、施用对鱼、鸭、螺无毒的农药等技术，使稻田种养结构相互促进，以鱼、鸭控害，以鸭粪肥鱼、稻，达到稻、鱼、鸭、螺平衡发展、全面丰收的目的。

第三篇

旱粮生产

第十章
概　述

　　我国是世界上栽培旱粮最古老的国家之一。在殷代甲骨文中已有"麦"字，可见在黄河流域于3000年前已有小麦栽培。1955年在安徽省亳县钓鱼台发掘出来的炭化小麦种子，据用C^{14}同位素测定，系东周时期的遗物，这就说明早在2 500年前，淮河流域已栽培小麦。小麦在我国粮食生产中的地位仅次于水稻，而且是最重要的商品粮。

　　我国栽培甘薯已有近400年的历史。根据《农政全书》等记载，早在明代（16世纪末），甘薯最先从海外传入福建、广东两省，以后逐渐传播到浙江及长江、淮河流域等地。

　　我国是大豆的原产地，已有几千年的栽培历史，大豆野生种遍及我国各地。英语称大豆为"Soy"，就是由我国大豆古名"菽"音译而来。大豆在秦汉以前称"菽"，与禾、黍、稻、麦合称"五谷"。三国张揖的《广雅》中首次出现大豆的名称，"大豆，菽也"。遂以"大豆"取代"菽"的称呼。豆类在丽水市粮食作物中的地位仅次于禾谷类作物，种类繁多，有大豆、蚕豌豆、赤豆和绿豆等。丽水市各地都有野生大豆和半野生大豆分布，半野生大豆又称半栽培大豆，丽水市俗称马料豆。

　　玉米从国外传入我国距今约有460余年的历史。明代1578年李时珍所著《本草纲目》中写道，"玉蜀黍种于西土，种者亦罕"。因此，玉米传入我国的时间应在这以前。目前，综合专家考证认为，大体上以沿海各省较早，内陆各省较晚，所以，由海路最先传入沿海各省的可能性较大，传入的时间则可确定在1511年以前。

　　马铃薯原产于南美洲太平洋沿岸的安提斯山区。我国马铃薯在何时传入，尚难确证，根据已有文献推断，可能在17世纪初由荷兰人传入我国台湾省，然后扩展至福建、广东等省。所以马铃薯丽水市俗称洋芋，是本地粮、菜兼用型的高产作物。

　　丽水市地处浙西南山区，旱地农业比重较大，田少地多，经济欠发达。由于山区旱地农业其土壤类型、地形地貌等资源优势较明显，因此形成了作物、品种的多样性，为市场需求提供了广阔的生产空间，故旱杂粮生产在丽水市整个农业经济中有着重要意义。根据调查统计，丽水市旱粮种类除以上述大麦、小麦、甘薯、大豆、玉米、马铃薯为主外，还有蚕豆、豌豆和小杂粮绿豆、赤豆、扁豆、荞麦、高粱、山药、薏苡、菊芋等。丽水市共有水田121万亩左右，旱地13.66万多亩，加之农业综合开发，"四园套种"，丽水市旱杂粮种植面积常年在80万亩左右，平均单产不足140千克，具有较大的开发潜力。2009年丽水市旱杂粮种植面积为76.89万亩，占丽水市粮播面积的47%（图10-1）；旱杂粮总产18.27万吨，占丽水市粮食总产的32%（图10-2）。

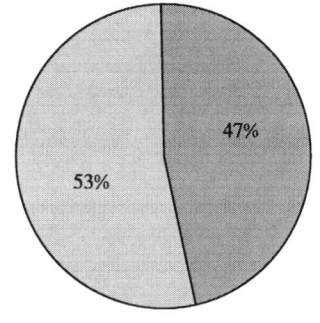

图10-1　丽水市旱粮面积比重

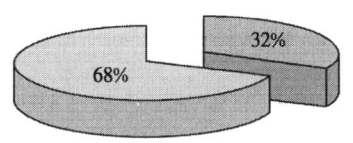

图10-2　丽水市旱粮产量比重

第一节　旱粮生产的地位和作用

旱粮生产在丽水市工农业生产中有着特殊的地位和作用。麦类的营养价值很高。麦类的蛋白质含量一般为11%～14%，高的可达17%～18%。麦粒中含有多量的麦胶（面筋），面粉可制成松软、多孔、易于消化的馒头和面包，以及多种多样的主副食品。此外，小麦还可供作酿造和制取维生素等产品的轻工业原料；副产品麦麸中含有多量麸质，是优良的精饲料；麦秆可作饲料、褥草，以及作为编织和造纸等的原料。小麦适应性广，丽水市各县都可种植；而且小麦能适应多种土壤，适于机械耕作，又可以充分利用冬季低温季节，既能和水稻、其他旱粮等夏季作物轮种，还能和蚕豆、豌豆、绿肥等冬季作物间作，对改革耕作制度、增加复种、提高粮食产量都有重要意义。

甘薯的营养价值较高，用途也很广。块根中淀粉含量一般占鲜重的20%左右，可溶性糖占鲜重的3%左右，蛋白质含量约占2%，还含有多种维生素，尤其是抗坏血酸和胡萝卜素含量较为丰富，而在其他粮食中这两种氨基酸的含量甚微，故是营养价值较好的食粮。甘薯作为工业原料用途也很广。它是制造淀粉、酒精和糖的原料，每50千克鲜薯可制淀粉7.5～10.0千克，或酒精4.5～5.0千克，或糖3.0～3.5千克。同时，甘薯还是制造葡萄糖、柠檬酸、红霉素、果胶、味精、人造橡胶等的重要原料。随着化学工业的发展和开展综合利用，以甘薯为原料的产品种类日益增多。甘薯又是重要的饲料作物，鲜、干茎叶和薯块以及加工后的粉渣等副产品都是营养价值很高的饲料，可作青饲料和青贮饲料。随着畜牧业的发展，甘薯在饲用方面的比重必将提高。甘薯适应性强，抗逆性很突出，除对温度要求较严外，比较耐旱，需肥虽较多却又耐瘠，因此，甘薯是一种易于稳产保收的作物。甘薯又是新垦荒地良好的先锋作物和新辟"三园"中的覆盖作物。另外甘薯为无性繁殖作物，块根和茎叶均可作为繁殖器官。块根又无明显成熟期，只要条件适宜可以持续膨大，故甘薯的栽插期和收获期不如其他作物严格，因此能够充分利用生长季节和土地。

大豆是所有粮食作物中蛋白质含量最高的一种（约40%），而且蛋白质中赖氨酸和色氨酸含量较高，分别占6.05%和1.22%。这两种氨基酸动物体本身不能制造，必须从食物中吸取。因此，大豆的营养价值仅次于肉、奶和蛋。丽水市人民一向以大豆制成的多种豆制品作为主要副食品。一般主要副食品的比重约占总产量的35%。近年来，大豆蛋白的用途有了新的发展，除豆粉、豆制品和面包糕点外，还可从豆饼中提炼浓缩豆蛋白和离析豆蛋白，其蛋白质含量分别达到70%以上和90%～97%，用来制造人造肉等各种高蛋白食品。大豆还是重要的油料作物，含油量20%左右。豆油中不饱和脂肪酸的含量高，营养价值高，有防止胆固醇增高而引起心脏血管病的效用；大豆油在工业上用途也很广泛，如制造肥皂、甘油、油漆、滑润油等。近年来，随着塑料化学工业的发展，大豆在工业上的制品已达数百种之多。大豆茎秆中含有3.4%的蛋白质和1.5%的脂肪，豆饼中还含有氮7.6%、磷0.7%、钾2.4%、有机质8.3%，是良好的精饲料。大豆根瘤有较多的根瘤菌，能固定大气中的游离氮素。大豆收获后，根叶等残留在土壤中，能提高土壤肥力。因此，大豆是其他作物的良好前作，在轮作中占有重要地位。

玉米籽粒的营养价值也比较丰富，每100克玉米籽粒含有碳水化合物72克，略低于水稻和高粱；脂肪含量4.4克，超过任何谷类作物；蛋白质8.5克，仅次于小麦粉和小米，而比大米高；维生素B_2高于其他谷类作物。黄色的玉米中还含有稻麦所缺乏的胡萝卜素。玉米籽粒所含热量也高于其他谷类作物。玉米籽粒是良好的精饲料，100千克籽粒能折合135个饲料单位。玉米的绿色茎叶和苞叶也是极好的青饲料和青贮饲料。茎秆和叶子折合的饲料单位通常要超过其他谷类秸草约一倍多。玉米籽粒经过加工，可制成淀粉、酒、酒精、糖浆、葡萄糖、醋酸、丙酮等。玉米的胚含有47%以上的脂肪，经过加工后可供食用；油饼还可酿酒，制造饴糖等。玉米的茎秆苞叶可以制造纤维素、人造丝、纸张、电器绝缘体、化学胶板等。玉米的穗轴可以制造电木、漆布、人造软木塞、人造纤维素、胶水和酒精。另外，从穗轴和茎秆中还可提取16.5%～19.0%的糖醛，它是制造高级塑料的主要原料。玉米淀粉是培养多种抗菌素的主要原料。成熟果穗上的花丝，可治高血压、胆囊炎、胆结石、黄胆性肝炎等疾病，还有利尿作用。玉米花丝用 70℃的酒精制成药剂，对治疗某些肝脏病和止血，有良好效果。

马铃薯在丽水市是粮、菜兼用的高产作物。马铃薯的营养价值较高，块茎中除脂肪含量较少外，淀粉含量一般为 12%～15%，还有高达 28%的高淀粉含量品种。蛋白质和矿物元素也较丰富，特别是维生素 B 和维生素 C 的含量突出地高于所有禾谷类作物。在工业上，它是制造淀粉、糊精、葡萄糖和酿酒的原料。此外，块茎和茎叶也是良好的饲料。马铃薯茎叶中的含氮量与紫云英相当，而磷、钾含量比紫云英高 77.8%和 13.5%，所以它的茎叶又能肥田。马铃薯对区域具有广泛的适应性，同时对季节的适应性也较广，在丽水市可以春、秋播种。马铃薯适于与多种作物间套作，能充分利用光能，提高复种指数，增加单位面积产量。但是，由于马铃薯块茎含水量高达 75%左右，不利于大量运输和长期储藏，所以大量生产马铃薯，必须具有相应的加工企业。

第二节 旱粮生产的重要性和必要性

一、丽水市资源现状的客观要求

1. 旱地面积逐年增加 多年来，丽水市旱地面积呈不断增加的趋势。统计显示，1999 年丽水市旱耕地面积为 12.61 万亩，至 2006 年达到 13.66 万亩，平均每年以 0.15 万亩的速度增加。与此同时，丽水市耕地面积却在不断的减少，1999 年为 141.49 万亩，2006 年减少到 134.63 万亩，减幅 4.8%。由此，旱耕地在整个耕地面积中的比重由 1999 年的 8.9%上升到 2006 年的 10.1%，增长了 1.2 个百分点。旱地面积的增加，一是新开垦旱地的增加，包括林、果、桑、茶园地整理改造而来的旱地；二是水利设施的破坏，导致无法灌溉而产生的旱地；三是水资源缺乏或被污染而无法灌溉的水田改作旱地；四是结构调整和种植状况的改变而形成的事实上的旱地，如长期种植茶、桑、果苗木导致不能种植水稻等。根据丽水市的经济发展情况和耕地利用特点，估计这一趋势将会长期持续下去。

2. 雨水分布不均匀 丽水市有瓯江、钱塘江、椒江、闽江、飞云江和交溪六大水系，各河流水系溪流纵横，源短流急，两侧悬崖峭壁，河床切割较深，纵向比降较大，洪水暴涨暴落，属于典型的山溪性河流。经多年统计，丽水市平均降水量为 303.13 亿米^3，水资源总量为 187.59 亿米^3，人均水资源占有量较高，达 8 624 米^3，人均水资源占有量分别为浙江省和全国的 3.6 倍和 3.2 倍，是浙江省内水资源最丰富的地区之一。然而丽水市水资源的利用将面临以下挑战：一是水资源县市间分布不均，总的趋势是南多北少；山区多、盆地少。如缙云县水资源耕地亩均和人均仅有 6 981 米^{3}和 3 461 米^3，龙泉市耕地亩均和人均高达 13 678 米^{3}和 14 560 米^3，分别为缙云县的 1.5 倍和 4.2 倍。二是丽水市降水高值区主要在山区县，由于山高坡陡，溪流落差大，田高水低，耕地分散，自然蓄水能力差，又缺乏具有调控能力的骨干水利工程。因此，在旺水期大量的水资源未经利用，即以滔滔洪流汹涌而去，干旱期却骤然干枯，变为涓涓细流，乃至干枯断流，无水可用。三是月降水量极不均匀，根据遂昌县 21 年统计，平均月降水量在 44.9～273.8 毫米，其中 5～6 月梅雨期的降水量 537.3 毫米，约占全年降水量的 35%，易出现洪涝；而 7～8 月的降水量只有 240.6 毫米只占全年降水量的 16%左右，此期的蒸发量在全年中最极易出现夏秋干旱。四是年际变化大，根据缙云县黄渡水文站对好溪天然径流量多年观测结果，年较差超过 8.4 亿米^3，极值比 235.5%。五是下山移民向城镇聚集、人口的自然增长和小城镇的崛起，使得原本就不宽裕的水资源供应更是捉襟见肘。在生活用水尚难保证的情况下，更不用说农业用水。为此，丽水市缺水地区应积极鼓励发展旱粮生产，减少农业灌溉用水。

二、粮食综合生产能力的重要组成

水稻一直是丽水市粮食生产的最主要力量，在今后相当长的时期内也不会改变，但我们不能因此就轻视旱粮。在水资源短缺，旱地面积不断增加的条件下，发展旱粮生产是稳定粮食总量、保证粮食安全的现实选择，也是减少抛荒、提高耕地利用率和产出率的重要举措。近年来丽水市稻谷总产量在 42 万吨左右，丽水市的粮食自给率不到 60%，40% 以上的口粮需要从外地调入。而目前丽水市的粮食生产现状是，水稻特别是早稻的种植比较效益低，农民种植水稻基本上是为了解决自己的口粮问题，在晚稻（含单季晚稻）品质优于早稻的情况下，绝大部分农民都选择种植晚稻而不愿种早稻。同时，丽水市山区的光温资源相对紧张，在单季晚稻产量接近或达到早稻与连晚产量之和的情况下，也不宜再大规模发展早稻。这就造成农田冬春两季的大面积抛荒。为解决抛荒，维持丽水市粮食自给率在一个安全的水平，唯一的办法就是大力发展旱粮生产。另一方面，丽水市对大豆、玉米等旱粮的需求量相当大，而自给率又很低，不用担心产后消化问题。作为粮饲兼用作物，其饲用价值又高于水稻，在水资源紧缺的地区，可用玉米等旱粮代替饲用水稻。

三、满足食物多样化需求的有效措施

经济的发展，生活水平的提高，使得人们的饮食观念也发生了巨大的变化。从 20 世纪 80 年代初以前的只求温饱，到 20 世纪 80 年代中后期至 90 年代的精细饮食，发展到现在粗细（粮）搭配的科学饮食，人们的食物结构日趋合理。过去由于生活水平所限，一日三餐都是粗茶淡饭，少有荤腥，粗粮给人的感觉是粗糙、口味差且缺乏营养。随着生活水平的日益提高，餐餐有肉已是十分普遍，湖蟹、甲鱼等传统观念中的高档菜也经常出现在老百姓的餐桌上，营养已不再是唯一追求，很多人反而出现了营养过剩，糖尿病、高血脂和高血压等富贵病患病人数逐年增多。此时，改善饮食结构，实行粗细（粮）搭配就显得尤为重要。旱粮是典型的粗粮，营养丰富，大部分都具有特殊的保健作用。如大豆是优质的植物蛋白来源，具有降血脂和预防冠心病的作用，同时含有不饱和脂肪酸、维生素 E 和卵磷脂，具有益智健脑、延缓衰老和防癌之功效。玉米除了含有碳水化合物、蛋白质、脂肪、胡萝卜素外，还含有核黄素、维生素等营养物质，对预防心脏病、癌症等疾病有很大好处。再如甘薯，含有碳水化合物、蛋白质、脂肪、粗纤维等多种成分，另含 16 种有效氨基酸，具有抗癌、防便秘、保健延寿作用。因此旱粮是 21 世纪人类健康饮食的首选。而随着现代育种技术的发展，一大批特色旱杂粮品种被选育出来并在生产上得以应用。这些品种在外观、营养、口感和风味上均比原有老品种有很大的改善。如甜玉米、糯玉米、鲜食大豆、迷你甘薯等，不仅营养好，而且口感和风味独特，迎合了人们追求新奇特和营养保健的心理而深受欢迎。

四、增加农民收入的重要途径

对特色旱杂粮需求的增加是旱粮生产相对稳定的主要原因，也是种植效益得以提高的有力保证。浙江省从 20 世纪 90 年代中期开始提出效益农业，并大力调整种植结构，发展效益相对较高的蔬菜、水果等经济作物。旱粮用途的拓展以及加工水平的提高，使得许多旱粮品种的种植效益较原来有了很大幅度的提高。如鲜食大豆的效益是干籽大豆的 2～3 倍，迷你甘薯的效益是普通甘薯的 3～5 倍。形象的改观、需求的增加、产量和效益的提高，使旱杂粮逐渐成为发展效益农业的重要内容，面积不断扩大。以鲜食大豆为例，从 2001 年的 3.46 万亩发展到 2006 年的 7.76 万亩，5 年间面积扩大了 1.24 倍。仅莲都区、松阳县种植面积就分别达 1.8 万亩和 1.12 万亩，是当地农业的支柱产业。目前，鲜食大豆、玉米、蚕豆、豌豆和迷你甘薯等很多旱粮已成为一个产业并在不断发展壮大，丽水市已建成了一批基地，发展了一批企业，开发了一批产品，致富了一方农民。

第三节　旱粮生产的特点和优点

一、种类繁多，有利选择开发

丽水市旱粮虽然总体面积不大，一些小宗粮豆面积甚至不足万亩，但种类却非常多。除了大麦、小

麦、甘薯、大豆、玉米、马铃薯、蚕豆、豌豆等主要旱粮外，还有薏苡、高粱、荞麦、绿豆、赤豆、燕麦、豇豆、饭豆、扁豆等多种小杂粮，全部种类不下20种。种类多的一个直接好处，就是农民在种植时的选择余地较大，可以根据生产季节、土壤类型、气候条件、消费习惯以及市场行情等，选择种植不同的作物种类和品种。如莲都区、松阳县等平原地区，可以发展鲜食大豆、玉米、蚕豆、豌豆等鲜食型旱杂粮，一方面，平原地区经济一般经济较发达，鲜食型旱杂粮的市场需求较大，另一方面，平原地区交通便利，有利于保鲜运输，收获后马上可以进入市场销售；又如庆元县、景宁畲族自治县等生产条件较差、交通不畅的山区县，可重点发展粒用型（干籽型）旱杂粮；再如有加工企业的地区，可以发展加工型旱杂粮，实行订单生产。另外，丽水市地处浙西南可发展早熟栽培，或侧重发展旱杂粮的优质栽培。

二、适应性广，有利配套布局

旱粮不同于水稻，对土壤、灌溉等条件要求不高，生产适应性广，无论是水田旱作，还是一般的旱地、立地条件差的山坡地、幼龄园地等均可种植，甚至田头地角也可得到充分利用，如遂昌县普遍种植的田埂豆等。由于旱粮种类非常多，一年四季都有相应的旱粮在播种、收获，生产季节不同于单一作物，是周年性生产的一类粮食作物。如春季是春大豆和春玉米的播种季节，同时也是大麦和小麦、马铃薯等春粮的收获季节，夏秋季是玉米和大豆的播收期，秋冬季是大麦和小麦、蚕豆、豌豆的播种期，加上高粱、荞麦、绿豆等小杂粮的生产，可以说，旱粮生产使一年四季都得到了充分的利用。而且随着农业设施的应用，以及反季节栽培技术的发展，许多旱粮作物都实现了一年二季甚至三季种植，如大豆、玉米在春、夏、秋三季均可播种，马铃薯、豌豆可以春、秋二季双播双收，而再生高粱可实现种一季收两季。所有这些都使光、温、水、土等自然资源得到了高效利用。

三、节水高效，有利于持续发展

作物需水量（常用ET表示）是衡量作物生产消耗水量的一个指标，是指在适宜的外界环境条件下，作物正常生长发育达到或接近该作物品种的最高产量水平时所需要的水量。不同作物的需水量有很大差异，就小麦、玉米和水稻而言，水稻的需水量最大，其次是小麦，玉米的需水量最小。作物需水量除与作物种类及品种有关外，还与气象、土壤条件、农业生产技术和产量水平有关。实际生产中，真正反映作物在随机生长状况下的需水量是作物耗水量，即作物在任意生长状况和土壤水分条件下实际的蒸腾量、棵间蒸发量及构成作物体水量之和。一般水稻的耗水量是 1.05 米³/公顷左右，而实际引水量可能高达 1.5 米³/公顷以上。水稻耗水量占据了农业用水的大部分。与水稻相比，旱粮生产耗水要少得多，一般年份只需自然降水即可保证正常生长。即使在干旱情况下，也可采取多次浇水或沟灌而使旱情得以缓解，节水效益非常明显。

旱粮生产的高效性不仅表现在节水上，很多旱粮作物在经济效益上也远高于水稻等其他作物。如丽水市推广双膜大豆和双膜马铃薯，利用当地春季回温早的优势，采用地膜和小拱棚双膜覆盖促早栽培，收获早、上市早，价格高且销路好，投入不多而增效明显，一般双膜鲜食大豆亩产值可达 0.3 万元以上，双膜马铃薯亩产值也在 0.2 万元以上。类似的还有松阳县的鲜食蚕豆和庆元县的鲜食大豆、玉米，平均亩产值也都 0.15 万元以上。此外，一些特色旱粮也一改"老、大、粗"的传统印象，成为名特优新农产品的代表，并向精细、营养和保健方向发展，展现出了良好的市场前景，如鲜食迷你甘薯，个头小，外观漂亮，口味甘甜如栗，深受消费者喜爱。在超市，经过包装的"红宝宝"迷你甘薯每500克售价高达 2.50 元还是供不应求。还有糯高粱，采用再生栽培，种一季收两季，一般春秋两季亩产可达 80千克，亩产值 800 元，酿酒出酒率高，品质好，在当地农村十分畅销。

第四节　旱粮生产的概况和分布

一、丽水市旱粮生产概况

丽水市旱粮作物种类多，主要有麦类、薯类、豆类、玉米以及其他小杂粮。新中国成立后随着粮食产量的不断提高和人们生活的改善，甘薯、玉米等旱粮主要作为饲料和工业原料；豆类和马铃薯则以加工豆类制品和蔬菜为主。1949年丽水市粮食播种总面积为216.96万亩，粮食总产量22.67万吨，其中旱粮播种面积74.23万亩，旱粮产量5.39万吨，旱粮播种面积和产量分别占粮食播种总面积和总产量的34%和24%。2009年粮食播种面积165.36万亩，其中旱粮面积为84.55万亩，旱粮播种面积占粮食播种总面积的51%（图10-3）。

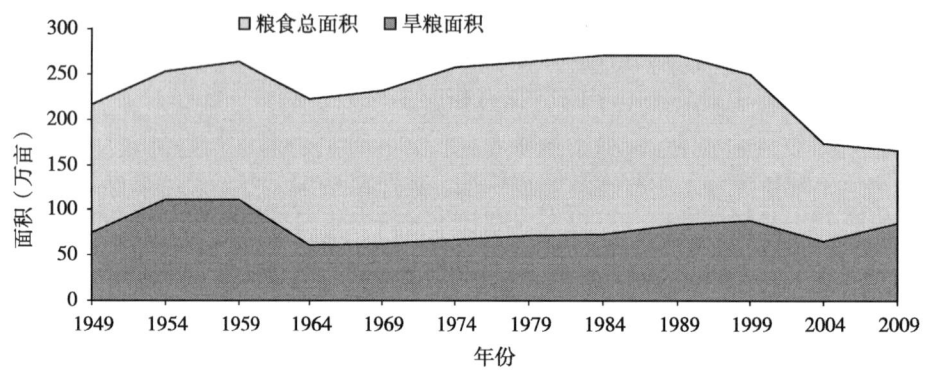

图10-3　丽水市历年旱粮作物种植比例图

1949—2006年丽水市旱粮作物年均播种面积占粮食年均总播种面积的34%（23%～51%），年均总产量占粮食总产量的20.79%（12%～37%）。2009年丽水市粮食总产量56.37万吨，其中旱粮总产18.27万吨，旱粮总产占粮食总产量的32%。（图10-4）。

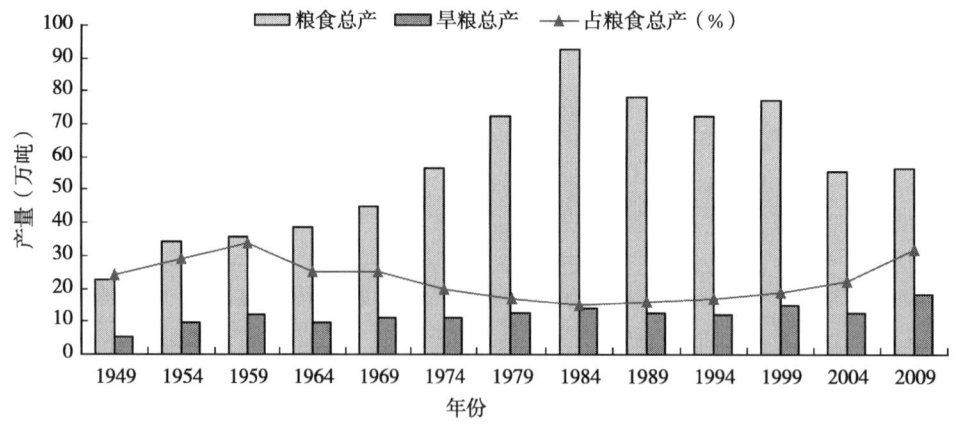

图10-4　丽水市历年旱粮作物产量比例图

20世纪50年代，党和政府领导和鼓励农民迅速恢复粮食生产，同时，积极推广旱粮新品种和旱粮种植新技术，旱粮生产稳步发展，年均播种面积101.71万亩，旱粮总产量9.03万吨，至1959年旱粮播种面积达到110.56万亩，旱粮总产量达到12.16万吨，分别比1949年增长48.9%和1.26倍。其中1958年旱粮播种面积达到120.42万亩，为历史之最。

20世纪60年代，随着旱改水面积扩大和水稻产量的提高，旱粮比重逐年下降，特别经过"文化大革命"内乱的影响，强调"割资本主义尾巴"严重压抑了旱粮生产的发展，至1968年旱粮面积下降到

56.87 万亩，总产量下降到 9.23 万吨，与 1959 年相比年均分别下降 7.67％和 3.11％；旱粮面积占粮食生产总面积的比例从 1959 年的 42％下降的 25％，旱粮产量占粮食总产量的比例也从 1959 年的 34％下降到 24％。

20 世纪 70 年代，旱粮面积年均稳定在 68 万亩左右，旱粮产量年均 11.25 万吨，面积和产量分别占粮食生产总面积和总产量的 26％和 20％。

20 世纪 80 年代，由于因地制宜推行旱地多熟制，特别是 20 世纪 80 年代初期，丽水市旱地生产开始推行分带间套轮作技术，旱地一熟制面积明显减少，多熟制增加，年均旱粮播种面积为 74.3 万亩，年均旱粮产量 12.64 万吨。此阶段旱粮生产面积有了发展，比重提高到 28％，但由于水田推行了承包责任制，极大地激发了农户产粮积极性，水稻生产水平达到历史新高，所以旱粮产量的比重相对下降为 16％。

20 世纪 90 年代，进一步推广旱地多熟制，调整和优化旱地种植业结构，合理协调间套群体和旱地多熟制的各季作物的茬口衔接，使用地和养地结合，充分利用光、温、水、气等自然资源，达到了旱地全年稳产高产的目的。旱粮年均播种面积达到 85.85 万亩，产量达到 13.65 万吨，面积和产量分别占粮食生产总面积和产量的 33.2％和 18％。

进入 21 世纪，丽水市农业产业结构调整进一步深化，"一优两高"农业不断发展，农作制度创新空前活跃，大量粮田改种蔬菜、食用菌和水果、茶叶等经济作物，粮田面积减少；城镇建设日新月异，社会主义新农村建设蓬勃发展，各种建设用地也占用了大量粮田，为了稳定粮食生产，发展旱粮生产也就成为各级政府和农业部门的主攻方向，粮菜兼用、鲜食旱粮作物迅速发展。2000—2006 年丽水市年均发展旱粮面积 78.3 万亩，年均旱粮总产量 14.77 万吨，分别占粮食生产总面积和总产量的 40.7％和 25％。旱粮生产面积、产量占粮食生产总面积和总产量的比重分别比 20 世纪 90 年代年均提高 7.5 和 7 个百分点。其中 2004 年旱粮总产量为历史之最，达 16.68 万吨（表 10－1 和表 10－2）。

表 10－1　丽水市历年旱粮播种面积

年份	人口（万人）	耕地		粮播面积（万亩）	旱粮		主要旱粮		小杂旱粮	
		面积（万亩）	人均（亩）		面积（万亩）	占粮播面积（％）	面积（万亩）	占旱粮生产面积（％）	面积（万亩）	占旱粮生产面积（％）
1949	117.21	167.20	1.43	216.96	74.23	34	63.44	85	10.79	15
1950	120.04	170.48	1.42	226.69	77.11	34	62.40	81	14.71	19
1951	121.64	173.99	1.43	236.97	85.97	36	66.29	77	19.68	23
1952	123.40	175.31	1.42	237.85	85.67	36	69.48	81	16.19	19
1953	126.41	174.31	1.38	243.11	92.17	38	69.98	76	22.19	24
1954	128.51	174.67	1.36	252.74	111.54	44	73.72	66	37.82	34
1955	131.12	175.20	1.34	262.63	111.07	42	87.25	79	23.82	21
1956	133.55	174.39	1.31	279.26	115.53	41	90.62	78	24.91	22
1957	136.69	173.66	1.27	267.62	107.09	40	84.97	79	22.12	21
1958	138.85	168.03	1.21	275.15	120.42	44	92.12	76	28.30	24
1959	141.23	165.63	1.17	263.25	110.56	42	82.69	75	27.87	25
1960	140.72	165.63	1.18	271.23	111.15	41	89.43	80	21.72	20
1961	138.31	165.53	1.20	246.70	97.24	39	92.32	95	4.92	5
1962	140.47	166.68	1.19	246.70	99.97	41	78.80	79	21.17	21
1963	144.48	166.27	1.15	234.03	84.96	36	79.36	93	5.60	7
1964	148.37	164.87	1.11	222.87	60.79	27	59.48	98	1.31	2
1965	154.12	164.51	1.07	227.87	59.54	26	52.52	88	7.02	12
1966	158.91	161.76	1.02	221.05	52.59	24	50.29	96	2.30	4

（续）

年份	人口（万人）	耕地		粮播面积（万亩）	旱粮		主要旱粮		小杂旱粮	
		面积（万亩）	人均（亩）		面积（万亩）	占粮播面积（%）	面积（万亩）	占旱粮生产面积（%）	面积（万亩）	占旱粮生产面积（%）
1967	163.56	161.36	0.99	216.79	53.12	25	51.83	98	1.29	2
1968	168.64	160.51	0.95	223.54	56.87	25	54.88	97	1.99	3
1969	174.67	160.92	0.92	230.76	62.64	27	58.84	94	3.80	6
1970	179.34	160.11	0.89	246.26	71.29	29	64.53	91	6.76	9
1971	184.30	159.45	0.87	251.00	67.76	27	62.93	93	4.83	7
1972	188.79	158.75	0.84	264.23	72.06	27	67.76	94	4.30	6
1973	193.56	158.71	0.82	263.47	70.99	27	67.75	95	3.24	5
1974	197.54	158.54	0.80	257.81	67.22	26	64.00	95	3.22	5
1975	202.11	158.11	0.78	255.20	63.78	25	53.12	83	10.66	17
1976	206.06	158.20	0.77	249.40	57.22	23	53.93	94	3.29	6
1977	209.35	158.03	0.75	258.89	66.04	26	62.35	94	3.69	6
1978	212.57	157.63	0.74	268.96	73.62	27	62.70	85	10.92	15
1979	215.07	156.57	0.73	264.15	71.86	27	60.85	85	11.01	15
1980	217.52	156.21	0.72	263.00	68.53	26	55.75	81	12.78	19
1981	220.22	155.97	0.71	269.01	73.19	27	53.24	73	19.95	27
1982	223.48	155.63	0.70	273.84	76.59	28	56.00	73	20.59	27
1983	225.60	155.44	0.69	271.25	70.67	26	68.94	98	1.73	2
1984	227.86	154.09	0.68	271.81	72.92	27	70.56	97	2.36	3
1985	230.24	152.00	0.66	263.58	72.75	28	71.64	98	1.11	2
1986	232.19	150.96	0.65	259.56	72.23	28	70.98	98	1.25	2
1987	234.91	150.28	0.64	263.51	75.07	28	73.33	98	1.74	2
1988	237.96	149.57	0.63	259.94	77.79	30	75.87	98	1.92	2
1989	240.06	149.22	0.62	270.44	83.49	31	80.83	97	2.66	3
1990	240.14	148.72	0.62	275.71	90.71	33	87.96	97	2.75	3
1991	240.72	148.04	0.61	279.43	93.02	33	89.75	96	3.27	4
1992	241.25	147.02	0.61	271.22	89.95	33	86.80	96	3.15	4
1993	241.80	145.43	0.60	251.28	79.60	32	76.89	97	2.71	3
1994	242.57	143.97	0.59	242.51	76.94	32	72.20	94	4.74	6
1995	243.40	143.10	0.59	248.04	77.96	31	73.27	94	4.69	6
1996	244.94	142.65	0.58	254.97	86.18	34	81.36	94	4.82	6
1997	245.82	143.26	0.58	256.46	88.51	35	84.95	96	3.56	4
1998	246.16	143.17	0.58	253.43	87.63	35	83.91	96	3.72	4
1999	247.34	141.49	0.57	249.01	88.01	35	84.68	96	3.33	4
2000	248.58	139.70	0.56	228.64	85.74	38	82.54	96	3.20	4
2001	248.73	137.02	0.55	199.18	73.08	37	70.44	96	2.64	4
2002	249.28	134.61	0.54	191.27	74.87	39	72.93	97	1.94	3
2003	249.40	133.72	0.54	173.28	72.18	42	71.00	98	1.18	2
2004	250.66	133.84	0.53	189.89	81.72	43	79.01	97	2.71	3

（续）

年份	人口（万人）	耕　地		粮播面积（万亩）	旱　粮		主要旱粮		小杂旱粮	
		面积（万亩）	人均（亩）		面积（万亩）	占粮播面积（%）	面积（万亩）	占旱粮生产面积（%）	面积（万亩）	占旱粮生产面积（%）
2005	251.39	134.49	0.53	185.33	79.94	43	76.74	96	3.20	4
2006	252.53	134.63	0.53	183.70	80.56	44	77.19	96	3.37	4
2007	253.99	138.02	0.54	163.93	61.54	38	58.66	95	2.88	5
2008	255.43	220.01	0.86	149.27	59.29	40	56.44	95	2.85	5
2009	257.39	246.14	0.96	158.30	72.84	46	70.44	97	2.40	3

注：2002 年开始粮食作物与旱粮播种面积数据来源于丽水市农业局。其他数据来源于《丽水市统计年鉴》。

2006 年丽水市旱地面积占耕地总面积的 10.1%。在全年旱粮总产量中，1981 年前以夏秋旱粮为主，年均占旱粮总产的 80% 左右，1981—1987 年仍以夏秋旱粮为主，但比重下降年均占旱粮总产的 35% 左右，1988—1993 年平分秋色，春粮和夏秋旱粮各占 50% 左右，1994 年后，重以夏秋旱粮为主，年均占 62%（50%～73%）。

旱粮产量的构成，20 世纪 50 年代旱粮年均亩产只 86 千克，主要以广种薄收增加播种面积来增加总产量；20 世纪 60 年代年均亩产 150 千克，以增加面积和提高单产并举来增加总产量；20 世纪 70 年代后，年均亩产 170 千克主要以推广旱粮栽培新技术，推广新品种，提高科技水平来促进旱粮单产的提高，从而增加总产量。

表 10-2　丽水市历年旱粮播种产量

年份	粮食总产量	旱粮产量			主要旱粮产量（吨）	小杂旱粮产量（吨）	春旱粮占旱粮总产（%）	夏秋旱粮占旱粮总产（%）
		总产（吨）	亩产（千克）	占粮食总产（%）				
1949	226 680	53 870	72.6	24	53 870	22 801	21	79
1950	249 473	52 905	68.6	21	52 905	24 413	18	82
1951	278 637	62 934	73.2	23	62 934	28 328	18	82
1952	308 390	67 186	78.4	22	67 186	31 339	18	82
1953	310 335	71 594	77.7	23	71 594	30 119	23	77
1954	340 767	97 416	87.3	29	97 416	58 145	13	87
1955	357 931	94 688	85.1	26	94 688	42 945	20	80
1956	333 657	95 242	82.4	29	95 242	42 836	23	77
1957	357 725	104 125	97.2	29	104 125	48 263	15	85
1958	372 290	135 692	112.7	36	135 692	64 889	13	87
1959	355 198	121 636	110.0	34	121 636	59 765	12	88
1960	329 020	106 079	95.4	32	106 079	47 361	18	82
1961	329 430	122 779	126.3	37	122 779	63 275	13	87
1962	364 912	135 085	135.1	37	135 085	76 094	11	89
1963	415 182	136 202	160.3	33	136 202	67 654	14	86
1964	385 567	97 227	159.9	25	97 227	48 021	16	84
1965	388 286	91 522	153.7	24	91 522	45 588	14	86
1966	397 283	93 326	177.5	23	93 326	46 399	10	90
1967	376 789	78 042	146.9	21	78 042	37 616	15	85
1968	392 581	92 260	162.2	24	92 260	41 033	17	83

（续）

年份	粮食总产量	旱粮产量			主要旱粮产量（吨）	小杂旱粮产量（吨）	春旱粮占旱粮总产（%）	夏秋旱粮占旱粮总产（%）
		总产（吨）	亩产（千克）	占粮食总产（%）				
1969	448 743	111 250	177.6	25	111 250	47 004	16	84
1970	506 676	108 856	152.7	21	108 856	41 207	17	83
1971	516 872	109 637	161.8	21	109 637	40 590	20	80
1972	584 313	132 388	183.7	23	132 388	50 841	18	82
1973	559 461	115 077	162.1	21	115 077	47 615	15	85
1974	566 543	112 755	167.7	20	112 755	44 603	20	80
1975	533 720	94 750	148.6	18	94 750	47 221	13	87
1976	495 185	87 870	153.6	18	87 870	38 878	16	84
1977	589 110	120 760	182.9	20	120 760	49 618	12	88
1978	655 865	118 640	161.2	18	118 640	44 803	22	78
1979	725 615	124 720	173.6	17	124 720	48 032	23	77
1980	752 095	135 160	197.2	18	135 160	61 519	23	77
1981	783 765	118 915	162.5	15	118 915	47 273	26	74
1982	863 255	142 925	186.6	17	142 925	63 159	30	70
1983	895 895	131 910	186.7	15	131 910	30 119	40	60
1984	925 940	140 325	192.4	15	140 325	28 454	45	55
1985	832 569	137 725	189.3	17	137 725	3 548	45	55
1986	798 750	123 442	170.9	15	123 442	29 028	29	71
1987	820 026	98 112	130.7	12	98 112	3 052	28	72
1988	732 643	110 122	141.6	15	110 122	2 763	51	49
1989	781 714	125 802	150.7	16	125 802	3 075	48	52
1990	780 178	140 811	155.2	18	140 811	2 797	55	45
1991	840 017	132 018	141.9	16	132 018	4 736	49	51
1992	810 634	132 813	147.7	16	132 813	4 299	51	49
1993	746 961	123 719	155.4	17	123 719	4 021	50	50
1994	725 357	119 987	155.9	17	119 987	5 287	45	55
1995	742 789	121 903	156.4	16	121 903	6 188	39	61
1996	797 491	143 960	167.0	18	143 960	6 256	43	57
1997	779 747	152 890	172.7	20	152 890	6 569	45	55
1998	772 755	147 139	167.9	19	147 139	5 143	43	57
1999	771 074	150 098	170.5	19	150 098	4 621	43	57
2000	699 762	144 501	168.5	21	144 501	4 088	40	60
2001	634 698	129 316	177.0	20	129 316	3 983	30	70
2002	602 685	140 508	187.7	23	140 508	2 800	39	61
2003	522 348	134 186	185.9	26	134 186	9 287	32	68
2004	597 031	166 771	204.1	28	166 771	4 709	34	66
2005	549 166	125 226	194.9	23	122 518	2 708	21	79
2006	548 122	130 196	201.5	24	127 583	2 613	21	79
2007	546 221	135 083	211.5	25	132 450	2 633	23	77
2008	622 822	190 988	236.4	31	189 048	1940	18	82
2009	563 748	182 713	237.6	32	180 463	2 250	21	79

二、丽水市主要旱粮作物的分布

丽水市旱粮作物主要分布在青田、遂昌、缙云和连都等地，旱粮作物年播种面积分别在 13.12 万亩、12.28 万亩、12.03 万亩、10.62 万亩，其次是松阳年播种面积 9.42 万亩，最少是庆元县年播种面积仅 3.01 万亩，不同的时期旱粮作物主次不一，新中国成立后到 20 世纪 60 年代中期丽水市旱粮作物主要有小麦、大麦、甘薯、大豆、玉米等。20 世纪 60 年代中期大麦种植面积开始大幅度减少，到 20 世纪 80 年代种植面积少于万亩。20 世纪 60 年代开始马铃薯种植面积稳步发展，到 20 世纪 80 年代末年种植面积达到 10 万亩，进入 20 世纪 90 年代中期年种植面积超过 20 万亩。又如蚕豆 20 世纪 60 年代就有种植，但面积很少，直到 20 世纪 80 年代后期年种植面积才上万亩，进入 21 世纪成了主要旱粮作物，而小麦年种植面积少于 10 万亩，且继续递减。目前，丽水市主要旱粮作物有：大豆、甘薯、马铃薯、玉米、蚕（豌）豆、小麦等。

据调查，丽水市主要旱杂粮作物分布概况为：

1. 大麦和小麦　新中国成立前，丽水市以栽培大麦为主，小麦面积较少。据《浙江实业志》记载，"1932 年遂昌县有小麦 0.15 万亩，总产 75 吨；有大麦 0.28 万亩，总产 154 吨，以后逐年扩大。1938 年因战乱影响，生产水平剧降，麦类总产仅 75 吨。后因战时缺粮，政府曾大力提倡扩种冬作，小麦比重提高，产量水平又有回升，1941—1947 年平均每年约种小麦 1.27 万亩，亩产 42 千克，大麦 0.31 万亩，亩产 56 千克。"新中国成立后麦类分布主要集中在青田县、缙云县、松阳县等。丽水市小麦种植面积最大年份为 1991 年，超过 35 万亩，随着种植结构调整的深入，面积从 1997 年的 17 万余亩，调减到 2006 年的 3.12 万亩。调查分析，由于种植小麦产量低、品质欠佳，丽水市小麦种植面积仍有下调的趋势。

2. 甘薯　丽水市各地均有种植，1997—2006 年平均每年种植面积 18.5 万亩。面积最大为遂昌县，平均每年种植面积 3.52 万亩，其次为青田县、景宁畲族自治县和龙泉市，常年种植面积在 2.5 万亩左右；面积相对较小的有缙云县、云和县、庆元县，约 1.5 万亩以下。遂昌县黄沙腰一带的烤薯、景宁畲族自治县徐山和青田县平桥的粉丝，在浙江省有较高的知名度，但栽培方式方面改进不大。

3. 大豆　丽水市各地均有种植，2004 年后丽水市播种面积超过 21 万亩，种植面积超过 3 万亩的有遂昌县和莲都区，龙泉市、缙云县、松阳县、景宁畲族自治县栽培面积均为 2 万余亩，其他县为 1.3 万亩左右。近年来鲜食大豆发展较快，2001 年丽水市鲜食大豆种植面积达到 3.5 万亩，效益较好。

4. 玉米　丽水市各地均有种植，1973 年为历史最高年达到 22.25 万亩，1994 年为历史最低年仅 2.66 万亩，2004 年后每年种植面积在 9 万亩以上。种植面积相对较大的有缙云、遂昌、莲都、松阳、龙泉等县（市、区），播种面积都在 1 万亩以上，以鲜食为主，春、夏、秋三季都有。春季栽培季节较以前提早，采用营养钵、地膜覆盖育苗，以期达到早上市，提高种植效益。

5. 马铃薯　丽水市各地均有种植，分布在不同的海拔梯度。栽培方式上有地膜覆盖栽培、免耕稻草全程覆盖栽培、反季节栽培、设施栽培及常规栽培等。1996 年起丽水市年栽培面积在 20 万亩以上。栽培面积较大的有景宁畲族自治县和龙泉市，年种植面积超过 3 万亩，而缙云县大洋马铃薯则久负盛名。

6. 蚕豆和豌豆　主要分布在海拔 400 米以下稻区，集中在松古平原、碧湖平原、莲都区的老竹、青田县的北山、章旦，遂昌县的云峰、庆元县淤上等地。近年来面积发展较快，2000 年丽水市突破 8.5 万亩，2003 年为历史最高年达到 10.1 万亩，其中松阳县占 45% 左右，近三年丽水市平均播种 7.58 万亩，市场前景看好。

7. 其他小杂粮

（1）赤豆。主要分布在松阳县、遂昌县、景宁畲族自治县、龙泉市，常年栽培面积 1.50 万亩左右，该作物适应性广，一般以套种为主，故亩产较低，不足 100 千克。

（2）菊芋。主要分布在龙泉市的龙南、屏南，莲都区的双黄、郑地，遂昌县的三仁、应村等，常年栽培面积近 0.30 万亩，亩产一般在 1 500 千克左右。

(3) 薏苡。主要种植地为缙云县双川一带，丽水市种植面积不足 0.20 万亩，一般亩产在 250~300 千克。

(4) 山药。主要分布在青田县、庆元县及龙泉市的龙南等地，栽培面积 0.10 万亩左右，亩产 800 千克左右。

(5) 粟米。主要分布在遂昌县的金竹、石练、垵口和缙云县小部分地区，栽培面积 800 亩左右，一般亩产在 150~200 千克。

(6) 荞麦。丽水市栽培面积很少，仅 200 亩左右，主要在景宁畲族自治县和遂昌县，产量水平较低，只有 100 千克左右。

三、丽水市旱粮生产主要技术成就

新中国成立前，丽水市农业科学技术落后，粮食生产特别是旱粮生产水平低下。新中国成立后，丽水市农业科技工作者和广大人民坚决贯彻执行毛泽东主席提出的"土、肥、水、种、密、保、管、工"农业八字宪法，积极进行农业科学技术实验，并取得了丰硕成果。同时，县、市两级政府分别设立了科技成果奖和农业丰收奖，制定了一系列有效措施，促进和加快了科技成果向生产力转化，使粮食生产水平不断提高。根据不完全统计，丽水市 1977—2006 年共获得省、市农业丰收奖（旱粮部分）47 项，其中省部级 17 项，市级 30 项；共获得省、市科技进步奖（旱粮部分）24 项，其中省级 6 项，市级 18 项。

20 世纪 80 年代以来，随着农业科学技术的进步，丽水市旱粮生产同浙江省全省一样，各方面都取得了长足的发展。

(一) 在耕作制度改革方面

距今 2 000 多年前的春秋时期，浙江旱地已开始种植黍、赤豆、麦、大豆等作物。15 世纪商业性农业的开始，和甘薯、玉米的相继传入，逐步形成麦—甘薯、麦—玉米两熟制，以及麦和蚕碗豆的混作间作。新中国成立前丽水市旱地以一年一熟制为主，部分为二熟制，少数为三熟制，旱粮作物主要是麦类、薯类、玉米和大豆。

山杂粮生产以古老的熟荒耕作制度为主，山区农民有向山主"借山开垦"，种植数年玉米、豆类等山杂粮后，"扦苗还山"改作林地的传统习惯。这种古老的熟荒耕作制度至今山区农民仍有沿用。在 20 世纪 50 年代末 60 年代初，因粮食紧缺，山地出现了过垦现象，致使水土流失、洪灾频繁，抗旱能力大减。如遂昌县高坪乡因林地开垦过度，1982 年 7 月和 1985 年 5 月分别 2 次发生山洪暴发，损失惨重。为保持生态平衡，避免"愈垦愈穷、愈穷愈垦"的恶性循环。1984 年该县已退耕还林 0.49 万亩，占山坡 25℃以上应退耕还林面积的 37.3%。

水田旱作，1938 年丽水市各地曾推行"扩种冬作"，以增加复种、提高产量。1956 年全面推行低产作物改高产作物，扩种玉米和甘薯；单作改间作（套种），提高土地利用率。如遂昌县云峰、濂竹两地，1956 年原 134 亩晚稻改种早中稻，后熟不误栽玉米；往年第二熟以马料豆、荞麦等低产作物为主，而 1956 年改种秋玉米、甘薯及马铃薯，其中玉米 435 亩，亩产达 55 千克，亩产增加 28 千克；另外，推广了玉米套大豆及麦套马料豆（绿肥），成功地试种了双季玉米，为水利设施较差的地区夺高产开辟了新的途径。进入 90 年代后，随着农业产业结构调整的不断深化，农村积极推广了"一优两高"农业，并且农业生产开始注重地力生产的持续发展，为使山旱地种养结合，1991—1995 年丽水市曾推广分带轮作 20.4 万亩。20 世纪 90 年代后期及进入 21 世纪后，城镇建设和社会主义新农村建设蓬勃发展，大量耕地被占用，水田面积急剧下降，因此，各级政府都把发展旱粮生产作为粮食生产持续发展的一项重要措施，大力推广山旱地多熟制，种植制度异彩缤纷。根据统计，1996—2005 年平均每年种植粮食的旱地面积 12.25 万亩，其中一年一熟制旱地面积 4.32 万亩，一年二熟制旱地面积 4.64 万亩，一年三熟制旱地面积 3.29 万亩，分别占种植粮食旱地面积的 35.3%、37.8%和 26.9%。

总而言之，新中国建立以来，丽水市旱地种植制度的发展是一熟制→二熟制→三熟制；老三熟制→新三熟制；二熟二收或三熟三收→多熟多收（发展间套种）；间套少数几种作物→间套作物的多样化，种植的作物种类丰富多彩。

（二）在旱粮技术推广方面

进入 20 世纪 90 年代后，在旱粮新技术试验、示范和推广方面成绩显著，主要表现在以下各方面。

1. 推广旱地分带间套轮作技术　所谓旱地分带间套轮作，是指在一个布局单位内，从冬种时就等分为甲乙两带。甲带以"用"为主，按季节顺序种植春粮、甘薯；乙带以"养"为主，按季节顺序种植冬绿肥（冬菜），春玉米（春大豆）和秋杂粮等。这两带是独立的前后作相衔接的复合群体，而又联成一个分带间套布局单位，隔年换位，形成一种旱地复种轮作制度。主要形式有"顺序式"和"跨沟式"两种。"顺序式"即用带和养带按顺序重复排列布局，"跨沟式"即用带在畦中间、养带在两个畦边跨沟组成。一般规范带距为 1.7～2.0 米。遂昌县 1991 年 10 月起在新路湾镇的 6 个村、421 户、4 片旱地进行增熟改制试验示范，共实施旱地分带间套轮作示范面积 140.9 亩，取得良好效果。小麦平均亩产达 98 千克，玉米平均亩产达 265 千克，甘薯亩产 406 千克，合计年亩产 769 千克，总产 108 吨，比习惯种植年亩产 522 千克增 47.3%，增总产 32 吨，年增收金额 2 万元。1991—1995 年丽水市曾推广分带轮作 20.4 万亩。

实行旱地分带种植是提高旱地复种指数，发展三熟制的关键措施。它可有效地建立一个合理利用空间和时间和叶层结构，发挥时空效应提高光能种用率；可改变单一种粮格局，便于建立粮、经（特）、肥（饲）作物复合群体，使种植更趋合理，效益提高，用地养地结合和便于农事操作管理，适时收种，有效地提高单位产量（表 10-3）。

表 10-3　丽水市 1996—2009 年旱地不同熟制面积

单位：万亩

年份	种植粮食的旱地面积	一年种植三熟旱地面积	一年种植二熟旱地面积	一年种植一熟旱地面积	"两旱一水"粮食水旱轮作面积
1996	14.30	5.01	3.38	5.90	2.57
1997	12.14	5.26	3.38	3.51	2.67
1998	11.79	4.31	3.79	3.69	3.05
1999	12.26	3.64	3.79	4.83	4.28
2000	12.00	2.88	4.44	4.68	7.63
2001	11.54	0.32	4.54	3.67	9.23
2002	16.48	3.34	6.30	6.84	9.11
2003	11.21	2.66	5.32	3.23	8.97
2004	11.94	2.84	5.67	3.32	11.16
2005	11.97	2.64	5.79	3.54	11.05
2006	12.77	2.64	6.31	3.82	19.63
2007	12.95	3.12	6.68	3.15	16.27
2008	12.69	2.90	6.60	3.20	23.85
2009	12.46	2.83	6.76	2.87	24.34

2. 推广适宜间套作良种

（1）春粮。小麦推广早熟高产、株型紧凑、秆矮、抗逆性好的品种，如 87 鉴 4、丽麦 16、钱江 2 号等，马铃薯有大洋种、克新 4 号、东农 303 等，豌豆有中豌 4 号、中豌 6 号等。

（2）甘薯。主要推广了荆 56、瑞薯 1 号、新薯 1 号、新薯 2 号、徐薯 18、南薯 88 等，对提高甘薯产量起到了积极作用。

(3) 豆类。推广了适宜春季种植的大豆品种有矮脚早，浙春 2 号、8839、Q14-6-9、407 和地方品种六月豆等。小杂粮推广了中绿 1 号绿豆、大红袍赤豆，表现优质高产、适应性广，适宜旱地间作套种。

(4) 玉米。平展型品种推广了丹玉 13、沈单 7 号、苏玉 1 号、苏玉 4 号等；紧凑型品种推广了掖单 2 号、掖单 4 号、掖单 12 号、掖单 13 号等。以鲜食为主的推广了"糯型"玉米，如白糯 1 号、鲁糯玉 1 号；"水果型"玉米，如浙甜 1 号等。

3. 推广地膜覆盖（育苗）技术　早春地膜保温育苗有利适时早播育壮苗，提早成熟，缩短套作共生期。春马铃薯地膜覆盖比露地栽培可提早 10～15 天播种，提早 15～20 天收获。春玉米地膜保温育苗一般掌握 3 月中下旬至 4 月初播种。甘薯推行双膜育苗，有利早出苗、多出苗、早扦插、早结薯，提高抗旱能力。如景宁畲族自治县渤海镇梅坑村种植 30 亩覆膜马铃薯，在 4 月 10 目前就收获，平均亩产 967.5 千克，由于早进入市场，亩产值达 1 354.5 元；另据该县在标溪乡予章村试验，4 月 10 日收获，地膜栽培比露地栽培亩增 431.6 千克，增产 60.5%，净产值 435 元，同时表现出苗结薯早、大中薯比例高，生产上一般可提早 10～15 天播种，提早 15～20 天成熟。丽水市 1991—2000 年共推广地膜保温育苗技术 12.37 万亩，其中甘薯 7.67 万亩，春玉米 4.7 万亩。

4. 推广免耕栽培技术　随着商品经济的发展，农村劳动力的大量外流或向第三产业转移，粮食生产比较效益下降。生产上一套精耕细作的传统方法正在逐步改变。一些省工、省力、节本的轻型栽培技术，越来越受到欢迎。首先是免耕麦的出现、配套技术的逐步形成和大面积的推广。丽水市推广免耕稻板麦开始于 1971 年，目前，免耕麦的发展逐步形成了规模，并已成为主要的耕作方式。丽水市从 1987 年冬种开始示范，1990 年在丽水市推广，根据 1991—2000 年统计，丽水市共推广免耕稻板麦 159.73 万亩，占麦类总面积的 78.1%；推广稻板蚕豆 15.38 万亩，占蚕豆总面积的 38.3%。目前 90% 以上的小麦采取免耕栽培。

5. 推广化学除草技术　草害是旱粮作物特别是免耕栽培中最为突出的问题之一，推广使用化学除草剂是解决这一问题的有效手段。丽水市 1974 年试用化学除草剂，农户反映：除草剂不但可以"保苗杀草"，而且能"斩草除根"。据松阳县农业局粮油站农业技术人员试验：小麦使用"双黄隆"除草防效达到 99.26%。1991—2000 年丽水市共推广大麦和小麦化学除草 140.3 万亩，占大麦和小麦总面积的 68.6%，目前，丽水市 95% 以上的免耕稻板麦都使用化学除草剂除草。

6. 推广化学调控技术　免耕麦的根系生长相对比较浅，后期更容易倒伏。防止倒伏，在采取栽培措施控制好合理群体的基础上，应用多效唑等化学调控剂，促使小麦植株矮壮，对防止倒伏有显著的效果。根据不同浓度和不同时期施用多效唑试验表明，浙麦 2 号在拔节初期每亩用 15% 多效唑 75 克，冲水喷施效果最好，与对照比较植株高度降低降低 19.89%，亩产量增加 13.4%。

7. 推广高产模式栽培技术　旱粮模式栽培就是把旱粮耕作栽培管理措施，同当地的自然、气候条件和品种（组合）生长发育规律有机地结合起来，以文字和图表相结合的形式，将其内外、纵横关系，科学地、直观地表现出来，具有数据化、标准化、规范化、系列化和形象化的特点。

模式图是推行模式栽培的基础，在制订模式图时要以系统工程的思想、理论和方法为指导，总体规划、设计，从单元化结构入手，收集、处理各项素材和数据，以求栽培体系整体方案的配套和组装。模式图中的各项指标，要突破一般栽培试验的思维模式，在总结群众科学种田的基础上，广泛收集当地多年、多点的气象要素、苗情动态和田间试验等第一手资料，经数理统计，定性、定量分析，找出规律，最后组装成模式栽培总体方案。模式栽培最大的特点是把良种、栽培、土肥、植保等各项单一措施组装在一起加以应用，使其发挥综合的整体效益。

丽水市 1987 年开始推广旱粮高产模式栽培，首先在小麦和甘薯等作物上应用。青田县 1990 年在全县 38 个乡（镇）144 个村的 17 851 家农户中，推广小麦模式栽培 2.18 万亩，比非模式栽培亩增产 26.1 千克，增产 15%，总产增 570 吨，增加经济收入 43.33 万元，并且带动了全县 11.78 万亩春粮获得全面丰收，总产 18 220 吨，比 1989 年增产 2 977 吨，增 19.15%，经济效益显著。同年，松阳县 5.46 万亩小麦实施模式栽培技术，平均亩产达 180 千克，总产 9 854 吨，分别比 1989 年增长 25% 和 31%，与前三年相比增产 38%，效益显著。1991—1993 年丽水市旱粮模式化栽培达到 81.93 万亩，其中甘薯模式栽培 18.04 万亩。

8. 推广旱地吨粮工程　旱地吨粮工程建设实质上是一项集良种推广、栽培技术、种植制度于一身的系统工程。1991 年丽水市全面贯彻落实浙江省政府《关于大力发展旱粮生产》和《发展春玉米生产》的文件精神，以市委、市政府制定的"四项工程计划"之一"五万亩旱地吨粮工程建设"为龙头，扩大旱粮高产示范，推广和普及旱粮高产配套技术。同时，坚持"两手抓"，切实加强对旱粮生产的领导，增加了科技、物质的投入，开展旱地吨粮工程建设和旱粮高产示范活动，取得一定的成效。据统计，1991 年丽水市实施开展旱地吨粮工程建设的有 149 个乡 298 片（方）4.54 万亩，有 2.03 万亩旱地达吨粮水平，占实施面积的 44.7%，其中列入浙江省计划的缙云县实施面积 1.5 万亩，单产上吨粮水平的达 1.31 万亩，占实施面积的 87.3%。据农业部门统计，丽水市 1991—2000 年共实施旱地吨粮工程建设 31.21 万亩，实现吨粮面积 17.98 万亩，占实施总面积的 57.6%，平均每亩单产 1 088 千克。

9. 推广旱粮饲料基地开发综合技术利用　丽水市山地资源丰富，发展旱粮生产潜力很大。为充分利用山区自然资源，发展山区农村经济，经丽水市各级政府和农技部门以及广大农户的共同努力，完成了浙江省"八五"期间下达的"旱粮饲料基地开发"项目的计划任务，并做到边开发，边利用，收到了较好的效果。

"八五"期间，浙江省农业厅和财政厅与浙江省综合开发办共同下达丽水市各级农业局旱粮饲料基地开发计划 3.69 万亩，其中新垦 1.57 万亩，配套改造 2.12 万亩。丽水市各承担开发任务的单位，依据丽水山区的特点和实际，统一规划，因地制宜进行了合理开发，建设旱粮饲料基地。据统计，"八五"期间实际开发旱粮饲料基地 4.39 万亩，完成省下达计划的 119.1%，基地建设分布在丽水市 69 个乡镇 208 个村 304 片。其中新垦旱粮饲料基地 1.94 万亩，完成省计划的 124%，配套改造基地 2.45 万亩，完成计划的 115.5%，各有关开发单位均不同程度地超额完成了省计划任务。

在旱粮饲料基地的开发过程中，各地依据当地的自然条件、技术条件和经济条件，以市场为导向，效益为中心，立足大农业，因地制宜发展以旱粮饲料作物为主，辅以经济作物、绿肥作物等合理搭配的多元种植结构，依靠科技，发展一优两高农业，充分发挥旱粮饲料基地的经济效益。在旱粮饲料基地的建设实施中，采取开发与管理"两手抓"，做到边开发，边改土，边种植，边改进的齐头并进工作，实行开垦与改造相结合，粮饲、粮经相结合，发展间作套种，提高种植效益。在旱粮饲料基地的开发形式上，主要采取四种形式：即租赁荒山，连片开发；统一管理，联合开发；承包管理，集体开发；统一规划，分户开发。

"八五"期间旱粮饲料基地开发项目，省共下达补助资金 272.5 万元，平均以新垦地每亩补助 100 元，配套改造地每亩补助 50 元，其中含滚动资金 30%。各有关县（市）在地方财政十分困难的状况下，仍拨出配套资金 167.6 万元，扶持旱粮饲料基地开发。据统计，"八五"期间开发的旱粮饲料基地累计种植各类农作物面积 7.82 万亩，总产量 37 831.3 吨，总产值 4 598.4 万元（农产品按 1991—1995 年综合平均价计算），净产值 3 738.4 万元（指扣除种子、农药、化肥和农膜等生产成本，未计投工和有机肥等成本）。其中粮豆作物累计面积 6.65 万亩，占总开发面积的 85%，总产量 18 985 吨，总产值 2 996.4 万元，净产值 2 520.5 万元。投入产出比为 1∶6.8，取得显著的效益。

丽水市旱粮饲料基地开发工作，狠抓了以下主要配套技术：

（1）改善旱地立地条件。旱粮饲料基地开发工程措施，主要以抓好在深翻土层、包地堪、建立梯带、等高种植的基础上，重点抓机耕道路、灌溉渠道、蓄水、粪池、山塘、抽水机埠的配套建设，提高抗御自然灾害（旱灾）的能力。

（2）提高旱粮农艺措施。一是"种"，利用分带轮作布局间套作绿肥、冬菜、蚕豆、豌豆、箭舌豌豆、印尼大绿豆等作物，既增加收入又肥地改土；二是"积"，积制土杂肥，组织城肥下乡，增加客土，加深土层；三是"还"，秸秆还地，包括麦秸秆、玉米秆、马铃薯茎叶等，并利用山区优势，割青草树叶铺地等，都能有效地增加土壤肥力；四是"养"，采取优化组合，实行分带轮作布局，间套作豆科作物，用地养地结合；五是"改"，改传统春粮—甘薯两熟制为春粮/春玉米或春大豆/甘薯三熟制；改夏玉米、夏大豆为春玉米、春大豆，充分利用3～6月富水期；改传统老技术为先进技术，如推广地膜保温育苗技术、地膜覆盖早熟高产栽培技术，提高抗旱能力。

（3）选用适宜间套良种。 旱粮生产品种老、纯度差是一个十分突出的问题，旱地多熟制前后茬共生期长，对各季作物品种的选择提出更高的要求。因此，熟期早、植株适中、耐肥抗倒、高产优质等是旱粮良种的主要标准。从丽水市"八五"期间的基地开发生产经验看，春粮主要推广的品种小麦有丽麦16、87鉴4、钱江2号、浙麦2号等；马铃薯有大洋种、东农303、克新4号等；豌豆有中豌4号、中豌6号等。玉米品种主要是丹玉13、掖单12、苏玉1号、苏玉4号等。春大豆主要有浙春2号、矮脚早、六月白等。甘薯品种主要有瑞薯1号、徐薯18、浙薯1号、浙薯2号、荆56、南薯88等。其他小豆类品种有绿豆中绿1号、赤豆松阳大红袍等。应用推广上述品种均具有较大的增产优势，一般可比老品种增产10%～15%，高的可达20%～30%以上。

（4）推广三熟分带种植。 各地开发的旱粮饲料基地，积极推行旱地分带轮作种植制度，改传统两熟制为春粮/春玉米（春大豆）/甘薯三熟制，作为旱地配套改造重要的农艺措施，增产效果十分显著。从"八五"期间实施结果来看，在传统春粮—甘薯两熟制基础上，增种的一熟春玉米一般亩产可达200～300千克，高产典型达400～500千克；增种的一熟春大豆一般亩产60～80千克，高的可达120～150千克。各地还因地制宜，根据当地的经济生产条件，采取不同的带距布局，并通过大量的试验、探索高产配套措施。如青田县采取统一规范，推行1.7～1.8米布局带距，发展以增种一熟春玉米为主的三熟制，提高了全年单产水平。缙云县针对山地土瘦及农民习惯于甘薯平插的情况，推广1.2～1.4米的小带距，以提高各作物的种植密度，增施肥料而夺取高产。莲都区在经济条件相对较好地方，以粮经结合的组合，采取2.0～2.5米的大带，种植春粮/西瓜＋玉米/甘薯，取得粮经双丰收。1996—2009年丽水市旱地熟制结构见表10-4。

表10-4 1996—2009年丽水市旱地熟制结构

单位：万亩

年　份	种植粮食的旱地面积	一年种植三熟粮食的旱地面积	一年种植二熟粮食的旱地面积	一年种植一熟粮食的旱地面积
1996	14.30	5.01	3.38	5.90
1997	12.14	5.26	3.38	3.51
1998	11.79	4.31	3.79	3.69
1999	12.26	3.64	3.79	4.83
2000	12.00	2.88	4.44	4.68
2001	11.54	0.32	4.54	3.67
2002	16.48	3.34	6.30	6.84
2003	11.21	2.66	5.32	3.23
2004	11.94	2.84	5.67	3.32
2005	11.97	2.64	5.79	3.54
2006	12.77	2.64	6.31	3.82
2007	12.95	3.12	6.68	3.15
2008	12.69	3.00	6.60	3.19
2009	12.46	2.83	6.76	2.87

（5）应用综合高产栽培技术。一是推广地膜覆盖（育苗）技术，以春马铃薯地膜覆盖栽培为主，以利用地膜的透光性和不通气性，充分利用早春的温光资源，促进马铃薯的生长发育、达到早熟高产的目的；二是合理密植，建立高产群体结构，综合各地经验，旱地三熟制冬作小麦每亩应有基本苗 7 万～10万，有效穗 18 万～20 万，马铃薯亩种植 3 000～3 500 株；春玉米一般亩种植 3 000～3 500 株，紧凑型系列品种种植 4 500～5 000 株，春大豆一般亩保苗 20 万株以上，甘薯密度一般亩栽插 3 000～3 500 株，幼龄"四园"套种原则上以"林（果）为主、套粮（豆）作物为辅，以豆科作物为主、其他粮饲作物为辅"，土质、水利条件较好的园地开展粮豆菜两熟或三熟利用，增产效果显著。幼龄园地套豆密度视土质、园龄和品种而确定，一般一年龄园地套种行株距 30 厘米×20 厘米，亩保苗 2 万株左右，二年、三年龄园地根据树冠大小适当减少苗数；三是增加肥料投入，实行科学施肥，增加肥料投入，实行科学施肥是旱粮饲料作物高产的重要保证，从各地超吨粮（春粮/春玉米/甘薯）全年肥料投入量看，平均每亩施有机肥 2 500～3 000 千克，纯氮 25～30 千克，五氧化二磷 8～15 千克、氧化钾 15～20 千克，各季肥料的分配，重点放在春玉米上，约占总用肥料 50%～60%。同时做好合理、经济用肥，各类作物采取在足基肥、早苗肥、促早发的基础上，重点抓好小麦补穗肥、玉米重蒲肥、甘薯裂缝肥的施用；大豆改不施肥为适施苗肥；四是单项新技术推广应用，主要抓了喷施灵、多效唑、多效菌、生物钾肥等的应用，取得了明显的增产效果。

第五节　旱粮生产发展趋势与技术应对

近年来，随着先进育种技术和栽培技术的推广应用，旱粮外观、口感不断改善，需求不断增加，种植效益不断提高，产业优势不断加强，展现出了良好的发展前景。如何在新形势下把握发展方向，加强技术推广，搞好旱粮生产，发挥旱粮"稳粮增效"的双重作用，是摆在我们面前的一个重要课题。

一、发展方向

（一）鲜食化

鲜食化是近年来旱粮发展的一个主要趋势。主要有鲜食大豆、玉米、马铃薯、蚕豆、豌豆和迷你甘薯等。鲜食型旱粮发展十分迅速，以鲜食大豆为例，浙江省从 1997 年的 30.9 万亩发展到 2003 年的84.6 万亩，6 年间面积扩大了近 1.8 倍，成为全国鲜食大豆种植面积和产量最大的省。经过几年的发展，鲜食型旱粮具备了一定的产业规模。据农业部门统计，2006 年丽水市玉米、大豆、蚕豆、豌豆和马铃薯的总面积为 54.12 万亩，其中鲜食型面积就有 33.98 万亩占 62.8%，比 2001 年的 30.48 万亩，增加 11.5%。蚕豆、豌豆和马铃薯的鲜食比率更是在 80% 左右。同时，鲜食型旱粮的区域布局正围绕早熟鲜销区和优质加工区两种类型进一步优化。如大豆在庆元县主要利用冬暖春早优势，主攻早熟鲜销。同样，松阳县的鲜食蚕豆主要运往上海鲜销市场为主。遂昌县的甘薯主要用来加工烤薯。鲜食型旱粮正成为一些地方的农业支柱产业，成为农民增收致富的主要途径。

（二）加工化

旱粮的加工量越来越大，加工产品也越来越多。这在拓宽旱粮消化渠道，扩大市场容量，提高种植的附加效益，促进旱粮发展方面所起的作用也越来越大。旱粮的加工，一是鲜食型产品的加工，如速冻鲜食大豆、速冻鲜食玉米，速冻蚕豆、豌豆等，这类产品在旱粮加工产品中占了很大比重。浙江省开展鲜食旱粮加工业务的大型企业有海通集团、浙江银河等 10 余家，具备雄厚的加工能力和加工规模。以鲜食玉米为例，仅海通集团一天就能加工成品甜玉米粒 200 吨、甜玉米棒 12 万棒，可消化近 800 亩基地原料。据不完全统计，2003 年全省鲜食玉米加工产品总量达 4 000 余吨，消化原料基地面积超过 15万亩。产品除在省内外大中城市销售外，还出口日本和欧美等国家。2003 年曾因"非典"之故，加工企业减少鲜食大豆收购量导致萧山、慈溪两地鲜食大豆大面积滞销。可见加工对旱粮的产后消化和提高效益方面所起的巨大作用。旱粮加工的另一种类型是普通产品的加工，主要包括饲料、酿酒、豆制品和淀粉类，如饲料玉米、大麦主要用于加工饲料，高粱、荞麦主要用于酿酒，甘薯主要用于加工酒精、淀粉、粉丝以及烤薯。还是以玉米为例，全省拥有饲料加工企业 300 余家，年生产配合饲料 300 余万吨，年耗玉米 170 万吨以上。当然，这些玉米主要来自省外和进口，本省玉米远远是产不足需。

（三）特色化

特色化旱粮是指具有区域色彩和独特品质的旱粮，如遂昌县的舟农白皮甘薯、松阳的大红袍赤豆等，这类旱粮的品质是在当地独特的地理、气候条件下形成的，具有独特的医疗保健功效，虽然面积不大，但特色明显，基本上用于深加工和出口。此外，近几年出现的彩色甘薯、马铃薯，既可食用也可加工食品或提取天然色素等。这是一个发展方向，关键是如何去开发，如何拓展市场。

二、技术应对

（一）推广优良品种

品种是决定品质、产量和市场畅销程度的关键因素。近年来丽水市根据生产实际和市场需求，重点推广了一系列优质旱粮品种，如鲜食糯玉米苏玉糯 1 号、苏玉糯 2 号、浙凤糯 2 号，鲜食甜玉米超甜 3 号、超甜 2018、浙凤甜 2 号，鲜食大豆台湾 75、引豆 9701，鲜食蚕豆日本大白蚕、慈溪大粒 1 号，鲜食豌豆中豌 4 号和中豌 6 号，鲜食马铃薯东农 303、中薯 3 号，迷你甘薯金玉、心香等。这些优良品种在产量、品质以及商品性等方向较原有品种有了极大改善，在市场上广受欢迎，为农民增收发挥了重要作用。如鲜食蚕豆慈溪大粒 1 号，具有荚大粒大，三粒以上荚比例高，结荚集中，成熟一致等优点；鲜食甜玉米浙凤甜 2 号”，甜中带糯，风味独特，既解决了甜玉米内容物少、果皮厚的缺点，又解决了糯玉米口味偏淡的矛盾。因此，在生产上要选育和引进适合不同用途不同要求的优良品种，加强推广力度，提高良种覆盖率。

（二）推广分期播种

采取各种措施，实行分期播种，可以实现分批采收，延长供应期，扩大市场容量，避免大量集中上市而造成货源过于充足，量大价廉、增产不增收的现象，提高种植效益，并能在一定程度上缓和农忙季节的劳力矛盾。近年来，这一技术在鲜食大豆和玉米上应用取得了良好的效果。在正常生产条件下，鲜食大豆和玉米可在 3 月下旬至 8 月上旬前分批播种，分批成熟，分批上市。在采用大棚等相应措施后，可以将播种期最早提前至 1 月中旬，5 月初即可采鲜上市；在秋季，露地栽培的播种期最迟可到 8 月 15 日左右，若在生长后期搭棚促熟，则可将播种期延至 8 月底。在同一栽培条件下，也可以根据市场需求，通过选用不同生育期的品种，达到分批采收的目的。

（三）推广反季节栽培

反季栽培是指利用大棚等保温设施，人为创造作物生长环境，以便在正常季节以外进行生产；或者不用任何设施，而仅根据气候和作物生长特点，以牺牲部分产量为代价，实现增季栽培。这类技术主要包括鲜食大豆、玉米、马铃薯促早栽培，鲜食大豆、玉米延后栽培，鲜食豌豆、马铃薯秋播技术等。促早和延后栽培已在许多作物上广泛应用，技术也已比较成熟。而增季栽培应用范围还不大，在作物种类以及熟制安排等限制较多，目前旱粮上仅在马铃薯和豌豆上应用，但经济效益明显，有待进一步示范推广。

（四）推广免耕栽培

省工节本一直是各类栽培技术所追求的一个指标。免耕栽培起源较早，但在最近几年才逐渐受到重视，并在许多作物上开展了试验研究与示范推广。在旱粮上，稻桩豆是较早的一种免耕栽培方法，然而随着生产形势的改变，这一技术已多年弃之不用。目前比较典型的是马铃薯稻草覆盖免耕栽培技术。它省去了翻耕整地、挖穴下种、中耕除草和挖薯等诸多工序，整个过程可概括为"摆一摆，盖一盖，拣一拣"，是马铃薯的轻型栽培技术。而且种出来的马铃薯薯形圆整，表皮光滑，商品性好，产量较高，还能充分利用稻草还田改良土壤，培肥力地。但这一技术也有稻草用量大、出苗不佳等弊端。经过进一步研究，改稻草全畦覆盖为播种行覆盖可以有效解决这一矛盾，受到了农民的欢迎。此外，鲜食春大豆和鲜食秋豌豆免耕栽培技术也已获成功，正在逐步扩大推广。

（五）推广高效模式栽培

旱粮种类繁多，株型各异，有高秆、矮秆、匍匐茎等多种形态，除了净作之外，还可以与其他作物实行多种多样的间套作模式。如鲜食大豆，株型矮小紧凑，生育期短，适合玉米、甘蔗、芋艿、大麦、小麦等间作套种；甘薯可以与玉米、大豆、辣椒等套作。在熟制安排上，也可以采用资源利用率高，或对土壤理化性状有改善作用的模式，如春马铃薯—单季稻—秋马铃薯（秋豌豆）、鲜食蚕豆—水稻—水稻等三熟制模式，实行水旱轮作，有利于改善土壤，减少病虫害，提高土地利用率，同时经济效益也比较高。又如采用鲜食春马铃薯（促早）—早单季稻—鲜食秋豌豆模式，每亩约产马铃薯（鲜）1 000千克，产值2 000元，稻谷600千克，产值1 080元，豌豆500千克，产值1 200元，合计年亩产值可达4 200余元。

根据作物特性和栽培目的采用相应的专用栽培技术，才能保证优质、高产，实现高效。如出口鲜食大豆，需选用台湾75等专用出口品种，辅以适当的密度、施肥、用药技术，才能生产出符合企业加工标准的鲜荚。鲜食蚕豆，需采用大粒型品种，严格控制密度，以株定产，并适时打顶，才能达到优质早熟。迷你甘薯，需采用金玉、心香等专用品种，适当提高密度，采取浅平插法，至少2个以上节插入土中，以提高单株结薯数和薯块大小均匀程度。要针对不同的旱粮种类、不同的栽培目的，研究相应的栽培技术，提高关键技术到位率。

第十一章
大麦和小麦

第一节 概　况

小麦（*Triticum aestivum* L.）是世界上最重要的粮食作物，其总面积、总产量及总贸易额均居粮食作物的第一位，有 1/3 以上人口以小麦为主要食粮；而世界大麦（*Hordeum vulgare* L.）的播种面积，在谷类作物中居第 4 位，仅次于小麦、水稻和玉米。中国栽培大麦和小麦历史悠久，是世界上栽培大麦和小麦最古老的国家之一，早在新石器时代就有栽培。目前，中国小麦的播种面积、地位仅次于水稻，大麦的栽培面积仅次于水稻、小麦和玉米居第 4 位。大麦和小麦在丽水市作物栽培史上具有重要的地位，作为仅次于水稻的粮食作物，在历史上最大播种面积曾分别达到 24.4 万亩（1961 年）和 34.14 万亩（1991 年）。

一、丽水市麦类作物的起源

汉代以前江南无麦作。经过魏晋南北朝第一次人口南迁之后，南方第一次出现了种麦的记载；六朝时期麦作发展速度相对较快，种植面积较大的地区，如建康（今江苏南京地区）、会稽（浙江绍兴地区）都是北方人聚居的地区。

中唐以后，南方许多州郡都有麦的记载，也与安史之乱以后的第二次人口南迁高潮在时间上吻合。

两宋之交的情况也是同样的。正是由于西北流寓之人遍满，才使得长江中下游地区，甚至于在丽水南方的福建等地，"竞种春稼，极目不减淮北"。

北宋初年杨亿在《武夷新集》卷十五《奏雨状》中提到浙东处州的情况，"本州自去年已来，秋稼薄熟，时物虽至腾踊，人户免于流离，爰自今春雨水调适，粟麦倍稔，蚕绩颇登，餱粮渐充，菜色稍减"。亦有处州"粟麦倍稔"，徽州"陇麦已争秀"之言。

据缙云县民间故老相传，缙云土面的制作历史有近 1 300 年，即已追溯到中晚唐时期。民国 22 年（1933 年），青田县小麦总产 66.46 万吨。综上所述，丽水市的麦作历史最迟应在晚唐到五代十国之间就已经开始种植。

二、丽水市大麦和小麦的分布

丽水市大麦和小麦历来广有分布，是丽水市主要旱粮作物之一，其中小麦 1997 年之前种植面积居旱粮作物之首。大麦和小麦因在历史上的产品用途和生产面积变化趋势上有所差异，在种植分布上也有差别。

（一）小麦的分布

小麦在丽水市各地都曾有过种植，大多分布在青田、缙云两县，其次是莲都区、遂昌县和松阳县，龙泉市和庆元县在 20 世纪 80 年代开始就基本消亡（表 11-1 和表 11-2）。按种植面积和历史变化情况，丽水市小麦的分布情况可分为三类区域：

1. 青田、缙云县传统种植区域　这一区域在历史上一直是小麦种植面积最大的地区，这与两个县人

表 11-1　丽水市小麦播种面积

单位：万亩

年份	合计	莲都	青田	云和	龙泉	庆元	缙云	遂昌	松阳	景宁
1949	17.57	3.28	3.93	0.94	0.62	0.23	3.07	5.50	—	—
1950	16.41	3.32	4.05	0.91	0.63	0.23	3.31	3.96	—	—
1951	17.51	3.37	4.12	1.01	0.72	0.18	5.62	2.49	—	—
1952	18.05	2.83	4.33	1.04	0.70	0.27	6.21	2.67	—	—
1953	18.89	3.23	4.59	0.51	0.53	0.27	7.20	0.56	—	—
1954	17.45	3.27	4.56	0.46	1.05	0.30	5.13	2.68	—	—
1955	23.52	3.96	5.17	0.53	1.27	0.91	7.63	4.05	—	—
1956	27.55	5.28	5.83	0.98	1.29	1.59	8.15	4.43	—	—
1957	23.04	4.26	4.48	0.64	0.73	1.05	8.21	3.31	—	—
1958	21.91	4.51	4.96	0.78	0.97	0.86	6.83	3.00	—	—
1959	18.52	3.98	4.05	1.61	1.23	1.10	4.58	1.98	—	—
1960	23.87	4.44	5.13	1.21	1.83	1.21	5.09	4.96	—	—
1961	25.70	5.20	6.77	0.92	1.54	1.64	5.95	3.78	—	—
1962	19.86	3.97	5.21	0.49	0.67	0.78	5.89	2.85	—	—
1963	17.39	3.34	4.77	0.39	0.53	0.66	5.33	2.37	—	—
1964	16.27	3.32	4.39	0.51	0.60	0.66	4.52	2.27	—	—
1965	14.22	3.13	3.90	0.52	0.53	0.58	3.33	2.23	—	—
1966	10.41	2.47	3.05	0.38	0.20	0.25	2.44	1.60	—	—
1967	12.24	2.55	3.91	0.68	0.22	0.24	2.48	2.16	—	—
1968	12.33	2.88	3.89	0.62	0.14	0.22	2.36	2.22	—	—
1969	12.03	3.06	3.40	0.52	0.13	0.16	2.26	2.50	—	—
1970	12.14	2.85	3.09	0.52	0.22	0.48	2.01	2.97	—	—
1971	11.08	2.72	3.11	0.56	0.13	0.18	1.70	2.68	—	—
1972	12.01	3.16	3.04	0.74	0.10	0.16	1.84	2.97	—	—
1973	12.72	3.25	3.27	0.79	0.09	0.12	2.08	3.12	—	—
1974	13.49	3.46	3.07	0.76	0.07	0.13	2.30	3.70	—	—
1975	12.97	3.29	2.87	0.78	0.05	0.05	2.34	3.59	—	—
1976	12.53	3.19	2.63	0.57	0.05	0.08	2.20	3.81	—	—
1977	14.15	3.72	2.84	0.67	0.18	0.22	2.27	4.25	—	—
1978	17.22	4.35	3.73	1.33	0.10	0.13	2.89	4.69	—	—
1979	19.34	4.93	3.79	1.58	0.13	0.08	3.83	5.00	—	—
1980	20.72	5.30	4.01	1.97	0.08	0.03	4.20	5.13	—	—
1981	20.03	5.20	5.27	1.41	0.04	—	3.85	4.26	—	—
1982	22.38	5.45	6.11	1.71	0.01	—	4.70	1.25	3.13	—
1983	28.91	6.29	8.38	1.76	0.17	—	5.90	1.28	4.63	—
1984	30.62	6.45	8.88	0.91	0.02	—	6.36	1.79	5.41	0.80
1985	30.84	6.24	9.04	0.84	0.03	—	6.48	1.87	5.36	0.98
1986	30.06	6.05	9.23	0.73	—	—	6.09	1.77	5.08	1.11
1987	30.33	5.84	9.42	0.79	—	—	6.97	1.61	4.58	1.12

（续）

年份	合计	莲都	青田	云和	龙泉	庆元	缙云	遂昌	松阳	景宁
1988	30.51	5.74	9.14	0.68	—	0.01	7.50	1.73	4.68	1.03
1989	32.57	6.68	9.90	0.67	—	—	7.95	1.86	5.23	1.09
1990	34.26	6.82	9.29	0.73	—	—	8.05	2.61	5.46	1.30
1991	35.14	6.81	9.25	0.73	—	0.02	8.01	3.37	5.61	1.34
1992	32.70	5.73	8.79	0.65	—	—	7.02	4.08	5.33	1.13
1993	24.30	3.45	7.38	0.44	—	—	6.23	1.91	4.56	0.35
1994	19.56	2.06	5.97	0.38	—	—	5.61	1.22	4.07	0.27
1995	16.85	1.50	5.43	0.24	—	—	4.59	0.99	3.83	0.27
1996	17.54	1.21	5.29	0.18	—	—	5.07	1.14	4.33	0.32
1997	17.25	1.08	5.12	0.18	—	—	5.06	1.20	4.32	0.30
1998	16.04	0.98	4.73	0.10	—	—	5.00	1.04	3.99	0.21
1999	14.10	0.62	4.54	0.05	—	—	4.55	1.07	3.07	0.21
2000	9.69	0.31	4.23	0.03	—	—	2.87	0.51	1.58	0.17
2001	6.85	0.17	3.56	0.02	—	—	1.73	0.39	0.86	0.13
2002	5.25	0.11	3.18	—	—	—	1.04	0.30	0.53	0.09
2003	3.93	0.08	2.49	—	—	—	0.79	0.20	0.30	0.07
2004	3.50	0.06	2.14	—	—	—	0.94	0.15	0.16	0.05
2005	3.39	0.04	2.17	—	—	—	0.86	0.15	0.11	0.05
2006	3.10	—	2.01	—	—	—	0.83	0.13	0.08	0.05
2007	2.97	0.02	1.94	—	—	—	0.79	0.15	0.05	0.02
2008	2.94	0.02	1.94	—	—	—	0.77	0.14	0.05	0.02
2009	2.50	0.02	1.81	—	—	—	0.50	0.11	0.04	0.02

表 11 - 2 丽水市小麦亩产

单位：千克

年份	平均	莲都	青田	云和	龙泉	庆元	缙云	遂昌	松阳	景宁
1949	47	39	43	33	39	43	40	64	—	—
1950	40	41	45	35	39	43	40	34	—	—
1951	44	44	48	33	42	45	39	52	—	—
1952	46	47	36	37	43	55	50	55	—	—
1953	64	64	70	48	60	60	60	71	—	—
1954	52	59	50	40	32	46	51	60	—	—
1955	60	65	70	46	42	42	58	61	—	—
1956	60	66	69	47	51	51	60	50	—	—
1957	51	59	55	40	36	36	51	47	—	—
1958	61	58	71	47	38	40	68	48	—	—
1959	60	53	76	45	37	39	75	48	—	—
1960	60	55	84	44	32	34	63	56	—	—
1961	46	38	58	40	25	31	53	43	—	—

（续）

年份	平均	莲都	青田	云和	龙泉	庆元	缙云	遂昌	松阳	景宁
1962	51	52	57	46	38	32	55	43	—	—
1963	55	60	52	53	43	43	59	49	—	—
1964	78	86	75	61	52	51	90	65	—	—
1965	76	79	73	66	48	47	91	69	—	—
1966	79	77	75	62	44	39	104	61	—	—
1967	80	85	65	73	57	51	103	83	—	—
1968	91	115	60	80	67	59	113	97	—	—
1969	96	118	79	67	66	62	115	81	—	—
1970	89	105	68	67	63	66	118	85	—	—
1971	124	156	86	103	121	82	167	113	—	—
1972	122	139	95	85	84	77	168	115	—	—
1973	95	115	75	61	63	53	133	82	—	—
1974	118	146	73	71	85	73	154	117	—	—
1975	68	73	58	52	55	54	88	62	—	—
1976	80	92	53	50	103	67	114	74	—	—
1977	72	86	53	55	55	46	94	66	—	—
1978	112	129	83	78	84	89	163	96	—	—
1979	117	129	82	81	116	84	155	112	—	—
1980	123	146	87	73	114	73	140	135	—	—
1981	123	134	102	76	78	—	154	124	—	—
1982	158	186	139	85	103	—	190	118	159	—
1983	145	165	128	85	80	—	169	113	152	—
1984	167	173	163	113	100	—	185	136	187	86
1985	164	171	147	117	138	—	186	152	185	99
1986	162	168	153	124	—	—	180	153	171	94
1987	72	110	43	63	—	—	77	91	80	41
1988	136	133	138	104	—	118	138	118	155	87
1989	133	133	133	105	—	—	138	107	144	93
1990	158	155	157	119	—	—	170	125	181	95
1991	124	122	119	111	—	90	126	97	157	88
1992	135	127	139	105	—	—	147	106	163	89
1993	150	136	140	113	—	—	163	116	179	90
1994	139	112	137	112	—	—	140	121	165	93
1995	130	108	132	128	—	—	133	99	141	93
1996	164	121	159	126	—	—	167	138	193	100
1997	160	128	148	121	—	—	168	140	182	106
1998	148	126	146	139	—	—	145	114	171	108
1999	156	125	156	132	—	—	156	120	179	105
2000	158	137	158	120	—	—	159	119	177	106
2001	158	140	160	147	—	—	162	117	173	111

（续）

年份	平均	莲都	青田	云和	龙泉	庆元	缙云	遂昌	松阳	景宁
2002	156	138	160	156	—	—	155	118	161	112
2003	163	149	168	200	—	—	165	111	158	113
2004	176	137	182	133	—	—	177	123	172	129
2005	171	194	178	167	—	—	167	118	155	130
2006	177	—	180	—	—	—	180	133	160	173
2007	183	285	176	—	—	—	206	153	162	138
2008	186	285	181	—	—	—	205	167	185	95
2009	192	290	188	—	—	—	213	160	211	87

均耕地少和饮食习惯有关，在丽水市小麦大幅减少的今天，两县更是丽水市小麦的主产区。据统计分析：新中国成立以来两个县小麦年播种面积合计大于丽水市小麦总播种面积 50% 以上的年份为 36 年，其中，占总播种面积 60% 以上有 10 年，占总播种面积 80% 以上有 4 年。青田县小麦种植面积最大的 1987 年达到 9.42 万亩，约占丽水市小麦总播种面积的 30%；缙云县小麦年播种面积超过 8 万亩的有 4 年。2005 年两个县小麦播种面积约占丽水市小麦总播种面积的 90%。

2. 莲都区、松阳县和遂昌县次要分布区　这一区域在历史上曾经有过较大的生产规模，如莲都区的小麦面积在 20 世纪 80 年代中期到 90 年代初期还一度在丽水市位列第三，松阳县的小麦在历史上也曾在丽水市具主导地位。但这些地区的小麦种植面积在 20 世纪 90 年代中期开始随着种植业结构调整的深化而急剧下滑，进入 2000 年后仅仅是零星种植而已，莲都区的小麦已经基本消亡。

3. 云和县、景宁畲族自治县、庆元县和龙泉市零星种植区　这一区域在历史上小麦种植面积都不是很大，面积最大的年份也仅 1 万余亩，向来不是丽水市小麦的主要种植区域。云和县、景宁畲族自治县在 90 年代初期小麦面积开始连续下降，进入 2000 年已基本消亡；龙泉市和庆元县在历史上更是没有大面积种植小麦的习惯，其小麦生产在 20 世纪 50 年代中期到 60 年代初保持了 1 万亩左右的生产规模，此后即连年减少，70 年代尚有少量种植，到 80 年代就基本消亡了。

（二）大麦的分布

大麦的生产历史与小麦有较大差异，在分布上也有一些不同。新中国成立后到 20 世纪 70 年代主要分布在莲都区和缙云、青田、遂昌、松阳等县，其中新中国成立初缙云县大麦播种面积在 5 万～6 万亩，约占丽水市大麦播种面积的 40% 左右，龙泉市和庆元县、云和县、景宁畲族自治县有少量种植（表 11-3 和表 11-4）。1974 年以后丽水市大麦的生产面积已不到 5 万亩。

表 11-3　丽水市大麦播种面积

单位：万亩

年份	合计	莲都	青田	云和	龙泉	庆元	缙云	遂昌	松阳	景宁
1949	14.43	2.14	2.54	0.55	0.32	0.02	6.20	2.66	—	—
1950	14.66	2.17	2.62	0.67	0.35	0.03	6.33	2.49	—	—
1951	14.03	2.15	2.67	0.72	0.37	0.05	5.90	2.16	—	—
1952	14.20	2.17	2.80	1.01	0.59	0.05	5.18	2.42	—	—
1953	14.15	2.48	2.50	1.44	0.64	0.02	5.28	1.79	—	—
1954	15.54	2.49	3.15	1.32	0.93	0.02	5.14	2.49	—	—
1955	16.60	2.49	2.95	1.94	1.31	0.09	3.91	3.91	—	—
1956	18.88	3.22	3.28	2.09	2.18	0.14	3.45	4.52	—	—
1957	16.69	2.63	2.68	2.11	1.89	0.11	3.19	4.08	—	—

（续）

年份	合计	莲都	青田	云和	龙泉	庆元	缙云	遂昌	松阳	景宁
1958	18.87	2.62	2.74	2.75	2.92	0.57	3.39	3.88	—	—
1959	14.70	2.04	2.16	1.61	3.37	0.65	2.67	2.20	—	—
1960	17.67	2.45	2.61	2.05	2.96	0.98	2.93	3.69	—	—
1961	24.40	3.10	3.28	3.02	4.39	0.59	3.92	6.10	—	—
1962	17.67	2.26	2.69	2.12	2.12	0.21	3.77	3.99	—	—
1963	12.76	1.94	2.37	1.15	1.53	0.12	2.98	2.67	—	—
1964	8.98	1.51	1.85	0.91	0.99	0.07	2.03	1.62	—	—
1965	5.66	1.07	2.92	0.61	0.63	0.02	1.59	0.82	—	—
1966	3.84	0.74	0.56	0.47	0.26	0.01	1.24	0.58	—	—
1967	5.40	1.00	0.88	0.66	0.34	0.01	1.60	0.91	—	—
1968	6.18	1.62	0.92	0.59	0.23	—	1.88	0.94	—	—
1969	5.17	1.51	0.55	0.37	0.12	0.01	1.67	0.94	—	—
1970	4.33	1.27	0.38	0.34	0.23	—	1.25	0.86	—	—
1971	4.48	1.39	0.45	0.32	0.09	0.02	1.40	0.81	—	—
1972	5.91	1.96	0.36	0.37	0.10	0.01	1.91	1.20	—	—
1973	5.99	1.98	0.39	0.40	0.05	0.01	1.89	1.27	—	—
1974	5.61	1.71	0.30	0.33	0.06	—	1.71	1.50	—	—
1975	4.50	1.43	0.26	0.32	0.03	—	1.28	1.18	—	—
1976	3.32	1.20	0.20	0.25	0.02	—	0.88	0.77	—	—
1977	2.57	0.85	0.22	0.29	0.13	—	0.50	0.58	—	—
1978	2.33	0.68	0.29	0.36	0.06	—	0.50	0.46	—	—
1979	1.93	0.56	0.25	0.2	0.06	—	0.49	0.37	—	—
1980	1.26	0.40	0.24	0.08	0.02	—	0.34	0.18	—	—
1981	0.70	0.22	0.20	0.03	—	—	0.20	0.05	—	—
1982	0.71	0.28	0.20	0.05	0.02	—	0.12	0.02	0.02	—
1983	0.97	0.28	0.22	0.03	0.23	0.01	0.15	0.02	0.03	—
1984	0.71	0.27	0.20	0.03	0.04	0.01	0.13	0.01	0.02	—
1985	0.66	0.28	0.16	0.04	0.05	0.01	0.09	0.02	0.01	—
1986	0.55	0.19	0.13	0.04	0.05	0.01	0.06	0.02	0.05	—
1987	1.08	0.28	0.12	0.06	0.08	0.01	0.12	0.02	0.38	0.01
1988	0.95	0.31	0.09	0.04	0.01	—	0.08	0.02	0.25	0.06
1989	0.50	0.19	0.09	0.04	0.04	0.01	0.05	0.02	0.04	0.02
1990	0.41	0.12	0.09	0.05	0.06	0.01	0.04	0.02	0.02	—
1991	0.29	0.08	0.09	0.06	—	0.01	0.03	0.01	0.01	—
1992	0.23	0.03	0.06	0.04	0.04	—	0.02	0.02	0.02	—
1993	0.15	0.02	0.05	0.03	0.02	0.01	0.02	0.02	0.02	—
1994	0.12	0.02	0.05	0.03	—	—	0.02	0.02	—	—
1995	0.09	0.02	0.02	0.03	—	—	0.02	0.02	—	—
1996	0.09	0.03	—	0.04	—	—	—	—	—	0.02
1997	0.06	0	—	0.03	—	—	—	0.02	—	0.02

（续）

年份	合计	莲都	青田	云和	龙泉	庆元	缙云	遂昌	松阳	景宁
1998	0.08	—	0.01	0.03	—	—	0.01	0.01	0	0.03
1999	0.06	—	0.01	0.01	—	—	0.01	0	—	0.03
2000	0.05	—	0	0	—	—	0.01	0	—	0.03
2001	0.04	—	—	—	—	—	0.04	—	—	—
2002	0.02	—	—	—	—	—	0.02	—	—	—
2003	0.02	—	—	—	—	—	0.02	—	—	—
2004	—	—	—	—	—	—	—	—	—	—
2005	0.01	—	—	—	—	—	0.01	—	—	—

表 11 - 4　丽水市大麦亩产

单位：千克

年份	平均	莲都	青田	云和	龙泉	庆元	缙云	遂昌	松阳	景宁
1949	45	47	45	33	38	43	38	62	—	—
1950	42	47	50	38	39	44	40	36	—	—
1951	48	50	48	33	40	42	50	48	—	—
1952	49	51	45	42	40	50	50	53	—	—
1953	61	61	58	46	46	63	60	54	—	—
1954	49	56	52	39	33	43	49	51	—	—
1955	53	64	62	42	35	35	60	50	—	—
1956	53	62	58	43	45	45	60	48	—	—
1957	47	58	53	36	33	33	50	45	—	—
1958	52	53	62	45	47	34	66	41	—	—
1959	49	58	59	46	25	18	78	43	—	—
1960	55	54	63	47	34	19	127	62	—	—
1961	36	33	38	37	22	22	54	38	—	—
1962	48	45	46	44	33	28	63	46	—	—
1963	44	38	37	39	36	26	58	47	—	—
1964	53	50	47	40	38	38	73	55	—	—
1965	64	63	56	49	41	65	84	61	—	—
1966	64	67	61	50	40	18	80	53	—	—
1967	73	70	55	55	53	62	94	73	—	—
1968	80	83	45	65	58	0	98	79	—	—
1969	75	75	60	51	52	64	93	64	—	—
1970	76	76	63	46	48	0	101	66	—	—
1971	114	113	72	81	85	37	146	100	—	—
1972	111	99	82	66	75	92	151	93	—	—
1973	73	70	64	49	81	79	91	61	—	—
1974	97	97	84	62	57	0	115	87	—	—
1975	53	51	62	39	38	0	62	50	—	—

（续）

年份	平均	莲都	青田	云和	龙泉	庆元	缙云	遂昌	松阳	景宁
1976	60	57	68	39	50	0	74	55	—	—
1977	51	50	53	39	37	0	66	46	—	—
1978	85	87	76	54	59	0	122	73	—	—
1979	99	99	91	58	77	0	138	82	—	—
1980	99	105	91	46	71	0	126	74	—	—
1981	98	107	88	52	48	0	116	73	—	—
1982	120	140	99	64	68	0	141	83	137	—
1983	98	120	96	72	66	66	124	50	108	—
1984	121	139	108	90	63	50	139	77	124	—
1985	112	126	95	75	77	—	140	98	150	—
1986	111	125	96	78	78	50	152	77	146	72
1987	87	118	29	62	42	60	71	38	105	40
1988	101	108	105	93	65	—	123	62	111	66
1989	101	104	106	83	80	110	131	85	130	35
1990	118	126	109	91	75	118	157	81	165	50
1991	102	106	95	92	—	95	110	86	170	—
1992	108	95	97	92	89	—	125	53	67	—
1993	100	120	104	87	120	110	107	93	60	—
1994	103	93	88	87	86	—	87	113	125	100
1995	114	93	167	110	6	—	53	67	—	—
1996	130	111	—	83	—	—	—	—	182	133
1997	140	—	—	80	—	—	—	—	—	110
1998	108	—	100	103	—	—	100	60	—	90
1999	105	—	110	100	—	—	130	89	—	83
2000	100	—	—	—	—	—	110	—	—	83
2001	92	—	67	—	—	—	120	133	—	88
2002	141	—	200	—	—	—	156	—	—	67
2003	167	—	—	39	—	—	174	—	—	67
2004	133	—	—	—	—	—	133	—	—	—
2005	163	—	—	—	—	—	158	200	—	—

三、丽水市麦类作物面积演变

综观丽水市麦类生产面积的变化，粮食短缺、行政命令、技术革新和农田结构调整等因素主导了丽水市麦类生产的整个历程。解放以来，丽水市麦类生产经历了发展扩大再由盛转衰的过程，小麦大致可分为5个时期，而大麦则分为3个时期。

（一）小麦的面积演变

1. 1949—1961年稳定发展期　小麦面积从1949年的17.57万亩增加到1961年的25.7万亩，亩产从40千克左右增加到60千克左右，总产从1950年最低的6 564吨增加到1961年的11 822吨，其中1956年达到16 530吨（图11－1和图11－2）。13年小麦年均播种面积20.77万亩。期间依靠农田基本建设和水利条件的改善，以及精耕细作的开展，小麦的面积和产量都有显著提高。这一时期有一个重要特点就是非传统小麦种植地区的小麦生产迅速扩大。如龙泉、庆元等县，分别从最低的 0.53 万亩和 0.18 万亩增加到 1.84 万亩和 1.64 万亩，两县达到了小麦种植历史最高水平。

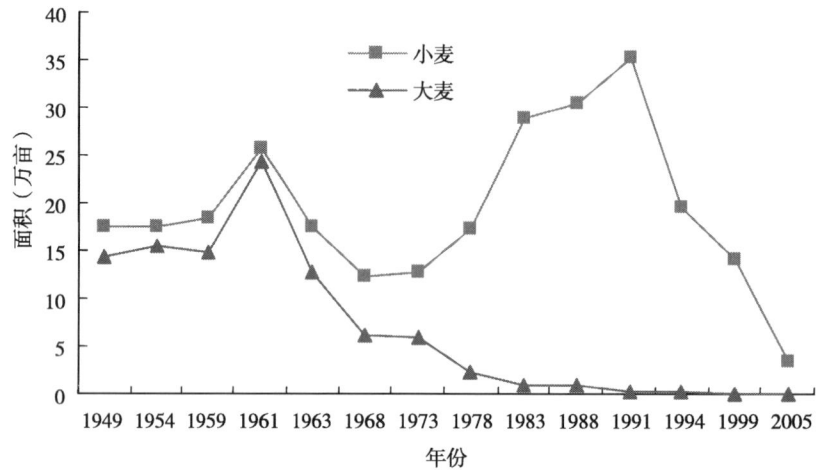

图 11-1　丽水市历年大麦和小麦播种面积

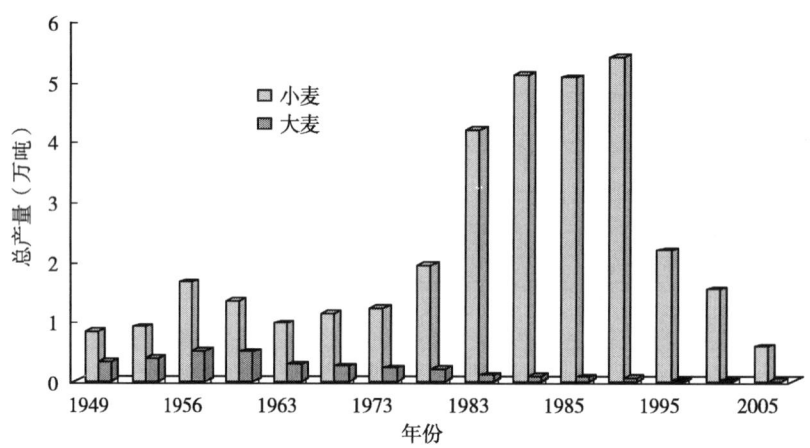

图 11-2　丽水市历年大麦和小麦总产量

2. 1962—1977 年面积下滑期　小麦面积从 1961 年的 25.7 万亩降低到 1977 年的 14.15 万亩，16 年年均播种面积 13.49 万亩。1971 年小麦的单产突破 100 千克大关，达到 124 千克。这个时期小麦面积减少的主要原因是水田耕作制度的变革，水田双季稻的大面积推广，使得小麦面积受到压缩。而像龙泉市和庆元县等非传统种植区，到了 20 世纪 70 年代小麦生产已经开始进入消亡期。

3. 1978—1991 年发展高峰期　这一时期是丽水市小麦生产历史上最辉煌的时期，小麦面积从 1977 年的 14.15 万亩增加到 1991 年的 35.14 万亩，达到历史最高水平。14 年年均播种面积 27.35 万亩。此时期传统小麦种植地区，青田县在 1989 年小麦面积达到了 9.9 万亩，缙云县则在 1990 年就在 8 万亩以上。而非小麦主产区则陷入停顿甚至消亡，如云和、景宁等县在此期间面积没有大的变化，而龙泉市和庆元县在 20 世纪 80 年代以后就基本没有小麦了。该时期浙麦 1 号、浙麦 2 号等早熟品种的大面积推广应用是小麦面积持续大幅增加的重要因素，并使小麦三熟制大面积推广，直接促使小麦生产面积的扩大。

4. 1992—1999 年大幅度调减期　这个时期丽水市小麦生产面积开始快速回落，由高峰的 30 多万亩下降到 1999 年的 14.1 万亩，平均单产基本稳定在 150 千克以上水平。该时期主要是种植结构调整。丽水市春季雨水充沛，气温回温快，小麦不但易发赤霉病，且普遍存在高温逼熟现象，严重影响小麦的产量和品质，种植效益低下，而冬菜等其他作物比较效益高，因此，小麦种植面积大幅度的调减。

5. 2000 年后趋向消亡期　进入 21 世纪，丽水市小麦播种面积每年不足 10 万亩，2005 年仅 3.39 万亩。除青田县和缙云县外，其他地方只有零星种植，甚至濒临绝迹。据 2003 年对 29 户农户的调查，小麦平均亩产达到 193 千克，亩产值 222 元，但每亩劳动费用达 216 元、物质费用 68.1 元，总成本 290.4 元，最后每亩净亏损 68.4 元。因为小麦比较效益低，预计小麦面积仍会缓慢下降。尽管如此，由于青田、缙云县的土面加工需求，在相当长的时期内小麦不会彻底消亡，将保持少量的种植面积。

（二）大麦的面积演变

1. 1949—1961 年　大麦面积从 1949 年的 14.43 万亩增加到 1961 年的 24.4 万亩。因耕作条件的改善和对粮食的迫切需求，大麦生产在丽水市迅速达到了顶峰。这一时期是丽水市大麦生产的高峰期，期间大麦面积略小于小麦，在 1961 年大麦达到了 24.4 万亩，仅比小麦少 1.3 万亩。但大麦的产量没有明显的增加，除 1961 年受严重的自然灾害影响亩产仅为 36 千克外，其他年份亩产在 42～61 千克。

2. 1962—1974 年　期间又可分为 2 个时期，一是 1962—1966 年，大麦生产经历了急剧下降的过程，从 1961 年最高的 24.4 万亩几年之间减少到 3.84 万亩；二是 1967—1974 年，期间大麦生产面积基本稳定在 5 万亩左右。这个阶段大麦生产面积的演变和小麦一样，主要是受耕作制度改革的影响，双季稻的推广压缩了麦类的生产空间。

3. 1975—1994 年　此时期大麦生产面积继续减少，其中 1975 年少于 5 万亩，1976 年少于 4 万亩，1977 年少于 3 万亩，1979 年少于 2 万亩，而到了 1981 年则不足万亩，至 1994 年生产统计仅 0.12 万亩。

丽水市的大麦生产比小麦衰退早，在 20 世纪 70 年代中期以前，丽水市的大麦和小麦生产面积演变基本保持同步，但大麦在 70 年代中期以后并没有经历小麦从 20 世纪 70 年代中期到 90 年代初的面积扩张期，而是就此逐年进入消亡期，到 1995 年以后大麦面积已不足千亩，处于基本消亡的状况。丽水市土壤大都属酸性，而大麦对土壤酸性比小麦更加敏感。自 20 世纪 80 年代以后，大麦生产向啤酒大麦和优质饲料方向发展，但丽水市大麦由于生育后期高温多雨，造成大麦千粒重比要求的低 10 克左右，且品质较差，不能满足啤酒大麦和优质饲料的要求。且大麦本身不适宜做口粮，同时随着品种和技术的进步，20 世纪 70 年代中期以后小麦的面积大量增加，因此在粮食紧张状况得到缓解的 20 世纪 80 年代，大麦退出丽水市麦类种植的历史舞台也就顺理成章了。

第二节　大麦和小麦品种演变与良种推广

一、丽水市大麦和小麦品种的演变

丽水市麦类品种资源较丰富，大麦有皮大麦和裸大麦两大类型，并有二棱、四棱、六棱和早、中、迟熟之分。小麦根据品种完成春花阶段所要求的温度和时间，分为冬性、半冬性和春性 3 类。丽水市大麦和小麦品种已进行过多次更迭，其演变过程大致可划分 6 个阶段。

1. 第一阶段（民国时期）　此阶段可查资料不多。新中国成立前丽水市麦类品种以地方农家种为主，有小麦品种 15 个，主要有白（红）壳三月黄、和尚麦、蜈蚣麦、泥鳅麦、金鱼麦、白蒲麦、江西麦、铁钉麦、毛松麦及谷大麦、雷大麦等。1938 年试种改良麦（当地称为纯系麦），因丽水市 1941 年麦类锈病成灾，唯独改良麦浙农 9 号和浙农 17 号抗病有奇效，显有收获，故 1942 年后种植面积猛增，1944 年为推广改良麦最多年。农家品种，其共同特点是省肥、耐寒、耐湿、适应性强，但茎秆高，产量低，纯度差。

2. 第二阶段（20 世纪 50 年代）　在 20 世纪 50 年代初开展群众性良种评选活动的基础上，推广产量较高、性状较好的优良地方品种和系选品种，推广面积大的有丽水白（红）壳三月黄、天台麦、和尚麦等农家良种，并引进矮洛阳、矮粒多、矮秆红等新品种，其中矮秆红在 20 世纪 80 年代还是丽水市搭配品种。

3. 第三阶段（20 世纪 60 年代）　此时期最突出的特点就是矮秆品种的引进、培育和推广应用，在粮食生产及麦类生产历史上都具有突出的作用，使大麦和小麦增产从单纯依靠耕地扩展转向依靠提高单产有了新的突破。随着生产水平的提高，优良地方品种和系选品种由于产量的局限性，逐步被引入的抗锈病、丰产性较好的阿勃、南大 2419、吉利等品种所取代。地方品种生产比重下降。

大麦仍以种植农家品种为主，种植面积较大的地方品种有无芒六棱等。无芒六棱产量较高，但品质差，赤霉病重。

4. 第四阶段（20 世纪 70 年代）　该阶段的突出标志是早熟小麦的育成和推广，引发了耕作制度的巨大变革。此时开始以杂交选育品种为主，一批适应性、丰产性好的新品种迅速取代了原有品种。20 世纪 50 至 60 年代引进的矮秆红、阿勃、吉利等品种在生产上推广的同时，为适应新三熟制的发展，1971 年引进了浙麦 1 号（908），该品种具有早熟、优质、抗性较好等特点，推广面积迅速扩大，成为丽水市小麦当家品种。1975 年又引进浙麦 2 号品种，1978 年起逐步成为丽水市小麦当家品种。

大麦在此阶段为应用改良和引进品种时期，这一时期主要是栽培技术改进和复种改制，品种多样化逐渐向单一二棱皮麦和早熟春性类型方向发展。从浙江省农业科学院引进早熟 3 号，并成为丽水市的主栽品种。

5. 第五阶段（20 世纪 80～90 年代）　试验示范小麦品种 34 个，浙麦 1 号、浙麦 2 号确立当家品种的地位，2 个品种的种植面积一度占小麦面积的 90%。据统计 1982—1992 年浙麦 1 号年均栽培面积 10.5 万亩，累计推广面积 180 余万亩。浙麦 2 号 1983—1992 年年均栽培面积 15.1 万亩，累计推广面积 200 余万亩。早熟、高产、品质优良的丽麦 16 选育成功，并成为主要搭配品种。该阶段小麦品种利用形成了适合三熟制要求的早熟品种为主体的格局。

大麦品种向啤酒大麦和优质饲料方向发展，虽然陆续引进试验示范过三月黄、六棱无芒麦、六棱米麦、沪麦 4 号、浙皮 1 号、浙农大 3 号、秀 81-86 和 209-1 等，但面积少，仅试验示范 1.19 万亩。由于丽水市境内春末夏初，雨水连绵，湿害严重，产量偏低，销路滞塞及农户不敷充正粮之习惯等原因，目前，大麦已少有栽培。

6. 第六阶段（20 世纪 90 年代至今）　小麦仍以浙麦 2 号、浙麦 1 号为主栽品种，搭配丽麦 16；大麦以早熟 3 号为主，搭配少量浙农大 3 号、沪麦 4 号等。

新中国成立以来大麦和小麦品种更新多次，在性状上有较大的改进，茎秆由高变矮，代表品种是引进品种吉利等；熟期由迟变早，代表品种如浙麦 1 号等；分蘖成穗率提高，由老品种的 20% 提高到目前的 30% 左右。

二、丽水市大麦和小麦品种类型

丽水市小麦为普通小麦。大麦分皮大麦（带壳）和裸大麦两种（也称米麦）。根据春化阶段对温度要求不同分为：春性、半冬性（又分为偏春性、偏冬性）、冬性三种类型。丽水市栽培品种为春性或半冬性两种。

（一）春性
小麦在 0～12℃的温度下，经过 5～15 天完成春化阶段。幼苗直立。如扬麦 1 号。大麦在 10～25℃的温度下，经过 5～15 天完成春化阶段。幼苗直立。如早熟 3 号。

（二）半冬性
小麦在 0～7℃的温度下，经过 15～35 天完成春化阶段。幼苗半直立。丽水市多数地方小麦品种和引进推广的大多数品种都属此类。如矮秆红、吉利（偏冬性）、浙麦 1 号、浙麦 2 号（偏春性）。大麦在 5～15℃的温度下，经过 10～20 天完成春化阶段。幼苗直立。如早熟 7 号等。

三、丽水市大麦和小麦品种名录

(一) 小麦

当地农家品种：白壳三月黄、红壳三月黄、白和麦、羊尾巴、天台麦、蜈蚣麦、太和麦、和尚麦、浦江麦、泥鳅麦、金鱼麦、白蒲麦、江西麦、铁钉麦、毛松麦。

引进推广品种：纯系麦 9 号、纯系麦 17、矮粒多、矮洛阳、矮秆红、矮四九、扬麦 1 号、扬麦 3 号、扬麦 4 号、宁麦 3 号、宁麦 6 号、浙麦 1 号、浙麦 2 号、浙麦 3 号、浙麦 6 号、丽麦 1 号、丽麦 16、丽麦 153、温麦 4 号、温麦 8 号、温麦 9 号、温麦 10 号、鄂麦 6 号、武麦 1 号、苏麦 1 号、辐鉴 2 号、辐鉴 7 号、五一、阿勃、大穗阿夫、苏克希、大头黄、吉利、南大 2419、红空、丰产 3 号、金光麦、丽恢 4 号、新科 80 选、钱江 2 号、立夏黄、海潮 7 号、三农 205、核农 1 号、352、临麦 88 - 5、鉴 33、77 鉴 6、87 鉴 4。

(二) 大麦

当地农家品种：有芒大麦、雷大麦、谷大麦。

引进推广品种：萧山立夏黄、早熟 3 号、早熟 7 号、沪麦 4 号、处麦 1 号、米麦 114、无芒六陵、三月黄、六陵米麦、浙皮 1 号、浙农 12、浙农大 3 号、秀 81 - 86、757、355、310、209 - 1。

四、丽水市主要大麦和小麦品种介绍

(一) 小麦

1. 丽水三月黄

(1) 面积和产量。 原丽水县（现莲都区）优良农家品种。20 世纪 50 年代开始种植，是丽水市主要推广品种，到 20 世纪 80 年代初仍有少量种植。一般亩产 150～170 千克。

(2) 特征特性。 株高 110 厘米。芽鞘绿色，幼苗半匍筒，茎秆粗壮，叶片深绿。穗圆柱形，红芒红壳，穗长 8 厘米，小穗着生密度中等，每穗总粒数 30 多粒。千粒重 32 克。籽粒卵圆形，红皮品种出粉率高。该品种属半冬性品种。11 月上旬播种，4 月中旬抽穗，小满边成熟，全生育期 160～180 天。分蘖力偏弱，耐肥中等，耐湿、耐寒力较强，易感腥黑穗病，成熟时易落粒。

(3) 栽培要点。 ①适当早播，争取大穗。②注意防病，适时收获。

2. 吉利（阿尔巴尼亚 3 号）

(1) 面积和产量。 1955 年从国外引进。20 世纪 60 年代初引入丽水市。丽水市主要推广品种，到 1984 年遂昌、缙云等县仍有少量种植．一般亩产 150～200 千克。

(2) 特征特性。 株高 110～120 厘米。芽鞘绿色，幼苗直立，茎秆坚韧，叶片宽大挺直，叶色深绿。穗长方形，穗长 8 厘米，小穗排列紧密，长芒，红壳，每穗总粒数 30～35 粒。千粒重 35 克。籽粒椭圆形，半硬质，出粉率高，粉质好。该品种属半冬性，立冬前播种，4 月下旬抽穗，6 月上旬成熟，全生育期 190～200 天。分蘖力偏弱，成穗率较高，耐肥抗倒，耐寒、耐条锈和叶锈病。轻度感染赤霉病，易感黑穗病。

(3) 栽培要点。 ①适时早播，一般霜降至立冬播种。②选择肥力水平相对较高的田块种植，增加肥料用量，亩施标准肥 2 300 千克。③适当增加用种量，注意做好种子消毒。

3. 阿勃

(1) 面积和产量。 1956 年中国农业科学院从阿尔巴尼亚引入我国。20 世纪 60 年代初引入丽水市。1981 年青田县栽培栽培面积 1.1 万亩，到 1986 年还有零星种植，一般亩产 200 千克。

(2) 特征特性。 株型紧凑，叶片较短挺直，株高 110 厘米左右，幼苗半匍匐，全株披有蜡质。颖壳白色，有顶芒。穗圆柱形，穗长 8～10 厘米，每穗 30～40 粒，籽粒呈圆形，红皮，千粒重 34 克。全生育期 200 天左右。耐肥抗倒，耐旱性较强。易感锈病和赤霉病。

(3) 栽培要点。 ①适时早播，一般在 10 月底至 11 月初播种为宜。②每亩播种量掌握在 11～12 千

克。③注意防治锈病及赤霉病。

4. 矮秆红

(1) 面积和产量。中国农业科学院从国外引进。1964 年引入丽水市。丽水市主要推广品种，到 1989 年仍有少量种植。一般亩产 200～250 千克。

(2) 特征特性。株型紧凑，茎秆粗壮，株高 80 厘米。幼苗匍匐，叶色深绿，叶片狭长而披散。穗型棍棒状，穗长 5.5 厘米，每穗总粒数约 35 粒。穗顶部秕粒较多。有芒，红壳，红粒，籽粒椭圆形，半硬质，不易脱粒。该品种属弱冬性。全生育期 190～200 天。耐肥，抗倒伏，分蘖力强，成穗率高。对叶锈病和条锈病具有一定抗性，感赤霉病。成熟时穗颈易折断。

(3) 栽培要点。①适期早播，宜在 10 月底至 11 月初播种。②增加总用肥量，亩施标准肥 3 000 千克。③加强防治赤霉病，做好开沟排水。

5. 矮洛阳

(1) 面积和产量。浙江省仙居县良种场用矮粒多×洛阳青杂交选育而成。20 世纪 60 年代中期引入丽水市。1983 年缙云县还有少量种植。一般亩产 150～180 千克。

(2) 特征特性。株型紧凑，株高 120 厘米，茎秆粗壮，根系发达，叶色淡绿。穗纺锤形，无芒或间有顶芒，每穗总粒数 30～40 粒，籽粒饱满，千粒重 36 克。该品种属半冬性，全生育期 190 天左右。分蘖中等，抗叶锈病能力强，易感染赤霉病。适应性广。

(3) 栽培要点。①适期早播，宜在 10 月底至 11 月初播种。②宜在肥力中等田块种植，亩施标准肥 2 000～2 300 千克。③加强防治赤毒病。

6. 丽麦 16

(1) 面积和产量。丽水市农业科学研究所用丽水三月黄×代 139 杂交选育而成。1987 年 11 月经浙江省农作物品种审定委员会审定通过。适宜肥力水平较高的三熟制地区种植。1984—1985 年两年省区试，平均亩产分别为 246.5 千克和 246.1 千克，比对照浙麦 1 号增产 11.1％和 21.9％，达显著和极显著水平。一般大田亩产 225 千克。是丽水市主要搭配品种，最高年份 1992 年 6.69 万亩，累计推广面积 30 余万亩。

(2) 特征特性。该品种株型紧凑，株高 85～90 厘米。苗期芽鞘绿色，幼苗直立，叶色灰绿，叶片窄小苗期纵卷，抽穗后挺笃。分蘖力中等偏强，成穗率高，一般每亩有效穗数 33 万～35 万。穗圆锥形，无芒，白壳，穗长 6～7 厘米，每穗实粒数 28～30 粒，千粒重 27～29 克，出粉率较高。属春性品种。全生育期 170 天左右，比浙麦 1 号长 1～2 天。基部节间短，茎壁较厚，耐肥抗倒。赤霉病轻，对黄花叶病有一定抗性，感白粉病和条锈病。

(3) 栽培要点。①适时播种。一般以 11 中旬播种为宜。②合理密植。条播一般每亩播种量 6～7 千克，散播亩播种量 9 千克左右，达到基本苗 20 万左右。③增施肥料。总施肥量纯氮 15 千克，尖叶露尖施尿素 4～5 千克。④抓好锈病和杂草防治。

7. 丽恢 4 号

(1) 面积和产量。丽水市农业科学研究所用 74－6582×斯卑尔肆杂交选育而成。1989 年 12 月经丽水市农作物品种审定小组审定通过，适宜在丽水市中低山区、河谷平原推广。经 1986 年、1987 年两年地区区试，亩产分别达 186.7 千克和 206.3 千克，比对照浙麦 2 号增产 12.1％和 25.5％，均居首位。是丽水市主要搭配品种，最高年份 1993 年 4.75 万亩，累计推广面积 15 万亩。

(2) 特征特性。该品种株高 95 厘米左右，茎秆粗壮，芽销绿色，幼苗直立，叶色深绿，剑叶较笃。穗长 8 厘米，穗长方形，无芒，白壳，粒浅红色，椭圆形，每穗 40 粒左右，千粒重 32 克。出粉率高，品质较好。全生育期 170 天左右，中抗赤霉病，耐白粉病，较抗锈病。耐肥中等，抗倒性较好。

(3) 栽培要点。①适期播种。一般以 11 月 5～15 日播种为宜。②合理密植。一般每亩播种量 6 千克左右，肥力水平较低的田，每亩增加 1～2 千克，有效穗争取达 25 万左右。③合理施肥。一般亩施纯氮 11.25～12.5 千克。适施基苗肥，施好拔节期（有效分蘖终止期）。④注意防治病害。

8. 浙麦 1 号

(1) 面积和产量。浙麦 1 号（原名九〇八），浙江省农业科学院用早熟品种临实浦早×日本太和早熟矮秆小麦杂交选育而成。1971 引入丽水市。丽水市当家品种，1982—1992 年年均栽培面积 10.5 万亩，累计推广面积 170 余万亩。一般亩产 200 千克。

(2) 特征特性。该品种株型较紧凑，株高 95 厘米左右。幼苗半匍匐，芽鞘绿色，叶色淡绿。穗长方形，穗长 5～6 厘米，无芒，每穗 28～30 粒，籽粒卵圆形，种皮浅红色，千粒重 30 克左右。属半冬性偏春性品种，对温度敏感，全生育期 185 天左右，早熟，耐湿，耐肥中等，适应性广，分蘖力强，花期集中，灌浆速度快。

(3) 栽培要点。①适期播种。一般在 11 月中旬播种，山区可相应提早。②合理密植。一般每亩播种量 8～10 千克，点播可适当降低。③科学施肥。做到重施基肥（占总用肥量的 60％左右），早施苗肥，一般亩施标准肥 2 000 千克左右。④注意防治赤霉病，及时收获。

9. 浙麦 2 号

(1) 面积和产量。浙麦二号是浙江省农业科学院作物所用{[（浙农939×矮粒多）F4×泊罗×选65-28]}×临浦早小麦杂交选育而成。1975 年引入丽水市。丽水市当家品种，1983—1992 年年均栽培面积 15.1 万亩，累计推广面积 200 余万亩。一般亩产 250～300 千克。

(2) 特征特性。该品种株高 85 厘米，茎秆较粗而韧。幼苗半匍匐，芽鞘绿色，叶色淡绿。叶片披卷。穗纺垂形，穗长 6～7 厘米，每穗 40 粒左右，无芒。籽粒卵圆形，腹沟浅而狭，粒色浅红，千粒重 34 克左右。属半冬性品种，全生育期 190 天左右，分蘖力强，耐肥抗倒，抗赤霉病能力弱。

(3) 栽培要点。①适时早播，一般在 11 月上旬播种，山区可适当提早。②每亩播种量，一般7.5～8.0 千克，点播可适当减少。③施肥量，亩施标准肥 3 000 千克左右。④加强赤霉病防治，作好清沟排水。

10. 温麦 8 号

(1) 面积和产量。温麦 8 号是浙江省温州市农业科学院用温麦 4 号//浙麦 1 号/南大 24191///雅33-6-3 多次复交选育而成。1995 年引入丽水市。丽水市松阳县 1996—2000 年有一定的种植面积。一般亩产 200 千克。

(2) 特征特性。该品种株型较紧凑，株高 85～90 厘米左右，穗纺锤形，长芒，白壳，红粒。小穗着密度中等偏稀。顶端有退绿现象，每穗 33 粒左右，千粒重 35 克左右。属春性品种，全生育期 180 天左右，耐湿、耐旱性好，根系发达，分蘖力强，抗倒性较强，品质较好。

(3) 栽培要点。①播种：一般在 11 月中旬播种，山区可相应提早。②密植：点播亩播种量 4～5 千克，条播亩播种量 6～7 千克。③施肥：施足基肥，总用肥量的 65％左右。早施苗肥，巧施穗肥，适当根外追肥。④管理：加强管理，防治病虫草害。

此外，栽培面积较大的还有浙麦 3 号、核农 1 号、辐鉴 7 号、钱江 2 号、温麦 10 号等。

（二）大麦

1. 丽水裸麦

(1) 面积和产量。原丽水县（现莲都区）优良农家品种。20 世纪 50 至 60 年代丽水市主要推广品种，一般亩产 150 千克。

(2) 特征特性。该品种株高 95 厘米。幼苗半匍匐，芽鞘绿色，叶黄绿色。拔节后基部叶鞘上无茸毛，叶耳白色。穗为六棱，长芒黄壳，穗长 6 厘米，每穗总粒数 50 粒左右，千粒重 26～27 克左右。籽粒黄色。全生育期 190 天左右，分蘖中等，耐肥中等，耐湿力强，抗条纹叶枯病和散黑穗病，感赤霉病。

(3) 栽培要点。①适期早播，争取冬发。②适量稀播，防止倒伏。③控制用肥，着重防治赤霉病。

2. 早熟 3 号

(1) 面积和产量。浙江省农业科学院 1966 年从国外引入的品种、品系中鉴定选育而成。1970 年引入丽水市。丽水市当家品种，累计种植面积居大麦各品种之首，一般亩产 200～250 千克。

（2）特征特性。该品种株型紧凑，株高 95 厘米左右，茎秆粗壮，叶耳、叶舌呈紫色。穗二棱，穗长 5～6 厘米，每穗实粒数 22～24 粒，千粒重 38～40 克。属春性品种，全生育期 170 天左右。分蘖中等，成穗率高。耐迟播，较耐肥抗倒，耐湿性强，早熟，较抗病，稳产高产，适应性较广。

（3）栽培要点。①适期播种，一般在 11 月下旬播种，山区可适当提早。亩播 12 千克左右。②实行轮作，减轻病害。③亩施标准肥 2 500 千克左右。

3. 沪麦 4 号

（1）面积和产量。沪麦 4 号是上海市农业科学院用浙农 12×早熟 3 号选育而成。1981 年引入丽水市。丽水市主要种植品种。一般亩产 200～250 千克。

（2）特征特性。该品种株型紧凑，株高 90 厘米左右。幼苗半匍匐，叶色淡绿，叶片稍宽。剑叶叶耳紫色。穗长方形，二棱，穗长 5～6 厘米，每穗实粒数 22～24 粒，千粒重 37～41 克。全生育期 180 天左右。分蘖力强，成穗率高。耐湿性较强，抗寒力比早熟 3 号强，轻感白粉病和赤霉病。

（3）栽培要点。参照早熟 3 号。

此外，浙农大 3 号、秀 81-86、浙皮 1 号等品种也有一定栽培面积。

第三节　大麦和小麦特征特性与环境条件

一、大麦和小麦的形态特征

1. 根　大麦和小麦的根由种子根（胚根、初生根）和次生根（节根、不定根）组成。种子根一般有 3～5 条，最多 7～8 条。次生根在分蘖开始后，从分蘖节上发生。一般每生长一个分蘖，在该分蘖节上出生 1～2 条次生根。分蘖具有 3 张叶以后，在分蘖基部可直接生出次生根。

2. 叶　大麦和小麦的叶除了真叶（完全叶、普通叶），还有子叶盘、外胚叶、胚芽鞘、分蘖鞘和颖壳等变态叶。真叶是正常的绿叶，由叶鞘、叶片、叶舌和叶耳组成。第 1 叶顶端较钝，第 2 叶以上的叶片顶端较尖。大麦的叶一般分为根叶（基生叶）和茎生叶，茎生叶的组成与小麦的真叶一样。叶片的多少因品种和播期不同而异，一般丽水市种植的大麦和小麦多为 10～13 片叶。

3. 茎　大麦和小麦的茎呈圆筒形、直立、有弹性，基部由若干密集在一起的节和节间组成（分蘖节），分蘖节能长分蘖，并且储藏养分。地上部通常有 4～5 各节间，节间长度自下而上逐渐增长，基部两个节间长短是品种抗倒性好差的标志。株高因品种和栽培条件不同而异，多数栽培品种株高 80～100 厘米。

4. 穗　大麦和小麦为穗状和复穗状花序。穗由轴和小穗组成，穗轴由许多节片组成。小穗着生在穗轴两侧的节片上。每个小穗有 1 个小穗轴，基部有 2 个护颖，在小穗轴上着生数朵小花，1 朵发育完全的小花，由外颖、内颖、3 个雄蕊、1 个雌蕊和 2 个浆片组成。

二、大麦和小麦生育特性与环境条件

1. 幼苗期　从播种至断奶为幼苗期（大麦多在 1 叶期，小麦在 3 叶期）。发芽最适宜的温度：大麦 20℃左右，小麦 15～20℃。低于 10℃和高于 30℃发芽都不正常；发芽最适宜的水分：土壤持水量 60%，吸水麦粒干重的 45%～50%。土壤适宜的 pH 6～7。种子萌动到出苗一般 6～7 天。

2. 分蘖期　大麦和小麦分蘖与主茎叶片有同伸关系，原则上为 n-3，分蘖力的强弱与品种和环境条件有关。分蘖最适宜的温度 13～18℃，低于 2℃和高于 18℃分蘖都有影响；最适宜的土壤持水量 60%～80%；养分充足、浅播有利于早分蘖多分蘖。半冬性品种强于春性品种，偏冬性品种强于偏春性品种。

3. 长穗期　生长锥分化至花粉粒形成期（孕穗）。大麦和小麦穗是由茎顶端生长锥分化发育而成，在丽水市大麦和小麦幼穗分化年前就已经开始。分化顺序为：小穗、小花、雄蕊、雌蕊。小麦一般从 4～5 片叶茎的生长锥开始伸长，8～11 片叶拔节期，12 片叶开始孕穗。大麦从 1～2 片叶茎的生长锥开始伸长，6～8 片叶拔节期，9 片叶开始孕穗。

大麦和小麦是长日照作物，通过春化阶段后，要求较高的温度和一定的日照长度，才能完成光照阶段，否则不能抽穗结实。温度 10℃ 以下或短光照，光照阶段进行缓慢，幼穗发育时间延长，但有利于小穗、小花数目增加，形成大穗。高温或长日照，有利加快光照阶段进行，但小穗、小花数目相对有所减少；土壤持水量要求保持在 70% 左右，同时需要充足的养分。

4. 结实期 从抽穗至子粒成熟，大麦一般比小麦早抽穗 7～10 天。抽穗后 2～5 天开花，大麦相对短些。从开花授粉到成熟小麦 35～45 天，大麦 30～40 天。

开花的适宜温度在 20℃ 左右，低于 2℃ 和 40℃ 则会严重影响受精结实。灌浆的适宜温度在 20～22℃ 左右，超过 25℃ 以上，灌浆加快，失水也快，积累减少，千粒重降低，产量、品质下降。适宜的土壤持水量要求保持在 75% 左右。注意防止早衰，保证有足够的养分供应。

第四节　大麦和小麦栽培技术研究与推广

一、播种技术

（一）大麦和小麦撒播栽培技术

20 世纪 70 年代以前丽水市麦类的播种方式多为开沟作畦点播或条播，其中旱地以条播为主。此时的点播类似丛播，又称疏点播，其用种量大，高达 10～20 千克/亩，有"打仗不怕死，种麦莫惜子"之说。比较适合较精细的耕作方式，也方便进行中耕除草。

1974 年以来，普遍推广江苏省塘桥小麦高产经验，实行"三改"：改窄畦为阔畦、改阔沟为窄沟、改稀点播为撒播。土地利用率由过去的 60% 左右，提高到 90% 以上，每亩播种量增加到 10～12.5 千克，产量也有较大幅度的提高。俗话说"麦畦狭窄，一半无麦""麦畦狭窄窄，一亩还无半亩麦；麦畦宽荡荡，一亩抵当半亩用"。根据丽水市高产协作组 1974—1978 年 258.76 亩高产试验田统计，平均亩产 200.45 千克，其中地区农业科学研究所 32.25 亩，平均亩产 248.4 千克。该项技术与点播和条播相比，最大的优点是土地利用率高、麦子个体发育好、省工。除草剂的推广应用为小麦撒播技术的推广奠定了基础。

随着施肥水平的提高，群体发展越来越大，不少小麦撒播试验田每亩最高苗达到 120 万以上，造成早期郁闭，通风透光差，加之抽穗后雷阵雨多，阵风大。因此，能否有效防止倒伏，成了撒播小麦高产成败的关键。为解决小麦高产攻关难题，丽水市农业科学研究所栽培室和丽水市农业局粮食生产科联合组成丽水市高产试验协作组，1978 年冬起，实行 3 项改革，即低播种量替代高播种量、浙麦 2 号品种替代浙麦 1 号品种、密点播替代撒播。1979 年丽水市全年高产协作组试验的 62.31 亩高产试验，平均亩产 292 千克，比 1978 年 66.28 亩平均亩产 219.2 千克，增产 33.2%，比 5 年平均亩产 200.45 千克，增产 45.6%。松阳县黄圩村 190 亩，平均亩产 196 千克，亩播种量下降了 6.5 千克。1980 年 60.83 亩试验田，平均亩产 318.7 千克，其中 12.5 亩亩产超"纲要"。原丽水县城关镇红旗队第一生产队 2.15 亩高产田，亩产高达 416.7 千克（表 11-5）。

表 11-5　小麦密点播和撒播性状比较

播种方式	亩播种量（千克）	亩产（千克）	株高（厘米）	穗长（厘米）	每穗粒数	千粒重（克）	亩基本苗数（万株）	亩最高苗数（万株）	亩有效穗数（万穗）	成穗率（%）	单穗粒重（克）
点播	5.5	326.7	91.3	6.7	36.0	38.4	11.5	72.0	29.8	41.4	1.4
撒播	5.5	307.5	92.5	6.7	34.5	35.7	11.7	121.9	32.7	28.5	1.2
点播	8.0	332.5	91.0	6.5	34.8	37.0	16.4	82.3	31.7	38.5	1.3
撒播	8.0	275.0	94.2	6.4	31.0	33.0	17.9	131.4	36.7	27.9	1.0

注：来自丽水市农业科学研究所（1980 年）资料。

（二）大麦和小麦密点播栽培技术

根据小麦亩产 300 千克经济性状结构要求（表 11 - 6）：

表 11 - 6　小麦亩产 300 千克以上田块的经济性状

年份	统计面积（亩）	平均亩产（千克）	亩播种量（千克）	亩基本苗数	亩最高苗数	亩有效穗数	每穗粒数	千粒重（克）
1979	22.75	331.1	5.9	11.9 万	79.4 万	32.5 万	37.3	34.9
1980	37.8	364.4	4.2	9.0 万	79.3 万	30.4 万	39.8	35.2

注：来自丽水市高产协作组。

选用分蘖力强、繁茂性较好的优质高产抗病品种，对分蘖力相对较弱、成穗率相对偏低的品种，应适当增加用种量；采用宽畦、窄沟、深沟，提高土地利用率，要求土地利用率达到 90% 以上；减少播种量，争取蘖、穗、粒、粒重协调发展。每亩播种量大田生产 4～6 千克，高产示范 3～4 千克；采用开条密点播，行穴距为（16 厘米×10 厘米）～（20 厘米×10 厘米），要求增穴减粒、匀播密植。一般每亩 2.5 万～3.0 万穴，每穴播 2～3 粒；适期早播争大穗。充分利用前期温光资源，促早分蘖、争大穗。推迟播种应适当增加用种量。遇干旱应及时抗旱，力争达到“三苗”，即全苗、匀苗、壮苗；科学用肥，一般每亩标准肥在 3 000 千克，低于 3 000 千克施肥水平的应增加用种量；基面肥占 60%，麦枪肥占 15%，3 叶期促蘖肥占 20%，穗粒肥占 10%。重视栏肥、堆肥和灰肥作盖籽肥的使用；促苗除草防倒伏，由于基本苗少，要严防草荒，齐苗后应及时中耕除草。对群体过旺的田块，在拔节前（初期），用多效唑或矮壮素进行喷雾防止倒伏。

二、施肥技术

施肥技术方面在丽水流传最多的是施腊肥，农谚道，“小麦施腊肥，胜过病人吃高丽”“麦施年底（前），稻施月里”“麦浇年底（前）料，稻施月里肥”“年里施肥施根线，抵过年外施三遍”“年外施一碗，不如年内施一盏”“年内滴一盏，年外滴一石”“年外勺一勺，不如年内泼一泼”。实际上种肥的使用普遍，一般用人尿浸种后拌灰肥，再行播种。肥料种类主要为粪肥、灰肥、饼肥等有机肥料。

20 世纪 80 年代开始氮素化肥使用增加并逐渐普及，增施磷肥已成为各地大麦和小麦增产的必要措施。这个时期多数麦田仍习惯施用腊肥，同时开始推广大麦和小麦施穗肥，施肥量掌握在总施肥量的 15%～20%，并逐渐减少苗肥、腊肥的使用，注重平衡施肥，改变了原来重视前期、中期施肥而忽视后期施肥的做法，改善了麦类田间生长发育的空间，合理控制群体大小，改善后期部分麦田脱肥早衰的状况。

密点播技术推广后，提出 300 千克以上田块的施肥原则：分层施足基面肥，早施薄施麦枪肥，重施三叶促蘖肥，适当增施穗粒肥。改以前的重施腊肥，提前为重施 3 叶期促蘖肥（表 11 - 7）。

表 11 - 7　小麦亩产 300 千克施肥量

年份	统计面积（亩）	平均亩产（千克）	总施肥量（吨/亩）	基 肥		苗 肥		穗 肥		有机肥	
				施肥量（吨/亩）	占总施肥量的比例（%）	施肥量（吨/亩）	占总施肥量的比例（%）	施肥量（吨/亩）	占总施肥量的比例（%）	施肥量（吨/亩）	占总施肥量的比例（%）
1979	22.75	331.1	3.86	2.33	60.5	1.32	34.2	0.21	5.3	2.37	61.4
1980	37.8	364.4	3.41	2.31	67.8	0.81	23.7	0.29	8.5	2.03	59.8

注：来自丽水市高产协作组。

三、免耕技术

20 世纪 80 年代开始推广稻田免耕种植小麦，俗称稻板麦。与翻耕小麦相比，该项技术的特点为：一是省工、省力、节本，降低生产成本，减轻劳动强度；二是缓和季节紧张的矛盾，有利于抗灾避灾争季节，不误农时；三是减少耕作次数，保持良好的土壤结构；四是提高土地利用率，稳产增收。据 1990 年松阳县调查，266.2 亩稻板麦平均亩产 236 千克，比翻耕麦亩产增 26 千克，增产 14.3％。

20 世纪 80 年代初，丽水市开始稻板麦的研究与示范，1988 年冬丽水市稻板麦面积已扩大到 19.5 万亩，占大麦和小麦面积的 59.9％。到了 1991 年稻板麦应用面积达到历史最高的 23.25 万亩，占当年麦类种植面积的 65.9％。据 1991—2000 年统计，丽水市累计推广稻板麦 159.73 万亩，占小麦播种面积 203.17 万亩的 78.62％。缙云县 1988 年稻板麦面积占 90％以上。松阳县 20 世纪 90 年代初开始，稻板麦面积一直在 90％以上。

该项技术的核心问题是要解决"草害、早衰、三籽（露籽、深籽、丛籽）"。主要措施：

(1) 播前管理。 开好丰产沟，齐泥割稻，喷施草甘磷杀草。

(2) 播种管理。 削平稻桩、确定畦沟比、均匀播种，铺施有机肥、开沟起泥覆土无露籽，芽前施用绿麦隆除草剂除草。

(3) 肥水管理。 施好麦枪肥促平衡生长，施好拔节孕穗肥，看苗情适当加重后期追肥，防早衰。清沟排水防渍害，注意防止倒伏。

四、防倒技术

1. 压麦 压麦（敲麦、踏麦），20 世纪 80 年代前压麦技术广为应用，在 3 叶期进行，是一项结合除草、增加分蘖、防止倒伏的重要农艺措施。农谚道，"年里麦，雇人踏""麦要发，请人压"。注意的问题：土壤过湿不能压麦，下雨天不能压麦，露水未干不能压麦，冰冻未解除不能压麦。

2. 矮壮素 又称 CCC（西西西），其化学名称为 2-氯乙基三甲基氯化铵。矮壮素通过植物的各器官吸收与植物体内的赤霉素起作用，抑制细胞伸长，缩短植株的节间和叶柄，使植物矮化坚实，能有效抑制小麦徒长。丽水市 20 世纪 80 年代开展了小范围试验、示范，但一直未有较大面积的应用。一般在春节后，小麦拔节前使用，亩用 50％浓度的矮壮素原液加水进行喷雾。

3. 多效唑 又名 PP333。其作用是通过调节植物体内多种内源激素而改变植物的形态、生理特性。小麦拔节前喷施多效唑能抑制小麦基部节间生长，降低植株高度，有较好的防倒作用。特别是免耕麦的根系生长相对比较浅，后期容易倒伏，采用喷施多效唑，促使小麦植株矮壮，能有效防止倒伏。丽水市 20 世纪 80 年代中后期引进试验示范，进而推广应用。根据不同浓度和不同时期施用多效唑试验表明，浙麦 2 号在拔节初期每亩用 15％多效唑 75 克，冲水喷施效果最好，与对照比较植株高度降低 18.55 厘米，降低 19.89％，亩产量增加 81.6 千克，增产 13.4％。使用时间、浓度：小麦拔节前（拔节初期），浓度 100～150 毫克/升，不超过 200 毫克/升，叶面喷施。多效唑也可用作浸种。

五、大麦和小麦模式栽培技术

丽水市在 20 世纪 80 年代后期到 90 年代初期开展了小麦模式栽培技术的推广，取得很好的增产作用。在 1988—1989 年度丽水市实施小麦模栽 7.67 万亩，占当年大麦和小麦总面积的 23.2％。据统计，模栽片平均单产为 167.6 千克，比当地非模栽片亩增 32.76 千克，增产 24.3％；比前 3 年平均增 21.72 千克，增产 14.9％。1990 年，松阳县 5.46 万亩小麦实施模式栽培技术，平均亩产达 180 千克，总产 9 854 吨，分别比 1989 年增长 25％和 31％，与前三年相比增产 38％。栽培技术要点：

(1) 因地制宜选用良种，适时播种。 以浙麦 2 号为主，于 11 月上旬播种，亩播种量 6 千克左右。

(2) 增施有机肥、早施追肥。 根据多地的生产经验，亩产 250 千克左右的总施肥量在 3 000 千克左右，其中有机肥不少于 2 000 千克，基、苗、穗肥比约为 0.65：0.2：0.15。氮、磷、钾肥比约 1：

0.5：1。穗肥一般掌握在小麦9叶期前后施下，并注意土壤肥力条件与品种特性及苗情类别状况灵活运用。稻板麦因后期易脱肥早衰，可适当增加穗肥用量，对提高成穗率，防脱力早衰和提高粒重均有较好的作用。

（3）宽畦窄沟、提高土地利用率。一般畦宽3～3.3米、沟宽16～20厘米，土地利用率在90％以上。

（4）全面应用化学除草技术，采取综合措施防治小麦倒伏，除草剂选用绿麦隆、丁草胺等药剂。拔节期喷矮壮素、多效唑防倒伏。

（5）清沟排水、综合防治病虫害。注意后期清沟排水防早衰、增粒重、降低土壤湿度。经常进行田间检查，防好赤霉病、锈病和蚜虫等主要病虫害。有农谚说，"夺取大小麦高产，栽培技术上归纳；选用良种巧搭配，适时播种争季节；深耕细耙精整地，提高土地利用率；开好三沟防三水，沟沟相通好排水；适当减少播种量，推广开条密点播；基肥足麦枪肥早，三叶肥重穗肥巧；清沟防渍争粒重，防治病虫保丰收。"

（6）种子处理。20世纪30年代开始推广"冷水温汤"浸种（遂昌县记载，中华民国27年），20世纪50年代推广石灰水浸种消毒等；降低地下水位，防止渍害，提高根系活力方面，主要推广"三沟配套"（横沟、直沟、避水沟），降低"三水"（地下水、潜层水、浅表水）；20世纪80年代后期还推广了增产菌，1988年施用面积达2万亩。

第五节　大麦和小麦的病虫草害综合防治

麦类病虫害发生与演变有几个主要原因：一是耕作制度的变革，如稻麦两熟到连作稻、新三熟和推广杂交稻等，都导致了不同病虫害的发生、演变；二是麦类品种的更换，品种抗性的变化影响麦类病虫害的发生。如20世纪50年代种植的丽水三月黄等农家品种小麦锈病发生严重；20世纪60年代后期的矮秆红、无芒六棱等品种易感麦类赤霉病；而大麦黄花叶病的发生与感病的早熟3号种植面积扩大有关。三是栽培管理方式的变化。其中主要有播种方式、密植程度及化肥和农药的施用等影响。如因化肥氮素使用的增加导致麦类赤霉病病情严重，农药的使用对害虫天敌的影响及由此产生的害虫的抗药性等问题；四是防治措施的影响，如麦类黑穗病、小麦线虫病、大麦条纹病在20世纪50～60年代前期发生较重，以后采取了冷浸日晒和黄泥水（盐水）选种等方法，减轻了病害的发生，20世纪70年代丽水市农业科学研究所植保组曾组织开展1‰石灰水冷浸日晒法防治麦类黑穗病和线虫病及稻麦化学除草技术的研究课题，应用与生产取得了很好的效果；五是异常气候对麦类病虫害的发生起了很大作用。如1973年、1975年春季长期阴雨，引起麦类赤霉病大流行。

麦类病虫害种类较多，在丽水市常年发生引起危害的主要有黏虫、麦蚜、麦类赤霉病、锈病、白粉病、黑穗病、大麦黄花叶病等，其中尤以麦类"二虫二病"（黏虫、麦蚜、麦类赤霉病、麦类白粉病）发生危害面广，对大麦和小麦产量损失大，但病害重于虫害。

一、麦类病害防治

（一）赤霉病

赤霉病是浙江省丽水市大麦和小麦常发生的重要病害，不仅造成大麦和小麦严重减产，而且品质降低，遇气候适宜的条件下，极易引起病害流行。

1. 症状　赤霉病是由镰刀菌侵染引起的，在麦子的穗部、茎秆、叶片各部位均可发生，但主要发生在穗部。开始在小穗基部，靠近穗轴处有淡褐色病斑，经2～3天在颖壳合缝处出现一层红霉，成块状，遇连续阴雨，气温在25℃左右，迅速向上下蔓延，很快造成流行，导致不能灌浆结实或形成病粒。

2. 防治方法

（1）农业防治。选用麦穗直立、开颖角度大、优质高产的抗（耐）病品种；抓好开沟排水，清除田间积水，降低田间湿度；科学施肥，合理控制群体，防止倒伏，提高植株抗病力，减轻发病。

（2）药剂防治。①防治适期。小麦在一般正常年份，齐穗后即扬花。遇多雨、少日照天气齐穗后2～5天扬花。根据防治经验，小麦在始花期药剂防治，药效最佳。大麦是闭颖授受粉作物，以齐穗期喷药效果最好。防治时要做到"看品种、看生育期、看天气"确定防治适期。一般大麦从抽穗到齐穗后10天，预测有3天以上的连续阴雨天气，气温在13℃以上，必须进行防治。小麦在始花后15天内，预测有4天以上连阴雨，气温在15℃以上，就必须进行第2次防治。这就是"看天打药"的经验。②防治药剂与喷药方法。50%多菌灵可湿性粉剂75～100克/亩；60%防霉宝可湿性粉剂80克/亩；50%甲基硫菌灵可湿粉剂50克/亩。以上药剂任选一种，加水50千克喷雾。施药时如天气晴好，气温较高，可适当增加用水量。阴雨天喷药，可适当提高浓度。为提高药剂的展着性，特别在阴雨天喷药时，可加适量洗衣粉（25克/亩），效果更好。喷药时要对准穗部，均匀喷雾，防止漏喷。

（二）白粉病

白粉病在部分地区的小麦感病品种、多肥黑嫩田块上往往发病较重，造成一定的产量损失。

1. 发生与危害　白粉病菌是典型的专性寄生菌，气流传播。在5～25℃间均能侵染发展，侵染时间随温度升高而缩短。白粉病的发生危害，决定于菌源、气候、栽培条件及品种等因素的相互作用的关系。春季气温上升到6～7℃时，病害始见，10℃以上，横向扩展，普遍率上升。14～15℃，纵向扩展，严重度上升。在大麦和小麦抽穗扬花期气温20℃左右，相对湿度80%以上的适温高湿有利于病害流行。23℃以上，停止扩展。

连作、氮肥过多、过迟施用、群体过大发病加重，反之则轻。品种、生育期不同抗、感病性有差异，一般抽穗、扬花期比其他生育期易感病。

2. 防治方法

（1）农业防治。白粉病发生与品种抗性、肥水管理关系密切。应选择种植抗（耐）病性强的小麦品种，合理密植，科学施肥管理，控氮增磷饵，防止小麦群体过大，增加植株通风透光性，防止病害的发生。

（2）药剂防治。①防治适期。当田间叶发病率达20%时，应及时进行第1次防治，以后视天气及病情发展情况间隔7～10天进行第2次防治。②防治药剂与喷药方法。20%三唑酮乳油50毫升/亩；50%多菌灵可湿性粉剂100克/亩；60%防霉宝可湿性粉剂60克/亩。以上药剂任选一种，加水50千克喷雾。

二、虫害防治

（一）黏虫

1. 发生与危害　黏虫俗称麦青虫。是一种远距离迁飞的暴食性害虫，在北纬33°以南越冬，丽水市年发生5～6代，主要是第一代危害大麦和小麦，一般幼虫三龄以前在植株基部，危害轻微，三至四龄为上秆上叶时期，五至六龄进入暴食期，一般占总取食量90%左右。第二代至第六代危害早稻、单季稻和晚稻。

黏虫第一代发生危害轻重与南方虫源基数、气候和栽培条件密切相关。黏虫成虫有随气流运转特性，气流方向与气流强弱对迁入本地虫量有直接关系，黏虫成虫对糖醋液趋性强，产卵趋向黄枯叶片。作物长势、密源作物（主要是油菜）的远近、田间杂草多少对黏虫发生有较大影响。一般作物密植多肥、长势茂密的田块，田间小气候温、温度都较适宜黏虫的发生，黏虫发生数量多，危害重；相邻油菜田的麦田，易引诱成虫产卵，卵量多，危害也重。

2. 预测预报　黏虫的防治适期应掌握在三至四龄幼虫高峰期。根据病虫预测预报，在卵块孵化盛期开始调查，当在幼虫三至四龄盛期（体色呈灰绿色、虫体长1.0～1.4厘米）查到每亩虫口密度超过1万头时，应需开展药剂防治。肥水条件好、生长茂盛的麦田及邻近油菜田的大麦和小麦，一般虫量较多，应列为查治的重点。若危害期离收割期长，麦田杂草少，防治指标宜紧，反则宜宽。

3. 药剂防治　①90％晶体敌百虫 100 克/亩。②50％乙酰甲胺磷乳油 100 毫升/亩。③40％毒死蜱乳油 400 毫升/亩。④25％灭幼脲悬浮剂 30～40 毫升/亩。以上药剂任选一种，加水 50 千克喷雾。

（二）蚜虫

1. 发生与危害　麦蚜俗称蚰虫、麦虱。危害麦类的蚜虫有麦长管蚜、麦二叉蚜、缝管蚜和无网蚜，以麦长管蚜为主，是大麦和小麦生长中后期主要害虫。在大麦和小麦抽穗灌浆阶段，特别是在持续高温干旱少雨的天气条件下，虫量上升很快，对大麦和小麦产量损失较大。

麦长管蚜年发生 20～30 代，以无翅成蚜和若蚜在麦苗心叶、叶鞘内及各种杂草的心叶里越冬，越冬虫口基数是当年发生基础。随着 3～4 月间气温回升，麦蚜随麦株伸长而向上移动，抽穗后大多集中于穗部危害，麦子成熟后，危害减轻，并产生大量的有翅蚜陆续迁入水稻及禾本科杂草上发生危害。麦蚜的发生与气候关系密切，主要是温度和降水。麦长管蚜发育的最适温度为 16～22℃，湿度为 80％。

麦长管蚜食性杂，寄主多。大麦和小麦灌浆初期（麦粒形成期）是麦蚜激增期，灌浆中期（乳熟期）是麦蚜高峰期，灌浆后期（腊熟期）是麦蚜衰减期，麦蚜开始外迁。麦长管蚜主要危害禾本科作物和禾本科杂草，一年四季大都在其上辗转繁殖，故禾本科杂草是麦蚜最重要的中间寄主，是越冬越夏的重要场所。

2. 防治适期　在大麦和小麦抽穗至乳熟灌浆期，当查到有蚜株达 4％以上，或百株蚜虫 400 头以上的田块，应列为防治对象田，适时施药防治。

3. 防治药剂　防治麦类自牙虫的药剂有：①10％吡虫啉系列（一遍净、大功臣、螃虱净、康福多等）20 克/亩。②50％抗蚜威可湿性粉剂 15 克/亩。以上药剂任选一种，加水 50 千克喷雾。

三、杂草防治

草荒是大麦和小麦生产上的大忌，常年因草荒损失的产量在 20％左右，要解决麦田草害必须坚持农业防治和化学防治相结合的方法。丽水市 20 世纪 70 年代初期开始试用除草剂，最早是由当时的沈阳化工厂派遣技术员到丽水进行蹲点指导示范，20 世纪 80 年代开始在麦田全面推广使用除草剂。20 世纪 90 年代丽水市麦田化学除草面积累计 140.3 万亩，占大麦和小麦播种面积的 70％。

1. 农业防治

（1）清洁田园。及时除去田头和路旁的杂草；农家有机肥应经过高温闷堆腐熟后施用；作物播（种）前应清除上茬残留杂草。对播种种子应采用风选、水选等物理方法将杂草种子除去。

（2）合理轮作。实行水旱轮作是减轻某些旱生杂草特别是多年生杂草危害的最有效的方法。大麦、小麦等旱作与水稻实行水旱轮作，可有效地防除和减少种植旱作时宿根性杂草如狗牙根、马唐的发生，也起到了减少病虫害和松土增肥的作用。

（3）土壤耕作。通过犁、铲、中耕等耕作措施将已出土的杂草消灭，又诱发一批杂草籽发芽，如此反复多次可消灭多批杂草。秋冬季深翻会将底层香附子、刺儿菜等多年生杂草的地下块茎、地下根茎翻到地表使其风干、冻死或将其耙出田间。

2. 物理防治　稻茬大麦和小麦播种前将稻草及已出土的杂草深翻，可使表土中的草籽失去活力。利用秸秆覆盖、不同颜色塑料薄膜覆盖，不仅能提高地温，而且能挡住大部分阳光而抑制杂草的萌芽和生长。

3. 化学防治　丽水市麦田的主要杂草有看麦娘、日本看麦娘、罔草、早熟禾、猪殃殃、碎米荠、棒头草、雀舌草、通泉草等，其中以看麦娘、日本看麦娘、罔草、早熟禾发生最严重。据调查，麦田杂草一般在 11 月下旬至 12 月上旬为出草高峰，翌年 2～3 月间是杂草生长旺盛期，也是危害最重时期。因此，化学除草的最佳适期在 12 月至翌年 2 月。

（1）每亩用 50％异丙隆粉剂 125～150 克，在麦苗 2 叶期，加水 50 千克喷雾，能有效防治大多数麦田杂草，特别对罔草有效。要求施药时用足水量，尽量选择土壤潮湿时用药。大麦在 3 叶 1 心期后使用异丙隆易产生药害；高渗异丙隆防除麦田杂草要注意寒潮影响，在冷尾暖头施药，避免产生药害。

（2）小麦田每亩用 6.9％精恶唑禾草灵（骠马、威霸）水乳剂 40～60 毫升，兑水 40 千克均匀喷雾。精恶唑禾草灵严禁在大麦田使用。

第六节 大麦和小麦产品加工

麦类在古代是直接煮食的，但丽水市自有麦类种植始，麦类的食用方式就已是加工食用了。小麦的食用方式多为研磨成面粉后再加工为各种食品，如面条、面饼、馒头等，成为主食米饭之外的重要食品。大麦在历史上的用途主要是粮饲兼用，一方面当作精饲料用于畜牧生产中，同时也是在粮食紧张时期口粮的补充。也有少量大麦用于加工麦芽糖，进行制作糖油、白糖条等产品。由于春季回温快导致高温多雨易感赤霉病，使丽水大麦的千粒重和品质相对较低，不能满足啤酒大麦的生产要求。在历史上自 20 世纪 60 年代初达到种植面积的顶峰后一直处于萎缩状态，到 20 世纪 80 年代种植面积已在 1 万亩以下，因此丽水大麦没有成为工业生产饲料和啤酒生产的原料。

在小麦加工产品中，缙云土面是在丽水市影响最大也是最主要的麦类食品。

《缙云县志》有关缙云土面的记载，"拜年上门，先喝茶，吃糖果，随后吃索面卵。旧俗碗底垫肉不得吃，意谓'有剩余'，近年此俗无存。"这段文字中的"索面卵"，就是指缙云土话中的缙云土面加鸡蛋。

县志中没有明确年代记载，但在民间古老相传，缙云拥有千年手工制作土面的历史。在县志中，还有一段关于"索面卵"的详细介绍，"家来客人，或家人生日，均以'索面卵'招待。'索面卵'即土制面条，大碗底垫肉片，索面盘堆成'丘'，上封炒肉条，两只油煎鸡蛋饼盖顶，或置剥壳白蛋一双"。

缙云土面的加工过程极为复杂。要经历和面、发酵、切条坯，到揉条坯、发酵、条坯上筷、入面床、发酵，最后到拉条、晾晒、包装等过程。

称面后，将适当比例的食盐和水一起放入拌面机进行搅面约 10 分钟，将面粉搅拌均匀成面团。接着把面团从机器里倒入大盆子，取出一半放到面床上，将之揉成平整的团状后，盖上，将面团进行发酵。

缙云土面的制作基本上依靠经验。加工者往往根据温度、空气湿度、空气流通速度等情况具体对待加工。比如空气湿度大，水就少放一点。

发酵 10 分钟左右后，掀开面团上覆盖着的面袋，用手感觉面团有韧性了，就用擀面杖将面团压成直径约 0.8 米的圆形，然后用菜刀沿着面团的形状，一圈圈由外向内把面团切成条坯状。接着拉起条坯，并把条坯在面粉中滚一滚，免得条坯之间互相粘连，然后用双手把条坯均匀地搓成拇指粗的圆条状，一圈圈地盘在大盆子里，等着再一次发酵。

等条坯发酵完成之后，用两根约 0.5 米长的特制竹筷，将条坯绕在竹筷上，然后把竹筷放入面柜里，盖上塑料薄膜和草席，进行最后一次发酵。如果冬天空气湿度小，温度低，还要用湿毛巾擦面柜内壁，给条坯增加湿度。有时，还要在面柜里放火盆，免得条坯在面柜里就干了。

接着是拉条。发酵 30 分钟之后，把条坯从面柜里取出，将一根根挂着条坯的筷子插在门口木架上，用大拇指和食指捏住两根竹筷中间的条坯往下拉，本来有大拇指粗细的条坯渐渐地变成了只有约 0.1～0.15 厘米粗细均匀的面条。

最后是晾晒。阳光充足时只要半天土面就可以晒干，晒干后用手把 2～3 米长的土面，折成客户所要求的尺寸，并用塑料绳扎好，放入包装箱。

50 千克面粉能加工出 40 千克的土面，土面的价格每千克达到了 5～6 元。

目前缙云已有"仙都稻圣""玉屏山""川野丽人""仙都""山谷村""仙都山水""仙都绿谷"等缙云土面商标 10 多个。依靠品牌的力量和质量的号召力，缙云土面已经进入到上海、杭州、宁波、永康和湖南等地，成为具有较高市场竞争力的地方特色产品。

除缙云土面外，青田作为丽水市的主要麦类种植地区，当地居民历来也喜食面类食品，比较有名的有青田面饼、手工面等。

丽水大麦和小麦生产在浙江省处于相对次要地位，受自然条件和生产水平的影响，其产量和浙北相比有较大的差距。由于大麦生产较早开始衰退，在生产上一直没有进行优质饲料大麦和啤酒大麦的生产，以及近几年开展的大麦麦绿素生产与开发。但丽水市在麦类生产历史上也有其独特的贡献，在一些领域也曾在浙江省取得领先地位。如研究开发并应用了如丽麦 16 等比较有影响的小麦品种；在 20 世纪70 年代在浙江省率先实现小麦三熟制（同期浙北为大麦三熟制）；20 世纪 70 年代末首先在浙江省开展小麦—早稻—杂交晚稻的研究与生产应用等。

客观而言，丽水市的偏酸土壤、湿润多雨等气候等自然条件并不十分适宜麦类的生产，这也是大麦在丽水首先开始消亡的主要原因。纵观丽水的麦类生产史，对粮食缺乏导致的迫切需求和由此产生的行政拉力，是推动大麦和小麦生产的主要动力，而相对低下的单产水平和种植效益，则是丽水大麦和小麦生产滑坡的主要原因。自 20 世纪 80 年代普遍使用化肥等农业生产资料以来，种植大麦和小麦实际上一直处于比较普遍的亏本状态，而马铃薯和蚕豆、豌豆的发展以及近期早播春玉米、春大豆的发展，也对大麦和小麦的衰退起了推波助澜的作用。

虽然大麦在丽水现已基本消亡（近年统计面积仅百亩），小麦也从 1991 年的 35 万余亩一直下降到2006 年的 3.1 万亩，并且近几年保持了小幅减少的趋势，但我们相信丽水市的小麦是不会消亡的。其中最主要的因素就是麦类食品的需求维持小麦在特定区域的稳定种植。如具有悠久历史的缙云土面，缙云县最主要的缙云土面加工地舒洪镇共有土面加工户 700 多户，占了全县的 1/3。在 2005 年，舒洪镇姓王村土面加工量达 910 吨，产值达 369 万元，实现利润 108 万元，加工户年均收入 0.7 万元。在小麦加工发展的带动支持下，舒洪镇姓王村成立了姓王土面合作社，制定了土面企业生产执行标准和全县第一个土面产品质量标准。尽管有部分土面加工户采用外来面粉进行土面加工，但多数加工户为保留缙云土面的地方风味和特定品质，还是愿意采用当地种植的 908（浙麦 1 号）麦子进行加工。缙云全县的小麦面积近几年也稳定在 0.8 万~1 万亩。姓王土面合作社在农业部门的支持和指导下，还建立了千亩配套优质小麦基地，以抗赤霉病较好、适宜加工土面的浙麦 1 号为主要种植品种，于 2006 年 8 月通过了浙江省无公害农产品产地认证，为进一步提升土面品质，实现规范化、规模化生产提供了有力的保障。此外青田县由于是传统的麦类食品消费地区，山区农民自产自销的生产生活习惯也稳定了小麦的生产面积，近年小麦播种面积仍有 2 万亩左右，是近年丽水市小麦的最大生产地。

第十二章
甘　薯

第一节　概　况

　　甘薯［*Ipomoea batatas*（Lam.）L.］"以得自番国故曰甘薯,以金公始种之,故又曰金薯"又名番薯、山芋、红薯、白薯、地瓜等,属旋花科（Convolvulaceae）,一年生或多年生蔓生草本。J.B. 埃德蒙等认为甘薯起源于墨西哥以及从哥伦比亚、厄瓜多尔到秘鲁一带的热带美洲。A. von 洪堡援引哥马拉记载,"哥伦布初谒西班牙女王时,曾将由新大陆带回的甘薯献给女王。16 世纪初,西班牙已普遍种植甘薯。西班牙水手把甘薯携带至菲律宾的马尼拉和摩鹿加岛,再传至亚洲各地。"甘薯传入中国时间约在 16 世纪末叶,据《浙江省农业志》记载,"在明朝中叶,由旅居吕宋的华侨陈振龙为家乡救饥度荒,用高价买到几尺薯藤,将它编入一股汲水绳中,巧妙躲开了西班牙殖民者的检查,于万历二十一年（1593 年）把它带到厦门"。以上史实证明甘薯系在 16 世纪末叶从南洋引入中国福建、广东,而后向长江、黄河流域及台湾省等地传播。何时传入浙江,说法不一。第一种说法是由陈振龙的五世孙陈以桂于康熙元年（1662 年）到浙江经商时传入宁波,并教当地人"如法布种"。第二种说法是根据《浙江地理简志》记载,"浙江省引入甘薯的最早记载见于万历三十五年（1607 年）的《普陀山志》,'甘薯如山药而紫,味甘,种自日本来'"。第三种说法是说在崇祯十年（1637 年）,山阴人祁彪佳在《寓山注》中也有记载,"从海外得红薯异种,每一本可以得薯一、二车,以代粒,足果百人复"。以此推断,甘薯最迟于 17 世纪初期传入省境。

　　甘薯的分布和种植区划分。世界甘薯主要产区分布在北纬 40°以南。栽培面积以亚洲最多,非洲次之,美洲居第 3 位。甘薯在中国分布很广,以淮海平原、长江流域和东南沿海各省最多。全国分为 5 个薯区：①北方春薯区。包括辽宁、吉林、河北、陕西北部等地,该区无霜期短,低温来临早,多栽种春薯。②黄淮流域春夏薯区。属季风暖温带气候,栽种春夏薯均较适宜,种植面积约占全国总面积的40%。③长江流域夏薯区。除青海和川西北高原以外的整个长江流域。④南方夏秋薯区。北回归线以北,长江流域以南,除种植夏薯外,部分地区还种植秋薯。⑤南方秋冬薯区。北回归线以南的沿海陆地和台湾等岛屿属热带湿润气候,夏季高温,日夜温差小,主要种植秋、冬薯。

　　甘薯是丽水市主要旱粮作物之一,种植面积约占旱粮作物总面积的 20%～30%,常年种植面积 18 万亩左右,占旱粮作物播种面积的 22%左右,在丽水市 9 个县（市、区）均有甘薯种植（表 12-1 和表 12-2）。

　　1949—1953 年,丽水市甘薯种植面积在 15 万亩左右,总产 12 608～14 287 吨。其中青田县年种植面积 5.95 万亩,约占丽水市甘薯种植总面积的 40%,位居第一。莲都区年种植面积 2.5 万亩,位居第二。云和县年种植面积 2.35 万亩,位居第三。

　　1954—1963 年,该阶段是丽水市甘薯生产发展最快的阶段,种植面积在 17.75 万～29.64 万亩,年均种植 22.5 万亩,最高年份 1958 年种植面积达到 29.64 万亩;总产量在 15 367 万～36 161 万吨,单产大幅度提高,1957 年亩产突破 200 千克,1963 年突破 300 千克,亩产达到 304 千克。该阶段种植面积最大的是青田县,年均种植面积 6.7 万亩,约占丽水市甘薯种植总面积的 1/3。云和县年均种植面积 4 万亩,位居第二。遂昌县年均种植面积 3.5 万亩,位居第三。莲都区年种植面积 2.9 万亩。

表 12-1 丽水市历年甘薯播种面积

单位：万亩

年份	合计	莲都	青田	云和	龙泉	庆元	缙云	遂昌	松阳	景宁
1949	15.61	2.73	5.80	2.10	0.98	0.24	1.20	2.56	—	—
1950	15.96	2.75	5.99	2.19	1.01	0.25	1.20	2.57	—	—
1951	15.28	2.71	6.03	2.23	1.36	0.14	1.22	1.54	—	—
1952	15.20	2.27	6.13	2.50	1.17	0.21	1.10	1.71	—	—
1953	14.69	2.06	5.79	2.45	0.99	0.51	1.17	1.72	—	—
1954	18.74	2.47	7.44	3.52	1.24	0.52	1.33	2.22	—	—
1955	20.78	2.59	7.53	3.89	1.72	0.60	1.40	3.15	—	—
1956	18.72	2.59	6.84	2.82	1.15	0.48	1.45	3.39	—	—
1957	21.71	2.72	7.49	3.36	1.43	1.05	1.20	3.92	—	—
1958	29.64	3.09	6.21	5.73	4.48	2.83	1.65	5.65	—	—
1959	25.56	3.04	6.13	5.35	3.22	2.04	1.92	3.86	—	—
1960	28.13	3.37	6.67	4.07	4.58	3.53	1.68	4.23	—	—
1961	23.11	3.09	6.80	4.23	2.89	1.55	1.26	3.29	—	—
1962	20.67	2.99	6.15	4.16	2.24	1.06	1.26	2.81	—	—
1963	17.75	2.63	5.76	3.01	2.11	0.93	1.04	2.28	—	—
1964	13.49	2.21	4.75	2.48	1.41	0.81	0.87	1.47	—	—
1965	14.85	2.34	4.97	2.60	1.65	0.72	0.98	1.59	—	—
1966	15.47	2.28	5.06	2.67	1.67	0.81	1.31	1.67	—	—
1967	13.88	2.20	5.16	2.26	1.19	0.66	1.01	1.40	—	—
1968	12.85	2.14	5.06	1.99	0.90	0.51	1.00	1.25	—	—
1969	13.78	2.17	4.64	2.03	0.90	0.54	1.26	2.04	—	—
1970	14.81	2.01	4.35	2.47	1.35	0.81	1.18	2.64	—	—
1971	12.25	1.86	4.18	1.96	0.80	0.49	1.10	1.86	—	—
1972	13.61	1.85	4.26	2.39	0.93	0.54	1.20	2.44	—	—
1973	12.74	1.78	4.06	2.40	0.69	0.44	1.15	2.22	—	—
1974	12.34	1.77	3.98	2.27	0.72	0.36	1.04	2.20	—	—
1975	12.20	1.80	3.90	2.25	0.79	0.33	1.05	2.08	—	—
1976	12.03	1.79	3.99	2.22	0.75	0.28	0.96	2.04	—	—
1977	14.49	1.97	4.23	2.87	1.12	0.50	1.22	2.64	—	—
1978	13.52	1.64	4.00	2.99	0.99	0.70	1.08	2.12	—	—
1979	11.82	1.49	3.82	2.24	0.74	0.55	1.05	1.88	—	—
1980	9.82	1.28	3.32	2.07	0.4	0.51	0.97	1.27	—	—
1981	8.41	1.22	2.51	1.99	0.28	0.47	0.94	1.00	—	—
1982	8.95	1.18	2.39	1.84	0.67	0.53	0.93	0.83	0.58	—
1983	14.03	1.36	3.91	1.99	1.53	0.89	1.46	1.86	1.03	—
1984	13.72	1.31	3.70	0.44	1.62	0.84	1.40	1.85	1.03	1.50
1985	13.42	1.23	3.41	0.52	1.63	0.89	1.29	1.87	1.11	1.47
1986	13.62	1.27	3.31	0.55	1.63	0.89	1.24	2.04	1.11	1.58
1987	14.33	1.37	3.25	0.57	1.72	0.96	1.26	2.24	1.17	1.79

（续）

年份	合计	莲都	青田	云和	龙泉	庆元	缙云	遂昌	松阳	景宁
1988	14. 55	1. 45	3. 10	0. 59	1. 86	1. 03	1. 18	2. 29	1. 24	1. 81
1989	15. 33	1. 46	3. 05	0. 62	2. 03	1. 28	1. 31	2. 42	1. 26	1. 90
1990	16. 36	1. 60	2. 99	0. 96	2. 27	1. 32	1. 35	2. 52	1. 35	2. 00
1991	15. 98	1. 60	2. 91	0. 87	2. 32	0. 93	1. 29	2. 71	1. 32	2. 03
1992	16. 08	1. 52	2. 85	0. 98	2. 32	1. 16	1. 14	2. 75	1. 28	2. 04
1993	15. 68	1. 43	2. 61	0. 96	2. 28	1. 20	1. 08	2. 78	1. 25	2. 10
1994	15. 83	1. 41	2. 45	1. 04	2. 36	1. 31	1. 07	2. 79	1. 25	2. 18
1995	17. 05	1. 70	2. 69	1. 11	2. 39	1. 35	1. 20	2. 91	1. 35	2. 37
1996	17. 82	1. 17	2. 54	0. 92	2. 50	1. 39	1. 27	3. 19	1. 87	2. 39
1997	18. 06	1. 71	3. 02	0. 87	2. 33	1. 41	1. 25	3. 24	1. 92	2. 33
1998	18. 24	1. 95	2. 55	0. 93	1. 34	1. 36	1. 27	3. 45	1. 86	2. 37
1999	18. 79	1. 96	2. 55	1. 21	2. 38	1. 47	1. 32	3. 54	1. 93	2. 43
2000	18. 11	1. 64	2. 36	1. 02	2. 52	1. 58	1. 22	3. 57	1. 87	2. 33
2001	18. 35	1. 86	2. 42	1. 05	2. 61	1. 32	1. 30	3. 52	1. 88	2. 39
2002	16. 97	1. 50	2. 33	1. 10	1. 99	1. 37	1. 16	3. 26	1. 73	2. 53
2003	16. 91	1. 42	2. 29	1. 09	2. 52	1. 32	1. 10	3. 14	1. 67	2. 36
2004	20. 62	1. 62	2. 62	1. 32	4. 03	1. 36	1. 36	3. 95	1. 75	2. 61
2005	19. 47	1. 56	2. 56	1. 43	3. 12	1. 44	1. 33	3. 72	1. 59	2. 72
2006	19. 93	1. 64	2. 52	1. 41	3. 46	1. 55	1. 34	3. 77	1. 60	2. 64
2007	18. 71	1. 20	2. 30	1. 33	3. 00	1. 50	1. 41	3. 85	1. 47	2. 64
2008	18. 17	1. 40	2. 49	1. 40	2. 23	1. 55	1. 04	3. 94	2. 03	2. 10
2009	17. 26	1. 45	2. 25	1. 29	2. 78	0. 90	1. 50	3. 23	2. 03	1. 73

表 12 - 2　丽水市历年甘薯亩产量

单位：千克

年份	平均	莲都	青田	云和	龙泉	庆元	缙云	遂昌	松阳	景宁
1949	165	150	240	243	72	84	205	75	—	—
1950	158	165	200	290	94	109	220	75	—	—
1951	187	158	250	301	93	116	233	115	—	—
1952	186	155	250	387	80	138	184	122	—	—
1953	184	156	215	367	110	101	289	100	—	—
1954	164	138	195	493	80	129	266	120	—	—
1955	182	165	231	618	84	84	300	125	—	—
1956	192	124	238	490	116	116	275	130	—	—
1957	234	247	321	592	126	126	404	123	—	—
1958	244	240	361	577	182	204	424	159	—	—
1959	233	234	320	524	175	175	380	148	—	—
1960	187	201	298	352	82	93	425	113	—	—
1961	227	208	308	445	117	142	412	162	—	—

（续）

年份	平均	莲都	青田	云和	龙泉	庆元	缙云	遂昌	松阳	景宁
1962	263	268	330	514	114	127	546	197	—	—
1963	304	354	349	394	143	223	684	199	—	—
1964	245	320	277	488	116	138	497	142	—	—
1965	250	353	277	481	105	142	492	165	—	—
1966	252	335	286	220	97	175	408	159	—	—
1967	199	250	255	140	76	147	234	110	—	—
1968	252	304	275	225	94	132	409	150	—	—
1969	312	525	280	258	138	151	582	204	—	—
1970	293	420	295	269	121	192	612	191	—	—
1971	300	399	309	275	109	160	545	174	—	—
1972	399	665	347	319	145	193	896	265	—	—
1973	339	533	317	270	128	178	685	215	—	—
1974	355	569	316	295	132	204	740	229	—	—
1975	325	491	278	281	149	214	657	233	—	—
1976	286	335	269	241	97	188	588	179	—	—
1977	381	573	382	323	143	206	808	238	—	—
1978	325	458	383	495	119	305	524	155	—	—
1979	369	488	394	333	141	317	649	214	—	—
1980	383	528	420	326	153	309	552	207	—	—
1981	422	654	408	320	162	325	634	215	—	—
1982	400	687	430	326	195	275	608	177	266	—
1983	377	686	455	335	177	246	575	178	235	—
1984	362	649	457	225	170	248	510	205	221	678
1985	365	682	460	210	167	228	558	221	237	348
1986	288	505	314	199	149	209	477	219	215	270
1987	332	616	408	208	158	226	528	239	229	285
1988	233	394	280	187	124	202	315	160	161	254
1989	277	521	350	213	139	189	402	203	192	264
1990	254	460	313	176	133	181	393	208	199	226
1991	273	468	366	196	124	180	421	204	212	245
1992	253	413	324	194	135	205	383	201	222	246
1993	249	399	316	188	148	228	421	189	240	251
1994	258	461	321	189	150	180	441	182	240	261
1995	271	408	319	218	240	207	441	198	257	259
1996	270	408	320	229	204	211	450	190	241	254
1997	269	425	310	244	167	202	472	191	253	266
1998	275	397	378	234	184	194	463	192	264	272
1999	273	376	381	215	180	199	442	199	258	270
2000	266	375	361	213	170	175	438	199	281	279
2001	274	351	370	227	187	199	430	200	301	276

（续）

年份	平均	莲都	青田	云和	龙泉	庆元	缙云	遂昌	松阳	景宁
2002	282	391	370	208	234	185	457	199	308	270
2003	271	353	366	216	252	184	452	180	290	248
2004	277	365	370	288	234	199	422	198	298	259
2005	289	391	380	304	241	243	420	200	302	265
2006	286	400	392	297	250	173	426	200	310	272
2007	296	400	440	303	250	173	435	220	289	289
2008	300	350	413	306	267	240	403	222	310	295
2009	277	350	387	318	273	333	403	280	360	298

1964—1982 年，该阶段丽水市甘薯生产连年下滑，种植面积从 1963 年的 17.75 万亩，下降到 1982 年的 8.95 万亩，减少近 50%。总产量 13 811～27 603 吨。主要是水稻产量的提高，特别是 20 世纪 70 年代后期随着杂交水稻的推广，甘薯种植面积开始下降，到 1981 年下降到 8.41 万亩，为最低种植年份。但是单产水平有所突破，达到亩产 422 千克，成为历史最高水平。各县年均种植面积依次为青田县 4.14 万亩，云和县 2.32 万亩，莲都区和松阳县均为 1.8 万亩。

1983—2005 年，该阶段丽水市甘薯种植面积处于恢复性增长阶段，种植面积从 1982 年的 8.95 万亩上升到 1983 年的 14.03 万亩，到 2004 年丽水市甘薯种植面积回升到 20.62 万亩，至 2009 年面积回稳在 17.26 万亩。

旱粮作物中种植面积仅次于大豆。期间甘薯单产不但没有新的突破，且有下降的趋势（图 12-1）。该阶段青田县、遂昌县年均种植面积 2.8 万亩，超过 2 万亩的还有龙泉市，其他差异不大。

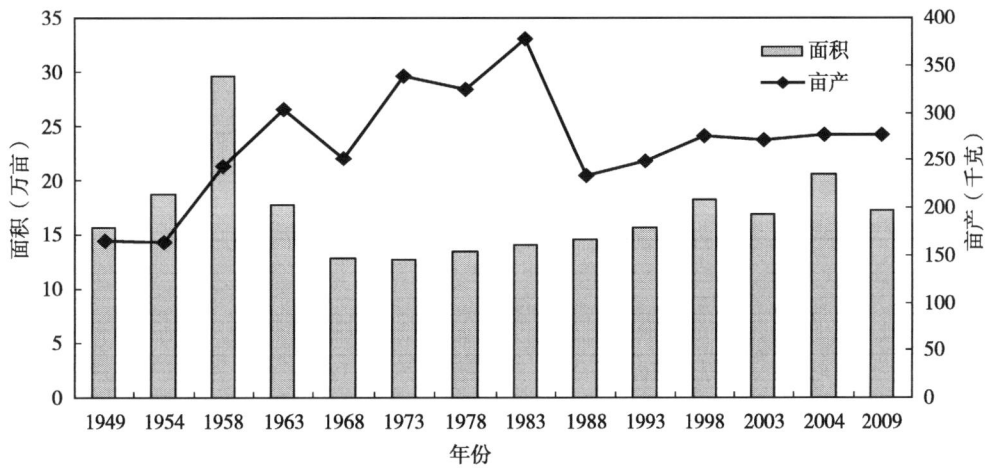

图 12-1　丽水市历年甘薯面积和亩产

丽水市甘薯种植面积相对较大的是青田县，1949 年到 20 世纪 60 年代初，甘薯种植面积在 6 万亩左右，最高种植年份 1955 年达到 7.53 万亩，直到 20 世纪 80 年代初青田县甘薯种植面积占丽水市甘薯总面积的 1/3 以上。旧青田县志有"梯山为田，窖薯为粮"的记载。青田县劳动人民在长期的生产实践中对甘薯田间管理、收获、储藏等方面积累了许多宝贵的经验，至今流传的农谚有，"六月长藤，七月长薯，七月吊一吊，番薯大如斗""两头重，中间轻；前发藤，后攻薯""番薯收挖要适期，一天一夜长一皮""白露秋分，番薯生筋；寒露霜降，番薯生糖""冬天开霜，薯丝归仓""地燥打洞，地潮搭棚"。遂昌县甘薯种植面积较大，且相对稳定，1997 年以前基本上在 2 万亩以上，其后在 3 万亩以上，近年来接近 4 万亩，这与遂昌县烤薯产业发展有关；龙泉市甘薯种植年度间变幅相对较大，面积最大年份达到 4.58 万亩，少的年份只有 0.20 万余亩，20 世纪 80 年代末开始稳定在 2 万亩以上，2004 年达到 4.03 万亩；松阳县进入 90 年代以来甘薯栽培面积在 2 万亩以上。

甘薯富含胡萝卜素、维生素 B_1、维生素 B_2、维生素 C 和铁、钙等矿物质等营养成分，其含量都高于大米和小麦。非洲、亚洲的部分国家以此为主食；此外还可制作粉丝、糕点、果酱等食品。工业加工以鲜薯或薯干提取淀粉，广泛用于纺织、造纸、医药等工业。甘薯淀粉的水解产品有糊精、饴糖、果糖、葡萄糖等。酿造工业用曲霉菌发酵使淀粉糖化，生产酒精、白酒、柠檬酸、乳酸、味精、丁醇、丙酮等。根、茎、叶可加工成青饲料或发酵饲料，营养成分比一般饲料高 3～4 倍；也可用鲜薯、茎叶、薯干配合其他农副产品制成混合饲料。

丽水市 20 世纪 80 年代以前，甘薯利用以替代粮为主，补充水稻之不足。20 世纪 80 年代以后以饲料为主，进入 21 世纪甘薯鲜食利用有了新的发展，2006 年丽水市鲜食甘薯面积达到 6.12 万亩。特别是近年来"迷你甘薯"品种的出现，深受消费者的喜爱，龙泉、青田、遂昌等地都有种植，2006 年种植面积 0.25 万亩，发展势头良好。丽水市甘薯加工和综合利用方面一直是个薄弱环节，主要是淀粉、粉丝、烤薯、薯片，且多为传统的手工作坊。景宁畲族自治县徐山村的粉丝加工较为典型，仅徐山村甘薯粉丝年产量达到 200 多吨，产品销往温州、金华、杭州等大中城市，成为丽水市粉丝加工专业村。20 世纪末开始，遂昌县对烤薯进行产业化开发，目前遂昌黄沙腰镇有 65% 的农户从事烤薯粗加工，15% 的农户家庭主要收入来源于此。目前，遂昌县年有烤薯种植面积 0.55 万亩，现有 30 多家企业从事烤薯加工，年产值达 500 多万元，烤薯已逐步形成了具有地方特色的产业。2005 年 1 月由遂昌县烤薯专业合作社和县质量技术监督协会承担的《无公害烤甘薯》省级地方标准，通过了浙江省农业厅和浙江省质量技术监督局共同主持的专家审定，成为丽水市绿色农产品生产的又一个省级地方标准。近年来缙云县在油炸薯片加工方面又有了新的发展。

第二节　甘薯类型与良种推广

一、甘薯类型

1. 按茎蔓长短分

(1) 长蔓型。 蔓长 250 厘米以上，如港头白、红皮白心、红头 8 号、红红 1 号等。

(2) 中蔓型。 蔓长 150～250 厘米，如胜利百号、徐薯 18、南薯 88、荆 - 56 等。

(3) 短蔓型。 蔓长 150 厘米以下，如浙薯 2 号、湘薯黄皮、心香等。

2. 按利用归类分　加工型（淀粉含量较高）和鲜食型。

3. 按种植季节分　夏甘薯和秋甘薯。

二、良种推广

甘薯适应性广，抗逆性、再生性强，受灾后恢复生长快，稳产性好，在恶劣的环境条件下仍能获得一定收成。因此，常被当作救荒作物，在歉收的年份，甘薯的种植面积就会有大的发展。遂昌县统计，在抗战时期的 1941 年全县有夏、秋甘薯 6 万亩，亩产（折原粮）50 千克左右，土种有洁白、红皮、金黄之类别。根据查阅的资料，丽水市当地的农家品种有：南瑞苕、广东红、广东白、青田红、铁丁红、温州种、铁钉番、花麦番、红皮白心六十日等。农家种"红皮白心六十日"，晒干率、磨粉率不高，但含糖多，生吃适口，最受人们喜欢，是丽水市当家品种，该品种到 20 世纪 60 年代末仍有种植。

20 世纪 50 年代开始，先后引进胜利百号、五一、港头白、392、利群 6 号、大叶青藤、新种花、东晋 1 号等品种。1956 年引入的胜利百号淀粉含量高，熟吃适宜，耐储藏，省肥，高产，适应性广，据遂昌县云峰镇试验获得每株 7.1 千克的高额产量，当地俗称"懒汉种"。成为丽水市当家品种，直到现在仍是主栽品种，应用年限（1956—2005 年）长达 50 年之久。据种子部门统计，仅 1982—2005 年累计推广面积 102.63 万亩，成为引进的甘薯品种当中当家年限最长，推广面积最大的品种。港头白、392、利群 6 号等品种也一度成了丽水市主栽品种之一。

20 世纪 80 年代，先后引进了红头 8 号、徐薯 18、浙薯 1 号、浙薯 60 - 2、华北 284、南京子、开花薯、青田白、红红 1 号、五爪龙、满地香、186、浙薯 2 号、6 荆 56、瑞薯 1 号、南薯 88、浙薯 13、60日、凤尾、荆选 4 号、长乐薯、五瓜龙、闽抗 329、徐薯 1 号、浙薯 132、渝 263、浙薯 6025、浙薯 1257、心香等品种。其中 1986 年从江苏省徐州地区农业科学研究所引进的徐薯 18，由于具有生长繁茂，耐旱、耐迟栽、易储藏、抗根腐病，烘干率高，淀粉含量高等特点，20 世纪 80 年代末成为搭配品种。

20 世纪 90 年代以来，甘薯主栽品种为徐薯 18 和荆-56，近年来浙薯 13 有一定的种植面积，心香等鲜食品种发展势头良好。徐薯 18 自 1991 年开始推广至今已成为主栽品种，到 2005 年累计推广面积47 万亩。荆-56 品种 1987 年从浙江省农业科学院引进，经 2 年区试，于 1991 年 4 月丽水市农作物品种审定小组审定通过，列入推广品种，1992 年开始成为主栽品种，到 2005 年累计推广面积 56 万亩。

三、代表性品种介绍

1. 红皮白心

(1) 面积和产量。丽水市农家品种。20 世纪 50～60 年代是丽水市主要种植品种。一般亩产鲜薯800 千克左右。

(2) 特征特性。幼苗叶片淡绿色，掌状，顶叶和叶脉都是绿色，叶柄长 20 厘米。蔓长 270～360 厘米，蔓粗细中等，节间长，单株分枝 5～6 个，枯枝率低。结薯集中，单株结薯 3～4 个，屑薯少，单株薯块重 0.8～1 千克，薯块稍长，纺锤形，薯皮红色，肉白色，煮熟后紫薯皮红色。薯块水分多，晒干率约 25% 左右。生食味甜。发芽慢，出苗少而不齐。抗旱力强，耐涝耐瘠。抗毒素病较强，易感黑斑病，耐储性差，不耐迟插。

(3) 栽培要点。①不宜于黏性土壤种植。②适当早插。③前期不宜提蔓，节部发红长粗时提蔓。

2. 胜利百号

(1) 面积和产量。国外引进品种（日本冲绳百号），20 世纪 50 年代中期引入丽水市。丽水市当家品种，到现在仍有种植，2002—2003 年均栽培面积 6.5 万亩，约占丽水市甘薯年均栽培面积的 1/3 强。1982—2005 年累计推广面积 102.63 万亩。一般亩产鲜薯 1 000 千克。

(2) 特征特性。幼苗叶片绿色，顶叶紫色，叶片心脏形，有 2 个浅缺刻，叶片底面叶脉微紫色，叶柄紫色、长 20 厘米。茎蔓紫色有茸毛，茎蔓长约 180～210 厘米，属中蔓型。单株分枝 6～7 个。结薯集中，单株结薯 4～5 个，单株薯块重 0.8～1.3 千克，薯块纺锤形，薯皮红色，肉略呈淡黄色，薯块水分少，口感差。晒干率约 30% 左右，淀粉含量 18%～24%。胜利百号适应性较广，发芽快，出苗早，发苗多而整齐，剪苗多。耐旱、耐涝力差，耐肥力强。薯块易开裂，感黑斑病和毒素病，耐储性较好。

(3) 栽培要点。①选择土层深厚、保肥、保水力强的旱地种植。②适当密植。③霜前收获加工。④选择无病薯块留种，提倡高剪苗扦插。

3. 浙薯 1 号

(1) 面积和产量。浙江省农业科学院作物所 1971 年用新种花×栗子香杂交育成，1982 年引入丽水市。丽水市主要种植品种，一般亩产鲜薯 1 500 千克。

(2) 特征特性。浙薯 1 号叶片心脏形，顶叶绿色，青茎长蔓。结薯集中，单株结薯 3～4 个，薯块较小、纺锤形，食味香甜。浙薯 1 号出苗较快，较抗蔓割病和烂根病；耐旱力强，不耐瘠，不抗薯瘟，耐储性较好。

(3) 栽培要点。①适宜在肥水条件较好的田块种植，要适当增施肥料。②采用直插，减少入土节数，亩插 2 500～3 000 株。③注意防病。

4. 浙薯 2 号（浙薯 60 - 2）

(1) 面积和产量。浙江省农业科学院作物所用宁薯 1 号×乌干达牵牛花杂交育成，1985 年引入丽水市。丽水市莲都区和松阳县、庆元县、云和县有一定种植面积。1987—2003 年累计推广面积 8.56 万亩。一般亩产鲜薯 1 500 千克。

（2）特征特性。 叶片心脏形，叶色浓绿，顶叶黄绿色，短蔓型，半直立。茎粗中等，后期易出现早衰现象。单株结薯 2～3 个，薯块纺锤形至圆筒形，红皮黄心，光滑美观，鲜薯食味好，纤维少。薯块烘干率 26％～30％，淀粉含量 15％～18％。浙薯 2 号属特早熟品种，全生育期 100～120 天。不耐旱，不耐瘠，不抗黑斑病和根腐病。

（3）栽培要点。 ①早春扦插应覆盖地膜提高地温，促进早熟；夏季扦插遇高温干旱，要做好保苗工作。②选择肥力较高田块种植，一般每亩扦插 4 000 株。增施肥料，注意增施钾肥，防止茎叶早衰。③加强对黑斑病及地下害虫的防治，储藏入窖初期，注意通风降温，防止黑斑病感染蔓延。④提倡秋薯留种。

5. 徐薯 18

（1）面积和产量。 江苏省徐州地区农业科学研究所用新大紫×52-45 杂交育成。1986 年引入丽水市。1987—2005 年累计推广面积 47 万亩。一般亩产鲜薯 1 000 千克。

（2）特征特性。 叶片心脏形，叶脉、叶柄、叶基均呈紫色，顶叶绿色，叶缘有齿。属中蔓型。结薯集中，大薯率高薯，薯块纺锤型，薯皮紫红色，薯肉白色。薯块烘干率 30％，洗粉率 16％～18％。藤蔓生长繁茂，不早衰，耐旱、耐迟栽、易储藏。高抗根腐病，不抗黑斑病和薯瘟。

（3）栽培要点。 ①适时早插，以 5 月中下旬至 6 月上旬为宜。②垄宽 80～100 厘米，株距 20 厘米，亩插 3 000 株。③增施土杂肥和磷钾肥，加强黑斑病和薯瘟的防治。

6. 荆—56

（1）面积和产量。 浙江省农业科学院、丽水市农业局、缙云县盘溪区农技站共同选育而成。1988—1989 年丽水市区域试验，平均薯干亩产比徐薯 18 和本地对照品种分别增 11.5％和 28.8％。1991 年 4 月丽水市农作物品种审定小组审定通过。1989—2005 年累计推广面积 56 万亩。一般亩产鲜薯 1 500 千克。

（2）特征特性。 叶片心脏形，顶叶紫红色，叶脉绿色，中蔓型，半直立，茎粗中等，分枝多。结薯较早且较集中，单株结薯 2～3 个，薯块长纺锤形，红皮淡黄心，薯形美观。食味好，纤维少。种薯萌芽性好，但出苗偏迟。耐旱力强，较耐肥。较抗黑斑病、易储藏。

（3）栽培要点。 ①稀排种薯，采用地膜覆盖育苗。②一般每亩扦插 3 500～4 000 株。重视钾肥施用。③注意培土，防止鼠害。

7. 南薯 88

（1）面积和产量。 四川省农业科学院、南充地区农业科学研究所用晋专 7 号×美国红选杂交育成，1991 年引入丽水市。丽水市松阳县有一定栽培面积，1992—2003 年每年栽培面积在 0.1 万～0.2 万亩，最高年份 0.6 万亩。一般亩产鲜薯 1 500 千克。

（2）特征特性。 株型匍匐，叶片心脏形，有齿，顶叶绿色，叶脉、叶柄基部为紫色，蔓长 170～250 厘米，基部分枝 3～5 个。单株结薯 3～4 个，大中薯比例 78.6％。薯块下膨纺锤型，薯皮淡红色，薯肉黄色，肉质细，纤维少，食味好。晒干率 32.1％。全生育期 150 天，萌芽性好，出苗早齐，插后发根快，易成活，前期生长势明显。结薯早，耐旱、耐瘠，较抗黑斑病、根腐病和紫纹羽病。耐储藏性一般。

（3）栽培要点。 ①采用地膜覆盖育苗，一般 3 月上中旬排种育苗。②适时早插，以 5 月中下旬至 6 月上旬扦插为佳。③合理密植，一般每亩扦插 3 000～3 500 株。④加强管理，施好底肥，早施苗肥，适施裂缝肥。做好中耕除草等工作。

8. 瑞薯 1 号

（1）面积和产量。 浙江省农业科学院、瑞安市农业局合作，用逢尾×梅尖红杂交选育而成。1993 年通过浙江省农作物品种审定委员会审定。1990 年引入丽水市。丽水市主要搭配品种，累计推广面积 9.7 万亩。分布在龙泉、青田、松阳等县，一般亩产鲜薯 1 500 千克。

（2）特征特性。 叶片心脏形，顶叶、叶片均绿色，浅缺刻，叶脉紫红色，中蔓型，茎粗中等，分枝数中等，结薯较早且较集中，单株结薯 2～3 个，大薯率高，薯皮、薯肉白色，薯块呈下膨长纺锤形，表皮光滑。食味中等，煮食甜而软。薯干不够洁白、平展。种薯萌芽性好，出苗整齐。耐储藏性中等。耐旱、耐瘠，适应性广。

(3) 栽培要点。①稀排早排种薯，采用地膜覆盖育苗，培育早壮苗。②施足基肥，亩施有机肥 1 500～2 000 千克，尿素 5～7 千克，氯化钾 10～15 千克，后期进行根外追肥。③合理密植，一般每亩扦插 3 000～3 500 株。④注意培土，防止鼠害，提高品质。

9. 心香

(1) 面积和产量。浙江省农业科学院作物与核技术研究所、勿忘农集团有限公司用金玉×浙薯 2 号选育而成，2007 年通过浙江省农作物品种审定委员会认定。2005 年引入丽水市。缙云、龙泉等地小面积种植。一般亩产鲜薯在 1 500 千克左右。

(2) 特征特性。该品种为早熟鲜食迷你型甘薯，适宜生育期（扦插至收获）100 天左右。株型半直立，中短蔓，一般主蔓长 1～2 米，分枝 7～12 个，顶芽绿色凹陷，叶片心形，叶脉绿色，脉基紫色，叶柄绿色，茎绿色中粗。结薯浅而集中，前期膨大较快，单株结薯数 4～8 个，中小薯比例较高，薯块纺锤形，皮紫红色、较光滑，薯肉黄色。耐储性较好，种薯萌芽性较好。薯块干物率 34.5%，淀粉率 20.0 克，可溶性总糖 6.22%，粗纤维含量 6.22%，鲜薯蒸煮食味佳；抗蔓割病。

(3) 栽培要点。作迷你甘薯栽培时应适当增加种植密度，控氮增钾，控制生育期，适时收获，提高商品率。

第三节　甘薯特征特性与环境条件

一、甘薯的形态特征

（一）根

可分为纤维根、牛蒡根和块根三种。

1. 纤维根　又称细根、吸收根。主要功能是吸收水分和养分。分布很浅，一般分布在 30 厘米土层内。

2. 牛蒡根　又称柴根、粗根。粗约 0.3～1 厘米，长可达 30～50 厘米。是块根在生长过程中遇到不良外界环境条件，不能继续膨大而成，没有食用价值。

3. 块根　是储藏养分的器官，也是重要的繁殖器官，更是主要的利用部分。分布在 5～15 厘米深的土层中。形状、大小、皮肉颜色等因品种、土壤和栽培条件不同而有差异，分为纺锤形、圆筒形、球形和块形等，皮色有白、黄、红、淡红、紫红等色，肉色可分为白、黄、淡黄、橘红或带有紫晕等。具有根出芽特性，块根上有许多根眼（不定芽原始体），一旦条件适宜可长出不定芽，所以是繁殖的重要器官。

（二）茎

又称藤或蔓。细长、蔓生，茎节上易长不定根。蔓的长短与品种不同差异很大。根据蔓的长短分为长蔓型、中蔓型、短蔓型三种。茎的颜色有绿色、紫色、淡紫色等。茎节能生芽，长出分枝和发根，利用这种再生力强的特点，可剪蔓栽插繁殖。

（三）叶

甘薯的叶为单叶、互生、有叶柄、无托叶，为不完全叶。叶形因品种不同而异，有心脏形、肾形、三角形和掌状形等。叶缘有全缘或具有深浅不同的缺刻。叶片、叶脉有绿色、紫绿色等。

二、甘薯生育特性与环境条件

（一）甘薯生育特性

甘薯的一生一般分为发根、分枝结薯、茎叶旺长和块根膨大 4 个阶段（图 12 - 2）：

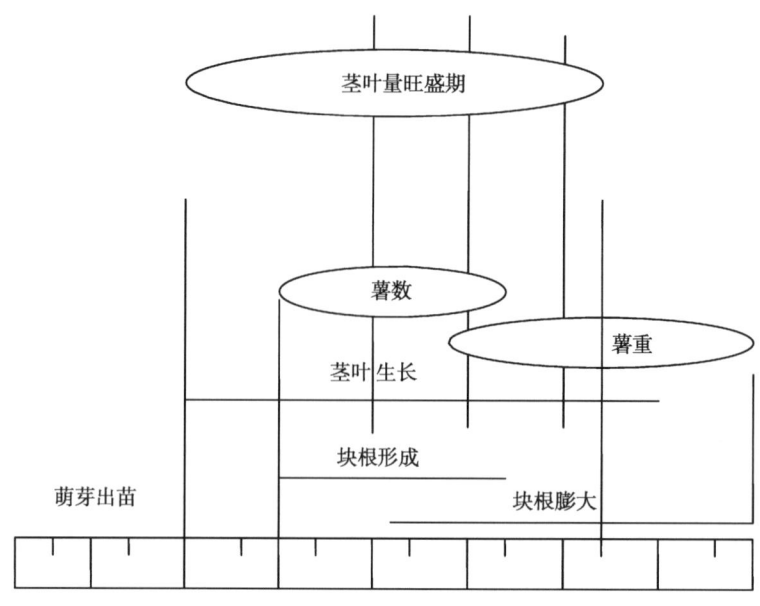

图 12-2　甘薯的生育阶段

1. 发根阶段　薯苗扦插后至整个根系基本形成，一般需 20～30 天。主要表现分化形成块根，决定块根数目，吸收根快速生长。适宜温度 20～25℃。

2. 分枝结薯阶段　根系基本形成→蔓叶生长→有效薯数基本稳定，一般需 15～20 天。主要表现继续分化形成块根，决定块根数目，茎叶生长加快，分枝形成或出现。块根继续分化形成，基本趋于稳定，少数块根开始膨大。适宜温度 20～25℃，低于 15℃不利发根。

3. 茎叶旺长阶段　茎叶生长最快的时期，并达到高峰。主要表现茎叶生长加速，光合面积达到最大。块根生长量约占块根总重量的 30%～40%。适宜温度 25～30℃，高于 35℃茎叶生长受到抑制，低于 18℃生长缓慢。土壤持水量要求在 70%～80%，水分不足影响茎叶生长。管理上注意协调茎叶块根生长，既不疯长，又不早衰，达到稳健生长，叶面积指数 3～4 为好。

4. 块根膨大阶段　蔓叶生长旺盛期至收获。主要块根加速养分积累迅速膨大，表现茎叶生长缓慢直至停止。养分输往块根，块根重量的增加约占总重量的 50%～70%。适宜温度 25～30℃，昼夜温差大，有利于块根膨大。温度低于 20℃或高于 32℃块根膨大受到影响，低于 15℃块根膨大停止。

（二）环境条件

1. 甘薯与土壤　甘薯对土壤的适应较强，pH 5～7 均可。但要求疏松深厚，通气性好。农谚有，"地松好种薯""土壤松松生大薯，土壤黏结成雄薯""番薯地要松，甘蔗地要齐""山药地要松，甘蔗地要平""甘薯不选地，勿粘勿散顶相宜""干扶垄子湿栽芋""湿地插番薯，胜过薯藤喂肉猪""水深才能养大鱼，土深才能长大薯"，这些农谚都说明甘薯地要求疏松、深厚、通气。

2. 甘薯与养分　甘薯生长期长，吸肥力强，需肥量大。农谚，"番薯肥料袋""番薯是呆宝，肥料多就好""甘薯是个蒙懂货，有肥便会大"，这些农谚都道出了甘薯需肥量大的意思。一般每生产 500 千克鲜薯需吸收氮 2 千克、五氧化二磷 1 千克和氧化钾 3 千克，即氮∶磷∶钾为 2∶1∶3。

3. 甘薯是先锋作物　有农谚说，"生地番薯熟地芋""稻要换种，薯要换垄""盐地种茅草，番薯莫佬佬"。

第四节　甘薯栽培技术

丽水市甘薯种植以夏甘薯为主，秋甘薯少量种植。旱地、水田都有种植。20 世纪 60 年代以前丽水市甘薯育苗多为露天育苗，一般在室内先让种薯发芽，再将发芽的种薯移到露地苗床进行培育。也有利用扦插后长成薯蔓作为扦插苗。20世纪60年代后期开始采用塑料薄膜覆盖育苗和温床育苗。20世纪80年代开始推广地膜覆盖育苗，20世纪90年代开始推广双膜（地膜＋弓棚）覆盖育苗。

20世纪60年代以前推广稻薯轮作，由于水利设施基础条件差等原因，秋甘薯面积相对较大，水田种植水稻—甘薯。多为平畦双行种植，20世纪70年代后期开始推广高垄种植，对提高产量起到了积极作用。扦插方法大多为斜插法。甘薯是很好的间套种旱粮作物，丽水市一直就有间套种习惯，如甘薯、绿豆或赤豆间作，甘薯、玉米间作等。特别是20世纪90年代旱地分带轮作、三熟制的推广，甘薯成了不可缺少的搭配作物。

（一）育苗

早育、育足壮苗，有利于形成既早又粗壮的不定根，使幼苗成活快，结薯早而多，产量高。壮苗的标准是茎粗节匀、茎皮光滑，叶大色浓，浆汁多，一般苗长20～25厘米，百苗重1千克以上，无病虫害。

发芽和幼苗生长与环境要求：种薯发芽最低温度为20℃，最高温度40℃，最适温度25～30℃。幼苗生长适宜温度23～28℃，温度过高，幼苗生长加快，纤弱不健壮。出苗前后相对湿度要求80%左右，要及时适量追肥，做到早施、勤施，氮、磷、钾配合施。

1. 准备好酿热温床 选择背风向阳、地势高燥、排水良好、管理方便、未种过薯类作物的地块做苗床，苗床长度依地势和需要而定，床宽1.2米左右，床高20～30厘米，下铺25～35厘米的牲畜粪、作物秸秆及青草等酿热物，撒施一些碳酸氢铵促进发酵，用铁锹略为拍实，盖上一层地膜。床边四周开40厘米的深沟以利排水。待酿热物增温至35℃左右，再踏实酿热物至不松不紧状态，上铺5厘米左右的细泥土后进行排薯。

2. 排好种薯 于大田扦插前1个半月左右，每亩大田选好75千克左右的种薯，排10～13米²的苗床。种薯选用具有本品种特征、皮色鲜明、生活力强、单个重150～250克的健康种薯。严格剔除带病、皮色发暗、受过冷害、薯块萎软、失水过多、受过热害以及破皮的薯块。用农用抗菌素402的1 500～2 000倍液浸种10分钟进行消毒处理后即可排种。排种时要求种薯头部朝上，尾部朝下，"阳面"朝上，"阴面"朝下，大小薯分开排。大薯发芽较慢，宜排在温度较高的苗床中部，小薯则可排在苗床四周。大薯排深些小薯排浅些，做到"上齐下不齐"，以保证覆土厚度一致，出苗整齐。排种后，用细土填满种薯间的孔隙，随即泼浇温水或淋施清水粪，再以营养土或细土覆盖，厚度以盖没种薯为度。再盖上地膜和拱棚膜。

3. 苗床管理 出苗前以提温保温为主，床温宜保持32～35℃，促使薯块萌芽既快又多，还可抑制黑斑病发生。如果温度超过35℃，则要揭开苗床一角通风散热。床土湿度以80%左右为佳，如果过干，可于晴天中午适当浇水或稀人粪尿。出苗后床温保持24～28℃，床土湿度70%～80%。种薯萌发后追施1次稀人粪尿，苗高10厘米时用人粪尿或尿素追施第2次肥料，每次施肥后用清水淋洗一遍，防止肥料黏附引起烧苗。苗高20厘米以上具有6～7个节时，转入以炼为主，停止浇水。经5天左右的炼苗即可剪苗栽插。剪苗后苗床管理又转入以催为主，床温应很快上升至32℃以上。剪苗当天不浇水，以利创口愈合和防止病菌侵染。次日浇一次大水。剪第二茬苗后的次日浇施一次稀薄人粪尿或尿素每平方米25克。施肥后用清水淋洗一遍。

（二）大田栽培

1. 深耕做垄 对冬闲地，头年冬季深耕晒垡，促使土壤风化。翌年春季又进行一次浅耕，以消灭越冬病虫和杂草，栽插前再行翻耕作垄。前作如为春化作物，可采用畦沟隔年轮换，在沟底进行深翻的方法。整地作垄最好在晴天土壤水分适宜时进行，并增施有机肥，做成高30厘米、宽1米左右（连沟）的高垄，有利于土壤疏松，通气性好。

2. 科学施肥 甘薯高产对钾肥需要量大。在施肥技术上要掌握：

（1）增施有机肥，亩施有机肥1 000～2 000千克。

（2）氮、磷、钾配合施用，重施钾肥。高产田施肥量为氮 6～10 千克（折合尿素 13～22 千克），磷 3～7 千克（折合钙镁磷肥 21～50 千克），钾 5～9 千克（折合钾肥 10～18 千克）。肥力低的土壤按高限用量，肥力高土壤的按低限用量。

（3）掌握合适的基追肥比例。基、追肥比例以（50～60）∶（50～40）为好。

（4）追肥应早施苗肥，中、后期看苗适施裂缝肥，后期喷施磷酸二氢钾。苗肥在插后 15 天左右施用，一般每亩用人粪尿 250～500 千克或尿素 3～5 千克，兑水浇施，浇于植株基部，兼有抗旱保苗作用；在雨水多、薯苗长势好时，离薯苗稍远浇施，以免细根大量发生。

3. 适时早插、合理密植　尽管有"山芋（甘薯）不怕差，一直栽到秋"的说法，但适时早插有利于甘薯高产，提高薯块晒丝率、淀粉含量及品质。适宜扦插期为 5 月上旬至 6 月上旬。扦插密度为 2 500～3 500 株，肥地宜稀，瘦地宜密；早插的稍稀一点，迟插的稍密一点；熟期迟、单株生产力大的适当稀植，反之适当密植。

扦插方法一般采用斜插法，将有 4～6 个节、长 15～20 厘米的薯苗，倾斜与地面成一定角度插入土中 3 节左右。对于土层深厚、肥水条件好和早插地，可采用浅平插法，用具有 5～8 个节、长 20～25 厘米的薯苗，将其中 3～5 个节呈水平状浅压于垄中，深度 3～4 厘米，使薯苗各节处于同一个深度，并均匀用力压土。对干旱地区、土质较瘦和旱季插时，宜采用直插法，将长 10～15 厘米约有 3～5 个节的薯苗，直插入土 2～3 节。为保证甘薯扦插后保全苗，应做到"四不插"，即在暴雨不插、西北风不插、光照强烈不插、久晴土燥不插，以防止缺株断垄。

4. 田间管理

（1）前期管理。查苗补缺，防止缺株断垄。从苗床剪苗或从大田内直接选择生长较好的薯蔓剪几个节，用作扦插薯苗。插后 15 天左右结合第一次中耕追施苗肥。在肥水条件较好、生长势好的田块，可将薯苗摘顶，以促进基部分枝，多结薯、结大薯。在土层较深、土质黏重的，扦插后 20～30 天左右破垄晒白，施一次夹边肥（腐熟的有机肥、饼肥），选择晴天将垄两侧接近沟底部分泥土用锄翻于沟内，并防止损伤茎叶，经 5 天左右自然晒白，再把剖开的泥土按原垄修复。

（2）中期管理。该时期以水分管理为主。一方面在干旱来临前促进甘薯封垄以提高抗旱力，另一方面可用覆盖物或浅中耕方法来减少水分的蒸发。遇台风雨或灌水造成塌垄时应及时培土修复。发现中午前甘薯叶片出现周缘萎卷现象，采用浅灌勤灌或夜灌日排方法，注意做好病虫草害防治工作。

（3）后期管理。其一，当垄出现裂缝时，结合培土施一次裂缝肥。收获前 40～50 天看苗进行根外追肥，防止早衰。其二，中后期如遇连续阴雨，地上部茎叶旺长，应采用提蔓方法，拉断茎节上发生的不定根，控制地上部生长以利块根肥大。其三，注意抗旱和清沟排水。

（4）适时收获。农谚道，"冬天开霜，薯丝归仓"，也就是说甘薯在霜前起码已经收获。根据甘薯的生育特性，当温度低于 15℃（正常气候）时块根膨大停止，此时即可收获。

5. 病虫防治

甘薯主要病害黑斑病、甘薯瘟、蔓割病等；主要虫害有小象甲、卷叶螟、斜纹夜蛾等。

（1）黑斑病。又称黑疤病。①症状：苗期一般在幼苗茎基部产生椭圆形黑褐色病斑，严重时幼茎和种薯都变黑腐烂，造成烂床死苗。薯块一般以收获前和储藏期感病较多，病斑大多出现在裂口或虫伤处，黑褐色，近圆形，分界明显。切开病薯，病斑附近的薯肉变青褐色。潮湿时病斑上能长出黑色刺毛状物。②防治方法：一是选用无病种薯，培育健壮种苗；二是实行水旱轮作，病区三年以上不种植；三是采用高剪苗，减少发病概率；四是采用药剂浸种，选择有效的抗菌剂浸种或浸苗。

（2）甘薯瘟。又称薯瘟、细菌性萎蔫病等。①症状：初期薯苗基部产生水渍状斑，变灰色再到黑褐色，强阳光下，失水萎垂。大田生长，叶片萎垂，切开病茎，维管束变黄褐色，之后向外扩展到皮层，向内扩展到髓部，严重时，茎基腐烂呈纤维状。薯块感病，横切薯块可见维管束组织变黄褐色斑点或斑块，乳剂减少，煮不软。②防治方法：一是加强植物检疫，选用抗病品种，这是一项重要的有效措施；二是培育健壮种苗，注意选择无病的田块和种薯；三是实行水旱轮作，旱地可与禾本科作物轮作，避免与茄科作物轮作。

（3）小象甲。 又称蛀心虫、红头娘等。①为害症状：幼虫为害薯块和薯藤，被害处黑色或黑褐色，有恶臭和苦味，易霉烂或干缩。成虫为害薯块有小孔，成虫也为害幼芽、嫩茎和叶柄。②防治方法：一是消灭虫源，清除田间残薯和残茎，铲除杂草，集中销毁；二是实行轮作，增施有机肥，防止裂薯，减轻为害；三是药剂防治，选择合理的药剂进行浸苗、诱杀成虫。

（4）斜纹夜蛾。 幼虫为杂食性害虫，五至六龄为暴食期，为害最为严重，可将甘薯叶片吃光，药剂防治应在低龄期进行。防治方法：一是诱杀成虫；二是摘除卵块；三是药剂防治。

第五节　甘薯加工与综合利用

甘薯富含胡萝卜素、维生素 B_1、维生素 B_2、维生素 C 和铁、钙等矿物质等营养成分，其含量都高于大米和小麦粉。非洲、亚洲的部分国家以此作主食；此外还可制作粉丝、糕点、果酱等食品。工业加工以鲜薯或薯干提取淀粉，广泛用于纺织、造纸、医药等工业。甘薯淀粉的水解产品有糊精、饴糖、果糖、葡萄糖等。酿造工业用曲霉菌发酵使淀粉糖化，生产酒精、白酒、柠檬酸、乳酸、味精、丁醇、丙酮等。根、茎、叶可加工成青饲料或发酵饲料，营养成分比一般饲料高 3～4 倍；也可用鲜薯、茎叶、薯干配合其他农副产品制成混合饲料。

丽水市 20 世纪 80 年代以前，甘薯以替代粮利用为主，补充水稻之不足。20 世纪 80 年代以后以饲料为主，进入 21 世纪甘薯鲜食利用有了新的发展，2006 年丽水市鲜食甘薯面积达到 6.12 万亩。特别是近年来"迷你甘薯"品种的出现，深受消费者的喜爱，龙泉、青田、遂昌等地都有种植，2006 年种植面积 0.25 万亩，发展势头良好。丽水市甘薯加工和综合利用方面一直是个薄弱环节，主要是淀粉、粉丝、烤薯、薯片，且多为传统的手工作坊。景宁畲族自治县徐山村的粉丝加工较为典型，仅徐山村甘薯粉丝年产量达到 20 多万千克，产品销往温州、金华、杭州等大中城市，成为丽水市粉丝加工专业村。20 世纪末开始遂昌县对烤薯进行产业化开发，目前遂昌县黄沙腰镇有 65% 的农户从事烤薯粗加工，15% 的农户家庭主要收入来源于此。目前，遂昌县年有烤薯种植面积 0.55 万亩，现有 30 多家企业从事烤薯加工，年产值达 500 多万元，烤甘薯已逐步形成了具有地方特色的产业。2005 年 1 月由遂昌县烤甘薯专业合作社和县质量技术监督协会承担的《无公害烤甘薯》省级地方标准，通过了浙江省农业厅和浙江省省质量技术监督局共同主持的专家审定，成为丽水市绿色农产品生产的又一个省级地方标准。

近年来缙云县在油炸薯片等产品加工方面又有了新的发展，目前缙云县有缙云县家家保健食品厂、缙云县鼎富果蔬专业合作社、缙云县大源农业专业合作社和缙云县大洋山农产品开发有限公司 4 家甘薯加工厂，年生产薯片 140 吨，薯参 5 吨。并有相应的商标和生产标准。另有缙云县金土地生态休闲农业发展有限公司和丽水缙云番薯有限公司正准备投产。

第十三章
马铃薯

第一节 概 况

马铃薯（*Solanum tuberosum* L.）又名土豆、洋芋、山药、地蛋等，是茄科茄属一年生草本。原产于南美洲安第斯山区的秘鲁和智利一带。16 世纪中期，马铃薯被一个西班牙人从南美洲带到欧洲。那时人们总是欣赏它的花朵美丽，把它当作装饰品。后来一位法国农学家——安·奥巴曼奇在长期观察和亲身实践中，发现马铃薯不仅能吃，还可以做面包等。从此，法国农民便开始大面积种植马铃薯。19 世纪初期，俄国彼得大帝游历欧洲时，以重金买了一袋马铃薯，种在宫廷花园里，后来逐渐发展到民间种植，马铃薯是世界五大食用作物之一。

马铃薯传入我国已有 400 多年的历史。据说是华侨从东南亚一带引进。主要在我国的东北、内蒙古、华北和云贵等气候较凉的地区种植，现在我国马铃薯种植面积居世界第一。马铃薯产量高，对环境的适应性较强。中国马铃薯的主产区是西南山区、西北、内蒙古和东北地区。其中以西南山区的播种面积最大，约占全国总面积的 1/3。黑龙江省则是全国最大的马铃薯种植基地。

马铃薯的块茎作为食品出现在人类的历史上可以称为一件划时代的大事。恩格斯把马铃薯的出现和使用铁器并重，说，"下一步把我们引向野蛮时代的高级阶段……铁已在为人类服务，它是在历史上起过革命作用的各种原料中最后和最重要的一种。所谓最后的，是指马铃薯出现为止"。万历年间，稽（绍兴）徐文长（1521—1593 年）诗云，"榛实软不及，菰根旨定雌，吴沙落花子，蜀国叶蹲鸱……"。

马铃薯何时引种至丽水，已无从考证。农史学家万国鼎认为康熙《松溪县志·食货》中的"马铃薯"是马铃薯最早传入东南沿海的证明。道光《丽水县志》卷 14 载，"诸山径棚民垦辟"，说明当时已有开垦山地种植的习惯，其山地种植的农作物主要有烟草、蓝靛、薯类、芝麻、花生和玉米等。

马铃薯适应性广，有利冬闲田、秋闲田的开发利用。马铃薯茎叶能肥田，可以改良土壤。马铃薯植株矮小，且耐阴，有利与其他作物的间作套种。丽水市各县（市、区）均有种植，以景宁畲族自治县、龙泉市、庆元县、莲都区、缙云县等面积相对较大，多为春马铃薯（表 13 - 1 和表 13 - 2）。

表 13 - 1 丽水市历年马铃薯播种面积

单位：万亩

年份	合计	莲都	青田	云和	龙泉	庆元	缙云	遂昌	松阳	景宁
1976	2.23	0.25	0.13	0.48	0.17	0.02	0.63	0.55	—	—
1977	2.64	0.26	0.22	0.49	0.15	0.35	0.62	0.55	—	—
1978	3.91	0.29	0.56	0.96	0.22	0.65	0.71	0.52	—	—
1979	3.17	0.23	0.40	0.72	0.20	0.43	0.72	0.38	—	—
1980	3.00	0.33	0.66	0.68	0.12	0.37	0.68	0.16	—	—
1981	3.30	0.32	0.88	0.85	0.11	0.39	0.66	0.09	—	—
1982	4.17	0.46	1.00	1.00	0.32	0.47	0.68	0.06	0.08	—
1983	6.33	0.60	1.51	1.27	0.75	0.63	0.97	0.31	0.29	—

（续）

年份	合计	莲都	青田	云和	龙泉	庆元	缙云	遂昌	松阳	景宁
1984	7.17	0.77	1.51	0.35	1.30	0.73	0.95	0.42	0.51	1.17
1985	8.10	0.71	1.49	0.36	1.46	0.76	0.98	0.54	0.57	1.23
1986	8.83	0.78	1.57	0.52	1.64	0.80	0.92	0.59	0.56	1.36
1987	9.16	0.84	1.65	0.60	1.62	0.91	0.81	0.60	0.65	1.48
1988	9.61	1.09	1.55	0.61	1.60	1.08	0.80	0.67	0.71	1.50
1989	11.81	1.26	1.67	0.81	1.75	1.76	1.02	0.98	0.98	1.58
1990	14.88	1.59	1.79	1.00	2.46	2.25	1.13	1.29	1.28	2.09
1991	16.61	1.71	1.86	1.03	2.61	2.52	1.27	1.54	1.39	2.22
1992	16.70	2.03	1.88	1.05	2.64	2.61	1.13	1.55	1.43	2.40
1993	16.94	2.06	1.80	1.07	2.60	2.67	1.07	1.61	1.44	2.64
1994	16.97	1.77	1.62	1.17	2.75	2.63	1.10	1.62	1.37	2.96
1995	17.61	1.94	1.59	1.23	2.72	2.51	1.17	1.88	1.41	3.15
1996	20.67	2.60	1.74	1.49	2.80	2.60	1.46	2.87	1.76	3.35
1997	23.60	2.87	1.94	1.94	3.65	2.69	1.62	2.88	2.34	3.69
1998	23.38	2.89	1.92	1.94	3.61	2.47	1.67	2.70	2.48	3.71
1999	22.80	2.47	1.88	1.89	3.46	2.68	1.55	2.66	2.51	3.70
2000	22.25	2.36	1.93	1.61	3.43	2.66	1.67	2.42	2.48	3.69
2001	11.99	0.30	2.11	0.80	0.40	0.49	1.60	2.50	2.29	1.50
2002	17.33	2.23	2.12	1.61	3.47	0.25	1.60	0.24	2.21	3.60
2003	15.91	—	2.30	1.58	3.50	1.48	1.70	0.14	1.96	3.25
2004	16.61	0.21	2.30	1.40	4.00	1.55	1.70	0.14	1.95	3.36
2005	15.69	1.20	1.75	0.98	3.50	1.58	1.65	0.19	1.83	3.01
2006	15.87	1.25	1.73	0.86	2.75	1.10	1.40	2.00	1.78	3.00
2007	15.53	1.28	1.68	0.78	2.56	1.57	1.41	1.93	1.59	2.73
2008	15.30	1.28	1.69	0.79	2.29	1.51	1.40	1.96	1.67	2.70
2009	14.36	1.33	1.75	0.70	2.27	1.46	0.98	1.95	1.50	2.43

注：2001—2005 年为农业业务年报统计数据。

表 13 - 2　丽水市历年马铃薯播种亩产

单位：千克

年份	平均	莲都	青田	云和	龙泉	庆元	缙云	遂昌	松阳	景宁
1976	101	116	85	78	50	67	170	58	—	—
1977	106	135	100	93	55	73	179	62	—	—
1978	119	171	90	84	67	96	241	65	—	—
1979	139	178	113	54	62	101	263	77	—	—
1980	143	182	120	82	65	112	252	80	—	—
1981	151	199	133	93	99	119	279	90	—	—
1982	158	227	138	98	118	118	295	102	127	—
1983	144	164	135	91	101	126	283	71	115	—
1984	144	183	150	95	105	47	269	94	143	103

（续）

年份	平均	莲都	青田	云和	龙泉	庆元	缙云	遂昌	松阳	景宁
1985	129	171	138	94	111	115	202	93	124	92
1986	137	175	151	105	116	123	214	103	148	100
1987	43	82	16	41	26	52	68	44	46	47
1988	127	166	149	99	108	111	183	90	145	98
1989	138	171	159	115	116	112	216	105	152	115
1990	144	197	172	119	111	115	250	115	168	120
1991	116	155	128	118	100	107	128	87	131	111
1992	136	156	143	123	109	111	193	101	163	118
1993	135	156	150	125	113	113	211	106	168	123
1994	142	208	143	137	142	116	174	107	158	125
1995	130	173	135	142	111	115	165	102	150	120
1996	148	200	148	147	131	120	196	105	190	132
1997	155	189	152	152	150	124	212	128	192	133
1998	150	189	152	154	132	124	199	120	183	127
1999	153	201	164	152	135	124	209	123	182	131
2000	154	197	167	154	138	122	207	129	177	133
2001	162	240	164	156	160	124	173	136	190	150
2002	213	247	300	310	200	160	193	213	175	148
2003	218	—	280	310	200	236	246	209	176	150
2004	221	320	242	300	200	260	248	217	182	182
2005	224	180	204	302	260	260	246	206	188	179
2006	167	180	240	121	132	133	209	122	190	176
2007	177	145	246	130	194	126	210	139	181	183
2008	182	162	247	133	191	147	214	153	169	190
2009	271	249	275	317	212	300	307	318	335	218

注：2001—2009 年为农业业务年报。

据现有的统计资料 1968—1982 年，丽水市马铃薯种植面积在 1.63 万～4.17 万亩，平均单产 126.08 千克，总产 2 162～6 590 吨，分别占旱粮播种面积的 2.95%～6.55% 和总产量的 1.92%～5.14%。通过"三减少三扩大"，即减少荞麦、马料豆等低产作物，扩大高产作物，马铃薯种植面积有了较大的发展。1983—1988 年，马铃薯种植面积在 8.96 万～12.35 万亩，平均单产 118.15 千克，总产量在 9 115～12 229 吨，与 1982 年比较，面积增长了 3.52%～6.91%，总产增长了 2.31%～6.49%。1989—1995 年，马铃薯种植面积 11.81 万～17.61 万亩，平均单产 134.11 千克，总产量在 16 290～22 852 吨，面积进一步扩大，产量有新的提高。1996—2000 年，丽水市马铃薯种植面积和总产继续得以发展，约占旱粮生产的 25% 左右，5 年平均栽培面积达到 22.48 万亩，单产有所突破，平均单产超过 150 千克，1997 年种植面积最大，达到 23.6 万亩，总产量达 3.67 万吨，分别占当年旱粮种植面积的 26.66% 和总产量的 23.98%。从 2001 年开始，由于种植结构调整，马铃薯不在归属粮食统计，归到蔬

菜类统计。2001 年丽水市马铃薯种植面积下降到 11.99 万亩，总产 19 461 吨，分别比 2000 年减少
10.26 万亩和 14 722 吨，减幅为 46.11％和 43.07％。随后几年种植面积有所回升，在 15.68 万～17.32
万亩，2009 年马铃薯面积、产量分别为 14.36 万亩和 38 916 吨（图 13－1）。

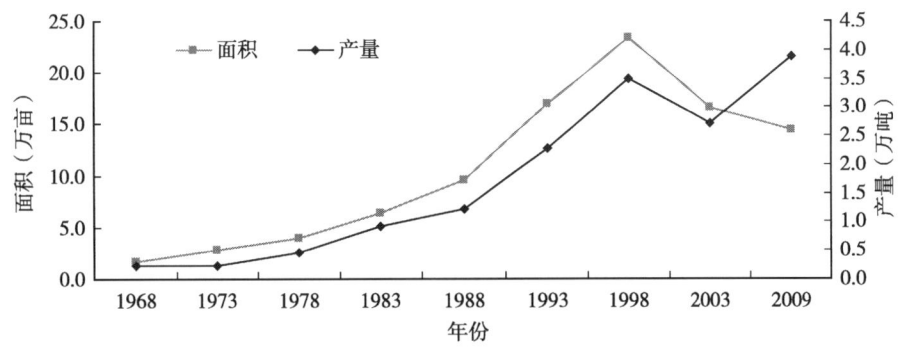

图 13－1　丽水市历年马铃薯面积和产量

马铃薯块茎含有 76.3％的水分和 23.7％的干物质，其中包括 17.5％的淀粉，0.5％的糖，1％～
2％的蛋白质和 1％的无机盐。马铃薯鲜薯可供烧煮作粮食或蔬菜。但鲜薯块茎体积大，含水量高，运
输和长期储藏有困难。为此，世界各国十分注意生产马铃薯的加工食品，如法式冻炸条、炸片、速溶全
粉、淀粉以及花样繁多的糕点、蛋卷等，为数达 100 多种。

马铃薯的赖氨酸含量较高，且易被人体吸收利用。脂肪含量为千分之一左右。矿物质比一般谷类粮
食作物高 1～2 倍，含磷尤其丰富。在有机酸中，以含柠檬酸最多，苹果酸次之，其次有草酸、乳酸等。
马铃薯是含维生素种类和数量非常丰富的作物，特别是维生素 C，每百克鲜薯，含量高达 20～40 毫克，
一个成年人每天食用 250 克鲜薯，即可满足需要。马铃薯是一种粮饲菜兼用的作物，营养成分齐全，在
欧洲被称为第二面包作物，由于营养价值高，马铃薯食品已成为目前的一种消费时尚。近几年提倡杂粮
精食，马铃薯作为一种保健食品倍受城乡居民欢迎。马铃薯块茎可供食用，是重要的粮食、蔬菜兼用作
物，因其营养丰富有"地下苹果"之称。

第二节　马铃薯良种推广

一、马铃薯良种推广

丽水市马铃薯 20 世纪 50 年代前都为本地种，主要有景宁畲族自治县的红皮腰子种、莲都区的尖叶
白洋芋、缙云大洋种和红洋芋、本地黄皮小粒种等。20 世纪 50 年代末引进"男爵"。

20 世纪 70 年代后期开始引进克新系列部分品种克新 1 号、克新 2 号、乌脚基、内蒙种、山西种、
河北种、闽北种、克新 3 号、克新 4 号、黄皮黄心。20 世纪 90 年代又引进了东农 303、郑薯 85－2、九
三、金冠、坝薯、鲁引 1 号等品种。

目前，缙云县大洋河北种、大洋陕西种和大洋九三种生产面积也较大，已逐步取代男爵和其他土
种。上述的克胜 2 号、克胜 3 号和缙云县大洋陕西种、大洋河北种等属生育期较长的中、晚熟品种；而
克胜 4 号、东农 303 和大洋九三种属结薯早、生育期较短的早、中熟品种。

马铃薯良种的推广与小麦、玉米、大豆及甘薯等大宗旱粮作物有所不同。一是马铃薯是块茎繁殖，
用种量大，无论是种薯生产还是大田生产，都受到诸多因素制约。如生产没有规模、生产成本高、效益
不理想等；马铃薯种性容易退化，北方引进的种薯当年产量水平高，将商品薯留作次年用种就会造成不
结薯或结小薯，在高山地区留种相对较好；大规模的种薯调运，对种薯中转、销售带来不便，极易烂种
造成损失，20 世纪 90 年代初农业部门曾组织过几次调种，相对成功的是 1996 年冬，全地区从北方约
调进 120 吨种薯，其中地区农业局组织调进 85 吨，由于组织严谨，措施到位，未曾造成大的损失。所

以马铃薯的良种更换难度很大，农技人员尽管在引种方面作了努力，但品种更换收效不理想。根据1990—1996年丽水市种子公司分品种面积统计，马铃薯当地农家品种占63.33%，其他引进良种为36.67%。

为解决马铃薯种子退化及探索马铃薯北种南引后留种问题，加快良种推广，松阳、缙云等县科技人员利用当地自然条件结合生产实际开展了高山留种试验研究。松阳农业局包闻书等人从1993年开始，分别从青海、黑龙江引进马铃薯种子，在海拔970米的松阳县三都乡淡竹村建立马铃薯留种基地，对早熟东农303、克新4号品种采用秋繁春用留种技术研究。经过3年的努力，1995年在全县应用高山秋繁种种植150多亩春马铃薯，比本地种增产80%以上，被农民所接受，秋繁种供不应求；缙云县大洋农技站邓建平等1999—2000年先后两次从山东省农业科学院引进脱毒马铃薯原种3吨，一级种薯10吨。在前村、石亭村建立194户连片繁种、示范基地，两年累计繁种、示范2 327亩，其中繁种1 607.8亩，产种3 475吨，示范719.2亩。经示范方产量验收鲁引1号平均亩产2 024.9千克，比本地种亩增639.5千克，增46.2%。总产增1 488吨，按每千克0.8元计算，增值119.0万元。缓解了北种南调的困难和解决了中、低山区连作共生期长的矛盾。石亭等村土壤钾、钙、磷等矿质元素相对丰富，pH 5.7左右，气候凉爽，适宜马铃薯生长，有利于保持种性，种薯不易腐烂，耐储藏，是一个良好的马铃薯种薯生产基地。目前生产上应用的缙云大洋种大多为北方引进繁殖多年品种。

二、代表性品种介绍

1. 克新3号　系黑龙江省农业科学院马铃薯研究所育成的中熟马铃薯品种。1986年被全国农作物品种审定委员会认定。主要特征特性：植株直立，株型扩散，分枝中等，生长势强。株高65厘米左右，茎绿色，复叶较大，叶绿色，小叶片平展，侧小叶4～5对。花白色，开花正常，花粉孕性高。天然结实性强。块茎扁椭圆形，大而整齐，黄皮，肉淡黄色，芽眼多而深。

2. 克新2号　系黑龙江省农业科学院马铃薯研究所用米拉（Mira）作母本，疫不加（Epoka）作父本杂交育成。1986年经全国农作物品种审定委员会审定。主要特征特性：株型直立，分枝多，株高65～70厘米，生长势强。茎绿色，有极浅的紫褐色素。叶绿色，茸毛少，复叶大，侧小叶5对。花序总梗绿色，花柄节无色，花冠淡紫色，雄蕊橙黄色，柱头2裂，天然结实性强，浆果绿色、大，有种子。结薯集中，块茎圆形，黄皮淡黄肉，表皮有网纹，块茎大而整齐，芽眼多，深度中等，块茎休眠期长，耐储藏。

3. 克新1号　黑龙江省农业科学院马铃薯研究所育成。主要特征特性：株型直立，分枝数量中等，茎粗壮，叶片肥大。株高约70厘米左右。花冠淡紫色，花粉不育，雌蕊败育，不能天然结实和作杂交亲本。块茎椭圆形，大而整齐，白皮，白肉，芽眼深浅中等。结薯早而集中，块茎膨大快。食用品质中等，高抗环腐病、卷叶病和Y病毒；植株抗晚疫病，耐束顶病。较耐涝，较耐储藏。中熟，从出苗至收获95天左右。亩产1 600千克，高产者可达2 500千克。

4. 东农303　东北农学院农学系于1967年用白翁作母本、卡它丁作父本杂交，1978年育成。1986年经全国农作物审定委员会审定。主要特点：产量高，地膜促成早熟栽培，亩产在1 000～1 500千克，高产田块可达2 500千克。长势旺，植株矮，叶片宽大。茎秆粗壮，生长健壮，一般每穴茎藤数只有1～2根，比本地品种少，显示耐旺抗倒。结薯集中，薯块大，个数少，适宜密植，便于收获。早熟。薯块大，芽眼浅，黄皮黄肉，商品性好，适口性好。

第三节　马铃薯特征特性与环境条件

马铃薯用块茎繁殖的根为纤维根系，用种子繁殖形成的根系为圆锥根系，有地上茎和地下茎之分，羽状复叶（出土叶、顶叶为单叶），聚伞花序，果实为浆果，丽水市马铃薯很少开花。马铃薯的块茎经过休眠，在适宜的温度和土壤条件下发芽、出苗、发棵、结薯。种薯在土温 5～8℃的条件下即可萌发生长，最适温度为 15～20℃。适于植株茎叶生长和开花的气温为 16～22℃。夜间最适于块茎形成的气温为 10～13℃（土温 16～18℃），高于 20℃时则形成缓慢。出土和幼苗期在气温降至－2℃即遭冻害。开花和块茎形成期为全生育期中需水量最大的时期，如遇干旱，每亩每次灌水 15～20 吨是保证马铃薯高产稳产的关键技术措施。

马铃薯在整个生长期需要的营养物质较多，其中以钾的需要量最多，氮次之，磷最少。一般每生产 1 000 千克马铃薯约需吸收氮 5～7 千克，磷 2 千克，钾 8～10 千克。幼苗期需肥很少，发棵期明显增加，到结薯初期达到高峰，随后急速下降。马铃薯能适应多种土壤，但以疏松而富含有机质，pH 5.5～6.0 的微酸性砂壤土较为理想。马铃薯不适连作，连作会加重病害，应提倡水旱轮作或禾谷类作物进行轮作。

一、休眠期

大都马铃薯有休眠期，但休眠期长短因品种和储藏条件而异，它直接关系到块茎的储藏性和出苗。在温度低于 5℃时种薯休眠期一般在 1～3 个月。

二、发芽期

马铃薯从块茎萌芽到幼芽出土为发芽期。当温度在 5℃时芽眼开始萌动，12℃以上时能顺利发芽，但温度低于 10℃生长很慢。所以生产上播种后遇到长期低温，幼芽难以出土。播种后最适宜的温度为 12～18℃，发芽快，幼芽生长苗壮，芽眼根发生早，数量多，根能迅速向四周伸展。一般 10 厘米厚的土壤温度在 18～20℃时，20～30 天即可出苗。

三、幼苗期

马铃薯从出苗到有 6～8 片叶展开时为幼苗期。这时以生长根、茎、叶为主。出苗后 5～7 天匍匐茎开始发育，从每条匍匐茎的节位上长出 3～4 条匍匐根。一边生根，一边长叶，大约 2 天发生 1 片叶。这个时期约 15～20 天。幼苗期为下一个阶段发棵、结薯打基础。要求温度较低，有较充足的阳光，土壤水分适当。在栽培管理上以促根壮棵为中心，即早施肥，早浇水，加强中耕松土。

四、发棵期

马铃薯从团棵到有 12～16 片叶展开，有 1～2 个花序即为发棵期。这个时期主茎与主茎的叶子已长齐，并有分枝。同时地下部块茎逐渐膨大。这些旺盛的茎叶，为转向结薯作准备。在田间管理上，不宜过多施氮肥，不然光长茎、叶而推迟进入结薯期。要中耕松土，使土壤疏松透气，根系扩张，发棵苗壮。前期要保持土壤水分充足，后期适当控制水分，使植株转入结薯期。

五、结薯期

马铃薯进入结薯期茎叶生长减少，叶片制造养分大量输入块茎，尤其是在开花的 10 天左右膨大最快，大约块茎中一半的养分是这时形成的。

块茎增长适宜温度为 16～18℃，尤其是昼夜温差大，适宜块茎内制淀粉的积累。温度超过 25℃，块茎几乎停止生长。而适于地上茎叶生长的温度，以 18～21℃最适宜，比块茎适宜温度高。因此在丽水市 7 月温度过高，不适宜种马铃薯，宜进行春、秋两季种植。

马铃薯块茎增重，95%以上的养分是这个时期形成的，所以也是需肥水较多的时期。一般每形成 1 克干物质，需要 500 克水分。这时土壤缺水，影响块茎形成和膨大，薯块也会变成木栓化，薯皮老化，生长停止。干旱后再浇水因薯皮老化，限制增大，只能从芽眼处生长，形成畸形薯，影响产量和品质。水分过多，造成植株下部叶片枯黄，降低产量和品质。

第四节 马铃薯栽培技术

一、马铃薯主要技术推广

丽水市马铃薯栽培以春季露地栽培为主，20世纪80年代后期开始马铃薯栽培技术有了大的改进，景宁畲族自治县农业科技人员较为系统提出了春马铃薯"五改"高产栽培技术：一是改低山留种为高山留种或北方调种，这对缓解马铃薯种性退化，提高单产水平能够起到积极作用；二是改盲种播种为催芽播种，该项技术有明显的增产效果。在播种前15～20天，将种薯放在温度18～25℃，相对湿度60%～70%的温室内，当芽长到1～2厘米时进行切块，待伤口愈合后即可播种。也可用5～10毫克/升赤霉素溶液浸种1小时，取出晾干即可播种；三是改多次施肥为重施基肥，一般基肥施用比例为95%左右，重施基肥可促进早结薯、结大薯，提高商品率；四是改平畦稀播栽培为高垄双行密植栽培，具有出苗早、结薯早、上市早、病害轻的优点；五是改露地栽培为地膜覆盖栽培，其优点主要是出苗快，能提早成熟，上市早经济效益高。

1. 马铃薯早熟栽培技术 该项技术较为完整系统地提出并组织实施是在1995年，针对丽水市马铃薯收获期平原地区一般在5月中下旬，高山地区要到6月，种植效益低等现状提出的。核心内容：①选择早熟高产、商品性好的品种。如东农303。②翻耕风化，整地作畦。要求泥土疏松，畦面平整，有利地膜密贴，提高保温保湿效果。③采用一次性施足基肥，后期喷施叶面肥。要求基肥施用量占总施肥量的95%以上，有机肥为主，配施速效氮、磷、钾，适当增加钾用量。④适期早播，增加密度。地膜覆盖栽培比露地栽培可提早7～10天播种，掌握"断霜齐苗"原则，平原地区采用单膜覆盖一般在1月下旬播种，双膜覆盖可适当提早播种。采用宽行密株种植方式，亩种6 000株左右。⑤及时覆膜，适时破膜。播种后要及时覆盖地膜，四周用泥土压实，防止漏气，降低效果。破膜时间一般为出苗后3～4天，具体视气候变化而定。破膜露苗后须用泥土将洞口封好。双膜覆盖要注意弓棚内温度，当温度达到40℃时，要及时揭膜降温。该项技术主要在松阳、景宁、莲都等地应用，1996年丽水市推广0.8万亩，1997年推广1.1万亩。

2. 马铃薯稻田免耕稻草覆盖栽培技术 该项技术在景宁、遂昌、缙云等地作过试验和小面积示范，具有省工节本，病虫为害轻，薯块光滑圆整，商品性好等优点。但由于绿薯率高，商品率低，增产不一定增收，且稻草需求量大，难以解决，故该项技术没有得到大面积的推广应用。其技术关键是稻草覆盖要均匀，覆盖厚度要在10厘米以上。

3. 马铃薯秋播技术 20世纪90年代后期，丽水市农业局组织各县（市）农业局分管局长和技术人员到义乌市参观考察，其后，缙云、松阳等地开展了试验和小面积示范，但没有形成规模生产，近年来丽水市年均栽培面积不足1 000亩，其中缙云县占60%，主要在雁岭乡岩背村等，亩产量1 500～2 000千克，效益较好。

马铃薯不宜连作，应进行轮作，最好是水旱轮作。马铃薯适宜与其他旱地作物间套种。20世纪90年代以来丽水市马铃薯生产除了上述技术的试验推广外，各地大力推广薯—稻—稻、薯—西瓜—稻、薯—稻—再生稻和高山薯—稻等种植模式。缙云、景宁、青田等地开展了间套种技术、高产高效技术等方面的研究探索，并取得良好的效果，对丽水市马铃薯生产的发展、单产的提高，起到积极的促进作用。如景宁畲族自治县农业局组织实施的《浙西南马铃薯发展途径和高产高效技术研究》项目：根据山区不同海拔高度的生态特点，提出早熟栽培，高产栽培和高山留种的发展技术途径，通过开发冬季闲田，发展薯、稻多熟制，提高复种指数，既增加粮食产量，又提高经济效益。通过引进新品种和本省主要马铃薯品种的鉴评，筛选出东农303，郑薯85-2等高产良种，探索了马铃薯引种规律，建立高山留种基地等，为生产上提供了优质种薯，总结形成了"选用良种，减缓退化，高垄密植促群体适时追肥壮个体，精管综防保丰收"等高产高效配套栽培技术。五年来累计推广应用面积12.51万亩，增产鲜薯

40 126 吨，增值 3 009.5 万元，并在国际及全国专业刊物上发表论文 25 篇，取得了显著的经济、社会、生态效益。受到国际马铃薯研究中心专家的好评，该研究达到国内同类研究的先进水平。

1991 年，青田县农业局在地处海拔 200 米的大头田村尚头片落实 56.4 亩连片山坡地，进行间套种高产示范，采用马铃薯—春玉米—甘薯种植模式，实行大行间距分带轮作，选用良种，合理密植等措施，实现了全年亩产粮食 1 688 千克，其中马铃薯亩产 204.5 千克；缙云县农业技术推广部门积极开展了"高山旱粮新三熟亩产超三千斤栽培技术""马铃薯—单季稻亩产超双纲技术研究""万亩山坡地超吨粮高产示范"等项目的实施，这些项目春季作物均为马铃薯。

二、马铃薯栽培技术

（一）选用良种

选用良种是马铃薯早熟高产栽培的一个重要环节。应选用生育期短、结薯早且集中，薯块大小均匀，薯皮光滑，芽眼浅，品质好，商品性好，商品率高，抗花叶病毒病的品种。丽水山区宜选用东农303、克新 2 号、缙云大洋种等。在此基础上选择重量为 50～100 克大小适中的健康种薯作种。较大的应切块种植，能促进块茎内外氧气交换，破除休眠，提早发芽和出苗。一般以切成 20～30 克为宜。切块时要纵切，使每一个切块都带有顶端优势的芽眼。也可用小整薯作种，可避免切刀传病，而且小整薯的生活力和抗旱力强，播后出苗早而整齐，每穴芽数、主茎数及块茎数增多。因而采用 25 克左右健壮小薯作种，有显著的防病增产效果。

（二）整地作畦

马铃薯是不耐连作的作物。种植马铃薯的地块要选择三年内没有种过马铃薯和其他茄科作物的地块。马铃薯对连作反应很敏感，生产上一定要避免连作。俗话说"洋芋不选地，勿粘勿散最适宜"。种植马铃薯的地块最好选择排灌溉方便、耕作层深厚、疏松的砂壤土。冬季翻耕晒垡风化土壤，整地作畦，地膜覆盖栽培畦宽一般为地膜宽的 80％～85％ 为宜，畦面要求平整，中间略高，泥土细碎疏松，以利地膜覆盖，提高保温保湿效果。露地栽培畦的宽度可根据当地生产实际决定采用宽畦或高垄。

（三）科学施肥

马铃薯施肥要根据其需肥量和需肥规律及栽培方式进行，总的原则是重施基肥，增施钾肥。地膜覆盖栽培提倡一次性施肥，将 95％ 以上的肥料作基肥使用。基肥以腐熟的堆厩肥和人畜粪等有肥机为主，配施速效氮、磷、钾肥。翻耕时一般亩施腐熟有机肥 1 000～1 500 千克，播种开沟时施腐熟人猪粪 1 000 千克，过磷酸钙 20～25 千克，草木灰 100～150 千克，加少量尿素或复合肥，注意不能与种薯直接接触，避免伤芽。生长后期用磷酸二氢钾 100 克、尿素 250～500 克兑水 50 千克进行叶面喷施。露地栽培基肥比例占总施肥量的 60％ 以上。出苗后，要采用注意芽肥和结薯肥的追施。

（四）适时播种

马铃薯地膜覆盖早熟栽培播种期，应在保证发芽、出苗的温度要求及幼苗出土后不受晚霜危害为前提，掌握"断霜齐苗"的原则，做到适期早播。马铃薯适宜发芽温度 10～12℃，一般地膜覆盖栽培比露地栽培早出苗 10～12 天，播种期以提前 7～10 天为宜。丽水市平原地区播种适期在 1 月下旬，双膜覆盖栽培播种期还可适当提早。露地栽培有"立春雨水边，洋芋要抢先"之说。采用宽行密株种植，株行距 20～50 厘米，亩种植 6 000 穴左右。秋马铃薯多为晚稻或中稻收获后种植，以 9 月下旬至 10 月下旬播种为宜。

（五）田间管理

地膜覆盖栽培播种后要及时覆膜，每亩需 0.008 毫米地膜 5 千克左右，覆膜要平紧贴畦面，四周用泥土压实。注意覆膜前喷施除草剂，防止杂草危害。出苗后 3～4 天破膜放苗，破膜露苗后须用泥土将洞口封好，遇冷空气要用稻草等覆盖物覆盖防冻。双膜覆盖要注意弓棚内温度，当温度达到 40℃ 时，要及时揭膜降温，防止高温伤苗。温度上升稳定后撤除弓棚。露地栽培马铃薯齐苗后要结合追肥及时进行中耕、除草。现蕾时，注意除草培土，避免薯块外露，影响品质。

（六）防治病虫

马铃薯的病害较多，常见的病害有晚疫病、病毒病、疮痂病等。

1. 晚疫病

（1）症状。主要危害叶片，叶柄茎蔓和薯块也可受害。叶片染病，多从叶尖或叶缘初现水渍状绿褐色小斑点，病斑周围具有较宽的灰色晕环；湿度大时病斑迅速扩展成黄褐色至暗褐色大斑，边缘灰绿色，在病、健交界处产生一圈稀疏白霉；干燥时病部变褐干枯。茎叶柄染病，多形成不规则形褐色条斑；发病严重时导致叶片萎垂卷曲，甚至全株黑腐。薯块染病，形成不规则形褐色至紫褐色病斑。

（2）防治方法。①农业防治：一是做好选种。在无病田块中选留种薯或引无病种薯，选用抗病高产品种。二是做好田间管理。选择土壤疏松，排水良好田块，适当早播，及时防治地下害虫，增强抗病能力。三是搞好清洁田园。四是做好薯块管理。②药剂防治：抓住发病初期做好药剂防治，72.2%霜霉威盐酸盐水剂 1 000 倍液、80%代森锰锌可湿性粉剂 800 倍液、64%恶霜·锰锌可湿性粉剂 1 000 倍液喷雾。

2. 病毒病

（1）症状。在田间常表现花叶、坏死和卷叶 3 种类型的危害症状。

（2）防治方法。①建立无毒种薯繁育基地。②选用抗病、耐病优良品种。③药剂防治：2%宁南霉素水剂 200～250 倍液或 20%盐酸吗啉胍2·铜可湿性粉剂 500 倍液或 1.5%烷醇·硫酸铜乳剂 800 倍液等抗病毒药剂。

3. 疮痂病

（1）症状。此病多危害块茎。先在表皮上产生浅褐色小点，逐渐扩大在褐色至棕褐色、近圆形至不定形大斑块；后期病部组织组织木栓化，使病部表皮粗糙，开裂生病斑边缘隆起，呈粗糙的锈色疮痂状硬斑块。

（2）防治方法。①选用抗病品种。②选用无病种薯，可用 2%盐酸或 40%甲醛 200 倍液浸种 4～5 分钟。③种薯切口涂抹硫黄粉。④改进栽培方式。⑤选择保水性较好的地块种植。⑥及时防治地下害虫。

4. 害虫　马铃薯的害虫主要有蛴螬、蝼蛄、蚜虫等，可用药剂或人工捕杀等措施防治。马铃薯地下害虫食性很杂，可危害马铃薯的幼苗、根、块茎，影响产量及品质。

防治方法：①农业防治。一是清除杂草丛生的荒地，冬前适时进行土壤翻耕，进行水旱轮作。二是在成虫发生期采用黑光灯进行诱杀。②药剂防治：蛴螬可用 50%辛酸硫磷乳油 800 倍液或 90%敌百虫晶体 800 倍液或 55%氯氰·毒死蜱 1 500 倍液等在种植前穴施或种植后灌根防治，在幼虫盛发期每株灌药液 150～250 毫升。蝼蛄可用 5%顺式氯氰菊酯乳油 3 000 倍液或 4.5%高效氯氰菊酯乳油2 000 倍液等于播前喷洒畦面，也可用毒饵诱杀防治。

（七）收获储藏

马铃薯当植株生长停止，大部分茎叶由绿色或黄绿色转变为黄色，块茎很容易与匍匐茎分离，周皮变硬，比重增大，干物质含量达最高限度，即为食用块茎的最适收获期。作种薯利用应提前 5～7 天收获，以减轻生长后期高温的不利影响。秋马铃薯种薯要在霜前收获，避免冻害。马铃薯收获应选择晴天进行。收获的马铃薯先要置放在通风良好的场所将表皮晾干伤口愈合，储藏时注意通风，储藏温度一般以 5～8℃为宜，长时间储藏宜适当降低，不宜堆的太高，冬季注意防冬。

第五节　马铃薯退化原因及防治

马铃薯退化现象是指新引进的种薯当年春播后植株生长健壮、产量高，次年或数年后表现出植株变小、叶片卷曲或皱缩、薯块变小、产量下降的现象。

　　马铃薯退化的主要原因是病毒引起。丽水市常见的有花叶病毒、卷叶病毒、普通花叶病毒和纺锤块茎类病毒等。这些病毒通过机械摩擦、蚜虫、叶蝉或土壤线虫等媒介传播而侵染植株引起退化。品种抗病性的强弱是植株生长是否健壮或发病的关键，关系到种薯是否带病及下个生产季节加重发生的内在因素。高温是引起马铃薯退化的间接外因。其次马铃薯在高温下栽培，生长势衰弱，耐病力下降。能加速病毒的侵染并在植株体内扩散、繁殖，加重了病毒的危害，造成退化。

　　防止退化的措施：选用抗病力强的品种是防止退化的有效措施。在高山建立留种基地或采用秋薯留种，把选用良种和防毒保种结合起来，才能保持种性，延长良种使用年限。改进栽培技术，做到春季早播早收，秋季避开高温延迟播种，防治病虫，缓解退化。另外，通过茎尖组织培养获得无病毒的植株和薯块，再以这种无毒原种薯块在生产上作种，可排除多数病毒和防止退化。

第十四章

大　豆

第一节　概　况

大豆〔*Glycine max*（Linn.）Merr.〕，在植物分类学上属豆科、蝶形亚科、大豆属。大豆起源于中国，大多数人认为原产地是云贵高原一带。现种植的栽培大豆是从野生大豆通过长期自然选择、改良驯化而成的。大豆属一年生草本，是重要的油料、食用和饲料作物也是良好的养地作物。中国古名菽，五谷之一，俗称黄豆、黑豆、黑皮青豆、青仁乌豆。小粒类型在中国南方称泥豆、马料豆，在东北称秣食豆等。在我国大豆约有 5 000 多年的栽培历史，欧美各国栽培历史极短，大约在 19 世纪后期才从我国传入，到了 20 世纪 30 年代遍布世界各国。大豆在我国分布极广，东起海滨，西至新疆，南至海南，北至黑龙江，除个别海拔极高的寒冷地区以外均有种植。其自然限制界线大致在全年大于 10℃积温 1 900℃以下；年降水量在 250 毫米以下无灌溉设施的地区。

大豆历来就是重要的粮食作物。西周、春秋时，大豆已成为仅次于黍稷的重要粮食作物。战国时，大豆与粟同为主粮。但栽培地区主要在黄河流域，长江以南被称之为"下物"，栽种不多。两汉至宋代以前，大豆种植除黄河流域外，又扩展到东北地区和南方。当时西自四川，东迄长江三角洲，北起东北和河北、内蒙古，南至岭南等地，已经都有大豆的栽培。宋代初年为了在南方备荒，曾在江南等地推广粟、麦、黍、豆等，南方的大豆栽培因之更为发展。与此同时，东北地区的大豆生产也继续增长，《大金国志》有女真人"以豆为浆"的记述。清初关内移民大批迁入东北，又进一步促进了辽河流域的大豆生产。康熙二十四年（1685 年）开海禁，东北豆、麦每年输上海千余万石，可见清初东北地区已成为大豆的主要生产基地。战国时麦与大豆轮作是主要的耕作方式之一，稍后南方的大豆种植也得以发展，形成稻与豆的轮作方式。

一、丽水大豆的分布

大豆历来是丽水市主要旱粮作物，全市都有种植，大豆及其制品是主要的副食，种植面积在 1955 年前位于水稻、甘薯、小麦、大麦之后的第五大粮食作物，面积在 15 万亩左右（图 14 - 1）。之后种植面积开始下滑，20 世纪 80 年代初面积开始回升，20 世纪 90 年代后期种植结构调整，小麦种植面积的萎缩，大豆成为种植面积最大的旱粮作物，到 2009 年丽水市大豆种植面积达到 21.33 万亩，占丽水市旱粮作物种植面积的 33.2%，达历史最大面积。截止 2009 年种植面积下降为 19.29 万亩，比重下降到 22.7%（表 14 - 1）。

历史上大豆种植面积最大的是莲都区，1954 年最大面积达 7.6 万亩，占当时丽水市面积 15.64 万亩的近一半；单产最高是青田县，1987 年全县大豆种植面积 0.41 万亩，单产达 314 千克（表 14 - 2）；稳步发展的是遂昌县，1950 年以来年种植面积稳定在 1 万亩以上，1969 年后稳定在 2 万亩以上，1984 年后稳定在 3 万亩以上，到 2004 年种植面积达 4.25 万亩，成为丽水市大豆种植面积最大的县。近年来随着种植结构调整的深入和人们生活水平的提高，鲜食大豆市场需求量不断增加，鲜食大豆种植比例也越来越高，到 2005 年丽水市鲜食大豆种植面积约占大豆总面积的 35%（表 14 - 3）。鲜食大豆种植面积比较大的是莲都区 1.3 万亩，鲜食大豆种植比例最高的是松阳县达 1.1 万亩，占大豆总面积的 44.8%。

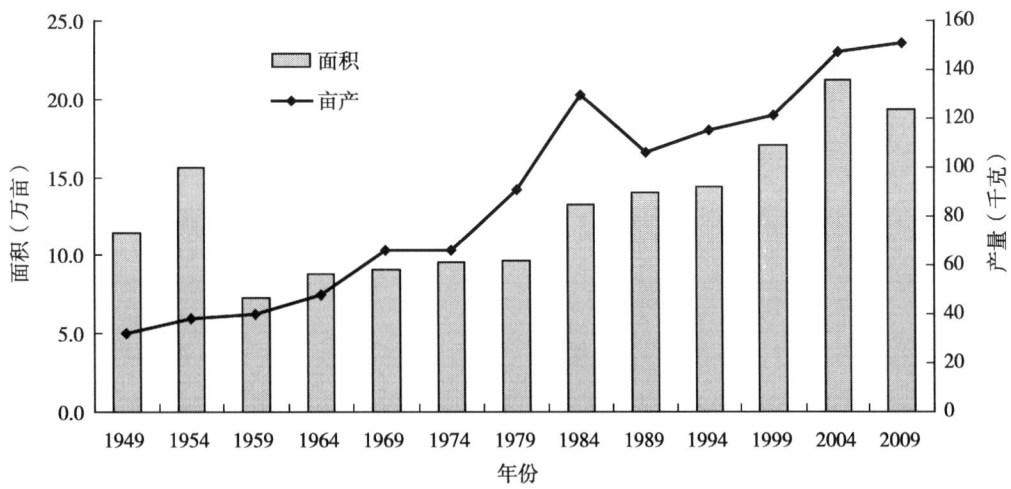

图 14-1　丽水市历年大豆种植面积及产量

表 14-1　丽水市历年大豆播种面积

单位：万亩

年份	合计	莲都	青田	云和	龙泉	庆元	缙云	遂昌	松阳	景宁
1949	11.45	6.37	2.28	0.36	1.10	0.10	0.55	0.69	—	—
1950	11.98	6.38	2.36	0.39	1.11	0.10	0.55	1.09	—	—
1951	14.09	6.43	2.40	0.39	1.28	0.07	0.54	2.98	—	—
1952	15.31	6.82	2.42	0.55	1.58	0.10	0.53	3.31	—	—
1953	15.68	7.10	2.75	0.55	1.71	0.22	0.51	2.84	—	—
1954	15.64	7.60	2.72	0.54	1.48	0.22	0.53	2.55	—	—
1955	14.89	6.55	2.62	0.45	1.12	0.33	0.52	3.30	—	—
1956	11.42	4.53	2.10	0.55	0.81	0.36	0.42	2.65	—	—
1957	11.53	4.88	1.79	0.58	0.97	0.46	0.51	2.34	—	—
1958	6.27	2.12	1.01	0.54	0.54	0.27	0.47	1.32	—	—
1959	7.28	2.22	1.22	0.41	0.46	0.23	0.52	2.22	—	—
1960	6.46	1.85	1.00	0.43	0.81	0.38	0.62	1.37	—	—
1961	5.95	2.27	0.90	0.42	0.58	0.33	0.51	0.94	—	—
1962	7.08	3.38	0.88	0.48	0.55	0.26	0.59	1.03	—	—
1963	8.94	4.38	1.05	0.53	0.80	0.31	0.46	1.41	—	—
1964	8.77	3.47	0.88	0.80	0.96	0.45	0.51	1.70	—	—
1965	7.54	2.85	0.65	0.63	0.99	0.50	0.44	1.48	—	—
1966	7.11	2.26	0.54	0.70	0.95	0.53	0.52	1.61	—	—
1967	6.87	2.30	0.54	0.60	1.07	0.61	0.50	1.25	—	—
1968	7.40	2.54	0.36	0.60	1.10	0.46	0.74	1.60	—	—
1969	9.05	3.08	0.36	0.61	1.39	0.51	0.73	2.37	—	—
1970	9.59	2.53	0.42	1.13	1.64	0.69	0.70	2.48	—	—
1971	8.27	1.71	0.42	1.02	1.56	0.64	0.50	2.98	—	—
1972	10.36	2.50	0.49	1.20	1.78	0.71	0.70	2.90	—	—

（续）

年份	合计	莲都	青田	云和	龙泉	庆元	缙云	遂昌	松阳	景宁
1973	10.84	2.73	0.52	1.05	1.81	0.59	0.74	2.74	—	—
1974	9.61	2.39	0.44	1.07	1.76	0.46	0.75	2.57	—	—
1975	8.66	2.41	0.35	0.95	1.59	0.33	0.47	2.46	—	—
1976	7.80	2.09	0.27	0.82	1.42	0.32	0.42	2.46	—	—
1977	9.05	2.24	0.29	1.16	1.71	0.51	0.45	2.69	—	—
1978	8.08	2.04	0.23	1.15	1.92	0.66	0.46	2.62	—	—
1979	9.66	2.28	0.19	1.48	1.86	0.67	0.52	2.66	—	—
1980	10.10	2.34	0.27	1.62	1.72	0.82	0.52	2.81	—	—
1981	12.50	2.83	0.39	2.15	2.03	0.99	0.63	2.48	—	—
1982	13.22	3.00	0.43	2.04	2.24	1.07	0.72	2.44	1.28	—
1983	13.20	2.22	0.44	2.08	2.29	1.10	1.00	2.76	1.31	—
1984	13.30	1.93	0.40	0.68	2.20	1.10	0.94	3.02	1.43	1.60
1985	13.12	1.85	0.45	0.71	2.13	1.10	0.88	3.06	1.47	1.47
1986	13.06	1.72	0.35	0.71	2.09	1.10	0.93	3.13	1.56	1.47
1987	13.35	1.66	0.41	0.77	2.07	1.11	0.87	3.34	1.57	1.55
1988	14.23	1.95	0.48	0.86	2.12	1.16	1.01	3.43	1.63	1.59
1989	13.98	1.71	0.47	0.85	2.13	1.22	0.95	3.39	1.66	1.60
1990	14.92	2.04	0.44	0.92	2.29	1.20	0.94	3.77	1.64	1.68
1991	14.76	1.96	0.45	0.90	2.32	1.29	0.80	3.82	1.56	1.66
1992	14.46	1.94	0.48	0.84	2.30	1.32	0.72	3.68	1.56	1.64
1993	14.25	1.97	0.51	0.83	2.18	1.34	0.72	3.53	1.55	1.65
1994	14.37	2.00	0.57	0.84	2.13	1.29	0.71	3.50	1.64	1.71
1995	15.99	3.45	0.08	1.01	2.19	1.47	0.80	3.69	1.58	1.74
1996	17.76	3.65	0.71	0.86	2.19	1.29	0.88	3.82	1.80	1.80
1997	17.42	3.2	0.75	0.92	2.6	1.35	1.02	3.90	1.98	1.71
1998	17.14	3.24	0.83	0.81	2.3	1.33	1.00	3.86	2.16	1.62
1999	17.04	3.11	0.65	0.96	2.22	1.33	1.01	5.39	2.13	1.74
2000	18.10	3.58	0.73	1.00	2.19	1.29	1.26	3.88	2.36	1.81
2001	18.16	3.32	0.83	1.01	2.20	1.24	1.57	3.64	2.44	1.92
2002	18.07	3.11	0.96	1.02	2.14	1.23	1.54	3.60	2.49	1.98
2003	17.82	3.26	0.95	0.97	2.07	1.10	1.64	3.36	2.48	1.98
2004	21.20	3.60	1.23	1.25	3.60	1.27	2.03	4.25	2.67	2.10
2005	21.33	3.85	1.22	1.35	2.40	1.37	2.11	4.23	2.51	2.30
2006	20.89	3.50	1.18	1.36	2.40	1.40	2.10	4.30	2.38	2.24
2007	20.68	3.65	1.11	1.38	2.33	1.30	2.10	4.25	2.31	2.25
2008	19.38	3.99	1.20	1.47	1.56	1.14	1.24	4.25	2.69	1.85
2009	19.29	3.87	0.78	1.30	2.18	1.08	2.50	3.84	2.27	1.47

表 14-2　丽水市历年大豆亩产

单位：千克

年份	合计	莲都	青田	云和	龙泉	庆元	缙云	遂昌	松阳	景宁
1949	32	30	35	20	17	28	40	24	—	—
1950	32	30	40	20	43	28	40	20	—	—
1951	37	35	41	23	44	28	43	39	—	—
1952	35	32	38	23	43	30	45	40	—	—
1953	41	44	38	20	38	28	50	42	—	—
1954	38	41	45	25	28	31	55	36	—	—
1955	40	46	47	28	27	27	55	28	—	—
1956	33	35	25	21	31	31	70	34	—	—
1957	45	49	52	28	45	46	80	26	—	—
1958	47	44	48	26	45	45	83	49	—	—
1959	40	34	38	23	36	37	84	39	—	—
1960	34	35	36	24	26	29	73	21	—	—
1961	39	36	39	34	34	33	63	40	—	—
1962	42	39	33	42	30	30	102	40	—	—
1963	51	50	41	39	47	61	86	53	—	—
1964	48	47	39	42	46	65	83	46	—	—
1965	47	38	33	39	39	50	129	56	—	—
1966	52	45	33	52	42	64	102	52	—	—
1967	48	45	33	43	53	67	86	35	—	—
1968	63	65	45	55	46	53	111	60	—	—
1969	66	64	45	66	50	55	159	56	—	—
1970	76	52	51	68	63	73	184	65	—	—
1971	76	84	50	62	62	64	172	69	—	—
1972	74	74	50	62	53	48	162	77	—	—
1973	51	49	35	53	36	33	168	51	—	—
1974	66	59	41	77	49	50	114	70	—	—
1975	50	46	32	42	35	30	160	48	—	—
1976	64	69	39	48	41	47	173	64	—	—
1977	88	98	49	82	63	64	272	74	—	—
1978	99	103	61	72	70	89	221	75	—	—
1979	91	93	62	87	62	82	192	80	—	—
1980	115	107	89	122	85	124	195	91	—	—
1981	116	114	76	117	100	124	205	87	—	—
1982	119	120	87	129	97	114	202	79	103	—
1983	123	125	49	128	99	118	180	76	105	—
1984	130	160	41	111	110	131	175	86	121	250
1985	128	163	169	106	107	120	161	89	121	132
1986	117	151	296	107	98	120	173	83	109	112
1987	119	152	314	108	96	113	177	83	109	124

（续）

年份	合计	莲都	青田	云和	龙泉	庆元	缙云	遂昌	松阳	景宁
1988	97	110	206	99	83	113	127	61	98	110
1989	106	143	233	108	87	105	144	74	88	115
1990	98	123	226	102	82	102	143	68	97	97
1991	99	141	77	108	79	106	157	70	104	107
1992	107	143	118	114	88	112	164	78	114	110
1993	108	152	108	110	90	116	175	74	121	100
1994	115	156	101	121	111	122	185	79	123	106
1995	113	123	85	108	92	113	182	82	129	112
1996	112	126	—82	139	100	121	180	86	136	115
1997	130	153	106	140	170	118	161	86	143	109
1998	120	139	103	139	87	122	173	91	156	109
1999	121	138	111	154	100	135	160	65	141	110
2000	126	141	120	150	99	143	166	94	152	114
2001	129	140	149	150	106	133	157	96	156	119
2002	127	140	124	67	120	180	167	96	151	114
2003	127	149	114	143	118	147	162	88	140	107
2004	147	162	106	148	162	131	169	96	150	112
2005	135	152	110	157	133	134	173	106	148	111
2006	142	180	118	155	136	150	172	105	155	114
2007	143	181	127	155	136	151	176	110	160	111
2008	143	145	123	157	147	148	163	115	175	168
2009	151	141	128	142	148	149	180	132	178	163

表 14 - 3　丽水市 2001—2009 年鲜食大豆生产情况

年份	面积（万亩）	亩产（千克）	总产量（吨）
2001	3.46	592	20 513
2002	4.87	450	21 915
2003	5.83	441	25 693
2004	7.04	497	35 030
2005	7.43	517	38 439
2006	7.76	520	40 363
2007	7.03	497	34 922
2008	8.52	562	47 935
2009	8.39	539	45 183

注：数字采集农业业务年报。

二、丽水大豆的发展

新中国成立以来丽水市大豆生产走过单一的干籽生产到干鲜共同利用、单产逐年递增、面积从小到大的发展过程。大体可划分四个阶段。

第一阶段，稳定发展期（1949—1957 年）。丽水市种植面积保持在 11 万亩以上，年平均播种面积 13.55 万亩，主要集中在莲都区、遂昌县、青田县，占丽水市种植面积的 80％左右；丽水市年平均单产 32.3 千克，年均总产 4 379 吨。期间大豆主要是延用传统的稻—豆种植方式，一部分麦—稻—豆的种植方式，以秋大豆种植为主，历来有，"秋前三天，秋后一七""秋前小播，秋后大播，处暑不播"和"处暑种豆顶上花，立秋种豆满树荚"的说法，可见当时秋大豆的生产地位。在瓯江两岸的小平原地带的许多旱地，以及海拔 200 米以下的丘陵山坡地上采用麦—豆的种植方式，此种方式大多种植夏大豆。

第二阶段，萎缩调减期（1958—1979 年）。年均种植面积 8.21 万亩，比前一阶段年均下降 5.34 万亩，下降 39.41％；年均单产 61.1 千克，比前一时期，年均亩增 28.8 千克，年均总产量 5 017 吨，比前一时期年均增产 638 吨。此时期，粮食生产上推广双季稻和水利条件的改善，平原河谷地区稻—豆、麦—稻—豆轮作的耕作方式减少，丘陵地区为增加粮食产量，以亩产更高的玉米取代了大豆，稻—玉米的轮作方式增加，水田种豆的减少使秋大豆的生产面积急速下降，1963 年种植面积降至历史最低 5.95 万亩；于此同时，为保持一定的大豆生产能力，满足人们的基本需求，田埂豆种植在各地普遍推广。此间栽培大豆主要是旱地，坡地、田埂等种植的夏大豆，使的单产水平有显著提高。

第三阶段，恢复生产期（1980—1994 年）。年均种植面积 13.52 万亩，种植面积恢复到 1949—1957 年的水平，单产突破 100 千克，年均达 110.35 千克，年总产量突破 1 万吨，平均达 1.49 万吨。期间，以柑橘为主的水果生产在发展，中低缓坡地大量的开垦，大豆作为养地作物而备受重视，在幼龄果园中套种大豆，使大豆生产得以迅速发展。同时，杂交水稻在生产上普及，粮食问题得以解决，人们又重视豆制品为主的副食生产，推动了大豆品种的引进，栽培技术的研究，春大豆的栽培得以发展。

第四阶段，鲜食生产期（1995 年以后）。丽水市大豆生产在农业增效，农民增收的政策引导下，根据市场需求，从干籽生产转向鲜食生产，菜用大豆迅速发展，大豆种植面积进一步扩大，效益显著提高。大豆种植面积从 1995 年的 16 万亩增加至 2005 年的 21.33 万亩，亩产从 113 千克增至 135 千克，总产量从 1.81 万吨增至 2.87 万吨，种植亩积、单产，总产皆达历史之最。大豆的鲜食生产从莲都区、松阳县首先发展，迅速扩展至丽水市各地，到 2005 年丽水市鲜食菜用大豆达 7.4 万余亩，占总面积的 1/3，平均鲜亩产达 517 千克，总产达 3.85 万吨。鲜食大豆在生产季节上有春播、夏播、秋播之分；在栽培方式上有地膜加小拱棚的特早熟栽培、地膜覆盖栽培和露地栽培、秋季延后栽培。种植布局上从海拔 40～50 米的河谷平原盆地到海拔千米的山地。供应季节上从 5 月初到 11 月下旬长达 7 个月；品种应用上采用鲜食大豆专用品种，使大豆作物从园地套种、边缘作物发展到大田主栽作物。莲都区的碧湖平原、老竹盆地和松阳县的松古平原是丽水市鲜食大豆的主产区。

第二节　大豆类型与良种推广

一、大豆的分类

我国大豆种类繁多，是世界上最丰富的国家，按种皮颜色分有黄色、青色、黑色、褐色等；按籽粒形状分有圆形、椭圆形、扁圆形、长椭圆形、肾形；按株形分有蔓生型、半蔓生型、直立型；按用途分有加工用、食用、饲用等。对生产最密切的分类是按结荚习性分类和按播种季节分类。

1. 按结荚习性分类　有限结荚习性、无限结荚习性、亚有限结荚习性 3 类。

（1）有限结荚习性。主茎和分枝顶端都有顶生花簇，当顶端花簇出现时，主茎停止生长。植株较矮，茎秆粗壮、节间短，株型紧凑，不易倒伏，花期较短，一般约 15～20 天，结荚集中。耐肥耐湿，在肥水充足条件下，结荚多，粒大饱满，丰产性能高，适合在多雨、土壤肥沃地区种植。在肥水充足地区，或稻田的田埂豆，或与玉米间作套种，应选用丰产性好，茎秆粗壮，中大粒的有限结荚习性品种。

（2）无限结荚习性。主茎和分枝顶端均无顶生花簇，只要环境条件适宜，主茎和分枝顶端生长点可以进行无限生长。植株高大，茎细、节间长，株型松散，易倒伏，花期长，一般达 30～40 天，结荚分散，单株结荚以中、下部较多，往上逐渐减少。耐旱耐瘠，对肥、水要求不太严格，即使种在瘠薄地区，仍能获得一定的产量，但在土壤肥沃，雨水较多情况下，往往徒长倒伏，降低产量。高山地区，瘠薄旱地、新垦地应选用无限结荚习性的品种。

（3）亚有限结荚习性。 植株较高大，主茎发达，结荚较多，分枝能力稍差，开花顺序与无限结荚类型相似，但荚的分布与有限类型相似。在多雨密植情况下接近无限生长习性类型；在少雨、稀植情况下，接近有限生长习性类型。品种对肥水条件的要求介于前两者之间。此类品种中，株高中等，主茎发达的品种，适合于较肥沃地种植；植株高大，繁茂性强的，则适宜于瘠薄地种植。

2. 按栽培季节分类　大豆是短日照作物，不同品种对光照敏感程度不同，从而形成了适宜不同栽培季节栽培的类型，即春大豆、夏大豆、秋大豆3类。丽水市的大豆栽培历经秋大豆为主、夏大豆为次，夏大豆为主、秋大豆为次和春大豆与夏大豆并举的过程。

（1）春大豆。 对光照反应不敏感，对温度反应敏感。高温能缩短生育期。适宜春播，也可作秋播。

（2）夏大豆。 短日照反应中等，早播生育期延长。适宜夏播，也可秋播。但秋季栽培植株变矮，生育期缩短。

（3）秋大豆。 对短日照反应敏感。适宜秋播，也可作夏播。如丽水的九月黄、苞萝豆。

二、良种推广应用

丽水市大豆品种利用总体上可概括为：地方品种、引进品种和品种选育相结合，加工品种和菜用大豆相配套。纵观丽水市大豆良种推广应用，大体上可划分为：本地地方品种、品种引进推广、菜用大豆品种应用三个阶段。

1. 本地农家品种应用阶段　20世纪50年代前，丽水市各地种植的大豆品种都是本地地方品种，主要有六月豆、九月黄、苞萝豆、野猪曲、青皮豆、九都豆、花生豆、老鼠豆、乌豆、山豆、牛吃桩、淹田豆、青丝豆、早毛豆、百笋豆、一把抓等。这此地方良种品质好，耐瘠耐旱，适宜性广，至今还在生产上应用，如九月黄，苞萝豆等。

2. 品种引进推广阶段

（1）外地农家品种引进推广。 20世纪50年代末引进兰溪大青豆，60年代从临安引进贼不要（十不要），70年代引进江苏339和萧山五月拔等。这些品种对丽水市大豆生产发展作出积极贡献，至今还是主要搭配品种。此间引进应用的还有五月黄、六月白、大毛豆、广东豆、大连豆、湘豆5号、野猪簇等，形成本地品种与引进品种交相辉映的局面。

（2）选育品种引进应用阶段。 1982年从中国农业科学院引进矮脚早，1983—2005年共推广33.69万亩，逐步淘汰了老品种。20世纪80年代后期开始从浙江省农业科学院选育引进了浙春1号、浙春2号、浙春3号等品种，并迅速在丽水市各地得以大面积的应用，其中浙春2号成为20世纪90年代乃至现阶段的当家品种。至2005年累计推广面积46.47万亩。

3. 菜用大豆引进推广阶段　20世纪90年代后期种植业结构的调整，推广两旱一水，水旱轮作以优化种植结构，大豆品种利用有了一定的变化。特别是进入21世纪，先后引进了引豆9701、台湾75、台湾292、华春18、矮脚毛豆、春丰早等一大批菜用大豆新品种，并在生产中得以推广应用。2001年丽水市鲜食大豆栽培面积3.46万亩，到2005年发展到7.43万亩。

丽水市科研人员在大豆品种的选育方面作过积极的努力，并取得了良好的成效。丽水市农业科学研究所从20世纪80年代开始先后引进、选育通过审定了秋7-1、丽秋1号和丽秋2号3个品种，其中丽秋1号通过浙江省农作物品种审定委员会审定。到2005年3个品种累计推广面积18.93万亩。

据1982—2005年种子部门统计，种植面积较大的大豆品种依次有：浙春2号46.47万亩、矮脚早33.69万亩、九月黄26.5万亩、贼不要23.45万亩、江苏33919.05万亩、苞萝豆18.33万亩，还有浙春1号11.13万亩、六月豆10.99万亩。菜用大豆年种植面积最大的是台湾75，2005年种植面积达到2.98万亩。

三、代表性主要品种

1. 兰溪大青豆

(1) 面积产量。 兰溪农家品种，20 世纪 50 年代中期引入丽水市，一般亩产 100~150 千克。

(2) 特征特性。 株高 80~120 厘米，株型松散，结荚部位高，易徒长倒伏。叶卵圆型，紫花，种皮青色，脐深褐色，豆粒椭圆形，百粒重 30 克。含油率 14%~15%，蛋白质 42%~44%。生育期 100 天左右，耐旱不耐湿，较耐迟播。

(3) 栽培要点。 ①选择中等肥力的半沙土、泥质土种植。大暑至立秋边播种。②株行距 25 厘米左右。③增施磷钾肥，孕蕾末期采取摘心、深中耕等措施。

2. 五月拔

(1) 面积产量。 丽水市主要搭配品种。一般亩产 100~150 千克。

(2) 特征特性。 株高 60 米，株型略松散，单株结荚数 25 个左右，属有限结荚习性。子粒黄色，脐褐色，百粒重 18 克。易裂荚，不宜作秋播。生育期 105 天左右，适应性广。

(3) 栽培要点。 ①春播每亩 2 万~2.5 万穴，土壤肥力差的可稍密植。田埂种植穴距 15 厘米左右。②苗期注意中耕除草，适施氮肥，花期适当增施磷、钾肥。③适时收获，防止裂荚。

3. 浙春 2 号

(1) 面积产量。 浙江省农业科学院用德清黑豆与黄 1 号杂交选育而成，1987 年通过浙江省农作物品种审定委员会审定，同年引入丽水市。是丽水市主要推广品种，累计推广面积近 90 万亩，其中作夏秋种植面积 46.47 万亩。一般亩产 120~160 千克。

(2) 特征特性。 株高 50~70 厘米，主茎节 12~15 个，分枝 2~3 个，一般单株结荚 40~60 个，单株粒重 10 克左右，百粒重 16 克左右。豆粒圆形，种皮黄色，脐黑色，叶子大，卵圆形。生育期 100~110 天左右，播期弹性大，适应性广，耐瘠，中抗病毒病。较耐迟播。

(3) 栽培要点。 ①在丽水市宜 3 月底至 4 月上中旬播种，作间作套种共生期在 35 天左右。②株行距 35 厘米×20 厘米，每穴留苗 2 株，肥力水平低可适当提高密度。③肥力水平低的地块在苗期、始花期适量施磷钾肥。④苗期注意防止地老虎，确保全苗。适当提前收获，减少裂荚损失。

4. 矮脚早

(1) 面积产量。 中国农业科学院油料研究所系统选育而成，1981 年引入丽水市。丽水市主要推广品种，近 50 万亩，其中作夏秋种植面积 33.69 万亩。一般亩产 120~150 千克。

(2) 特征特性。 植株矮而紧凑，株高 40~45 厘米，结荚部位低，约 10 厘米，分枝 4~5 个，一般单株结荚 40 个左右，结荚密集，荚型较大，多为二粒、三粒荚。花白色。全生育期 100 天左右，籽粒黄色，大小均匀，脐褐色，品质较好。

(3) 栽培要点。 ①在丽水市宜 3 月下旬至 4 月上中旬播种。②株行距 30 厘米×20 厘米，每穴留苗 2~3 株，注意缺穴补苗。③增施磷钾肥，一般播种时用钙镁磷肥 20~25 千克，氯化钾 2.5~5.0 千克，苗期适施少量氮肥。④鼓粒到成熟注意防止缺水早衰，同时加强杂草和病虫防治。

5. 苞箩豆

(1) 面积产量。 莲都区优良农家品种。丽水市主要推广良种，根据 1982—2003 年统计，累计推广面积 18.33 万亩。一般亩产 100 千克。

(2) 特征特性。 植株矮壮，秋播株高 45 厘米左右，茎粗 0.4 厘米；夏播株高 65 厘米左右，茎粗 1.5 左右。叶色淡绿，开白花，叶片卵圆形，每一复叶生有 3~5 片小叶。结荚部位低，约 15 厘米左右，结荚密集，一般单株结荚 22 个左右。秋播生育期 100 天左右，春、夏种植生育期延长明显。抗锈病、耐迟播、适应性广。

(3) 栽培要点。 ①适时早播。在丽水市作秋季种植宜 7 月底至 8 月上旬播种。②合理密植。一般每亩 2 万穴，每穴定苗 2 株，掌握早播宜疏，迟播宜密。③肥料施用。用 350~400 千克灰肥拌人粪尿作盖籽肥（基肥），苗期用过磷酸钙 15 千克、氯化钾 10 千克、灰肥 350～400 千克加适量人粪尿拌匀进行穴施。④防治病虫。注意锈病和夜蛾为害。

6. 贼不要

（1）面积产量。 浙江省临安县优良农家品种，1964 年引入丽水市。丽水市主要推广良种，到目前仍有种植，1983—2005 年累计推广 23.45 万亩。一般亩产 100～120 千克。

（2）特征特性。 夏季栽培株高 75 厘米左右（秋季栽培 50 厘米左右）分枝 6～7 个，秋季栽培几乎无分枝。开紫花，单株结荚 140 多个，秋季栽培 35～40 个。籽粒黄色，脐深褐色，百粒重 20 克左右。茎秆粗壮，根系发达，耐旱、抗倒，秋季种植表现抗锈病能力较强。夏季栽培生育期 155 天左右（秋季栽培 96 天左右）。

（3）栽培要点。 ①夏季栽培宜 5 月下旬播种，秋季栽培宜 7 月下旬。②一般每亩 2 万穴，每穴定苗 2 株。③增施磷钾肥，加强病虫防治。

7. 江苏 339

（1）面积产量。 20 世纪 70 年代末引入丽水市，是丽水市主要推广品种，仅 1983—2003 年累计推广 19.05 万亩。一般亩产 100～120 千克。

（2）特征特性。 株高 50 厘米左右，结荚位 10 厘米左右，单株分枝 4～5 个，单株结荚 140 个左右，百粒重 23 克左右。籽粒呈圆形，种皮淡黄色，脐浅褐色。夏季栽培生育期 140 天左右（秋季栽培 95 天左右）。表现早熟，不易裂荚，茎秆粗壮，根系浅，不耐旱。

（3）栽培要点。 ①夏季栽培宜 5 月中下旬播种，秋季栽培宜 7 月底至 8 月初播种。②其他管理参照贼不要。

8. 秋 7－1

（1）面积产量。 丽水市农业科学研究所 1985 年从江西省上饶地区农业科学研究所引进。丽水市种植面积累计 5 万亩。一般亩产 110～170 千克。

（2）特征特性。 株型收敛。生育期 100 天左右，属秋大豆类型。高抗倒伏，抗病毒病，较抗锈病。籽粒黄亮，百粒重 27 克左右。粗蛋白含量 44.97%，粗脂肪含量 16.91%。生长势强，适应性广，丰产性和稳产性好。

（3）栽培要点。 参照贼不要。

9. 丽秋 1 号

（1）面积产量。 丽水市农业科学研究所从江苏省引进的地方品种的突变单株中系统选育而成，1995 年通过浙江省农作物品种审定委员会审定，适宜在丽水市和浙西南地区作秋大豆种植。丽水市主要推广品种，2002—2005 年累计推广 7 万余亩。一般亩产 120 千克左右。

（2）特征特性。 株高 55 厘米，主茎节 11 个，有效分枝 0.5 个，单株结荚 17.3 荚，单株粒数 30.9 粒，百粒重 20.9 克左右。粗蛋白含量 48.48%，比九月黄高 4.20%，粗脂肪含量 17.40%，比九月黄高 5.84%。必须氨基酸总含量 13.11%，比九月黄高 5.98%。，该品种全生育期 98 天，生长快，茎秆粗壮，耐肥，不易倒伏，不裂荚，后期褪色好，落叶性好，中抗锈病，较抗病毒病和双霉病。结荚习性好，耐肥抗倒。

（3）栽培要点。 ①早播有利获得高产，条件许可应适时早播。②丽秋 1 号分枝数较少，以主茎结荚为主，确保每亩基本苗 2 万～3 万株。③每亩施钙镁磷肥 15 千克左右，焦泥灰 500 千克，迟播要适施氮肥（每亩 5～10 千克）。④加强病虫草害的防治。

10. 引豆 9701（鲜食）

（1）面积产量。 浙江省农业厅农作物管理局引进的鲜食春大豆专用新品种。2001 年通过浙江省农作物品种审定委员会审定，2002 年引入丽水市。丽水市小面积种植，一般鲜荚亩产 500～600 千克。

（2）特征特性。 该品种为早熟品种。株高 30～35 厘米，株型紧凑，叶椭圆形，叶色深绿，始荚高度 9 厘米，单株有效分枝 2 个，单株有效荚 18 荚，单株粒数 33 粒左右。鲜荚深绿色，白毛，荚大粒大，鲜荚壳薄，2～3 粒荚多，出籽率高，百荚鲜重 220～230 克。豆荚蒸煮酥糯、微甜、口味佳。抗寒性、抗病性较强，抗病毒病、双霉病。

(3) 栽培要点。①在丽水市宜 3 月下旬至 4 月初播种，争取 6 月上旬收获。②采用地膜覆盖栽培，有条件的用小拱棚栽培，提早成熟上市。③适当增加密植，一般每亩 1 万穴，每穴定苗 2 株。

11. 台湾 75（鲜食）

(1) 面积产量。慈溪市蔬菜开发公司 1997 年引进，1999 年通过浙江省农作物品种审定委员会审定，2001 年引入丽水市。是丽水市春大豆主要种植品种，2005 年种植 2.98 万亩。一般鲜荚亩产 600 千克。

(2) 特征特性。该品种为迟熟品种。株高 40 厘米，生长势旺，分枝多，开白花。鲜荚翠绿，白毛，荚大粒大，鲜荚壳薄，2～3 粒荚多，出籽率高，百荚鲜重 230 克左右，商品性好。豆仁带衣，食之酥糯、微甜、口味佳。不抗病毒病。

(3) 栽培要点。①合理密植，一般每亩 6 000～7 000 穴，每穴定苗 2 株。②科学施肥，基肥亩施复合肥 35～40 千克，开花结荚期亩用尿素 18～20 千克，分始花和终花两次使用。③前期注意蚜虫防治，减轻病毒病发生。

12. 台 292（鲜食）

(1) 面积产量。2002 年引入丽水市。丽水市莲都区老竹、丽新一带有较多的种植面积，2004 年丽水市种植面积 0.9 万亩。一般鲜荚亩产 500 千克。

(2) 特征特性。该品种为早熟品种。株高 30～35 厘米，幼苗主茎紫色，主茎 6～8 节，分枝少，花紫色，始荚高度 10 厘米左右，荚粗粒大，白毛，商品性好。鲜荚味甜，品质佳。单株结荚 15～20 荚。耐肥抗倒，抗病性较强，早熟。

(3) 栽培要点。参照引豆 9701，同时注意加强病毒病的防治。

第三节　大豆特征特性与环境条件

一、大豆的植物学特征

1. 根系　大豆为圆锥根系，由主根和侧根组成，主根可达 1～2 米，侧根 40～50 厘米，呈水平生长，随后向下生长，大部分根系分布在 10～20 厘米。大豆根系着生许多根瘤，可吸收空气中游离氮，固定成含氮化合物，供大豆生长发育之需。

2. 茎　大豆主茎一般有 10～20 个节，早熟品种 8～10 个节。茎节上有腋芽，可发育成分枝或花序，大多主茎下部腋芽发育成分枝，上部的腋芽发育成花序。按茎的生长形态分为：蔓生型、半蔓生型、直立型。

(1) 蔓生型。主茎细长缠绕，分枝多，叶片小，节间长、花期长，结荚分散；在系统发育上近原始类型，抗逆性强，不耐水、肥，产量较低。

(2) 半蔓生型。主茎较粗，下部直立上部有时蔓生缠绕，节间较长、花期结荚较散。

(3) 直立型。主茎矮状直立，节间短，花簇生，结荚密。

3. 叶　大豆的叶分子叶、单叶和复叶 3 种。出苗后的初生叶为子叶，可进行光合作用。子叶节以上长出的叶为单叶，以后长出的叶几乎全部是由三出复叶。有的是 5 个或 7 个小叶片组成复叶。

4. 花　大豆花为蝶形花，着生在叶腋间或茎的顶端，花朵聚生在花梗上叫花簇。花色分白色、紫色两种。大豆为自花授粉作物。

5. 荚　大豆的果实叫荚果，大多为绿色，成熟后颜色变化不一。荚果表面覆盖茸毛，茸毛的颜色、长短、稀密因品种而异。每个荚果有籽粒 1～4 粒。

6. 种子　大豆是双子叶植物，种子由种皮和胚组成。种皮有黄色、黑色、青色、褐色、双色等，种脐有黑色、褐色、无色等。

二、大豆生物学特性

（一）大豆生育特性

大豆一生可划分为：幼苗期、分枝期、开花结荚期、鼓粒成熟期这4个主要生育时期。

1. 幼苗期　从出苗到分枝出现。当种子吸足种子风干重的100％～150％的水就开始萌芽，土壤最大持水量要求在50％～60％。发芽最低温度在6～8℃，以10～12℃发芽正常。苗期生长的适宜温度为20℃。出苗后子叶展开由黄转绿，开始光合作用。胚芽继续生长，生出一对单叶。经过5～6天，第1复叶出现。当第2复叶展平时，大豆已开始进入花芽分化期。出苗后5～7天出现侧根并形成根瘤，约经15～20天开始固氮，幼苗期需水、需肥量少。

2. 花芽分化期　从花芽分化到开花。一般出苗后25～35天开始花芽分化。子叶节和单叶节大多不会分枝，复叶以上的茎节有枝芽分化，条件适宜就形成分枝，上部腋芽成为花芽，当花芽分化结束，分枝发生停止。

花芽分化期要求温度15℃以上，20～25℃最为适宜。日照时数在9～18小时范围内，随着日照时数减少，花芽分化加快。花芽分化期植株生长加快，生长量是幼苗期的1～2倍，因此，需要较多的水分和养料，以确保花芽分化所需，达到花多，结荚多，产量高的目的。

3. 开花结荚期　始花到终花。大豆开花天数因品种和气候条件而异，一般15～30天。大豆为自花授粉作物。开花的适宜温度20～25℃，29℃以上开花受到限制，13℃以下开花停止。

开花结荚期是营养生长和生殖生长最旺盛时期，也是干物质积累最多的时期，需要大量水分和养分。要求土壤田间持水量达到70％～80％，农谚有"大豆干花湿荚，亩收石八；干荚湿花，有秆无瓜"。说明水分在大豆开花结荚期的重要性。追施氮肥，喷施磷肥，保证养分供应，减少花荚脱落，提高大豆产量。

4. 鼓粒成熟期　豆荚内豆粒开始鼓起到最大的体积和重量。鼓粒期叶片、叶柄等营养器官将营养物质不断向籽粒输送，颜色逐渐变黄。豆荚伸长，籽粒不断充实变圆，达到品种所固有的形态和皮色。

成熟期需水量较少，宜阳光充足，较干燥天气，有利于促进大豆子粒充实饱满。该时期要注意防止根系早衰，保持根系活力。

（二）大豆花荚脱落与增花增荚

大豆植株开花很多而成荚少，主要因花荚脱落。花荚脱落率一般在30％～70％，其中以花朵脱落最高，占全部脱落的60％；落荚占30％；落蕾占10％。落花在开花后3～5天最多，落荚在开花后7～15天最多，落蕾在花期末期及开花前7～10天最多。花荚脱落在整个开花结荚期都可能出现，但脱落高峰期在盛花期。

花荚脱落的主要原因是有机营养供应不足。营养条件不足的情况下，每个花荚由于本身所处位置和条件不同，所获得营养物质的量是不同的。凡能得到充分营养物质的花荚，就能正常发育结实成熟；反之就会死亡、脱落。其次是没有受精的雌蕊或胚不发育的，其生长激素含量低，离层酶类活跃而脱落。还有因干旱造成花荚严重失水而脱落。其他如机械损伤、病虫害等都会造成落花落荚。减轻落花落荚问题的途径主要有：

1. 选育高效良种　培育光合效率高，叶片透光率高，株型紧凑，群体协调好的品种，改善通风透光条件，增加光合产物，减少花荚脱落。

2. 改进栽培技术　选用多花多荚良种；精细整地，保证全苗，早间苗，深中耕，培育壮苗；因品种不同进行合理密植，多施有机底肥，在始花期追施速效氮、磷肥；结荚鼓粒期调解好土壤水分状况，旱灌水，涝排水；改善群体通风透光条件，调节小气候，能显著减少落花落荚，达到增花增荚的效果；在生长过旺田块内，应用生长调节剂，抑制营养生长，促进开花、结荚；及时防病治虫和减轻自然灾害。

第四节　大豆栽培技术

丽水市大豆按栽培季节可分为：春大豆、夏大豆、秋大豆，以春、夏大豆为主；按采收归类分为鲜食大豆与干籽大豆，鲜食虽历来有之，但都是农家自采自食，作为鲜食商品栽培直至 20 世纪 90 年代以来才成为丽水市大豆生产的主流；按栽培方式分为直播和育苗育栽，除田埂豆栽培以育苗为主外，一般采用直播；从土地利用方式上有清种与套种，从耕地类型上分有水田、旱坡地、田埂豆等。

大豆栽培丽水市各地传统上较为粗放，对大豆的栽培技术研究不多。施肥上，20 世纪 50 年代只施灰肥，60 年代开始应用钙镁磷肥拌土盖种，氮肥在大豆上的施用是随春大豆，尤其是菜用鲜食大豆的发展为农民所接受，并广泛应用，目前"一把大豆，一把灰"的施肥水平在干籽大豆生产中仍很普遍。大豆根瘤接种技术自古有之，但在生产中应用很少，20 世纪 60 年代曾在丽水市各地推广，采用的是土壤接种法，土壤接种法从着瘤好的大豆高产田取表层土壤拌在大豆种子上，每 10 千克种子拌原土 1 千克，这在新垦的土壤上首次种植大豆效果明显。钼肥施用始于 20 世纪 60 年代末，20 世纪 70～80 年代在生产上大面积的应用，以后因钼肥供应不畅，应用减少。20 世纪 80 年代，开展多效唑在大豆上的应用，对夏大豆控制徒长，预防倒伏，且有增花保荚作用。施用时间以初花期为好。亩用 15% 多效唑粉剂 15～20 克，兑水 30～40 千克喷雾，时间在晴天午后，如遇雨应重喷。鲜食大豆的发展也使大豆设施栽培得以发展，地膜覆盖栽培在鲜食春大豆生产中被广泛应用，在莲都、庆元、松阳等县（区）还有部分小拱棚早熟栽培。

一、春大豆栽培技术

1. 适时早播　春大豆播种期正值低温多雨季节，播种过早，受低温、渍水影响，造成烂种、缺苗；播种过迟，营养生长期缩短，产量降低。早播可延长营养生长期，有利高产。春大豆以气温稳定 10℃以上播种为宜，一般在 3～4 月上旬播种，多于 6～7 月中旬成熟。如果是旱地种植，早播可避旱夺丰收。

2. 合理密植　种植密度应根据"薄地宜密，肥地宜稀"的原则。早、中熟品种要求中等肥力以上的稻田、旱地种植，清种每亩可种 2.5 万～3.0 万株为宜。土壤肥沃、品种生育期较长，清种则以每亩保苗 2 万株左右为宜。一般采用穴播，行、穴距根据密度进行调整，每亩保苗 2.5 万株以上时，行、穴距为 33 厘米×20 厘米，每穴播 4～5 粒，留 3～4 株苗；每亩保苗 2 万株左右时，行、穴距为 33 厘米×33 厘米，每穴播 4～5 粒，留 3～4 株苗。

3. 施足基肥　大豆根瘤菌虽有固氮作用，但不能满足高产要求。据有关研究报道：南方春大豆每生产 100 千克籽粒需氮 9.87 千克，五氧化二磷 1.07 千克，氧化钾 3.92 千克。因此，春大豆要获得高产，一般每亩用土杂肥 100～150 千克，过磷酸钙 25～50 千克，硼肥 0.2～0.4 千克，堆沤后作盖籽肥。3 叶期以前在雨前或雨后每亩追施复合肥或尿素 8～10 千克，始花前看苗追施尿素 3～5 千克。

4. 提高播种质量　提高播种质量，力争一播全苗。主要抓好 3 个环节，播种前精细选种，晒种 1～2 天，提高种子生活力，增强发芽势，加快出土速度。3 月中旬以后当土温上升到 10℃以上时抢晴天播种，丘陵旱土实行浅播浅盖，俗话说，"荞麦、豆薄薄溜"，以避免种子入土过深而造成出土困难。河流冲积土实行浅播浅盖，磨板轻压保墒保出苗。

5. 加强田间管理　大豆出苗后马上进行查苗补缺，1～2 片复叶全展时进行间苗，3 叶时定苗。在苗期及时中耕除草与清沟排水，并结合间苗定苗，清除田间病株，适时防治地老虎。开花结荚期适时喷施农药，以防治多种食叶性害虫及豆荚螟等。

6. 要抢晴天收获　春大豆成熟季节，往往是多雨季节，在大豆叶片落黄后就要抢晴天收获，防止雨淋导致种子在荚上霉变，影响品质和产量。

二、夏大豆栽培技术

夏大豆一般于5月至6月初在油菜、麦类等冬播作物收获后播种，9月底至10月成熟，茬口随意性较大。随着蚕豆、冬菜等收获期提早，早熟、极早熟夏大豆品种的育成与推广，甚至用春大豆品种代替夏大豆品种，高山地区夏大豆可提早至4月上旬播种，8月下旬或9月上旬收获。典型的南方夏大豆品种对光温极敏感，短光性强，光照长至16小时就不能开花。夏大豆生长期正是一年的高温期，苗期多雨，幼苗生长很快，容易陡长，植株容易产生倒伏；在其生长后期往往遇到干旱，大豆成熟鼓粒受影响，对产量影响极大，这也是夏大豆稳产性差的主要原因。此外，高温高湿，病虫草害多，对夏大豆生长影响也很大。所以，种好夏大豆，在选择适宜品种基础上，关键是培育壮苗，防止病虫草害，注意抗旱排渍。

1. 选择适宜品种 种植夏大豆要根据当地雨水条件、品种特性及土壤肥力选择品种。干旱少雨地区，宜选用分枝多，植株繁茂，中小粒，无限结荚习性品种；雨水充沛地区，宜选主茎发达，秆强不倒，中大粒有限结荚习性品种。

2. 做好种子处理 播前精选种子，选用粒大、饱满、没有病虫害和杂质的种子作种，剔除烂籽、小籽、秕籽、霉籽。发芽率不低于85%。晴朗天气晾种1～2天，提高发芽势。播种前可用药剂、根瘤菌拌种或进行种子包衣，药剂拌种时，用50%多菌灵按种子量的0.4%进行拌种，防治根腐病，随拌随播。

3. 抢墒播种，合理密植 初夏季节，晴雨相间，气候变化大，气温高，为保证大豆出苗所需水分，掌握好土壤的含水量，整地待播，抢在雨后转晴之际播种。播种深度3～5厘米，力争全苗。播种方式点播或育苗移栽。行株距采用宽行密株，一般行宽50厘米，株距10～15厘米，每亩密度1.3万株左右，少数早熟、矮秆品种，晚播时，密度可加大到1.5万～2.0万株。

4. 施足基肥，培育壮苗 大豆幼苗生长需要一定的养分，播种前增施氮、磷、钾作基肥，可促进幼苗生长和幼茎木质化较快形成，以利壮苗抗病。一般亩施三元复混肥40千克，或施腐熟有机肥1000～2000千克。

5. 要防渍害，力争全苗 播种后要及时开好田间排水沟，使沟渠相通，排灌顺畅，降雨畦面无积水，防止烂种；抗旱时采用沟灌，有条件的可喷灌，切忌大水漫灌，影响出苗。旱地坡地可播后覆盖杂草。

6. 适期追肥，防止干旱 开花结荚期为营养与生殖生长同时并进，此时植株根系的根瘤菌释放的氮素不能满足其生长需要。一般亩施尿素4～5千克，植株生长过旺可酌情减量或不施尿素。叶面喷肥分别于大豆苗期和开花前期，选用钼酸铵兑水稀释为0.05%～0.1%的溶液或50千克水加磷酸二氢钾150克和尿素200克喷雾，每隔7天1次，连续3次。大豆初花至结荚鼓粒期，若天气干旱要适期浇水，防止受旱影响产量。

7. 加强病虫草害防治

（1）化学除草。 播后1～3天芽前进行土壤封闭除草，要求畦面平整，细土均匀无大小明暗垡，土壤潮湿，每亩50%乙草胺100～150毫升，兑水30千克喷雾；也可在豆苗1～3片复叶期，各类杂草3～5叶期，每亩选用15%精禾草克75毫升，若莎草生长多的地块加48%苯达松100毫升，兑水50千克，进行茎叶喷雾。大豆对除草剂极敏感，为避免对大豆产生药害，要做到准量用药、足量兑水，适期化除，防止重喷、漏喷。

（2）及时防病。 大豆苗期极易发生立枯病、根腐病和白绢病。播种前可选用50%多菌灵500克或50%福美双400克，兑水2千克搅拌溶解，然后均匀拌种100千克，晾干后即可播种；亦可在幼苗真叶期，每亩选用50%甲基硫菌灵或65%代森锌100克，兑水50千克，茎叶喷雾1次。大豆盛花期再用甲基硫菌灵防治1次，可有效控制霜霉病和炭疽病的发生。

（3）科学用药治虫。 夏大豆一生正处于害虫多发期，主要有蚜虫、红蜘蛛、造桥虫、大豆卷叶螟、棉铃虫、甜菜夜蛾和斜纹夜蛾等害虫。这些害虫在田间混合发生，世代重叠，为害猖獗，抗药性强，防治一定要以虫情预报为准；或者从 7 月底至 8 月初特别注意观察田间是否有低龄幼虫啃食的网状和锯齿状叶片出现，一旦发现要及时用药防治，每 7 天 1 次，连续 3 次。每次用药时，提倡不同类型杀虫剂混配或交替使用，以免害虫产生抗药性。前期选用 2.5％高效氟氯氰菊酯、2.5％氟氯氰菊酯、4.5％氯氰菊酯、5％氟啶脲、40％安民乐和 48％毒死蜱，均稀释 1 500 倍液，下午 5 时或上午 6 时至 8 时止，每亩喷药液 50 千克。后期防治选用生物杀虫剂，如复方 BT 乳剂、苏云金杆菌 BT 制剂和杀螟杆菌，每克含活孢子 100 亿个，兑水稀释 500～800 倍液，每亩喷雾 50 千克。也可与上述任何一种杀虫剂混用。生物杀虫剂切忌与杀菌剂混用，否则无防治效果。生长后期注意用菊酯类防治豆荚螟等害虫。

8. 适期收获　俗话说"豆收摇铃响"。即 95％豆荚转为成熟荚色，豆粒呈品种的本色及固有形状时即可收获。

三、秋大豆栽培技术

秋大豆是利用水稻、春玉米等作物收获前后（7 月 20 日至 8 月 10 日）、冬播作物播种前的秋闲地增种的一季大豆。发展秋大豆可让农民增收和培肥土壤。

1. 选择优良品种　选择质量优、产量高、抗逆性强、适应性广、生育期短的早熟良种。

2. 选地、整地　选择海拔 400 米以下，8 月 10 日前能收获水稻或旱作土壤，半沙半泥田效果最好。稻田注意开沟作畦，切忌畦面渍水。

3. 抢湿（抗旱）抢时免耕播种　秋大豆最适播期为 8 月 15 日前，农谚有"秋前三天，秋后一七""秋前小播，秋后大播，处暑不播""处暑种豆顶上花，立秋种豆满树荚"和"豆吃处暑露，晚不落叶早无荚"等说法。"播豆要湿，播荞要燥"，稻田在水稻收后（齐地割稻桩）立即开沟抢湿免耕点播，稻草覆盖保湿。旱地种植秋大豆要保证土壤充分湿润，在适播期内雨后抢湿播种，秸秆覆盖，确保出苗；若旱情重，土壤太干，要采取放（抽）水跑灌后播种。

4. 严格播种密度　适宜播种密度为亩播 1.2 万～1.5 万穴，每穴 3～4 粒，定苗 2～3 株。

5. 拌菌施肥　拌菌施肥是秋大豆获得高产的关键技术。播前用根瘤菌加少量泥沙或钙镁磷肥与种子拌和均匀。采取白窝播种，亩用腐熟灰渣肥（堆沤半月以上）800～1 000 千克加磷肥 25～40 千克混匀盖种。若土壤较干或伏旱较重，可采用清粪水加磷钾肥作底肥或白窝播种待出苗后须立即用清粪水加磷钾肥淋施。播后 10～15 天用水粪 2 000 千克加尿素 5 千克追施苗肥。花期前后用磷铵或磷酸二氢钾叶面喷施 2 次。

6. 除草　秋大豆田间草害较重，要适时中耕除草或化学除草，播前一天用克无踪或播后苗前用乙草胺或出苗后用高效盖草能（或精克草能）防治杂草。

7. 防治病虫害　治虫是秋大豆成败的关键技术，播种 7～10 天必须用 10％吡虫啉防治豆秆蝇和潜叶蝇。播后 25 天左右注意防治大豆卷叶螟。末花期及时防治豆荚螟和蚜虫，进入鼓粒期应注意田间鼠害防治。开花结荚若遇气温阴雨天气要注意防治锈病。

四、田埂豆栽培技术

1. 选用良种，适时育苗　田埂种大豆既无前作，又无后茬，时间充裕。因此宜选用生育期偏长、产量较高的优良品种，如九月黄、八月拔、九都豆、十不要、牛吃档等品种。大豆品种适应范围较小，因此必须根据不同的海拔高度、地形地貌和土壤肥力选用抗病、高产的良种进行种植。高山地区选用生育期较短、株形紧凑、抗锈病的品种；低山地区则可选用生育期较长、产量高的品种。山区由于鸟害、鼠害较严重，种植田埂豆一般不宜直播，应大力提倡育苗移栽，以促全苗，并有利于适时早播。播种育苗前抢晴天晒种 1～2 天，然后选择土壤肥沃、土质疏松、避风向阳的菜地做苗床，一般每平方米播豆种 300～350 克，最多不超过 400 克，做到稀播匀播，以资培育壮苗。播后及时覆盖地膜或一层 1～2 厘米厚的稻草，出苗后及时揭去覆盖物。据调查，多数农民是在水稻插秧前 10～15 天播种育苗，苗龄一般为7～10天。水稻栽插之前先将田埂豆移栽完毕，再进行插秧。这样可错开农事，解决种田埂豆与水稻生产争劳力的矛盾，有利稻、豆双丰收。

2. 铲岸培泥，适时移栽 铲岸（当地也叫"做田埂"）是指将上年已种过大豆的田埂上的老泥铲回到稻田中去，然后重新取稻田中的糊泥培在田埂上。新垒田埂要求面宽20～25厘米，底宽25～30厘米，高30厘米左右。据调查，凡是高产的田埂豆，在移栽前，必是先在田埂上挖好移栽穴，在穴内施少量的钙镁磷肥或人粪尿拌焦泥灰作基肥。穴距一般为20～25厘米，穴深3～5厘米。移栽时豆苗不能直接与肥料接触，并以豆苗真叶尚未展开时移栽为宜。移栽田埂豆时先将豆苗拔起，用清水洗净泥土及黏附在子叶上的种皮膜，并剪去主根的2/3后再栽。同时要做到随拔随栽，不种隔夜苗。

3. 科学用肥，加强管理 大豆施肥应以有机肥、磷肥为主。基肥一般在移栽前10～15天施用。一般亩用300千克垃圾碎屑、500千克焦泥灰加100千克人粪尿；或700～1 000千克焦泥灰加过磷酸钙50千克、人粪尿100千克堆沤备用。田埂种大豆一般不必中耕松土，每次施肥应先将上述堆沤好的肥料一小撮施于离豆株基部3～5厘米的地方（以防肥料伤害茎叶），然后再从稻田中挖糊泥，培于豆株周围盖住肥料，糊泥堆宽20～25厘米，厚2～3厘米，以起到保肥、压根、护株的作用。田埂豆追肥一般在花芽分化期进行，不能太迟。

防止田埂豆徒长倒伏和减少落花落荚，可在初花期亩用15%多效唑可湿性粉剂50～100克加水75千克稀释后再均匀喷雾在叶片上，以喷湿豆株为度。如果再配合花期施氮，并亩用磷酸二氢钾100克、钼肥25克、硼砂100克，冲水50千克在初花期连续喷2次，则增产效果更显著。田埂容易滋生杂草，故在大豆开花前要将田埂上的杂草铲光，以促大豆健壮成长。此外，还要做好大豆病虫害防治工作。

五、鲜食大豆栽培技术

鲜食大豆就是平时吃的鲜毛豆，栽培上通常把以收嫩豆为目的的叫作毛豆或鲜食大豆，把以收老豆为目的的叫作大豆或干籽大豆。由于鲜食大豆与干籽大豆的采收目的不同，因此它们的品种和栽培管理技术也不同。

鲜食大豆有鲜食大豆的专用品种，按适播期分，可以分为春播用品种、夏播用品种和秋播用品种3类。生产上以春季鲜食大豆和秋季鲜食大豆为主，尤其是春季鲜食大豆，不仅品种多，种植面积大，而且栽培方式多样。目前我们生产上常用的春播品种，又可以分为早熟品种、中熟品种和迟熟品种。一般早春用小拱棚栽培的，要选用早熟品种；地膜栽培或露地栽培的，可选用中迟熟品种。

1. 播种方式与播期的确定 春季小拱棚栽培，就是地膜再套小拱棚，一般在2月中旬播种，可以育苗移栽，也可以直播；地膜覆盖栽培一般在2月中下旬至4月上旬播种，育苗移栽和直播都可以；露地栽培在4月上中旬至5月初播种，一般采用直播；秋季露地栽培在7月下旬至8月上旬播种，也是采用直播。

2. 品种选定与准备 从市场要求看，鲜食大豆要求大粒大荚，百荚重200克以上，鲜荚绿色，壳薄，白毛，蒸煮要酥糯，微甜、有香味。春季小拱棚栽培，要选用品质优、成熟早、耐寒性强的品种，如日本矮脚早、萧山矮脚毛豆、台292、引豆9701等品种；春季地膜或露地栽培，要选用品质优、产量高的中迟熟品种，如台75、早生75、萧垦8901等品种；秋季露地栽培，要选用秋播专用品种，如萧农越秀、日本锦秋、鲜丰1号等品种。每亩用种量一般为5～7千克，具体应根据品种特性和种子籽粒大小而定。种子在播种前一周，选择晴天晒种1～2天。

3. 育苗 用育苗栽培的，每亩大田要准备保温育苗床20米²，育苗床应选择在土质疏松、肥沃、高燥、背风向阳，前作没有种过豆科作物的旱地，播种后盖上细土，再盖上地膜和外膜保温。要注意：出苗后要揭掉地膜，晴热天气以及移栽前3～5天，要揭开棚膜两端，进行通风炼苗；移栽前1天要浇水1次，以有利起苗。

4. 大田准备

（1）除草。 在翻耕前7～10天，选择晴好天气，每亩用10%草甘膦1千克，加水35～50千克喷雾除杂草。

(2) 施基肥。鲜食大豆用肥量效大，一般每亩用腐熟有机肥 1 000 千克作为基肥，然后翻耕，耙平田块。在此基础上：①小拱棚栽培的。采用一次性施肥法，在耙平的田块上，再撒施复合肥 30 千克、尿素 8 千克。②地膜覆盖栽培的。施复混肥 30 千克，或再施复合肥 20 千克、氯化钾 22 千克、过磷酸钙 10 千克。③露地栽培的。可采取基肥、苗肥、花荚肥、鼓粒肥多次施肥的方法施肥。另外，肥料的用量还应根据品种、土壤、前作、气候等因素，酌情增减用量。

(3) 做畦。小拱棚栽培和地膜覆盖栽培的，做好连沟宽 1 米的畦（沟宽 30 厘米），盖好黑色地膜等待移栽。露地栽培的，做好连沟宽 1.4 米的畦（沟宽 20 厘米）。

5. 栽种

(1) 小拱棚栽培。当豆苗看到真叶时，按 20 厘米株距，直接在地膜上破膜带土移栽，每畦种 2 行，每穴种 3 株。并及时盖上小拱棚棚膜。

(2) 地膜覆盖栽培。在 4 月上旬豆苗看到真叶时，根据天气预报，选择有连续 3 天以上的晴热天气时移栽，密度与小拱棚栽培的一样。移栽后要及时封好地膜破口，浇好点根水。

(3) 直播栽培。一般采用豆刀或木棒打洞播种，播种后要盖上 1～2 厘米细土。地膜直播种植的，密度也同上面一样。露地直播种植的，每畦种 3 行，株距也是 20 厘米，每穴播种 3 粒。要求每亩成苗 1.8 万株左右。露地直播的，要在行间播少量的预备苗，供以后移苗补缺。

6. 大田管理

(1) 定苗。齐苗后，要及时查苗补苗，间苗匀苗。是地膜栽培的，要对部分被地膜压住的豆苗及时引苗，并封好植株基部地膜破口。

(2) 施追肥。小拱棚栽培不再施肥；地膜覆盖栽培和露地栽培的，苗期每亩施尿素 2～3 千克，始花期施尿素 10～12 千克，酌情施好鼓粒肥。

(3) 中耕培土。露地栽培的在施肥时，结合中耕进行培土，以防倒伏。

(4) 温度管理。如果是小拱棚移栽的，豆苗活转或直播田齐苗后，在晴热天气，将两端打开通风，4 月中旬夜间气温稳定在 15℃以上时，要撤掉小拱棚棚膜。

(5) 水分管理。大豆田要做到三沟配套，能灌易排，苗期以排为主，开花结荚期如土壤偏干时，要及时在傍晚灌半沟水，白天排干水。

7. 病虫草害防治 大豆的病虫害相对较少，但对农药施用比较敏感，一不小心，很容易引起药害。病虫草害防治要选用专用农药，严格禁止高毒高残留农药的使用，按照无公害农产品生产标准，严把用药关。

(1) 病害防治。①苗期。防治立枯病用 50％多菌灵 600～800 倍液 60 千克喷雾。防治白粉病用 25％粉锈宁粉剂 30～40 克兑水 60 千克，或 40％杜邦福星乳油 6 000～8 000 倍液喷雾。②始花前期—鼓粒期。防治霜霉病用 20％甲霜灵或 75％百菌清 600 倍液 60 千克，或 72％克露 600～800 倍喷雾。③结荚期。防治紫斑病用 65％代森锰锌，或 50％多菌灵 600～800 倍液 60 千克喷雾。

(2) 虫害防治。①苗期。防治地老虎用 90％敌百虫 0.5 千克加水 3～4 千克拌菜饼 25 千克，或 3.5％护地净颗粒剂 3～4 千克散施。②苗期和始花期。防治造桥虫用 50％氟虫脲 1 500 倍液，或 5％氟啶脲 1 000～1 500 倍液喷雾。③苗期和花期。防治蚜虫用 10％吡虫啉 2 500～3 000 倍液喷雾。防治斜纹夜蛾用 5％氟啶脲 1 500 倍液，或 1％甲胺基阿维菌素苯甲酸盐 4 000～6 000 倍液，或 10％虫螨腈 1 000～1 500 倍液喷雾。

(3) 草害防治。①土壤处理。播种后盖膜前，用 60％丁草胺 100 克，加水 40 千克喷雾。②大田除草。大豆 4 叶期前，用 12.5％吡氟氯禾灵 10 克加 40％苯达松 150 克，加水 40 千克喷雾。

第十五章
玉　米

第一节　概　况

　　玉米(*Zea mays* L.)又名玉蜀黍、珍珠粟、珍珠米、包谷、苞米、棒子、玉茭等，丽水市俗呼苞萝，因属五谷之外，俗称六谷。玉米这个名称是后有的。《农政全书》记载，"别有一种玉米，或称玉麦，或称玉蜀秫，盖从他方得种"，始有玉米之名。玉米起源于中美洲的危地马拉和墨西哥。7 000 年前美洲的印第安人就已经开始种植玉米。哥伦布发现新大陆后，把玉米带到了西班牙，随着世界航海业的发展，玉米逐渐传到了世界各地，并成为最重要的粮食作物之一。中国文献最早提到玉米的是云南的《滇南本草》（约 1476 年前），因此，玉米从印、缅传入云南的可能性最大。钱塘人田艺蘅《留青日札》（1572 年）记载，"玉米出于西番……吾乡传得此种，多有种之者"。传入浙江要比云南迟 100 多年，浙江省种植玉米距今约有 400 多年的历史。

一、丽水玉米的分布

　　丽水市各县（市、区）均有玉米种植，是丽水市主要旱粮作物之一。丽水市玉米栽培品种按种植季节分，有春玉米、夏玉米和秋玉米之栽培；按生态环境分，有山玉米、地玉米、田玉米等类型；按品种籽粒外形和内质分，有硬粒型、半硬粒型、马齿型、半马齿型 4 种。种植面积相对较大的有缙云、遂昌、莲都、松阳等县（区）。

二、丽水玉米的发展

　　1949—1954 年，丽水市玉米种植面积在 4.38 万～6.35 万亩（表 15-1 和表 15-2），平均单产73.5 千克，总产 3 022～5 080 吨，约占旱粮总产的 5.5% 左右。通过"三减少三扩大"，减少荞麦、马料豆等低产作物，扩大秋玉米等高产作物，玉米种植面积有了较大的发展。1955—1969 年，丽水市玉米种植面积在 11 万～15 万亩，单产有所突破，平均单产超过 100 千克，总产量在 1.1 万～1.9 万吨，1969 年总产量达 1.92 万吨，占丽水市旱粮总产的 17.27%。20 世纪 70 年代推广杂交玉米，丽水市玉米种植面积继续得以发展，1970—1974 年，5 年年均栽培面积达到 20.92 万亩，1973 年种植面积最大，达到 22.25 万亩，总产量 2.36 万吨，占旱粮总产的 20.49%。1975 年开始，玉米种植面积下降，到1980 年丽水市玉米种植面积下降到 10.55 万亩。之后，随着杂交水稻的推广，玉米种植面积继续减少，最低年份 1994 年仅 2.66 万亩。但是玉米单产却有所突破，涌现出一季玉米亩产上 500 千克的高产典型，1991 年缙云县溶溪乡突头村 12.4 亩春玉米（掖单 12），亩产 505.8 千克，雁门乡金竹村 10.5 亩春玉米攻关地亩产达 573.8 千克；地处海拔 860 米的缙云前村乡石亨村首年示范旱地马铃薯/春玉米/甘薯三熟制 300 亩，平均亩产 1 285.9 千克，50 亩中心方亩产达 1 425 千克，其中 11.2 亩亩产高达 1 532.5千克（各熟单产分别为 397.9 千克、597.5 千克、553.7 千克）。1997 年丽水市玉米单产超过了 150 千克。进入 21 世纪随着种植结构调整的深入和人们生活水平的提高，鲜食玉米长足发展，玉米种植面积开始回升，2004 年丽水市玉米种植面积就回升 9 万余亩，单产水平从 2001 年开始超过 200 千克，到2009 年种植面积超过 10.7 万亩，单产超过 250 千克（图 15-1）。

表 15 - 1 丽水市历年玉米播种面积

单位：万亩

年份	合计	莲都	青田	云和	龙泉	庆元	缙云	遂昌	松阳	景宁
1949	4.38	0.45	1.47	0.05	0.76	0.14	0.83	0.68	—	—
1950	3.39	0.44	0.76	0.05	0.83	0.15	0.86	0.30	—	—
1951	5.38	0.43	0.78	0.05	0.94	0.14	1.05	1.99	—	—
1952	6.72	0.39	1.55	0.11	1.08	0.17	1.10	2.31	—	—
1953	6.57	0.56	0.79	0.19	0.31	0.12	1.80	2.80	—	—
1954	6.35	0.36	0.47	0.14	1.05	0.14	1.90	2.29	—	—
1955	11.46	1.03	0.56	0.20	1.67	0.42	1.98	5.66	—	—
1956	14.05	2.05	0.50	0.24	1.11	0.41	2.24	7.00	—	—
1957	12.00	1.18	0.62	0.20	1.32	0.49	2.16	6.03	—	—
1958	15.43	1.50	1.40	0.86	2.12	0.49	3.34	5.72	—	—
1959	16.63	1.57	1.57	0.38	1.42	0.33	3.48	7.88	—	—
1960	13.30	0.78	1.49	0.17	1.22	0.39	2.53	6.72	—	—
1961	13.16	1.55	1.52	0.25	1.43	0.33	2.66	5.42	—	—
1962	13.52	1.27	1.32	0.37	1.69	0.27	2.64	5.96	—	—
1963	13.46	1.20	1.37	0.18	1.97	0.17	2.18	6.40	—	—
1964	11.96	1.09	1.44	0.25	1.51	0.12	1.92	5.53	—	—
1965	10.19	1.10	1.42	0.45	1.04	0.14	1.95	4.09	—	—
1966	13.35	1.95	1.58	0.59	1.40	0.28	3.00	4.55	—	—
1967	13.28	2.00	1.68	0.59	1.30	0.30	2.91	4.50	—	—
1968	14.23	2.31	1.48	0.55	0.99	0.29	3.45	5.16	—	—
1969	15.25	2.33	1.13	0.53	1.29	0.37	3.77	5.83	—	—
1970	18.74	2.62	1.24	0.70	2.13	0.86	4.08	7.11	—	—
1971	21.96	3.68	1.42	0.96	2.10	1.05	4.60	8.15	—	—
1972	21.45	3.48	1.57	0.73	1.43	0.48	5.08	8.74	—	—
1973	22.25	3.97	1.53	0.68	1.25	0.39	4.86	9.57	—	—
1974	20.22	3.43	1.30	0.69	1.09	0.30	4.50	8.91	—	—
1975	12.23	1.95	0.80	0.54	1.26	0.20	2.77	7.70	—	—
1976	15.80	2.15	1.32	0.62	1.33	0.15	2.85	7.73	—	—
1977	19.14	2.33	1.32	0.62	2.11	0.22	3.63	8.91	—	—
1978	17.35	1.74	1.30	0.65	1.93	0.18	3.15	8.40	—	—
1979	14.65	1.58	0.87	0.45	1.38	0.11	2.68	7.58	—	—
1980	10.55	1.10	0.62	0.38	0.90	0.05	1.48	6.02	—	—
1981	7.99	0.70	0.43	0.32	0.56	0.03	1.20	4.74	—	—
1982	6.21	0.58	0.34	0.33	0.53	0.02	0.86	2.75	0.80	—
1983	4.94	0.48	0.30	0.21	0.25	0.01	0.84	2.24	0.61	—
1984	4.46	0.36	0.22	0.14	0.27	0.03	0.68	2.12	0.54	0.10
1985	4.82	0.33	0.17	0.09	0.23	0.04	0.72	2.01	0.60	0.09
1986	4.01	0.24	0.12	0.12	0.27	0.04	0.61	1.82	0.66	0.13
1987	4.13	0.20	0.14	0.11	0.38	0.04	0.60	1.66	0.62	0.38

（续）

年份	合计	莲都	青田	云和	龙泉	庆元	缙云	遂昌	松阳	景宁
1988	4.82	0.27	0.23	0.15	0.55	0.07	0.68	1.89	0.67	0.31
1989	5.18	0.24	0.13	0.20	0.85	0.20	0.59	1.96	0.96	0.36
1990	5.62	0.28	0.15	0.27	0.61	0.12	0.60	2.26	0.89	0.44
1991	4.99	0.21	0.38	0.19	0.61	0.12	0.55	1.85	0.71	0.37
1992	4.11	0.24	0.50	0.21	0.45	0.14	0.47	1.41	0.33	0.38
1993	2.97	0.23	0.15	0.18	0.35	0.18	0.44	0.90	0.20	0.36
1994	2.66	0.21	0.08	0.20	0.24	0.15	0.39	0.83	0.15	0.42
1995	2.99	0.27	0.09	0.21	0.25	0.14	0.45	0.86	0.24	0.48
1996	4.10	0.52	0.22	0.22	0.27	0.15	0.72	1.05	0.43	0.48
1997	4.52	0.62	0.11	0.20	0.75	0.15	0.80	1.07	0.38	0.47
1998	4.46	0.69	0.12	0.27	0.29	0.14	0.85	1.11	0.52	0.48
1999	4.92	0.78	0.12	0.25	0.27	0.16	1.00	1.06	0.72	0.56
2000	5.66	0.99	0.14	0.27	0.23	0.18	1.24	1.17	0.83	0.61
2001	6.06	0.91	0.16	0.24	0.50	0.24	1.20	1.22	0.96	0.63
2002	5.91	0.69	0.22	0.17	0.44	0.25	1.11	1.24	1.05	0.74
2003	6.31	0.66	0.41	0.16	0.45	0.30	1.25	0.99	1.35	0.74
2004	9.13	1.02	0.43	0.29	1.09	0.56	1.59	1.79	1.52	0.84
2005	9.26	1.17	0.48	0.28	0.90	0.58	1.61	1.65	1.64	0.94
2006	9.50	1.25	0.50	0.26	1.21	0.90	1.62	1.60	1.24	0.92
2007	9.71	1.50	0.50	0.25	0.90	0.70	1.85	1.60	1.56	0.85
2008	9.21	1.65	0.78	0.26	0.74	0.55	1.05	1.60	1.95	0.62
2009	10.77	1.70	0.70	0.25	0.93	0.58	2.30	1.76	1.82	0.74

表 15-2　丽水市历年玉米播种亩产

单位：千克

年份	平均	莲都	青田	云和	龙泉	庆元	缙云	遂昌	松阳	景宁
1949	69	65	84	120	42	39	88	51	—	—
1950	71	57	90	128	43	40	90	65	—	—
1951	75	61	98	135	43	46	98	73	—	—
1952	68	59	83	94	53	50	105	74	—	—
1953	78	80	83	35	71	44	115	58	—	—
1954	80	106	120	51	25	44	110	72	—	—
1955	73	88	87	39	24	24	110	75	—	—
1956	65	52	60	28	41	46	105	65	—	—
1957	80	88	91	43	37	37	138	70	—	—
1958	87	99	91	33	52	35	133	81	—	—
1959	87	96	96	55	60	28	117	82	—	—
1960	83	99	98	62	57	42	136	65	—	—
1961	112	100	122	102	81	53	139	111	—	—

（续）

年份	平均	莲都	青田	云和	龙泉	庆元	缙云	遂昌	松阳	景宁
1962	107	111	90	120	73	43	159	98	—	—
1963	129	123	142	152	86	68	220	112	—	—
1964	112	108	135	85	74	52	153	101	—	—
1965	110	102	126	73	35	59	170	92	—	—
1966	107	80	121	86	54	55	166	97	—	—
1967	87	75	110	50	61	65	112	80	—	—
1968	102	87	115	75	69	72	150	83	—	—
1969	126	118	101	84	72	65	185	115	—	—
1970	110	108	120	88	69	72	166	96	—	—
1971	100	91	109	70	61	69	128	104	—	—
1972	106	103	101	61	51	47	147	102	—	—
1973	106	103	110	69	52	55	138	102	—	—
1974	87	68	66	60	53	52	132	82	—	—
1975	90	72	73	60	68	56	132	92	—	—
1976	79	71	115	73	49	47	120	70	—	—
1977	111	101	115	73	67	48	167	104	—	—
1978	103	113	129	72	61	70	176	81	—	—
1979	116	115	124	76	67	64	210	95	—	—
1980	114	127	148	79	103	80	223	85	—	—
1981	107	128	145	80	84	84	246	70	—	—
1982	129	149	172	81	98	75	332	78	98	—
1983	135	150	191	93	88	103	311	80	90	—
1984	139	147	209	97	102	110	344	87	92	170
1985	141	152	200	94	124	107	339	87	91	85
1986	115	129	132	75	106	86	294	74	75	78
1987	108	137	140	88	101	121	273	66	82	52
1988	85	106	128	73	80	115	170	54	60	92
1989	87	117	142	96	93	114	216	55	49	84
1990	80	95	113	107	83	111	190	50	56	77
1991	95	126	131	113	74	105	257	56	62	81
1992	108	129	124	140	85	79	246	60	123	93
1993	129	142	143	127	83	187	280	61	154	94
1994	132	185	157	138	109	101	287	66	182	92
1995	146	157	142	164	109	110	305	75	233	100
1996	175	193	171	165	129	119	262	102	255	97
1997	153	200	164	173	46	107	299	94	198	103
1998	178	167	143	287	121	121	303	107	199	108
1999	198	173	190	198	139	129	311	116	291	113
2000	198	161	156	194	153	167	303	138	221	109
2001	204	189	218	177	169	168	306	165	233	115

（续）

年份	平均	莲都	青田	云和	龙泉	庆元	缙云	遂昌	松阳	景宁
2002	212	224	198	210	207	182	330	145	236	118
2003	209	235	217	218	235	163	300	143	214	107
2004	218	219	203	240	256	154	317	164	217	105
2005	219	246	223	250	263	137	307	169	220	114
2006	226	260	238	264	266	160	312	170	225	123
2007	233	245	280	246	266	161	101	170	260	130
2008	224	248	238	250	244	167	263	172	250	144
2009	251	247	180	258	265	204	310	210	286	176

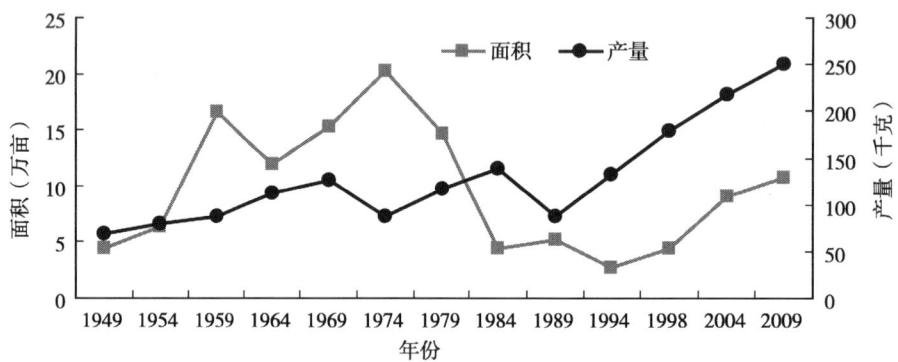

图 15-1　丽水市历年玉米面积及产量

　　玉米籽粒中含有 70%～75% 的淀粉，5%～10% 的蛋白质，4%～5% 的脂肪，2% 左右的多种维生素。蛋白质、脂肪、维生素 A、维生素 B_1、维生素 B_2 含量均比水稻多。是一种营养比较丰富的粮食作物，也是一种很好的饲料作物，其茎、叶、穗轴都可作饲料，素有"饲料之王"之称。丽水市在玉米的利用上大体可分为：20 世纪 80 年代前主要作为粮食，以补充水稻之不足。20 世纪 80～90 年代随着杂交水稻的大面积应用，玉米种植面积大幅度减少，此时期的玉米以粮饲兼用为主。2000 年以来主要以鲜食为主，粮菜兼用，进入保健食品的利用阶段，丽水市饲用玉米大多来自外省。根据农业业务年报统计，2001 年丽水市鲜食玉米栽培面积达到 5.6 万亩，占丽水市玉米栽培总面积的 92%（表 15-3）。其中松阳、遂昌、庆元等县以鲜食糯玉米为主，莲都区、缙云县等地以甜玉米为主，2006 年丽水市糯玉米、甜玉米的种植面积分别达到 2.15 万亩和 2.55 万亩。随着人们生活水平的提高和膳食观念的改变，玉米消费需求不断扩大，对玉米品质、口感的要求也越高。特别是鲜食玉米走进寻常百姓家庭后，玉米已经不再是传统意义上的替代粮，需求量不断增加。丽水市是国家级生态示范区，得天独厚的自然条件生产的产品绿色环保，为产品市场竞争奠定了基础，深受上海、杭州等大中城市消费者所喜爱，市场前景十分广阔。

表 15-3　丽水市 2001—2005 年鲜食玉米生产情况

年份	玉米播种面积（万亩）	鲜食玉米		
		面积（万亩）	亩产（千克）	总产量（吨）
2001	6.06	5.6	764	42 805
2002	5.91	5.11	762	38 955
2003	6.31	4.53	739	33 478
2004	9.13	5.09	834	42 420

（续）

年份	玉米播种面积（万亩）	鲜食玉米		
		面积（万亩）	亩产（千克）	总产量（吨）
2005	9.26	6.27	818	51 336
2006	9.5	6.07	848	51 461
2007	9.71	6.62	814	53 841
2008	9.21	6.34	852	54 009
2009	10.77	7.57	918	69 496

第二节　玉米类型与良种推广

一、品种类型

（一）根据子粒形状、胚乳淀粉的性质结构以及稃壳大小分类

玉米可分为：硬粒型、马齿型、半马齿型、甜质型、糯质型、爆粒型、粉质型等。丽水市主要有以下 5 种类型：

1. 硬粒型　又名燧石种。果穗大多圆锥形，胚乳四周为角质淀粉。籽粒坚硬，表面有光泽，顶部原型，大多为黄、白色。品质好，适应性较强，稳产性好，产量较低。代表品种有盘安黄子（农家品种）、苏玉 1 号、农大 108。

2. 马齿型　又名马牙种，植株比较高大，果穗大多圆筒形。子粒扁平，方形或长方形。胚乳两侧为角质淀粉，胚乳中间和顶部为粉质淀粉。成熟时粉质淀粉失水干燥后凹陷呈马齿状。较耐肥、水，丰产性强，但食味品质和适应性不及硬粒型。代表品种有旅曲、丹玉 6 号、丹玉 13 等。

3. 半马齿型　是硬粒型与马齿型的杂交种。介乎两者间，子粒顶部凹陷较浅。产量较高，品质较好。代表品种有浙单 1 号、虎单 5 号。

4. 甜质型　又称甜玉米，植株、胚乳多为角质胚乳，含较多糖分和水分，成熟时因水分蒸发后籽粒呈皱缩，坚硬呈半透明状，多为鲜食、做蔬菜用。如华珍、科甜 981、超甜 3 号等。

5. 糯质型　又名蜡质型。子粒中胚乳全由支链淀粉所组成，不透明，无光泽呈蜡状。食用时黏性较大，黏柔适口，多为鲜食、做蔬菜用。如苏玉糯 1 号、浙风糯 2 号等。

（二）按种植季节分类

有春玉米、夏玉米和秋玉米。丽水市春、夏、秋玉米三季都有种植。20 世纪 70 年代前多为夏播玉米。为避免旱地夏播玉米在 8 月抽穗时遇台风、干旱影响，1970 年在缙云县盘溪区开始旱地春玉米试种，到 1976 年仅盘溪区春玉米播种就面积达到 1.3 万亩。1988 年丽水市开始示范推广春玉米。20 世纪 90 年代初浙江省人民政府办公厅发出《转发省农业厅关于春玉米生产意见的通知》，对发展春玉米生产实行一系列优惠政策，丽水市农业局粮油作物站组织实施了"改制增熟发展春玉米生产"农业丰收计划项目，针对本地区夏玉米受夏季高温干旱、秋玉米产量低及农田制约等状况，改革种植制度，利用春季的有利气候条件和土地资源，采用地膜保温育苗、推广分带轮作等技术，积极发展春玉米生产，使春玉米生产有了较快的发展。到 20 世纪 90 年代末丽水市春玉米种植面积达到 4 万多亩。2000 年开始鲜食玉米的发展，春玉米年均种植面积在 5 万亩左右，到 2005 年春玉米种植面积达到 6.27 万亩，基本上为鲜食玉米。

（三）按生育期长短分类

1. 早熟种　全生育期春播 100 天左右，10℃以上活动积温 2 000～2 200℃，如苏玉 1 号。

2. 中熟种　全生育期春播 110 天左右，10℃以上活动积温 2 300～2 500℃，如掖单 12。

3. 晚熟种　全生育期春播 120 天左右，10℃以上活动积温 2 500～2 700℃，如丹玉 13。

二、玉米良种推广

丽水市玉米良种推广大体可划分两个阶段：

（一）农家品种利用阶段

该阶段的时间为新中国成立前至 20 世纪 60 年代，利用的品种主要有：六十日、八十日、山苞萝、壳里老、磐安黄子、多蒲玉米等。

（二）杂交玉米推广阶段

该阶段的时间为 20 世纪 70 年代开始至今，利用的品种主要有：浙单 1 号、浙单 2 号、浙单 3 号、浙单 9 号、丹玉 6 号、丹玉 13、虎单 3 号、虎单 5 号、南京种、旅曲、墨西哥、鲁原单 4 号、掖单 4 号、掖单 12、双三、莫旅、东丹 1 号、东丹 3 号、早五 3008、沈单 3 号、中丹 206、吉丹 118、吉丹 131、沪单 7 号、农大 107、农大 108、苏玉 1 号、苏玉 2 号、苏玉 4 号、郑单 14、甜玉米、科甜 981、苏玉糯 1 号、苏玉糯 2 号、掖单 13、浙风糯 2 号、浙糯玉 1 号、超甜 3 号、超甜 2018、超甜 204、华珍、浙风甜 2 号、金风甜 5 号等 43 个品种。

20 世纪 70～80 年代，丽水市推广的主要品种有丹玉 6 号、旅曲、虎单 5 号和苏玉 1 号，其中 80 年代这 4 个品种种植面积分别为 1.68 万亩、2.26 万亩、6.09 万亩和 5.51 万亩。1983 年虎单 5 号种植面积 2.16 万亩，1987—1989 年苏玉 1 号年种植面积在 1.5 万亩。旅曲 1976 年从东阳县引入丽水市，1977 年在缙云试种 13.3 亩，平均亩产 259 千克，比农家种六十日增产 150～200 千克。其中官店农科队 2 亩高产田，平均亩产 345 千克。地处海拔 500 米以上的吴岭十四队 2.5 亩高产田，平均亩产 312 千克。1978 年松阳县靖居调查 18.7 亩丹玉 6 号，平均亩产 338 千克，比当地推广的农家品种壳里老平均亩产 131 千克，亩增 207 千克。靖居鲁西四队 4.5 旅曲高产田，亩产高达 483 千克。杂交玉米的推广对促进丽水市旱粮生产的发展起到了积极的作用。

20 世纪 90 年代，丽水市玉米当家品种为苏玉 1 号和丹玉 13，其种植面积分别为 15.07 万亩和 8.75 万亩。主要搭配品种掖单 12 种植面积 2.96 万亩，还有部分糯玉米。

2000 年以后，丽水市玉米当家品种仍是苏玉 1 号、丹玉 13，其种植面积分别为 13.5 万亩和 8.81 万亩。主要搭配品种掖单 12 种植面积 3.46 万亩。糯玉米种植品种有苏玉糯 1 号、苏玉糯 2 号、浙风糯 2 号、浙糯玉 1 号等，种植面积 5.2 万亩。甜玉米种植品种有超甜 3 号、超甜 2018、科甜 981、超甜 204、华珍、浙风甜 2 号等，种植面积 2.5 万亩。

种子生产，1970 年在缙云县盘溪区溶江公社花楼山村春、秋两季制种小金黄、白玉米各 0.5 亩，同年在缙云县盘溪区花楼山村、下周村、稠门村、后一村、榧树根村均试种成功。1978 年春遂昌县靖居区（松阳县）自制 20 多亩旅曲杂交玉米种子。

三、代表性品种介绍

1. 丹玉 6

（1）面积和产量。 辽宁省丹东市农业科学研究所用自交系旅 28×自交系 330 杂交育成的玉米单交种。1972 年引入丽水市。是丽水市主要种植品种，到 20 世纪 80 年代末还有少量种植。一般亩产 300 千克。

（2）特征特性。 株高春播 190～220 厘米，秋播 180～210 厘米。茎粗 2 厘米左右。穗位高春播 80 厘米左右，秋播 65 厘米左右。总叶数 19～22 片。穗型长圆柱形，大小均匀。穗长 20 厘米左右，穗粗 4.5 厘米，每穗 14～16 行，每行 32 粒左右，每穗粒重一般为 110～145 克，千粒重 260 克左右。出籽率 82%～89%。子粒黄色，轴白色，轴心外露，有秃顶现象，品质中等。春播全生育期 115～120 天，秋播 100 天左右。抗小叶斑病，青枯病轻，细菌性基腐病少。耐肥、耐旱、抗倒，苗期耐湿性稍差。

(3) 栽培要点。 ①作春播栽培在清明前后播种，作秋播栽培在大暑前播种结束。②作春播栽培一般每亩 2 800～3 500 株为宜，作秋播栽培每亩 3 500 株左右。③适施基肥，早施苗肥，看苗施好壮秆、拔节肥，重施攻蒲肥，巧施粒肥。

2. 旅曲

(1) 面积和产量。 东阳市虎鹿公社农科站于 1974 年用自交系旅 28×曲 43 选配而成的单交种。1976 年引入丽水市。是丽水市主要种植品种，到 20 世纪 80 年代末仍有种植。一般亩产 250～300 千克。

(2) 特征特性。 株高 200～210 厘米，茎粗 2.2～2.4 厘米，穗位高 60 厘米，总叶数 18～19 片。穗长 17 厘米左右，穗粗 4 厘米，每穗 14 行，每行 32 粒，出籽率 79%，空秆率 1.5%。轴白色，籽粒黄色，马齿型，千粒重 220 克。品质差。有秃顶，一般 2 厘米长。全生育期春播 120～125 天，秋播 100 天左右。旱地、水田均可种植，耐肥抗倒。较耐湿，抗青枯病，较抗小叶斑病，感温性强，迟播灌浆成熟慢，有黄叶现象。

(3) 栽培要点。 ①适时播种，育秧移栽，作秋季栽培争取早播。②一般每亩种植 3 500～3 800 株。③亩产指标 250～300 千克，施标准肥 1 500～2 000 千克。

3. 丹玉 13

(1) 面积和产量。 辽宁省丹东市农业科学研究所用自交系 MO17ht×E28 杂交育成的玉米单交种。1986 年引入丽水市，是丽水市主要种植品种，累计推广面积 37 万余亩。一般亩产 400 千克。

(2) 特征特性。 株型紧凑，株高适中，穗位较低，总叶 18.6 片，叶片宽大，上冲呈宝塔形，叶色浓绿，幼苗叶鞘浅紫色。根系发达，穗长筒形，穗大粒多，千粒重高，子粒马齿型，黄色，品质中等。春播全生育期 115～120 天，秋播 100 天左右。较抗大小叶斑病和丝黑穗病。耐肥抗倒，增产潜力大。

(3) 栽培要点。 ①适期播种。春播清明左右，秋播 7 月 20 日左右。②合理密植。一般每亩栽种 3 000～3 200 株为宜，肥力水平低的田块可适当加大密度。③科学施肥。一般亩施标准肥 3 000～3 500 千克，攻蒲肥占总施肥量的 60%～70%，宜在出苗后 1 个月左右施用，巧施粒肥。④防治病虫。注意苗期和吐丝期玉米螟的防治。

4. 苏玉 1 号

(1) 面积和产量。 江苏省农业科学院用自交系苏 80 - 1×黄早 4 杂交选育而成。1989 年引入丽水市，是丽水市主要种植品种，累计推广面积 52 万余亩，其中作夏秋种植 18.18 万亩。一般亩产 450 千克。

(2) 特征特性。 株型紧凑，叶片上举，株高 200 厘米，单株叶片 17～19 片，穗位高 90 厘米，穗长 18 厘米，穗粗 4.5 厘米左右，每穗 12～16 行，出籽率 82%，千粒重 300 克，子粒硬粒型，金黄色，品质较好。春播全生育期 100 天，秋播 90 天。耐湿，抗大小叶斑病，较抗青枯病，不耐旱。

(3) 栽培要点。 ①适期播种。春播清明前后，秋播 7 月 25 日左右。②适当密植。一般每亩栽种 4 000 株左右，秋播 4 000～4 500 株。③合理施肥。一般亩施标准肥 2 500～2 750 千克，早施苗肥，重施蒲肥，攻蒲肥在第 15 片叶心叶抽出施用。④注意玉米螟的防治，提倡人工辅助授粉 2～3 次。

5. 掖单 12

(1) 面积和产量。 山东省莱州玉米研究所用自交系 478×自交系 515 杂交选育而成。1991 年引入丽水市，是丽水市主要搭配品种，累计推广面积 14 万余亩，其中作夏秋种植 7.76 万亩。一般亩产 400 千克。

(2) 特征特性。 株型紧凑，透光性好，株高 200 厘米左右，穗位以上叶片上举，穗位较低，穗长 15～16 厘米，每穗 14～16 行，总粒 500～600 粒，千粒重 250～300 克，果穗呈短锥型，穗轴红色，子粒半马齿型，子粒黄色。春播全生育期 105～110 天。耐肥抗倒，抗大小叶斑病，感青枯病，纹枯病较重。

(3) 栽培要点。 ①适期播种。春播 3 月底至 4 月初播种，提倡育苗移栽，苗龄 15 天左右。②合理密植。一般每亩栽种 4 500～5 000 株。③科学施肥。一般亩施纯氮 15 千克，攻蒲肥占总施肥量的

50%～60%，增施磷钾肥。④注意玉米螟的防治。

6. 虎单 5 号

（1）面积和产量。 浙江省东阳市虎鹿公社农科站用自交系鹿 152×自交系金糯杂交选育而成。1977 年引入丽水市，是丽水市主要推广品种，到 20 世纪 80 年代末还有少量种植。一般亩产 350～400 千克。

（2）特征特性。 株型紧凑，株高 190 厘米左右，穗位低约 70 厘米，单株总叶数 18～19 片，蒲型较匀，果穗呈柱型，子粒黄白二色，属马齿型，品质较好。表现早熟，全生育期 90 天左右，适宜平原、半山区作秋季栽培。耐肥抗倒，抗逆能力较强，适应性广。

（3）栽培要点。 ①播种时间。作秋季栽培宜 7 月底播种，山区应适当提早，提倡育苗移栽，苗龄 7 天左右。②密植程度。一般每亩栽种 4 000 株左右，每穴栽 1 株。③施肥标准。一般亩施标准肥 3 000～3 500 千克，攻蒲肥占 50%～60%，施用时间在 15～16 片约播种后 30 天。④注意防治玉米螟和蚜虫。

7. 苏玉糯 1 号

（1）面积和产量。 江苏沿江地区农业科学研究所育成的糯玉米杂交种。2000 年通过浙江省品种审定委员会认定。1999 年引入丽水市，是丽水市糯玉米主要种植品种，累计种植面积 4.5 万余亩，一般鲜果亩产（带苞衣）700 千克左右。

（2）特征特性。 株型较紧凑，株高 170～190 厘米，穗位高 60～80 厘米，单株总叶数 18～20 片。果穗纺锤型，穗长 16～18 厘米，穗粗 4.5 厘米，每穗 12～14 行，每行 30 粒，单穗重 160 克。子粒皮薄色白，排列均匀整齐，结实性好，基本无秃顶，商品性好。糯性好，口感上佳。生长势较强，耐肥、耐湿，抗病性较好，适应性广。

（3）栽培要点。 ①春季种植一般在 2 月中旬播种，争取 6 月上旬收获。②配制由土、焦泥灰、钙镁磷肥（67∶30∶3）组成的营养土 800～1 000 千克，堆积发酵 10 天左右，采用 8 厘米×8 厘米规格的营养钵育苗。③地膜覆盖移栽，一般每亩栽种 3 500～4 000 株。④基肥一般亩施有机肥 1 700 千克，复合肥 50 千克，基肥约占总用肥量的 60%，拔节肥、穗肥占 40%。穗肥一般在拔节后展开叶 8～9 片时施用。⑤及时去除分蘖和多余果穗，注意玉米螟的防治。

8. 超甜 3 号

（1）面积和产量。 浙江省农业科学院和东阳玉米研究所用浙甜 1 号×150/sh2 育成的三交种，2000 年通过浙江省品种审定委员会认定。2002 年引入丽水市。丽水市莲都区、青田县、景宁畲族自治县有少量种植，年栽培面积 0.2 万～0.3 万亩。一般亩产 700 千克左右。

（2）特征特性。 株高 200～230 厘米，单株叶片数 18～19 片，穗位高约 80 厘米。果穗长 20 厘米，穗粗 5 厘米，每穗 14 行，每行 30 粒，单穗鲜重 300 克左右。籽粒黄色，色泽均匀，甜度较高，鲜食风味好，缺点是种皮偏厚。较抗叶斑病和纹枯病，耐湿性好，适应性广，丰产性较好。

（3）栽培要点。 栽培技术可参考苏玉糯 1 号，播种期要根据上市时间、种植面积、消费群体等综合考虑，也可分期播种。种植密度还要视土壤肥力水平等进行确定。

9. 超甜 2018

（1）面积和产量。 浙江省种子公司和浙江省农业科学院东阳玉米研究所用 150bw×大 28 共同育成的杂交组合，2001 年通过浙江省品种审定委员会审定。2003 年引入丽水市。丽水市莲都区、龙泉市和松阳县、青田县有少量种植，2005 年栽培面积 0.52 万亩。一般亩产鲜穗 750 千克。

（2）特征特性。 株型较紧凑，株高 230 厘米左右，单株总叶片数 17～19 片。穗位高 80～90 厘米，穗部苞叶较短，有少量露尖。果穗长筒型，穗轴白色，穗长 20～22 厘米，穗粗约 5 厘米，每穗 14 行，每行 35～40 粒，单穗鲜重 220～250 克。籽粒金黄色，排列整齐。

（3）栽培要点。 栽培技术可参考苏玉糯 1 号，播种期要根据上市时间、种植面积、消费群体等综合考虑，也可分期播种。种植密度还要视土壤肥力水平等进行确定。

10. 超甜 204

（1）面积和产量。 浙江省东阳市种子公司用东 20×甜 04 育成的杂交组合，2001 年通过浙江省品种审定委员会审定。2003 年引入丽水市。丽水市莲都区、景宁畲族自治县有少量种植。一般亩产鲜穗 800 千克。

(2) 特征特性。 株高 210～240 厘米，株型平展，叶片数 18～19 片。穗位高约 85 厘米，果穗筒型，穗轴白色，穗长 20～21 厘米，穗粗 5 厘米，每穗 14 行，每行 35～40 粒，籽粒金黄色，单穗鲜重 270 克左右。

(3) 栽培要点。 栽培技术可参考苏玉糯 1 号，播种期要根据上市时间、种植面积、消费群体等综合考虑，也可分期播种。种植密度还要视土壤肥力水平等进行确定。

第三节 玉米特征特性与环境条件

一、玉米形态特征

1. 根 玉米根为须根系，由初生根和次生根组成。80％以上的根系分布在 0～30 厘米土层。横向分布大多在 50 厘米左右。

2. 茎 玉米茎为圆形，一般高 2～3 米，茎上有 14～24 节，其中地下部有密集节 4～6 节，间为髓所充满。地上部节间至下而上拉长，茎的粗度则逐渐缩小。基部节间长短粗细是品种抗倒性的标志，节间粗短抗倒性强，反之则弱。

3. 叶 玉米叶片由叶鞘、叶片、叶舌组成。互生在茎节上。叶片宽长，线状披针形。叶片的多少因品种不同而异。

4. 雌、雄穗 雄穗着生在茎的顶端，为圆锥花序，由主轴和侧枝组成。雄穗小穗着生在主轴上，一般为 4～11 行成对排列，组成顶生的大型圆锥花序。雌穗为肉穗花序，着生在茎秆中部的叶腋间。穗柄是一侧枝，有 6～10 节，每节着生 1 片苞叶。雌小穗一般为 14～20 行成对排列，着生在穗轴上；花柱细长、丝状，伸出苞，接授外来花粉。

5. 籽粒 籽粒颜色有黄、白、黑、紫等色。千粒重一般 200～350 克。籽粒由果皮、胚落乳（粉质和角质）和胚组成。

二、玉米生育特性

玉米从播种发芽到成熟的整个生育过程，可分为幼苗期、雌穗（雄穗）分化形成期、开花授粉期、结实成熟期。玉米各生育阶段的管理目标见表 15－4。

表 15－4 玉米各生育阶段的管理目标

管理目标	确保旺苗	力争大穗	增加粒数	提高粒重
生育阶段	幼苗期	雌、雄穗分化形成期	开花授粉期	结实成熟期
	营养生长期—————————————→生殖生长期			

（一）幼苗期

1. 发芽出苗 玉米种子发芽需要吸收种子风干重的 35％～37％ 的水分，再遇上适宜的温度就可发芽。发芽最低温度要求 10～12℃，最适温度为 25～30℃。播种要求：土壤持水量在 60％～70％，土壤表层温度达到 10～12℃ 以上。

2. 幼苗生长 玉米发芽经出苗，生根，茎叶形成生长过程，幼苗 3 片全展叶时进入自养阶段，生长由慢加快，直到 6～9 片叶开始拔节前，为营养生长阶段，称幼苗期。幼苗期长短因品种生育期不同而有差异，出叶速度受温度、水分、养料的影响。

该时期适宜温度是 20～24℃，土壤持水量 60％～70％，同时需要一定量的氮、磷、钾等养分。

（二）雌、雄穗分化形成期

玉米进入拔节前后雄穗开始分化直到雌、雄穗抽出，这段时间为雌、雄穗分化形成期。该时期的生育特点是既有根、茎、叶的旺盛生长，又有内部雌、雄穗的快速分化，是营养器官与生殖器官同时旺长时期。

该时期适宜温度24~26℃，适宜的田间持水量70%。要求养分充足，以利形成大穗，宜在小穗分化期前和小穗分化期追施穗肥，可以增加粒数，减少小花退化。

玉米为异花（株）授粉的一年生作物，这是由于雌、雄穗在小花分化后期，雌穗中雄蕊原始体和雄穗中的雌蕊原始体分别退化消失成为单性花造成。但他们在分化过程存在着对应关系（表15-5）。

表15-5　玉米穗分化时期与叶龄指数的对应关系

穗分化时期		叶龄指数
雄穗	雌穗	
生长锥伸长	—	30
小穗分化	—	35~36
小花分化	生长锥伸长	45
雄蕊长、雌蕊退	小穗分化	50
四分体期	小花分化	60~62
花粉粒成熟	花丝始伸	75
抽雄	花丝伸长	85
开花	吐丝	100

（三）开花授粉期

玉米雄穗露出剑叶至雌穗花丝受精后枯萎这个时期为开花授粉期，前者称抽雄，后者为回须。

1. 抽雄开花　一株雄穗全部抽出需5~6天，雄穗抽出后2~3天开始开花，约7天左右开花结束，开花大多在上午8~11时。

2. 吐丝受精　雌穗吐丝一般比雄穗开花迟2~3天，由穗中部向下再向上依次吐丝，单穗全部吐出需4~5天，花丝寿命10~15天，花丝每个部位都能接受花粉，接受花粉到完成受精一般需24小时，受精后的花丝2~3天逐渐变褐枯萎。

该时期适宜的温度25~28℃，相对湿度80%左右，土壤持水量70%~80%。温度高于30℃、相对湿度低于60%时开花就很少。高温干旱或散粉遇雨，都会影响正常授粉。

（四）结实成熟期

玉米从回须到籽粒成熟为结实期。春玉米需35~40天，夏、秋玉米约45天。需经过子粒形成期（10天）——乳熟期（10~15天）——黄熟期（15天左右）——完熟期。

该时期适宜的温度16~25℃，乳熟期低于16℃或高于25℃，都会影响淀粉酶的活性，不利淀粉的积累和运转，籽粒不饱满产量低。土壤水分过多会造成根系活力下降，导致植株早衰粒重下降。

第四节　玉米栽培技术

丽水市玉米栽培方式主要有直播和移栽、清种和套种。

一、育苗技术

丽水市玉米生产自古有田玉米、地玉米和山玉米之分。高山、阴山在谷雨前后播种；低山、阳山在芒种前后播种。白玉米矮壮抗倒，蒲短而细，粒小而密，成熟早，适于高山栽培，每工可以收干籽1.75千克左右；黄玉米秆高易倒，但蒲长粗而粒大，产量高，品质好，每工可以收干籽2千克左右，适于低山种植。以直播为主，密度33厘米×66厘米，农户有"苞萝地里好牵牛"的说法。田玉米新中国成立前都为直播，1953年开始推广苗床育苗和"深孔浅栽"移植法，苗龄3～4片叶。20世纪70年代后，提倡营养钵育苗移栽，苗龄5～6片叶，行株距约为40厘米×33厘米。

20世纪80年代前无论清种和套种大多为直播，即使育苗其移栽方法也十分简单，一般选择地势较平坦，砂壤土，阳光充足田块作苗床，整地作畦，播种复土施加点盖籽肥，出苗后进行一般的肥水管理，根据玉米苗生长和茬口情况决定移栽期。

进入20世纪80年代育苗技术有了发展，方格营养块育苗技术出现，可直接选用肥塘河泥或者苗床表面细泥，苗床整平整细后加施少量腐熟的人粪尿，也可施少量的复合肥，然后加足水分拌匀，用铁锹摊平拍实。待泥土稍干后，划成5厘米×5厘米方格即可（也称"三五格"，即厚、长、宽各为5厘米），但塘泥方格育苗由于取材麻烦难以大面积推广应用。

20世纪80年代末，缙云县盘溪区农技站农技干部朱日美从舒洪乡洪岭脚村农民利用稻桩进行西瓜育苗受到启发，1989年对春玉米稻桩育苗开始研究，经多点试验对比，可比普通育苗、塘泥方格育苗平均亩增69.6千克和33.8千克，分别增产18.53%和8.2%。面上调查，均具有同样的增产效果。同时可提前播种、提早成熟、避开夏旱、增产增收。其方法是：冬种时捡取稻桩，晒干储藏；育苗时先平整苗床，排平稻桩。玉米种子先行浸种催芽，待露白时在每一稻桩中央摆放一粒，播后用稀薄人粪尿浇湿稻桩，用细土或焦泥灰拌入少量的磷肥均匀覆盖，最后以薄膜低架覆盖，于3叶1心至4叶1心时起苗带桩移栽。该方法取材方便，简易便行，容易推广。主要是利用稻桩内部疏松，苗基根部空隙大，通透性好，同时稻桩吸水后易腐烂。因此，玉米苗期具有明显的根系优势，苗壮、栽后成活快并成活率高，促进地上部迅速地生长发育。

20世纪90年代营养钵育苗兴起，该项技术是采用规格为8厘米×8厘米或6厘米×（8～10）厘米，可装0.25千克营养土的营养钵。营养土掌握三分肥七分土，以土杂肥为主，化肥为辅进行配制。一般用稻田土、火烧土、钙镁磷肥配制，比例大体为67：30：3，也可用腐熟栏肥和少量复合肥加细稻田土进行配制，做到肥料充足但不过量，经堆积发酵10天左右使用，装钵前再打细过筛。每钵播一粒玉米种子，苗床采用小拱棚薄膜覆盖保温。营养土配制的量以种植面积推算，一般每亩800千克左右。对该项技术能提前播种，提早成熟，提早上市，提高种植效益，对丽水市春玉米生产，特别是对鲜食玉米生产起到积极作用。

目前丽水市春玉米生产大多采用营养钵育苗、稻桩育苗和育苗盘育苗，但无论采用那项技术均用地膜低架或小拱棚双膜覆盖进行育苗。

二、栽培技术

玉米为C_4植物，光合能力很强。适应性广，旱地、水田、山区、平原均可种植，对土壤的要求不严格，能适应各类土壤。玉米植株高大，适宜与多种作物间作套种。丽水市玉米栽培技术资料在以粮食为主的20世纪80年代前积累很少，但玉米套种技术广为应用，农谚"玉米地带种豆，十年九不漏，丢了玉米还有豆""单插不如豆通，亲眷不如弟兄"就说明这点。

20世纪80年代后单纯玉米栽培技术可查阅的记载资料也不多，大多为间作、套种综合性资料和示范方或基地建设资料。1953年丽水市曾经推广人工辅助授粉、打顶去雄技术措施，1956年根据遂昌县社后、长濂两地统计，共推广秋玉米人工辅助授粉250亩，占秋玉米总面积的30%，增产15%。

20世纪80年代以来丽水市各级农业技术推广部门在旱地吨粮高产综合技术示范、发展春玉米生产、春玉米基地建设、鲜食玉米覆膜早熟高效技术示范推广、山坡地旱粮三熟高产技术、生物型种衣剂在玉米生产上的应用等诸多方面进行探索，对丽水市玉米生产的发展、单产的提高，起到积极的促进作用。

旱地分带种植技术：实行旱地分带种植是提高旱地复种指数、发展三熟制的关键措施。它可有效地建立一个合理利用空间和时间的叶层结构，发挥时空效应，提高光能利用率。1991年丽水市实行旱地分带轮作面积3.64万亩，旱地三熟制面积7.50万亩；1992—1995年旱地分带轮作面积年均4.19万亩，旱地三熟制面积6.0万亩。

三、甜玉米、糯玉米栽培技术

（一）选好品种，适期播种

品种选用应注意：丰产性、抗性、适应性、品质、商品性5个方面。要有较好的丰产性和较强的抗性，同时具有适应性广，品质好（甜度适宜、适口性好、种皮簿）。商品性优劣直接影响到产品的销售和经济效益，要求果穗大小相对一致，籽粒黄色、饱满、排列整齐，苞叶长不露尖。目前生产上主要有：甜玉米华珍、超甜2018、超甜204、超甜3号等品种。糯玉米苏玉糯1号、苏玉糯2号、浙风糯2号等品种。

无论催芽播种还是播硬籽，可根据生产规模、销售市场、市场需求量大小实行分期播种或选用不同熟期品种安排播种时间，达到分批采收，延长产品供应时间，满足市场需求的目的。

（二）整地作畦，隔离种植

翻耕前亩施堆沤好的猪栏肥1 000千克或鸡粪250千克、过磷酸钙50千克。然后翻耕整地作畦，1.4米包沟起畦，沟宽30～40厘米，畦宽1.0～1.1米，双行植，行距60厘米、株距28～30厘米。水田种植要根据田块大小和形状开好十字沟或井字沟作排水沟，以方便排灌水。选择地力水平较高，土壤pH 6.5～7.0，土层深厚，通透性好旱地或排灌方便的稻田。没有污染源。300米范围内不宜种植其他类型的甜玉米，或者与其他玉米花期错开30天，以防串粉影响品质。

（三）催芽播种，育苗移栽

甜玉米种子皱瘪，胚乳很小，胚芽顶土能力差，直播发芽出苗比普通玉米差。确保玉米壮苗、全苗，移栽后平衡生长，方便大田管理，达到早播、早熟、早上市，提高种植效益的目的，要采用育苗移栽。特别是鲜食春玉米应采用营养钵、稻桩或育苗盘和地膜低架或小拱棚（大棚）双膜覆盖进行育苗。提倡催芽播种，一般浸种0.5～1.0小时，在26℃左右条件下保湿催芽两昼夜，种子露出短芽时即可播种。

（四）适时移栽，合理密植

一般小苗移栽在1.5～2.0叶龄进行，大苗移栽叶龄控制在3.5～4.0进行，移栽时大苗、小苗做到分级移栽，以利管理平衡生长。春播育苗在移栽前2～3天揭膜炼苗。甜玉米植株较高，叶片较平展，但品种和种植季节不同有明显差距。种植密度过高果穗变小，商品性变差，密度过低不利于产量提高。一般掌握早熟品种、春季促早栽培种植密度每亩4 000株左右，中熟品种种植密度每亩以3 000～3 500株为宜。

促早栽培要采用双膜覆盖移栽，移栽前10天每亩用50%丁草胺100克加水35千克喷雾除草，施基肥，覆膜。对土壤墒情较差一定要浇水，再施肥覆膜移栽，移栽时在地膜上用直径7厘米左右的木棍打洞，洞深8～9厘米，以保证乳苗根基部和须根部带土都能深入到洞穴中，然后在旁边盖一层泥土适宜压实，再用喷雾器适量浇一点定根水，覆盖小拱棚。

（五）科学施肥，清除分蘖

玉米为高需肥作物，每生产100千克鲜果穗须从土壤中吸收氮1.0～1.5千克，五氧化二磷0.6～0.8千克，氧化钾1.0～1.2千克。实际生产中要根据目标产量、土壤供肥能力、种植季节、肥料种类等因素综合考虑，按照不同生育阶段的进行施用。一般亩总施肥量：氮8～15千克，五氧化二磷6～8千克，氧化钾10千克。促早栽培覆膜移栽，基肥比例为60%，拨节肥占10%，穗肥30%。基肥每亩施有机肥1 700千克，高浓度玉米专用有机无机复混肥50千克左右（基肥中不宜施碳胺，容易造成烧苗），开沟深施于预留的行中间。

1. 移栽后 及时浇肥水活苗，用 0.5 千克尿素兑水 50 千克浇施，5～7 天中耕除草浇施 7.5 千克复合肥。

2. 穗肥 7～8 片叶时施拔节肥，亩施尿素 10 千克、氯化钾 10 千克，并进行中耕培土和适当灌水，促进气生根生长。在大喇叭口期（约 15 片叶）施攻苞肥，亩施尿素 15～20 千克、氯化钾 5～8 千克。

3. 散粉期 根据苗情增施壮粒肥，亩施尿素 3～5 千克，确保能延长绿叶功能期，使籽粒灌浆饱满，增加果穗鲜重。

露地栽培基肥用量适当减少，增加穗粒肥用量。甜玉米与糯玉米比较，要适当增加穗肥用量。

甜玉米有分蘖和多穗现象，要及时、彻底去除，保留主茎和最上部的 1 个果穗（注意勿损植株），避免养分浪费。春播玉米要做好清沟排水，防止田间积水。抽雄吐丝期后注意田间土壤湿度，遇干旱及时浇水，满足甜玉米生长需要。

（六）及时防病治虫

玉米苗期主要病虫害有地老虎、蝼蛄等；雌、雄穗分化形成期主要有玉米螟、茎腐病；开花授粉期、结实成熟期主要有大、小叶斑病、青枯病等。收获前 20 天禁止施用农药，整个生产过程中禁止使用高毒高残留农药，以确保鲜食甜玉米的食用安全。

1. 主要病害与防治

（1）玉米茎腐病。 症状：一般发生在甜玉米的吐丝后期。症状分急性型和慢性型，急性型即"青枯型"常出现在暴风雨过后，或天气有大风，经过 2～3 天叶片失水呈青枯萎蔫状。慢性型病程进展缓慢，叶片从下向上逐渐黄枯，后期茎基部变色，腐朽，感染部腐烂，有腐臭味，植株青枯，病部如水渍状。髓部中空，易倒伏，果穗下垂，籽粒干瘪。防治方法：①选育抗病品种。②轮作，合理密植。③科学施肥。④化学防治：70％甲基硫菌灵 800～1 000 倍液或 72％农用链霉素 200～300 倍液灌根。

（2）玉米青枯病。 症状：玉米拔节期整株青枯死亡，剖开茎基部，可见髓部变褐色，发病后期有镰刀菌伴生。防治方法：70％甲基硫菌灵 800～1 000 倍液或 72％农用链霉素 200～300 倍液灌根。

（3）玉米大、小斑病。 大斑病症状：主要为害叶片，严重时波及叶鞘和苞叶。田间发病始于下部叶片，逐渐向上发展。发病初期为水渍状青灰色小点，后沿叶脉向两边发展，形成中央黄褐色、边缘深褐色的梭形或纺锤形的大斑，湿度大时病斑愈合成大片，斑上产生黑灰色霉状物，致病部纵裂或枯黄萎蔫，果穗包叶染病，病斑不规则。小斑病病状：主要为害叶、茎、穗、籽等，病斑椭圆形、长方形或者纺锤形，黄褐色、灰褐色。有时病斑上具轮纹，高温条件下病斑出现暗绿色浸润区，病斑呈黄褐色坏死小点。防治方法：①发病前用 12.5％烯唑醇可湿性粉剂 1 500 倍液，每隔 15～20 天喷 1 次，连喷 3 次。②治疗可用 25％咪鲜胺乳油 1 500～2 000 倍液喷雾。

（4）玉米锈病。 症状：发病初期在叶片上出现黄色至橙黄色突起的小脓包状病斑，后期疮斑表皮破裂，散出黄色至黄褐色粉状物即是孢子堆，严重时疮斑遍布全叶，散发锈色粉状物，至叶子生长受阻。防治方法：12.5％烯唑醇可湿性粉剂 1 500 倍液、20％三唑酮乳油 800 倍液喷雾。

2. 主要虫害与防治

（1）玉米螟。 又叫钻心虫，是玉米的主要害虫，常在幼嫩茎叶处钻入咬食，破坏茎叶组织，使养分和水分不能输送，影响玉米生长，抽穗后钻进雌穗使果穗折断影响授粉。防治方法：2.5％高效氯氟氰菊酯乳油 1 000 倍液、1.8％阿维菌素乳油 1 500 倍液、1％甲胺基阿维菌素苯甲酸盐乳油 2 000 倍液灌心或喷雾。

（2）蝼蛄。 以成虫和若虫在靠近地表处咬断玉米幼苗，或在土壤表面开掘隧道，咬断幼苗主根使幼苗枯死。防治方法：48％毒死蜱乳油 1 000 倍液、40％辛硫磷乳油 800 倍液灌根。

（3）小地老虎。 食性很杂。初孵化的幼虫日夜群集在作物幼苗的心叶或叶片背面，把叶片咬成缺口或孔洞。三龄后进入暴食期，白天隐藏在土表下，天将亮露水多时出来活动，将玉米从地面 3～4 厘米高处茎部咬断把断苗拉至洞中取食。防治方法：①除草灭虫。杂草是地老虎产卵的主要场所，也是幼虫向玉米幼苗迁移的危害桥梁。②堆草诱杀。用米糠＋花生麩或豆饼粉碎炒香拌 5％敌百虫，于傍晚每亩地分散放 10 堆，每堆 250 克，上面盖新鲜嫩草，引诱小地老虎幼虫取食。

（七）适时采收

甜玉米的收获与普通玉米不同，它是在乳熟期采收嫩穗，以鲜穗供应市场外或加工厂加工罐头。收获期对其品质和商品价格影响很大，过早收获，籽粒色浅，乳质薄，口感差，产量低；过迟收获，淀粉含量高，果皮硬，乳质黏厚，适口性差。所以适时采收非常重要，要做到根据不同品种、不同季节适时收获，一般甜玉米的采收时间是授粉后 20～25 天采收，有条件的最好在清晨采收。甜玉米采收后可溶性糖含量下降速度逐渐加快，因此采收后应及时做好速冻等处理，确保品质和风味。

第十六章
蚕豆和豌豆

第一节 概 况

蚕豆（*Vicia faba* L.）又名佛豆、罗汉豆、胡豆等。原产于黑海南部。相传汉朝张骞出使西域带回传入我国，至今约有 2 000 多年的栽培历史。蚕豆是豆科、蝶形花亚科、野蚕豆族、蚕豆属中的一个栽培种，属一年生或越年生草本植物。我国蚕豆主要分布在长江以南，四川、湖北、云南、湖南、浙江等地。

豌豆（*Pisum satvum* L.）又名麦豆等。原产于欧洲南部及地中海沿岸。我国栽培豌豆历史至今至少有 1 000 多年。豌豆是豆科、豌豆属一年生或越年生草本植物。

一、丽水蚕豆和豌豆的分布

蚕豆和豌豆何时引种至丽水，已无从考证。也是丽水市主要旱杂粮作物，主要分布在海拔 400 米以下稻区，集中在松古平原、碧湖平原及莲都区的老竹、青田县的北山和章旦、遂昌县的云峰、庆元县的淤上等部分地区。其中青田县北山、章旦一带以豌豆为主。20 世纪 90 年代后期开始种植面积较大的是松阳县，其次是莲都区和青田县。松阳县蚕豆和豌豆的年种植面积在 3 万亩以上，占丽水市蚕豆和豌豆种植面积的 45％左右，这与松阳县农业部门抓种植结构调整，开发冬季效益农业，将其作为产业开发有关。

二、丽水蚕豆和豌豆的发展

据统计资料记载：1969—1987 年近 20 年中丽水市蚕豆和豌豆年种植面积在 1 万亩以下（表 16-1 和表 16-2）。1988—1998 年丽水市蚕豆和豌豆年种植面积在 1.20 万～4.57 万亩，主要分布在莲都区、青田县和松阳县。随着种植结构调整的深入，大麦和小麦种植面积的下降，鲜食蚕豆和豌豆发展迅速，丽水市蚕豆和豌豆种植面积从 1998 年的 4.57 万亩发展到 2003 年的 10.10 万亩，扩大了 2 倍多。

表 16-1 丽水市蚕豆和豌豆播种面积

单位：万亩

年份	合计	莲都	青田	云和	龙泉	庆元	缙云	遂昌	松阳	景宁
1969	0.26	—	0.11	—	—	—	0.05	0.10	—	—
1970	0.40	0.15	0.10	0.01	—	—	0.06	0.10	—	—
1971	0.45	0.15	0.15	0.02	—	—	0.07	0.08	—	—
1972	0.49	0.14	0.17	0.02	—	—	0.11	0.06	—	—
1973	0.37	0.10	0.15	—	—	—	0.09	0.05	—	—
1974	0.26	0.08	0.09	0.01	—	—	0.06	0.02	—	—
1975	0.26	0.08	0.10	0.01	—	—	0.05	0.02	—	—
1976	0.22	0.08	0.08	—	—	—	0.04	0.02	—	—

（续）

年份	合计	莲都	青田	云和	龙泉	庆元	缙云	遂昌	松阳	景宁
1977	0.31	0.17	0.08	—	—	—	0.03	0.03	—	—
1978	0.29	0.12	0.10	0.01	—	—	0.03	0.03	—	—
1979	0.28	0.11	0.09	0.01	—	—	0.03	0.04	—	—
1980	0.30	0.09	0.16	0.01	—	—	0.03	0.01	—	—
1981	0.31	0.08	0.19	0.01	—	—	0.01	0.02	—	—
1982	0.36	0.1	0.20	0.30	—	—	0.02	—	0.01	—
1983	0.56	0.16	0.32	0.44	—	—	0.33	—	0.01	—
1984	0.58	0.18	0.32	0.01	—	—	0.33	0.01	0.03	—
1985	0.68	0.21	0.37	0.02	—	—	0.03	0.02	0.01	0.02
1986	0.85	0.28	0.43	0.05	—	—	0.04	0.01	—	0.04
1987	0.95	0.34	0.49	0.05	—	—	0.04	—	—	0.03
1988	1.20	0.52	0.54	0.04	—	—	0.04	0.01	—	0.05
1989	1.46	0.64	0.62	0.06	0.03	—	0.04	0.01	—	0.06
1990	1.51	0.65	0.70	0.03	—	—	0.02	—	0.08	—
1991	1.98	0.89	0.77	0.11	—	—	0.05	0.03	—	0.11
1992	2.52	1.14	0.99	0.12	—	—	0.05	0.03	—	0.19
1993	2.60	1.20	1.02	0.09	—	—	0.05	0.03	—	0.21
1994	2.69	1.05	0.87	0.15	—	—	0.06	0.03	0.29	0.24
1995	2.69	1.02	0.75	0.17	—	—	0.05	0.05	0.33	0.33
1996	3.38	1.17	0.85	0.23	—	—	0.18	0.07	0.47	0.41
1997	4.04	1.44	0.92	0.23	0.09	—	0.21	0.18	0.56	0.42
1998	4.57	1.53	1.04	0.27	0.11	—	0.22	0.17	0.82	0.42
1999	6.97	1.82	1.07	0.26	0.11	0.01	0.30	0.18	2.78	0.44
2000	8.68	2.52	1.28	0.19	0.11	0.01	0.25	0.29	3.57	0.46
2001	8.99	2.41	1.35	0.14	0.11	0.07	0.26	0.25	3.94	0.46
2002	9.38	2.22	1.43	0.14	0.12	0.03	0.27	0.36	4.26	0.54
2003	10.10	2.58	1.61	0.14	0.09	0.01	0.27	0.45	4.52	0.43
2004	7.80	1.48	1.70	—	0.07	—	—	0.34	3.69	0.46
2005	7.59	1.46	1.77	0.15	0.07	—	0.28	0.35	3.06	0.44
2006	7.53	1.75	1.63	0.13	0.15	—	0.33	0.35	2.75	0.45
2007	6.58	1.65	1.59	0.13	0.07	—	0.35	0.28	2.13	0.39
2008	6.73	1.66	1.60	0.13	0.09	0.01	0.37	0.33	2.16	0.38
2009	6.30	1.62	1.46	0.13	0.08	—	0.31	0.38	1.96	0.37

表 16-2　丽水市蚕豆和豌豆播种亩产

单位：千克

年份	平均	莲都	青田	云和	龙泉	庆元	缙云	遂昌	松阳	景宁
1969	56	—	52	—	—	—	130	25	—	—
1970	78	83	45	47	—	—	160	25	—	—

（续）

年份	平均	莲都	青田	云和	龙泉	庆元	缙云	遂昌	松阳	景宁
1971	110	126	60	79	—	—	235	41	—	—
1972	106	124	53	62	—	—	209	33	—	—
1973	73	87	40	54	—	—	124	30	—	—
1974	74	78	39	50	—	—	117	34	—	—
1975	74	81	35	53	—	—	151	38	—	—
1976	66	77	32	0	—	—	145	20	—	—
1977	60	68	32	0	—	—	136	21	—	—
1978	78	86	45	58	—	—	183	38	—	—
1979	72	80	48	49	—	—	180	24	—	—
1980	80	100	61	47	—	—	166	45	—	—
1981	66	75	58	32	—	—	177	62	—	—
1982	92	155	65	41	—	—	152	—	63	—
1983	82	116	63	57	—	—	134	—	38	—
1984	79	92	63	62	—	—	167	95	63	—
1985	78	90	73	50	—	—	117	78	100	53
1986	79	92	75	56	—	—	90	102	—	53
1987	42	59	30	42	—	—	55	—	—	33
1988	72	79	70	48	—	—	98	57	—	46
1989	69	76	65	50	27	—	97	40	—	55
1990	82	96	73	66	29	—	102	48	—	55
1991	81	98	65	76	—	—	100	51	—	60
1992	71	88	52	50	—	—	102	47	—	64
1993	80	96	64	62	—	—	113	73	—	70
1994	90	102	67	64	—	—	115	85	136	73
1995	84	89	66	77	—	—	104	87	132	65
1996	91	101	68	69	—	—	90	90	125	82
1997	97	108	72	73	64	—	91	96	134	83
1998	99	113	74	63	87	—	94	77	131	84
1999	100	117	85	79	82	90	100	87	100	85
2000	100	125	77	83	92	80	100	84	96	67
2001	99	130	85	93	93	41	102	87	89	84
2002	102	129	83	96	171	60	103	154	91	85
2003	88	—	85	96	186	—	107	—	—	69
2004	103	134	92	—	131	—	—	153	91	89
2005	114	169	95	102	131	—	110	234	89	89
2006	119	157	98	99	134	—	112	209	102	90
2007	120	151	107	99	135	—	122	224	94	88
2008	118	151	102	100	141	210	116	229	94	92
2009	122	159	101	128	141	—	137	164	100	97

近年来，随着人们生活水平的提高，膳食习惯的改变，鲜食蚕豆和豌豆味鲜、绿色、保健、营养价值高备受消费者喜爱，市场需求量越来越大。丽水市自然条件优越，产品上市早、质量好，有良好的市场信誉和竞争力，生产潜力大，开发前景广阔（表16-3）。

表 16-3　丽水市鲜食蚕豆和豌豆面积产量

年度	蚕豆			豌豆		
	面积（万亩）	亩产（千克）	总产量（吨）	面积（万亩）	亩产（千克）	总产量（吨）
2001	6.16	447	27 554	3.25	630	20 510
2002	6.60	427	28 178	2.90	488	14 148
2003	7.250	421	30 538	2.69	505	13 588
2004	5.73	433	24 801	2.54	504	12 787
2005	4.73	434	20 518	2.74	515	14 095
2006	4.46	542	24 202	2.93	523	15 341
2007	4.21	532	22 406	2.87	279	7 995
2008	2.58	488	12 569	2.40	575	13 809
2009	3.75	499	18 714	2.11	532	11 222

三、蚕豆和豌豆效益分析

1. 有利作物布局，以利后茬高产　鲜食蚕豆和豌豆一般在4月中旬至5月初收获上市，与小麦收获期比较早15～20天，为后茬搭配安排争取主动，选择余地大，对提高后茬产量起到积极作用。

2. 增加肥料，改良土壤　蚕豆和豌豆为豆科作物，具有固氮作用，是一种养地类型的经济绿肥，每亩有1 000千克左右的鲜茎叶还田，可培肥地力，熟化土壤，保持良好的土壤团粒结构，起到改良土壤的作用。

3. 减少冬闲田，减轻病虫害　扩大冬季蚕豆和豌豆生产，对减少冬闲田面积，增加农民收入和确保粮食安全有重要的现实意义。同时可降低病虫越冬基数，减少用药，有利促进可持续发展。

4. 发挥优势，效益显著　能充分发挥丽水市国家级生态示范区和早春气温回升早的优势（早5～7天），缓解蔬菜淡季供需矛盾，提高市场竞争力。蚕豆和豌豆一般亩产在800千克，亩产值1 000～1 500元，比种小麦增加200%～300%。

第二节　蚕豆和豌豆的类型与良种推广

一、蚕豆和豌豆的品种类型

蚕豆和豌豆有不同的品种类型，各有不同的生态要求、适应地区以及利用价值。

（一）蚕豆的品种类型

1. 大粒种　种子扁平，长1.9厘米以上，百粒重80克以上。植株高大，开花成熟较迟，对肥水条件要求较高。品质优，商品性好。粮菜兼用。如日本大白蚕、慈溪大白蚕。

2. 中粒种　种子扁椭圆，长1.25～1.65厘米，百粒重65～80克。生长期内需水较多，成熟适中。粮菜兼用。如上虞田鸡青、杭州三月黄。

3. 小粒种　种子椭圆，长0.65～1.25厘米，百粒重40～65克。结荚密，成熟较早，对气候和土壤要求不严。籽粒和茎叶产量较高，但品质较差，大多作饲料，茎叶作绿肥。如缙云花蚕豆。

（二）豌豆的品种类型

豌豆按花色分为白色豌豆、紫色豌豆；按荚型和株型分为软豌豆、谷实豌豆和早生矮豌豆；按用途分为饲用豌豆、食用干豌豆、食用鲜豌豆、制罐用豌豆；按千粒重分为大粒种（30 克以上）、中粒种（20～30 克）、小粒种（10～20 克）。

1. 蔬菜豌豆　花多为白色，也有紫色，托叶绿色。种子圆形、光滑，种皮色有黄色、白色、绿色、粉红色等。茎柔软。品质好，抗寒较弱。一般作蔬菜。

2. 谷实豌豆　花多为紫色或红色，托叶红斑。种子圆形、光滑，种皮色有灰绿、褐色或杂色等。抗逆性强，产量高，品质较差。作粮食或绿肥。

二、蚕豆和豌豆良种推广

20 世纪 80 年代以前丽水市蚕豆主要是小粒种，品种主要为缙云花蚕豆及当地其他农家品种豌小粒种，如莲都区的细粒种。20 世纪 70 年代中期引种慈溪大白蚕，在生产上得到推广应用。20 世纪 90 年代引种日本大白蚕，由于该品种开花成熟较早，品质优，商品性好，是一个粮菜兼用型的好品种，特别是进入 21 世纪，鲜食蚕豆的兴起，加快了该品种的推广速度，成为丽水市的当家品种。2000 年丽水市慈溪大白蚕和日本大白蚕种植面积分别达到 2.63 万亩和 2.10 万亩。豌豆主要为当地农家品种，20 世纪 80 年代末引进中豌 4、中豌 6 等品种作为绿肥进行试验推广，2000 年丽水市中豌 4、中豌 6 种植面积分别达到 1.37 万亩和 1.15 万亩，成为丽水市豌豆主要推广品种。

三、代表性品种介绍

1. 慈溪大白蚕

(1) 面积和产量。慈溪农家品种，浙江省五大名豆之一。20 世纪 70 年代中期引入丽水市，是丽水市主要种植品种，一般干籽亩产 80 千克左右。

(2) 特征特性。该品种株高 90～100 厘米。分枝多，叶色淡绿，花色紫红色，荚大。籽粒嫩时淡绿色，老熟时浅绿而带白色，籽粒大而宽扁，豆肉肥厚，种子百粒重 120～135 克。籽粒蛋白质含量 29.5%，脂肪 14.9%，碳水化合物 54.36%。全生育期 195 天左右，耐湿、耐肥，不耐旱。

(3) 栽培要点。①一般 10 下旬播种。②不宜连作，注意轮作。

2. 白花大粒

(1) 面积和产量。白花大粒是舟山市种子公司等单位从日本引进的大粒蚕豆品种中系统选育而成。1993 年引入丽水市，是丽水市主要种植品种，一般干籽亩产 90～100 千克。

(2) 特征特性。该品种株高 80～90 厘米，株型较散，茎秆粗壮。叶片宽大，叶色淡绿。分枝力强，生长茂盛。花色白带粉色，始荚部位低，荚长粒大，荚长一般 14～16 厘米，每荚 2～3 粒，种皮色淡而薄，鲜豆煮熟皮软肉酥，品质优，百粒重 200～250 克。种皮易裂开，留种困难，发芽率较低。全生育期 200 天左右，耐肥抗倒，耐寒性比慈溪大白蚕差。

(3) 栽培要点。①一般 10 月中、下旬播种。②亩播 4 000 穴左右，每穴留 1 株。套种种植密度视作物而定一般在 2 000 穴左右。③施足基肥，基追肥比例 6：4，一般亩施尿素 5～10 千克，增施磷钾肥。④整枝培土。

3. 缙云花蚕豆　缙云花蚕豆百粒重 68 克，籽粒窄厚，种皮乳白色，品种特点是枝荚粒多，单株产量 42.4 克。耐酸、耐瘠。

豌豆目前生产上主要采用当地农家品种，不再作介绍。

第三节　蚕豆和豌豆的特征特性与环境条件

一、蚕豆和豌豆形态特征

1. 蚕豆　根系发达，主根粗壮，大部分根系分布在 30 厘米土层；茎方形、中空、直立，多为 50～

140 厘米，基部可发生分枝，一般一级分枝在 4～6 个；叶片为偶数羽状复叶，互生，小叶 2～8 片，肥厚。植株叶片至下而上由小变大再变小。子叶不出土。托叶两片，近三角形；花腋生，总状花序。白色或紫白色；荚果筒型，一般荚长 10 厘米左右，每荚 2～4 粒，豆荚肥厚、绿色，成熟豆荚为褐色；籽粒扁平或扁椭圆，种皮有青绿色、绿色、褐色、黄色等颜色。种皮内有两片肥大子叶，基部为胚。

2. 豌豆　主根发达，侧根稀疏。根瘤集生，成花瓣状。播种后 6 天（未出苗），主根伸长 6～8 厘米，播后 20 天，主根长达 16 厘米以上；茎圆形、细弱、质脆。长 30～150 厘米，有直立型、攀缘型和蔓生型。各节都能发生分枝，但能结荚的只有 3～4 个分枝；叶片为偶数羽状复叶，互生，小叶 1～3 对，顶端为羽状分枝的卷须。叶片卵圆形或椭圆形、全缘、绿色、有蜡粉；总状花序，第 3～12 片叶的叶腋抽出花梗，一般每花梗 2～3 朵花，有紫白两色。花期约 15 天，自花授粉；荚果扁平，长 4～15 厘米，每荚 4～8 粒。有硬荚、软荚两种。硬荚成熟时会裂荚；籽粒圆形，种皮有黄色、深褐色等。百粒重 10～30 克，无胚乳。

二、蚕豆和豌豆生育特性

1. 蚕豆生育特性　温度：发芽最低温度为 3.8℃，最高温度为 25～35℃，最适温度为 15～20℃。营养生长期、生殖器官形成期最适温度为 15～20℃；水分：发芽须吸足种子本身重量的 1.2～1.5 倍水分，开花结荚期是需水的临界期，整个生育期需水较多，忌干旱，怕渍水；日照：蚕豆为喜光长日照作物，不耐寒，北种南引迟发迟熟，南种北引早发早熟土壤：要求土层深厚，疏松肥沃，pH 为 7～8 的偏碱土壤；养分：据资料显示，生产 100 千克籽粒及相应的营养体，约需吸收氮 7 千克，磷 3 千克，钾 8 千克。开花阶段是需肥高峰期。

2. 豌豆生育特性　温度：发芽最低温度为 4～5℃，最高温度为 24℃最适温度为 6～12℃。出苗最适温度 12～16℃，开花至成熟最适温度 16～22℃；水分：发芽须吸足种子本身重量 98.5％水分，开花结荚期需水较多；日照：蚕豆是长日照作物，南种北引加速成熟。短日照条件下，分枝增多，节间缩短；土壤：对土壤要求不严，耐瘠。适宜的土壤 pH 5.5～6.7；养分：据资料显示，生产 100 千克籽粒，约需吸收氮 3 千克，磷 0.8 千克，钾 3 千克。

第四节　蚕豆和豌豆的栽培技术

一、蚕豆栽培技术

1. 品种　选用具有荚大粒大、鲜食品质佳、商品性好，产量高的品种。如日本大白蚕。

2. 播种　适时早播，一般以 10 月底至 11 月中旬播种为宜。

3. 密度　亩播 2 500～3 000 穴，每穴 1～2 粒，亩用种量 6～8 千克。采用宽窄行种植，行距 70 厘米×35 厘米。干籽落土，薄复土。

4. 施肥　每亩总施肥量为：氮肥 10 千克，磷肥 8 千克，钾肥 6 千克。一般播前亩施钙镁磷肥 30～50 千克，栏肥 1 000 千克作基肥，焦泥灰 1 000 千克，也克用钙镁磷肥和钼酸铵拌种进行穴施。开春增施结荚肥，一般亩施复合肥 10～15 千克。

5. 打顶　3 月上中旬，株高 30 厘米左右时摘除主茎，选留 5～6 个健壮侧枝，单株分枝开花 3～4 个节位时，及时摘顶。

6. 病虫防治　蚕豆生长期间注意做好蚜虫、潜叶蝇及褐斑病、碳疽病、锈病的防治。

7. 收获　4 月中旬，当籽粒饱满、呈白绿色时采摘上市，实行分期分批采摘，一般分 3～4 次采收，确保籽粒饱满。

注意事项：①蚕豆不宜浸种或长时间积水。②播后盖土不能超过 5 厘米，一般 3～4 厘米。③初花期硼砂 100 克加水喷雾。④蚕豆为忌氯作物，要注意含氯化肥、农药的施用。⑤做好水旱轮作，实行间套种。

二、豌豆栽培技术

1. 品种　选用产量高、食味佳的本地白花豌豆或生育期较短、鲜荚产量高、食味好的中豌 6 号、中豌 4 号及本地特色品种。

2. 播种　中豌 4 号、6 号则在 11 月中下旬播种；本地豌豆在 11 月上中旬播种，避免过早播种导致冻害。

3. 密度　种植密度矮生品种以 20 厘米×35 厘米或 25 厘米×25 厘米密植为好；株高分枝多的品种则以 27 厘米×60 厘米、40 厘米×40 厘米密植为佳；中豌 4 号、中豌 6 号行株距则以 20 厘米×15 厘米密植为好；穴播种子 2～4 粒。

4. 施肥　播种前亩用焦泥灰 800～1 000 千克、钙镁磷肥 25～35 千克作基肥。苗高 4～5 厘米时进行中耕间苗，每穴留苗 2 株，并亩用人粪尿 200～500 千克或尿素 5 千克加氯化钾 5 千克追施苗肥。同时要提倡合理轮作，注意清沟排水和病虫防治。

第十七章
荞　麦

第一节　概　况

荞麦（*Fagopyrum esculentum* Moench.）又名乌麦、花麦、三角麦、荍麦。属蓼科荞麦属，起源于中国，种植历史悠久，分布范围很广。

荞麦在我国主要分布在东北、华北、西北以及西南云、贵、川一带，在高寒山区种植较多。2000年全国荞麦种植面积达1 200万亩，单产一般为150～250千克/亩。

荞麦在丽水9个县市（区）都有零星种植。据遂昌县记载，"新中国成立前，长期以种植粮食为主，稻谷为大宗产品，次为玉米、甘薯、豆、麦、小米、荞麦等""1949—1956年为'三减少三扩大'阶段，……减少荞麦、马料豆等低产作物，扩大秋玉米等高产作物"。农谚道，"三株甘薯动得火，三株荞麦没一口"，说明荞麦产量低。龙泉市1985年区划资料："荞麦、小米曾有零星种植，均以农家品种为主，现几乎绝种"。

荞麦生育期短，20世纪50至60年代荞麦作为救灾、空闲填补作物，多为秋季种植，面积较多，至20世纪80年代种植面积已很少。近几年，荞麦的利用价值重心被定位，作为药用、保健食品进行开发，种植面积有所增加，但不会超过千亩，单产在100千克左右（表17 - 1）。2006年遂昌县大柘镇开展了"制种—乔麦"种植模式试验性探索，取得了良好成效。100亩示范面积，除22万元制种收益，还收获了7 500多千克的优质乔麦，由于有保健的作用，价格奇高，亩产值达到1 500元，百亩面积给制种农民额外增收15万元。青田县、景宁畲族自治县等地也有零星种植。

表 17 - 1　丽水市 1997—2009 年荞麦生产情况

年度	面积（亩）	单产（千克）	总产（吨）
1997	1 530	51	78
1998	29	103	3
1999	119	101	13
2000	346	95	33
2001	464	119	55
2002	410	115	47
2003	475	120	57
2004	458	118	54
2005	568	97	55
2006	501	92	46
2007	670	87	58
2008	745	86	64
2009	900	86	77

由于荞麦适应性广，抗逆性强，生长发育快，在农业生产布局上有特殊的作用：备荒救灾、填闲。种荞麦省时省工，在农时安排上，荞麦从耕翻、播种到管理，通常都在其他作物之后，可调节农时，实现低投入高产出的经济效益。随着我国荞麦科研发展和产业开发的深入，荞麦在农业生产中的地位正在由"救灾补种"作物转变为农民脱贫致富的经济小作物和人们生活的保健食品。可作为作物布局搭配种植，具有良好的开发前景。

第二节　荞麦形态特征和生物学特性

1. 形态特征　荞麦的根属直根系，由定根（主根和侧根）和不定根组成，根系浅而不发达。荞麦的茎直立，圆形、中空、多为红色，有节，节处膨大，主茎节叶腋处长分枝。植株高 60～100 厘米。荞麦的叶有子叶、真叶及花序上的苞叶。子叶肾脏形，对生。真叶为完全叶（有叶片、叶柄、托叶），互生，多为三角形。荞麦的花为混合花序，既有聚伞花序（有限花序）的特征，也有总状花序（无限花序）的特征。荞麦的果实为三陵卵圆形，瘦果。果皮光滑坚硬，多为褐色。

2. 生物学特性　荞麦为喜凉的短日照异花授粉作物，耐寒力弱，适宜生长的温度为 20℃ 左右，低于 13℃ 高于 25℃ 对生长都有影响。忌干燥，花期遇干旱天气影响灌浆结实。荞麦生育期短，一般从播种到收获约 70～90 天。播种出苗后 30～35 天开始开花，花期较长，在同一植株上下部种子籽粒成熟不一致，成熟的种子易落粒。荞麦对土壤要求不严，酸性土、瘠薄地、碱性地和新垦地均可种植。

3. 营养价值　荞麦营养丰富，据分析：其子实含蛋白质 7.94%～17.15%、脂肪 2.00%～3.64%、淀粉 67.45%～79.15%、纤维素 1.04%～1.33%。荞麦富含多种矿物质和维生素，营养价值独特，是有效预防现代人由于食物结构变化而带来的各种现代病不可多得的食疗佳品。荞麦食品，食味清香。荞麦全身是宝，籽粒、茎叶、皮壳、秸秆无一废物。

第三节　荞麦栽培技术

1. 品种选用　丽水山区种植荞麦过去大多作为救灾作物布局搭配，现在作为保健食品开发为主，一般为农家品种为主，株高 70 厘米左右，秋季种植全生育期 70～90 天左右。

2. 适期播种　聪慧勤劳的丽水农民在长期的劳动实践中总结出荞麦的适宜播种期，农谚有，"白露白，掘了番薯种荞麦""白露白，正好种荞麦""白露点花麦，过早怕荒，过晚怕霜""八月苗，九月花，十月荞麦收到家"。具体要根据海拔不同，适期播种。海拔 350 米以上山区掌握在 8 月底前播种，海拔 350 米以下地区可推迟到 9 月初播种。

播种方法大多点播和条播，也有撒播，也可开沟点播。近年来遂昌大柘、云蜂等地采用免耕栽培，收效良好。点播一般每亩 5 000～6 000 穴，每穴 10～15 粒种子，播种量每亩 2～3 千克。荞麦破土能力较差，播种深度一般为 4 厘米为好，过深影响出苗。"豆见阎王麦见天，花麦（麦荞）遮半边"，该农谚说明播种不能过深。

3. 科学管理

（1）合理施肥。应掌握施足基肥，适施苗肥，增施磷钾肥，补施根外肥的原则。播种时亩施腐熟人粪尿 800～1 000 千克，磷肥 10～15 千克作基肥，并用焦泥灰 200～300 千克作盖籽肥，以促提高出苗率、保证全苗。出苗后抓紧亩施人粪尿 600～700 千克或用尿素 2～3 千克冲水 500～600 千克进行浇施。荞麦在开花后，可用磷酸二氢钾或硼、钼、锰等微量元素肥料，进行根外追肥，具有明显增产作用。

（2）中耕除草、开沟排水。结合追肥，抓紧中耕除草。播种后遇雨，要开沟排水，防治渍害造成死苗。遇到干旱要及时进行沟灌，防止枯苗。荞麦是异花授粉作物，利用人工辅助授粉，或条件许可的前提下放养蜜蜂进行传粉，可提高结产率。

（3）注意防治病虫害。 荞麦的主要病害有立枯病、轮纹病、褐斑病、白霉病等，主要虫害有钩刺蛾、黏虫、草地螟、蚜虫等。防治病害可采用代森锌，或粉锈宁，或波尔多液喷雾；防治虫害可采用乐果，或一遍净，或氟虫腈喷雾。禁止高残留农药使用，减少中等以上毒性农药使用，以免增加荞麦籽粒中农药的残留量，降低荞麦品质。

4. 适时收获 因荞麦开花期较长，籽粒成熟不一致，当荞麦全株 2/3 籽粒出现黑褐色或黄褐色时，就可选晴天露水干时适时收获，避免落粒损失。有农谚，"荞不见霜不老，麦不吹风不黄"，荞麦见霜就要收获。

第四节　荞麦的加工

荞麦与小麦一样，可制成面条、烙饼、面包、糕点、凉粉等民间风味食品。荞米常用来做荞米饭、荞米粥和荞麦片。

（1）制作饼干。 以荞麦为主料，根据不同口味和用途，增加不同配料制作饼干，如荞麦饼干、荞麦混合粉饼干、降糖饼干（防治糖尿病）等。

（2）制作面食。 荞麦片、荞麦挂面、方便面。

（3）制作风味小吃。 荞麦馍馍、荞麦酥、荞麦粥。

（4）酿酒。 酒色清澈。

（5）生产荞麦苗（芦丁）。 防治出血症。

（6）制作枕心的材料。 荞麦皮历来是做枕心的好材料，长期使用荞麦皮枕头有清热明目作用。

第十八章
赤　豆

第一节　概　况

　　赤豆（*Phaseolus angularis* Wight）又名小豆、赤小豆等，是豇豆属的一个栽培种，一年生草本植物。赤豆栽培历史悠久，距今至少在 2 000 年以上。丽水市松阳大红袍赤豆，久负盛名，至今仍有种植，成为丽水特色品种。据 1938 年《浙江农业改进所工作报告》记载，当时传统的农家品种颇多，一些优良的农家品种在历史上起过一定作用，有些优良品种目前尚在种植，如赤豆品种松阳大红袍适宜于海拔 500 米以上山区杂地、田坎边种植，被列为浙江省优良品种。

　　松阳大红袍赤豆原产于松阳县玉岩镇。具有粒大皮薄，色泽鲜红、质地细嫩、肉沙多、美味可口等特点，含蛋白质、脂肪、矿物质、多种维生素等，营养价值高，是制作糕点、冷饮的上等原料。还具有利尿、消肿、补血、解毒之功效，其用途和价值，已被广大消费者所认可，在省内外具有较高的知名度和广泛的消费群体，市场前景看好。从市场和消费的变化趋势来分析，粗粮精食已经是农副产品开发的一个重要方面。其一是要求粗杂粮产品花色丰富。其二是突出其天然保健功能，这也是我国传统饮食文化的重要组成部分。

　　大红袍赤豆主要分布在松阳县、景宁畲族自治县、遂昌县、龙泉市等，常年栽培面积 1.50 万亩左右，近年来面积有所下降。由于受传统农业生产的影响，大红袍赤豆生产一直徘徊不前，单产水平处在 10 多千克。直到 20 世纪 90 年代农业技术部门对松阳大红袍赤豆的栽培技术开展了一些研究，庆元县、龙泉市等地开展了引种试种工作，松阳县、遂昌县等地开展了套种技术探索，对松阳大红袍赤豆生产起到积极促进作用。

　　1990 年庆元县农业局从松阳县引进松阳大红袍赤豆种子 2 500 千克，在城镇、屏都、小安、张村、岭头等地建立松阳大红袍赤豆示范基地 0.14 万亩，开展了"千亩赤豆基地建设"和"山地赤豆高产栽培技术研究"项目的实施，当年在遭受严重干旱的情况下，仍取得了套种平均亩产 23.8 千克的好收成。其中 169.5 亩中心方亩产 34.5 千克，5.6 亩高产攻关地亩产达 54.6 千克，最高的 1.2 亩亩产高达 93.3 千克，显示了松阳大红袍赤豆具有良好的适应性和增产潜力。

　　1994 年松阳县向浙江省农业厅要求扶持大红袍赤豆生产基地开发，同年，遂昌县也要求列项开发。松阳县农业局组织实施了"松阳县大红袍赤豆基地推广综合技术"项目，在全县幼林地、茶园等地套种面积 1.71 万亩，建立高产优质基地 1 个，面积 406 亩，带动了全县扩大大红袍赤豆面积 1.41 万亩，增加总产 244 吨，其中，玉岩镇交塘的 406 亩高产优质连片示范基地，平均亩产 32.65 千克，比全县平均亩产 14.25 千克，增产 18.4 千克。

　　同年遂昌县种子公司、粮油作物站又进行了"田埂大豆间作赤豆技术研究与示范推广"。在应村、安口等乡镇推广了田埂大豆间作赤豆 1.00 万亩，其中应村乡推广田埂大豆间种赤豆面积 0.42 亩，占全乡总面积的 89.2%，平均每亩田埂赤豆 8.5 千克，大豆 16.4 千克，合计 12.45 千克，增产 51.8%。采取"大豆走水边，赤豆种外沿"的间作方法，掌握选用适宜的间种品种和密度，大豆为矮脚早，赤豆为松阳大红袍赤豆。一般为株距 25 厘米左右，每穴大豆、赤豆 3～4 株，辅以控氮防徒长和病虫防治。这是一项技术投入少，推广难度小，又能充分利用土地及自然资源的实用技术。

通过试验研究和相关项目的实施，对松阳大红袍赤豆生产起到了积极促进，栽培面积超过万亩，单产到1998年超过50千克，总产达到717吨，到2005年亩产超过100千克，达到115.4千克（表18-1），总产量超过1 000吨。近年来在浙江省农业厅的支持下，松阳县种子公司又对松阳大红袍赤豆进行提纯复壮，这对松阳大红袍赤豆种性保持和种子纯度提高将起到积极作用。

表18-1　丽水市1997—2009年赤豆生产情况

年度	面积（万亩）	总产（吨）	亩产（千克）
1997	1.28	618	48.2
1998	1.10	717	65.4
1999	1.02	876	85.6
2000	0.91	753	83.2
2001	0.73	567	77.7
2002	0.69	543	78.9
2003	0.87	641	73.8
2004	0.84	679	80.6
2005	0.88	1 015	115.4
2006	0.85	839	99
2007	0.86	866	100
2008	0.52	559	108
2009	0.67	714	106

第二节　赤豆形态特征和生物学特性

一、形态特征

松阳大红袍赤豆株高55厘米左右，成冠型，分枝5～7个，主茎及枝条较脆，支撑度较差；叶片形状与大豆相似，但叶面积较小，叶柄易脱落；根系发达，吸收能力强，同时根瘤菌发生较早，且多；花呈黄色，花期15天左右，花期适宜温度20℃左右；籽粒呈圆筒型、扁长，长约7～8毫米，直径5.5毫米，色泽鲜艳，表皮呈深红色，干籽坚硬，百粒重16～18克。

二、生物学特性

松阳大红袍赤豆与其他赤豆一样，属短日照作物，喜温热干燥。发芽温度15℃左右，生长温度15～30℃，花芽分化和开花期温度20～25℃较为适宜，全生育期90～100天，所需积温约1 800℃左右。耐旱、耐瘠、耐酸，适应性广。肥料过多，会导致徒长，造成郁闭，结荚减少。施在海拔500米以上地区种植较为理想。

松阳大红袍赤豆以幼林地、果园套种为主，生长期间很少有病虫害，是优质绿色农产品。一般以开穴（条）播和育苗移栽为多，主要是有利于农事操作。具体选择那种播种方式，要根据当地种植地块和种植习惯进行选择。

第三节　赤豆栽培技术

一、种子处理

松阳大红袍赤豆在长期的种植过程中，在籽粒大小、形状等方面都产生了一些变异，故在选留种时要根据其形态特征进行严格选择，确保优良种性和优质的产品；播种前要进行种子处理，精选种子、晒种、发芽率测定等，明确种子使用价值，确定播种量。

二、适期播种

播种期要根据其喜凉、花期适宜温度 20℃ 左右特性和不同海拔高度确定。海拔 400～600 米播种期一般 6 月中、下旬；海拔 600～800 米播种期一般为 5 月底至 6 月上中旬；海拔 800 米以上以 5 月中下旬为好。同时要结合当地的气候特点、生产实际（如是否套种）和土壤持水量等因素进行分析确定，以保全苗。

三、播种方式及播种量

播种方式一般可分为育苗移栽、开穴点（条）播和散播三种。

1. 育苗移栽　具有防鼠害保全苗的效果，节省用种量，有利苗期管理。宜在田埂上推广使用。该方式要注意的问题是移栽时间，一般以真叶出现后约 6 天左右移栽为好，有利成活。

2. 开穴点（条）播　好处是有利于除草等管理，有利于产量水平的提高，适宜间作套种。一般在幼林地、地势较平坦的旱地均采用这种方式，种植密度株行距为 45 厘米×30 厘米，即约 5 000 穴/亩。每穴 2～3 粒种子，用种量约 1 千克/亩左右，清种地用种量要适当增加，具体视土壤肥力、管理水平高低确定。

3. 散播　特点是省工、省力，操作简便，宜在地势较陡的坡地、林地上推广应用。其密度要根据坡地的肥力水平、林（果）木的大小等来确定，然后再定用种量，一般每亩用种量 1.5～2.2 千克，其缺点主要是不便管理。

四、培育管理

1. 间苗定苗　一般在出苗后 1 叶 1 心至 2 叶 1 心时进行间苗，删密补稀，对缺株的要及时补苗，确保全苗。3～4 片叶定苗，根据种植密度要求行定植，去弱留强。

2. 施肥　松阳大红袍赤豆与其他豆科作物一样，其根系能从土壤中吸收硝态氮和铵态氮，同时其根瘤菌有固氮作用，因此，在中等肥力以上土壤种植一般不需施用氮素。但磷钾肥不可少，一般用钙镁肥 10～15 千克、氯化钾 7～8 千克、焦泥灰 200～300 千克/亩，根据不同种植方式采用穴施或撒施。在肥力水平低的土壤里种植，在出苗后 15 天左右施尿素 3～5 千克/亩，以后在开花前看苗补施氮肥 3～5 千克。

3. 中耕除草　松阳大红袍赤豆由于株行距较大，苗期易发生草荒，因此，切实重视除草，要求在封行前除净草，整个生育期一般中耕除草 1～2 次，第 1 次约在出苗后 15 天左右结合删苗、补苗和施肥进行。第 2 次在分枝出现到初花。对长势过旺的宜在初花期喷施 50～100 毫克/升多效唑，促使植株矮壮，防止倒伏，提高结荚率。豆苗徒长时，采取摘顶，可有效抑制徒长。

4. 病虫防治　松阳大红袍赤豆主要病虫是锈病、蚜虫、豆夹螟。锈病一般在肥水条件好，生长茂盛，花期多雨水且温度高时发病较重。在初花期或发病初期用粉锈宁 15～20 米/亩兑水 50 千克喷雾即可；蚜虫在整个生育期过程都会发生，宜用 40% 氧化乐果兑水喷雾；豆夹螟要预防为主可结合防锈病加入杀虫剂进行防治或在豆粒灌浆期进行防治。也可通过抗病虫品种和调整播种期等方法来减轻病虫危害。

五、适时收储

赤豆品种分无限结荚习性、有限结荚习性和亚有限结荚习性。无限结荚习性的品种花期长，成熟不一致。松阳大红袍赤豆属亚有限结荚习性，花期有半个多月，故其成熟不一致，不能同时采摘，应成熟一批采摘一批，分期分批采摘黄熟荚，一般要分 3～5 次采摘，以利提高籽粒的成熟度和粒重，确保品质。采收后要及时晾晒，使籽粒含水量达到 14.5% 以下，然后储藏保存。

第十九章
高　粱

第一节　概　况

高粱（*Sorghum vulgare* Per.）又称蜀黍、荄子等，丽水市称之为芦穄，是禾本科高粱属，一年生草本植物，是最早栽培的禾谷类作物之一，距今有几千年的历史。

高粱籽粒含有较为丰富的营养物质，含蛋白质 7.7％～16.3％，脂肪 3.9％～5.2％，粗纤维 1.5％～4.0％，糖分 1.0％～1.5％，无氮浸出物 71.1％，另外，还含有 0.03％～3.29％的单宁。是制造淀粉、酿酒和酒精的重要原料，籽粒加工后的副产物酒糟和粉渣是良好的家畜饲料，粉渣还是制醋的上等原料，米糠可作饲料，还可用于酿酒。

高粱的茎叶有较高的饲用价值。青储高粱平均含有无氮浸出物 13.4％，蛋白质 2.6％，脂肪 1.1％，其营养成分高于玉米。成熟后的高粱茎秆是很好的造纸原料，茎秆高大结实，可作为建筑材料和编织原料，茎秆和根茬还可作燃料。

高粱在丽水市各县（市、区）都有栽培，但种植面积不大，多为零星分布，主要栽培品种多为穗形分散的农家品种。育苗移栽，4 月中、下旬至 5 月初播种，8 月初可收获第一茬，收获后作肥水管理，可收获第二茬，一般亩产可达 400 千克左右，多作为酿酒、饲料用途。20 世纪 70 年代初期曾推广密穗形品种，产量高但因品质差，没有得到大面积的应用；随着小麦、水稻育种的不断进步，单产和品质的提高，影响了高粱的发展，使得高粱仅分布在山区、半山区或平原地区的荒滩、圩地、田边地角，种植在黄泥土、砂质土等较为贫瘠、缺磷的土壤上，大多作为救荒作物播种。又随着 20 世纪 70 年代后期水果产业的发展，旱地、山地多栽种柑橘、李、板栗等水果，高粱面积进一步萎缩，逐渐被淘汰；1997—2009 年据农业业务年报统计，丽水市高粱种植面积在 500 亩左右，最高年份的 2004 年种植面积 1 500 余亩（表 19-1），主要分布在遂昌县、青田县、缙云县和莲都区等地。时下高粱等小杂粮成为健康、保健食品，需求量持续增加，但生产规模偏小，由于栽培面积少，无法形成规模化生产，管理粗放，商品率不高，经济效益较低，多为度荒或酿酒。

表 19-1　丽水市 1997—2009 年高粱生产情况

年份	面积（亩）	总产（吨）	丽水（莲都）面积（亩）	丽水（莲都）亩产（千克）	龙泉面积（亩）	龙泉亩产（千克）	青田面积（亩）	青田亩产（千克）	云和面积（亩）	云和亩产（千克）	庆元面积（亩）	庆元亩产（千克）	缙云面积（亩）	缙云亩产（千克）	遂昌面积（亩）	遂昌亩产（千克）	松阳面积（亩）	松阳亩产（千克）	景宁面积（亩）	景宁亩产（千克）
1997	481	41	—	—	—	—	—	—	—	—	—	—	—	—	481	85	—	—	—	—
1998	580	81	—	—	—	—	—	—	—	—	—	—	100	400	480	85	—	—	—	—
1999	645	97	25	320	—	—	—	—	—	—	—	—	120	405	500	80	—	—	—	—
2000	762	126	—	—	42	200	—	—	—	—	—	—	170	412	500	85	—	—	50	95
2001	760	110	50	450	—	—	—	—	—	—	—	—	210	212	500	83	—	—	—	—
2002	390	85	40	450	—	—	60	270	—	—	40	150	200	210	50	50	—	—	—	—

（续）

年份	面积(亩)	总产(吨)	丽水（莲都）		龙泉		青田		云和		庆元		缙云		遂昌		松阳		景宁	
			面积(亩)	亩产(千克)	面积(亩)	亩产(千克)	面积(亩)	亩产(千克)	面积(亩)	亩产(千克)	面积(亩)	亩产(千克)	面积(亩)	亩产(千克)	面积(亩)	亩产(千克)	面积(亩)	亩产(千克)	面积(亩)	亩产(千克)
2003	770	179	35	470	80	250	300	255	—	—	130	145	180	210	45	170	—	—	—	—
2004	1521	276	40	450	85	252	276	247	—	—	900	140	180	200	40	180				
2005	750	161	50	430	—	—	275	244	—	—	200	140	180	200	45	182				
2006	812	156	100	160			272	240	—	—	220	145	180	200	40	180				
2007	560	99	100	160			10	122	—	—	220	145	210	219	20	175				
2008	540	91	50	100			10	122	—	—	300	150	160	223	20	175				
2009	954	168	50	100			15	125	—	—	684	170	170	224	35	180				

第二节　高粱形态特征和生物学特性

一、形态特征

高粱为须根系，由初生根、次生根和支持根组成，长势强，根系发达；茎秆直立，圆筒形，表面光滑，拔节后表面覆盖一层白色蜡粉，秆壁致密不透水，内有髓充实。一般株高 150～200 厘米；叶片互生，上举，外表有一层白色蜡粉，一般有 15 片叶左右；园锥花序，有穗轴。穗长 25 厘米左右，穗粒重 100～150 克，千粒重 30～32 克，多红壳。丽水市主栽品种大多为散穗高粱亚种的下垂散穗型和密穗高粱亚种的直颈密穗型中熟品种。

二、生物学特性

高粱原产于热带，属喜温作物，在生育期间要求有较高的温度。中晚熟品种，从出苗到成熟一般必须达到 2 500～2 800℃的积温才能满足生长发育的需要。不同的生育阶段，对温度有不同的要求：种子发芽的适宜温度为 20～30℃，出苗至拔节期为 20～25℃，拔节至抽穗期为 25～30℃，开花授粉为 26～30℃，灌浆到成熟期要求较低的温度和较大的昼夜温差，但不能低于 20℃，低于 11℃就不能成熟。

高粱属短日照作物，日照长短对生长发育有很大的影响。日照不足则幼苗生长缓慢，植株细弱，导致晚熟减产。在自然条件下，高纬度的品种引种到低纬度地区，会因日照时间减少而提早抽穗，缩短生育期，降低产量；而低纬度的品种引种到高纬度地区，则因日照时间延长，表现出植株高大，茎叶繁茂，不能抽穗结实。要引起足够的重视。

高粱具有较强的抗旱能力，不仅能抗土壤干旱，也能耐受气候的干燥，植株的生理构造具有抗旱的特点，蒸腾系数仅为 322，全生育只要 400～500 毫米降水量，且分布适宜即可满足需要。高粱还有较强的耐涝能力，特别是生育后期能力更强，在抽穗后如果遇到连续降雨，只要积水不淹没穗头，都有一定的产量。

高粱具有较强的适应性和耐瘠性，同时又有较高的吸肥能力，一生需要吸收大量的养分，其中数量较大的营养元素是氮、磷、钾，需肥最多的时期为拔节至抽穗期。高粱适宜的土壤 pH 6.5～7.5，即微酸性至微碱性土壤。

高粱是抗旱、耐涝、抗病、抗倒伏、抗逆性强、适应性广的作物。

高粱春播为主，播种期一般在 3 月底至 4 月中下、旬，生育期 120 天，夏播 100 天；一般亩产 350 千克左右。

第三节　高粱栽培技术

1. 整地施肥　每亩施农肥 2 500 千克，碳胺 15 千克，尿素 10 千克，磷肥 10 千克或复合肥 20 千克。深翻起垄，垄距 60 厘米。

2. 适时播种　3 月下旬至 4 月，地温稳定在 12℃以上播种。播种前晒种 2～3 天，增强发芽势。采用垄上开沟条播，亩用种量 1.0～1.5 千克，覆土 3～4 厘米，镇压保湿。

3. 合理密植　适当密植，行株距 60 厘米×20 厘米，出苗 3～4 片叶时进行间苗，亩留苗 4 500～5 000株。也可和禾本科作物、经济作物和林果树套作、间作。

4. 中耕培土，水肥管理　苗期生长缓慢，中耕除草可促进壮苗，一般中耕 3 次，要坚持"头遍浅、二遍深、三遍不伤根"的原则。在高粱拔节期结合浇水，亩追尿素 7.5 千克。

5. 加强轮作，防病治虫　高粱根系发达，吸肥力强，连作易造成土壤严重缺肥或养分失调。同时，连作会加重黑穗病、炭疽病的发生。因此要积极提倡轮作，一般以豆类、马铃薯、水稻等作物进行轮作较为适宜。注意黑穗病和蚜虫的发生，及时防治。

第二十章
粟

第一节　概　　况

粟（*Setaria italica* Beauv.）又称谷子、小米。禾本科狗尾草属中的一个栽培种，一年生草本植物。起源于中国的古老作物，考古证明，距今已有 7 300 多年的栽培历史。是人类最早栽培应用的作物之一，也是古代种植最多的作物和主要粮食，以后随着农业生产技术的提高，稻麦等得到更大的发展，甘薯、玉米的引种和逐渐扩大，粟渐为小麦、水稻、玉米和马铃薯所取代，种植面积迅速下降。中国是世界上种粟最多的国家，总产约占世界的 80%。全国各地基本都有生产和分布，主要集中在北方和黄河流域。在南方，一般分布在丘陵和山区旱地上，比重很少。

粟在丽水市各县（市、区）均有种植。据记载，新中国成立前，遂昌县粮食作物主要是水稻，次为玉米、甘薯、豆、麦、粟（小米）、荞麦等，多种植于低山缓坡。20 世纪 60 年代松阳县横山、叶村、高岸及松阴溪一带滩圩地有种植，到 20 世纪 70 年代就很少种植。2002 年丽水市农业局粮油作物站组织开展了丽水市旱杂粮资源摸底调查，遂昌县的金竹、石练、垵口和缙云县小部分地区有所种植，丽水市年栽培面积 800 亩左右，一般亩产为 150～200 千克。据龙泉市、云和县等地 20 世纪 80 年代种植业区划资料，粟主要栽培品种是当地农家品种，糯米粟为主，有鸡爪粟和狗尾粟两种。粟米含有丰富的营养物质，粗蛋白含量 11.42%，维生素 A 和维生素 B_1 含量分别为 0.19% 和 0.63%，均高于水稻、小麦、玉米，人体必须的氨基酸含量也高于上述粮食作物，富含矿物质元素和硒等微量元素。《本草纲目》中记载粟具有"治反胃热痢，煮粥食，益丹田，补虚损，开肠胃"的功能。

近年来随着生活水平的提高，人们对食品需求也发生了变化，营养保健食品倍受消费者所喜爱，有的地方将粟列入食品开发，庆元县绿之谷食品有限公司就是其中之一。该公司现建有生产基地 300 亩，一般亩产 150～200 千克，收购价 6 元/千克，2007 年在安南乡、岭头乡种植 500 亩。产品有天然龙爪粟面、天然龙爪汤园等，市场前景看好。

第二节　粟的形态特征和生物学特性

一、形态特征

根为须状根系，致密深长，由初生根系和次生根系组成。在幼苗期主要靠初生根供给水分和养分。茎着生在茎节上，高 1.0～1.5 米。叶片狭长，呈披针形。叶鞘也含有叶绿素，能进行光合作用。圆锥花序、穗为顶生。籽粒为假颖果，千粒重 1.5～4.5 克，籽粒成熟后颖壳一般为黄、红色。脱壳后的小米大多为黄色。

二、生物学特性

粟是喜温作物，要求积温在 1 600～3 000℃，发芽的适宜温度为 15～25℃，出苗、拔节、抽穗的适宜温度分别为 20℃、25℃、30℃。粟是敏感的短日性作物，日照时数 15 小时以上，营养生长不能转向生殖生长，若日照时数不足 12 小时，则会加快发育，提早进入生殖生长。在丽水市夏季种植粟，其生育期一般为 70～90 天。抗旱能力强，蒸腾系数是小麦的 1/3 左右，农谚有"只有青山干死竹，未见地里旱死粟"之说。粟种子萌发阶段需水较少，吸水量仅为种子重量的 25%～50%。一般说来，土壤含水量 15% 左右适宜发芽。适应性广，对土壤选择不严，能在瘠薄土地上生长，适宜在壤土、沙壤土或粘壤土上种植。土壤紧密度以容重 1.1～1.3 较为适宜。土壤酸碱度以中性或弱碱性为佳。稳产性好，一般亩产 150～200 千克。耐储藏，历史上用作储备粮。

第三节　粟的栽培技术

1. 整地　粟幼苗顶土能力弱，所以要精细整地，一般翻耕 20 厘米以上，然后施入基肥，再进行整地做畦。通过翻耕整地有利基肥使用，有利于根系深扎，确保植株正常生长。

2. 播种　粟在丽水市一般在 6～7 月播种，农谚有"五月芝麻、六月粟"（指农历）或"大暑油麻小暑粟"之说。播种方式一般以直播为主，大多为穴播或条播，穴播一般每亩 4 000～5 000 穴，每穴播 8～10 粒种子，在 5 叶期左右查苗补缺和间苗定苗，一般每穴留苗 5～6 株，具体视土壤肥力而定。

3. 中耕　粟苗期生长慢，杂草极易生长，要及时中耕除草与培土。第 1 次结合定植进行，第 2 次在拔节前后结合施肥进行，孕穗期再进行一次。中耕的原则为浅—深—浅。粟的追肥一般在孕穗前后结合中耕培土进行，每亩施尿素 15 千克，可根据实际情况分 2 次施用。

4. 收获　粟一般在蜡熟末期到完熟期收获为宜。过迟收获落粒严重，若遇秋雨还会造成"穗上发芽"，过早收获籽粒又不饱满，秕粒增加，不但产量下降，且品质变差。因此，要适时收获，防止落粒。收获时可根据当地生产实际，采取直接剪穗或割倒后熟后再剪穗。采收后要及时脱粒、晒干、扬净、储藏。

5. 轮作　粟连作后易造成草荒。其次是病害发生严重（主要是白发病）。三是地力下降，粟根系发达，吸肥力强，易造成土壤严重缺肥或养分失调。农谚"重茬谷，抱头哭"就是这个道理。所以粟应提倡轮作，一般以豆类、马铃薯、油菜等作物进行轮作较为适宜。

粟最主要的病虫有：黑粉病、白发病、谷瘟病、谷锈病和蝼蛄、地老虎、黏虫等，要及时做好防治工作。

第二十一章
薏 苡

第一节 概 况

一、薏苡的起源

薏苡（*Coix Lacryma-jobi* L. var. *friumentacea mekina*）为一年生或多年生草本，属禾本科玉米族，薏苡属。别名米仁、六谷子、苡米、薏苡仁、药玉米等。

薏苡原产中国，是远古及至夏商时代最重要的作物。最早文字记载见于东汉成书的《神农本草经》，在历代本草和古历书中均有记载。自古以后，它和玉米、高粱等被视为旱地作物，零星栽培于房前屋后。根据道书《仙都志》［元至正戊子（公元 1348 年）五月既望］记载，缙云县在元朝已作为药用栽培，其栽培史至今已有 660 多年历史。1974 年南京医学院在旱地中进行薏苡栽培试验，明确了水分是影响产量的主要因素。1975 年通过解剖观察其营养器官（特别是根部）具有明显而丰富的细胞间隙。因此作出薏苡是湿生性植物，不是旱地作物，而是沼泽作物，与水稻相似。在水资源缺乏的地区可视为旱地作物，在沼泽地、湿地生态条件下，可视为湿生作物栽培，具有较强生态适应性。

二、薏苡的分布

薏苡在我国至少有 6 000 年以上的栽培驯化历史，分布较广，在国内各地都有零星种植，近年来有逐渐发展的趋势。依据各地的自然条件，全国划分 6 个薏苡区：北方薏苡区、黄淮海平原薏苡区、西南山地丘陵薏苡区、南方薏苡区、西北内陆薏苡区、青藏高原薏苡区。也有将其划分为南方薏苡晚熟区（北纬 28°以南）、长江中下游薏苡中熟区（北纬 28°～30°）、北方薏苡早熟区（北纬 30°以北）。

浙江省薏苡主要在缙云县、余姚市、宁海县、定海区等地种植。

20 世纪 70 年代丽水市缙云县、松阳县等地均有种植，多为池塘边、水沟边、坑边等种植，旱地零星种植。一般采用育苗移栽，鉴于薏苡种植规模、种植方式及作物所处地位等方面的因素，栽培技术方面的研究很少开展。缙云县是浙江省薏苡主要产区之一，主要分布在双川、舒洪、大源等地。缙云薏米以其优良的品质，备受消费者所喜爱。20 世纪 80 年代末，以缙云县供销社为龙头，发展薏苡种植，缙云县全县种植面积达到 1 万余亩，主要分布在东渡镇、新建镇等地，以水田种植为主。其后由于薏苡市场疲软，种植面积锐减，松阳等地很少种植。到 20 世纪 90 年代至 21 世纪初，随着种植业结构的不断调整，薏苡种植有了新的发展。缙云县科技人员开展了不同灌水深度、过磷酸钙不同用量对薏苡产量的影响等试验，对提高薏苡单产起到积极影响；特别是缙云县康莱特米仁发展有限公司通过"基地＋农户＋龙头企业"形式，开展了薏苡仁 GAP 规范化的产业化开发，对缙云县薏苡生产发展起到积极促进作用，种植面积已发展到 5 000 多亩，形成了双川乡丹址村、双溪口乡金岭脚村、双溪口乡姓潘村、舒洪镇江沿村、大源镇稠门村等核心示范基地，以水田连片种植为主。其中双川乡丹址等村，0.10 万多亩薏苡仁种植基地于 2005 年 10 月通过了国家级 GAP 基地认证，是丽水市第一个通过 GAP 认证的基地。目前，该公司每年为浙江康莱特集团公司提供生产抗癌药品—康莱特注射液或胶囊等原料

1 000多吨，极大地促进了缙云县薏苡的标准化生产，产业化开发，为薏苡在缙云县的发展提供了一个良好的平台。

三、薏苡的作用

薏苡是一种食药兼用的作物，其茎秆又是家畜良好的饲料。薏苡的籽粒富含粗蛋白、粗脂肪以及淀粉等，还含有多种B族维生素，所以薏苡米可以煮粥、磨粉制糕点、制糖和酿酒。薏苡的根、叶及籽实都可入药。籽实在中医中是常用药物，有利尿、健胃、补肺、去湿热、消水肿、止泻等功效，富含的薏苡仁酯对癌细胞有抑制作用，所以用薏苡籽实制造的食品具有食药结合的突出优良特性，在日本、东南亚大受欢迎，近年来又风靡中国。叶片有降压作用，根有药味，其提取物能消炎止痛，并刺激肌肉运动。《神农本草经》中薏苡被列为上品。同时，薏苡的茎、叶、根都含有挥发性物质，对虫鼠有趋避作用，是近年来越来越受重视的生态保健作物之一。

四、薏苡的品种

尽管薏苡的栽培历史较长，但由于不是主要农作物，生产中栽培的品种仍以农家品种为主，单产较低，在100千克左右。当然，各地在长期栽培中也形成了一些地方特色栽培品种，如四川白壳薏苡、辽宁薄壳早熟薏苡、广西糯性强的薏苡品系。目前，由山西农业大学赵晓明教授经15年精心培育的新品种晋农85-15、晋农85-18，单产有了较大幅度提高，一般在400千克左右。

丽水市缙云等地其栽培品种以浙7为主，薏苡浙7是缙云县地方品种。全生育期194天，株高259厘米，单株分枝8个，柱头紫红色，粒褐色，卵形，百粒重10克。一般亩产150~200千克，高达250千克。

第二节　薏苡形态特征和生物学特性

一、形态特征

薏苡属C_4植物，幼苗红色或浆红色，后变深绿色。秆直立，分蘖丛生，多分枝。茎粗0.7~10厘米，茎秆壁厚，茎腔小，因此并非实心，株高1.0~2.0米，有10~20节，节上有分枝。叶互生，长披针形，长10~40厘米，宽1.5~3.0厘米，先端渐尖，基部宽心形，鞘状抱茎，中脉粗厚而明显并于叶背突起，两面光滑，边绿粗糙。从幼叶到旗叶的背面特别是茎秆表皮有白色粉状蜡质，能防止蒸腾，淹水时又能防止水分渗入茎内，是薏苡能耐涝又能抗旱的原因之一。茎上有分枝，各分枝顶上生花，分枝由叶腋间抽出，花序总状或复总状。花为雌雄同株，顶生或腋生，长6~10厘米，小穗单性。花序上部为雄花穗，每节上有2~3个小穗，上有2个雄小花，雄花有雄蕊3枚（雌蕊在发育过程中退化）；花序下部为雌花穗，包藏在骨质总苞中，常为2~3个小穗生于一节，雌花穗有3个雌小花，其中1个花发育，子房有2个红色柱头，伸出包鞘之外，基部有退化的雄蕊。颖果成熟时，外面的总苞坚硬，呈椭圆形。种皮红色或淡黄色，种仁卵形，长约6.0毫米，直径为4.0~5.0毫米，背面为椭圆形，腹面中央有沟，内部胚和胚乳为白色，粉状，糯质。

二、生物学特性

（一）生长发育

薏苡从播种至新种子成熟为止，叫做薏苡的一生。在它的生长发育过程中，结合其生育特点，划分以下三个生育阶段：

1. 苗期阶段（出苗—拔节）　薏苡的苗期是指播种至拔节的一段时间，是生根、分化基叶为主的营养生长阶段。生育特点：根系发育比较快，至拔节期已基本形成了强大的根系，但地上部分的基叶生长比较缓慢。因此，田间管理的主要任务，就是促进根系发育，达到苗早、苗齐、苗壮的要求。

2. 穗期阶段（拔节—抽穗） 薏苡从拔节至抽穗的一段时间，称为穗期。生育特点：营养生长和生殖生长同时并进，就是叶片增大、茎节伸长等营养器官旺盛生长和生殖器官强烈分化与形成同时发生。这时期是薏苡一生中生长发育最旺盛的阶段，也是田间管理最关键的时期。因此，田间管理的主要任务是：促进中上部叶片增大，茎秆粗壮墩实，达到穗多、粒大的丰产目的。

3. 花粒期阶段（抽穗—成熟） 薏苡从抽穗至成熟这一阶段，称为花粒期。生育特点：营养体的增长基本停止，进入以生殖生长为中心的时期。田间管理的主要任务是：保护叶片不损伤，不早衰，争取粒多、粒重，达到丰产。

（二）对环境条件的要求

1. 温度 薏苡原产于中国热带、亚热带沼泽地带，在系统发育过程中形成了喜温的特性，整个生育期间都要求较高温度。

薏苡种子一般 6～7℃时，就可开始发芽，以 10～12℃发芽较为适宜，一般在生产上通常把土壤表层 5～10 厘米温度稳定在 10～12℃时，作为播种适宜时期。

薏苡抽穗、开花期要求日平均温度在 25～27℃，在温度高于 32～35℃，空气相对湿度接近 30% 的高温干燥气候条件下，花粉（含 60% 的水分）常因迅速失水而干枯，因而造成受精不完全，产生空粒现象。及时灌水，进行人工辅助授粉，可减轻和避免损失。

薏苡籽粒形成和灌浆期间，仍然要求有较高温度，以促进同化作用。在籽粒乳熟后，要求温度逐渐降低，有利于营养物质向籽粒运转和积累。在籽粒灌浆、成熟这段时期，要求日均气温保持在 20～22℃，如果温度低于 16℃或超过 25℃，会影响淀粉酶的活动，使养分的运转和积累不能正常进行，造成灌浆不饱满。

2. 光照 薏苡属短日照作物，但不典型，在长日照（18 小时）的情况下仍能开花结实。薏苡是高光效的高产作物，要达到高产，就需要较多的光合产物，即要求光合强度高，光合面积大和光合时间长，因此，在栽培技术上，要注意合理密植，解决通风透光获取充足的光照。

3. 水分 薏苡不同生育期对水分的要求不同。由于不同生育时期的植株大小和田间覆盖状况不同，所以叶面蒸腾量和株间蒸发量的比例变化很大。生育前期植物矮小，地面覆盖不严，田间水分的消耗主要是棵间蒸发。生育中、后期植株较大，由于封行，地面覆盖较好，土壤水分的消耗则以叶面蒸腾为主。在整个生育过程中，应尽量减少棵间蒸发，以减少土壤水分的无益消耗。

(1) 播种出苗期。薏苡从播种到出苗，需水量少，约占总需水量的 3%～6%，播种时，耕层土壤保持在田间持水量的 60%～70%，才能保证良好的出苗。

(2) 幼苗期。薏苡在出苗到拔节的幼苗期间，植株矮小，生长缓慢，叶面蒸腾量较少，所以耗水量也不大，约占总需水量的 15%～18%。这时的生长中心是根系，为使根系向纵深发展，表土层必须保持疏松干燥、种床层和下层土壤比较湿润的状况。土壤水分控制在田间持水量的 60% 左右。

(3) 拔节孕穗期。薏苡植株开始拔节以后，生长进入旺盛阶段，同时，这一时期气温还不断升高，叶面蒸腾强烈，因此，此阶段对水分的要求比较高，约占总需水量的 23%～30%。特别是抽穗前半个月左右，雌雄穗正加速小穗、小花分化，对水分条件的要求更高。这一阶段土壤水分以保持田间持水量的 70%～80% 为宜。

(4) 抽穗开花期。薏苡抽穗开花期，对土壤水分十分敏感。尽管这一阶段时间短，所占需水量的比率较低，约为 14%～28%，但土壤水分以保持田间持水量的 80% 左右最好。

(5) 灌浆成熟期。薏苡灌浆时，仍然需要相当多的水分，才能满足生长发育的需要，此时需水量约占总需水量 20%～32%；灌浆后，仍需要一定的水分，来维持植株的生命活动，保证籽粒的最终成熟，此时，约占总需水量的 4%～10%。

4. 土壤 薏苡的适应性较强，对土壤要求不严格，对 pH 的适应范围为 5.0～8.0，最适宜的 pH 6.5～7.0，接近中性反应。丰产田块要求土层深厚，结构良好，疏松通气，耕层有机质和速效养分高，土壤渗水保水性能好。

第三节　薏苡栽培技术

随着我国加入 WTO，作为"国宝"的中药不仅面临着挑战，也存在着良好的发展机遇。那么，如何真正发挥中药的作用，提高中药业的国际竞争力，使中药真正进入世界医药主流市场呢？实现中药生产的现代化是必由之路。中药现代化必须从中药源头—中药的栽培生产抓起，即对中药材生产实施 GAP 管理。本节主要介绍缙云县康莱特米仁发展有限公司薏苡种植的 GAP 技术标准操作规程（SOP）。

一、播前准备

1. 选用良种　由于各地自然条件不同，栽培制度各异，在选用良种时，应依据本地的种植制度来选用抗病、熟期适宜、产量高的品种。

2. 精选种子　播种时尽可能对种子进行精选，去杂、去秕，选饱满的做种用，一般要求发芽率达到 90% 以上。

3. 种子处理　做好种源的选择和种子播前处理工作，能有效地预防由于种源带菌引起的病害，如黑穗病等。播前种子处理方法有：

(1) 药剂浸种。种子装入布袋，用 5% 石灰乳或 1∶1∶120 的波尔多液浸种 24~48 小时，用清水冲洗 2 次后播种。

(2) 药物拌种。用 50% 多菌灵或 80% 粉锈宁或 50% 甲基硫菌灵等农药按种子重量的 0.4%~0.5% 进行拌种。

(3) 开水烫种。种子装入箩筐内，先用冷水浸泡 12 小时，再转入开水中浸泡 8~20 秒，立即取出摊开散热，晾干后下种。

二、育苗管理

1. 苗床　采用类似水稻的湿润育秧苗床，做成宽 1.5 米，高 10~15 厘米的畦。

2. 播种　清明节前后播种，采用整畦撒播法。亩播种量 15~20 千克，落籽均匀，粒与粒相间 4~5 厘米，亩施 1 500~2 000 千克焦泥灰，覆土后撒施。

3. 湿润育苗　要勤浇水或覆薄膜保持苗床土壤湿润，但忌积水，利于薏苡种子出苗。

4. 追肥　分 3 次进行，分别在叶龄为 2.0（苗高 4.0~7.0 厘米）、叶龄 6.0~8.0 时，亩施稀薄人粪尿 750~1 000 千克或硫酸铵 10 千克，可结合除草、间苗进行。移栽前一星期再追肥 1 次，施稀薄人粪尿，量看苗势而定。

5. 间苗　拔除弱苗，保持 400 株/米² 基本苗。

6. 移栽　播种后 35~40 天或出苗后 24~30 天，幼苗高 25~30 厘米以上，分蘖数 2~4 个，叶龄 9.0~12.0 或以上可移栽。

三、种植密度

1. 水沟种植　选向阳有流水的渠道边、河边、溪边、田边、水沟边等零星地段，将幼苗移栽在水沟两旁离正常水位稍高的石缝中，用沟泥覆盖，株距 30~35 厘米，每丛用苗 1~2 株。栽后加强流水管理，保持正常水位，利于幼苗扎根。

2. 旱地种植　选山间平地和山岗坡地种植，按行距 30~60 厘米、株距 40 厘米左右种植。一般山间平地行距可略大，山岗坡地可相应减少。以带土移栽为好，每穴 1~2 株，覆土、压紧，并浇水保持土壤湿润，利于幼苗成活、返青。

3. 水田种植　选排灌方便、潮湿的水稻田种植，按行距 60 厘米、株距 60 厘米，每穴 1~2 株栽种，移栽宜浅，栽后施人粪尿。

四、合理施肥

施用安全、有效的肥料种类（化学肥料、农家肥料等）和肥料数量，采用科学的施肥方法，提高土壤供肥能力，促进薏苡幼苗多分蘖、早分蘖，利于孕穗开花结籽，增加粒重，提高薏苡的产量和品质。长期单独施用化学肥料会造成土壤板结，因此化学肥料的施用应遵循最小有效剂量的原则，农家肥料应经高温腐熟、杀灭虫卵、病原菌、杂草种子等后方可使用，禁止施用城市垃圾。

1. 基肥 亩施 2 000～2 500 千克厩肥、50 千克过磷酸钙，铺施畦面，然后翻入土中。须在播前进行。

2. 籽肥 播籽时，亩施 1 500～2 000 千克焦泥灰，覆土后撒施。

3. 苗肥 分 3 次进行，在叶龄 2.0（苗高 4.0～7.0 厘米）、叶龄 6.0～8.0，施稀薄人粪尿 750～1 000 千克，常结合除草、培土进行。移栽前一星期追肥 1 次，施稀薄人粪尿，量看苗势而定。

4. 穗肥 在叶龄 10～11 片叶，苗高 45～50 厘米左右时，施稀薄人粪尿 1 000～1 250 千克或 10～15 千克硫酸铵、6 千克过磷酸钙和 10 千克硫酸钾或氯化钾。

5. 粒肥 在开花期，施 10 千克硫酸铵，同时用 14 千克过磷酸钙或 6 千克 0.2% 磷酸二氯钾进行根外喷雾追肥。

五、中耕除草

中耕除草应选择晴天或阴天土壤湿度不大时进行。雨天或雨后土壤湿度过大时，不宜中耕除草，雨天中耕除草反会使土壤板结。

第一次中耕除草结合间苗进行。要求中耕浅，除草净，并追施苗肥，促进植株分蘖。

第二次中耕除草在苗高 40～45 厘米进行。浅松土，除净杂草，并施穗肥，促使植株生长分蘖，利于孕穗。

第三次中耕除草在苗高 50～55 厘米，尚未封行前进行，结合培土并追施粒肥，利于提高结实率和粒重。

摘脚叶。在薏苡拔节停止后，摘去薏苡茎秆第一分枝以下的脚叶和无效分蘖，有利于株间通风、透光和散热，促进茎秆粗壮，防止植株倒伏，提高产量。

六、水浆管理

薏苡田间水分管理以湿、干、水、湿、干相间管理，实施最小灌溉量为原则。适时适量合理灌溉，以使土壤保持良好的通气条件。灌水在傍晚进行，灌溉要求均匀一致，防止作物烂根及发育缓慢等。灌溉水质符合国家 GB 5084—1992《农田灌溉水质标准》。

1. 湿润育苗 苗期（约 40 天）要勤灌水，保持苗床土壤湿润，利于薏苡种子出苗。

2. 干旱拔节 拔节期（15～16 天），防止植株倒伏，须严格控制水分。

3. 有水孕穗 孕穗期（约 8 天）结合追施穗肥，在畦沟内灌足水，须 2～3 天灌水 1 次。此期是水、肥需要的临界期，抓住时机，加强水、肥管理可以促使多分化花序，提高结实数。

4. 足水抽穗，有水灌浆 抽穗灌浆期（6 月下旬至 8 月中旬，约 60 天），田间保持浅水层灌溉，每 3 天灌水 1 次，提高结实率和千粒重。

5. 干田收获 薏苡果实成熟前 10 天停止灌水或将水排干，利于收获。

七、辅助授粉

薏苡是雌雄同株异穗风媒花植物，同一花序中雄小花先成熟，与雌小花不同步，往往需异株花粉受精。花期如遇无风天或风过大，雌花授粉不良，易形成白粒或空壳。辅助授粉是提高薏苡结实率并增产的主要措施。方法宜选在薏苡开花盛期的晴天，上午 10～12 时进行。两人相隔数垄横拉绳，顺垄沟同向走动，便其茎秆振荡，花粉飞扬。在花期每隔 3～5 天可进行 1 次人工辅助授粉，进行多次，以提高薏苡的结实率。

八、收获

当 80％籽粒变硬发亮时，即为成熟期，可进行收获。一般丽水市在 10 月底至 11 月初，选择晴天割下带穗的茎秆。旱地种植，采收期略可提前。收割后的茎秆集中立放 3～4 天后再予以脱粒，使尚未完全成熟的籽实仍可继续后熟。脱粒后的薏苡仁经 5～6 个晴天曝晒或热风循环烘箱干燥，含水量达12％～13％时即可入库储存。

第四篇

科技成果与农谚

第二十二章
水稻主要研究、推广成果

为促进丽水市水稻生产的不断发展，一代代丽水农业科技工作者，针对丽水市的气候特点、土壤肥力、海拔高度、灌溉条件等因素，深入生产第一线，从品种改良入手，改造低产田、培肥地力，围绕良种良法，开展水稻多熟、高产、优质栽培技术研究。经不懈努力，攻克了一个个难关，使丽水市水稻产量水平从1949年的121千克，提高到现在的400多千克。

通过大力推广杂交水稻，实现了晚稻亩产超早稻梦想，1982年丽水市晚稻平均亩产达到369千克，超过早稻亩产358千克的生产水平，至今晚稻单产超过早稻单产。1976—2004年丽水市推广杂交水稻2 609.63万亩，平均每亩比常规稻增产82千克，累计增产稻谷213.99万吨，杂交水稻的示范推广获1978—1983年度丽水地区优秀科技成果推广一等奖；由丽水地区种子公司主持，庆元县、遂昌县、松阳县、缙云县、龙泉市种子公司等6个单位参加共同完成的"杂交水稻高产、优质、低耗制种技术应用"项目1991年度获浙江省农业丰收一等奖；由丽水地区种子公司主持完成的"丽水地区水稻良种区域试验结果及应用"项目，1991年度获丽水地区科技进步一等奖。20世纪80年代中期丽水市仍有65万亩的低产田，这对丽水市水稻单产的进一步提高带来很大的困难，丽水市农业科技人员于1987年开展了冷浸烂糊田垄畦法栽培水稻的试验，继而大面积示范推广，山区冷浸低产田部分得到改造，到1990年全区推广面积达10.09万亩，平均亩增稻谷56.0千克，4年累计推广10.85万亩，亩均增产56.4千克，对丽水市冷浸烂糊田水稻生产起到积极的促进作用，该项技术的推广获1990年度浙江省农业丰收一等奖。栽培技术的研究也取得丰硕成果，20世纪70年代缙云县水稻秧苗带土移栽获全国科学大会大会奖；"双杂吨粮"配套技术研究和应用获1990年度丽水地区科技进步一等奖；垄畦免耕直播早稻高产技术研究、水稻轻型栽培技术推广等等，对提高水稻单产、降低生产成本、减轻劳动强度、规模经营、提高种植效益等起到积极的促进作用。

第一节　科技进步奖等获奖项目

丽水市农业科技人员根据山区复杂的地形地貌和丰富的气候资源，在水稻育秧技术、栽培管理技术、品种改良选育、品种合理搭配及耕作制度改革等，从理论到实践都作了广泛的研究和探索，形成了丽水山区特色的多种多样的水稻熟制类型，取得了一项项科研成果，对丽水市水稻单产的提高起到重大作用。据对现有掌握资料统计，市级以上有关水稻科技成果共73项，其中省级以上科技成果奖20项，市科技进步一等奖4项。获奖项目中种子38项、栽培19项、土肥8项、植保6项、其他2项。现汇集如下：

1. 水稻秧苗带土移栽

【授奖单位】全国科学大会

【获奖时间及等级】1978年获全国科学大会奖。

【获奖单位及个人】缙云县雁岭公社，缙云县壶镇公社。

2. 山区冷水田改造

【授奖单位】浙江省科学大会

【获奖时间及等级】1979 年获浙江省科学大会二等奖。

【获奖单位及个人】庆元县隆宫公社连湖大队七、八队。

3. 水稻良种庆元 2 号

【授奖单位】浙江省科学大会

【获奖时间及等级】1979 年获浙江省科学大会三等奖。

【获奖单位及个人】庆元县农业科学研究所。

4. 配制汕优 6 号每亩 200 千克以上综合技术

【授奖单位】浙江省人民政府

【获奖时间及等级】1983 年浙江省技术推广四等奖。

【获奖单位及个人】龙泉县农业局；谢济柳，张贤孟，朱崇华。

5. 杂交早稻威优 35 的推广

【授奖单位】浙江省人民政府 浙江省农业厅

【获奖时间及等级】1986 年浙江省科技进步四等奖，1986 年浙江省农业系统科技进步三等奖。

【获奖单位及个人】浙江省种子公司等；缙云县麻土才等。

6. 汕优 63 的引种和推广

【授奖单位】浙江省人民政府 浙江省农业厅

【获奖时间及等级】1988 年浙江省科技进步三等奖，1988 年浙江省农业系统科技进步二等奖。

【获奖单位及个人】浙江省种子公司，庆元、太顺县、丽水地区种子公司等；麻子余，陈昆荣，徐旭增，何建清，刘家明。

7. 早稻品种—庆元 2 号及庆元 2 号不育系

【授奖单位】丽水地区科学大会

【获奖时间及等级】1977 年丽水地区科学大会成果奖。

【获奖单位及个人】庆元县农业科学研究所。

8. 杂交水稻新品种—龙先 51 号

【授奖单位】丽水地区科学大会

【获奖时间及等级】1977 年丽水地区科学大会成果奖。

【获奖单位及个人】丽水县农业科学研究所。

9. 小苗带泥插试验示范

【授奖单位】丽水地区科学大会

【获奖时间及等级】1977 年丽水地区科学大会成果奖。

【获奖单位及个人】缙云县壶镇公社。

10. 杂交水稻夏季制种高产

【授奖单位】丽水地区行政公署

【获奖时间及等级】1978—1983 年度丽水地区科技进步四等奖。

【获奖单位及个人】丽水县水阁公社旭光大队；周鲁山，李洪祥，李秀和。

11. 杂交水稻汕优 6 号提纯复壮

【授奖单位】丽水地区行政公署

【获奖时间及等级】1985 年丽水地区科技进步二等奖。

【获奖单位及个人】丽水地区种子公司，龙泉县种子公司；何建清，谢济柳，张贤孟，杨洪文。

12. 晚稻免耕法试验推广

【授奖单位】丽水地区行政公署

【获奖时间及等级】1985 年丽水地区科技进步三等奖。

【获奖单位及个人】缙云农业技术推广中心试验组；麻土才，吕光明，祝财兴。

13. 杂交水稻汕优 63 引种推广

【授奖单位】丽水地区行政公署

【获奖时间及等级】1986—1988 年丽水地区科技进步二等奖。

【获奖单位及个人】庆元县农业局种子公司、农技股；麻子余，丁伍刚，徐根富，黄承县，姚益明。

14. 早稻配方施肥技术推广

【授奖单位】丽水地区行政公署

【获奖时间及等级】1986—1988 年丽水地区科技进步三等奖。

【获奖单位及个人】丽水地区、丽水市、松阳县、遂昌县土肥站；黄端祥，王魏，温兴会，范建伟，徐定超。

15. 杂交稻新组合开发及应用

【授奖单位】丽水地区行政公署

【获奖时间及等级】1986—1988 年丽水地区科技进步四等奖。

【获奖单位及个人】丽水市种子公司；童的科，阙国勇。

16. 山区稻秆蝇防止方法推广

【授奖单位】浙江省农业厅

【获奖时间及等级】1981 年浙江省农业系统科技进步二等奖。

【获奖单位及个人】庆元县农业局农技股。

17. 推广杂交水稻制种技术、获得优质高产

【授奖单位】浙江省农业厅

【获奖时间及等级】1981 年浙江省农业系统科技进步三等奖。

【获奖单位及个人】龙泉县城郊区农技站，兰巨公社农科站。

18. 汕优 6 号制种优质高产栽培技术研究推广

【授奖单位】浙江省农业厅

【获奖时间及等级】1984 年浙江省农业系统科技进步二等奖。

【获奖单位及个人】浙江省种子公司，龙泉县种子公司等。

19. 山区稻瘟病的发生与防治技术研究

【授奖单位】浙江省农业厅

【获奖时间及等级】1984 年浙江省农业系统科技进步二等奖。

【获奖单位及个人】庆元县农牧特产局；孙正明。

20. 早籼新品种——矮科早

【授奖单位】浙江省人民政府　丽水地区行政公署

【获奖时间及等级】1978 年获浙江省科技成果奖，1977 年获丽水地区科技成果奖。

【获奖单位及个人】丽水地区农业科学研究所育种组。

【成果简介】矮科早是丽水地区农业科学研究所 1967 年用矮脚南特与科情 3 号杂交，于 1972 年育成。1973 年全区多点试种，1974 年、1975 年参加全省早籼良种区域试验，据 1974 年全省 40 个联合试验点统计，平均亩产 446.4 千克，比圭陆矮 8 号增产 14.6％。全生育期比广陆矮 4 号早熟 2 天，株高 75 厘米，株型紧凑，茎秆粗壮，分蘖力弱。穗长 16 厘米，每穗 80 左右，着粒较密，结实率高，千粒重 27 克左右。谷粒饱满，谷粒椭圆，稃尖秆黄色。后期熟色好表现高产、抗病、耐肥、适应性广等特点。

21. 水稻新品种——科七选

【授奖单位】中共丽水地委　丽水地区革委会

【获奖时间及等级】1977 年获丽水地区先进科技奖。

【获奖单位及个人】丽水地区农业科学研究所育种组。

【成果简介】科七选是 1971 年从 IR7 中系统选育而成的早中籼新品种。全生育期 128 天左右，比 IR_7 早熟 5～7 天。产量一般在 400～450 千克，高的可达 500 千克以上，比对照早金凤 5 号增产 5％左右。穗大粒多，米质好。抗稻瘟病。丽水地区各县均有种植，1977 年统计，全区种植面积累计 10 万亩左右，增值 50 万元，收到了良好的经济与社会效益。

22. 杂交水稻作三熟制晚稻高产栽培技术研究

【授奖单位】中共丽水地委　丽水地区革委会

【获奖时间及等级】1977 年获丽水地区科技研究成果奖。

【获奖单位及个人】丽水地区农业科学研究所栽培组。

【成果简介】该项目针对当时认为杂交水稻生育期长，对低温敏感，不能作三熟制晚稻搭配的看法，于 1976 年晚季进行试验与示范，并获得成功，3.09 亩三熟晚稻南优 2 号示范田获得亩产 436.7 千克的较高产量。为此，将晚季杂交稻列入 1977 年度全年三熟高产研究的突破点，在全区进行多点高产示范，并开展各方面的单项试验研究。该年各试验点的 53.29 亩三熟高产试验田，晚稻亩产达 425.5 千克，其中 8.0 亩的晚稻田亩产超 550 千克。第一次实现了"三超"，即晚稻亩产超历史、超早稻和超纲要。为全区全面推广三熟制杂交晚稻提供理论和实践依据。1978 年全区推广 15 万亩三熟制杂交晚稻，每亩比常规品种增产 75 千克左右，约增产粮食 1 万多吨，取得了良好的经济效益和社会效益。该项研究达到了省先进水平。

23. 籼稻新品种二九晚、二选早、幸选矮、高朗选

【授奖单位】丽水地区行政公署

【获奖时间及等级】1977 年获丽水地区科技成果奖。

【获奖单位及个人】丽水地区农业科学研究所；林才长。

【成果简介】二九晚、二选早是从二九矮中，于 1967 年、1968 年系统选育而成的早中籼品种。分别参加 1968—1969 年和 1969—1970 年丽水地区区试，平均产量分别比二九矮和比矮脚南特增产 15％和 14％。二九晚庆元县南门村大田亩产 520.9 千克。二选早缙云县建设大队大田亩产 457 千克。全生育期 110 天。宜作晚稻栽培，中秆、耐肥、抗病、耐寒性强。

幸选矮是从幸千飞中系选于 1967 年育成的早中籼品种。1968—1970 年地区区试产量超过二九矮 17％，庆元县南门村大田亩产 451.5 千克。全生育期 108 天。宜作晚稻栽培，中秆、耐肥、熟色好、结实率高。

高朗选是从高朗 7 号中系选于 1968 年育成的早中籼品种。1969—1970 年丽水地区区试亩产 453 千克，比二九矮 7 号增产 10％。全生育期 105 天。宜作晚稻栽培。

24. 龙泉山区气候与连作稻、杂交稻布局研究

【授奖单位】浙江省革命委员会

【获奖时间及等级】1979 年获浙江省科技成果二等奖。

【获奖单位及个人】龙泉县气象站，浙江省农业科学院山区组，丽水地区气象台，丽水地区农业科学研究所。

【成果简介】针对地处浙西南的丽水山区，地形复杂，气候相差悬殊，推广杂交稻尚有许多急待解决的问题。如适应性、布局等。在不同海拔高度设立气象哨，进行以温度为主的气象观察，同时进行多次田间试验。试验结果表明：山区单季杂交稻生育期间积温值随着海拔高度的上升而减少；丘陵山区温度日较差随着海拔高度的上升而变小；杂交水稻的生育天数因海拔高度的上升而延长，也因播种期的推迟而缩短，但全生育期的有效积温较为稳定；在丽水地区境内，杂交稻种植上限海拔为 800 米左右，且应在 4 月 15 日前播种，并用尼龙薄膜覆盖，或采用异地（即低海拔地区）育秧法；杂交稻的各种经济性状随着海拔高度的上升而变差，但结实率的高低则主要取决于组合本身的抗寒能力。筛选出以汕优 6 号为主的抗病能力强、抗寒能力强、熟期适宜、丰产优质的杂交稻组合。

25. 中糯新品种——丽水糯

【授奖单位】浙江省人民政府　丽水地区行政公署

【获奖时间及等级】1979 年度获浙江省科技成果三等奖、1977 年获丽水地区科技成果奖。

【获奖单位及个人】丽水地区农业科学研究所育种组。

【成果简介】丽水糯是丽水地区农业科学研究所用爱武 59 与飞老杂交，于 1972 年选育而成的籼型中糯。一般亩产 350 千克左右。作连晚栽培，全生育期 115 天左右，一般 6 月下旬播种，大暑前后移栽。株高 80～90 厘米，穗长 21 厘米，每穗 80～95 粒，千粒重 26 克，粒形较长，谷壳较薄，出米率较高，糯性较好。具有省肥易种、产量高、抗稻瘟病强、适应性广等特点。是丽水地区糯稻主栽品种。

26. 丽水山区单季杂交稻适应性试验研究

【授奖单位】浙江省人民政府

【获奖时间及等级】1979 年获浙江省优秀科技成果三等奖。

【获奖单位及个人】丽水地区农业科学研究所，丽水地区气象台，丽水地区农业局。

【成果简介】为探索杂交水稻在山区单季稻生产中的地位及大面积推广提供依据。1977 年丽水地区科委下达该项目。协作组在各县气象站的协作下，组织位于不同海拔的气象哨及所在大队（行政村）等 21 个点，同步进行气象观测及田间试验，开展高产示范、杂交组合比较及分期播种移栽等多项试验研究工作。通过 3 年试验，基本明确了单季杂交稻增产显著，推广杂交稻是夺取山区单季稻高产的新途径；摸清了山区气候的特点及不同海拔高度杂交单季稻的生态变化规律和不同组合的种植海拔上限；选择了适宜不同海拔种植的杂交组合及播种移栽期；制订了促进早熟、防止冷害夺高产的措施等，为山区单季稻大面积推广应用杂交稻提供了重要依据。该项目采取农业与气象、科研与推广及生产，开展多学科、多门类的研究协作，实现了试验研究为生产服务的预期目的，达到了省先进水平。仅 1978—1979 年统计，全区推广单季杂交稻 42.52 万亩，每亩比常规品种增产稻谷 75～100 千克，累计增产粮食达 3.5 万多吨。取得了显著的经济效益和社会效益。

27. 山区冷浸田改造技术

【授奖单位】浙江省人民政府

【获奖时间及等级】1980 年获浙江省优秀科技成果三等奖。

【获奖单位及个人】丽水地区冷浸田改造协作组；陈高忠，吴炳龙等。

【成果简介】冷浸田是浙江省主要低产田类型之一，仅丽水地区就有 40 余万亩，占全地区稻田面积的 1/3。由于冷浸田水热条件差，水肥气热不协调，土壤肥力低，水稻生长不良，亩产一般只有 200～250 千克，严重地影响山区粮食产量的提高，拖了全地区粮食产量的后腿。为此，地区科委于 1975—1980 年组织了冷浸田改良协作组，开展对全区冷浸田进行了改造技术研究。经过 6 年较全面的调查、多点定位观察、各项针对性改良措施的试验及大面积综合改良试验示范，基本上搞清丽水地区冷浸田类型，加深了对其成因及本质的认识，肯定了一些改良措施的效果，并在改良试验、示范和推广取得了显著的增产效果，使各协作点的冷浸田已基本得到改良。改良后的冷浸田粮食大幅度增加，平均亩增 245.5～593.5 千克，增幅为 58％～284％。该项技术对指导全省山区冷浸田改造具有重要意义，对我国南方山区冷浸田改造也有一定的参考价值。

通过召开现场会、实地参观、举办冷浸田改造技术学习班等方法，使冷浸田的改造技术得到迅速推广。据估计，全区已有 14 万亩左右冷浸田基本得到改良，亩产由原来的 200～250 千克，提高到超纲要上 500 千克。仅此一项，全区每年可增产粮食 3.5 万吨以上，为当时全区粮食产量的提高做出了重大贡献。

28. 山区杂交稻冷害指标的垂直差异及其原因研究

【授奖单位】浙江省人民政府

【获奖时间及等级】1980 年获浙江省优秀科技成果四等奖。

【获奖单位及个人】丽水地区农业科学研究所，丽水地区气象台，丽水县峰源公社。

【成果简介】针对山区单季杂交稻生产中出现的抽穗扬花期间低温冷害突出的问题。地区科委下达该项目，重点研究山区温度变化特点以及杂交水稻抽穗扬花期的低温受害指标温度。研究表明：山区气温随高度变化而变化，日平均气温变化梯度在每 100 米变化 0.57～0.70℃；山区日较差随海拔升高而变小（通常认为日较差变大）；山区杂交水稻抽穗扬花期间的低温受害指标温度存在着垂直差异，即杂交稻（汕优 6 号）在河谷平原冷害指标是 22～23℃，而在 800 米及其以上的高山区，其冷害指标是 20～21℃。这种冷害指标温度的地域差异，特别是平原地区与山区之间的垂直差异，据试验分析认为：其原因之一是"前历效应"，即抽穗前生长发育的温度条件较低时，由于植株机体内的生理调节作用，使其对低温有一定的适应性，故其抽穗扬花的受害指标温度也可低一些；原因之二是降温的幅度，即在没有较大降温幅度时，即使平均气温低于受害指标温度，对授精结实也没有危害。

该研究成果不仅有一定的理论价值，也直接指导了山区杂交稻生产，并为农业区划等工作的开展提供了理论依据。

29. 籼型杂交水稻的试种推广

【授奖单位】丽水地区行政公署

【获奖时间及等级】1978—1983 年获丽水地区优秀科技成果推广一等奖。

【获奖单位及个人】丽水地区农业局，丽水地区农业科学研究所等。龙泉市、缙云县、丽水县农业局。

【成果简介】籼型杂交水稻，本地区于 1976 年引入试种，初获成功。经过 1977—1979 年试验示范，证明它具有优势强、适应性广、产量高、增产潜力大等特点，深受群众欢迎，并迅速在全区推广，取得很好的经济与社会效益。通过试验研究探明了丽水地区籼型杂交水稻繁、制种高产技术；提出了以汕优 6 号组合作为丽水地区推广的主要品种；通过试验，初步掌握了汕优 6 号等主要组合的生长发育特性及其在本地区气候条件、耕作制度、作物布局情况下，秧、肥、密、管、保等一整套栽培技术；以汕优 6 号为主的籼型杂交水稻，在全区主要推广应用于晚稻，它是改变丽水地区晚稻低产的一条重要途径，至 1983 年全区杂交晚稻种植面积 87.12 万亩，占晚稻总面积 68.4%，总产 36.333 万吨，占晚稻总产 73.5%，平均亩产 417 千克，突破 400 千克大关。

30. 早稻竹科 2 号试验、示范、推广

【授奖单位】丽水地区行政公署

【获奖时间及等级】1978—1983 年获丽水地区优秀科技成果推广二等奖。

【获奖单位及个人】丽水地区农业局，丽水地区农业科学研究所，丽水、遂昌、松阳、龙泉县农业局。

【成果简介】该品种 1976 年引进试种，区试亩产 526 千克，比对照广陆矮 4 号亩产 485.5 千克，亩增收 40.5 千克，增产 7.7%，居首位。1977 年全区 28 个点平均亩产 401 千克，比广陆矮 4 号增 8.3%，亦居首位。天宁寺一队试种 9.76 亩，出现产量超纲要、超对照和超迟熟品种的"三超"效果，为全区推广奠定基础。丽水市石牛乡蒲塘 9 队 49.7 亩稻田，平均亩产 543 千克，其中 5.6 亩稻田亩产 590 千克，比珍龙 13 每亩多收 75 千克，翻秋亩产 476.5 千克。

1978 年丽水地区早稻良种评选会议上，从它的特征特性和栽培管理等方面进行系统的总结，决定作为丽水地区早稻的当家品种推广。它是一年试验，第二年示范，第三年就顺利推广的速度快、面积大、当家时间长的早稻新品种。1984 年全区推广面积累计达 102 万亩，增值达 459 万元，取得了良好的经济效益与社会效益。

31. 丽水地区冲积水稻土钾肥的推广应用

【授奖单位】丽水地区行政公署

【获奖时间及等级】1978—1983 年获丽水地区优秀科技成果推广三等奖。

【获奖单位及个人】丽水地区农牧特产局土肥站，丽水地区农业科学研究所，丽水地区农资公司。

【成果简介】1979 年起通过多年多点大量化肥田间试验研究，明确了丽水地区随着粮食复种指数及单产提高，氮、磷施用量也提高，而农家土杂肥、灰肥施量不足，使丽水地区冲积水稻土钾素变得缺乏，因此施用钾肥增产显著。以基肥为主，亩施氯化钾 7.5 千克左右，增产稻谷达 10% 左右。1977 年

全区销售氯化钾 79 吨，1978 年 39 887 吨，1979 年 1 488 吨，此后除 1980 年外，均在千吨以上，施用面积 25 万亩左右，年增产粮食 5 000 吨左右。如遂昌县云峰公社原钾肥库存量大而销不开，通过示范试验，1982 年推销钾肥 40 吨，增产粮食 20 余吨，还带动相临两公社推销施用钾肥 70 吨。施用钾肥已是丽水地区粮食持续增产的一项行之有效措施。

32. 晚稻新品种丽晚 1 号

【授奖单位】丽水地区行政公署

【获奖时间及等级】1978—1983 年获丽水地区优秀科技成果四等奖。

【获奖单位及个人】丽水地区农业科学研究所；周时源。

【成果简介】丽晚 1 号是 1973 年以九矮作母本，乾隆赤为父本杂交选育而成的早熟晚籼型品种。该品种抗稻瘟病，丰产性好，一般亩产 400 千克以上，全生育期 130 天左右，大穗型，株高 80～90 厘米，每穗实粒数 79 粒，结实率高，千粒重 21.7 克，米质优。在丽水地区河谷平原作连作晚稻种植，在半山区作单季稻种植。

1979 年由丽水地区科委和地区农业局鉴定后，列为推广品种，在丽水地区推广种植。1982 年在龙泉县城北稻瘟病区种植 9 000 余亩，增产稻谷 1 300 吨。

33. 丽水地区全年三熟高产综合配套技术研究

【授奖单位】浙江省人民政府　丽水地区行政公署

【获奖时间及等级】1985 年浙江省科技进步四等奖、1984 年丽水地区优秀科技成果一等奖。

【获奖单位及个人】丽水地区农业科学研究所、农业局等 21 个协作单位。

【成果简介】通过对三季作物当家品种的筛选和品种特性及相应栽培技术单项研究的基础上进行综合配套，制定各季高产及全年高产的配套技术方案，全区各协作点进行综合高产示范，逐步完善，总结出全年三熟各季作物以小麦—常规早稻—杂交晚稻为主要搭配方式。在各季作物中总结完善了以"三改、四防、一减少"为核心的小麦密点播高产栽培技术，早稻以减少秧田播种量，培育多蘖矮壮秧，增丛减苗争大穗为中心的高产栽培配套技术；杂交晚稻以培育多蘖矮壮秧，足苗落田争多穗，适当增施穗粒肥，在多穗基础上争大穗为核心的高产栽培配套技术。通过三季作物配套技术的有机结合，形成了全年亩产超"三纲"的综合配套技术，实现了春粮亩产超 300 千克，早晚稻亩产各超 500 千克，全年亩产超"三纲"的更高指标，并出现了一批全年亩产超 1 500 千克的高产田块及小麦亩产超 400 千克，早晚稻亩产各超 650 千克的全区高产纪录。

该项配套技术已在丽水地区低海拔地区应用，对扩大麦—稻—稻三熟制面积，提高各季及全年粮食产量起了较大的推动作用，取得了良好的经济效益和社会效益。仅 1977—1984 年，6 年累计增产粮食达 13.75 万吨。

34. 多抗性水稻品种浙丽 1 号

【授奖单位】浙江省人民政府　丽水地区行政公署

【获奖时间及等级】1986 年获浙江省科技进步三等奖，1984 年获丽水地区优秀科技成果二等奖。

【获奖单位及个人】丽水地区农业科学研究所：周时源，王连生，项序庠等；浙江省农业科学院植保所：陶林勇，巫国瑞等。

【成果简介】浙丽 1 号（6202）是 1974 年以广塘矮为母本，抗源 Mudgo 为父本，次年 F_1 为母本，与推广品种竹科 2 号复交选育而成的早熟晚籼。作连作晚稻全生育期约 130 天，单季晚稻约 140 天；株型紧凑，茎秆粗壮，叶片挺直，叶色绿，分蘖力强，株高约 80 厘米，穗长 18～20 厘米，每穗实粒数 90 粒左右，千粒重 31～33 克。抗褐飞虱、白背飞虱、黑尾叶蝉和稻瘟病，丰产性状好，在稻瘟病区单季晚稻一般亩产 450～550 千克。

1983 年被丽水地区科委、地区农委列为推广品种。至 1986 年，各地种子公司和农业部门 4 年不完全统计，累计种植面积 118 余万亩，主要分布在浙南丽水、温州两地区，福建建阳地区，湖南郴州地区，江西赣州地区等。累计增产稻谷 0.85 亿千克，节约农药防治工本 3 元/亩左右，且大大减少环境和稻谷污染，直接经济效益约 3 100 万元。

35. 水稻稻曲病防治技术研究

【授奖单位】浙江省人民政府

【获奖时间及等级】1987 年获浙江省科技进步三等奖。

【获奖单位及个人】浙江省植保站，浙江农业大学植保系，嘉兴市农业科学研究所，丽水地区农业科学研究所，丽水地区农牧特产局 5 个协作单位；章华，严明富，陈鹤生，许绍朴，蒋学辉等 12 人。

【成果简介】稻曲病系水稻穗期病害，过去一直认为是丰收预兆、对人畜无毒。通过几年试验研究证明，稻曲病不仅影响水稻产量，而且病菌污染稻谷对畜牧业生产影响较大。通过协作组共同努力，明确了稻曲病菌在水稻各个生育期都有侵染，但以孕穗期为主（病菌以菌核和厚垣孢子遗落土壤及种子中，菌核在第二年 4～6 月可以萌发产生子囊孢子，它们可随风飞扬至稻株萌发侵入水稻）。故抓住孕穗至抽穗期，每亩使用井冈霉素 0.15 千克与甲基硫菌灵 100 克或三环唑 100 克混用均有极好防治效果，并可兼治稻瘟病和纹枯病等病害，增产显著，已在浙江省普遍推广。

36. 早籼新品种春秋 1 号选育与推广

【授奖单位】丽水地区行政公署

【获奖时间及等级】1986—1988 年获丽水地区科技进步二等奖。

【获奖单位及个人】丽水地区农业科学研究所，遂昌县种子公司，庆元县农业科学研究所，龙泉县城郊农技站，建德县良种场；郑成锡，洪正，项寿南等。

【成果简介】该品种株型紧凑，总叶数 13 片，叶片薄，剑叶挺直，单株分蘖 6～7 个。株高 75 厘米，穗长 18.5 厘米，每穗 68.6 粒，秕谷率 17.8％，千粒重 24.8 克，落粒性中等。苗期抗寒性较二九丰强，较抗稻瘟病，但感纹枯病，适应丽水地区平原、丘陵肥力中等田块作早稻品种搭配种植。

1983—1984 地区区试，生育期 110 天，与对照圭陆矮 8 号熟期相仿，增产 3.1％和 5.2％。1988 年 3 月 18 日丽水地区农作物品种审定通过。5 年累计种植面积 38 万亩，增值 334 万元。其早稻种植面积仅次于二九丰，群众反映早熟稳产、省肥好种、出米率高、米质好。

37. 多效唑在连晚杂交稻秧田控长促蘖应用技术开发研究

【授奖单位】丽水地区行政公署

【获奖时间及等级】1986—1988 年获丽水地区科技成果二等奖。

【获奖单位及个人】丽水地区农业科学研究所，遂昌县、缙云县、松阳县农业局；董祖淦，洪菊莲，王林铨，黄火明，麻土才等。

【成果简介】近年来研制的多效唑是一种新型植物生长调节剂，对多种作物具有较好生长调节效果。其中连作晚稻秧田应用多效唑可控制秧苗徒长，促进秧田分蘖和防止插后败苗的增穗增产效果。1986 年地区农业科学研究所从中国水稻所引进该项技术，由地区科委列题，组织全区协作组进行该项技术的开发研究。通过连续三年的试验示范和推广，证明效果良好，增产显著，平均每亩增产达 30 千克，增产 8.8％～9.4％。1989 年推广面积达 35 万亩左右，约增产粮食 1 万吨，取得了良好的经济效益和社会效益。

38. 春粮双季杂交稻吨粮栽培技术

【授奖单位】丽水地区行政公署

【授奖时间及等级】1989 年丽水地区科技进步四等奖。

【完成单位及人员】青田县农业局，青田县粮油站；历伯欣，叶培雄，刘志伟，王旭海，孙建伟。

【成果简介】该项目于 1987 年开始实施，通过 3 年试验、示范，种出了春粮双季杂交稻吨粮的高产典型，选出了适宜本地河谷平原双杂亩产吨粮的优良组合，研究了春粮双杂吨粮的综合配套技术。三年来协作组直接蹲点实施的高湖、东源 6 个自然村，1 245 亩小麦双杂全年亩产 1 034.8 千克。该技术是建设吨粮田，实现粮食上台阶的重要措施。

39. 水稻三病三虫综合防治技术

【授奖单位】浙江省人民政府

【获奖时间及等级】1989 年获浙江省科技进步二等奖。

【获奖单位及个人】浙江省农业科学院植保所，嘉兴市、台州、丽水地区农业科学研究所；黄次伟，高春先，许爱华，林毅，王连生等 6 人。

【成果简介】该项技术研究以浙江省水稻三病（稻纹枯病、稻瘟病、白叶枯病）三虫（二化螟、褐飞虱、纵卷叶螟）为主要对象。在本省水稻生产的代表性地区（杭嘉湖平原稻区、温黄稻区、浙西南山区单季稻区）建立起以多抗品种为中心，模式管理技术为基础，策略性协调防治为辅助的综合防治技术体系。使综合防治处在控制的农田生态系统中进行，水稻生长的前中期，通过抗性品种、种子消毒、秧板处理及田间管理，增强水稻的自控能力，强调以自然控制为主；水稻生产的中后期则在田间管理，保护利用天敌的基础上，加强人工调节（包括农药的合理应用），做到控调结合。1989 年通过以点带面进行综合防治试验，示范面积达 35 万亩。

经过综合防治后，主要病虫为害损失控制在 4%以下，农药用量比非综防区下降 30%～50%，每亩节约工本及挽回产量损失约为 50 元左右。此外，由于农药残留不超标，天敌数量增加，生物群落多样化，经济、生态、社会效益同步增长。

40. 丽水山区单季稻主要病虫综合防治技术研究与推广

【授奖单位】浙江省人民政府　丽水地区行政公署

【获奖时间及等级】1989 年获浙江省科技进步三等奖（星火）、1990 年获丽水地区科技进步二等奖。

【获奖单位及个人】丽水地区农业科学研究所，缙云、松阳、云和、青田等 9 县（市、区）植保站；童雪松，王连生，吴献昌，陈银方，华守龙，叶培雄等 15 人。

【成果简介】该项目通过 1986—1989 年 4 年的系统调研，基本明确了山区单季稻的稻瘟病、稻秆蝇、二化螟、白背飞虱、褐飞虱、稻纵卷叶螟等一病五虫的发生流行和消长规律，为制订综合防治的策略和技术措施提供了科学依据。经多点试验示范，形成了"以抗病高产良种为中心，改水灌溉和健身栽培为基础，协调用药保护利用天敌为辅助"的浙西南山区单季稻病虫综合防治技术体系，制订出综合防治规范实施图和综合防治配套技术。在组织实施过程中，科研与推广部门密切协作，建立了地、县、乡、村的综合防治组织，形成了点、片、面的试验、示范、推广的辐射体系。四年中，该项技术在全区示范推广 23 万亩，增产稻谷 1 146.6 万千克，节约农药和防治用工费合计 120.2 万元，总经济效益达 1 037.5 万元，其经济、生态和社会效益也十分显著。据云和县下垟村综防基点统计：已将主要病虫害损失控制在 3%～4%，亩产增加 57.7%～68.1%，挽回稻谷损失 13.6%～20%，农药费用下降 24.5%，稻谷农药残留不超标，稻田蜘蛛、黑肩绿盲蝽等天敌数量增加 52%以上，稻田生态环境向良性循环发展。

41. 山区 2 万亩单季稻中低产田综合改良示范

【授奖单位】丽水地区行政公署

【授奖时间及等级】1990 年丽水地区科技进步三等奖。

【完成单位及人员】龙泉市农业技术推广中心土肥站、粮油站；吴景光，陈伟奇，翁金宝，陆正寿，徐达伟。

【成果简介】该课题针对丽水市单季稻面积大，海拔高低悬殊，立地条件复杂，技术落后，单产不高的现状，采取更换品种，突出当家品种，应用地膜打洞平铺育秧，提高秧苗素质，增施有机肥、磷肥、钾肥，垄畦栽培；采取超前控蘖，提高成穗率，结实率，千粒重等改良措施，提高单产，取得显著效益。

42. 多抗性水稻品种——浙丽 2 号

【授奖单位】丽水地区行政公署

【获奖时间及等级】1989 年获丽水地区科技进步四等奖。

【获奖单位及个人】丽水地区农业科学研究所，浙江省农业科学院植保所，松阳县农业局；周时源，巫国瑞，陶林勇，项序庠，黄火明。

【成果简介】浙丽 2 号（75 - 34）是丽水地区农业科学研究所与浙江省农业科学院植保所用 IR2061/贾亚（jaya）杂交育成的中籼品种。经 1981—1982 两年丽水地区连晚区试，平均亩产 392.65 千克，比对照汕优 6 号低 9.25%，但早熟 6 天左右。于 1988 年 4 月通过丽水地区河谷平原作连晚和山区作单晚栽培。该品种株型紧凑，茎秆适中。株高 90～100 厘米，叶片挺直，叶片叶鞘绿色，分蘖力较强。穗长 18～20 厘米，每穗总粒数 100 粒左右，结实率 80%，千粒重 28 克，谷粒长形，无芒。该品种抗稻瘟病，中抗褐飞虱、白叶枯病。且省肥易种，作连晚可在 6 月 20～25 日播种，播量 10～20 千克，秧龄 35 天；栽插密度以 20 厘米×17 厘米为宜，每丛 2 粒谷苗，本田用肥 2 250 千克左右标准肥。

43. 籼糯——处州糯的选育与推广

【授奖单位】丽水地区行政公署

【获奖时间及等级】1989 年获丽水地区科技进步四等奖。

【获奖单位及个人】丽水地区农业科学研究所，景宁畲族自治县种子公司，松阳县农业局农技股，丽水市、龙泉县、遂昌县种子公司；薛石玉，洪正，项寿南，章友华，吴荣厚。

【成果简介】处州糯（南 84 - 1）是丽水地区农业科学研究所用 82 鉴 4//IR29/82 鉴 4 杂交选育而成的籼型中糯品种。1986 年、1987 年参加丽水地区连晚区试，平均亩产 384.2 千克，比对照双糯 4 号增产 4.4%。1988 年据 218 块田的产量统计，平均亩产 428.6 千克。据不完全统计，到 1990 年全区累计推广面积达 10.8 万亩。

处州糯株高 85 厘米左右，茎秆粗壮，有弹性。苗期叶色深绿，剑叶长度适中，角度小，分蘖力强。每穗总粒数 110 粒左右，结实率 89.6%，千粒重 32 克，谷粒长椭圆形，出糙率 80.2%，出精米率 72%，糯性好，作连晚种植全生育期 123 天。抗稻瘟病，且抗谱广，中抗白叶枯病。1989 年 2 月通过丽水地区农作物品种审定小组品种审定，适宜在海拔 900 米以下山区作单季稻和低山平原作连晚搭配种植。

44. "双杂吨粮"配套技术研究和应用

【授奖单位】丽水地区行政公署

【获奖时间及等级】1990 年获丽水地区科技进步一等奖。

【获奖单位及个人】丽水地区农业局粮油作物站，丽水地区农业科学研究所，丽水地区气象台；龙泉、庆元、青田、丽水、松阳、缙云、遂昌、景宁、云和县（市、区）农业局粮油站；陈理民，董祖淦，刘梦熊，金一春，洪正，孔汝金，丁茂干，徐丽红，褚智坚。

【成果简介】该项目根据早杂新组合不断筛选及丽水地区早春气温回升早的气候资源优势，为加快水稻双杂的利用，推动水稻生产发展而立题。由丽水地区科委 1987 年下达。经 3 年研究，已如期按批复要求完成。3 年来，在浙江省首次开展了早杂的根系优势、秧苗优势、分蘖优势及穗粒优势等早杂优势的研究。通过 3 年研究，筛选了适合双杂吨粮的高产组合，明确了双杂吨粮的组合搭配方式，研制了优化配套高产模式，验证了优化配套高产措施，开展了双杂吨粮优化模式的普及与推广，实现了大面积平衡增产。同时，通过试验研究，经电子计算机优化，找到了亩产超 500 千克的优化农艺措施。并进行了单项试验，综合验证田及综合示范片 3 步验证，证明了该套优化模式的可靠性和可行性，使该项双杂吨粮优化模式配套栽培技术更具科学性、系统性、先进性，达到了省先进水平。通过试验研究，总结出双杂吨粮壮秧培育的系列技术，在我省处领先地位。通过试验及调查研究，总结了丽水山区双杂吨粮的气候适应性，提出了丽水地区双杂的适宜范围，研究了双杂生育期间的农业气象灾害及抗避措施，为丽水地区大面积推广双杂及抗灾等高产提供了依据。3 年来，全区累计推广双杂 30.45 万亩，平均亩产比常规稻—杂交稻搭配方式增产 84.5 千克，增产 11.8%，累计增产稻谷 2.57 万吨，取得了良好的经济效益和社会效益。

45. 早籼新品种 119

【授奖单位】丽水地区行政公署

【获奖时间及等级】1990 年获丽水地区科技进步二等奖，1990 年获丽水地区农业丰收三等奖。

【获奖单位及个人】丽水地区农业科学研究所，丽水地区种子公司，遂昌、龙泉种子公司；林才长，黄洁仪，华治武，曾焕甫，王林铨。

【成果简介】该品种属早籼中熟类型，1987 年、1988 年参加丽水地区早稻良种区域试验。表现高产、稳产、抗稻瘟病、纹枯病轻、耐肥抗倒，苗期较耐寒，克服了二九丰穗上易发芽的缺点，食味优于二九丰、广陆矮 4 号。全生育期 115 天左右，株型适中、茎秆粗壮、坚韧、叶片窄厚实、剑叶直笃，分蘖中等，结实率高，千粒重 26～27 克。

1989 年 2 月丽水地区农作物审定小组审定通过。1990 年被地区选为扩大试种及推广的 10 个早稻常规新品种之一，推广面积 4.8 万亩。据 9 个示范片统计：面积 635.8 亩，平均亩产 460.6 千克，比对照品种亩增 83.2 千克，增产 22.04%；丽水灯塔村 119 示范片 56.8 亩，平均亩产 533.9 千克，最高亩产达 608 千克。1991 年全区推广面积累计 10.8 万亩，增产稻谷 853.2 万千克，经济效益约 614.3 万元。

46. 水稻垄畦法改良冷浸中低产田技术推广应用

【授奖单位】丽水地区行政公署

【授奖时间及等级】1990 年丽水地区科技进步四等奖。

【完成单位及人员】庆元县土肥站，荷地、菊隆、城郊、竹口、城镇（区）农技站；陈士平，周振法，吴家平，李光明，吴志贤。

【成果简介】该项目通过宣传发动，技术培训，试验示范取得较好的效果，适宜于改良山区冷浸烂糊田。平均亩产比对照增加 63.1 千克。

47. 双季稻抗旱栽种技术

【授奖单位】丽水地区行政公署

【授奖时间及等级】1990 年丽水地区科技进步四等奖。

【完成单位及人员】缙云县盘溪区农技站，溶溪乡、舒洪镇农科站；朱日美，项建友，丁云新，林柄坤。

【成果简介】该成果为今后遇到旱年，积极推广双晚抗旱栽培提供了科学依据。该抗旱栽培技术方法简便，增产比较显著。

48. 噻嗪酮（扑虱灵）在山区农作物上的应用技术研究与推广

【授奖单位】浙江省人民政府 丽水地区行政公署

【获奖时间及等级】1991 年获浙江省科技进步四等奖，1991 年获丽水地区科技进步二等奖。

【获奖单位及个人】丽水地区农业科学研究所，丽水地区植保站，缙云、松阳等 9 县（市、区）农业局；王连生，童雪松，丁德葆，吴献昌，毛高土等 7 人。

【成果简介】该项目是针对浙西南丽水山区水稻、茶叶、柑橘等作物上的重要害虫稻飞虱、茶小绿叶蝉、矢尖蚧猖獗危害，严重影响生产的发展而提出的。经 1988—1991 年 4 年在山区水稻生产上多点试验，明确了噻嗪酮在山区不同海拔高度稻区防治稻飞虱的适期、药量和使用方法。提出了与其他杀虫剂、杀菌剂合理混用的简化防治技术措施。在水稻上推广应用 63 万亩，增产稻谷 1 405 万千克。同时对山区茶叶小绿叶蝉和柑桔矢尖蚧的防治也取得了良好的效果。在茶叶上推广应用 1.02 万亩，减少了用药，降低了成本，经济效益达 1 312 万元。

经试验示范证明：噻嗪酮是目前防治稻飞虱等害虫一种新的高选择性的理想农药，可以取代异丙威和高毒有机磷农药。使用噻嗪酮后，稻田蜘蛛、黑肩绿盲蝽数量分别比使用常规农药增长 63.9% 和 87.7%，其社会、经济和生态效益十分显著。提出了一套切实可行的应用技术，并已被广大农技人员和农户所掌握，解决了山区虫害防治上的一个难题，对我国南方山区防治稻飞虱、茶小绿叶蝉等主要害虫，具有重要指导意义和广泛的应用前景。鉴定委员会成员一致认为：该项成果达到了国内山区同类研究的先进水平。

49. 丽水地区水稻良种区域试验结果及应用

【授奖单位】丽水地区行政公署

【获奖时间及等级】1991年获丽水地区科技进步一等奖。

【获奖时间及等级】丽水地区种子公司；何建清，黄洁仪，林才长，张学荣，祝元丰等。

【成果简介】在"七五"期间，丽水地区共引进水稻品种（组合）、品系509个，其中杂交稻150余份，筛选出常规稻良种38个，其中早籼品种23个，粳糯稻品种15个，杂交稻组合36个，分别参加丽水地区早、晚稻常规稻良种和杂交新组合区域试验。试验结果：有早籼119、处州糯、221糯、荆糯6号等4个常规品种通过地区农作物品种审定小组审定，占参试品种数的10.5%；参加区试的36个杂交稻新组合中有协优46、油优862、Ⅱ优10号、Ⅱ优64这4个组合通过地区品审小组审定，占参试组合数的11.1%。同时，通过地区区试、已经省级审定的常规品种有早籼浙733、辐籼6号、晚粳糯有祥湖84、祥湖25等。杂交组合有油优10号、威优48-2等组合。

应用效果：通过区试鉴定、审定推广和扩大试种的新品种全区累计种植面积312.28万亩，其中种植面积累计超过百万亩的有油优64，超过10万亩的有浙733、119、荆糯6号、油优10号、温优3号；试种推广面积在5万～10万亩的有湘早籼1号、祥湖25、Ⅱ优10号、D优46、协优46、Ⅱ优64和油优85等品种（组合）。据示范片验收调查，新品种一般增产15%以上，若以每亩增产5%匡算（约20千克），累计增产稻谷6 245.6万千克，取得了显著经济效益和社会效益。

50. Ⅱ-32A开发利用研究

【授奖单位】丽水地区行政公署

【授奖时间及等级】1991年丽水地区科技进步二等奖。

【完成单位及人员】庆元县种子公司；吴传根，丁伍刚，华治武，郑韶平，廖必长。

【成果简介】该项目针对Ⅱ-32A特征特性，研究了Ⅱ优46、Ⅱ优64、Ⅱ优63等新组合制种高产技术，制种产量超过课题指标，平均亩产230.8千克。新质源不育系Ⅱ-32A制繁种产量高，杂种优势强，避免了大面积应用不育系细胞质的单一化。对Ⅱ-32A同步进行提纯复壮，高产制种技术研究及新组合开发等，该成果在省内居领先水平。

51. 早籼新品种浙733引种推广及高产栽培技术研究

【授奖单位】丽水地区行政公署

【获奖时间及等级】1992年获丽水地区科技进步一等奖。

【获奖单位及个人】丽水地区种子公司，龙泉市农业局，丽水地区农业科学研究所，松阳、云和、景宁、龙泉、遂昌、丽水、缙云等县（市、区）种子公司，松阳县古市镇农技站，龙泉市宏山乡农科站；黄洁仪，林才长，丁茂干，童的科，郑成锡等15位。

【成果简介】浙733是浙江省农业科学院用禾玲早与赤块矮杂交育成的早籼新品种。1991年3月经浙江省农作物品种审定委员会审定通过。丽水地区于1988年引进试种，1989年、1990年参加丽水地区早稻区试，表现产量高、适应性广、熟期适中、米质较优、抗逆力较强，深受广大农户欢迎，种植面积迅速扩大，成为丽水地区自20世纪70年代以来继竹科2号、二九丰之后的又一个快速推广的主栽品种。

1988年引种观察，平均亩产428.8千克，比二九丰增产13.4%；1989、1990两年区试平均亩产436.4千克，增产11.1%；1990—1992年连续3年浙733列入地区丰收计划，获得大面积高产，84个示范片，计4.91万亩，平均亩产453.3千克，亩增63.2千克，增产16.2%。3年示范片中，经验收亩产在500千克以上的田块有123块，累计面积180.9亩，平均亩产542.8千克，其中20亩，平均亩产634.8千克，亩产最高656.4千克。

丽水地区种植面积从1989年的754亩，迅速扩大到1990年的4.03万亩，1991年21.88万亩，

1992 年 38.37 万亩，分别占丽水地区早稻和常规早稻总面积的 68.6％和 78.2％。至 1993 年丽水地区推广面积达 86.1 万亩，增产稻谷 3 754 万千克，累计经济效益约 3 700 万元。

52. 丽水地区山区单季稻高产栽培模式技术研究

【授奖单位】丽水地区行政公署

【获奖时间及等级】1992 年获丽水地区科技进步三等奖。

【获奖单位及个人】丽水地区农业科学研究所，松阳县农业局；项序庠，黄火明，王连生，潘永年，叶新武等 6 位。

【成果简介】项目针对丽水山区、特别是老、少、边山区单季稻栽培技术水平低、产量不高的实际，进行立项研究。经 1989—1991 年协作组人员深入松阳县、景宁畲族自治县、云和县等山区建立研究、示范基点，通过选用良种、采用两段育秧、结合多效唑培育壮秧、密植早管和落实病虫害综合防治等技术的多学科研究和综合，完成了优化配套高产栽培模式图。此外，通过层层建立单晚模栽领导小组，组织技术培训、召开现场会及发放技术资料等措施，实行科研与行政、推广部门三结合，边试验示范边推广应用，使该项技术迅速在全区推广。3 年累计推广面积达 24.75 万亩，增产稻谷 1 124.7 万千克，节约病虫防治费用 173.26 万元，取得了良好的经济效益和社会效益。

53. 10 万亩水稻推广应用 4 项实用技术

【授奖单位】丽水地区行政公署

【获奖时间及等级】1992 年丽水地区科技进步三等奖。

【获奖单位及个人】景宁畲族自治县农业局，城郊区、沙湾区、英川区、渤海区、东坑区、鹤溪镇农技站。

【成果简介】该课题全年推广种植水稻良种 95 448 亩，推广垄畦栽培 21 966 亩，推广半旱秧田与两段育秧 8 086 亩，推广使用多效唑。叶面宝 65 488 亩，累积因推广 4 项实用技术增产 3 905.7 吨，效果显著。

54. 水稻畦式半旱直播耕作法研究

【授奖单位】丽水地区行政公署

【获奖时间及等级】1992 年丽水地区科技进步四等奖。

【获奖单位及个人】丽水地区土肥站，缙云县、景宁畲族自治县、松阳县土肥站，云和镇农技站，景宁畲族自治县大际乡农科站，松阳县玉岩区农技站。

【成果简介】本耕作法是按照垄畦法和半旱秧田的技术原理，实行免耕作畦，开沟直播，浸润灌溉，化学除草，良种配套，水肥抑苗等技术环节组成的新型耕作法。通过研究，明确了不同条件下的播种期、播种量、播种方式和密度，明确了以肥抑苗，化学除草的日期和方法，基本明确了增产机理。具有明显的省工、节本、增产、增收效果，该成果达到浙江省内同类研究的先进水平。

55. 中籼型杂交稻汕优 862 的选育

【授奖单位】丽水地区行政公署

【获奖时间及等级】1993 年获丽水地区科技进步四等奖。

【获奖单位及个人】丽水地区农业科学研究所，丽水地区种子公司，遂昌县、松阳县种子公司；薛石玉，项寿南，章友华，华治武，何建清。

【成果简介】汕优 862（丽 862），是丽水地区农业科学研究所用珍汕 97A 与该所通过杂交选育的恢复系丽恢 862 配组得到的中籼型中迟熟杂交组合。1986 年、1987 年经丽水地区连晚区试，平均亩产 422.9 千克，与对照汕优 6，产量相仿，但稳产性好。具有分蘖力强，有效穗多，秧龄弹性大，后期耐寒力较强，高抗稻瘟病，抗褐飞虱，中抗白叶枯病，米质好等特点。全生育期 132 天，比汕优 6 号早熟 3.5 天。株高 85 厘米，每穗总粒数 114.5 粒，结实率 82.6％，千粒重 24.5 克。每亩有效穗数 23 万左右，成穗率 70％。出糙米率 80.5％，出精米率 70.5％。1989 年 2 月丽水地区农作物品种审定小组审定通过，适应于原汕优 6 号推广种植地区种植。

56. 蜜阳46恢复系开发利用研究

【授奖单位】丽水地区行政公署

【获奖时间及等级】1993年丽水地区科技进步二等奖。

【获奖单位及个人】丽水地区种子公司，庆元、遂昌、云和、松阳县种子公司；何建清，吴传根，童的科，华治武，蒋美明等6人。

【成果简介】该项研究加速了丽水地区晚稻杂交组合的更新步伐，改变了丽水地区当前杂交组合比较单一的状况，使组合的结构趋向合理，至1993年蜜阳46系统占全区晚杂面积的50%，三年累计推广面积134.5万亩，增产稻谷3 000万千克，直接经济效益2 700万元，取得显著的社会和经济效益。该研究达到省内同类研究的先进水平。其中制种产量省内领先。

57. 千亩杂交水稻优质高产制种新技术研究及应用

【授奖单位】丽水地区行政公署

【获奖时间及等级】1994年丽水地区科技进步二等奖。

【获奖单位及个人】遂昌县种子公司；三仁乡、大柘镇农科站；华治武，赵长林，魏建平，郑建华，雷文勋。

【成果简介】该课题采取的主要技术措施：①确定最佳授粉期，制定播种差期。②培育多蘖壮秧，搭好丰产苗架。③采取综合措施，提高异交结实率。④狠抓田间去杂，确保种子质量。遂昌县1 208.2亩Ⅱ优系列制种田平均亩产244.2千克，居浙江省前列，实现了超高产目标。制种田亩均产值在2 000元以上，亩纯收入达1 800元，经济效益显著。

58. 山区单季稻高产配套技术研究

【授奖单位】丽水地区行政公署

【获奖时间及等级】1993年获丽水地区科技进步二等奖。

【获奖单位及个人】丽水地区农业局，丽水地区农业科学研究所，龙泉市、庆元县、松阳县农业局粮油站；陈理民，徐丽红，陈伟奇，鲍文辉，黄火明。

【成果简介】该项目从丽水山区的实际出发，针对单季稻的生产现状和进一步高产的限制因素，历经3年的研究，筛选出了适宜于山区不同海拔高度种植的产量高、抗性强的杂交稻组合。开展了不同海拔高度的多点多项试验，形成了不同的栽培模式，获得了显著的增产效果；改进育秧技术，降低秧田播种量，明显提高了秧苗素质；基本上形成了以"五改"为中心的山区单季稻高产配套技术。实行科研与推广、试验与示范、培训与服务相结合，使科研成果尽快转化为生产力。

3年累计推广面积58.36万亩，平均亩产比对照区增66.5千克，增产16.04%，共增产稻谷3.69万吨，增值2 339.5万元，取得了显著的经济效益和社会效益。

经专家鉴定，处浙江省单季稻高产研究和示范推广领先水平，宜在丽水地区和浙西南山区推广应用。

59. 杂交稻再生利用亩产超"双纲"配套技术研究

【授奖单位】丽水地区行政公署

【获奖时间及等级】1994年丽水地区科技进步四等奖。

【获奖单位及个人】丽水地区农业局粮油作物站，龙泉市、景宁畲族自治县粮油作物站，庆元县土肥站；陈理民，陈士平，刘波，林昌庭，姜苏民。

【成果简介】该课题开展了杂交水稻母茎腋芽再生利用技术研究，累计试验示范、推广面积11 551亩，平均亩产比对照区增产182千克，增长35.44%，取得了显著的经济效益和社会效益，在省内同类研究中处领先水平。

60. 水稻新品种（组合）推广应用

【授奖单位】丽水地区行政公署

【获奖时间及等级】1994年丽水地区科技进步四等奖。

【获奖单位及个人】景宁畲族自治县种子公司，景宁畲族自治县各区域性农技站，各乡镇农科站；严轶华，夏建平，丁四芳，刘赵康，程义华等10人。

【成果简介】该项目的实施，加速了新品种（组合）的推广步伐，使品种（组合）利用更趋合理，优质更为突出，社会效益显著，6年累计推广新品种组合30.67万亩，增产稻谷1 538.11万千克。杂交稻Ⅱ优系列组合的推广应用达到省内先进水平。

61. 垄畦免耕直播早稻高产技术研究

【授奖单位】浙江省人民政府　丽水地区行政公署

【获奖时间及等级】1996年浙江省科技进步三等奖，1995年度丽水地区科技进步二等奖。

【获奖单位及个人】缙云县农业技术推广中心，新建、东渡、城北、新碧、东方、壶镇镇（乡）农业技术综合服务站；祝财兴，刘浩，陈智慧，施瑞强，邓曹仁，应耀强，麻土才。

【成果简介】该研究获得显著增产效果，6年累计推广面积2.9万亩，平均亩产409.4千克，比移栽稻亩增66.5千克，增产19.39%。本项目的主要技术内容：在绿肥田和冬闲田上，采用垄畦、免耕、直播、化除、以水深藏氮肥，以水调控，辅以化控为一体的综合新技术，并提出了切实可行的8项高产配套技术措施，该技术将免耕、直播二项省力高效技术相结合，并与垄畦栽培相配套，具有开创性。免耕直播早稻具有根系发达，活力强，分蘖早，分蘖多，有效穗增加等增产机理。

62. 暖地型水稻旱育秧稀植高产高效配套技术研究

【授奖单位】丽水地区行政公署

【获奖时间及等级】1995年丽水地区科技进步二等奖。

【获奖单位及个人】龙泉市农业局农业技术推广中服务心，锦旗镇农技站，陈序恒水稻名特优品种研究所；丁茂根，黄祖祥，许志鸣，陈显华，卓三头，龚兆培，聂志斌等10人。

【成果简介】该课题在引进、消化和吸收日本原正市先生的"水稻旱育稀植"原理基础上，针对当地气候、土壤、品种和熟制等实际，通过试验和示范，明确了暖地型旱育秧稀植水稻的秧苗生育和分蘖成穗等特点，并在关键技术环节上作了不少改进和创新。如用稻田作苗床，并采取相应的培肥措施，该窄厢高架薄膜覆盖为宽畦地膜打孔平铺覆盖；改小苗铲秧带土少本插为中苗手拔带土单（杂交稻），双（常规稻）本插以及超前控蘖等。有效地控制了立枯病的发生，使秧田利用率和秧苗素质明显提高，具有省工节本和增产增收效果。3年累计示范2 500余亩，平均每亩增产稻谷43～68千克，增幅11.7%～14.0%，社会经济效益显著，在同类研究中处省内领先水平。

63. 20万亩杂交水稻Ⅱ优系列组合推广应用

【授奖单位】丽水地区行政公署

【获奖时间及等级】1995年丽水地区星火奖二等奖。

【获奖单位及个人】遂昌县种子公司，遂昌县农业局粮油站、植检站；华治武，唐昌华，郑建初，钟庆前，郑发奎。

【成果简介】该项目在1993—1995年3年累计示范推广Ⅱ优系列组合面积20.1万亩，平均亩产452千克，比其他组合增产11.6%，增加粮食944.7万千克，该系列组合已成为遂昌县晚稻的主栽品种，推广面积居省、地首位。Ⅱ优系列组合共配制3 294.05亩，亩产232.1千克，总产76.45万千克，质量达到部颁一级、二级种子标准。该系列组合易制种。产量高，经济、社会效益明显，制种比汕优等其他组合增值16.6%，并使每亩大田节约用种成本2元，Ⅱ优系列组合的制种技术及产量水平，为省内先进水平。

64. 早、晚稻优质良种推广及栽培技术研究

【授奖单位】丽水地区行政公署

【获奖时间及等级】1995年丽水地区科技进步三等奖。

【获奖单位及个人】云和县种子公司，云和镇农科站，云丰乡农科站；蒋美明，张学荣，华青，王有存，林其土，毛进祥。

【成果简介】该课题自 1991 年开始实施，到 1995 年舟 903 推广面积 9 503 亩，占早稻面积的 1/3，平均亩产 350 千克，比云和县早稻平均亩产增 45 千克。杂交稻蜜阳 46 系列 5 年累计推广 14.3 万亩，其中 1995 年推广 3.5 万亩，占单季连作晚稻总面积 60％，平均亩产 431.1 千克，比云和县晚稻平均亩产增 50.1 千克。在推广扩大种植面积的同时，对其栽培技术进行了认真的试验研究，研究出适合本地条件的播种期、秧龄、移栽期等一系列高产栽培技术。

65. 丽水山区单季稻病虫农业防治技术研究与推广

【授奖单位】丽水地区行政公署

【获奖时间及等级】1994 年获丽水地区科技进步四等奖。

【获奖单位及个人】丽水地区农业科学研究所，丽水地区植保站及各县植保站；王连生，童雪松，丁德葆，李小荣，丁茂干等。

【成果简介】通过 4 年试验研究，筛选出适合山区不同海拔高度稻田种植的抗病虫高产杂交组合 5 个；发明了地膜打洞平辅育秧防治稻秆蝇技术，掌握在产卵高峰过后 10 天揭膜，防效达 90％以上；探明畦式健身栽培不仅具有控病抑虫作用，而且还可改善稻田生态环境，提高水稻抗病虫能力。该套技术由点到面，已累计推广农业防治面积 50.5 万亩，挽回粮食损失 1 494.6 万千克，节约农本 377.1 万元，社会经济效益达 1 871.7 万元。

66. 糯稻新品种荆糯 6 号

【授奖单位】丽水地区行政公署

【获奖时间及等级】1994 年获丽水地区科技进步四等奖。

【获奖单位及个人】丽水地区农业科学研究所，丽水地区种子公司，龙泉市种子公司；林才长，黄洁仪，曾焕甫。

【成果简介】1986 年引入丽水地区试种，表现高产、稳产、抗病虫、米质好，产量极显著地超过所有当地糯稻品种，农民称为"杂交糯"。1990 地区农作物品种审定小组审定通过。1993 年种植面积占全区糯稻总面积 63.1％，1994 年全区累计种植面积 22.91 万亩，按 7 折计算，增加稻谷 1 218.65 万千克，增加产值 1 165.8 万元。

67. 山区中低产区单季稻"一优两高"栽培技术推广

【授奖单位】浙江省人民政府　丽水地区行政公署

【获奖时间及等级】1995 年获省科技星火二等奖、1995 年获地区科技星火二等奖。

【获奖单位及个人】丽水市农业科学研究所，云和、松阳等县农业局；潘永年，王连生，项序庠，童雪松，方中富，黄显达，严盛才。

【成果简介】该项目针对丽水山区中、低产田水稻产量低而不稳的现状和贫困山区农民的温饱问题，组织栽培、育种、植保等专业人员攻关，开展了长达 10 年的研究与推广，蹲点办方，以点带面。共编写出版《山区单季稻及其栽培》1.2 万册（上海科学技术出版社）、简明技术资料 10 万余份、山区单季稻高产栽培模式图 4.5 万份，约有 20 万余人次参加广播讲座、上课、现场会等多种形式的技术培训。将多年从事山区单季稻研究的成果组装配套，使之成为农民可操作的实用技术，着重解决了生产中"四大"关键性增产技术措施。第一，提高良种复盖率。在基点引进、筛选抗病高产杂交稻新组合汕优 63、汕优 64、Ⅱ优 46 和Ⅱ优 6216 等，比感稻瘟病老品种汕优 6 号等增产 20％～69.2％，使抗病高产良种覆盖率达 90％以上，彻底扭转由于品种而引起减产的被动局面。第二，提高稻苗素质，确保栽种密度。推广应用尼龙两段育秧法要比大海秧（老法）亩增产 11.6％，比半旱秧增产 7.7％，并可提早 5 天插秧。第三，实行科学肥水管理。推广"三沟配套"新灌水法，改变以往串灌、漫灌办法；采用"前速、中控、后补"施肥法，达到丰产目的，比对照区（老法）亩增产稻谷 30～50 千克，且可提高水稻质量，特别是采用自行研制开发的新农药"虱病净"，进行穗期简化防治，比非综防区（老法防治）每亩可减少用药 2～3 次，节省农药费 2～3 元，亩产量增加 20～50 千克。

该项技术在全区 9 个县（市）累计推广面积达 352.16 万亩，增产粮食 21.38 万吨，增加收益 2.14

亿元，节约农药成本 1 222.6 万元，成绩突出，成效显著，经济效益和社会效益明显，已达到省内同类研究的领先水平。

68. 高产、多抗、优质晚杂新组合汕优 6216 选育及应用

【授奖单位】丽水地区行政公署

【获奖时间及等级】1995 年获丽水地区科技进步三等奖。

【获奖单位及个人】丽水地区农业科学研究所，庆元、遂昌、丽水地区种子公司；薛石玉，项寿南等 7 人。

【成果简介】汕优 6216 是利用本所杂交育成的抗病恢复系丽恢 6216，于 1988 年与珍汕 97A 组配而成的晚杂新组合。该组合 1989—1991 年浙江省晚杂区试，比对照汕优 10 号增产 9.36％。丽水地区和温州市区试，平均亩产 442.1 千克和 401.5 千克，比对照增产 8.25％和 14.22％。1990—1991 年全国南方稻区区试，平均亩产 447.4 千克，比对照汕优 10 号增产 6.59％。1992 年通过浙江省品种审定。1990—1994 年省内外推广面积 96 万亩，增产稻谷 5 300 万千克，直接经济效益 7 900 万元。

69. 杂交稻早夏季制种高产栽培技术研究与应用

【授奖单位】丽水地区行政公署

【获奖时间及等级】1997 年丽水地区科技进步二等奖。

【获奖单位及个人】松阳县种子公司；李剑飞，周淋龙，李伟平，叶根松，刘松南，李云波，杨国荣。

【成果简介】该课题依据本地的气候特点和立地条件，开展早夏季制种高产栽培技术研究，1993—1996 年累计早夏季制种 6 605.44 亩，占制种总面积的 88.39％，中迟熟组合早夏季制种 5 810.18 亩，占 4 年早夏季制种总面积的 88％，1996 年全部采用早夏季制。4 年中，累计增加晚稻播种面积 6 600 亩，增收晚稻谷 264 万千克，综合经济效益 1 246.8 万元。该课题的实施，为浙南三熟制稻区发展杂交稻早夏季制种具有重要意义，其中迟熟组合早夏季制种技术和大面积应用居省内领先水平。

70. 高产、多抗、优质晚杂新组合 II 优 6216 选育及应用

【授奖单位】丽水地区行政公署

【获奖时间及等级】1998 年获丽水地区科技进步二等奖。

【获奖单位及个人】丽水地区农业科学研究所，庆元县、遂昌县、丽水地区、青田县、丽水市、景宁畲族自治县种子公司；薛石玉，项寿南，刘建慧等 9 人。

【成果简介】1982—1988 年本所以突出稻瘟病抗性育种为主攻目标，选用赤块矮和 IR50 为供体品种，IR26 和 IR24 为轮回品种，采用聚合回交法，育成恢复系丽恢 6216。1989 年与 II 32A 组配，参加本所品比试验，表现突出，定名为 II 优 6216。1992—1994 年参加浙江省晚杂区试、全国南方稻区晚杂区试及各省单晚区试。1995 年通过浙江省品种审定。该组合主要特点：产量高，一般亩产 500 千克左右，最高单产达 774.3 千克。抗逆性强：高抗稻瘟病，抗白背飞虱，秧龄弹性好，耐旱力强。制种产量高，平均亩产 250 千克以上，最高单产达 399.6 千克。米质好，11 项鉴定指标中，有 8 项指标达部颁优质米二级米标准以上。适应性广，海拔 800 米以上山区和平原稻区均可作单晚或双晚种植。1992—1998 年省内外推广面积 191.44 万亩，其中浙江省 100.54 万亩，增产稻谷 1.3 亿千克，直接经济效益达 1.94 亿元。该项目研究期间共在省级以上期刊发表论文 12 篇，其中"应用回交法选育杂交稻三系及新组合的研究"一文获首届浙江省农业科技论文竞赛二等奖。

71. 水稻轻型栽培技术推广应用

【授奖单位】丽水市人民政府

【获奖时间及等级】2000 年丽水市星火奖二等奖。

【获奖单位及个人】丽水市粮油作物站；龙泉市、缙云县、松阳县、莲都区、遂昌县、青田县、庆元县、云和县粮油作物站；何建清，叶春蕚，朱静坚，刘波，周炎生，王路勇，赖根茂，王旭海，吴善臻，兰晓茹。

【成果简介】该项目针对种粮生产成本偏高、增产不增收，种粮比较效益日趋下降及农村劳动力转移、劳动力价格日益提高的现状而提出。于 1995 年开始组织实施，经 5 年的实施，推广旱、直、抛三项水稻轻型栽培技术面积 245.28 万亩，其中旱育秧 166.84 万亩，直播稻 58 万亩，抛秧 9 万亩。累计增产稻谷 11 214.1 万千克，节省成本 8 970.99 万元，直接经济效益 22 427.91 万元。实践证明，这项技术是省工、节本、增产、增效的农业实用技术，既能减轻劳动强度，又能提高劳动生产率，同时有利于稳粮增效和促进社会化服务的开展。技术方面，旱育秧紧紧围绕"旱育、肥床"，直播稻抓住把好全苗关、除草关和防倒关"三关"，抛秧重点抓好播种质量、秧苗素质、抛秧质量量的提高，科学合理运筹肥水等。

72. 转抗 *bar* 基因恢复系的技术研究

【授奖单位】丽水市人民政府

【获奖时间及等级】2000 年获丽水市科技进步三等奖。

【获奖单位及个人】丽水市农业科学研究所，中国水稻研究所，庆元县、丽水市、青田县、景宁畲族自治县种子公司；薛石玉，项寿南等 13 人。

【成果简介】该项目以转育水稻抗除草剂基因（*bar*）的恢复系为主攻目标，利用带 *bar* 基因的 TR4 为供体品种，以密阳 46 等近 40 个优良恢复系（品种）为轮回品种，采用聚合回交法，交叉使用轮回品种，加大主体轮回品种的遗传基础，并通过基因重组，改进主体品种的不良性状，同时采用 1 年 3 代繁育加代新技术，在短时间内率先育成我国第一个抗除草剂旱杂恢复系及一批带 *bar* 基因的密阳 46 恢复系及衍生系。用转基因恢复系配制选育的 II 优 G29、II 优 G8 等一批杂交组合，不仅可有效解决杂交种子纯度的快速鉴定和苗期清除假杂株，使大田种植的纯度达到 100%，而且既保持恢复系的优良性状，又在稻瘟病抗性及产量性状上均得到明显的改进与提高。此外，还初步探明了 *bar* 基因的遗传规律。

该研究是现代生物转基因技术与常规育种技术相结合进行新品种选育较为成功的范例。在杂交稻抗除草剂恢复系培育和新组合测配方面达到国内先进水平。

73. 波纹塑管改造山区冷浸低产田研究

【授奖单位】丽水市人民政府

【获奖时间及等级】2001 年获丽水市科技进步奖三等奖。

【获奖单位及个人】丽水市农业局，丽水市农业科学研究所，龙泉市土肥站，庆元县土肥站，遂昌县农业技术推广中心，景宁畲族自治县土肥站；潘振刚，吴炳龙，朱宜根，章福泉，陈士平等 10 人。

【成果简介】本研究利用多孔波纹塑管本身重量轻、弯曲自如、抗拉伸和抗压力较强、排水降渍效果好而价格适中的优点，针对山区各类冷浸田的形成特点，采用不同的埋设方法，通过多点多次试验，总结出一套省工、简便、投资较少而改造效果好的波纹塑管埋设技术；制定出相关冷浸田波纹塑管埋设技术操作规程；基本探明该项技术的改土效果和水稻增产机理及配套高产栽培技术。通过推广应用，使水稻产量大幅度提高，单季水稻亩产由改造前的 300～400 千克，增加到 450～500 千克；据 1998—1999 年 12 块对比试验田水稻产量统计，平均每季增加稻谷 90.6 千克，增幅达 20.9%。冷浸田经过改造，改善了农民的耕种条件，有利于提高农田复种指数和农业产业结构的调整，增加农民的收入。三年来应用波纹塑管改造冷浸低产田 1 628 亩，取得较好的推广效果。同时共有 4 篇相关论文在省级以上刊物发表。

第二节 农业丰收奖获奖项目

国家农业丰收计划 1987 年开始实施，农业部、财政部设立了全国农牧渔业丰收计划专项资金，丽水市于 1989 年开始全面实施"农业丰收计划"，丰收计划的实施，对促进水稻新品种、新技术的推广应用，使科研成果尽快转化为生产率，提高水稻单产水平和种植效益起到积极作用。据不完全统计由市级农业技术推广研究部门主持完成为主和少数县级农业部门组织实施的但能代表当时市级水平和发展趋势的市级以上的有关水稻农业丰收奖项目 47 项，其中浙江省农业丰收奖一等奖 4 项。获奖项目中种子 15 项、栽培 21 项、植保 7 项、土肥 4 项。现将这些成果汇集如下（市农业丰收三等奖以下略）：

1. 山区推广双杂优 10 万多亩大增产

【授奖单位】浙江省人民政府

【获奖时间及等级】1988 年浙江省农业丰收二等奖。

【获奖单位及个人】丽水地区农牧特产局粮食生产科及 9 县（市）农业局粮油站；刘梦熊，陈理民，孔汝金，陈建忠，洪正，何建清，丁茂干，张王平，李秀和，褚智坚，周炎生，麻土才，王林铨，林昌庭，董益坤，董祖淦，金一春，刘关海，叶培雄，陈奕平。

【成果简介】该项目针对丽水地区早春回温早，热量资源丰富等自然和杂交良种优势，由地区农业局牵头，在推广常规双季连作稻的基础上，因地制宜推广双季杂交连作稻，以提高早稻产量，稳定连作晚稻单产，达到全年粮食增产，1988 年，丽水地区推广面积共 12.56 万亩，两季平均亩产 769 千克，较同期的常规搭配形式增产 16.54%，年增稻谷 1 369 万千克，增加产值 460 万元。主要技术措施是：①合理调整组合布局，选择最佳搭配方式。②地膜覆盖，药控（喷洒多效唑控长）肥促，培育多蘖矮壮秧。③实施高产模式栽培等综合配套技术。

2. 丽水山区水稻病虫综合防治

【授奖单位】浙江省人民政府

【获奖时间及等级】1989 年浙江省农业丰收二等奖。

【获奖单位及个人】丽水地区植保站，丽水地区农业科学研究所，缙云县、丽水市、遂昌县、青田县、景宁畲族自治县植保站，松阳县、云和县、龙泉县农业局，庆元县病虫测报站；丁德葆，童雪松，王连生，桑亦飞，吴献昌，金友，张国平，潘跃星，华守龙，叶金廷，刘志龙，吴叶林，朱雄关，谭丽珊，李力华，俞友法，王火明，叶培雄，蓝月相。

【成果简介】该项目针对丽水地区病虫防治手段粗放，影响农田生态环境的现状而实施。综防项目实施后，农药成本下降了 40.93%，每亩节省用工 0.54 个，合计全区一年节约农本 424.45 万元，较好地控制了病虫危害，挽回粮食损失达 2 632 万千克，并且减少了农村人、畜、作物的中毒事故，农药在稻谷中的残留量达到卫生部门颁发的标准，经济、社会和生态效益良好。主要防治指标：①选用抗病良种，从全面实行种子消毒处理，严格控制种传病害。②放宽防治指标，实行指标防治，保护利用天敌。③穗期保产喷药，推广简化防治技术。④选用高效低毒性农药，减少农药对天敌的杀伤力。

3. 推广垄畦栽培 10 万亩水稻大幅度增产

【授奖单位】浙江省人民政府

【获奖时间及等级】1990 年浙江省农业丰收一等奖。

【获奖单位及个人】丽水地区土肥站，庆元县、龙泉县土肥站，浙江省土肥站，青田县、松阳县、缙云县土肥站，庆元县荷地区、龙泉县城南区、缙云县新建区农技站，云和县、丽水市土肥站；潘振刚，陈士平，钟益夫，倪治华，刘梦熊，徐松林，陈高忠，阮瑞廷，曹伟勤，吴兴元，祝财兴，胡林松，刘浩，蓝月相，刘森荣，余荣伟，吴景光，朱剑兵，张炳大，郑巧平，吴法正，陈亢中，翁金宝，施明德，陈国鹰，邱志满，张强康，施仁久，李伟平，王存美。

【成果简介】该项目 1987 年在龙泉市建立了 3.5 亩冷浸烂糊田垄畦法改良试验田，每亩比常规种植增产 41.8 千克，增产幅度为 12.6%。1988 年推广到 6 个县 265.6 亩，亩增产 68.3 千克，增产幅度为 17.95%。1989 年在丽水地区示范面积达 7 328 亩，平均单产比常规种植增产 62.2 千克，亩增产幅度为 14.68%，亩增收益 61.55 元。1990 年，又在丽水地区推广面积 100 895.7 亩，平均亩增产 55.96 千克，增产幅度达 13.95%，四年累计示范、推广 108 492.8 亩，亩平均增产 56.41 千克总增粮食 606.23 万千克，增值 305.6 万元，新增产值达总投资 20 万元的 15 倍。主要技术措施：按一定规格拉线，开沟作畦，沟中灌水，畦面栽秧，垄面宽 30 厘米插秧 2 行，畦面宽 60 厘米或 100 厘米，插秧苗 4 行或 6 行，沟宽 35 厘米，以沟调控水量，以水调节气热，以气热调整肥力等。

4. 常规早稻新品种开发应用

【授奖单位】丽水地区行政公署

【获奖时间及等级】1990 年丽水地区农业丰收二等奖。

【获奖单位及个人】丽水地区种子公司，丽水地区农业科学研究所，遂昌县、丽水市、缙云县种子公司等；黄洁仪，林才长，华治武，李官平，陈济福，曾焕甫，陈子川，郑四合，廖必长，丁华政。

【成果简介】该项目针对丽水地区常规早稻品种种性退化，抗性减弱，产量徘徊不前的状况，在丽水地区推广应用浙 733、119、浙 852 等早稻新品种 10 个，推广面积 15.35 万亩，增产 441.45 万千克，增值 317.8 万元。主要措施是：①加强组织领导。②做好良种供应，设立示范片、中心方和高产攻关田，以方促片，以片带面。③根据品种的不同特性，实施不同的栽培技术。④良种良法配套，提高适用技术的到位率。

5. 杂交水稻"高产、优质、低耗"制种技术应用

【授奖单位】浙江省人民政府

【获奖时间及等级】1991 年浙江省农业丰收一等奖。

【获奖单位及个人】丽水地区、庆元县、遂昌县、松阳县、缙云县、龙泉市种子公司；何建清，吴传根，童的科，华治武，郑四合，周杨，叶春尊，郑建华，沈积华，姚少哲，陈济福，郑韶平，周淋龙，江泽，李剑飞，郑发奎，秦树华，邓文富，吴冠钦，周关仁，周维甫，鲍书锡，王志光。

【成果简介】1991 年实施面积 3 343.6 亩，平均亩产达 181.9 千克，比 1990 年增 57.8 千克；实施中心示范方 1 420.17 亩，平均亩产 220.3 千克，最高亩产达 356 千克，增产稻谷 20 万千克，每亩成本下降 15 元左右，直接经济效益达 123 万元；种子质量基本达到国家一级良种种子标准。种子用价为 91.14%，比前两年提高 3.1 个百分点。主要技术措施：①抓好集中连片与质量管理，抓好技术培训，各项配套措施落实到位。②选择最佳扬花期，定准父母本播差。③培育适龄多蘖秧，增加父母本有效穗。④应用辅助措施提高母本异交结实率。⑤采用优质双亲种子，严格隔离防串花，抓好除杂保质量。

6. 早晚稻新品种（组合）示范推广

【授奖单位】丽水地区行政公署

【获奖时间及等级】1991 年丽水地区农业丰收二等奖。

【获奖单位及个人】丽水地区、遂昌县、缙云县、龙泉市、松阳县、丽水市、庆元县种子公司；童的科，华治武，何建清，陈济福，严轶华，李剑飞，姚少哲，吴传根，陈子川，李永传，来寿荣，柳静萍，施德云，蒋美明，李官平，郑韶平，叶建伟，周淋龙，雷文勋，谢立生。

【成果简介】该项目针对丽水地区地形地貌特点和自然条件，因地制宜地示范推广了早晚稻新品种（组合）浙 733、119、威优 48 - 2、汕优 10 号、Ⅱ优 10 号等 10 余个，总面积达 77.64 万亩，其中早稻 36.04 万亩，占早稻总面积的 60.9%，平均亩产 397 千克，增产 6.43%；晚稻 41.6 万亩，占杂交晚稻总面积的 38.3%，平均亩产 393.26 千克，增产 6.0%，两项合计增产稻谷 1 790.92 千克，增值 1 253.61万元。主要技术措施：①抓好组织落实和技术培训工作。②因地制宜选择优良品种，抓好示范片的管理。③应用高产栽培技术，良种良法配套落实。

7. 山区单季杂交晚稻高产模式栽培

【授奖单位】丽水地区行政公署

【获奖时间及等级】1990 年丽水地区农业丰收二等奖。

【获奖单位及个人】丽水地区农业局粮油作物站，庆元县、景宁畲族自治县、青田县、遂昌县、松阳县、龙泉市、缙云县、云和县、丽水市农业局粮油站；孔汝金，鲍文辉，林昌庭，唐昌华，王旭海，麻土才，董益坤，叶新武，陈伟奇，李秀和。

【成果简介】该项目 1991 年在全区推广应用面积 23.76 万亩，平均亩产 496 千克，增 14.87%，累计全区增产杂交稻谷 1 513.79 万千克，增值 878 万元。主要技术措施：①推广以Ⅱ优 10 号、协优 46

和汕优 10 号为主的优良新组合。②提高壮秧培育技术，增强秧苗素质。③科学施肥，应用喷施灵或叶面宝植物增产剂。④采取模栽与三高一稳、配方施肥、垄畦栽培等综合配套技术。

8. 深入山区蹲点推广模栽 3.5 万亩、单晚一年增粮 100 万千克

【授奖单位】浙江省人民政府

【获奖时间及等级】1989 年获浙江省农业丰收四等奖。

【获奖单位及个人】松阳县农业局，丽水地区农业科学研究所；项序庠，黄火明，黄献达，陈银方，叶新武。

【成果简介】根据浙江省丽水地区行署 1989 年农牧特产"丰收计划"山区单晚高产模式栽培项目，农业推广部门和科研单位密切配合，长期和山区农民一起生活，采取"蹲点办方，以点带面"的办法，把成功的水稻生产技术进行科学的组装配套，在松阳县的玉岩镇、枫坪乡的高亭、南胜行政村和安民乡乌弄行政村设中心方，以全县 16 个单季稻重点乡中的 14 个乡的 3.5 万亩为面，开展以良种、改水、合理密植、科学管理和综合防治病虫害等五改为中心的试验、示范、推广工作。为使技术推广不走样，除建立乡、村技术领导小组外，还设立示范户制度，同时技术人员在生产季节里连续蹲点 150～170 天，在此期间办各种培训班、现场会 188 次，参加人数达 16 457 人次，印发各种技术资料 20 500 份。使在 1989 年低温多雨少日照的条件下，仍取得 941.2 亩中心方亩产比上年增 53.9 千克，3.5 万亩面上亩增 30 千克，总产比 1988 年增 105 万千克。

9. 边远山区重灾年千亩"双杂"亩产超吨粮

【授奖单位】丽水地区行政公署

【获奖时间及等级】1989 年获丽水地区农业丰收二等奖。

【获奖单位及个人】庆元县农技服务站，丽水地区农业科学研究所，庆元县松镇农技站，庆元县菊隆区农技站；褚智坚，鲍文辉，徐丽红，吴志贤，吴家平，李方地，刘金州，李光明，吴全聪，吴必强。

【成果简介】为了使科研与生产、试验与推广相结合，使科研成果尽快转化为生产力，地区农业科学研究所与庆元县农业局农技服务站等单位合作建立的千亩"双杂"吨粮示范片。通过印发技术资料，召开广播会、现场会等多种形式的技术培训及关键性技术指导，经过共同努力，在遭受 6 月中下旬强冷空气及 7·22 特大洪灾的严重自然灾害条件下，1 099 亩双杂亩产超吨粮，平均亩产 1 025 千克，比相同田块前年亩增 164.5 千克，增产 19.12%，增收稻谷 18.08 万千克，增值 16.27 万元，取得了良好的经济效益和社会效益。同时，总结摸索出了早稻早中求稳、晚稻稳中求高，立足抗灾夺丰收，采用双季杂交稻科学搭配，适时播种移栽，培育壮秧，合理密植，早管促早发，建立中群体、壮个体的田间结构，提高成穗率与结实率的双杂高产栽培技术。

10. 常规早稻新品种开发应用

【授奖单位】丽水地区行政公署

【获奖时间及等级】1989 年获丽水地区农业丰收二等奖。

【获奖单位及个人】丽水地区种子公司，丽水地区农业科学研究所；黄洁仪，林才长，李官平，曾焕甫，丁秀琴等。

【成果简介】丽水地区 60 余万亩早稻中，有 50 余万亩常规早稻，原品种由于种性退化，抗性减弱，致使丽水地区早稻产量徘徊不前，为使新品种在全区得到更快、更广泛地应用，促进粮食更上一层楼，根据丽水地区丽署（90）42 号《关于印发 1990 年度地区农牧业丰收计划的通知》，组织了丽水地区 1990 年常规早稻开发应用"丰收计划"。该项目由地区种子公司、地区农业科学研究所牵头，全市 9 个县（市）种子公司共同组织实施，早稻良种的示范、推广、繁育取得了明显的经济效益。

该项目示范推广的主要新品种以浙 733、119 两个品种，其次辐 8-1、湘早籼 1 号、浙 852 等 10 个品种。新品种示范片 48 个，面积 3 637.1 亩，平均亩产 462.8 千克，比对照品种亩增 76.5 千克，增产 19.5%。其中浙 733 示范片 27 个，面积 1 958 亩，平均亩产 463.2 千克，比对照亩增 68.7 千克，增产 17.4%；119 示范片 9 个，面积 636.8 亩，平均亩产 460.6 千克，比对照亩增 83.20 千克，增产 22.4%。

1990 年上述新品种在丽水地区扩大试种和推广面积达 16.35 万亩（其中 119 为 4.79 万亩，浙 733 为 3.93 万亩），增产稻谷 441.5 万千克，增值 317.8 万元。新品种的扩大推广，促进了丽水地区早稻单产的提高。1990 年丽水地区早稻平均亩产 352 千克，比 1988 年、1989 年分别增产 10.3% 和 11.4%。

11. 密阳 46 恢复系开发利用研究

【授奖单位】丽水地区行政公署

【获奖时间及等级】1993 年丽水地区农业丰收二等奖。

【获奖单位及个人】丽水地区种子公司，庆元县、遂昌县、云和县、松阳县、龙泉市、景宁畲族自治县、缙云县、青田县种子公司；何建清，吴传根，童的科，华治武，蒋美明，周淋龙，曾焕甫，李永传，严轶华，柳静萍。

【成果简介】该项目的主要技术措施是：①抓技术培训，提高服务到位率，3 年累计印发各种技术资料 8.38 万份，培训人数达 4.45 万人次。②抓协作攻关，研究组合栽培特性及配套措施。③抓亲本特性观察、制种技术研究。④用以点带面的示范推广方法，加速组合推广，措施配套。应用上述各项措施，3 年共设立 100 多块高产攻关田，建立中心示范方 62 个，共计面积 6 013.8 亩，组合应用 52.23 万亩，从而改变了丽水地区杂交组合比较单一的状况，使组合结构趋向合理，至 1993 年，密阳系统已占丽水地区晚杂面积的 50%，3 年累计推广面积 134.5 万亩，增产稻谷 3 000 万千克，直接经济效益2 700 万元，并且提高了米质，具有良好的推广应用前景。

12. 贫困山区单季稻"一优二高"配套技术研究与推广

【授奖单位】丽水地区行政公署

【获奖时间及等级】1993 年度丽水获地区农业丰收二等奖。

【获奖单位及个人】丽水地区农业科学研究所，云和县、景宁畲族自治县农业局；王连生，童雪松，潘永年，项序庠，陈正亚，严盛才等 10 人。

【成果简介】该科技扶贫配套技术研究与 1986—1993 年在云和、景宁畲族自治县按"丽水山区单季稻病虫害综合防治技术研究""丽水山区单季稻高产模式栽培技术研究"等分项专题实施与推广。8 年来，课题组通过系统的调查研究和试验，示范、推广应用"一优两高"配套技术模式栽培水稻 23.5 万亩，其中，云和县 13 万亩，景宁畲族自治县 10.5 万亩，分别增产粮食 602.57 万千克和 402 万千克，合计增产 1 004.57 万千克；分别节约成本 73.5 万元和 91.15 万元，合计节约 164.65 万元，总经济效益 1 088.82 万元。主要技术措施：①进行抗病虫性鉴定，筛选出汕优 63、Ⅱ优 46、荆糯 6 号等抗病能力强、米质好的高产良种。②应用电灯泡加温催芽和打洞地膜覆盖防治稻秆蝇培育健壮秧苗新技术。③开发应用穗期病虫兼治高效低毒的新农药制剂——虱病净及病虫草害综防技术。④总结归纳出一套适合丽水山区单季稻"一优两高"配套技术，并应用于生产实践。

13. 丽水地区百万亩Ⅱ优系列组合杂交稻喜获丰收

【授奖单位】浙江省人民政府　丽水地区行政公署　农业部

【获奖日期及等级】1995 年浙江省农业丰收一等奖、丽水地区农业丰收一等奖、农业部农业丰收三等奖。

【获奖单位及个人】丽水地区种子公司，庆元县、遂昌县、景宁畲族自治县、青田县、云和县、丽水市、缙云县、松阳县、龙泉市种子公司；童的科，吴传根，华治武，夏剑平，李官平，李永传，吴荣厚，蒋美明，刘国友，李伟平，沈积华，严轶华，叶建伟，周立强，刘祖成，唐昌华，姜苏民，周淋龙，周杨，张学荣。

【成果简介】该项目于 1993—1995 年实施，实施面积分别为 32.94 万亩，29.96 万亩和 50.84 万亩，3 年累计达 113.74 万亩，占丽水地区 3 年杂交稻总面积的 36%，占浙江省Ⅱ优系统面积的一半以上；3 年平均亩增 42.46 千克，增 10.5%；增产稻谷 4 829.37 万千克，增值 7 368 万元。主要工作及技术措施：工作措施主要是组织落实、技术培训、物资供应、检查验收；技术措施重点抓因地制宜，选用适宜的组合，因种而异，确定适宜播种期，多项措施配套培育壮秧，适时移栽，管好肥水，搞好病虫害的综合防治工作。

14. 水稻专用肥推广应用

【授奖单位】浙江省人民政府

【获奖时间及等级】1995 年浙江省农业丰收二等奖。

【获奖单位及个人】丽水地区农业局土肥站，松阳县、庆元县、景宁畲族自治县农业局土肥站，龙泉市安仁、锦溪镇农技站；潘振刚，周晓峰，陈忠华，余莱伟，曹伟勤，王存美，陈士平，龚兆培，黄祖祥，徐定超，陈国鹰，吴炳龙，邱万春。

【成果简介】为综合应用（全国、全省）第二次土地壤普查科技成果，提高水稻配方施肥的到位率，为农民节约用肥开支，提高施肥效率，达到增产效果。1992—1995 年间，丽水地区土肥站与松阳县、景宁畲族自治县等土肥站联手，共同合作研制生产推广、应用水稻专用肥 5 270 吨，实施水稻面积 10.54 万亩，其增产稻谷 505.91 万千克，增产节支 1 090.46 万元，产品供不应求，而且应用前景十分广阔，经济和社会效益明显。主要措施：①测配相结合。利用土壤普查时建立的化验室对丽水市不同区域水田进行取样分析针对不同区域水田肥水平配制不同养分含量专用肥，经农业推广体系供应给农户，并及时了解肥效，不断改进配方，充分发挥土肥大技术在生产实践中的技术优势和资源优势。②产供销相结合。建立配肥站生产专用肥，严把原料进货关，保证原材料质优价廉，利用农业推广体系建立专用肥销售网，降低中间销售费用，达到降低施肥成本。

15. 龙泉市暖地型水稻早育稀植高产高效配套技术

【授奖单位】丽水地区行政公署

【获奖时间及等级】1995 年丽水地区农业丰收二等奖。

【获奖单位及个人】龙泉市粮油站，龙渊、锦旗、安仁、城北乡（镇）农技站；刘森荣，聂志斌，龚兆培，卓三头，严正，张献明，廖春荣，季资余，曾起纠，季明松。

【成果简介】该项目经 1994—1995 年实施，累计示范面积 2 500 余亩，平均亩增产稻谷 43～68 千克，增幅 11.7%～14.0%，每亩增收 150 余元。通过试验示范，明确了暖地型水稻早育稀植水稻生育和分蘖成穗特点，并在关键技术环节上作了不少的改进和创新。如选用稻田作苗床，并采用相应的培肥措施；该窄厢高架簿膜覆盖为宽畦地膜打孔平铺覆盖；改小苗铲秧带土小本插为中苗手拔带土单（杂交稻）、双（常规稻）本插以及超前控蘖等，有效地控制了纹枯病的发生，使秧田利用率和秧苗素质明显提高，大田群体结构得到协调。而且该技术简易易行，可操作性强，具有省工节本和增产的效果。

16. 水稻轻型栽培技术推广

【授奖单位】丽水地区行政公署

【获奖时间及等级】1996 年丽水地区农业丰收一等奖。

【获奖单位及个人】丽水地区、缙云县、松阳县、云和县、庆元县、遂昌县、龙泉市、丽水市、青田县、景宁畲族自治县粮油站；何建清，刘波，周炎生，董益坤，项建友，郑建初，刘森荣，王路永，廖必长，王旭海，林昌庭，黄端祥，谢根富，陈智慧，王水景，聂志斌，赖小文，阮瑞廷，吴建华，丁家亮。

【成果简介】该项目在丽水地区范围内组织示范推广水稻轻型栽培技术面积 88.96 万亩。其中水稻早育稀植 21.87 万亩，水稻直播栽培 11.05 万亩，推广应用化学调控技术 56.04 万亩。应用水稻轻型栽培技术比常规栽培平均每亩增 29 千克，增幅为 7.2%，共增收稻谷 25 595 吨，增加产值 3 839 万元，节省各项成本支出 1 431 万元，增加经济效益 5 270 万元；示范片面积 3.39 万亩，平均亩产 440.6 千克，比对照平均亩产 3 984 千克亩增 42.2 千克，增 10.6%。该项技术的推广应用，不仅增产效果好，而且又提高了农民种粮的收益，对保护农民种粮积极性。促进农田适度规模经营起到积极的作用。主要技术内容：①把好水稻直播技术"三关"，即全苗关：做好灭鼠，整地工作，作畦开沟；做好种子时时、适量、均匀播种。早稻一般在 4 月上旬，连晚在 7 月底前播种；常规早稻播种 4 千克，每穴播 5～8 粒，杂交早稻播 2 千克。单、连晚稻亩用种量约 1.25 千克。除草关：使用安全广谱除草剂除草。倒伏关：选用高产矮秆品种，加强肥、水管理，防止倒伏产生。②做好肥床和旱育工作，增施有机肥增强床土保水能力，做好畦面，开深沟防积水。③多效唑以早施为原则，并掌握好使用浓度与用量等方法。

17. 丽水地区稻田化学除草应用推广技术

【授奖单位】丽水地区行政公署

【获奖时间及等级】1996 年丽水地区农业丰收一等奖。

【获奖单位及个人】丽水地区、遂昌县、庆元县、云和县、缙云县植保站，丽水市病虫测报站；松阳县、龙泉市、景宁畲族自治县、青田县植保站；桑亦飞，盛林芝，叶成磊，周振法，徐达伟，胡启松，陈灵敏，宋昌琪，陈方景，叶玉勇，吴全聪，尹设飞，孙涛，丁新天，程幼芬，应苏伟，俞永健，占延林，陈银方，朱建兵。

【成果简介】该项目利用丽水地区农田杂草调查成果，针对当时农村劳动力转移及稻田草害矛盾突出的实际，从 1994—1996 年在丽水地区范围内推广应用稻田化学除草技术，采用以"卞乙、甲"系列为主的新型除草剂品种，3 年共推广应用稻田除草面积达 269.7 万亩，挽回粮食损失 5.23 万吨，平均每亩增产 19.3 千克，增产幅度 6.5%，节省用工 221.1 万工，增值 124 亿元，投入产出比 1：7.05。主要措施：①建立示范推广组织，制定实施计划。②加强技术协作，加大推广力度，以点带面逐步推广。③加强技物结合，搞好技术服务工作。④加强除草剂的购销和使用管理，指定推广品种，做到先试验后示范推广。⑤科学掌握秧田、移植、直播、抛秧等环节化学除草技术，搞好田间管理。

18. 垄畦免耕直播早稻技术推广

【授奖单位】浙江省人民政府

【获奖时间及等级】1997 年浙江省农业丰收一等奖。

【获奖单位及个人】缙云县农业局，新建、东渡、五云、新碧、壶镇、东方、七里、城北、舒洪乡（镇）等农技站；祝财兴，陈济福，邓曹仁，施瑞强，姚岳良，胡伟忠，祝元丰，刘浩，樊永强，陶丽萍，樊伟芬，黄玉芬，徐挺和，郑苏昌，朱静坚，丁新天，朱根钟，陈宇腾，楼伟贤，刘小芬，吕新昌，潘远勇，朱新宝，丁文汤，周福云，祝有土，李时科，麻土才，王介仁，张伟梅。

【成果简介】该项目于 1995—1997 年实施，3 年共推广 10.1 万亩，平均亩产 431.9 千克，比移栽增 60.1 千克，增产 16.2%，累计增产 607.8 万千克；亩增收节支 236 元，累计增收节支 2 387.1 万元，并节省了大量的能源和电力、种子、化肥、农药、农膜等物资，改善了劳动条件，和农田生态环境，减轻了劳动强度和环境污染，提高了农民种粮积极性，达到了"三省二高"的目的，使较多的农业劳动力从事二、三产业。同时有利于节水型旱直播稻的发展与推广，扩大和稳定了水稻生产。主要技术措施：①因地制宜做好垄畦，做好防洪沟和避水沟。②统一灭鼠，抓好种子消毒。③选用高产、优质、抗倒良种，适时播种。④注意合理密植，提高播种质量，确保齐苗足苗。⑤及时认真抓好化学除草是成功的关键。⑥施足有机肥，配施磷、钾、硅肥，加强水浆管理和病虫害防治，删移补齐苗建立合理群体结构。⑦采用农艺和化控措施防倒增粒重。

19. 杂交水稻再生能力利用技术的推广

【授奖单位】丽水地区行政公署

【获奖时间及等级】1999 年丽水地区农业丰收一等奖。

【获奖单位及个人】龙泉市农业局粮油站，兰巨、龙渊、安仁、小梅、查田、上垟乡（镇）农技站；叶春萼，聂志斌，张献明，徐达伟，龚兆培，陈伟奇，曾仙宝，黄祖祥，杨金云，王志光，吴方时，张海明，曾起纠，游根菊，叶忠伟。

【成果简介】该项目根据再生稻具有节本、增产、增效、米质优于早稻、种粮效益好等特点，课题组于 1999 年在龙泉市 10 个乡（镇）推广杂交再生稻面积 15 万亩，主栽品种为汕优 669、63、协优 63、Ⅱ优 92 等，平均亩产达 797 千克，示范方面积 1 073 亩，亩产 846 千克，超吨粮田 6 块，面积 87 亩，再生季超 400 千克田块 3 个，面积 557 亩；超 450 千克田块 1 个，面积 205 亩。最高亩产达 1 111 千克，推广效益较高。主要措施：①在政策扶持的同时，认真做好推广宣传、技术培训、指导工作，提高全程的技术服务网络，提高技术到位率。②蹲点办方，抓好高产示范样板，因地制宜地选好品种，适时早播早插，采用旱育秧，并施用壮秧剂。③畦栽沟灌，提高根系活力，增强整体的抗逆能力，减轻纹枯病和稻飞虱危害。④重施促芽肥，时间一般在齐穗后 5～20 天施用，后期叶色较淡的重施，叶色浓的宜轻施，肥力不足田块适当提早施，每亩尿素用量 15～20 千克。⑤成熟收割，适留稻桩，在稻谷 95％以上成熟时收割，留桩高度掌握在倒两节节位以上 5～8 厘米。⑥巧施赤霉素，每亩喷施 2 克，一般掌握在抽穗 30％时一次性喷施，抽穗不整齐田块，分 2 次喷施。

20. 丽水市单季稻"双百工程"暨优质高产增效综合配套技术推广

【授奖单位】丽水地区行政公署

【获奖时间及等级】2003 年丽水地区农业丰收二等奖。

【获奖单位及个人】丽水市粮油站，青田县、缙云县、龙泉市、庆元县、遂昌县、云和县、景宁畲族自治县、莲都区、松阳县粮油站；刘波，徐胜忠，邓曹仁，柳静萍，王家平，朱金星，蓝月相，何伟民，钟明星，陈利芬，周炎生，周发明，丁丽玲，张献民。

【成果简介】该项目针对种植结构调整单季稻面积扩大，但产量、综合效益偏低，品质有待提高的实际而提出。2001—2003 年累计实施面积 65.5 万亩，其中达标面积 54.1 万亩，达标率为 82.6％，平均亩增 75.7 千克，节支 21.8 元。累计增产稻谷 40 954 吨，新增经济效益 5 685.9 万元。主要技术措施：①推广高产优质良种，搞好品种布局。②推广省工节本高效的水稻轻型栽培技术。③优化综合配套技术，改进水肥运筹，增施粒肥，实行浅灌湿润管理。④开发新熟制，推广粮经结合、种养结合等高效模式。⑤发展无公害水稻生产等。

21. 3 万亩富硒稻米生产示范

【授奖单位】丽水市人民政府

【获奖时间及等级】2004 年丽水市度农业丰收一等奖。

【获奖单位及个人】缙云县农作站，缙云县种子公司，新建、东渡、东方、壶镇新碧镇和七里乡农业综合服务站；周杨，吕勇杰，胡启松，历官进，苏练余，吕丽君，潘远勇，吕福高，胡彩群，章锦杨，祝南焕，杨盛华，丁雄伟，丁丽玲，吕楚银，杜龙君。

【成果简介】该项目是为了增强缙云水稻在市场的竞争力，推进水稻生产的标准化、产业化、品牌化进程。2004 年实施面积 3.05 万亩，平均亩增稻谷 78.2 千克，增幅 16.7％，亩增效益 407.7 元，总增稻谷 2 385.1 吨，总增效益 1 243.4 万元。主要措施：①建立健全小组和项目实施小组，提供优质的服务和优惠政策。②制订标准，规范技术，减少农药使用量。③推广高产优质的水稻良种和省工节本新技术。④创建合作社，推动产业化经营。⑤实行订单生产，品牌营销服务。⑥注重宣传培训，抓好示范方建设，以点带面。

22. 青田稻田养鱼产业化示范推广

【获奖日期及等级】2007 年 3 月，丽水市农业丰收一等奖。

【获奖单位及个人】青田农业技术推广中心，浙江省淡水水产研究，青田山鹤农业有限公司等 8 个单位；吴敏芳，胡益民，陈军华，吕周林，饶建民，饶汉宗，陈利芬，姚旭锋，周森，郭永伟，邹秀琴，王银燕，张学荣，张冬民，徐海东。

23. 超级稻中浙优 1 号高产制种技术研究

【获奖日期及等级】2007 年 3 月，丽水市农业丰收一等奖。

【获奖单位及个人】遂昌县种子加工中心，大柘镇农业技术推广中心，三仁乡农业技术推广中心等 5 个单位；尹设飞，唐昌华，叶成磊，雷文勋，夏根和，涂依琴，曾红霞，秦树华，叶成华，吴青华，陈桂华，叶惠光，叶英。

24. 实施优质丰产工程提高种粮经济效益

【获奖日期及等级】2007 年 3 月，丽水市农业丰收二等奖。

【获奖单位及个人】龙泉市农业局粮油站，龙泉市兰巨乡农技站，龙泉市小梅镇农技站等5个单位；毛美珍，吴景光，王忠林，王志光，陈小俊，陈伟奇，赵志白，毛建军，何建平，杨华。

25. 山区单季稻病虫害综合防治技术推广

【获奖日期及等级】2008年2月，丽水市农业丰收二等奖。

【获奖单位及个人】遂昌县农业局植物保护站，遂昌县农业局农技110，遂昌县云峰镇农业技术推广中心等5个单位；朱金星，吴学平，陈月仙，罗春华，雷春松，翁埔垣，曾子平，陈云香，翁杏梅，朱土华。

26. 超级稻新组合及强化栽培技术示范

【获奖日期及等级】2006年2月，丽水市农业丰收一等奖。

【获奖单位及个人】丽水市农业局农作站，缙云县农业局农作站，龙泉市农业局粮油站等10个单位；何建清，蓝月相，王路永，胡启松，唐昌华，陈丽芬，毛美珍，廖必长，王存美，周炎生，林清华，刘森荣，周杨，龙金华，朱金星。

【成果简介】项目采取健全组织，加强领导；制定实施方案，狠抓计划落实；制订扶持政策，争取政策到位；强化技术培训，提高技术普及率；蹲点办方搞示范，提高技术到位率推广与引种相结合，加强不同专业合作等工作措施和因地制宜，确定推广组合；组装技术，配套实施；加强指导，推广强化栽培技术；大力推广单季稻优质高产配套技术等技术措施。经过2004—2005年实施，丽水市举办不同层次、不同类型的培训班484期，受训人数4.48万人次，发放各类技术资料7.49万份。引进17个超级稻新组合进行观察比较试验，建立2个超级稻示范方。建立县级以上的百亩示范方65个，示范面积1.17万亩，示范方平均亩产635.7千克。涌现出100亩以上亩产超700千克的连片示范方，和亩产超800千克的高产田块。这些高产示范方、高产田块均创丽水市水稻高产记录。丽水市累计推广中浙优1号、两优陪九等超级稻47.51万亩，与对照相比亩产增幅在6.49%～14.66%，共计增产粮食2 551.7万千克，直接经济效益4 082.72万元。取得了显著的经济效益和社会效益。

27. 中浙优系列新组合引进与开发

【获奖日期及等级】2009年3月，丽水市农业丰收二等奖。

【获奖单位及个人】遂昌县农业局种子管理站，遂昌县农业局农技110服务中心，遂昌县种子加工中心；尹设飞，唐昌华，雷文勋，涂依琴，雷云娟，张琳玲，吴青华，周勇峰，陈桂华，刘毓萍。

28. 万亩富硒大米示范基地建设

【获奖日期及等级】2009年3月，丽水市农业丰收二等奖。

【获奖单位及个人】庆元县农业局农业技术推广中心，莲都区西达开粮油专业合作社，庆元天一粮食专业合作社；廖必长，周立强，周祥德，姚春红，吴明，王兴平，谢善活，周发民，沈从军，林少荣。

29. 山区单季稻肥药减量增效技术推广应用

【获奖日期及等级】2010年3月，丽水市农业丰收一等奖。

【获奖单位及个人】青田县农业局土肥站，青田县农业局、植保站，青田县农业局、农作站等10个单位；饶汉宗，吴敏芳，夏娇娇，邱桂凤，黄玉松，郭永伟，陈利芬，邹爱雷，赵玲军，陈惠芬，季建军，熊文俊，管成进，章定云，程晓益。

30. 青田县稻田养鱼产业化示范推广

【获奖日期及等级】2008年5月浙江省农业丰收二等奖。

【获奖单位及个人】青田县农业技术推广中心，浙江省淡水水产研究所，青田县山鹤农业有限公司，仁庄镇农站，方山乡农技站，丽水市农业科学研究所，丽水市农作站；吴敏芳，胡益民，陈军华，何建清，刘志龙，饶建民，陈利芬，黄玉松，郑朝忠，潘文飞，张学荣，姚雪峰，孙晓明，吕周林，董益坤。

第二十三章
旱粮作物主要研究、推广成果

旱粮生产在丽水市粮食生产和经济发展中有着及其重要的地位和作用，其栽培面积约占粮食播种面积1/3。新中国成立初丽水市旱粮作物播种面积74.23万亩，占丽水市粮食总播种面积的34%，最高年份的1958年播种面积达到120.42万亩，占丽水市粮食总播种面积的44%。但由于单产水平低，旱粮总产量仅占丽水市粮食总产量的20%强。为改变这一状况，一代代丽水农业科技工作者，根据作物、品种、气候特点、土壤肥力、海拔高度、灌溉条件等因素，深入生产第一线调查研究，从品种改良入手，实行改制增熟，推广间作套种，采用分带轮作，提高复种指数，单产水平得到很大的提高。随着旱粮生产的发展和用途的变化，积极扩大粮菜兼用旱粮作物，研究促早栽培技术，推行产业化生产和规模化经营，提高了旱粮种植效益。

新中国成立50多年来，就产量而言，不同旱粮作物产量都成倍提高，其中大豆单产增加4倍多，小麦单产增幅接近4倍。1971年从浙江省农业科学院引进浙麦1号（908），继而开展试验、示范、推广工作，使丽水市小麦单产突破100千克大关。1975年引进浙麦2，在做好试验、示范、推广的同时，栽培技术方面作了大量的研究，形成了一套适合相适应的综合栽培技术，实现了良种良法配套，到1982年小麦亩产超过了150千克。

技术研究推广方面取得了可喜的成效，如由景宁畲族自治县农业局组织实施的"浙西南马铃薯发展途径和高产高效技术研究"项目，经5年来累计推广应用面积12.51万亩，增产鲜薯40 126吨，增值3 009.5万元，在国际及国内专业刊物上发表论文25篇。受到国际马铃薯研究中心专家的好评，该研究达到国内同类研究的先进水平。1997年获浙江省农业丰收一等奖，丽水地区科学技术进步一等奖；松阳县农业局组织实施的"松古盆地粮经新三熟及自己套技术推广"项目，通过调整传统的麦（油）—稻—稻三熟制为菜—稻—稻，蚕（豌）豆—稻—稻，早熟马铃薯—稻—稻，菜—春玉米—稻为主的新三熟，两年实施面积5.3万亩，粮地平均亩产976千克，平均亩产值1 972元，亩增收650元，增95.6%。累计增收3 445万元。1999年获浙江省农业丰收一等奖；由缙云县盘溪区农技站主持实施的"山坡地亩产超1.5吨粮"项目，创下101.8亩山坡地，粮食亩产1 248.6千克，5.17亩高产地，粮食亩产1 558.3千克的高产记录，该项目获1990年丽水地区农业丰收一等奖；由丽水市农业科学研究所选育的丽麦16小麦新品种通过国家级区试，1987年11月11日浙江省品种审定委员会审定通过。该品种在浙江、江西、上海、江苏、安徽5省（市）累计推广138.1万亩，增产粮食4.143万吨，净增产值3 314万元。获1986—1988年度丽水地区科技进步一等奖。所有这些对丽水市旱粮作物的发展，种植效益的提高起到积极作用，增加粮食总量，增加农民收入作出积极的贡献。现将这些成果汇集如下，以供查阅和借鉴。

第一节 科技进步奖等获奖项目

1. 甘薯藤苗越冬留种
【主要完成单位】缙云县盘溪区农技站。
【获奖日期及等级】1977年丽水地区科学大会科技成果奖。

2. 研究大豆锈病防治

【主要完成单位】丽水县农业局。

【获奖日期及等级】1977 年丽水地区科学大会科技成果奖。

3. 甘薯良种选育和高产技术研究

【主要完成单位】云和县城沙溪小地大队，大都大队。

【获奖日期及等级】1977 年丽水地区科学大会科技成果奖。

4. 稻麦三熟，高产试验

【主要完成单位】丽水县城关红旗大队农科队，青田石溪大队。

【获奖日期及等级】1977 年丽水地区科学大会科技成果奖。

5. 小麦 908、连晚早金风高产栽培技术研究

【主要完成单位】丽水地区农业科学研究所栽培室。

【获奖日期及等级】1977 年丽水地区科学大会科技成果奖。

【成果简介】1974 年开始引进赤霉素小麦进行了一系列的品种比较、分期播种、播种量及施肥量等方面的多点试验及高产示范，逐步总结出一套较为完整的赤霉素小麦高产栽培技术，出现了亩产超 300 千克的高产田块，并在丽水地区推广应用。各地试验示范表明，赤霉素小麦具有生育期短，产量较高较稳，抗赤霉病等优点，可作为早熟品种在三熟制中搭配种植。并在丽水地区普遍推广应用，取得了较好的经济效益和社会效益。

早金风 5 号属常规晚稻品种，该品种增产潜力较大，但对秧龄和移栽期要求较高。从 1974 年起，通过不同播种移栽期、施肥量及秧田播种量等试验，总结出适时播种，采用稀播培育壮秧的办法克服三熟制晚稻秧龄过长易于早穗的矛盾，在多穗基础上促大穗夺高产的一套栽培技术，出现了亩产超 450 千克田块，为当时晚稻高产提供了依据，促进了丽水地区晚稻生产的发展。

6. 大豆施用硼钼肥及花生应用根瘤菌效果研究

【主要完成单位及完成人】丽水地区农业科学研究所；洪菊莲。

【获奖日期及等级】1978—1983 年，丽水地区行政公署科技成果四等奖。

【成果简介】1981 年引进菌肥进行花生施用根瘤菌的研究，经连续 3 年试验研究效果一致，在本试验条件下，亩施花生根瘤菌 0.5 千克作盖籽肥使用时可增产花生 20％以上。其方法简便，效果明显，增产显著，具有较高的经济效益。

秋大豆施用微量元素硼钼肥，经连续 4 年的试验研究结果表明：应用钼酸铵或硼砂每亩 10 克加水 0.25 千克溶解后进行拌种，每亩 50 克与泥灰等盖籽肥拌匀进行盖种或苗花期用 0.1％～0.2％硼砂或钼酸铵溶液，每亩 50 克进行叶面喷施，一般均可增产大豆 10％左右。具有施用方法简单、效果较好等优点，已在丽水地区各地逐步推广。

7. 浙麦 2 号试验、示范、推广

【主要完成单位及完成人】丽水地区农牧特产局，丽水地区农业科学研究所，青田县、缙云县、丽水县农牧特产局。

【获奖日期及等级】1978—1983 年，丽水地区行政公署科技推广四等奖。

【成果简介】赤霉素小麦从 1974 年在丽水地区较大面积种植以来，表现产量较高较稳，并具有早熟及避赤霉病等优点。但丽水地区热量资源充沛，适当搭配增产潜力较大的中迟熟高产品种有利于提高小麦的生产水平。为此，在 1975 年引入浙麦 2 号在丽水地区试种示范。1976—1977 年度参加地区区试亩产居首位，平均亩产 174.4 千克，比赤霉素平均亩产 161.6 千克增 18％。1978 年地区区试平均亩产 223.2 千克，比赤霉素增产 22.5％。同年在大田高产示范中出现了亩产超 350 千克的高产田块。为了充分发挥浙麦 2 号的大穗增产效果。引入试种的同时，同步对该品种进行了分期播种、不同用种量、不同施肥量及不同播种方式等多项试验研究及高产示范，总结出一套较为完整的浙麦 2 号高产栽培技术。从 1978 年起浙麦 2 号逐步成为丽水地区小麦的主要当家品种，取得了较好的经济效益和社会效益。

8. 早小麦 908 引进与推广

【主要完成单位及完成人】丽水地区农牧特产局，丽水地区农业科学研究所，青田县、缙云县、丽水县农牧特产局。

【获奖日期及等级】1978—1983 年丽水地区行政公署科技推广四等奖。

【成果简介】小麦品种赤霉素浙江省农业科学院用临浦早和太和小麦杂交选育而成。丽水地区农业科学研究所于 1971 年引进参加区试，亩产 254 千克，比对照矮洛阳增产 24.5%。1972 年继续区试外，同时向浙江省农业科学研究院引进原种 200 千克，分发给缙云、丽水和遂昌试种，表现早熟、耐湿、耐赤霉病，品质好，是当时理想的新三熟春粮小麦品种。1973 年秋丽水地区农业科学研究所组织青田、遂昌、丽水、云和、缙云等县 2 所、2 场、7 个生产队进行栽培技术联合研究，共试验 22.98 亩田，平均亩产 221.8 千克，其中亩产 225 千克以上的有 11.98 亩，250 千克以上的有 9.99 亩。通过试验，确定了各地的最佳播期、播量和施肥标准，从而加快了赤霉素在本地的推广速度。至 20 世纪 70 年代后成为丽水地区春粮的当家品种，至 1984 年，总计推广面积 68 万亩。其产量比当年的当家品种矮洛阳亩增 50 千克，总增小麦 3.40 万吨。获得了较大的经济和社会效益。

9. 推广旱地套种，取得显著成效

【主要完成单位及完成人】青田县农业局及各区农技站，青田县种子公司。

【获奖日期及等级】1981 年浙江省农业厅科技成果三等奖。

10. 丽水地区推行小麦密点播高产栽培技术

【主要完成单位】丽水地区农业科学研究所栽培室，丽水地区农业局粮食生产科，丽水地区高产试验协作组。

【获奖日期及等级】1982 年度，浙江省人民政府科技成果推广四等奖。

【成果简介】为改变丽水地区小麦产量低而不稳的状况，从 1978 年冬种开始组织丽水地区高产试验协作组，对小麦栽培技术进行了多项改革，一是大幅度降低播种量，选用浙麦 2 号替代浙麦 1 号，改撒播为开条密点播，改重施腊肥为重施 3 叶促蘖肥。通过丽水地区 20 多个单位多点试验、高产示范及大田应用等多项研究，以"三改、四防、一减少"为核心的"小麦密点播高产栽培技术"逐步完善，并取得了良好效果。1980 年协作组 60.84 亩高产小麦平均亩产达 318.6 千克，比实行改革前 1974—1978 年 5 年协作组的 258.76 亩高产田小麦平均亩产 200.4 千克，每亩增产 128.2 千克，增幅达 59.0%。松阳县黄圩大队 197.28 亩小麦平均亩产首次达 258 千克，比 1975—1978 年 4 年亩产 83～123 千克，增产 1～3 倍。1980 年丽水地区还出现了遂昌县金岸良种场、小忠二队、缙云县农业科学研究所、新建六队、丽水县天宁寺一队等一批小麦平均亩产超 250 千克的单位。还出现了亩产超 250 千克大队、超 300 千克田片和超 400 千克的高产田块。该项技术从 1979 年起在丽水地区逐步推广应用，年推广面积达 20 万亩左右。随着小麦亩产的提高，大麦和小麦面积 1984 年比 1973 年的 18.7 万亩，增加 13.7 万亩，增长 73.3%。丽水地区大麦和小麦平均亩产比 1973 年 95 千克增长 75.8%，达 167 千克。该研究成果对提高丽水地区粮食生产起了较大的促进作用，达到了省先进水平。

11. 稻麦化学除草技术试验推广

【主要完成单位及完成人】丽水地区农业科学研究所；王人植。

【获奖日期及等级】1984 年获地区优秀科技成果推广三等奖。

【成果简介】1970 年开始，先后试验应用 10 余种除草剂。根据当地药剂供应情况进行了二甲四氯、除草醚、绿麦隆等药剂的推广应用，1980 年前后丽水地区年使用面积达 30 万亩左右。

水稻秧田期于播种前 3～5 天做好秧板，每亩用 10% 杀草丹 1.0～1.25 千克或 25% 除草醚 0.5 千克，拌细潮土 15 千克均匀撒入，田水自然落干，除草效果达 80% 以上，每亩可节省拔草 3～5 工人，并且秧苗粗壮。水稻本田期于插秧后 3～7 天，每亩用 25% 除草醚 0.5 千克和 20% 二甲四氯 0.12～0.15 千克拌细潮土 15 千克均匀撒施，保水 5 天即可；除草效果比人工耘田 3 次好。水稻产量一般增产 5%

左右，节省管理用工每亩达 2～3 个。大麦和小麦播种覆土后至麦苗 2 叶 1 心期，亩用 25％绿麦隆 0.2～0.3 千克加水 50 千克均匀喷洒麦畦。在点、条播麦田施用，每亩节省用工 2～3 个，产量与人工中耕 2 次的一样或略有增产。在撒播麦田施用，产量增加 20％以上。

12. 丽水地区全年三熟高产综合配套技术研究

【主要完成单位】丽水地区农业科学研究所，丽水地区农业局等 21 个协作单位。

【获奖日期及等级】1986 年获省科技进步四等奖、1985 年获地区优秀科技成果一等奖。

【成果简介】通过对三季作物当家品种的筛选和品种特性及相应栽培技术单项研究的基础上进行综合配套，制定出各季高产及全年高产的配套技术方案，到丽水地区各协作点进行综合高产示范，逐步完善，总结出全年三熟各季作物以小麦—常规早稻—杂交晚稻为主要搭配方式。在各季作物中总结完善了以"三改、四防、一减少"为核心的小麦密点播高产栽培技术，早稻以减少秧田播种量，培育多蘖矮壮秧，增丛减苗争大穗为中心的高产栽培配套技术；杂交晚稻以培育多蘖矮壮秧，足苗落田争多穗，适当增施穗粒肥，在多穗基础上争大穗为核心的高产栽培配套技术。将三季作物配套技术有机结合，形成了全年亩产超"三纲"的综合配套技术，实现了春粮亩产超 300 千克，早晚稻亩产各超 500 千克，全年亩产超"三纲"的更高指标，并出现了一批全年亩产超 1 500 千克的高产田块及小麦亩产超 400 千克，早晚稻亩产各超 650 千克的丽水地区高产纪录。

该项配套技术已在丽水地区低海拔地区应用，对扩大麦—稻—稻三熟制面积，提高各季及全年粮食产量起了较大的推动作用，取得了良好的经济效益和社会效益。仅 1977—1984 年 6 年累计增产粮食达 13.75 万吨。

13. 浙江省秋大豆品种资源征集，研究

【主要完成单位及完成人】丽水地区农业科学研究所；潘雪云，谢家华。

【获奖日期及等级】1986—1988 年丽水地区科技进步四等奖。

【成果简介】从 1979 年开始，连续 9 年陆续征得浙江省秋大豆品种资源 298 份，比 1982 年参加"中国大豆品种资源目录"编目的全国秋大豆品种资源 176 份增加了 122 份。年年种植结合室内考种，共对 19 个项目进行考查，已有 273 份材料作过了 3～8 年的观察，此外，对各品种的抗毒素病和抗锈病情况进行了全面调查，对具有 3 年或 3 年以上资料的 273 份材料进行了编目。利用资源已筛选了许多优良单株和杂交选育了大批育种中间材料，其中筛选的 C240 和杂交选育的 481、614、480 新品系已参加地区区域试验。本项研究工作已于 1987 年年底通过地区科技成果二级鉴定。经过参加通讯鉴定的九位专家认为此项研究，既保存了宝贵的品种资源，又为开展本省秋大豆分类、生态划分、资源利用和遗传育种做了重要基础工作，填补了本省秋大豆品种资源研究的空白，观察记载详细、研究报告所列数据完整、可靠，符合全国统一编目要求，研究结果具有一定的理论意义和较好应用价值。

14. 山坡地亩产超 1.5 吨粮的栽培技术

【主要完成单位及完成人】缙云县盘溪区农技站；朱日美，陈建忠，陈智慧，陈兴法，潘红光。

【获奖日期及等级】1989 年浙江省人民政府科技进步四等奖；丽水地区科技进步二等奖；1990 年 2 月获丽水地区农业丰收一等奖。内容摘要已经在丰收计划成果中表述，不在重复。

15. 高产优质秋大豆新品种秋 7－1 引进、推广

【主要完成单位及完成人】丽水地区农业科学研究所，协作单位：松阳县裕溪乡农科站；潘雪云，谢加华，吕火根，叶良成，李秀和。

【获奖日期及等级】1990 年丽水地区科技进步四等奖。

【成果简介】秋大豆 7－1 是丽水地区农业科学研究所 1985 年从江西上饶地区农业科学研究所引进，为浙江省最先引种，试种示范推广。该品种生长势强，适应性、丰产性和稳产性好，一般亩产在 110～170 千克。

秋 7－1 系秋大豆类型，全生育期 100 天左右。株型收敛，高抗倒伏，较抗锈病。籽粒黄亮，百粒重 27 克，粗蛋白含量 44.97％，粗脂肪含量 16.91％。据不完全统计，该品种从引进到 1990 年，推广种植 0.26 万亩。

16. 山区"马铃薯—单季稻"高产配套栽培技术研究及推广

【主要完成单位及完成人】景宁畲族自治县农业局粮油站，协作单位：东坑、英川、城郊、渤海、沙湾等区农技站；林昌庭，吴建华，舒礼熙，严犀，吴荣厚。

【获奖日期及等级】1990 年丽水地区科技进步四等奖。

【成果简介】该栽培技术，增产增值效果显著，平均亩增收粮食 201.9 千克，不但可提高复种指数，改良土壤理化性状，同时有利发展畜牧业生产。

17. 坡旱地土壤缺铜引起小麦"穗而不实"症的研究

【主要完成单位及完成人】缙云县农业局，协作单位：壶镇区、方溪乡、新建区农技站；王璋生，卢东英，祝有土，蔡俊冲，陈冬富。

【获奖日期及等级】1991 年丽水地区科技进步三等奖。

【成果简介】该成果详细描述了小麦缺铜的症状，探明了施用铜肥矫治小麦"穗而不实"症的机理，并科学地确定了施用方法、施用量和施用期。经试验证实效果显著，平均亩增产 19.9％，投入产出比1∶29。该成果居浙江省领先水平。

18. 小麦新品种丽麦 16

【主要完成单位及完成人】浙江省大麦和小麦育种协作攻关组，丽水地区农业科学研究所，浙江省种子公司，丽水地区种子公司，金华市种子公司；王仲明，章根儿，胡为涛，项序库，童海军等 7 人。

【获奖日期及等级】1992 年省科技进步三等奖　1986—1988 年丽水地区科技进步一等奖。

【成果简介】丽水白壳三月黄和代 139 杂交于 1980 年育成。春性，属普通小麦的变种，多糵多穗、高产稳产，国家级区试亩穗数 41.4 万，亩产 341.8 千克，产量最高，稳产性最好。黄岩市小坑乡林和顺 2.6 亩，亩产 424 千克。出粉率高，粉白面韧。早熟，全生育期 180 天左右，比扬麦 5 号早 3 天，抗赤霉病，反应型 MR-R。矮秆抗倒，株型紧凑，叶小而挺，适宜肥力水平较高三熟制地区，亦宜与棉麻间作套种。浙江、江西、上海、江苏、安徽 5 省（市）累计推广 138.1 万亩，增产粮食 4.143 万吨，净增产值 3 314 万元。

该品种 1985 年 9 月 6 日通过地区级审定，1987 年 11 月 11 日通过省级审定。1986—1988 年南方冬麦区区试，产量居华东地区首位，平均亩产 322.6 千克，比扬麦 5 号增产 9.7％。1988 年第 58 卷第 1号英联邦《植物育种文摘》介绍丽麦 16，法国艾伦·保吉等要求提供种子，签订专利合同，我国决定暂缓。1991 年参加北京《全国科技兴农民览会》展出。1993 年入选《中国技术成果大全》《中国实用科技成果大辞典》。1994 年入选《中国农业技术新成果新产品大全》《1994 年全国农民科技日最欢迎的农业新技术项目》。

19. 远缘杂交小麦高产新品种丽恢 4 号

【主要完成单位及完成人】丽水地区农业科学研究所，协作单位：丽水地区、丽水市、缙云县、遂昌县、青田县、松阳县种子公司；王仲明，章根儿，胡为涛，周立强，陈济福等 8 人。

【获奖日期及等级】1992 年丽水地区科技进步二等奖。

【成果简介】以普通小麦和园锥小麦远缘杂种 74-6582 与斯卑尔脱小麦属内种间远缘杂交育成，1989 年 12 月通过省级审定，1993 年选入《中国实用科技成果大词典》。春性，属普通小麦的变种，穗大粒多，高产稳产，穗长 8 厘米，每穗 52.7 粒，最多达 116 粒，千粒重 36 克左右，中部有侧生小穗，每节穗轴结实 5～9 粒。比浙麦 2 号增产 21％，熟期相仿。1989—1990 年缙云县舒洪镇 113.9 亩，亩产312 千克。1990—1991 年浙江省仙居、东阳、建德、兰溪、开化、松阳、永嘉 7 个小麦主产县高产品种选拔赛，无论群体大小、产量均在 7 个参试品种中首位，稳产性最好。优质、粉白、面韧。耐赤霉病，反应型 MS-MR。株高 95 厘米左右，茎秆粗壮，省肥易种，适宜一般肥力水平的中低山区、河谷平原推广应用。浙江、江西两省累计推广 30 万亩，增产粮食 1.313 万吨，增产值 1 432 万元。

20. 丽水地区小麦缺铜面积与分布等研究

【主要完成单位及完成人】丽水地区土肥站，遂昌、松阳、丽水、缙云、青田等县（市）土肥站；邱志满，徐定超，范建伟，施仁久，施明德等9位。

【获奖日期及等级】1993年获地区科技进步四等奖。

【成果简介】1989年起经连续3年完成。通过田间试验、实施，在丽水地区不同土壤类型和地形部位布点，证实丽水地区小麦"青空"系由土壤缺铜引起，并明确土壤类型和地形部位与小麦缺铜的关系，结合土壤普查数据整理，了解丽水地区小麦缺铜面积及分布，绘制出丽水地区土壤铜素含量图。丽水地区由酸性火成岩类发育土壤小麦缺铜严重，由变质岩发育土壤有效铜含量较高。河谷平原中心地带土壤小麦缺铜轻，向外围与山坡连接地带土壤缺铜加重，山坡地，尤其是上坡粗骨线薄地严重缺铜，往往造成小麦实产甚低。水田土壤有效铜显著高于旱地。部分水田小麦经试验也严重小麦缺铜证。丽水地区小麦缺铜面积24万亩，推广施铜可增小麦6 240吨。本项目论文被《土壤》刊物刊登，被联合国粮农组织输入农业数据库，对农业生产具有指导作用。

21. 旱地粮饲作物多熟套种高产群体及配套技术研究

【主要完成单位及完成人】浙江省农业科学院，浙江省农作局，丽水地区农业科学研究所，台州地区农业科学研究所，仙居县农业科学研究所等；徐明时，朱金庆，赵伟明，椿田芬，陈明达，董祖淦，吕周林等。

【获奖日期及等级】1995年获省科技进步三等奖。

【成果简介】项目实施根据承担的任务，重点开展丽水山区不同海拔坡旱地粮饲多熟套种实现吨粮的综合栽培技术研究。着重解决不同生态区多种作物的配置整合，多熟套种的适宜种植制度及旱地主要作物高产栽培的关键性技术 采取提高作物的适宜种植群体；马铃薯高山留种、防止退化、提高种性；探明了南方春马铃薯地膜覆盖早熟高产及其机理；马铃薯采用叶龄促控追肥法；创建了春玉米稻桩育苗技术；研究完善了春玉米施肥技术等。并在总结以往的研究成果和传统经验基础上，通过有效关键新技术的组装配套，并辅以系统而深入的试验研究，形成了山区旱坡地多熟套种高产群体的综合栽培技术体系。

研究期间，在缙云县累计开展高产示范7.08万亩，增产粮食1 814.5吨，取得了良好的经济效益和社会效益。在各种刊物上发表论文20多篇，为浙江省旱地多熟套种高产群体及配套技术的整合组装提供了丰富的技术资料，也填补了国内在该项领域的研究空白。

22. 甘薯新品种瑞薯1号高产栽培技术研究及推广

【主要完成单位及完成人】缙云县农业科学研究所，溶江乡、五云镇、舒洪镇、胡源乡农业技术综合站；施松青，应耀强，胡岳标，郭建英，张卫梅。

【获奖日期及等级】1995年丽水地区科技进步三等奖。

【成果简介】该项目采取边试验、边示范、边推广的方法，并与高产攻关配套技术研究相结合，方法和技术措施切实可行。5年累计推广面积0.67万亩，平均亩产鲜薯2 232.2千克，折薯干613.8千克，比原当家品种分别增产21.4％和16.3％，直接经济效益94.09万元，经济和社会效益显著，该研究在丽水地区同类研究中处领先水平。

23. 浙西南马铃薯发展途径和高产高效技术研究

【主要完成单位及完成人】景宁畲族自治县农业局，协作单位：浙江省农业科学院区划所、浙农大农学系；吴建华，章仁田，林昌庭，严榬，沈松海。

【获奖日期及等级】1997年浙江省人民政府科学技术进步三等奖，丽水地区科学技术进步一等奖。

【成果简介】该课题根据山区不同海拔高度的生态特点，提出早熟栽培，高产栽培和高山留种的发展技术途径，通过开发冬季闲田，发展薯、稻多熟制，提高复种指数，既增加粮食产量，又提高经济效益。通过引进新品种和本省主要马铃薯品种的鉴评，筛选出东农303、郑薯85－2等高产良种，探索了马铃薯引种规律，建立高山留种基地等，为生产上提供了优质种薯，总结形成了"选用良种，减缓退

化，高垄密植促群体，适时追肥壮个体，精管综防保丰收"等高产高效配套栽培技术。5年来累计推广
应用面积12.51万亩，增产鲜薯4.013万吨，增值3 009.5万元，并在国际及全国专业刊物上发表论文
25篇，取得了显著的经济、社会、生态效益。受到国际马铃薯研究中心专家的好评，该研究达到国内
同类研究的先进水平。

24. 丽水地区30万亩旱粮生产基地建设项目可行性研究

【主要完成单位及完成人】丽水地区农业区划办，协作单位：丽水地区农办、丽水地区农业局；沈
树明，陈建中，刘梦熊，黄金根。

【获奖日期及等级】1997年丽水地区科学技术进步三等奖。

【成果简介】本项目从山区各类条件与角度出发，提出发展旱粮生产的思路，依据相当充分，分析
十分客观，规划布局科学、合理、措施有力。尤其是"边建设、边投产、边收益"的方针及根据山区气
候、不同海拔层次、不同类型熟制，完全符合山区实际，并有一定的山区特色。本项目既注重经济效
益，又兼顾社会效益和生态效益，对丽水地区农村经济的发展具有重大的意义，该研究已达到国内同类
研究的先进水平。

第二节　农业丰收奖获奖项目

旱粮作物获农业丰收奖的项目55项，其中浙江省农业丰收奖一等奖2项。现将成果汇集如下（丽
水市农业丰收三等奖以下略）：

1. 旱粮三熟高产技术推广

【主要完成单位及完成人】缙云县农业局粮油站，盘溪、大洋、壶镇区农技站，新化乡农科站；俞
秉华，陈兴法，俞友法，周齐家，麻土才，项建友，李时科，马连根，朱日美，邓保汉。

【获奖目期及等级】1989年1月，浙江省农业丰收三等奖。

【项目内容摘要】浙江省农业丰收计划项目。1988年落实示范片1.04万亩，中心示范方241亩，
高产攻关田31亩，对比试验田5.9亩，推广玉米良种中单2 060.35万亩，比上年增14%，丹玉130.36
万亩，比上年增240.33倍，并有大豆浙春1号、浙春2号和甘薯荆56等良种。落实新三熟制面积1.04
万亩，比计划增加89.97%，平均亩产561.1千克，比对照增产88.3千克，增幅18.67%，总产增92.2
万千克，增收74.18万元；中心方平均亩产808千克，增幅27%，攻关田平均亩产1 024千克，其中有
1.57亩攻关田亩产高达1 563.9千克。主要技术措施：①推广高产栽培模式。②抓技术培训，举办148
次技术培训班，接受培训2 850人次。③推广优良品种，应用增产菌、多效唑。④重施基肥，三季亩施
有机肥2 500～3 500千克，多的达5 000多千克。

2. 春粮双季杂交稻高产模式栽培技术联合示范及推广应用

【主要完成单位及完成人】青田县船寮、万山区农技站，海口乡、东源镇、高湖乡农科站；叶培雄，
叶成根，饶汉宗，叶兰生，熊芸芸。

【获奖日期及等级】1989年1月，浙江省农业丰收四等奖。

【项目内容摘要】浙江省、丽水地区农业丰收计划项目，青田县科技术项目。1986年船寮区试种春
粮双杂优获得成功的基础上予以组织推广示范。1987年至1988年共推广1.15万亩，示范0.33万亩，
累计增产168.29万千克，增加产值59.07万元。主要技术措施：①全面推广模式栽培技术。②推广配
方施肥，其中示范面积0.11万亩，中心方563亩。③应用多效唑培育壮秧技术，防治病虫。

3. 山坡地旱粮三熟出高产

【主要完威单位及完成人】缙云县农业局粮油站，盘溪、壶镇、大洋区农技站，胡村乡农科站；陈
智慧，陈兴法，俞秉华，俞友法，周齐家，朱日美，卢冬英，邓保汉，潘红光，李时科。

【获奖日期及等级】1990年2月，浙江省农业丰收三等奖。

【项目内容摘要】浙江省、丽水地区农业丰收计划项目。1989 年在缙云县建立不同熟制的旱粮高产示范面积 1.63 万亩，比计划扩大 0.24 万亩。其中亩产超吨粮面积 0.49 万亩，示范片平均亩产 736.1 千克，比对照亩增 137.4 千克，增幅 22.94％，共增粮食 224.4 万千克，增值 195.23 万元，各熟制中心方平均亩产 893.7 千克，比示范片亩增 157.6，增幅 21.41％；48.15 亩高产攻关地年均亩产 1 300.8 千克。另外，金针地套种甘薯示范 0.84 万亩，亩产薯干 336.5 千克，幼龄果园套种大豆 0.40 万亩，高山马铃薯留种基地 0.20 万亩，荆 56 甘薯留种 0.25 万亩，春大豆良种基地 300 亩。主要措施：①加强领导，抓好技术培训工作。办培训班 163 期，授训 5 746 人次，印发资料 4 000 份，广播宣传 293 次。②安排 6 种种植模式：马铃薯—春玉米—甘薯、麦—春玉米—甘薯、麦—春大豆—甘薯，麦—春大豆—秋玉米、马铃薯—甘薯（高山区）、药—春玉米—甘薯。③推广马铃薯大洋种、春玉米丹玉 13、甘薯荆 56 等良种。④应用增产菌，科学喷施多效唑。⑤增施基肥，配施化肥。

4. 山坡地亩产超 1.5 吨粮

【主要完成单位及完成】缙云县盘溪区农技站，缙云县农业技术推广中心粮油站，丽水地区农业局粮油站，缙云县胡村乡，新化乡农科站，缙云县种子公司，缙云县植保站，盘溪区公所。胡村乡、新化乡政府；朱日美，陈建忠，陈智慧，潘红光，李时科，陈兴法，俞秉华，俞友法，周齐家，吴献昌，陈济福，潘伟乔，王升台，钭绍忠，章伟平。

【获奖日期及等级】1990 年 2 月，丽水地区农业丰收一等奖。

【项目内容摘要】丽水地区农业丰收计划项目。为探索山坡地粮食高产，缙云县沿路头和稠四两村建立山坡地高产示范地、中心方，实现了 5.17 亩高产示范地亩产粮食 1 558.3 千克，中心方 101.8 亩，亩产 1 248.6 千克的高产典型。主要技术措施：①推广新三熟，选用良种。②马铃薯应用多效唑。③适时摘除玉米老叶。④增施有机肥，防治病虫害等。

5. 推广模栽技术全县春粮获大丰收

【主要完成单为及完成人】松阳县农业局粮油站，松阳县、古市区农技站；周炎生，赵福钟，徐根生，李剑飞，孟仁贵，徐永强，卢朝升，叶国松，黄文胡。

【获奖日期及等级】1991 年 2 月，浙江省农业丰收三等奖。

【项目内容摘要】丽水地区农业丰收计划项目。1990 年松阳县 5.46 万亩小麦，实施模式栽培技术，平均亩产达 180 千克，总产 985.4 万千克，分别比 1989 年增长 25％和 31％，与前 3 年相比增产 38％，效益良好。主要技术措施：①选用良种，适时播种。以浙麦 2 号主当家，11 月上旬播种，亩播种量 6 千克左右。②增施有机肥、早施追肥。总施肥量 3 000～3 250 千克标准肥，其中有机肥不少于 1 000 千克，60％作基肥施用。1 叶 1 心及时施麦枪肥，12 月底结合压麦施腊肥，开春后返青肥。中后期看苗巧施追肥，抽穗期根外追肥；③宽畦窄沟、提高土地利用率，一般畦宽 3 米、沟宽 20 厘米，土地利用率在 90％以上。④推广化学除草，落实防倒措施。除草剂选用绿麦隆、丁草胺等药剂。拔节期喷矮壮素、多效唑防倒伏。⑤清沟排水，防治病虫。注意后期清沟排水防早衰、增粒重、降低土壤湿度。经常进行田间检查，防好赤霉病、锈病和蚜虫等主要病虫害。

6. 万亩旱粮亩增 142.9 千克

【主要完成单位及完成人】缙云县农业局粮油站，盘溪、壶镇、新建、大洋区农技站；朱日美，陈兴法，周齐家，俞友法，卢冬英，邓保汉，蔡俊冲，周子奎，吕光明，王璋生。

【获奖日期及等级】1991 年 2 月，浙江省农业丰收三等奖。

【项目内容摘要】丽水地区农业丰收计划项目。1990 年旱地吨粮高产示范 3.76 万亩，其中 1.14 万亩，亩产达 819 千克，比 1989 年亩增 142.9 千克，增幅 19.4％。在高产示范片中，甘薯 1.2 万亩、玉米 0.87 万亩和大豆 0.47 万亩，亩产分别为 463.5 千克、238.7 千克和 97.2 千克，分别增产 24.37％、23％和 19.6％；中心方甘薯 0.15 万亩、玉米 0.11 万亩、大豆 524 亩，亩产分别为 524.6 千克、276.4 千克和 119.6 千克；攻关地中：甘薯 157.9 亩、玉米 133.2 亩、大豆 42.3 亩，亩产分别达 585 千克、341.6 千克和 127.2 千克。主要技术措施：①推广应用良种。马铃薯大洋种、玉米吉丹 131、丹玉 13、甘薯荆 56 和大豆浙春 2 号。②因地制宜安排熟制。低山区为马铃薯—甘薯、丘陵区为马铃薯或小麦—春玉米—甘薯、低丘区为小麦或马铃薯—春玉米—夏甘薯。③合理密植。马铃薯 3 500 穴/亩，春玉米 3 500～4 000 株/亩，夏甘薯 3 000 穴/亩。④重视施用有机肥，配施化肥。⑤应用多效菌、多效唑，开展微肥、稻桩育苗、叶面宝等试验。

7. 山区春粮生产跨上新台阶

【主要完成单位及完成人】遂昌县农业技术推广中心粮油站，遂昌县城关区农技站，遂昌县种子公司，大拓镇、金竹区农技站；王林铨，李卫平，朱金星，郑发奎，秦树华。

【获奖日期及等级】1991 年 2 月，浙江省农业丰收四等奖。

【项目内容摘要】丽水地区农业丰收计划项目。为稳定发展粮食生产，满足城乡群众的生活需要，课题组努力做好县政府的参谋，采取行政、经济、高产技术等综合措施，层层举办各种技术培训班，印发技术资料，召开各种现场会，建立各级高产连片示范畈，扩大春粮冬种面积，推广稻板麦、化学除草剂，选用抗病良种等综合措施，使春粮生产跨上了一个新台阶，种植面积和春粮总产量，分别比 1989 年增长 37.4%和 56.3%，春粮产量在粮食产量中的比重上升 1.8 个百分点。

8. 万亩旱粮高产示范

【主要完成单位及完成人】云和县农业局粮油站；云和县农业局紧水滩片指导组，大源、云坛、沈村乡农科站；郑仕春，董益坤，何炳嵘，金建明，张安守。

【获奖日期及等级】1991 年 2 月，浙江省农业丰收四等奖。

【项目内容摘要】浙江省农业厅下达的旱粮高产示范推广项目。针对旱粮种植分散，良种覆盖率低，产量不高等实际，组织实施了由 19 个乡镇、72 个行政村、5 267 家农户参加的 1.32 万亩旱粮高产示范，亩产达 313.5 千克，亩增 84.5 千克，增长 36.89%，比前三年亩增 53.2 千克，增长 20.43%，为云和县增加粮食 1 113.33 吨，增加经济收入 82.98 万元。主要措施：①加强领导，健全组织。建立了县、乡（镇）、片万亩旱粮高产示范领导小组，聘请农业技术辅导员和农业干部在重点乡负责技术指导和落实，形成"思想上有位子，组织上有班子，生产上有样子"的格局。②树典型，促生产，使农民群众学有样子，做有路子。③加强技术培训和技术服务。④推广优良品种和"三改"技术，适期播种。⑤抓好科学管理，合理施肥，增强抗旱能力。⑥增加资金和物资投入，发挥系统整体功能的作用。

9. 缙云县旱地吨粮高产示范

【主要完成单位及完成人】缙云县农业局粮油站，壶镇、新建、盘溪、大洋区农技站；王璋生，周齐家，朱日美，陈兴法，周子奎，卢冬英，蔡俊冲，邓保汉，陈东富，麻志天。

【获奖日期及等级】1992 年 4 月，浙江省农业丰收三等奖。

【项目内容摘要】丽水地区农业丰收计划项目。缙云县共示范 3.87 万亩，其中，三熟高产 1.76 万亩，平均亩产 1 042.9 千克，比上年增产 163.9 千克，增 18.6%，中心方 1 727 亩，亩产 1 207.5 千克；攻关地 280.11 亩，亩产 1 450.3 千克；马铃薯（小麦）—春玉米—夏甘薯三熟制示范面积 1.32 万亩，亩产 1 135.1 千克，超吨粮指标。主要技术措施：①提倡秸秆还地，亩施有机肥 2 500 千克，标氮 115 千克，过磷酸钙 37～50 千克，氯化钾 10～20 千克。②推广良种小麦钱江 2 号、玉米丹玉 13。③推广分带轮套作。④春玉米采用稻桩塘泥地膜低架育苗，播期由清明提前到春分。⑤做好综合防治。⑥小麦应用叶面宝、铜肥促增产。

10. 山区避旱增一熟"双春"总产增 5 倍

【主要完成单位及完成人】青田县农业局粮油作物站，温溪、船寮、北山、万山区农技站；孙建伟，王旭海，吴松勇，金光，陈军雄。

【获奖日期及等级】1992 年 4 月，浙江省农业丰收四等奖。

【项目内容摘要】丽水地区农业丰收计划项目。1991 年在青田县 54 个乡（镇）214 个村的 3 万多农户中套种春玉米、春大豆 1.62 万亩，比 1990 年的 0.32 万亩增加了 4 倍多，平均亩产 134.8 千克，亩增产 31.7 千克，增 30.7%，总产量达 2 183.2 吨，比 1990 年增长 5.6 倍，增收粮、豆 18.25 万千克，增加经济收入 217.1 万元。其中春玉米 0.90 万亩，平均亩产 202 千克，总产量 1 825 万千克；春大豆 0.72 万亩，平均亩产 51.3 千克，总产量 37.07 万千克。主要措施：①加强领导，建立组织。②合理布局，分带轮作。加强田间管理，早播、早管促早熟。③推广良种，良种覆盖率达 95.5％。④育苗移栽，缩短套种时间。⑤科学施肥增加施肥量，增施有机肥，提高磷、钾比例。⑥施用草木灰，喷施叶面宝。

11. 甘薯新品种荆 56 的引种推广

【主要完成单位及完成人】景宁畲族自治县城郊区农技站，外舍乡、张春乡农科站；程义华，叶桂英，杜一新，石家成，吴松标。

【获奖日期及等级】1992 年 4 月，浙江省农业丰收四等奖。

【项目内容摘要】景宁畲族自治县科委下达的科研项目。为探索甘薯增产途径，加速甘薯品种更新，1988 年，景宁畲族自治县城郊区农技站引进荆 56、浙薯 1 号等 5 个新品种，经对比试验、示范种植，筛选出了适应当地种植的良种荆 56。该品种从 1989 年在 2 个乡 4 个村试种，扩大到 1991 年的 7 个乡 67 个村 0.22 万亩。经验收，平均亩产鲜薯 1 812 千克，干丝 527.1 千克，茎叶 621 千克，比胜利百号品种增鲜薯产量 592 千克，增产 48.53％（折干丝 172.2 千克），亩增茎叶 100.1 千克，3 年累计推广 0.30 万亩，共增鲜薯产量 1 775.1 吨（折干丝 51.64 万千克），茎叶 300.2 吨，增产值 37 万元。主要技术措施：①精选薯种，培育壮苗，推广地膜育苗。②深耕高垄，合理密植，亩插苗 3 000～3 500 株。③施足基肥，增施钾肥，一般亩施有机肥 1 500～1 750 千克，氯化钾 10～15 千克，尿素 5 千克作基肥。④加强科学管理，适时收获，秋薯留种，为下年丰收打基础。

12. 旱粮高产综合技术

【主要完成单位及完成人】缙云县农业局粮油站，壶镇、盘溪、大洋、城郊区农技站；王璋生，周齐家，朱日美，陈兴法，周子奎，卢冬英，蔡俊冲，邓保汉，麻志天，刘小芬。

【获奖日期及等级】1993 年 4 月，浙江省农业丰收三等奖。

【项目内容摘要】丽水地区农业丰收计划项目。缙云县旱粮高产示范 3.70 万亩。其中，三熟高产示范 2.11 万亩，亩产 1 134.8 千克，三熟高产示范比其余示范片亩增 172.1 千克，增 17.8％，总增 3 631 吨，中心方 0.20 万亩，亩产 1 273.9 千克，比示范片亩增 139.1 千克，增 12.3％，攻关地 187.3 亩，亩产 1 603.8 千克。主要技术措施：①推广分带套种，改善作物立地环境。②推广良种，合理密植。③应用春玉米稻桩塘泥肥土地膜低架育苗。④增施有机肥，配施化肥。⑤做好综防，喷施叶面宝、铜肥等。

13. 改制增熟发展春玉米生产

【主要完成单位及完成人】丽水地区农业局粮油作物站，缙云、青田、松阳、景宁等粮油站；陈建忠，王璋生，孙建伟，黄火明，吴建华，徐小平，卢东英，汤新根，郭跃伟。

【获奖日期及等级】1993 年 4 月，丽水地区农业丰收二等奖。

【项目内容摘要】丽水地区农业丰收计划项目。针对丽水地区夏玉米受夏季高温干旱、土地资源限制，秋玉米受农田的制约而种植面积小，产量低的状况，利用春季的有利气候条件和土地资源，于 1988 年开始示范推广春玉米。1992 年，丽水地区推广春玉米 5.40 万亩，比上年扩大 2.20 万亩，增 6.9％，平均亩产达 286. 千克，比上年亩增 26.7 千克，增产 10.3％，总产 1 547.45 万千克，比上年增产 717.41 万千克，增 86.44％。以西瓜、"四园"地等套作 2.04 万亩，平均单产 68.6 千克，总产 1 398.1 吨，分别比上年扩大面积 73.7％，单产增 29.9％，总产增 125.5％，两项合计春玉米总产 1.687 万吨，比上年增加 795.3 万千克，增产 89.16％，合计产值 1 349.8 万元，年新增产值 636.24 万元，年增收 1 143.13 万元。主要措施：①改制增熟，提高复种面积。改春粮—甘薯两熟制为春粮/春玉米/甘薯三熟制，增种一熟春玉米，提高复种指数，多途径扩大春玉米生产面积。②推广旱地分带轮作先进种植制度，改老式留行间作为分带轮作种植，抓好冬种布局。③推广高产优质良种，以丹玉 13、掖单 12、苏玉 1 号等为主栽品种。④应用地膜保温育苗，培育壮苗。⑤采用合理密植和施肥等田间管理配套技术，建立高产群体结构和平衡生长，夺取高产。

14. 旱地吨粮高产综合技术示范

【主要完成单位及完成人】缙云县农业局粮油站，大源、方溪、胡源乡（镇）业综合服务站；王璋生，祝元丰，李时科，祝有土，邓建平，刘梦熊，应跃强，吕周林，陈建忠，麻土才。

【获奖日期及等级】1995年6月，浙江省农业丰收三等奖。

【项目内容摘要】浙江省农业厅丰收计划项目。1993年至1994年实施旱粮高产示范片1.53万亩，平均亩产1 051.1千克，比非示范片亩增154.5千克，增17.2％，其中马铃薯、春玉米、夏甘薯三熟制示范0.95万亩，亩产1 136.9千克，比非示范片亩产增182.9千克，增19.7％；中心方84.91亩，亩产1 427.3千克，比非示范片亩产增290.4千克，增25.5％。主要技术措施：①推广优良品种。马铃薯大洋产河北种、九三、克新4号，春玉米山旱地以丹玉13为主，鲜食玉米以苏玉糯1号为主，甘薯以瑞薯1号、392为主。②采用带状轮作。③春玉米推广地膜低架育苗。④用地养地结合，科学施肥。⑤搞好病虫草鼠害综合防治。

15. 松阳县大红袍赤豆基地推广综合技术

【主要完成单位及完成人】松阳县农业局粮油站，玉岩农技站；汤光仁，林清华，黄显达，周炎生，叶关介，叶秉星，叶昌法，吴振辉，吴培养。

【获奖日期及等级】1995年6月，浙江省农业丰收三等奖。

【项目内容摘要】浙江省农业厅丰收计划项目。1994年在松阳县幼林地、茶园等地套种大红袍赤豆面积1.71万亩，建立高产优质基地1个，面积406亩，带动了松阳县扩大大红袍赤豆面积1.41万亩，增加总产24.4万千克，比项目实施前亩增产21.9千克，增加收益135.4万元。其中，建立在玉岩镇交塘的406亩连片示范基地，平均亩产32.65千克，比松阳县平均亩产14.25千克，增产18.4千克。主要技术措施：①各级政府和农业部门有关领导的重视。②开展试验示范，加强技术指导和技术培训。③推广优质原种，因地制宜，适期播种。④加强病虫害防治和生长期间管理，做到适时采收。

16. 遂昌县山区田埂改制增熟显效益

【主要完成单位及完成人】遂昌县农业局土肥站、粮油站、植检站，金竹、应村乡农技站；王林铨，夏根和，郑建初，华治武，范建伟，赖根茂，曾子平，吴子林，应云祥，吴青华，涂依琴。

【获奖日期及等级】1996年2月，丽水地区农业丰收二等奖。

【项目内容摘要】丽水地区农业丰收计划项目。为充分利用当地山坡梯田多、田埂宽、光温资源丰富的优势，1995年，在遂昌县开展田埂春玉米套种大豆及田埂大豆间种赤豆示范推广应用，共有7 461户农户参加、面积达1.38万亩。经验收，实收大豆总产279.9吨，实收玉米365.7吨，实收赤豆43.1吨，按当地市场价计算，共增收大豆产值89.57万元，增收玉米产值65.83万元，增收赤豆27.58万元，合计增收182.98万元，平均每户增收245.2元。主要技术措施：①确定留位，合理布局。根据遂昌县田埂宽一般在30～40厘米的特点，种植布局掌握"玉米种外沿，大豆走水边"的两行套种原则，即玉米种在田埂外沿，株距在35厘米左右，大豆套种在田埂中央内侧，穴距25厘米左右，每穴3株。田埂宽在50～70厘米的可提倡"玉米走中间，大豆走两边"的三行套种方法，或者掌握"大豆走水边，赤豆种外沿"的两行间种植原则，一般每2～3穴大豆间种1穴赤豆，大豆在田埂中央内侧，穴距25厘米，每穴3株；赤豆在田外沿，穴距65厘米，每穴3～4株。②套种间种，首选良种。玉米选苏玉1号、掖单12、丹玉13，品种，大豆选巨丰，赤豆则选用大红袍赤豆。③适时播种，育苗移栽。玉米掌握在3月底至4月初适时早播，并采用地膜覆盖营养块育苗，在2叶1心期采取小苗带土移栽。大豆和赤豆一般在5月中旬播种。④及时中耕除草，科学施肥，适时防病治虫，搞好综合管理。

17. 松阳县马铃薯北种南引后留种技术应用

【主要完成单位及完成人】松阳县农业局粮油站，三都乡农科站；包闻书，徐永强，叶昌发。

【获奖日期及等级】1996年2月，丽水地区农业丰收二等奖。

【项目内容摘要】丽水地区农业丰收计划项目。为解决马铃薯种薯退化及探索马铃薯北种南引后留种问题，1993年开始，分别从青海、黑龙江引进马铃薯种薯，在海拔970米的松阳县三都乡淡竹村建立马铃薯留种基地，对早熟东农 303、克新 4 号品种采用秋繁春用留种技术研究。1995 年在松阳县应用高山秋繁种种植 150 多亩春马铃薯，比本地种增产 80％以上，被农民所接受，产量不断提高，秋繁种供不应求，为扩大今后的马铃薯种植面积提供了一条有力措施。主要技术措施：组织落实，选好种薯，搞好示范基地，抓好技术培训，加强田间地头管理，科学施肥，有效防治病虫害，适时收获。

18. 青田县"八五"期间"一优两高"旱粮基地建设

【主要完成单位及完成人】青田县农业技术推广中心粮油作物站，舒桥、东源、海溪乡（镇）农业技术综合服务站；陈军雄，王旭海，阮瑞廷，管成进，叶志民。

【获奖日期及等级】1996 年 2 月，丽水地区农业丰收二等奖。

【项目内容摘要】浙江省农业厅、财政厅下达的旱粮饲料基地开发计划项目。1991—1995 年，开发旱粮饲料基地面积 0.48 万亩，完成省计划的 110.9％。其中新垦面积 0.22 万亩，改造面积 0.26 万亩，累计种植农作物面积 2.76 万亩，总产量达 8 110 吨，总产值 1 226.1 万元，净产值 31.3 万元。主要措施：①统一思想，加强领导。做到组织落实和责任制落实，确定专职人员负责基地开发工作，责任到人。②因地制宜，综合利用。实行统一规划、集中连片开发、合理布局种植。③加强服务，及时检查。实行专人蹲点负责，全程服务。主要技术措施：①积极开展旱地基本建设，挑塘泥加客土，积制土杂肥，增施有机肥，推广秸秆还田，修建水利设施和其他配套设施，改善土地条件。②实行旱地三熟制分带轮作，发展春玉米，春大豆生产；开发优质高效旱粮作物，优化结构，提高效益。③推广高产优质抗病良种，提高良种覆盖率。④采用实用新技术，提高新技术的普及率和到位率。如旱粮高产模式栽培，分带轮作，春玉米育苗移栽技术，地膜覆盖栽培技术及叶面宝（喷施灵），生物钾肥等增产剂应用。

19. 浙西南马铃薯发展途径和高产高效技术推广

【主要完成单位及完成人】景宁畲族自治县农业局、浙江省农业科学院区划所，景宁畲族自治县渤海、东坑、城郊、沙湾、英川农技站；吴建华，章仁田，林昌庭，严樨，陈孟华，赵华仙，丁四芳，丁贤颉，陈力禾，玉宗绍，严盛才，刘赵康，程义华，潘慧萍，吴林松，何卫民，毛道琪，陈海玉，刘卫东，吴向东，吴文景，梅雪华。

【获奖日期及等级】1997 年 5 月，农业部农业丰收三等奖、浙江省农业丰收一等奖。

【项目内容摘要】景宁畲族自治县科委下达的科研项目。1991 年实施以来，共引进了 30 多个马铃薯新品种，开展品种筛选试验，并建立示范片，中心方 56 个面积 1.80 万亩，大田推广面积 12.51 万亩，共增鲜薯 4.013 万吨，增加经济收入 3 009.5 万元，主要技术措施：①引进了克新 2 号、东农 303、金冠、坝薯 10 号等 30 多个品种，筛选出了适宜当地栽培的优质高产品种。②推广叶龄促控施肥技术和马铃薯"五改"高产栽培技术，促进了单产显著增加。③推广马铃薯喷施月光花素、烯效唑、ABT 生根粉和喷施灵的增产措施。④推广薯—稻—稻、薯—西瓜—稻、薯—稻—再生稻和高山薯—稻等多熟制生产技术。⑤在国内外杂志上发表论文 30 多篇，其中在国外重点刊物上发表论文 8 篇。

20. 20 万亩山地春大豆推广效益高

【主要完成单位及完成人】丽水地区粮油站，缙云县、松阳县、龙泉市、云和县、丽水市、遂昌县、青田县、庆元县、景宁畲族自治县粮油站；黄端祥，何建清，邓保汉，林清华，杨金云，董益坤，陈军雄，廖必长，郑建初，祝荣福，周炎生，刘森荣，王路永，陈智伟，赖根茂，王旭海，王水景，王加平。

【获奖日期及等级】1997 年 5 月，浙江省农业丰收二等奖。

【项目内容摘要】浙江省农业丰收计划项目。1995—1996 年实施。两年间共示范推广春大豆 22.68 万亩，平均亩产 121.8 千克，比"八五"丽水地区夏秋大豆平均亩产 108 千克亩增 13.8 千克，增幅 12.78％亩增收 44.16 元，共增收 1 001.55 万元。主要技术措施：①选用良种。选用耐瘠、耐旱的浙春 2 号、3 号及矮脚早、六月豆为推广品种。②适期播种。避开夏季高温干旱的气候，一般在 4 月上旬播种。③增施肥料。改变种豆不施肥的习惯，要增施肥料，做到氮、磷、钾肥配施，花期追施磷酸二氢钾，保花增荚，提高结实率。④加强综合管理。要抓好查苗补缺保全面的管理工作，搞好病虫防治，做好中耕除草。⑤适时收获。

21. 缙云县万亩山坡地超吨粮高产示范

【主要完成单位及完成人】缙云县农业局粮油站，胡源、元溪、大源、大洋（镇）农业综合服务站；邓保汉，项建友，陈智慧，邓建平，麻土才，祝有土，李时科，马连根，王德温，楼访莲。

【获奖日期及等级】1997 年 3 月，丽水地区农业丰收二等奖。

【项目内容摘要】丽水地区农业丰收计划项目。1996 年，缙云县共建立旱地亩产超吨粮示范片 11 个，计面积 1.08 万亩，其中马铃薯、玉米、甘薯三熟制面积 0.66 万亩，麦、玉米、甘薯三熟面积 0.25 万亩，麦、豆、甘薯三熟面积 0.16 万亩。在 0.11 万亩示范面积中，平均亩产达 1 065.8 千克，比非示范片亩增 218.4 千克，增 25.7%，总增产粮食 2 348.16 吨。按市场价 1.8 元/千克计算，全县总增产值 422.7 万元。主要技术措施：①推广良种，统一供种。马铃薯以河北种、九三种、克新 4、京农 303 为主要品种；春玉米以丹玉 13、浙单 9 号、苏玉糯 1 号为主要品种；春大豆推广浙春 2 号、浙春 3 号品种；甘薯推广 392、瑞薯 1 号等品种。②采用三熟分带套种技术，建立合理的群体结构。③推广春玉米地膜低架育苗技术。④科学施肥。⑤做好病虫害防治。

22. 2 万亩宜粮荒地开发改造夺高产

【主要完成单位及完成人】缙云县农业技术推广中心，丽水地区农业局粮油站，丽水地地区农业科学研究所，缙云县胡源、大源、方溪、溶江、大洋乡（镇）农技站；邓保汉，项建友，黄端祥，吕周林，邓建平，李时科，祝友土，应国相，胡岳标，胡理明。

【获奖日期及等级】1998 年 3 月，丽水地区农业丰收二等奖。

【项目内容摘要】丽水地区农业丰收计划项目。1996—1997 年在缙云县宜粮荒地开发改造 2.12 万亩，其中 1996 年 1.08 万亩，平均亩增 218.4 千克，增产 25.7%，总增产 2 348.16 吨，总增产值 422.7 万元。1997 年开发改造 1.04 万亩，平均亩产 141.9 千克，增产 14.5%，总增产量 1 477.43 吨，增产值 236.5 万元。缙云县两年宜粮荒地开发改造合计增粮食产量 3 826.1 吨，总增产值 659.2 万元。主要技术措施：①开展水平梯地平整，水、路配套，改良农业基础设施，建立高产稳产粮地。②采用新三熟分带套种技术，建立合理群体结构，充分利用光能，发挥边际优势。③推广丽麦 16、浙麦 6 号，马铃薯东农 303、克新 4 号等，玉米丹玉 13、浙单 9 号等，大豆浙春 2 号、3 号，甘薯荆 56、甘薯 1 号、瑞薯 1 号、日本种等优良品种。④推广秸秆还地，增施有机肥，快速培肥，增强地力。⑤做好病虫害的防治，主要抓好玉米螟的防治工作。

23. 松古盆地粮经新三熟及自己套技术推广

【主要完成单位及完成人员】松阳县农业局；吴松平，黄显达，周炎生，丁家亮，王魏，陈国强，陈忠华，曹伟勤，李伟平，林清华，陈平，刘关海，徐永强，周淋龙，翁炎生，吴春海，许士发，夏文伟，李云波，潘丽铭，叶旺发，潘跃星，黄火明，刘卫旗，叶根生，徐根生，周关仁，蔡先德，黄文胡，吴冠钦。

【获奖日期及等级】1999 年 5 月，浙江省农业丰收一等奖。

【项目内容摘要】浙江省农业丰收计划项目。项目经 1997—1998 年实施，大幅度地调整了冬季种植结构，调整传统的麦（油）—稻—稻三熟制为菜—稻—稻，蚕（豌）豆—稻—稻，早熟马铃薯—稻—稻，菜—春玉米—稻为主的新三熟，建立各种示范方 50 余个，共推广面积 5.3 万亩，粮地平均亩产 976 千克，平均亩产值 1 972 元，亩增收 650 元，增 95.6%。累计增收 3 445 万元，其中斋坦千亩示范畈获得省高产高效栽培技术推广一等奖。主要技术措施：①调整冬季种植结构和传统三熟制面积。②选用早熟、高产三熟作物优良品种，如选慈溪大自蚕、日本陵西一寸、中豌 6 号豌豆、东农 303、日本小黄瓜、苏玉 1 号、苏玉糯 1 号玉米、早稻 V402 等等。③应用增产、省本的成熟技术，化学除草，配方施肥，做好病虫害综合防治。

24. 旱粮饲料基地开发及高产栽培技术研究

【主要完成单位及完成人】景宁畲族自治县农业局粮油站，景宁畲族自治县良种场，澄照、岳溪、英川、外舍、沙湾、金钟乡（镇）农技站；林昌庭，吴建华，王宗绍，林宇清，严榭，赵华仙，吴文景，梅晓青，张陈胜，龚小林，潘建平，石德丰，叶家贵，徐寿松，叶金海，林敏莉，吴丽玲。

【获奖日期及等级】1999年5月，浙江省农业丰收二等奖。

【项目内容摘要】浙江省农业丰收计划项目。1991年开始实施，11年来共开垦旱粮饲料基地0.94万亩，其中新垦荒地0.35万亩，配套改造59.7亩。主要技术措施：①建立高产示范方、中心方45个，做到以点带面。筛选出了一批适应浙南山区种植的粮食作物品种。②用地与养地、生产与加工、种植与养殖、基地开发与生产保护相结合。③旱粮实行分带轮作，三熟间作套种。

25. 山区旱地高产高效技术推广应用

【主要完成单位及完成人】丽水地农业局区粮油站，缙云县、青田县、云和县、庆元县、景宁畲族自治县、龙泉市、松阳县、遂昌县、丽水市粮油站；黄端祥，董益坤，廖必长，何建清，林昌庭，刘浩，徐胜中，聂志斌，周子奎，王水景，林清华，郑建初，林宇清，蔡永泉，杨金云，王加平，邓保汉，赵华仙，徐燕，陈济福。

【获奖日期及等级】2000年6月，浙江省农业丰收二等奖。

【项目内容摘要】浙江省农业丰收计划项目。在浙江省旱粮饲料基地建设的基础上于1997年开始实施，3年累计推广应用面积36.35万亩，共新增产值7 788.2万元，平均亩新增产值214.26元，增长18.63%。取得显著经济、社会和生态效益。主要技术措施：①改制增熟，因地制宜搞好作物布局。改单一种植制度为多种栽培模式，改一年一熟或二熟为多熟。同时根据山区立体条件差异，因地制宜搞好作物布局。②大力推广优良品种。针对不同熟制，结合品种特性进行合理选用，良种覆盖率在85%以上。③综合运用高产高效配套栽培技术。采取分带轮作，间作套种，设施栽培、合理密植、科学运筹肥水，加强病虫防治及中耕除草等。④粮经结合、种养结合，产加结合，优化生产结构，多层利用，提高综合效益。

26. 遂昌烤薯综合技术开发

【主要完成单位及完成人】遂昌县农业技术推广中心，遂昌县农村工作办公室，黄沙腰镇人民政府，柘岱口、蔡源、西畈乡农技站；罗福裕，李子山，朱宜根，赖根茂，郑子洪，罗仕军，姚麟华，张水源，黄存德，唐昌华。

【获奖日期及等级】2001年3月，丽水市农业丰收二等奖。

27. 鲜食大豆高产高效栽培技术研究与推广

【主要完成单位及完成人】景宁畲族自治县农业局粮油站，金钟、葛山乡农技站、英川镇农技站；林昌庭，陈肖里，何伟民，刘勇勇，吴丽平，李成山，严仙田，雷尉美，鲍浪平，严佚华。

【获奖日期及等级】2002年3月，丽水市农业丰收二等奖。

28. 旱杂粮资源开发及栽培技术研究与推广

【主要完成单位及完成人】丽水市农业局粮油站，莲都区、景宁畲族自治县、青田县、庆元县、缙云县农业局粮油站；王路永，刘波，吴敏芳，王家平，林昌庭，尤金华，陈国鹰，林敏丽，聂志斌，纪巧英。

【获奖日期及等级】2003年3月，丽水市农业丰收二等奖。

29. 甜玉米高产高效栽培技术示范推广

【主要完成单位及完成人】莲都区农业局粮油作物站，莲都区碧湖农业技术服务站，莲都区高溪农业技术服务站等5个单位；尤金华，谭晓丽，钟明星，叶伟权，李大方，吴玉平，钟杨波，王金仙，潘丽芬，戴和珍。

【获奖日期及等级】2008年2月，丽水市农业丰收二等奖。

30. 蚕豆高产高效栽培技术示范推广

【主要完成单位及完成人】莲都区农业局粮油作物站，莲都区碧湖农业技术服务站，莲都区高溪农业技术服务站等5个单位；谭晓丽，王立明，梁慧芬，陈爱红，尤金华，蓝金火，叶涌金，吴玉平，陈锦翠。

【获奖日期及等级】2010年3月，丽水市农业丰收二等奖。

第二十四章
农　谚

第一节　水稻生产农谚

在长期的劳动生产实践中，聪慧的丽水劳动人民形象的总结出水稻生产与气候、节气及种子、水、肥、管理等方面的关系，对水稻生产的进步、发展和单产水平的提高起到积极的作用。我们初步收集整理的212条农谚，至今流传，现将其汇集如下：

一、稻与气象

雨打秋头，没水洗头。

春雨洋洋，晒死稻娘。

寒露不出头，割掉好饲牛。

雨中知了叫，报告晴天到。

禾怕寒露风，人怕老来穷。

秋风不出头，割掉饲黄牛。

出谷（抽穗）不怕火烧天。

寒露风，掺过禾生虫。

禾怕午时风。

二月阳阳，没水插秧。

晚上红霞，无水烧茶。

人怕老来穷，稻怕秋来旱。

三月阴一阴，树头两遍青。

种田要抢先，割麦要抢天。

早晨红霞（彩虹），浇死乌鸦。

冻死樟，晒死秧（连作早稻）。

未到惊蛰响雷公，十间牛栏九间空。

雨打秋头半月旱，过了半月烂稻秆。

二、稻与节气

雨打秋，没得收。

青蛙叫，落谷子。

夏至插田没有谷。

立夏耕田羹浇稞。

晚稻不吃寒露水。

夏至插田，水面生根。

夏季插秧，不够饲鸟。

立夏前犁田，黄泥糊。

处暑不救禾，白露无奈何。

立夏未翻边，没谷莫怨天。

处暑不搁田，白露叫皇天。

白露白迷迷，秋分到头齐。

芒种忙忙种，秋后盖新仓。

种田上下月，割稻上下日。

端午不打扇，早稻丢一半。

社了春无启空，春了社满天下（丰收）。

三日端午，四日年，一天清明就下田。

春插时、夏插刻，春插日、夏插时。

立夏小满家家忙，男女下田正插秧。

插田插到夏至，打谷打一记。

插田插到夏至尾，一粒谷，两粒米。

白露早，寒露迟，秋分草子正当时。

芒种紧紧忙，上午插田下午生。

处暑不放本，白露枉费心。

小暑不见底，有谷没有米。

处暑漏一漏，可种十日豆。

白露白茫茫，寒露收上仓。

插秧到夏季，打谷无个屁。

种田过了秋，有秧也要丢。

四月无太婆，八月无破萝。

白露晴，打谷不用晒谷坪。　　　　　　晚稻（插秧）不过立秋关。

小暑小割，大暑大割。　　　　　　　　吃了立夏，日日田头坐。

社晴到清明，社雨到谷雨（民间节气，立春后五戊为社）。

三、种子

种田没有料，种子年年调。　　　　　　稻种换一换，稻谷多一担。

稻种换一换，增产一大畈。　　　　　　种子年年选，产量节节高。

一粒好种，千粒好粮。　　　　　　　　娘好儿胖，种好苗壮。

秧好稻好，娘好女好。　　　　　　　　要吃种田饭，谷种年年换。

品种三年两头换，多碗白米饭。　　　　买种百斤，不如留种一斤。

耕田勤换种。　　　　　　　　　　　　一年红，二年旺，三年还可种，四年变无用（品种）。

四、育秧

种子晒一晒，发芽齐又快。　　　　　　种子催催芽，赛过三遍壅。

秧板做的平，秧苗出的齐。　　　　　　好种长好苗，好苗长好稻。

稀播秧苗壮，密播瘦又黄。　　　　　　健儿健娘生，好苗好种长。

秧好一半稻，壮秧产量高。　　　　　　秧田水要清，种田水要浑。

秧前一施肥，插后一片青。　　　　　　插田要好秧，生儿要好娘。

黄秧搁一搁，稻老勿会发。　　　　　　黄秧种瘦田，吃饭等半年。

秧田管得好，等于半年稻。　　　　　　种田看秧，养蚕看桑。

秧好半年稻，好苗半年稻。　　　　　　秧草起身，还要点心。

黄秧种瘦田，活转等半年。　　　　　　鸭老无肉，秧老无谷。

种田种的早，勿如养秧老。　　　　　　秧田没粪，瞎子没棍。

催芽要三白，谷白根白和芽白。　　　　清水洗秧，打爹骂娘。

嫩秧早插随手青，老秧迟插半月黄。　　芽壮七分秧。

大麦上场小麦黄，耕田栽秧日夜忙。　　秧好半熟稻。

田等秧，稻谷满仓；秧等田，无米过年。

生儿要好娘，种田（稻）要好秧。十成稻谷九成秧，秧要栽扁蒲秧。

五、插秧

早稻搭一搭，晚稻插到塌。　　　　　　早稻水上漂（浅），晚稻插齐腰。

烂田种清水，瘦田种浑水。　　　　　　早稻怕隔夜秧，晚稻怕隔夜田。

多苗如多草，缺苗如缺宝。　　　　　　有秧勿可一把，无秧勿可一根。

会插不会插，看你两只脚。　　　　　　"老师"插田牛脚印，外行插田手刀捺。

插秧无老幼，收割无破篓。　　　　　　插秧有本领，行行八寸，丛丛八根。

插弯有好担，插直有好吃。　　　　　　一莫吊的两莫浮，不疏不密顶"老师"。

密田多稻，朗田多草。　　　　　　　　种田大哥你莫忙，细细棵株密密行。

密田好看，密田多谷。　　　　　　　　清水下种，混水插秧。

疏田密谷。　　　　　　　　　　　　　小小株，密密插，耘田格格叫，割稻哈哈笑。

疏田好瞅，密田歪谷（"瞅"又作"看"，"歪"又作"多"）。

一脚踏粮篷，有饭有点心；一脚两头空，有饭无点心。

早稻插秧搭一搭，晚稻插秧捺一捺（"搭一搭"浅插，"捺一捺"略深）。

六、水

小暑耘田大署干。

后期白一白，产量减一百。

种稻靠水，种麦靠沟。

处暑处暑，处处要水。

稻不屌水对半无。

晒稻满仓，晒肚尽光（苗期晒苗有好处，孕穗期晒不得）。

插秧手掌水，返青寸把水，发棵露泥水，养胎寸半水，灌浆跑马水。

禾怕胎里旱。

水深秧钻头，水浅苗扎根。

田土白一白，产量去一百。

有水无肥一半谷，有肥无水望天哭。

六月旱，仓仓满，七月旱，无稻秆（指农历）。

七、土肥

种稻难种三黄稻。

钾肥硬扎，磷肥真灵。

翻土翻得深，黄土变成金。

土壤黄刮刮，缺磷又缺钾。

沟泥挑进田，稻穗沉甸甸。

合理施肥料，谷担满满挑。

肥足农家宝，产量勿可少。

秋前施一盏，秋后施一碗。

一丛稻一撮灰，年年产量高。

要稻好，施肥要趁早。

勤耕无瘦田。

五更要食饱，午饭要食早，点心看苗吃（施足基肥，早施追肥，巧施穗肥）。

人吃粮食牛吃草，春花增磷哈哈笑。

种田不上粪（有机肥），等于瞎糊混。

犁冬田，烧冬灰，赛过杭州作客归。

熟土加生土，好比病人吃猪肚。

养猪不挣钱，回头望望田。

磷肥蘸一蘸，产量增一担。

庄稼一枝花，全靠肥当家。

多苗勿多产，肥害减了产。

人要心好，田要底好（基肥）。

夏至未头遍，无谷莫怨天（"未"又作"没"）。

"老奶"田，"相公"谷；"相公"田，"老奶"谷。

八、管理

粪杓稻头晌，还有五斗粮。

春种多一锄，秋收多一碗。

会种种一丘，勿种种一畈。

秋前不搁田，割稻叫皇天。

苗足勿等时，时到勿等苗。

处暑根头摸，一把烂泥一把谷。

若要产量好，三沟配套少不了。

稻田能除三遍草，种出稻来格外好。

每棵稻根摸一摸，便可增产五斗谷。

大稻早搁多搁，小稻迟搁轻搁。

一株稗草去餐粥，百株稗草去担谷。

风吹稻叶沙沙响，叶尖刺巴掌，入田不缠脚，叶挺茎秆壮。

田边开细裂，田中不陷脚，田土不发白（看土搁田）。

风吹稻叶响，手摸稻秆硬；主根深扎（吸底肥），白根外露（吸空气）（看苗搁田）。

种田有个巧，一耙二耘三除草。

孝顺父母有福，孝顺稻田有谷。

会种种一丘，不会种种千丘。

风吹禾叶响，搁田正当时。

田边结硬皮，田中有脚印。

早稻泥下送，晚稻三遍壅。

稻要发，根边挖。

年花年稻，眉开眼笑。

苗多欺草，草多欺苗。

叶片挺直叶色淡，茎秆粗硬脚清爽。

九、病、虫、收获

麦怕金，稻怕瘟。

秋前怕蟆，秋后怕缚。

早稻转青，被屎虫成亲（负泥虫）。

洪水一来，叶子白白（百叶枯病）。

割青不割青，相差一百斤。　　　　　割稻勿割青，割青少百斤。

割青勿割青，产量差二成。　　　　　割青麦，养黄谷（适时收割）。

雨季到来，禾苗生癌（稻瘟病）。　　稻苗封行，烂脚爬秆（纹枯病）。

大旱三年，必有虫灾（螟虫等）。　　晴晴雨雨，最怕虱子（稻飞虱）。

十成熟八成收，八成熟十成收。

十、其他

稻倒收一半，麦倒没得看。　　　　　封行不见垄，稻青略带红。

谷后谷做着哭，豆后谷享大福。　　　苜蓿黄花草，农家是个宝。

谷芽一个角，麦芽一个壳。　　　　　耕的深、种的浅，稻头碰着脸。

秧青麦黄，绣女下床。　　　　　　　麦黄种稻，稻黄种麦。

宁可落夜，勿可早起。　　　　　　　田不等秧，秧不等田。

麦倒是个草，稻翻是个宝。　　　　　谷倒如宝，麦倒如草。

稻老米，麦老皮。　　　　　　　　　稻出挂珠，麦出晒须。

种田要种好，年年铲秆脑。　　　　　稻倒一半，麦倒全完。

稻淋珠，麦晒须。　　　　　　　　　稻倒一半麦倒无。

笑苗哭稻。　　　　　　　　　　　　秋天不铲坎，打谷无一半。

稗草盘棵，稻无坐位。　　　　　　　一季草（绿肥），两季稻，草好稻好。

只要裤暖，不怕种的晚。　　　　　　田中蚂蟥多，勿施石灰稻难大。

看看稻苗好，割割稻头少，纤弱病重诱虫害，早衰穗小瘪谷多。

第二节　大麦和小麦生产农谚

四月雾，三麦满仓库；春霜三日白，晴到割大麦。

斤籽万苗；尺麦怕寸水；深耕浅种出黄金；燥田种麦抵遍料。

霜降蚕豆立冬麦；要哑麦，冬前压；麦要好，地要掏；麦靠沟，薯靠垅。

麦浇芽，菜浇花；麦靠肥，稻靠泥。

若要麦，细细划；若要麦，白三白；人冷穿衣，麦冷上泥。

麦沟勤理，赛如上肥；麦看年里，稻看月里；麦哑细泥，稻哑混水。

麦种肥壮，子孙兴旺；麦田嵌豆，亲如阿舅；麦老多皮，稻老多米。

麦老无头，菜老无油；麦种三年，勿选要变；麦根晒断，磨芯绷断。

烂田种麦，有草无麦；烂耕烂种，低产祖宗；深耕晒白，燥田种麦。

春水淋淋，麦沟要清；冬麦要压，越压越发；一麦一豆，勿肥勿瘦。

种麦勿换地，枉费耙和犁；种麦一条沟，从种管到收。

种麦勿用灰，到老要哑亏，种麦勿用灰，宁可家里嬉。

种麦料浸籽，麦苗好到死；大麦八成收，小麦九分收。

麦肥在年里，稻肥在月里；麦子选好种，一垄顶二垄。

麦子收勿收，全在开好沟；麦子屁股痒，越压越肯长。

麦田常干燥，麦苗哈哈笑；麦要胎里富，只怕胎里瘦。

麦倒一层壳，稻倒一只角；麦田浇河泥，好比盖棉被。

麦田年年调，收成年年好；麦田晒得白，白哑一年麦。

冬踩一个疤，春发九个叉；冬雪是麦被，春雪是麦鬼。

冬季晒浮根，春季用箩畚；三麦三条沟，从种抓到收。

三年勿选种，增产要落空；龙灯田里舞，麦子照样生。

年里勿开沟，来年难丰收；爹高子女长，粒大麦苗壮。

下种施足料，麦苗肥到老；地平麦子匀，来年好收成。

深耕是个宝，长麦勿长草；无酒勿请客，无肥勿种麦。

寒里勿开沟，来年没有收；种子粒粒圆，禾苗根根壮。

家有三套种，勿怕老天哄；春到麦起身，一刻值千金。

春肥一勺，勿及腊肥一笃；年外施肥，勿如年内除草。

百担壅，勿如一担土里送；种时施条线，等于日后施三遍。

种时滴一滴，胜过烧时浇三碗；种田种到老，还是旱麦旱豆好。

麦咥两年土，只怕清明肚皮饿；麦咥四季水，只怕清明头庄雨。

麦子年年收，只怕懒汉勿起沟；麦怕烂泥封顶，稻怕烂泥围腰。

麦有穿山之力，就怕顶土当头；种麦三件宝，开沟壅灰与除草。

种麦种到边，买烟买酒勿用钱；尺麦怕寸水，独怕清明连夜雨。

追肥一大片，不如基肥一条线；底里壅一遍，等于日后壅三遍。

露子怕冻，深子怕压，丛子苗细；小麦浇芽，大麦浇头，油菜浇花。

冬前上泥盖床被，冬后上泥到到理；春苗就丫十八杈，出起麦头浪花花。

大寒小寒施腊肥，油菜麦子过冬齐；种麦只要隔行齐，乱打麦孔无关系。

立冬蚕豆小雪麦，一生一世都被塌；深籽麦苗像根葱，露地麦子最怕冻。

清明有雨麦子旺，小满有雨麦头齐；麦苗不认爹和娘，精耕细作多打粮。

阔畦深沟要做到，单位产量能提高；种时施磷不施磷，亩产相差几百斤。

削草松土麦根旺，根深叶茂好收成；若要麦子种得好，浸种消毒不能少。

大麦勿咥小满水，小麦勿咥芒种水；寒露早，小雪迟，立冬种麦正当时。

一熟豆，一熟麦，可以咥到头发白；晚播弱，早播旺，适时播种麦苗壮。

腊施金，春施银，春肥腊施银变金；八成熟，十成收；十成熟，二成丢。

麦见阎王，谷见天，蚕豆只盖大半边。

麦子翻红，菜子发芽，辛辛苦苦一夜断送。

增产先增穗，增穗先增苗，增苗要增冬前苗。

烂耕烂种，三类苗祖宗，从种到收，一直被动。

冬前上泥泥变金，冬后上泥泥变银，春后上泥了了神。

种麦无草灰，产量要咥亏；盖籽多草灰，槌槛长大穗。

年前铲麦盖床被，正月铲麦正道理，二月铲麦费饭米。

出苗弱与壮，全在种身上；种麦选好种，勿怕风雨和病虫。

种麦露子，勿出是盲子，出苗是瘦子，冬后勿死，麦头像个桑果子。

第二十五章
丽水粮食生产展望

　　粮食问题始终是关系国计民生的头等大事，中国有一句古话叫做"民以食为天"，这是千真万确的真理。根据联合国粮农组专家的估算，由于人口的增长和耕地的减少，粮食生产形势日益严峻。虽然粮食市场处于供大于求的格局，但人们已注意到粮食安全所潜藏的隐患，对此，中国政府高度重视，未雨绸缪，把"确保国家粮食安全"问题作为确保社会长治久安的头顶大事来抓。2004年以来，中央一号文件把发展粮食生产，增加农民收入放在了首要位置，从中央到地方都出台了一系列粮食生产扶持政策，使粮食生产下滑的局面得到遏制。

　　到2003年，中国粮食总缺口已经达到400亿～500亿千克。其主要表现在普通粮食基本满足了城乡居民的生活需要，缺口日益增大的是品质高的粮食品种。同时也将看到，中国到2030年人口是16亿，比现在增加3亿，而城镇化、退耕还林、基础设施建设等还将继续，耕地面积还将逐渐减少，将由现在平均每人1.3～1.4亩减到1亩左右。因此，我国粮食安全问题将更加严峻。对此，专家指出，我国人口不断增加、耕地逐步减少、城市化加快和人民生活水平不断提高，粮食需求将呈刚性增长，粮食供求关系将是偏紧的，确保粮食安全将是中国一项长期的战略任务。

　　新中国成立以来，丽水市的粮食生产量经历了低—高—低的过程，自给率从严重短缺到基本自给或低水平自给又到如今自给率只有57%的短缺阶段。丽水市的粮食生产量除1980—1987年能达到自给外，基本都处于短缺状况，只有依赖外地调剂解决粮食短缺的现状。而丽水市的粮食生产能力潜力巨大，粮食的需求空间广阔，发展粮食的前景良好，且丽水市目前经济尚欠发达。因此，丽水市必须重视粮食生产，切实抓好粮食预警制度的建立，依靠科学技术，增加粮食总量，努力提高粮食自给率，保障粮食的供需平衡，确保粮食安全。

第一节　丽水粮食自给和未来需求水平评估

　　丽水市地处浙西南山区，素有"九山半水半分田"之称，山多田少是丽水市的自然特征。各级政府一贯重视粮食问题，现有250.66万人口是粮食消费区。因此，丽水市的粮食状况如何？丽水人民能否养活自己？是丽水市各级政府和丽水市农业系统同仁共同关心和重视的一个问题。

一、丽水市粮食自给水平评估

　　纵观新中国建立以来，丽水市粮食生产的发展，大致分为三个阶段，粮食自给程度处于三个不同水平（表25-1）。

　　第一阶段为1949—1977年。1949年丽水市粮食总产22.67万吨，1977年达到58.91万吨，28年间年均递增3.47%；人均占有粮食从1949年的193千克，到1977年达281千克，年均256千克，粮食生产量不能自给。但这一阶段，通过改革土地所有制关系，引导农民走互助合作道路，解放了生产力，同时在改善农业基础设施、提高农业物质装备水平、加快农业科技进步等方面取得了显著成效，为粮食生产的持续发展奠定了基础。

　　第二阶段为1978—1999年。22年粮食年均总产78.80万吨，每年人均占有粮食300千克以上。特

表 25 - 1　丽水市人口、耕地、粮食与水稻

年份	人口（万人）	耕地		粮食			水稻			占粮食总量	
		面积（万亩）	人均（亩）	面积（万亩）	总产量（吨）	人均（千克）	面积（万亩）	总产量（吨）	人均（千克）	面积（万亩）	产量（吨）
1949	117.21	167.20	1.43	216.96	226 680	193	142.73	172 810	147	0.66	0.76
1950	120.04	170.48	1.42	226.69	249 473	208	149.58	196 568	164	0.66	0.79
1951	121.64	173.99	1.43	236.97	278 637	229	151.00	215 704	177	0.64	0.77
1952	123.40	175.31	1.42	237.85	308 390	250	152.18	241 204	195	0.64	0.78
1953	126.41	174.31	1.38	243.11	310 335	245	150.94	238 741	189	0.62	0.77
1954	128.51	174.67	1.36	252.74	340 767	265	141.20	243 351	189	0.56	0.71
1955	131.12	175.20	1.34	262.63	357 931	273	151.56	263 243	201	0.58	0.74
1956	133.55	174.39	1.31	279.26	333 657	250	163.73	238 415	179	0.59	0.71
1957	136.69	173.66	1.27	267.62	357 725	262	160.53	253 600	186	0.60	0.71
1958	138.85	168.03	1.21	275.15	372 290	268	154.73	236 598	170	0.56	0.64
1959	141.23	165.63	1.17	263.25	355 198	252	152.69	233 562	165	0.58	0.66
1960	140.72	165.63	1.18	271.23	329 020	234	160.08	222 941	158	0.59	0.68
1961	138.31	165.53	1.20	261.28	329 430	238	149.46	206 651	149	0.57	0.63
1962	140.47	166.68	1.19	246.70	364 912	260	146.73	229 827	164	0.59	0.63
1963	144.48	166.27	1.15	234.03	415 182	287	149.07	278 980	193	0.64	0.67
1964	148.37	164.87	1.11	222.87	385 567	260	162.08	288 340	194	0.73	0.75
1965	154.12	164.51	1.07	227.87	388 286	252	168.33	296 764	193	0.74	0.76
1966	158.91	161.76	1.02	221.05	397 283	250	168.46	303 957	191	0.76	0.77
1967	163.56	161.36	0.99	216.79	376 789	230	163.67	298 747	183	0.75	0.79
1968	168.64	160.51	0.95	223.54	392 581	233	166.67	300 321	178	0.75	0.76
1969	174.67	160.92	0.92	230.76	448 743	257	168.12	337 493	193	0.73	0.75
1970	179.34	160.11	0.89	246.26	506 676	283	174.97	397 820	222	0.71	0.79
1971	184.30	159.45	0.87	251.00	516 872	280	183.24	407 235	221	0.73	0.79
1972	188.79	158.75	0.84	264.23	584 313	310	192.17	451 925	239	0.73	0.77
1973	193.56	158.71	0.82	263.47	559 461	289	192.48	444 384	230	0.73	0.79
1974	197.54	158.54	0.80	257.81	566 543	287	190.59	453 788	230	0.74	0.80
1975	202.11	158.11	0.78	255.20	533 720	264	191.42	438 970	217	0.75	0.82
1976	206.06	158.20	0.77	249.40	495 185	240	192.18	407 315	198	0.77	0.82
1977	209.35	158.03	0.75	258.89	589 110	281	192.85	468 350	224	0.74	0.80
1978	212.57	157.63	0.74	268.96	655 865	309	195.34	537 225	253	0.73	0.82
1979	215.07	156.57	0.73	264.15	725 615	337	192.29	600 895	279	0.73	0.83
1980	217.52	156.21	0.72	263.00	752 095	346	194.47	616 935	284	0.74	0.82
1981	220.22	155.97	0.71	269.01	783 765	356	195.82	664 850	302	0.73	0.85
1982	223.48	155.63	0.70	273.84	863 255	386	197.25	720 330	322	0.72	0.83
1983	225.60	155.44	0.69	271.25	895 895	397	200.58	763 985	339	0.74	0.85
1984	227.86	154.09	0.68	271.81	925 940	406	198.89	785 615	345	0.73	0.85
1985	230.24	152.00	0.66	263.58	832 569	362	190.83	694 844	302	0.72	0.83
1986	232.19	150.96	0.65	259.56	798 750	344	187.33	675 308	291	0.72	0.85

（续）

年份	人口（万人）	耕地		粮食			水稻			占粮食总量	
		面积（万亩）	人均（亩）	面积（万亩）	总产量（吨）	人均（千克）	面积（万亩）	总产量（吨）	人均（千克）	面积（万亩）	产量（吨）
1987	234.91	150.28	0.64	263.51	820 026	349	188.44	721 914	307	0.72	0.88
1988	237.96	149.57	0.63	259.94	732 643	308	182.15	622 521	262	0.70	0.85
1989	240.06	149.22	0.62	270.44	781 714	326	186.95	655 912	273	0.69	0.84
1990	240.14	148.72	0.62	275.71	780 178	325	185.00	639 367	266	0.67	0.82
1991	240.72	148.04	0.61	279.43	840 017	349	186.41	707 999	294	0.67	0.84
1992	241.25	147.02	0.61	271.22	810 634	336	181.27	677 821	281	0.67	0.84
1993	241.80	145.43	0.60	251.28	746 961	309	171.68	623 242	258	0.68	0.83
1994	242.57	143.97	0.59	242.51	725 357	299	165.57	605 370	250	0.68	0.83
1995	243.40	143.10	0.59	248.04	742 789	305	170.08	620 886	255	0.69	0.84
1996	244.94	142.65	0.58	254.97	797 491	326	168.79	653 531	267	0.66	0.82
1997	245.82	143.26	0.58	256.46	779 747	317	167.95	626 857	255	0.65	0.80
1998	246.16	143.17	0.58	253.43	772 755	314	165.80	625 616	254	0.65	0.81
1999	247.34	141.49	0.57	249.01	771 074	312	161.00	496 011	201	0.65	0.64
2000	248.58	139.70	0.56	228.64	699 762	282	142.90	555 261	223	0.63	0.79
2001	248.73	137.02	0.55	187.19	615 237	247	126.10	505 382	203	0.67	0.82
2002	249.28	134.61	0.54	173.94	566 200	227	116.40	462 177	185	0.67	0.82
2003	249.40	133.72	0.54	157.37	487 725	196	101.10	388 162	156	0.64	0.80
2004	250.66	133.84	0.53	173.28	554 348	221	108.17	430 260	172	0.64	0.78
2005	251.39	134.49	0.54	169.64	549 166	219	105.38	423 940	169	0.62	0.77
2006	252.53	134.63	0.53	167.75	548 122	217	103.14	417 926	165	0.62	0.76
2007	253.99	138.02	0.54	163.93	546 211	215	100.07	411 128	162	0.61	0.75
2008	255.43	220.01	0.86	183.34	622 822	243	102.55	431 843	169	0.56	0.69
2009	257.39	246.14	0.96	165.35	563 748	219	88.46	381 035	148	0.53	0.67

注：本表数据来源于《丽水统计年鉴》，2008年起《丽水统计年鉴》中耕地面积数据来源于丽水市国土资源局。

别是在 1984 年丽水市粮食总产量达到了 92.59 万吨，人均占有粮食达到 406 千克，为历史之最，粮食总产 7 年年均递增 6.67%，是丽水市粮食增长最快的时期；1980—1987 年，人均占有粮食平均为 368.3 千克，达到自给或低水平自给。这一阶段的前期粮食生产的快速增长，主要得益于政府在农村实施的一系列改革措施，特别是通过实行以家庭联产承包为主的责任制和统分结合的双层经营体制，以及较大幅度提高粮食收购价格等重大政策措施，极大地调动了农民生产的积极性，使过去在农业基础设施、科技、投入等方面积累的能量得以集中释放，扭转了粮食长期严重短缺的局面。这一阶段的中后期，由于农资价格上涨，种粮比较效益低，农业投资减少，水利设施失修失管，产业结构调整，粮地面积减少等原因，至使粮食总产逐年下降，粮食自给率又趋下降。

第三阶段为 2000—2009 年，这一阶段在发展粮食生产的同时，积极主动地进行农业生产结构调整，发展多种经营，推广"一优二高"农业，食物多样化发展较快。由于粮地面积减少，特别是早稻面积锐减，粮食总产继续下降。2009 年粮食总产下降到 55.43 万吨，人均占有粮食 221 千克，自给率仅 63%。虽然这一阶段粮食逐年出现负增长，但由于非粮食食物增加，人民的生活质量明显提高。

目前，丽水市城乡居民通过外地粮食调剂，虽然温饱问题已经基本解决，但丽水市各级政府今后对粮食安全问题仍然不能掉以轻心，必须进一步加强粮食生产，增加粮食总量，努力提高粮食自给率，确保粮食安全。

二、丽水市未来粮食消费需求分析

丽水市城乡居民食物消费要走与国民经济增长相适应，与农业资源状况相适应的路子，建立科学、适度的消费模式。各级政府应通过引导消费，既要挖掘粮食生产潜力，又要挖掘非粮食食物生产能力，努力提高粮食自给率。

按照《90年代中国食物结构改革与发展纲要》和丽水市居民的饮食习惯，今后人们食物构成将是高蛋白、中热量、低脂肪的模式，在保证传统膳食结构的基础上，适当增加动物性食品数量，提高食物质量。由于食物结构的变化，直接食用的口粮将继续减少，饲料粮将逐渐增加。这样，通过坚持不懈地发展粮食生产，到2030年丽水市人口出现高峰值时，人均占有粮食400千克左右，其中口粮200多千克，其余转化为动物性食品，就可以满足人民生活水平提高和营养改善的要求。

实现上述消费模式的依据和可能性是：第一，虽然丽水人均占有粮食不可能增加很多，但发展食物多样化生产的前景广阔，随着肉类、禽类、水产品、水果、蔬菜等供给量的继续增加，对口粮消费的替代作用将进一步增大。第二，通过推进养殖业的科技进步，提高饲料报酬率，提高食草型畜禽和水产品等节粮产品的比重，可以减缓对商品饲料粮的过快需求。第三，目前丽水市同全国一样正处在一个食物消费低增长时期。从世界上许多国家的经验看，食物消费达到一定水平后将趋于稳定。丽水作为低收入地区，达到目前城市的食物消费水平已具有超前性，这是由于家庭投资渠道单一，购买力相对集中在食物消费领域所致。今后随着医疗、住房等社会保障制度的改革，人民增加的收入将较多地用在住和行等方面，食物支出占消费支出的比重将逐步下降，食物消费的增长将会低于收入的增长。

根据上述消费模式的发展趋势以及丽水市1991—2004年的人口平均增长率3.07‰推算，未来几十年丽水粮食需求量为：2009年人口为257.39万，按人均占有粮食385千克计算，总需求量达到99.10万吨，其中水稻需求量77.29万吨；2019年人口约266.22万，按人均占有粮食390千克计算，总需求量达到103.83万吨，其中水稻需求量80.98万吨；2029年人口约为275.35万，按人均占有粮食395千克计算，总需求量达到108.76万吨，其中水稻需求量84.84万吨；2039年人口达到284.79万峰值时，按人均占有粮食400千克计算，总需求量达到113.92万吨左右，其中水稻需求量应达到88.85万吨（图25-1）。

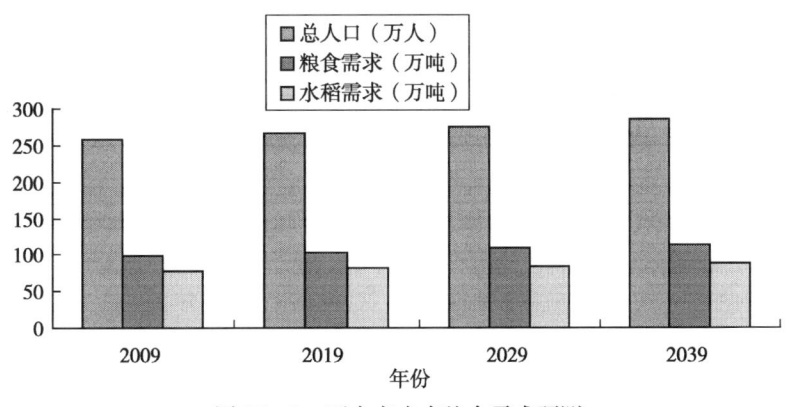

图25-1　丽水市未来粮食需求预测

据调查测算，一般乡村居民人均年消费原粮200～220千克，城镇居民人均年消费原粮80～100千克，丽水市按乡村人口约195万、城镇人口55万计，丽水市口粮消费近48万吨；饲料粮约需40万吨（主要是猪和家禽）；目前工业用粮为10万吨左右；种子粮约万吨。综上分析，预测丽水市粮食需求总量在100万吨左右，与上述分析基本一致。

第二节　丽水市水稻增产的潜力分析

立足国内资源，实现粮食基本自给，是中国解决粮食供需问题的基本方针。同样，丽水市根据现有条件，树立科学发展观，正确运用自然规律，努力促进本市粮食增产，立足本市解决粮食供需平衡问题，即粮食自给率不低于 95%，净进口量不超过本地区消费量的 5%，是可以实现的。

现阶段本市粮食通过调剂已经解决了温饱问题，在未来的发展过程中，丽水市依靠自己的力量实现粮食不断增产，在客观上具备诸多有利因素。

一、提高单位面积产量有潜力

1. 应用优质高产品种　实践证明，在种植面积急剧减少的情况下，推广杂交水稻是增加粮食单产最有效的措施。丽水市自推广杂交水稻以来，粮食产量不断提高。21 世纪超级稻品种的培育成功，又为丽水市水稻单产更上一层楼奠定了基础。2005 年丽水市丽水市种植超级稻 28.96 万亩，其中中浙优 1 号 6.80 万亩、两优培九 4.60 万亩、Ⅱ优明 86 3.90 万亩、协优 9308 3.3 万亩、Ⅱ优 084 2.10 万亩、D优 527 2.00 万亩、Ⅱ优 7954 1.40 万亩、甬优 6 号 0.36 万亩、Ⅱ航优 1 号 0.40 万亩。建立县级以上超级稻示范方 65 个，面积 1.168 万亩，示范方平均亩产 635.7 千克，涌现出 100 亩以上连片亩产超 700 千克的示范方和亩产超 800 千克的高产田块。龙泉市 2005 年下堡畈 105 亩超级稻中浙优 1 号高产示范方，平均亩产达到 716.3 千克，比上年 616.7 千克，增产 16.15%，其中郭生焕农户 2.5 亩高产公关田最高单产达到 811 千克；同年，松阳县青路超级稻示范方的甬优 6 号最高单产达 816.6 千克，创丽水市水稻高产纪录。超级稻的推广应用面积在"十一五"末计划达到晚稻播种面积的 90% 左右。因此，丽水的水稻总产有望上一个新的台阶。

2. 推广先进栽培技术　水稻的增产潜力有多大？据 SRI 的发明人——劳兰来专家测算，水稻的产量潜力可达每亩 2 000 千克。还有专家按 2.5% 光能利用率计算，每亩水稻的产量潜力：早稻 1 000 千克，晚稻 1 200 千克，中稻 1 500 千克。目前，丽水市水稻单产仅约 400 千克，且各县粮食单产水平悬殊，单产高的县超过 450 千克，低的在 370 千克。说明丽水市水稻单产还蕴藏着巨大的增产潜力。

优良品种是增产的内因，而先进的栽培技术措施是增产的必要条件。综观丽水的水稻栽培技术史，无论是哪一阶段，无论是育秧、肥水管理还是病虫草害防治，只要将成熟的先进技术推广应用，就能提高粮食产量。如 20 世纪 80 年代以来推广的水稻模式栽培技术、垄畦栽培技术、水稻配方施肥技术、水稻直播技术、病虫害综合防治技术等的推广应用都充分说明了这一点。目前，丽水市水稻生产为适应新形势的需要，从生态环保、节本增效出发，又大力推广高效生态种植技术，如水稻强化栽培、节水灌溉、秸秆还田、测土配方、减量施肥、省工节本、无公害水稻生产等技术，并表现出明显的经济效益、生态效益和社会效益，具有良好的推广前景。

二、提高土地生产能力有潜力

丽水市耕地后备资源缺乏，增加耕地的可能性极少，但通过努力提高耕地生产力的潜力很大。据土壤普查结果，丽水市水田耕层变浅，耕作层小于 11 厘米的有 92 万亩，占水田总面积的 46.9%；其次是耕地用养失调，忽视培肥地力，近年来水田施肥以化肥为主，有机肥的施用量少。1978 年丽水市绿肥播种面积达到 85.42 万亩，2004 年下降到 17.89 万亩，减少 79.1%；2004 年丽水市施用化肥总量 188 535 吨，氮：五氧化二磷：氧化钾为 1∶0.34∶0.23，与作物需要量相比，养分比例失调的现象仍很严重。据调查丽水市缺磷钾面积为 124.85 万亩，占耕地总面积的 55.2%，其中缺磷面积为 65.74 万亩，占耕地面积的 29%，缺钾面积为 59.11 万亩，占 26%。另外，还有 57.58 万亩低产耕地，没有得到改良。所以，加快标准农田建设，进一步改造冷浸田、烂糊田，加强地力培肥，增施有机肥，合理使用化肥，改善水利、道路设施等是今后丽水市提高耕地粮食生产能力的重要措施。

三、提高粮地复种指数有潜力

丽水市粮地复种指数 1984 年达到 189.6％，2004 年下降到 155.1％；同时，水稻播种面积也从 1984 年的 198.89 万亩下降到 2004 年的 108.16 万亩。说明粮食生产恢复性增长首先要恢复性提高粮地复种指数，提高粮地复种指数重点要提高水稻播种面积。从 1980—2004 年年报统计资料分析，提高水稻播种面积的关键是要提高早稻播种面积，这是因为早稻面积与连晚面积形成有序的发展，即早稻面积 x 与连晚面积 y 同步增减成正相关 $r=0.974\,7$，$y=0.81x+8.23$（图 25 - 2）。丽水市水稻生产工作中，单季稻面积的增加是市场行为，而早稻面积的增加主要应靠政府行为和扶农政策的导向。

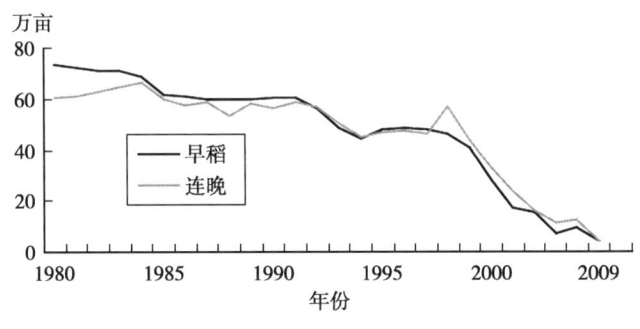

图 25 - 2　早稻连晚面积相关走势图

第三节　提高品质、规模经营是丽水
粮食生产的发展方向

随着社会的进步和人们生活质量的提高，土地经营格局和经营方式也将发生变化，人们对水稻质量要求则更注重是安全、优质。从丽水的实际分析，由于土地分散、工业化程度低、第三产业发展缓慢，从某种角度讲土地规模经营的发展可能会受到一定程度的制约，而发展粮食生产合作组织可能更符合丽水山区实际。丽水是国家级生态示范区，生产优质无公害水稻有着得天独厚的自然条件，也是丽水水稻生产发展方向的优势所在。

一、开发无公害稻米是发展方向

丽水市为国家级生态示范区，境内青山绿水，空气新鲜，工业污染少，为开发优质无公害水稻创造了得天独厚的自然条件。近年来在丽水市推广的中浙优 1 号、粤优 938、两优培九等优质高产品种以及与其相配套的山区主要病虫草害无害化治理技术、稻—鱼—鸭共育生态种养技术等，为开发优质水稻具备了技术基础。通过多年的研究和实践，积累了丰富的生产技术，制定了相关的地方标准，如莲都区的山水牌无公害水稻标准、缙云县的无公害富硒营养水稻标准等，近两年丽水市无公害大米生产面积均在 20 万亩左右。

目前，丽水市有 20 亩以上的种粮大户、粮食生产合作社农户 5 182 户，承包及流转土地面积 4.99 万亩，复种面积 5.97 万亩。2005 年，龙泉市在本市兰巨乡大巨村、桐山村建立 3 000 亩浙江省无公害水稻基地，为顺利实施无公害水稻生产技术操作规程提供了有利条件。同时，丽水市还成立了 4 家粮食生产专业合作社，他们分别为龙泉市龙之玉优质米生产专业合作社、缙云稻生粮油合作社、松阳县西屏镇禾洲香米开发合作社、莲都叶丽勇粮食生产合作社，注册了披云牌、龙之玉、稻生、禾洲、山水牌等商标，并制订相应的无公害优质食用水稻生产标准和技术规程，其中龙泉的龙之玉、缙云的稻生水稻加工还通过国家 QS 认证，生产的无公害优质大米供应市场，深受消费者欢迎，为丽水市优质水稻开发打下了市场基础。

二、实行规模经营是粮食生产重要趋势

众所周知，我国在 20 世纪 70 年代后期到 80 年代粮食产量增长较快的原因，主要是得益于政府在农村实施的一系列改革措施，特别是通过实行以家庭联产承包为主的责任制和统分结合的双层经营体制，极大地调动了农民生产的积极性，扭转了粮食长期严重短缺的局面。但是，后来由于种粮成本较高，粮价偏低，种粮效益相对较低，政府对粮食生产的扶持又不到位，农民的种粮积极性大减，越来越多的农户将多熟稻粮田改种为单季稻，季节性抛荒现象比较普遍。据统计，丽水市 1995—2003 年水田原来种植三熟粮食为主的面积从 15.5 万亩减少到 4.19 万亩，种一熟的面积则从 2.3 万亩扩大到 73.53 万亩，至使粮食总产逐年下降（图 25 - 3）。因此，现有的单家独户经营少量土地已成为增加粮食总量的瓶颈，必须尽快制订相关鼓励政策，促进农村土地流转，扩大土地经营规模，提高土地经营效益，有效增加粮食总量。顺应历史潮流的发展，丽水市农村不断涌现出种粮大户，自发地促进了土地流转，有效地增加了粮食产量。据统计，2005 年丽水市已有 20 亩以上的种粮大户、粮食生产合作社、制种农户 5 182 户，承包及流转土地面积 4.99 万亩，复种面积 5.97 万亩，分别比 2004 年增加 3 793 户，增幅为 273％，增加承包及流转土地面积 2.94 万亩，增幅为 104.73％，复种面积增加 2.37 万亩，增 73.24％，种粮规模效益明显。还有 4 家粮食生产专业合作社，有紧密型社员 395 户，复种面积 7 757.6 亩。由此可见，在农村实行土地流转、规模经营是丽水市粮食生产发展趋势。

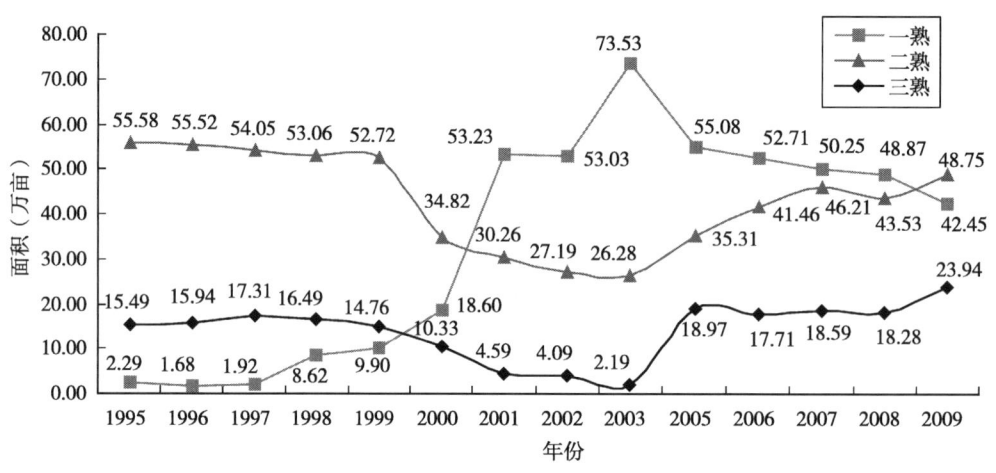

图 25 - 3　丽水市 1995—2009 年水田粮食种植熟制变化

粮食生产是一个永恒的主题。"为政之要，首在足粮"，粮食稳，则天下稳。水稻是丽水市的主要粮食作物，因此，采取有效措施，抓好丽水水稻生产对稳定丽水粮食至关重要。只要丽水市各级政府正视现实，研究制定水稻生产的扶持政策，在经济布局和工作指导上，继续严格执行保护耕地和生态环境的基本国策，实施科教兴农和可持续发展两大战略，推动农业经济体制和农业增长方式的根本性转变；农业技术推广部门针对水稻这一主要粮食作物不断研究和推广新技术，丽水市稻作生产水平就会有较大的提高，就有可能实现丽水粮食综合生产能力的稳步增长，提高粮食自给率。

附　　录

附录1
丽水市民国时期农家水稻栽培品种名录

    1. 籼稻（54个）   丽水老农场稻、团头天花落、红米花谷儿、嘉兴白皮、高树晚京、矮树晚京、仰天曲、长城谷、齐头黄、白念惯、黄胖稻、叶下坑、龙凤尖、红银秋、自驮稻、长芒稻、细粒谷、九月冬、乌谷儿、白米儿、高山红、云和兆、红米兆、浪善兆、老鼠牙、细叶青、大叶青、金华早、温州种、温州晚、兰溪白、九罗黄、西瓜红、红脚早、早乌皮、早三倍、雷公早、登时黄、大叶孟、小叶孟、大花早、小花早、千棒槌、九黄禾、龙泉稻、孟早、晚成（金华稻）、早黄、谷儿、花谷、蒙丁、地暴、良善、鸣谷。

    2. 粳稻（15个）   篾筛早粳、有芒沙粳、红壳芒谷、八月黄、大冬晚、野猪粳、野猪芒、早晚粳、土芒谷、鼓浪粳、猪毛簇、野香粳、早晚粳、红须粳、荔枝红。

    3. 糯稻（23个）   淮南糯、珍珠糯、大冬糯、草鞋糯、本地糯、早糯稻、火烧糯、白壳糯、乌壳糯、红壳糯、野猪糯、红嘴糯、乌嘴糯、观音糯、松花糯、齐白糯、花早糯（籼型）、徽州糯（籼型）、西洋糯、红糯、水糯、寒糯、山谷。

附录 2
丽水市 20 世纪 50～70 年代常规稻主要推广品种名录

（一）50 年代

1. 籼稻　南特号、南稻、南特 16 号、陆财号、江南 1224、晚籼 9 号、三秀京、早籼 503、龙山京、硬头京、6505、胜利籼、义乌早、雷公早、早黄、晚稻大荆白。

2. 粳稻　原子二号、老来青、海防、宁丰、农林 10 号、青森 5 号、新太湖青。

3. 糯稻　台山早糯、红糯 2 号。

（二）60 年代

1. 籼稻　矮脚南特、广场矮、珍珠矮、二九矮、江矮早、恶打矮、矮珍、团粒矮、莲塘早。

2. 粳稻　农垦 58、台中育 39、农虎 6 号、京湘晚粳、滇海 1 号、铁路稻、船工稻、桐青早。

3. 糯稻　82 鉴 4、台 86、早沂糯、测矮糯、桂宁糯、京香中糯、京香早糯、云农糯、双二糯、虎丹糯。

（三）70 年代

1. 籼稻　先锋 1 号、青小金早、南特占、二九青、二九南、红梅早、广陆矮 4 号、温革、温珍、龙非 13、珍龙 13、珍汕 97、矮硬头京、珍汕 93、圭陆矮（3、6、8 号）、原丰早、先龙、科字选、科梅 4 号、井岗山 1 号、早金凤 5 号、军协、秋白早、珍电早、白壳晚、竹科 2 号、窄叶青、温选青、爱武、青秆黄。

2. 粳稻　祥湖 48、加湖 4 号、台北 8 号、湘虎 56、矮粳 23、中丹 2 号、沪选 19、熊交 51、陆羽 32、金糯 18 号、农红 73、南粳 32、武农早。

3. 糯稻　丽水糯、双糯 4 号、湘矮糯、绍糯 2 号、台中糯、桂糯 80、甲农糯、虹糯、京引（88、15、56）。

附录 3
汕优 6 号制种技术要点

1. 确定播差　针对丽水区地形地貌复杂、自然条件悬殊的特点及影响制种产量提高的雨日、雨量和温度，结合汕优 6 号组合父母本抽穗扬花对温度和湿度的要求，确定理想的抽穗扬花期，同时考虑海拔高度的变化作适当的调整（每升高 100 米抽穗扬花期提前 2～3 天）。在差期安排上根据 IR26 和珍汕97A 主茎叶片数和播始历期相对稳定的特点，掌握"叶差为依据，时差来效正"的原则，确定叶差7.5～8.0 片，时差 28～30 天。

2. 扩大行比　1981 年前丽水区制种行比一般为 1∶5～6，之后扩大到 1∶7～8 和 1∶8～10。根据不同行比试验，在父本花粉量充足的情况下，行比 1∶9 范围内各行结实率无显著差异（表 1），在一定行比范围内，每扩大一个行比可亩增产 20～30 千克。

表 1　汕优 6 号组合 1∶9 行比各行母本结实情况调查

编号	丛有效穗	丛总粒数	丛实粒数	结实率（%）	位次
1	10.0	1 044.0	459.5	44.01	2
2	9.5	1 067.5	428.0	40.09	6
3	10.0	1 124.9	455.0	40.46	4
4	9.0	879.9	353.0	40.14	5
5	9.0	906.5	367.0	40.49	3
6	10.0	1 005.5	361.5	35.95	7
7	9.0	927.5	330.0	35.59	8
8	10.0	1 042.5	355.5	34.10	9
9	12.0	1 294.0	600.1	47.20	1

3. 培育壮秧　秧田要求施足基肥，早施、少施追肥，注意加强病虫防治。控制播种量，一般父本用种量为 0.2～0.3 千克，母本用种量 1.1～1.3 千克，秧田播种量 10～15 千克，2 叶 1 心期进行删密补稀。适龄移栽，IR26 26～28 天，珍汕 97A 15～18 天。做到带泥、带肥、带药下田，不捆不扎，分级插秧。

4. 科学肥水管理，促进父母双发　施足基肥，亩施肥量 3 350～3 500 千克，基肥占 50%～60%，父本移栽前用栏肥打底，母本移栽前用速效肥作面肥，做到磷、钾肥配合。追肥在移栽后 5 天使用，父本采用塞秧根，母本结合耘田亩施尿素 8～10 千克、磷肥 15 千克、钾肥 8 千克。第二次看苗补施。水浆管理重点抓搁田，增强根系活力直到成熟防止早衰。

5. 抓辅助措施落实，提高异交结实率　一是适喷赤霉素减轻包茎，提高柱头外露率。亩用量 5～6克，始穗期开始施用，隔 1～2 天再喷 1 次，连续 2～3 次，先轻后重。二是轻割叶一般在抽穗 10% 左右进行，根据苗势结合喷施赤霉素加尿素实行根外追肥。三是增加人工授粉次数，始花开始，每隔半小时进行 1 次，人工授粉应采用竹竿推赶，改变用绳拉的方法，提高授粉质量。

附录 4
水稻栽培试验记载标准

一、生育特性

1. 播种期　实际播种日期，以月/日表示。

2. 移栽期　实际移栽日期，以月/日表示。

3. 秧龄　播种次日至移栽日的天数。

4. 始穗期　10%茎秆稻穗露出剑叶鞘的日期，以月/日表示。

5. 齐穗期　80%茎秆稻穗露出剑叶鞘的日期，以月/日表示。

6. 成熟期　籼稻85%以上、粳稻95%以上实粒黄熟的日期，以月/日表示。

7. 全生育期　自播种次日至成熟之日的天数。

二、主要农艺性状

1. 基本苗　移栽返青后在第Ⅰ、Ⅲ重复小区相同方位的第3纵行第3穴起连续调查10穴（定点），包括主苗与分蘖苗，取2个重复的平均值，折算成每亩基本苗，以万/亩表示，保留小数点后1位。生产试验、筛选试验不查苗，要求记载项目见记载表。

2. 最高苗　分蘖盛期在调查基本苗的定点处每隔3天调查1次苗数，直至苗数不再增加为止，取2个重复（单元）最大值的平均值，折算成每亩最高苗，以万/亩表示，保留小数点后1位。

3. 分蘖率　（最高苗-基本苗）/基本苗×100，以%表示，保留小数点后1位。

4. 有效穗　成熟期在调查基本苗的定点处调查有效穗，抽穗结实少于5粒的穗不算有效穗，但白穗应算有效穗。取2个重复（单元）的平均值，折算成每亩有效穗，以万/亩表示，保留小数点后1位。

5. 成穗率　有效穗/最高苗×100，以%表示，保留小数点后1位。

6. 株高　在成熟期选有代表性的植株10穴（生产试验20穴），测量每穴之最高穗，从茎基部至穗顶（不连芒），取其平均值，以厘米表示，保留小数点后1位。

7. 耐寒性　早稻苗期在遇寒后根据叶色、叶形变化记载苗期耐寒性，中、晚稻孕穗抽穗期及后期遇寒后根据叶色、叶形、谷色及结实情况记载中后期耐寒性，分强、中、弱3级。

8. 群体整齐度　根据长势、长相、抽穗情况目测，分整齐、一般、不齐3级。

9. 杂株率　在抽穗前后适当阶段调查明显不同于正常群体植株的比例，以百分率（%）表示，保留小数点后1位。

10. 株型　分蘖盛期目测，分紧束、适中、松散3级。

11. 叶色　分蘖盛期目测，分浓绿、绿、淡绿3级。

12. 叶姿　分蘖盛期目测，分挺直、一般、披垂3级。

13. 长势　分蘖盛期目测，分繁茂、一般、差3级。

14. 熟期转色　成熟期目测，根据叶片、茎秆、谷粒色泽，分好、中、差3级。

15. 倒伏性　记载发生日期、面积（%）和程度。倒伏程度分直、斜、倒、伏4级。直：茎秆直立或基本直立；斜：茎秆倾斜角度小于45度；倒：茎秆倾斜角度大于45度；伏：茎穗完全伏贴于地。

16. 落粒性　成熟期用手轻搓稻穗，视脱粒难易程度分难、中、易3级。难：不掉粒或极少掉粒；

中：部分掉粒；易：掉粒多或有一定的田间落粒。

三、主要经济性状

收获前 1～2 天，在同一重复的保护行非边行中每品种取有代表性的植株 3 穴（中籼和单季晚粳 2 穴），作为室内考种样本。生产试验、筛选试验不考种。

1. 穗长　穗节至穗顶（不连芒）的长度，取 3（或 2）穴全部稻穗的平均数，以厘米表示保留小数点后 1 位。

2. 每穗总粒数　3（或 2）穴总粒数/3（或 2）穴总穗数，保留小数点后 1 位。

3. 每穗实粒数　3（或 2）穴充实度在 1/3 以上的谷粒数及落粒数之和/3（或 2）穴总穗数，保留小数点后 1 位。

4. 结实率　每穗实粒数/每穗总粒数×100，以％表示，保留小数点后 1 位。

5. 千粒重　在考种后完全晒干的实粒中，每品种各随机取两个 1 000 粒分别称重，其差值不大于其平均值的 3％，取两个重复的平均值，以克表示，保留小数点后 1 位。

四、产量测定

按品种成熟先后及时收获，分小区（大区）单收、单晒、称产，稻谷完全晒干（含水量籼稻 13.5％，粳稻 14.5％）扬净后称重，以千克表示，保留小数点后 2 位。

五、对主要病害的田间抗性

1. 叶瘟　分无、轻、中、重 4 级记载，记载标准见附表。

2. 穗颈瘟　分无、轻、中、重 4 级记载，记载标准见附表。

3. 白叶枯病　分无、轻、中、重 4 级记载，记载标准见附表。

4. 纹枯病　分无、轻、中、重 4 级记载，记载标准见附表。

六、品种综合评价

根据品种在本试点产量、抗性、熟期、米质以及主要农艺性状的综合表现对品种作"好（A）、较好（B）、中等（C）、一般（D）"4 级评定，并简要说明其主要优、缺点。

附水稻田间抗病性记载标准表

病类	级别	病情
叶瘟	无	全部没有发病
	轻	全试区 1％～5％面积发病，病斑数量不多或个别叶片发病
	中	全试区 20％左右面积叶片发病，每叶病斑数量 5～10 个
	重	全试区 50％以上面积叶片发病，每叶病斑数量超过 10 个
穗颈瘟	无	全部没有发病
	轻	全试区 1％～5％稻穗及茎节发病，有个别植株白穗及断节
	中	全试区 20％左右稻穗及茎节发病，植株白穗及断节较多
	重	全试区 50％以上稻穗及茎节发病
白叶枯病	无	全部没有发病
	轻	全试区 1％～5％左右面积发病，站在田边可见若干病斑
	中	全试区 10％～20％面积发病，部分病斑枯白
	重	全试区一片枯白，发病面积在 50％以上

（续）

病类	级别	病　情
纹枯病	无	全部没有发病
	轻	病区病株基部叶片部分发病，病势开始向上蔓延，只有个别稻株通顶
	中	病区病株基部叶片发病普遍，病势部分蔓延至顶叶，10％～15％稻株通顶
	重	病区病株病势大部蔓延至顶叶，30％以上稻株通顶

（续）

附录 5
小麦、大麦栽培试验记载标准

一、生育期记载（以月/日表示）

1. 播种期 实际播种日期。

2. 出苗期 丽水地区有 50% 以上幼芽露出地面 1 厘米时的日期。

3. 分蘖期 丽水地区有 50% 以上植株的第一个分蘖露出叶鞘 1 厘米时的日期。

4. 拔节期 丽水地区有 50% 植株的主茎节已伸长高出地面 2 厘米时的日期，用手指由基部向上摸测决定，或剥开叶梢验证。

5. 孕穗期 丽水地区有 50% 植株的剑叶全部露出叶鞘，茎秆中上部呈纺锤形时的日期。

6. 抽穗期 丽水地区有 50% 以上茎秆的顶端小穗露出叶鞘时的日期。

7. 完熟期 有 50% 以上子粒已坚硬，指甲划不碎时（注：子粒性状以穗中部小穗为准）的日期。

8. 收获期 实际收割的日期。

9. 生育天数 出苗期至拔节期、抽穗期、成熟期，分别计算各生育阶段或全生育期天数。

二、生育动态考查

1. 播种量 每亩实际播种数量（千克/亩）。

2. 基本苗数 大田一般选择有代表性样点 4～5 点，试验小区选择有代表性样点 2 点。每一个样点取 1 米²。数清样方内基本苗数，求出每亩基本苗数。

每亩基本苗数＝样方内测得的平均基本苗数×667 米²×土地利用率

（一）每亩总苗数

1. 越冬期和拔节期总苗数 越冬期在固定取样区内，数清样方内总苗数，按每亩基本苗的求法，求出越冬期总苗数，或以越冬期的平均单株茎蘖数乘每亩基本苗数，求得越冬期每亩总苗数；同样，在拔节期测定拔节期的总苗数。

2. 每亩最高苗数 即在分蘖终止时在固定取样区内，数清样方内总苗数，按每亩基本苗的求法，求出每亩最高苗数，或以分蘖终止时的单株茎蘖数乘每亩基本苗数，求得每亩最高苗数。

（二）苗高

从苗的基部量至最高叶片顶端的高度。

（三）叶面积和叶面积系数

1. 单株叶面积及每亩叶面积 定点取有代表性苗株 25 株，分别测定每一叶片的长和宽（一般测定具有同化能力的绿色叶片）再根据以下公式求出单株叶面积。

$$单株叶面积（厘米^2）＝\frac{叶片总和×叶长×叶宽}{1.2×株数}$$

亦可用称重法测定单株叶面积，即：

$$单株叶面积＝\frac{叶片总重量×小样叶面积}{小样叶面积重量}$$

单株叶面积乘每亩总株数即得每亩叶面积。

2. 叶面积系数

$$叶面积系数 = \frac{单株叶面积(厘米^2) \times 每亩总株数 \times 15}{100\,000\,000(厘米^2)}$$

三、特性鉴定

1. 耐寒性　冻害记载分四级：①无冻害。②叶尖受冻发黄。③叶片冻死一半。④叶片全部枯萎或植株冻死。于每次冻害发生后记载，并记明发生时期及低温情况。小区内冻害程度不一致时，可同时记下几个等级，并表明那一级为多数。如有 1、3、4 级，以 3 级为多，可定 1-3-4。

2. 耐旱性　共分四级：

一级：大部分叶片荡缩，并失去应有光泽。

二级：大部分叶片向内卷成针状，其余叶片萎缩或失去光泽。

三级：有较多叶片卷成针状，其余叶片严重萎缩。

四级：叶片卷缩严重，下部叶片已开始变淡或变枯。

3. 耐湿性　分强、中、弱三级。在低洼地区或多雨年份观察，用文字叙述各级的表现。

4. 耐盐碱性　分强、中、弱三级。在盐碱性地区观察耐盐碱的程度，并用文字叙述各级的表现。

5. 倒伏性　每次倒伏均须记载倒伏的时间，原因，茎倒还是根倒，恢复情况等。最后一次应在乳熟至蜡熟期间记载。

(1) 倒伏面积。 记载倒伏面积的百分率。

(2) 倒伏程度。 分斜、倒、伏三级。植株与地面成 15°角为斜；成 45°角为倒；成 90°角为伏。

6. 落粒性　在完熟期测定，分三级：

一级：用手搓压方可落粒，一般颖与穗轴接触面大。

二级：不易自动落粒，一般颖与穗轴接触面中等。

三级：麦粒成熟后稍一触动即行落粒，一般颖与穗轴的接触面小。

7. 发病率　在小区内取有代表性点 2 点，每点计数 100 根麦秆中的病秆数，计算百分率。

$$发病率(\%) = \frac{发病穗(茎秆)}{丽水地区穗(茎秆)数} \times 100$$

四、植株性状调查

1. 株高　乳熟以后在田间选择能代表绝大多数植株高度的典型植株，测量从地面至穗顶（不连芒）的高度（厘米）。

2. 茎粗　分粗、中、细三级。量地上部第 2 节间中部茎的直径粗度，大于 6 毫米为粗；小于 4 毫米为细；介于两者之间为中。

3. 穗长　量 5 株主茎穗长（厘米），求平均值（若考种资料需与产量作比较分析，则以 25 株的全部麦穗，包括分蘖穗，加以考查）。

4. 有效穗数　一般大田选择有代表性取样点 4～5 点，试验小区选择有代表性 2 点。每一个取样点取 1 米²，数清样方内有效穗数，求出每亩成穗数。

$$每亩成穗数 = 取样点平均有效穗数 \times 667 \times 土地利用率$$

5. 有效分蘖率　分蘖高峰期在固定取样区内，数清茎蘖数，再在蜡熟期数清有效穗数，而后求得有效分蘖率。

$$有效分蘖率 = \frac{取样点平均有效穗数}{样点内最高茎蘖数} \times 100\%$$

6. 每穗粒数　取有代表性植株 25 株，先数清穗数，而后将所有穗全部脱粒，数清总粒数，求得每穗平均粒数。或在某些试验中取 25 个植株的主穗，脱粒后数其总粒数，求得主穗平均每穗粒数。

7. 千粒重　以晒干扬净的子粒为标准，混匀样品后任取 1 000 粒称其重量，以两次重量相差不大于其平均值的 5%时为准。如大于 5%，则需另取 1 000 粒称重，以相近的两次称重平均值为千粒重。

8. 谷草比例及经济系数　取 6.67 米² 上所生产的子粒干重与同面积齐泥割下的稿秆干重，或以考种材料的样本，将子粒与稿秆分别进行晒干或烘干称重，然后计算其比值。

$$谷草比例 = \frac{子粒干重}{稿秆干重}$$

$$经济系数 = \frac{子粒干重}{子粒干重 + 稿秆干重}$$

9. 实际产量　实际收获晒干扬净的麦粒重量（注意实收面积）折算成每亩产量。试验小区收获时应去边行。

10. 理论产量　以考种结果（每穗实际粒数，千粒重）和每亩有效穗数折算成理论产量，计算公式如下：

$$理论产量(千克/亩) = \frac{每亩穗数 \times 每穗实粒数 \times 千粒重(克)}{1\,000 \times 1\,000}$$

附录6
甘薯栽培试验记载标准

一、生育期记载（月/日）

1. 排种期　种薯排入苗床的日期。

2. 出苗期　幼苗出土 10% 时为出苗始期、50% 为出苗期、70% 为出苗盛期。

3. 栽插期　实际栽插的日期。

4. 还苗期　栽插后有 50% 以上植株新叶展开生长或腋部发出新芽的日期。

5. 分枝期　有 50% 以上植株腋芽伸长并展开两张叶片的日期。

6. 薯块形成期　挖根调查 50% 以上植株根部有明显膨大，形成直径为 2 毫米以上的薯块时为薯块形成期。

7. 封垄期　茎叶开始覆盖垄底（短蔓种覆盖垄面）的日期。

8. 落黄期　叶色明显由绿变黄的日期为落黄期。

9. 收获期　实际收获的日期。

二、形态特征考查

1. 株型　分直立、半直立、匍匐、攀缘 4 种。

2. 叶柄长（厘米）　选择有代表性叶片 10 张，测定叶柄长，取其平均值。

3. 茎粗（厘米）　选择具有代表性植株上的最长蔓 10 条，调查距顶叶下第 9 片叶和第 10 片叶之间茎粗最宽部位，取其平均数或进行目测，分粗、中、细 3 级。

4. 节间长度（厘米）　自最长蔓顶端下第 10 节开始，量 10 节的长度，求其平均数。

5. 主蔓长度（厘米）　指最长蔓长度，收获时测定 10 株，求其平均数。其标准分：长（200 厘米以上），中（200～100 厘米），短（100 厘米以下）3 级。

6. 分枝数　测茎基部 30 厘米半径范围以内的分枝数，求 10 株平均数，蔓长在 10 厘米以下的分枝不计。

7. 大小薯比率　取 10 株分大（250 克以上）、中（100～250 克）、小（100 克以下）3 级分别称重，求得各自所占百分率。

8. 结薯习性　插后 20～40 天分期挖根调查记载，分早、中、晚 3 类。

9. 耐旱性　在干旱期间调查地上部凋萎、枯黄程度及恢复的快慢；挖根调查地上部及薯块增长速度，结合产量进行评定，用强、中、弱表示。

10. 耐湿性　调查雨涝后田间薯块腐烂和硬心程度，以及在潮湿条件下薯块增长速度，评定该品种的耐湿性，用耐湿、较耐湿、不耐湿表示。

11. 耐肥性　调查高肥水条件下，茎叶生长状况及薯块产量高低，用耐肥、中等耐肥、不耐肥表示。

三、生长动态

1. 茎叶重（克）　分期取样 10 株，称茎叶重量，并测定烘干率，折算为单株重量或单位面积重量。

2. 薯块重（克）　在测茎叶重量的同时，称薯块重量，并测定烘干率，折算为单株重量或单位面积重量。

3. 茎叶重/薯块重（T/R）　T/R 表示地上、地下部比值，以此说明甘薯生长过程中地上，地下部养分的分配状况。

4. 叶片数　取 10 株，计算单株功能绿叶数，同时调查黄叶和落叶数。

5. 叶面积系数　在单位面积上绿叶面积的总和与土地面积之比，称为叶面积系数。一般用称重法测定：取样 10 株，称叶片总重，再选择具有代表性的叶片 20～100 片，用已知面积的打孔器在叶片主脉由叶尖向下 1/3 处取样，或用刀在叶片中部切取一定面积（长 2 厘米、宽 1 厘米），然后称鲜重克数，算出每克重量的叶面积，再求出样本总面积，进一步算出叶面积系数，计算公式为：

$$样本总面积 = 取样叶片鲜重（克）\times 每克叶重的面积（平方厘米）$$

$$叶面积系数 = \frac{样本总叶面积（厘米^2）}{取样土地面积（厘米^2）}$$

或：算出单株叶面积，再算出叶面积系数。

$$叶面积系数 = \frac{单株面积（厘米^2）\times 每亩总株数}{100\ 000\ 000（厘米^2）}$$

6. 茎和叶柄重　测定叶面积系数时，摘下叶片后称茎和叶柄重量。

7. 叶片和茎（V）/叶柄重（S）比　表明地上部养分分配情况。

四、经济性状

1. 茎叶鲜产量（千克）　测定一定面积上的茎叶鲜重，再折算成每亩产量。

2. 茎叶干产量　取有代表性的茎叶 0.5～1.0 千克烘干，求茎叶干物率。以茎叶鲜产量×茎叶干物率，得茎叶干产量。

3. 薯块鲜产量（千克）　按小区鲜薯产量折算亩产。大田鲜薯测产，可用对角 5 点取样，每点取 20 株。

$$每亩鲜薯产量（千克） = \frac{5\ 样点产量之和}{5\times 20}\times 每亩种株数$$

4. 切干率　选有代表性薯块 1～2（千克），切片（或切丝）晒干至恒重，或用 80～100℃烘至恒重为准（晒干或烘干须加注明）。

$$切干率 = \frac{干重}{鲜重}\times 100\%$$

5. 薯干产量　根据切干率折算每亩薯干产量，每亩薯干产量＝每亩鲜薯产量×切干率。

6. 经济产量系数　用植株（茎叶和薯块）总干重除薯块干重求得。

$$经济产量系数 = \frac{薯块干重}{植株干重}\times 100\%$$

附录 7
大豆栽培试验记载标准

一、生育期记载（以月/日表示）

1. 播种期　实际播种日期。

2. 出苗期　丽水地区出苗达 60% 的日期为出苗期。

3. 始花期　丽水地区 10% 的植株开花的日期为始花期。

4. 盛花期　丽水地区 60% 的植株开花的日期为盛花期。

5. 终花期　丽水地区植株 80%～90% 花已开过的日期。

6. 采摘期（鲜食）　大豆鼓粒后期，豆粒饱满，荚色翠绿时。

7. 成熟期　籽粒形和皮呈固有形状，有 50% 以上子粒已坚硬，指甲划不碎时。

8. 收获期　实际收获日期。

二、植株性状调查

1. 花色　一般分花白、紫色。

2. 叶形状　记载狭长、稍狭、宽。

3. 叶色　一般淡绿、绿、浓绿。

4. 株型　分 4 级。

一级：直立性。

二级：亚直立性（上部呈波状摆动）。

三级：缠绕性（有强度缠绕倾向）。

四级：匍伏性（完全缠绕匍伏地面）。

5. 株高　自地面或茎基子叶痕处到主茎顶端的高度（厘米）。在成熟期进行测定。一般测 1～2 点，每点连续测量 10 株，取其平均数。

6. 分枝数　主茎的分枝数。一般测定 1～2 点，每点连续测量 20 株，取其平均数。

三、特性鉴定

1. 倒伏性

（1）目测倒伏面积，用百分率（%）表示。

（2）倒伏程度分为轻、重、严重三级。轻倒伏未超过 15°；重倒伏在 15～45°；严重倒伏超过 45 度。同时还需记载倒伏日期、原因恢复情况等，最后一次应在乳熟至蜡熟期间记载。

2. 结荚习性　分无限结荚习性，亚有限结荚习性，有限结荚习性。

3. 裂荚性　分为不裂荚，易裂荚（日晒或手触　即有部分裂荚），裂荚（成熟时几乎全部自然开裂）。

4. 荚熟色　分灰褐、褐、暗褐、黑等色。

四、经济性状测定

1. **节数**　从子叶痕处开始计算。一般测定 1～2 点，每点连续测定 10 株，求其平均数。
2. **单株荚数**　即一株所结荚数。一般测定 1～2 点，每点连续测定 10 株，求其平均数。
3. **单株粒数**　即一株所结的粒数。一般测定 1～2 点，每点连续测定 10 株，求其平均数。
4. **籽粒形状**　分半椭圆、椭圆、滴圆、肾圆、长椭圆形等。
5. **百粒重**　取 100 粒称其重（克），重复 3 次，求其平均数。
6. **籽粒颜色**　分黄、黑、青等。黄色中再分黄、淡黄、白黄、浓黄、暗黄等。黑、青则相同。
7. **不实粒率**

$$不实粒率 = \frac{外观籽粒数 - 实有籽粒数}{外观籽粒数} \times 100\%$$

8. **产量**　小区实际产量，并折合亩产。

附录 8
蚕豆栽培试验记载标准

一、生育期记载（以月/日表示）

1. 播种期 记实际播种的日期。

2. 出苗期 丽水地区有 50% 幼苗出土的日期为出苗期。

3. 分枝期 丽水地区有 50% 植株的茎基部侧芽伸长 1 厘米为分枝期。

4. 现蕾期 丽水地区有 50% 植株现蕾时为现蕾期。

5. 开花期 丽水地区有 50% 株数开花的日期。

6. 采摘期（鲜食）

7. 成熟期 丽水地区有 80% 植株中部荚果发黑的日期。

二、植株性状调查

1. 植株色泽 幼苗期分绿、红绿色，出苗后 7～10 天内观察幼茎色泽；开花期观察茎色分绿、紫红色；成熟期观察成熟期茎色分青、黄绿、黑色。

2. 株高（厘米） 从地面第一茎节起至植株顶部的长度。

3. 有效分枝数 单株所有能结有效荚的分枝数。

4. 单株荚数 一株所结的有效荚数。

5. 每荚实粒数 取 100 荚进行考查。

$$每荚实粒数 = \frac{N荚 \times 1 粒荚数 + N荚 \times 2 粒荚数 + N荚 \times 3 粒荚数 + \cdots\cdots}{总荚数}$$

6. 百粒重 取 100 粒称重（克），重复 3 次，取其平均数。按百粒重高低分为大粒、中粒、小粒种或大板、中板、小板种。一般 90 克以上称大粒或大板，60～90 克称中粒或中板，60 克以下称小粒或小板。

7. 籽粒性状 粒色分紫红、褐、白、黄绿、青；脐色分黑、黄绿；种皮光泽分有光、无光；籽粒形态（以粒宽、厚表示），分阔薄型、中薄型、中厚型、窄厚型等。

8. 产量 小区收获的籽粒风干后的重量，折算成千克/亩。

9. 抗寒性 用受冻害的百分率及冻害严重度表示。一般严重度分 3 级：生长正常或个别叶片受冻，叶缘发黑为 1 级；植株部分叶片受冻呈现黑斑，个别叶片死亡为 2 级；植株大部分叶片发黑死亡，主茎或个别分枝枯萎死亡，或全株死亡为 3 级。

附录9
玉米栽培试验记载标准

一、生育期记载（月/日表示）

1. 播种期 播种当天的日期。

2. 出苗期 丽水地区苗高 2～3 厘米的幼苗达 60％以上的日期。

3. 拔节期 丽水地区 60％以上的植株基部茎节开始伸长，解剖观察，雄穗生长锥开始伸长的日期。

4. 大喇叭口期 丽水地区 60％以上的植株上部叶片呈现喇叭口形，解剖观察，雌穗进入小花分化期，雄穗进入四分体期的日期。

5. 抽雄期 丽水地区 60％以上的植株雄穗尖端露出顶叶 3～5 厘米的日期。

6. 吐丝期 丽水地区 60％以上的植株雌穗花丝露出苞叶的日期。

7. 采摘期（鲜食） 玉米采摘的日期（丽水地区 60％以上的果穗籽粒用指甲划还有浆汁溢出，约授粉后 25～28 天）。

8. 成熟期 丽水地区 90％以上的植株籽粒硬化，在籽粒基部出现黑色层，并呈现出品种固有的颜色和光泽。

9. 生育期 从播种至成熟所经历的天数。

10. 收获期 玉米成熟收获的日期。

二、植株性状调查

1. 植株高度 在成熟期选取有代表性的植株 10～20 株，测量植株从地面至雄穗顶部的高度，求的平均数，以厘米表示。

2. 穗位高度 在成熟期选取有代表性的植株 10～20 株，测量植株从地面至最上部果穗着生节的高度，求的平均数，以厘米表示。

3. 穗位比 穗位高度占全株高度的百分比

$$穗位比 = \frac{穗位高度}{植株高度} \times 100\%$$

4. 茎粗（厘米） 选有代表性植株 10～20 株，测定地上部近地面第三节间扁圆一面直径。

5. 叶片数

(1) 展开叶数。上一叶的叶环从已展开的叶鞘中露出，即为新展开叶。新展开叶与其下已展开叶相如，即为展开叶片数。

(2) 可见叶片数。拔节前心叶露出 1～2 厘米，拔节后露出 5 厘米的叶片数。

(3) 总叶片数。植株所有叶片数的总和。

6. 叶片面积

(1) 单叶叶面积。

$$A = L \times W \times 0.75$$

A 表示面积（厘米^2）；L 为叶长（厘米），即从叶环至叶尖的长度；W 为叶的宽度（厘米），即叶片最宽处；0.75 为系数。

(2) 单株叶面积 （厘米²）。植株各叶片叶面积的总和。

(3) 叶面积指数。

$$叶面积指数 = \frac{单株叶面积(厘米^2) \times 单位土地面积内株数}{单位土地面积(厘米^2)}$$

7. 倒伏度　植株倒伏倾斜度大于 45 度作为指标，倒伏程度分轻（Ⅰ）中（Ⅱ）、（Ⅲ）3 级。倒伏占 1/3 以下者为轻，1/3～2/3 为中，超过 2/3 者为重。

8. 折断率　从植株果穗下部折断的株数占调查株数的百分比（％）。

9. 病虫株率　分别统计受不同病、虫为害的株数占调查株数的百分比（％）。

10. 空秆率　收获时计数籽粒在 30 粒以下及尚处于乳熟期的植株株数占丽水地区总株数的百分比（％）。

11. 双穗率　收获时计数丽水地区结双穗的株数占总株数的百分比（％）（籽粒在 30 粒以下及尚处于乳熟期的植株不计）。

12. 每亩有效穗　每亩实收株数与单株有效穗数的乘积。

三、室内考种项目

1. 穗长（厘米）　收获后取有代表性的果穗 10 穗，测量穗长（包括秃顶），求其平均值。

2. 穗粗（厘米）　用已测穗长的果穗，量果穗中部的直径，求其平均值。

3. 秃顶长度（厘米）　用已测穗长的果穗，测量穗部顶端未结籽粒处的长度，求其平均值。

4. 秃顶率　秃顶穗数占调查总穗数的百分比（％）。

5. 穗行数　用已测穗长的果穗，计数果穗中部的籽粒行数，求其平均值。

6. 行粒数　用已测穗长的果穗，每穗数一行中等长度的籽粒数，求其平均值。

7. 千粒重（克）　取干燥种子两份，每份数 500 粒，称重后相加即为千粒重。若两分种子的重量相差 4～5 克以上时，需称第 3 份，以相近的两个数相加得千粒重。

8. 籽粒出产率　籽粒干重占果穗干重的百分比，计算公式：

$$籽粒出产率 = \frac{籽粒干重}{果穗干重} \times 100\%$$

附录 10
高粱栽培试验记载标准

一、生育期记载（月/日表示）

1. 播种期　实际播种日期。

2. 出苗期　丽水地区 50％以上的幼苗子叶露出土面时，为出苗期。

3. 抽穗期　丽水地区有 50％以上植株穗部露出顶叶鞘时，为抽穗期。

4. 成熟期　在丽水地区籽实开始变硬（70％以上达到蜡熟期），色泽、大小达到正常状态时为成熟期。

5. 全生育期　出苗期到成熟期所需天数。

6. 生育历期（天）　指出苗至各生育阶段的天数。

二、植株性状调查

1. 苗色　分绿、红、紫三种。

2. 植株高度（厘米）　选代表性的植株 10～20 株，计算其平均高度。

3. 有效分蘖率（％）　成熟时 5 点取样，每点连续取 5～10 株。

$$有效分蘖率 = \frac{5\ 点有穗茎数}{5\ 点总株数} \times 100\%$$

4. 千粒重（克）　脱粒后数取 1 000 粒称重，重复 2～3 次，取其平均值。

5. 产量（千克）　小区实收产量，折合成亩产。

三、倒伏

成熟期目测调查用％表示。一般植株倾斜度大于 45°，视倒伏（遇风、雨、冰雹等自然灾害影响造成暂时性倒伏，要作调查记载）。

附录 11
粟栽培试验记载标准

一、生育期记载（月/日表示）

1. 播种期　实际播种日期。

2. 出苗期　丽水地区幼苗出土高 3 厘米，出苗达 60% 时为出苗期。

3. 分蘖期　丽水地区幼苗 60% 第一分蘖刚露出叶鞘时的日期。

4. 拔节期　丽水地区幼苗约有 50% 的植株达到拔节时的日期。

5. 抽穗期　丽水地区植株有 50% 以上抽穗时为抽穗期。

6. 开花期　丽水地区 50% 的植株开始开花时为开花期。

7. 乳熟期　用手挤压籽粒，流出乳状液时为乳熟期。

8. 完熟期　丽水地区有 90% 以上的植株籽粒变黄硬化时为完熟期。

9. 收获期　实际收获日期。

二、植株性状调查

1. 幼苗叶色　幼苗叶片分为绿、黄绿等色。

2. 幼苗色　茎色（叶鞘基部）一般分为绿、紫、深紫等色。

3. 分蘖数　丽水地区选择有代表性的地段，调查 10 株的总茎数和无效茎数。计算平均有效茎数和无效茎数。

4. 株高　分蘖节到穗顶的长度（厘米）。在田间测量 10 株取平均数。

5. 穗形　一般分纺锤（长、短）、圆筒（长、短）、圆锥、棍棒及异形（鸡爪、龙爪）等。

6. 主穗长　穗颈节到穗顶的长度（厘米），调查 25 株取其平均数。

7. 单穗重　取 20~25 株脱粒后称重取平均数。

8. 千粒重（克）　数取籽粒 1 000 粒称重，重复 2~3 次。

9. 籽粒色、米色　籽粒色一般分白、黄、红、灰、褐等色；米色一般分白、黄、灰等色。

10. 产量（千克/亩）　小区实际收获产量折合亩产。

三、特性鉴定

1. 抗旱性　干旱年份考察，一般分强、中、弱 3 级记载。

2. 耐涝性　考察品种耐湿性、一般分强、中、弱 3 级记载。

3. 倒伏性　根据倒伏程度分轻、中、重记载：倒伏在 20° 以内的为"轻"，倒伏 20~45° 的为"中"，倒伏 45° 以上的为"重"并记载倒伏面积和日期。

4. 落粒性　完熟期调查单位面积由于大风使穗子互撞而落粒的情况，分轻、重、不落粒 3 级记载。

5. 发病情况　记载发病种类和严重程度。

附录 12
旱粮作物生产示范产量验收内容

1. 验收项目　＿＿＿＿＿＿＿＿＿＿＿＿

2. 实施单位　＿＿＿＿＿＿＿＿＿＿＿＿

3. 土地坐落　＿＿＿＿＿＿＿＿＿＿＿＿

4. 作物及品种名称　＿＿＿＿＿＿＿＿＿＿＿＿＿

5. 面积　＿＿＿＿＿＿亩。

6. 播种期　（月/日）＿＿＿＿＿＿，移栽（扦插）期（月/日）＿＿＿＿＿＿，收获期（月/日）＿＿＿＿＿＿。

7. 施肥水平（千克/亩）　氮＿＿＿＿＿＿，五氧化二磷＿＿＿＿＿＿，氧化钾＿＿＿＿＿＿；有机肥＿＿＿＿＿＿。

8. 密度　行距（厘米）＿＿＿＿＿＿，株距（厘米）＿＿＿＿＿＿，每亩（株、穴）＿＿＿＿＿＿。

9. 经济性状

(1) 甘薯　单株薯块数＿＿＿＿＿＿，平均薯块重（千克）＿＿＿＿＿＿，晒丝率（％）＿＿＿＿＿＿。

(2) 玉米　果穗（个/亩）＿＿＿＿＿＿，平均每穗实粒数＿＿＿＿＿＿，千粒重（克）＿＿＿＿＿＿。

(3) 大豆　平均每穴株数＿＿＿＿＿＿，平均单株总荚数＿＿＿＿＿＿，平均单株有效荚数＿＿＿＿＿＿，平均单株实粒数＿＿＿＿＿＿，百粒重（克）＿＿＿＿＿＿。

(4) 小麦　有效穗（万/亩）＿＿＿＿＿＿，每穗总粒数＿＿＿＿＿＿，每穗实粒数＿＿＿＿＿＿，结实率（％）＿＿＿＿＿＿，千粒重（克）＿＿＿＿＿＿。

10. 产量　理论测产（千克/亩）＿＿＿＿＿＿，实收产量（千克/亩）＿＿＿＿＿＿。

注：含水分标准（％）：小麦 13.5、玉米 15、大豆 14、甘薯丝 13.5。

附录 13
丽水市行政区划图

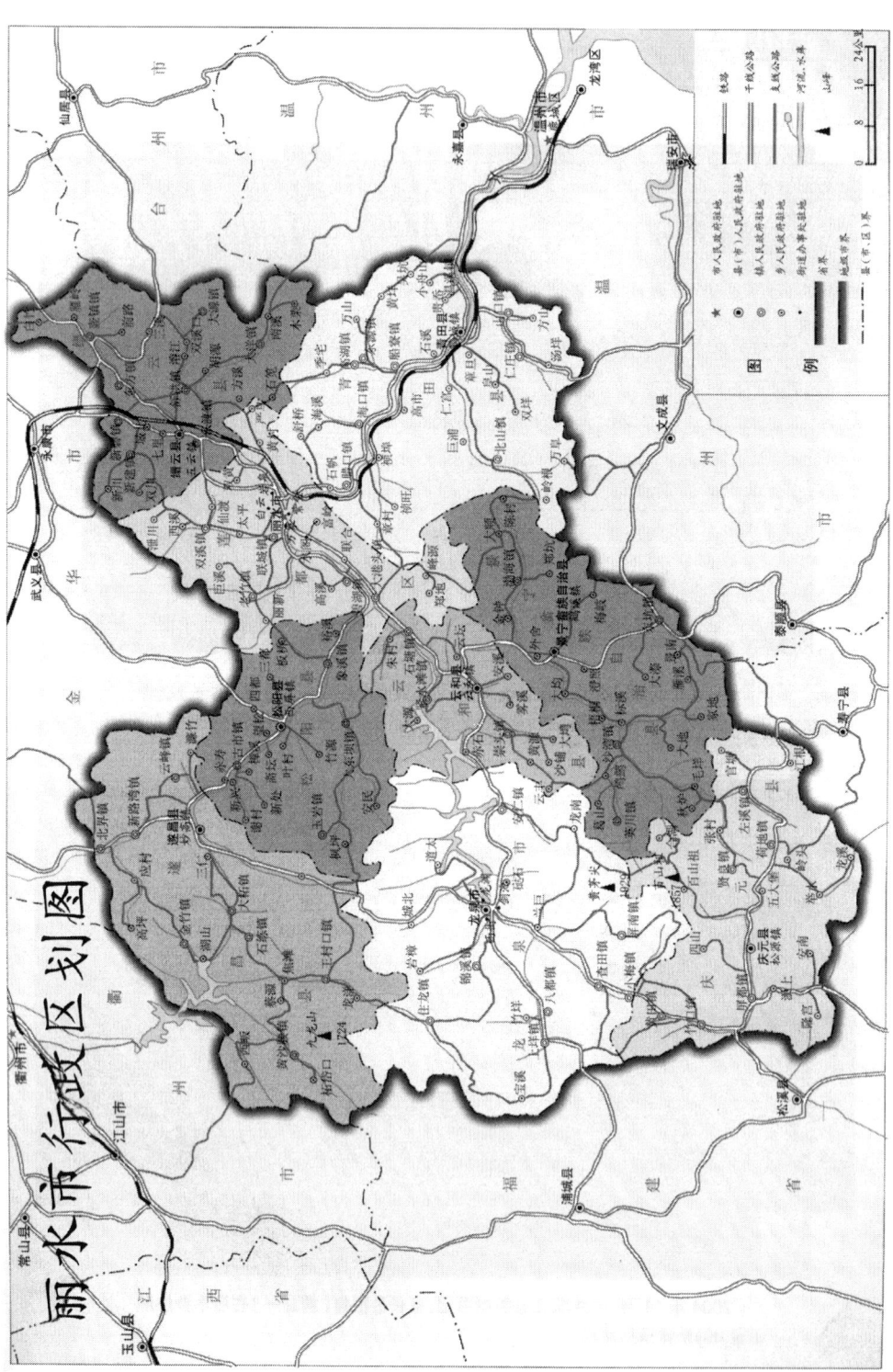

主 要 参 考 文 献

陈明达，温怀楠. 1988. 大麦栽培及综合利用 [M]. 杭州：浙江科学技术出版社.

杜正文. 1991. 中国水稻病虫害综合防治策略与技术 [M]. 北京：农业出版社.

韩茂莉. 1992. 论宋代小麦种植范围在江南地区的扩展 [J]. 自然科学史研究，4：353－357.

何建清. 1986. 汕优6号制种技术 [J]. 种子世界，6：18.

何建清. 2004. 丽水市粮食生产现状与建议 [M]. 北京：中国农业科学技术出版社.

何建清. 2005. 丽水市旱杂粮现状及发展前景 [M]. 北京：中国农业出版社.

何建清. 2005. 松阳大红袍赤豆特征特性及栽培技术 [J]. 耕作与栽培，6：61.

何建清. 2006. 丽水稻作 [M]. 北京：中国农业出版社.

何建清. 2008. 丽水旱粮 [M]. 北京：中国农业出版社.

何建清，廖必长. 2006. 鲜食春大豆——晚稻栽培技术 [J]. 作物杂志，3：59－60.

何建清，谢济柳，张贤孟. 1984. 对杂交水稻"三系"提纯复壮的探讨 [J]. 种子世界，9：28－30，35.

湖南省常德农业学校. 1980. 作物栽培学：南方本 [M]. 北京：农业出版社.

黄端详，何建清，廖必长. 2000. 山区旱地高产高效途径的探讨 [M]. 北京：中国农业科学技术出版社.

简泉庆. 2005. 秋甘薯氮钾肥施用效果试验 [J]. 福建农业科技，4：38－39.

蒋美明，华守龙，何建清. 1994. 密阳46系列杂交稻高产制种技术 [J]. 种子世界，8：26.

金文林. 2003. 特种作物优质栽培及加工技术 [M]. 北京：化学工业出版社.

李洪民，马代夫. 1998. 徐州甘薯中心甘薯品种简介 [J]. 江苏农业科技，4：58－60.

李小荣，王连生. 1996. 山区单季稻畦式栽培对病虫发生及产量的影响 [J]. 浙江农业科学，6：282－283.

丽水地区地方志编纂委员会. 1993. 丽水地区志 [M]. 杭州：浙江人民出版社.

林金华，郑旋. 1996. 福建省甘薯新品种区域总结 [J]. 福建农业科技，6：6－7.

林汝法，等. 2002. 中国小杂粮 [M]. 北京：中国农业科学技术出版社.

刘志龙，王连生，杜一新. 浙西南山区单季稻纹枯病发生和流行因素初探 [J]. 浙江农业学报，11（6）：344－348.

吕伟德，吕周林. 2001. 浙西南山区旱地多熟套种马铃薯高产高效技术 [J]. 杂粮作物，2：47－53.

南京农学院. 1979. 作物栽培：南方本上册 [M]. 上海：上海科学技术出版社.

南京农学院，江苏农学院. 1979. 作物栽培学（南方本）[M]. 上海：上海科学技术出版社.

潘永年，王连生，金一燕，等. 1992. 山区单季稻及其栽培 [M]. 上海：上海科学技术出版社.

童雪松，潜祖琪. 1987. 浙西南山区水稻害虫种类、分布及危害情况调查 [J]. 浙江农业科学，1：40－42.

童雪松，王连生. 1995. 地膜打洞平铺育秧防治稻秆蝇的观察 [J]. 浙江农业科学，6：306－307.

王光华，高崇升，金剑，等. 2004. 大豆栽培实用技术 [M]. 北京：中国农业出版社.

王华弟. 2005. 粮食作物病虫测报与防治 [M]. 北京：科学出版社.

王家珍，韦巧英，楼仁. 2000. 作物栽培 [M]. 北京：中国农业科学技术出版社.

王连生，邓曹仁，刘志龙，等. 1999. 浙西南山区垄畦免耕直播早稻病虫草害发生特点及其防治 [J]. 浙江农业学报，11（6）：355－359.

吴华新，吴代平，盛仙俏. 2005. 芋薯类蔬菜及鲜食玉米病虫原色图谱 [M]. 杭州：浙江科学技术出版社.

吴丽玲，林敏丽，林昌庭，等. 2000. 浙西南山区春马铃薯高产栽培法 [J]. 中国马铃薯，1：41－44.

吴学平，郑建初. 2006. 浙西南山区马铃薯双膜覆盖不同播期探讨 [J]. 长江蔬菜，12：11－13.

徐良. 2001. 中国名贵药材规范化栽培与产业化开发新技术 [M]. 北京：中国协和医科大学出版社.

杨晓琴，邓建平，张伟梅，等. 2000. 浙西南山区旱地马铃薯不同覆盖方法的增产效果 [J]. 中国马铃薯，2：11－13.

赵晓明. 2000. 薏苡 [M]. 北京：中国林业出版社.

浙江农业大学，华中农学院，江苏农学院，等. 1981. 实用水稻栽培学 [M]. 上海：上海科学技术出版社.

浙江农业大学，浙江省农业厅，浙江农业科学院，等. 1990. 浙江省粮食生产上新台阶对策 [M]. 上海：上海科学技术出版社.

浙江省农业厅. 1961. 浙江农作物优良品种志 [M]. 杭州：浙江人民出版社.

浙江省农业志编纂委员会. 2004. 浙江省农业志 [M]. 北京：中华书局出版.

浙江效益农业百科全书编辑委员会. 2004. 浙江效益农业百科全书·鲜食大豆 [M]. 北京：中国农业科学技术出版社.

浙江效益农业百科全书编辑委员会. 2004. 浙江效益农业百科全书·鲜食玉米 [M]. 北京：中国农业科学技术出版社.

种子工作手册编写组. 1979. 种子工作手册 [M]. 上海：上海科学技术出版社.

朱建军，吴列洪，李兵，等. 2005. 甘薯浙薯13在浙南山区的试种表现 [J]. 浙江农业科学，2：135-136.

祝财兴，施瑞强，刘梦熊. 1997. 垄畦免耕直播早稻高产栽培技术研究 [J]. 浙江农业科学，1：4-8.

［后记］

    《丽水粮食生产60年》是一本以记叙为主，着重反映新中国成立后丽水市粮食生产的发展史。编写的内容，包括粮食生产的演变及栽培技术。编写的目的：一是意想反映一代又一代农业科技人员为丽水山区稻作发展所付出的心血和为解决山区人民温饱问题所做出的贡献；二是为丽水市广大农业科技工作者，以及一直关心、支持农业生产的同志和读者提供较为完整、系统的资料，以供查阅、借鉴。

    《丽水粮食生产60年》的作者都是一直在丽水山区从事农业技术推广工作20多年的技术人员，对农业技术推广工作有着深厚的感情，同时十分关注丽水的粮食生产，出于对农业技术推广工作的事业心和责任感，利用业余时间于2004年冬开始收集资料，查阅各县（市、区）的县志及有关技术档案，走访老技术人员，获取部分口述纪实，然后编写大纲，2005年1月开始整理撰写，在先后出版了《丽水稻作》《丽水旱粮》基础上，重新收集整理完善进行编写，以求内容丰富完整。

    《丽水粮食生产60年》在撰写过程中得到了丽水市农业局、各县（市、区）农业局等有关单位领导的大力支持；原丽水地区农业局局长、丽水地区行署副专员（分管农业）夏金星同志审阅了书稿，提出了宝贵修改意见，并在百忙中为本书作序；同时，得到了各县（市、区）粮油站、种子管理站、土肥植保站和科教信息科有关技术人员的大力支持和帮助。在此，谨致以衷心感谢！

    但由于我们水平所限，经验不足，资料欠缺，书中错误、疏漏在所难免，只能挂一漏万，但求抛砖引玉，敬请读者朋友多提宝贵意见。